.

PHYSIOLOGIE ET PATHOLOGIE FONCTIONNELLE

DE LA VISION BINOCULAIRE.

OUVRAGES DU MÊME AUTEUR,

CHEZ LES MÊMES LIBRAIRES

Principes de mécanique animale, ou Etude de la locomotion chez l'homme et les animaux vertébrés. — Paris, 1858. 1 vol. in-8 de 484 pages, avec 65 figures intercalees dans le texte. 7 fr. 50

Ouvrage couronne par l'Académie des sciences

Théorie de l'ophthalmoscope, avec les deductions piatiques qui en decoulent, indispensable à l'intelligence du mecanisme de l'instrument. — Paris, 1859, in-8, 6gures. 1 fr. 50

Note relative à une théorie nouvelle de la cause des battements du cœur, lue à l'Académie des sciences le 15 août 1855. — *Gazette Medicale de Paris,* 25 du même mois.

Lettre au rédacteur de la Gazette Médicale de Paris sur le même sujet 6 septembre 1856.

Considérations géométriques propres à préciser les rapports de situation du femur avec le bassin, dans les états morbides de l'articulation coxo-femorale. *Gazette Medicale de Paris,* 1854, et chez l'auteur.

Application de la même méthode à l'étude des rapports de l'humerus avec le scapulum dans les maladies de l'articulation scapulo-humerale. *Gazette Medicale de Paris,* 1856, et chez l'auteur.

Recherches sur l'hypnotisme ou Sommeil nerveux (en collaboration avec le docteur DEMARQUAY) 1860

De l'influence sur la fonction visuelle binoculaire des verres de lunettes convexes ou concaves 1860.

Paris. — Imprime par E. Thunot et Cᵉ, rue Racine, 26

PHYSIOLOGIE

ET

PATHOLOGIE FONCTIONNELLE

DE LA

VISION BINOCULAIRE

SUIVIES D'UN APERÇU

SUR L'APPROPRIATION DE TOUS LES INSTRUMENTS D'OPTIQUE
A LA VISION AVEC LES DEUX YEUX,

L'OPHTHALMOSCOPIE ET LA STÉRÉOSCOPIE

PAR

F. GIRAUD-TEULON,

Docteur en médecine de la Faculté de Paris, ancien élève de l'École polytechnique,
lauréat de l'Institut.

Avec 114 figures intercalées dans le texte

PARIS,

J.-B. BAILLIÈRE ET FILS,

LIBRAIRES DE L'ACADÉMIE IMPÉRIALE DE MÉDECINE,
rue Hautefeuille, 19

LONDRES,   NEW-YORK,

Hipp BAILLIERE, 219, Regent-Street. | BAILLIERE frères, 440, Broadway

Madrid, C. Bailly-Baillière, plaza del Principe Alfonso, 16.
—

1861

AVANT-PROPOS.

Le mécanisme instrumental de la vision, envisagée dans son exercice au moyen d'un seul œil, est assez parfaitement connu et même depuis assez longtemps. Le dix-septième et le dix-huitième siècle ont laissé peu à faire à cet égard.

En est-il de même si l'on considère cette belle fonction dans les conditions mêmes de son exercice complet, quand elle s'accomplit par le concours des deux yeux? Nous osons dire que non.

L'effet simple, unique, résultant du concours des deux organes, l'harmonie qui préside a leur fonctionnement associé, la conception de la direction et de la position même des objets vus, la sensation du relief ou des distances relatives des différents plans de la perspective, sont assurément des questions encore indécises dans la physiologie du sens de la vue.

L'étude de ces points, mal connus encore, est le but principal de ce travail.

Ces questions, qui ressortissent au domaine matériel de l'organisme et qui se rattachent si évidemment, en même temps, a l'apanage de la psychologie, sont encore a l'état d'objets controversés dans la science. On le comprendra aisément, si l'on songe qu'aucune d'elles ne saurait être résolue sans le concours simultané et synergique des connaissances mathématiques, de l'anatomie descriptive et même histologique, complétées par des notions ou des conceptions plus ou moins métaphysiques dont la physiologie a récemment admis les analogues dans son domaine. Or jusqu'ici peu de savants se sont occupés de ces recherches, en s'imposant un égal respect pour ces trois sources collatérales de vérités. Chacun, entraîné par les préoccupations particulières à ses études de prédilection, a, malheureusement, toujours sacrifié deux, ou une au moins, de ces catégories d'éléments scientifiques à celle qui lui était la plus familière.

Malgre une apparente tendresse d'esprit pour le côté mathématique de ces questions, nous nous sommes, dans leur etude, fait une loi de nous soustraire à toute préoccupation exclusive. On ne trouvera effectivement rien de particulièrement mathématique dans ce travail Les sciences, dites exactes, ont depuis longtemps donné sur le mécanisme de ces phénomènes ce qu'on peut appeler, relativement à l'état de nos connaissances anatomiques actuelles, leur dernier mot. Elles ont fait plus, elles ont donné des mots inutiles, des formules assurément peu conformes aux faits réels, pour élevées et transcendantes qu'elles fussent, a cause de cette élévation même peut-être.

On ne rencontrera donc dans cet ouvrage rien qui rappelle ces études transcendantes dont l'abstraction est sans rapport utile, ni fondé avec les faits; nos discussions seront mathématiquement terre a terre. Tous nos emprunts aux sciences exactes se borneront aux données élémentaires, au moyen desquelles la physique, aidée de la géométrie, a étudié la loi de la marche des ondes lumineuses a travers les milieux différents, les lois de la réfraction simple, la dioptrique. Et pour ne pas laisser à l'esprit le temps de s'effrayer, disons tout de suite que les propositions auxquelles nous serons oblige de renvoyer le lecteur se bornent a l'étude des propriétés des lentilles. Il n'y a donc rien dans ce livre qui puisse détourner de sa lecture le médecin en possession de ces principes tout à fait élémentaires.

La détermination des principales propriétés de l'organe de la vue demande, en effet, beaucoup plus à la pénétration de l'esprit d'observation qu'aux ressources quelquefois décevantes de la haute analyse. Tout ce qu'ont ajouté aux connaissances fournies par la géometrie et la physique élémentaires les plus magnifiques développements des mathématiques transcendantes, c'est qu'on pouvait *concevoir*, dans les surfaces de séparation des milieux transparents de l'œil, des formes assez savantes pour amincir et effiler les pinceaux, au sommet des cônes lumineux tombant sur la rétine, à un degré que ne pouvaient atteindre les formes sphériques de nos lentilles les plus parfaites. Tel est tout le service rendu à la physiologie par les admirables efforts de calcul des Sturm et des Vallée. Et ces travaux étaient entrepris, patiemment poursuivis pendant des années, incessamment vouées à ce seul objet, pour donner une explication scientifique de la vision, en partant d'observations premières erronées. Young, Dulong, Arago, Sturm, appuyaient leurs calculs sur l'absence dans l'œil d'une faculté physiologique d'accommodation. M. Vallée, venant après eux, et éclairé à cet égard par la physiologie moderne, admettant l'accommodation de l'œil aux differentes distances, prend cependant pour principales bases de ses calculs la déformation du globe de l'œil et la variation de forme de la cornee : deux points de départ reconnus faux aujourd'hui. Il est vrai qu'il s'appuie encore, en développant ce fait au moyen de considérations mathématiques, sur l'altération de formes subie par le cristallin. Il en est de même de l'achromatisme de l'œil. M. Sturm le niait; M. Vallée, qui l'admet, ne le conçoit que comme dépendant de la décroissance des densités des couches du cristallin, de la circonférence au centre. Or on sait ce qu'il en est.

Comme on ne saurait demander de plus habiles mathématiciens que ceux que nous venons de citer, pour résoudre les difficultés que présente encore l'étude de cette délicate fonction, nous devons penser que la science du calcul a, dans l'état des choses, produit tout ce qu'on pouvait attendre d'elle. Elle a tiré de la physiologie de son époque tout ce qu'on pouvait espérer obtenir d'un instrument qui manipule des raisonnements, simplifie et rectifie leur emploi, méthodise et assure leur maniement, mais ne crée pas les propositions initiales.

Or ce sont les propositions physiologiques initiales qui manquent encore pour résoudre les problèmes, dégager les inconnues que recèle cet obscur département de la physiologie; et c'est à l'observation attentive et raisonnée, à l'expérience constamment renouvelée qu'il faut les demander. Cet essai sera donc, avant tout et toujours, expérimental.

Nos etudes supposeront connues du lecteur les lois de l'optique élementaire, que toute bibliotheque scientifique, si pe tite qu'elle soit, renferme avec tous les développements suffisants.

La description anatomique des différents éléments qui constituent l'œil humain est une connaissance non moins familière à ceux qui ouvriront ce livre. Il n'est pas un traité un peu complet de physiologie qui ne puisse fournir au lecteur tous les enseignements que nous supposons en sa possession, les enseignements classiques.

Pour donner une base à ce travail, pour former un tout complet, et qui dispense, en cours de lecture, de recourir à d'autres sources, nous résumerons cependant, dans un exposé rapide, ces diverses notions de physique et de physiologie, sur lesquelles repose aujourd'hui la science. Cela fait, nous reprendrons dans les *éléments expérimentaux* de nouvelle origine, dans les *faits* de la stéréoscopie particulièrement, branche nouvelle de la science introduite sous forme de joujou, nous reprendrons l'analyse intime du concours harmonique des deux yeux dans l'acte de la vision naturelle, et en dégagerons les lois de l'harmonie, de l'unité de la vue binoculaire, avec toutes ses remarquables propriétés.

Nous en appliquerons les résultats à l'analyse des principales maladies fonctionnelles de cet appareil remarquable. Nous nous flattons même de l'espoir que cette étude complémentaire apportera des lumières nouvelles et imprévues sur le traitement rationnel de plusieurs de ces affections : nous nommerons à cet égard le strabisme, la diplopie, les diverses maladies de l'accommodation, la presbytie et la myopie congénitales ou acquises, la kopiopie, les conséquences vicieuses de l'usage mal réglé des bésicles, etc., etc. La médecine rationnelle aura assurément plus d'un bénéfice à retirer de la longue discussion analytique qui forme le fond de cet ouvrage.

Nous terminerons par quelques considérations sur la stéréoscopie, instrumentation à laquelle *on doit* positivement l'explication même du mécanisme de la vision binoculaire. Avant d'avoir reconnu, par son moyen, que la vision parfaite, procurant le sentiment de la position réelle relative des divers points d'un objet ou d'un ensemble d'objets, se fondait sur la coalescence de deux images dissemblables, l'étude de la vision dans son ensemble se bornait absolument à celle de la fonction *monoculaire*. Ce n'est que depuis la possession de ces éléments nouveaux, dus à l'immortelle découverte de Wheatstone, popularisée et simplifiée dans son maniement par S. D. Brewster, que l'étude de la vision a pu être entrevue sous son véritable jour et des aspects entièrement nouveaux.

En dehors de l'introduction élémentaire qui résume les connaissances vulgaires et classiques, cet ouvrage comprendra trois parties distinctes :

La physiologie de la vision associée, ou binoculaire ;

L'étude de la pathologie fonctionnelle, des anomalies de fonctions sans altération apparente ou première des tissus ;

Enfin l'usage et l'appropriation de tous les instruments d'optique à la vision binoculaire ou associée.

Cette dernière partie contiendra un exposé analytique de la stéréoscopie naturelle, le tableau des propriétés de la vision associée, l'ophthalmoscopie, et, en particulier, l'application de l'ophthalmoscope à la vision binoculaire.

INTRODUCTION PRÉLIMINAIRE

A LA PHYSIOLOGIE DE LA VISION.

_____

I

GÉNÉRALILÉS SUR LA LUMIÈRE.

§ 1. Rapports de la lumière avec les organismes vivants.—Qu'est-ce que la vue ? Un sens particulier des êtres vivants par lequel ils sont mis en rapport, à distance, avec les objets qui les environnent. Deux circonstances y sont nécessaires : premièrement la présence d'un certain fluide, s'étendant de ces objets à l'individu, ou l'activité actuelle de certaines propriétés de la matière, de certaines de ses manifestations ; secondement, l'existence, chez l'animal, d'un certain appareil dont les réactions contre ce fluide éveillent certaines sensations spé- ciales. Ces deux ordres de faits sont connexes et également indispensables à l'accomplissement de la fonction.

La lumière frappe un corps vivant ; cela ne suffit point pour que le corps animé conçoive une notion quelconque de la position et même de l'existence de la source lumineuse avec laquelle il se trouve mis en relation. Il faut encore que l'onde lumineuse rencontre dans l'individu un siége préparé pour les impressions de cet ordre, et de plus, que ce siége, ces organes spéciaux, exclusifs, répondent à certaines lois géométriques auxquelles sont soumises, dans l'espace, les relations de position des corps.

On croyait autrefois que, parmi les corps de la nature, les membranes sensibles du fond de l'œil, dans le règne animal, et peut-être aussi, exceptionnellement, certains organismes végétaux, étaient seuls en état de répondre aux sollicitations de la lumière. Depuis la découverte de Daguerre et ses immenses

1*

corollaires, depuis les curieuses observations de M. Groves constatant les effets de coloration, par influence, exercée par des corps brillants sur des corps voisins, on sait, au contraire, qu'un grand nombre de corps ressentent les impressions lumineuses, puisqu'ils réagissent contre elles ; que les faisceaux lumineux portent en eux, indépendamment des rayons calorifiques, des rayons chimiques ; et que la lumière doit dorénavant être considérée comme un pouvoir fort complexe, et peut être moins immatériel ou impondérable qu'on ne le supposait.

Cependant, si un grand nombre de corps sont, en réalité, impressionnables par la lumière, seule dans la nature animée, la rétine est capable d'envoyer au sensorium avis des réactions qu'elle éprouve, seule elle *sent* la lumière, seule elle en révèle à l'esprit l'existence.

Lumière et rétine, ou organe sensible, sont donc pour nous, deux idées inséparables l'une de l'autre.

Maintenant de quel ordre sont leurs relations ? C'est ce qu'on ignore absolument. On les a crues longtemps exclusivement physiques.

Mais aujourd'hui pourrait-on bien assurer que cet échange de rapports qui a lieu entre la lumière et la rétine ne soit pas de nature ou d'origine chimique ?

« La *couleur*, dit Nunneley (1), est la seule idée pour la conception de laquelle nous relevions absolument des qualités de l'œil. Elle est le résultat même de la lumière et ne saurait être perçue par aucun autre sens ; en un mot, l'idée de couleur ou de lumière est la conséquence unique et spéciale d'une sensation unique et spéciale elle-même, d'une réaction unique et spéciale à l'endroit d'une des manifestations particulières par lesquelles les corps expriment ou révèlent leur présence, à distance. »

Le domaine de la science a été envahi, sur ce point de physiologie, et sous des inspirations imaginaires, par des théories peu philosophiques, si l'on prend ce terme dans le sens de sagesse scientifique. On a cru que certains de nos sens spéciaux pouvaient remplacer les autres. Cette idée extrà scientifique a été réfutée maintes fois ; mais l'erreur est souvent douée d'une grande vitalité, et les réfutations ont longtemps besoin d'être reprodui-

_____

(1) Nunneley, *On the organs of vision.* Londres, 1858.

tes. Nous reproduisons donc ici les principaux arguments consacrés à cette réfutation.

Après avoir rappelé que chaque nerf de sensibilité spéciale a, dans le corps humain, sa distribution anatomique parfaitement propre et séparée, sa route et ses rapports exclusifs avec le sensorium commun, Nunneley ajoute judicieusement : « Or, quelque diversifiées que soient les habitudes de l'espèce parmi les animaux, quelques modifications que puissent subir les différents organes de sensations spéciales, quelle que soit leur simplicité ou leur complexité de construction, quelle que soit l'importance relative de la masse encéphalique, il est curieux d'observer, eu égard à la liaison de cette remarque avec notre sujet, que, dans tous les cas, l'anatomiste peut constater les mêmes rapports, les mêmes relations entre les parties primitives ou essentielles. Partout où se rencontre un organe de l'odorat, on rencontre aussi, non-seulement un nerf olfactif, mais les mêmes tubercules cérébraux où le nerf prend naissance. Partout où se trouve un œil, pour élémentaire qu'il soit, on trouve un nerf optique et des corps quadrijumeaux ou leurs analogues ; et, réciproquement, partout où sont ces derniers, se rencontrent aussi les organes correspondants.

« D'autre part, existe-t-il dans la science un seul exemple d'une fonction accomplie par un organe spécial par substitution pour un autre, d'une perception par substitution acceptée par une région spéciale de l'encéphale ? On n'en connaît pas ; et, bien plus, il semble impossible que cela ait jamais eu lieu. Si, en effet, les causes les plus dissemblables sont portées sur le même organe de sensibilité spéciale, ou que la même cause vienne à agir sur différents sens, jamais, pourtant, nous ne constatons de différences dans le premier cas, ni de confusion dans le second ; soit que les causes proviennent de quelque modification cérébrale intérieure, soit que, extérieurement, les sens aient été sollicités par quelque influence mécanique ou chimique. Ainsi un trouble, une commotion du cerveau, l'ingestion de quelque agent vénéneux, amènent dans chaque sens un trouble spécial. Un coup sur la tête fait voir des éclats lumineux (trente-six chandelles), les oreilles *sonnent*, et ainsi des autres. Dans la fièvre, le délire, l'encéphalite (où la chose est des plus marquées), dans le *delirium tremens*, le malade *voit* des figures et des gens imaginaires, *entend* des sons et des conversations, *sent* des odeurs, apprécie des *goûts* imaginaires, *sent* le froid et le chaud, et tous ces désordres ont leur point de départ dans le sensorium D'un autre côté, si les organes sont individuellement sollicités, la fonction spéciale est seule pervertie. Une décharge électrique à travers les yeux fait briller des étincelles, à travers les oreilles produit un bruit, par la langue un goût salin, etc., etc. Nous avons, dans ces faits, la preuve de la spécialisation absolue des sensations et de l'impossibilité de leur substitution les unes aux autres. D'où il faut conclure impérativement à la fausseté des prétendus faits de vision par l'estomac ou la nuque, d'ouïe par le bout des doigts, etc., et de la radicale impossibilité de la prétendue faculté de *clairvoyance*. »

Notre conviction s'achèvera, s'il est nécessaire, quand nous aurons étudié complétement les lois de la vision dont le principal et important objet est, comme nous le verrons, non-seulement de mettre en rapport avec la cause extérieure l'organe du sens de la vue, mais d'établir ce rapport d'une façon exclusive, *et telle, qu'un seul point de cet organe soit et puisse être en relation avec un seul point du monde extérieur.*

Principe final qui commandera, comme nous le verrons, tout le système de la fonction visuelle, et présidera au rôle de chacune des parties de ce merveilleux appareil.

§ 2. **Entrée en matières.** — Notre objet ne saurait être ici d'entrer dans de grandes discussions sur la *nature* de la force dont nous allons étudier, dans cet ouvrage, les rapports avec le règne animal. La lumière est une des manifestations des corps, un de leurs modes de réaction entre eux, et par lequel ils révèlent, à distance, leur existence. Nous ne dirons donc pas un mot des grandes hypothèses de l'émission ou des ondulations (1);

(1) Ces principes de l'émission ou des ondulations peuvent bien répondre en une mesure, ou en une autre, aux phénomènes dont ils ont mission d'expliquer le mécanisme; leur valeur, à cet égard, ne peut être appréciée que par les physiciens et les mathématiciens. Mais ils ont, pour le physiologiste, d'incalculables profondeurs d'étonnement.

Dans le système de l'émission, quels ne doivent pas être l'infinie petitesse, le nombre et la rapidité de ces molécules qui passeraient sans interruption à travers les milieux transparents, s'y sépareraient, se concentreraient pour se séparer et se concentrer de nouveau, sans cependant laisser trace de leur passage! (Les faits nouveaux de fluorescence viennent cependant affaiblir l'entière nous n'oublierons pas que ces formules n'ont été cherchées et proposées que comme propres à renfermer en elles, sous une expression générale, l'ensemble des faits connus en matière d'optique. Une certaine partie de ces faits seulement nous regarde, celle qui est en rapport avec la fonction physiologique; nous ne nous prononcerons donc point entre les théories de Newton ou de Descartes et de Fresnel. Nous ne nous occuperons même pas du principe plus nouveau qui, sous le nom de corrélation des forces physiques, considère dans la lumière une des manifestations de la matière, dont la chaleur, l'affinité chimique, le galvanisme, l'électricité, le magnétisme, le mouvement, l'action nerveuse elle-même, ne seraient que des modifications diverses; quelle que soit la solution réservée par l'avenir à ces grandes questions de philosophique scientifique, les lois auxquelles obéit la lumière demeurent les mêmes, elles sont le résultat de l'expérience, et ce sera dans ces lois que nous prendrons notre point de départ.

Sous le titre d'*Introduction préliminaire à la physiologie de la vision*, nous allons donc commencer par donner un résumé rapide des lois physiques de l'optique sur lesquelles repose nécessairement, et avant tout, le mécanisme de cette admirable fonction.

Ce chapitre sera placé en vedette comme simple memento. Le lecteur y pourra avoir recours au cas où sa mémoire ne le servirait pas assez vite, quand nous ferons, dans le cours de l'ouvrage, appel aux principes de l'optique. Mais il ne fait pas en réalité partie de ce travail, qui suppose familières au lecteur les lois de la propagation de la lumière dans les milieux transparents et de ses déviations par les surfaces qui les séparent.

---

portée de cette objection.) Avec leur rapidité, les corps qu'elles rencontrent devraient être brisés en mille miettes, si l'on songe que cette rapidité donnerait à une molécule du poids de 1 grain, une force égale à celle d'un boulet de canon de 150 livres, parcourant 1,000 pieds par seconde.

Le principe des ondulations n'est pas moins merveilleux; Young a calculé que sur le pied de 200,000 milles par seconde, vitesse de la lumière, ou de 12,000,000,000 de pouces anglais, à 40,000 ondulations par pouce, la rétine devrait vibrer 480,000,000,000,000 fois entre deux battements du pendule à seconde; ces chiffres regardent la lumière rouge. — Pour les rayons violets, le nombre des vibrations serait de 720 millions de millions au lieu de 480. (Nunneley.)

Tous ces chiffres sont également renversants.

II

RÉSUMÉ DES LOIS DE L'OPTIQUE.

Notions classiques.

§ 3. Propriétés de la lumière directe. — On part, dans l'étude de l'optique, de ces premiers faits essentiels que les corps lumineux ont pour faculté *de propager la lumière dans tous les sens*. Nous disons « corps lumineux, » parce que, sans matière, il n'y a point de lumière possible; le vide, tel qu'il est défini en physique, peut bien propager la lumière, mais non lui donner naissance.

On sait, encore que « *dans un milieu homogène la lumière se propage toujours en ligne droite*. » Ce qui s'observe dans une chambre hermétiquement close et dans laquelle par un petit trou, percé dans le volet, on laisse pénétrer les rayons solaires; les phénomènes de la réflexion si, dans cette même chambre, on reçoit le filet lumineux sur une glace polie, ne permettent pas de douter de la généralité de ce principe.

La direction que prend ce filet lumineux a reçu le nom de *rayon de lumière*. Un *pinceau* est la réunion de plusieurs rayons voisins.

Le faisceau ou pinceau émané d'un corps lumineux est composé de rayons divergents, c'est-à-dire s'écartant les uns des autres. Brisé par une surface opaque, ou à sa rencontre avec une surface incomplètement diaphane, il se disperse, s'éparpille en une multitude de directions, les unes parallèles, les autres concourantes, plus généralement divergentes, leur ensemble, quand aucune loi régulière n'y préside, forme ce qu'on nomme la *réflexion irrégulière* ou *lumière diffuse*, par opposition avec la réflexion régulière qui résulte de la rencontre d'un corps poli.

Le faisceau qui émane directement d'un corps lumineux est donc divergent, c'est-à-dire que sa section est d'autant plus grande qu'elle s'éloigne davantage du point lumineux. Cependant, quand le point lumineux est très-éloigné, on dit que le faisceau est parallèle, parce que toutes les sections sont sensiblement égales.

Les faisceaux de lumière naturelle, convenablement modifiés, peuvent devenir des faisceaux convergents, c'est-à-dire que les rayons sont ramenés dans une telle direction qu'ils concourent tous au même point. Ce point se nomme *foyer*. Une chose digne de remarque, c'est qu'après s'être ainsi rassemblés et réunis en un foyer, tous les rayons continuent leur route, comme si chacun d'eux était seul; d'où il suit qu'au delà du foyer, le faisceau redevient divergent comme un faisceau primitif.

Il résulte de là que l'image d'un corps lumineux, formée en un foyer, peut être traitée comme une source primitive de lumière, et, dans ses proportions de taille et d'intensité, remplacer, en une mesure déterminée, le corps lumineux primitif.

§ 4. Images produites par les petites ouvertures. — C'est ici le lieu de placer la théorie de la chambre noire que nous venons d'invoquer tout à l'heure, et qui résume en elle la loi de la direction de la lumière dans un milieu homogène.

« Lorsqu'on fait entrer dans la chambre noire un faisceau de lumière solaire par une petite ouverture de forme quelconque, ce faisceau donne toujours une image parfaitement ronde en tombant perpendiculairement sur un tableau à une distance suffisante du volet. C'est ce que l'on observe aussi dans l'ombre des arbres; les faisceaux lumineux que laissent passer les interstices du feuillage vont projeter sur le sol des images elliptiques ou rondes, suivant l'inclinaison des surfaces qui les reçoivent. Pour se rendre compte de ce fait, il faut remarquer que chaque point du disque solaire envoie des rayons qui, s'ils existaient seuls, formeraient au delà des bords opaques un faisceau cylindrique ayant partout une section égale à celle de l'ouverture. Il est facile, d'après cela, de trouver la forme de l'image lumineuse projetée sur un écran par le faisceau multiple.

« Si l'on imagine une surface cylindrique mobile, dont les arêtes, s'appuyant toujours sur le périmètre de l'ouverture, soient successivement dirigées vers les différents points du disque solaire, il est évident que le contour de l'image cherchée sera situé sur la surface qui envelopperait toutes les positions de ce cylindre Supposons que l'ouverture soit plane et que l'écran lui soit parallèle, il suffira de promener sur cet écran une figure égale à la section de l'intervalle libre, et ayant constamment la même direction, de telle manière que la droite allant d'un point de cette figure au point homologue de l'ouverture, suive les bords apparents de l'astre, et la courbe enveloppant toutes les positions de la figure mobile, tracera le contour cherché. Il résulte de cette construction très-simple que si l'ouverture est assez petite et l'écran suffisamment éloigné, l'image sera toujours sensiblement de même forme que le disque apparent de l'astre, c'est-à-dire ronde, excepté lors d'une éclipse de soleil, car la même construction indique que cette image doit alors prendre la forme d'un croissant, si cette éclipse est partielle; celle d'un anneau, si l'éclipse est annulaire, et c'est effectivement ce que l'on observe.

« Des considérations analogues expliquent les images renversées qu'on aperçoit sur les murs d'une chambre close quand la lumière ne peut y pénétrer que par une seule ouverture ayant de petites dimensions. Ici ce sont les objets extérieurs, éclairés par la lumière du jour, qui envoient des faisceaux

Fig. 1.

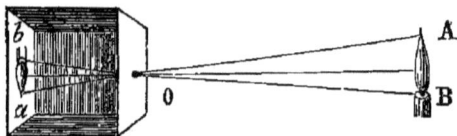

de rayons réfléchis. Les rayons partis de chacun de leurs points, et qui pénètrent dans la chambre, projettent sur la paroi une image de l'ouverture. L'ensemble des images correspondant à tous ces points doit figurer un tableau du paysage extérieur dans une position évidemment renversée, et d'autant plus net que l'ouverture est plus étroite et l'écran plus éloigné. » (Lamé, *Cours de l'école Polytechnique.*)

Telles sont simplement, parmi les lois de la propagation de la lumière directe, dans un milieu homogène, celles utiles à notre objet. Ces lois éprouveront des modifications à leur rencontre avec les corps, au passage d'un milieu à un autre. Suivant que ces milieux lui livreront ou leur refuseront passage, en tout ou en partie, lesdites lois seront modifiées. Les rayons renvoyés ou réfléchis suivront les lois de la réflexion ; les rayons transmis, celles de la réfraction. Nous allons les rappeler brièvement les unes et les autres.

DE LA CATOPTRIQUE OU LOIS DE LA REFLEXION DE LA LUMIERE.

§ 5. Lois de la réflexion par les surfaces planes. —Lorsqu'on fait tomber dans la chambre noire un faisceau de lumière solaire sur un miroir poli de métal, MM', on observe en général deux phénomènes remarquables :

1° On distingue, dans une direction déterminée, un faisceau RR'

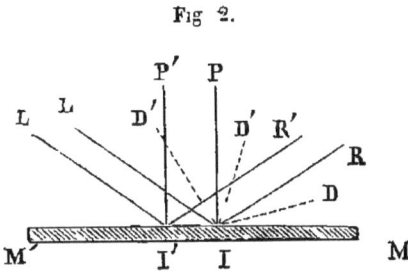

Fig 2.

qui semble partir du miroir et qui trace sur les corps qu'il rencontre une image brillante du soleil ; tous les rayons de ce faisceau sont des rayons *régulièrement* réfléchis ; ils ont d'autant plus d'éclat que le miroir est mieux poli.

2° Des divers points de la chambre noire, on distingue en outre la portion du miroir sur laquelle tombe la lumière ; les rayons ID, ID' etc., qui sont ainsi dispersés dans tous les sens, sont des rayons *irrégulièrement* réfléchis ; ils ont d'autant plus d'éclat que le miroir est moins poli.

§ 6. Réflexion régulière. — Dans le premier cas, réflexion régulière ; le rayon *incident* ou direct et le rayon réfléchi sont dans le même plan normal à la surface ; ils font des angles égaux avec la normale, ce qu'on exprime par la proposition bien connue : *L'angle de réflexion est égal à l'angle d'incidence.*

Ces lois peuvent être constatées par l'expérience : en plaçant au-dessus du miroir poli MM' un cercle répétiteur dont le limbe soit vertical, on vise avec la lunette de l'instrument une étoile ou un objet éloigné, et ensuite son image, vue par réflexion, que l'on trouve toujours dans le même plan vertical. On remarque alors que l'angle décrit par la lunette, pour passer de l'une à l'autre de ces deux positions, est toujours double de l'angle que cette lunette fait avec l'horizon lors de la première observation; ce qui prouve évidemment la loi énoncée.

Lorsque la surface réfléchissante est courbe, on reconnaît, par le même procédé, que le rayon réfléchi a la même direction que si la réflexion avait eu lieu sur le plan tangent au point d'incidence.

Au moyen de ces principes, on démontre très-aisément que les miroirs plans doivent nous faire voir des *images* des objets et que ces images sont toujours *symétriques* (non pas renversées, comme on dit souvent mal à propos) desdits objets par rapport au plan du miroir.

Dans la fig. 3, on voit, en effet, que tous les rayons d'un faisceau parti de L ou F et réfléchis par un miroir plan, sont dirigés comme s'ils partaient du point L', *symétrique* du point L, ou de F' symétrique de F (symétrique veut dire · sur la perpendiculaire menée de ce point au plan, et à la même distance de lui, de l'autre côté).

Fig 3.

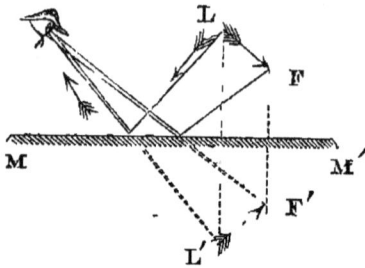

Cette proposition contient en elle la règle à suivre pour construire une image symétrique d'un corps par rapport à un plan. Il faut évidemment, de tous les points de ce corps, abaisser des perpendiculaires sur ce plan, et prolonger chacune d'une quantité égale à elle-même. L'ensemble des extrémités de ces perpendiculaires prolongées forme l'image symétrique, fig. 3.

§ 7. Réflexion irrégulière ou diffuse.

— S'il existait des surfaces réfléchissantes parfaitement polies, l'œil ne pourrait ni les distinguer, ni même en soupçonner l'existence; car les corps ne sont perceptibles à distance que par les rayons irrégulièrement réfléchis à leur surface, et tous les rayons régulièrement réfléchis font voir les points lumineux d'où ils sont sortis, et non pas les réflecteurs sur lesquels ils tombent. Si le globe de la lune, par exemple, était poli comme la surface d'un globule de mercure, nous ne pourrions pas le voir en le regardant, mais nous verrions seulement l'image du soleil qui l'éclaire.

Si la direction de la lumière réfléchie est déterminée avec une précision géométrique, il n'en est pas de même de son intensité. On sait seulement que la quantité de lumière régulièrement réfléchie va croissant avec l'angle d'incidence, sans toutefois être nulle quand cet angle est nul.

Ainsi en regardant la flamme d'une bougie, par réflexion, sur un morceau de verre depoli, on ne distingue pas son image quand l'angle d'incidence est très-petit; mais on la distingue assez nettement quand cet angle est très-grand. On peut même alors la distinguer sur un morceau de bois ou d'étoffe, ou même sur un morceau de papier noirci au noir de fumée. Ces expériences prouvent en même temps que tous les corps réfléchissent *régulièrement* une certaine proportion de la lumière qu'ils reçoivent, et que cette proportion croît avec l'obliquité des rayons. (Pouillet, *Physique*.)

La réflexion irrégulière, on l'a vu au § 5, est en quelque sorte complémentaire de celle-ci; elle croît quand l'autre diminue, c'est-à-dire à mesure que diminue l'obliquite desdits rayons. Ces considérations générales seront utiles à rappeler dans les questions qui se rapporteront à l'éclairage des corps.

§ 8. Images virtuelles et images réelles. — On doit distinguer deux cas relativement à la direction des rayons réfléchis par les miroirs, selon qu'après la réflexion ces rayons sont divergents ou convergents. Dans le premier cas, les rayons réfléchis ne se rencontrent pas; mais si on les conçoit prolongés de l'autre côté du miroir, leurs prolongements concourent en un même point, comme le montre la fig. 3. L'œil étant affecté alors comme si les rayons étaient partis de ce point, y voit une image. Or celle-ci n'existe pas réellement, puisque les rayons lumineux ne passent pas de l'autre côté du miroir. Elle n'est donc qu'une illusion de l'œil; c'est pourquoi on lui donne le nom d'*image virtuelle*, c'est-à-dire qui tend à se produire, mais en réalité ne se produit pas. Telles sont toujours les images données par les miroirs plans.

Dans le second cas, où les rayons réfléchis sont *convergents*, comme on le verra bientôt dans l'étude de la réflexion par certains miroirs courbes, ces rayons vont concourir vers un point situé en avant du miroir et du même côté que l'objet. Là ils forment une image à laquelle on donne le nom d'*image réelle*, pour exprimer qu'elle existe réellement; car elle peut être reçue par un écran et agir chimiquement sur certaines substances.

En résumé, on peut donc dire que les images réelles sont celles qui sont formées par les rayons réfléchis eux-mêmes, et les images virtuelles, celles qui sont formées par leurs prolongements. (Ganot, *Physique*.)

§ 9. Réflexion par les surfaces courbes. — Nous avons vu, au précédent paragraphe, que les expériences propres à démontrer les lois de la réflexion sur les surfaces planes démontraient également celles de la réflexion sur les surfaces courbes, et qu'elles se résumaient en ceci : que le rayon réfléchi a la même direction que si la réflexion avait lieu sur le plan tangent à la surface au point d'incidence. Dans tous les problèmes ayant pour objet la détermination de la marche de la lumière, après sa rencontre avec des surfaces courbes, toute la question se réduit donc à trouver, pour chaque point, la direction du plan tangent ou de la normale, ce qui est simplement un problème de géométrie.

Ainsi un point lumineux placé au centre d'une sphère creuse et polie à l'intérieur, enverrait des rayons vers tous les points de sa surface, et chacun de ces rayons étant réfléchi sur lui-même reviendrait directement au centre après la réflexion. De même, un point lumineux, placé à l'un des foyers d'un ellipsoïde, enverrait des rayons à tous les points de sa surface, et tous ces rayons iraient, par le fait de la réflexion, se réunir et se concentrer en l'autre foyer; puis, en continuant leur route, ils retourneraient au premier foyer après une seconde réflexion, reviendraient au second foyer après une troisième, et ainsi de suite.

Un point lumineux, placé au foyer d'un paraboloïde, enverrait des rayons qui seraient tous réfléchis parallèlement à l'axe et s'en iraient se perdre à l'infini. Réciproquement, un point placé à l'infini, comme une étoile, et sur l'axe d'un paraboloïde, enverrait des rayons qui viendraient tous se concentrer au foyer.

C'est par des considérations analogues que l'on peut expliquer les irrégularités et les accidents singuliers que présentent les images des objets lorsqu'elles sont réfléchies par des surfaces courbes. Par exemple, l'image d'une étoile n'est qu'un point brillant lorsqu'on la regarde, par réflexion, sur la surface d'une eau tranquille, et elle devient une longue traînée lumineuse ou une grande tache brillante, contournée de mille manières, lorsqu'on la regarde par réflexion sur une surface ondulée. La ligne menée de l'œil à l'étoile peut être prise pour l'axe d'une multitude de paraboloïdes dont l'œil est le foyer, dans le premier cas, un seul de ces paraboloïdes pouvant être tangent à la surface plane réfléchissante, on n'a qu'une seule image de l'étoile formée par la lumière réfléchie au point de tangence; dans le second cas, un grand nombre de ces paraboloïdes peuvent être tangents en divers points de la surface courbe réfléchissante, et alors on voit autant d'images qu'il y a de points de tangence : leur ensemble forme l'étendue brillante observée. (Pouillet, *Physique*.)

§ 10. Réflexion sur les miroirs sphériques.

— Un grand nombre de problèmes relatifs à la vision reposant sur la connaissance des lois de la réflexion sur les miroirs sphériques, nous discuterons ces lois en détail, empruntant aux traités classiques les éléments mêmes de cette discussion établis depuis bien longtemps dans la science.

Si l'on imagine une sphère dont l'intérieur soit très-poli et qu'on la coupe par un plan, on en détache une calotte qui est un *miroir sphérique concave*. Ce serait un *miroir sphérique convexe* si la sphère était polie en dehors.

L'*ouverture* du miroir est l'angle des deux rayons CM, CM' menés aux bords opposés de la calotte. Cet angle ne doit pas dépasser 20 ou 30°. Le *diamètre* du miroir est la ligne MM' qui joint les deux bords opposés de la calotte. L'*axe* en est la ligne AC menée du centre de la calotte ou *centre de figure* du miroir, au point C son *centre de courbure*.

Fig. 4.

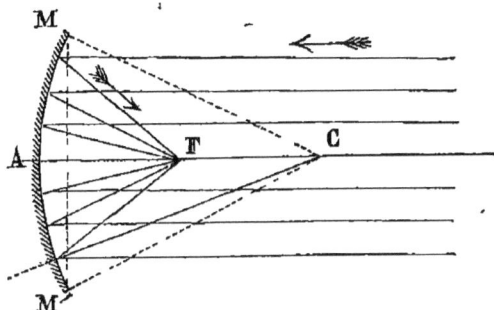

§ **11. Miroirs convexes.** — On démontre par le calcul, et l'on peut constater aisément, par une construction graphique, que tous les rayons de lumière envoyés sur le miroir par un point quelconque de l'axe L, vont, après la réflexion, concourir en un même point F, qui est aussi placé sur l'axe. Ces points se nomment *foyers conjugués* l'un de l'autre, parce qu'il est évident que si le point lumineux était en F, il formerait son foyer en L (fig 5).

Fig. 5

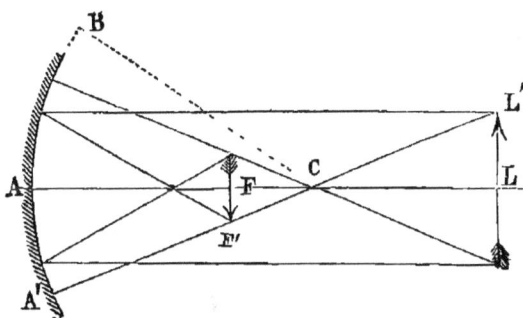

Ces propositions ne sont exactes que dans les miroirs bien travaillés, dont l'ouverture ne dépasse pas 20 ou 30°. Si l'ouverture était plus grande, les rayons qui tomberaient en B, par exemple, ne viendraient plus concourir exactement en F; l'image ne serait plus nettement terminée, et il y aurait alors ce qu'on appelle une *aberration de sphéricité*.

Les mêmes démonstrations et les mêmes conséquences s'appliquent à un point L' situé hors de l'axe d'une manière quelconque; seulement il faut alors, par ce point et par le centre de courbure C, mener une ligne L'CA', que l'on nomme *axe secondaire*, et c'est à l'égard de cet axe secondaire que les phénomènes se produisent; c'est-à-dire que les points L' et F' sont situés sur lui comme les points L et F l'étaient tout à l'heure sur l'axe principal.

Pour ces points, l'aberration de sphéricité fait sentir plus tôt son influence, et si l'axe secondaire qui leur correspond dépasse 10 à 15°, les images deviennent confuses, et les points sont dits hors du *champ* du miroir.

Quant le point lumineux s'éloigne du miroir, son foyer s'en approche, et *vice versâ*. Les lois suivant lesquelles ces changements s'opèrent constituent toute la théorie des miroirs; elles sont heureusement exprimées par une formule très-simple que nous allons discuter.

§ 12. Miroirs concaves. Discussion de la formule. — Cette

formule est la suivante :

$$\frac{1}{p} + \frac{1}{p'} = \frac{2}{R},$$

ou plus avantageusement :

$$\frac{1}{p'} = \frac{2}{R} - \frac{1}{p},$$

dans laquelle R est le rayon de courbure du miroir, quantité constante ;

p distance du point lumineux ou de l'objet au miroir;

p' distance de l'image ou du foyer conjugué au même miroir.

Ces distances sont toujours comptées sur l'axe principal, ou sur l'axe secondaire correspondant au point lumineux, et, dans le même sens, à partir de ce centre, c'est-à-dire *du côté de la lumière incidente*. Quand le résultat du calcul donne une valeur négative pour p', ce résultat doit être interprété en ce sens que p' doit être mesuré en sens inverse, à partir du point A (fig. 4, 5, 6), c'est-à-dire de l'autre côté du miroir. De même, si l'on faisait passer, par hypothèse, l'objet de l'autre côté du miroir, p serait affecté du signe négatif eu égard au signe constant du rayon qui demeure toujours positif.

Voici le tableau des valeurs les plus remarquables que l'on peut donner à p et des valeurs correspondantes de p' :

1° Faisons $\qquad p = \infty, \qquad p' = \frac{R}{2}.$

Or, dire que p est situé à l'infini, c'est supposer les rayons incidents parallèles : le foyer conjugué de l'infini est ainsi placé au milieu du rayon CA. Ce foyer se nomme le *foyer principal*, et sa distance au miroir, *distance focale principale* (fig. 4 et 6).

La fig. 4 représente le foyer pour l'axe principal, la fig. 6 pour un axe secondaire.

2° $\qquad\qquad p = 100\,R, \qquad p' = \frac{100}{199}\,R.$

On voit que, dans ce cas, l'image p' est presque au foyer principal ;
il ne s'en faut que d'une quantité égale à la $\frac{1}{398}$ partie du rayon. On
en conclut qu'il suffit, dans la pratique, que la distance de l'objet au

Fig. 6.

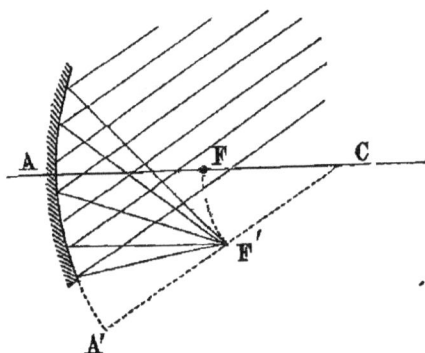

miroir soit égale à 100 fois le rayon, pour que l'image se fasse sensiblement au foyer principal.

3° $p = 2R,$ $p' = \frac{2}{3}R,$

4° $p = R,$ $p' = R ;$

à mesure que l'objet se rapproche du miroir, on voit que l'image
s'en éloigne, et qu'enfin, quand il arrive au centre C, son image y
est également parvenue. Cela pouvait être prévu, puisque l'objet se
trouve alors au centre de la sphère : les rayons reviennent sur eux-
mêmes.

p continuant à diminuer, p' passe alors, en sens contraire, par
les positions primitivement parcourues par p. Ce qui est simple,
puisqu'ils sont conjugués l'un de l'autre. Aussi

5° quand $p = \frac{R}{2},$ $p' = \infty ;$

c'est-à-dire qu'en mettant le point lumineux au foyer principal, tous
les rayons sont réfléchis en parallélisme. C'est l'inverse de ce que
nous ont montré les fig. 6 et 7.

Imaginons maintenant pour p une sixième position ; supposons
$p < \frac{R}{2}$, c'est-à-dire rapprochons le point lumineux du miroir plus
près de lui que le foyer principal ; p' prend une valeur négative ; on
a, en effet :

$$p' = \frac{Rp}{2p - R},$$

or $2p$ est $< R,$ puisque p est $< \frac{R}{2}, p'$ est donc négatif.

D'après ce que nous avons dit plus haut, il faut donc compter p' de l'autre côté du miroir, en partant de A (fig. 7), centre du miroir.

Fig. 7.

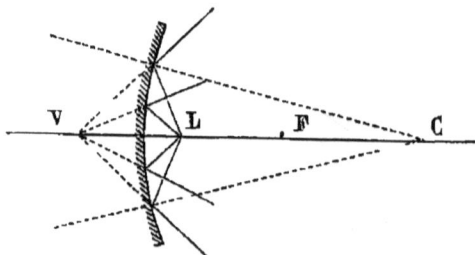

Cela ne veut pas dire que la direction des rayons ne concoure plus géométriquement en un point unique, mais qu'ils ne se rencontrent plus eux-mêmes. Ils n'ont plus qu'un point de concours géométrique, non réel, mais virtuel, en arrière du miroir; c'est ce que nous avons nommé un *foyer virtuel*.

§ 13. Grandeur relative de l'image et de l'objet. —Il résulte de cette discussion que l'objet et son image ont leurs points extrêmes sur les mêmes axes secondaires. Le même angle visuel serait donc sous-tendu par l'objet et son image si l'on supposait un œil placé au centre de courbure. Les dimensions des images et de l'objet sont donc dans le rapport de leurs distances au centre.

En résumé, dans les miroirs sphériques concaves, tant que l'objet lumineux est situé au delà du centre de courbure, son image est réelle, renversée et plus petite que lui-même. Elle grandit à mesure qu'il se rapproche et en est la représentation exacte, en grandeur, au moment où il arrive au centre.

Entre le centre et le foyer principal et se rapprochant de ce dernier, l'objet donne une image, toujours renversée, toujours réelle et qui croît en s'éloignant.

Mais quand l'objet franchit le foyer principal en se rapprochant encore du miroir, l'image devient *virtuelle*, mais *droite* et plus grande que l'objet.

Rien de plus simple que les vérifications expérimentales de ces propositions; nous ne nous y arrêterons pas.

§ 14. De la réflexion sur les images sphériques convexes
— Dans le cas des miroirs sphériques convexes, si l'on recourt à la formule générale donnée plus haut :

$$\frac{1}{p} + \frac{1}{p'} = \frac{2}{R},$$

on voit qu'il faut y changer le signe de R qui n'est plus du même côté que le rayon incident; on a alors :

$$\frac{1}{p} + \frac{1}{p'} = -\frac{2}{R},$$

et l'on ne prend plus p et R, *données* de la question, qu'avec leurs valeurs absolues.

Pour la commodité du calcul, cette formule devient alors :

$$-\frac{1}{p'} = \frac{2}{R} + \frac{1}{p},$$

forme sous laquelle on la considère ordinairement

Comme R et p sont pris avec leur valeur absolue. d'après ce que nous venons de dire, on voit que p' est *toujours* négatif (1).

Il faut en conclure que les *miroirs convexes sphériques* ne donnent que des foyers virtuels et, par conséquent, des images virtuelles.

De plus, si l'on considère l'objet AB et son image ab, l'œil étant supposé en C, on voit que l'angle visuel est le même des deux côtés, et que les dimensions sont conséquemment entre elles comme R $+ p$

---

(1) Comme moyen de pure mnémonique, on pourrait remarquer que p représentant le sens de la lumière incidente dans les formules concernant la réflexion de la lumière par les miroirs sphériques, si le rayon du miroir et l'objet sont dans le même sens, ou du même côté du miroir, les quantités p et R sont de même signe; et que inversement, si la morche de la lumière incidente est du côté opposé au rayon du miroir, les signes de p et de R seront contraires dans la formule.

Or cette formule générale est :

$$\frac{1}{p} + \frac{1}{p'} - \frac{2}{R} = 0.$$

Si l'on y prend p et R de même signe, on aura la formule des miroirs concaves, car la lumière incidente et le rayon sont là de même sens.

Y fait-on p et R de signes contraires, on a celle des miroirs convexes où p et R sont en sens opposé dans la figure.

On a donc .

$$\frac{1}{p} + \frac{1}{p'} - \frac{2}{R} = 0,$$

ou
$$\frac{1}{p} + \frac{1}{p'} = \frac{2}{R}$$

pour les miroirs concaves, et

$$\frac{1}{p'} + \frac{1}{p} + \frac{2}{R} = 0,$$

ou
$$\frac{1}{p} + \frac{2}{R} = -\frac{1}{p'}$$

pour les miroirs convexes

d'une part et $R-p'$ de l'autre, en prenant p et p' avec leurs valeurs absolues.

Fig 8

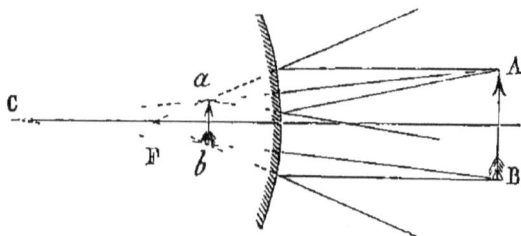

Il s'ensuit que l'image ab, *droite et virtuelle est toujours plus petite que l'objet*, et d'autant plus que l'objet s'éloigne davantage

(Pouillet, *Physique*.)

Ces bases théoriques établies, il est quelques points de pratique à régler.

§ 15. Détermination du foyer des miroirs.

— Dans les applications aux arts ou à la science des miroirs concaves ou convexes, il est souvent nécessaire de connaître leur rayon de courbure. Or cette recherche revient à celle du foyer principal, que l'on sait occuper le point milieu du rayon principal.

Pour trouver le foyer, lorsque le miroir est concave, on présente celui-ci aux rayons solaires (ou à des rayons lumineux très-éloignés, dépassant le plus possible le centuple du rayon probable) et de manière que son axe principal lui soit parallèle.

Puis, avec un petit écran de verre dépoli, on cherche le lieu où l'image présente le plus d'intensité. Là est le foyer principal. Le rayon, d'ailleurs, est double de la distance focale principale.

Si le miroir est convexe, on le recouvre de papier, en ayant soin de réserver dans le papier, à égale distance du centre de figure, et dans un même plan méridien, deux petites ouvertures circulaires qui laissent le miroir à nu. On place ensuite devant le miroir un écran percé à son centre d'une ouverture circulaire plus grande que la distance des deux points visibles du miroir. Si l'on reçoit alors sur le miroir un faisceau de rayons solaires parallèles à l'axe, la lumière se réfléchit sur les parties brillantes et à découvert du miroir, et va former, sur l'écran, deux images brillantes. En reculant ou en rapprochant l'écran du miroir, on trouve une position pour laquelle la distance des deux images dessinées sur l'écran est double de celle des points mis à découvert. L'écran est alors à une distance du miroir égale à la distance focale principale. Cela résulte très-simplement de la proportion des côtés des triangles semblables.

§ 16. Règle générale pour la construction des images dans les miroirs.

— Cela posé, rien de plus simple que de formuler la règle

à suivre pour le tracé des images dans les deux espèces de miroirs.

„ Pour construire l'image d'un point : 1° tirez l'axe secondaire de ce point ; 2° menez du point donné au miroir un rayon incident quelconque ; 3° joignez le point d'incidence au centre du miroir par une droite qui représente la normale et, en même temps, fait connaître l'angle d'incidence ; 4° tirez du point d'incidence, de l'autre côté de la normale, une droite qui forme avec elle un angle égal à l'angle d'incidence. Cette dernière droite, qui représente le rayon réfléchi, étant prolongée jusqu'à la rencontre de l'axe secondaire, *le coupe dans le lieu de l'image cherchée.*

En appliquant la même construction à chaque point d'un objet on aura toujours son image, laquelle sera *réelle* ou *virtuelle* selon que ce sont les rayons réfléchis eux-mêmes qui coupent l'axe secondaire en avant du miroir, ou que ce sont leurs prolongements qui le coupent en arrière. (Ganot, *Physique.*)

§ 17. Réflexion dans le cas de faisceaux convergents. —

Dans les exemples qui précèdent nous n'avons considéré que ce qui a lieu dans les cas ordinaires, un état divergent des faisceaux incidents. Dans plusieurs applications à la vision ou à l'examen de l'œil, nous aurons besoin de savoir ce que deviennent les rayons convergents quand ils sont réfléchis par des miroirs plans, sphériques concaves, ou sphériques convexes.

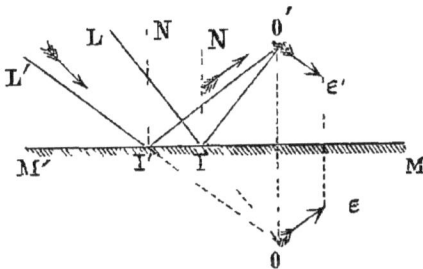

Fig 9

Pour les miroirs plans rien de plus simple : il suffit de jeter les yeux sur la fig. 9 pour voir ce qui advient. Vu l'égalité des angles de chaque côté des normales, le faisceau convergent qui rait se réunir en O, derrière le miroir, est réfléchi en convergence en O′ symétrique du point O ; l'image formée est ainsi *réelle* et égale à l'objet.

Pour savoir ce qui se passe dans le cas du miroir concave, rappelons la formule donnée ci-dessus pour ces miroirs :

$$\frac{1}{p'} = \frac{2}{R} - \frac{1}{p},$$

dans laquelle p était de même signe que R.

Or ici c'est ce signe qu'il faut changer, puisque le point lumineux passe de l'autre côté du miroir, p devient virtuel.

On a alors :

$$\frac{1}{p'} = \frac{2}{R} + \frac{1}{p},$$

c'est-à-dire que p' a les valeurs mêmes trouvées dans le cas du miroir convexe ; seulement il les faut prendre dans le même sens que le rayon et non plus en sens opposé comme précédemment.

La discussion donnerait lieu aux mêmes résultats que nous avons déjà énoncés, mais interprétés en sens contraire. L'image, au lieu d'être virtuelle, est réelle, au lieu d'être petite, est agrandie, mais droite dans tous les cas.

Si nous prenons le cas du miroir convexe, nous aurons à faire usage de la formule :

$$-\frac{1}{p'} = \frac{2}{R} + \frac{1}{p},$$

dans laquelle p, qui était mesuré du même côté que le rayon, doit être pris en sens contraire. On a donc la nouvelle formule ·

$$-\frac{1}{p'} = \frac{2}{R} - \frac{1}{p};$$

c'est la formule des miroirs concaves dans laquelle la position de l'image change seule, suivant, en grandeur relative et en position, toutes les modifications que nous avons étudiées dans ces miroirs, devenant virtuelle quand elle était réelle, et réciproquement. Nous n'entrerons à cet égard dans les détails de la discussion que lorsque le besoin s'en fera sentir, c'est-à-dire à l'occasion des images de la cornée et des cristalloïdes.

On comprendra d'ailleurs aisément la signification de ces formules, au moyen de la représentation géométrique suivante de la marche des rayons réfléchis, par le fait du changement en convergences des rayons divergents des exemples vulgaires :

Fig 10

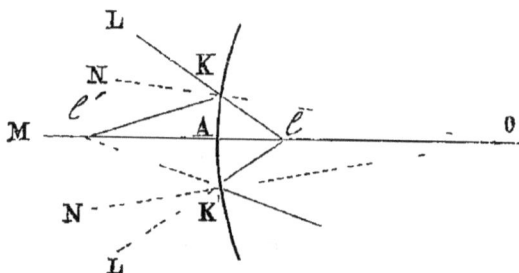

Soit O le centre d'une surface sphérique réfléchissante, MLl un faisceau de rayons de lumière tombant sur cette surface aux points KA, et se rencontrant géométriquement au sommet l.

ON représentant les normales à la surface sphérique KK', qui ne voit que les directions LK, Kl' ou lK', K'l', faisant avec la normale N des angles égaux, seront toujours géométriquement les mêmes, soit que nous considérions la surface KK' comme concave et la source éclairante en l, envoyant vers cette surface un faisceau conique divergent ALK, soit, au contraire, que nous la considérions comme convexe et recevant un faisceau ML convergent, mais dont le sommet géométrique serait toujours en *l*.

Dans tous les cas, l'image de *l* est toujours en *l'* ; seulement réelle dans un cas, elle se trouve virtuelle dans l'autre, comme les formules nous l'ont appris.

DIOPTRIQUE.

§ 18. Lois de la réfraction. — Lorsque la lumière arrive à la surface d'un corps diaphane, une partie se réfléchit, mais une autre partie pénètre dans le corps, en éprouvant une déviation à laquelle on donne le nom de *réfraction*. On peut constater ce changement de direction par les expériences suivantes.

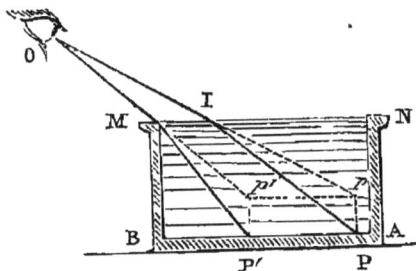

Concevons qu'un observateur soit placé sur le côté d'un vase vide et à parois opaques ABMN, de manière à n'apercevoir qu'une certaine partie du fond de ce vase ; P étant le point qui envoie à l'œil le faisceau lumineux OM, tangent au bord opaque, ou qui fait le plus grand angle avec l'horizon. Si, dans ces circonstances, on remplit le vase plein d'eau, l'œil de l'observateur, toujours à la même place, aperçoit une partie de plus en plus étendue du fond ; le point P semble s'élever verticalement ; un autre point P' est vu dans la direction limite OM. Ainsi, le faisceau lumineux qui va de P à l'œil éprouve une déviation telle qu'il semble diverger de *p*, point plus élevé que P, et situé dans le même plan vertical que la droite O M. Cette déviation ne peut avoir lieu qu'en I, à la surface libre du liquide, puisque la lumière se propage en ligne droite, tant qu'elle ne change pas de milieu. La lumière venue en I du point P situé dans l'eau, s'incline donc suivant IO à son entrée dans l'air, et cela sans sortir du même plan vertical. Pareillement, la lumière venue en M du point P' se propage dans l'air suivant MO, direction plus inclinée à l'horizon que P'M.

Fig 11

On conclut de cette expérience qu'un faisceau lumineux sortant de l'eau pour entrer dans l'air, change de direction et se rapproche de la surface de séparation des deux milieux, de telle manière cependant que les rayons incident et émergent soient dans le même plan normal à cette surface.

Lorsqu'au contraire la lumière tombe obliquement sur la surface de l'eau, elle s'éloigne de cette surface ou se rapproche de la normale en se propageant dans ce liquide. En mesurant, au moyen d'appareils spéciaux très-simples, les angles de ces divergences ou de ces rapprochements, Descartes a trouvé les lois générales de la réfraction dont voici l'énoncé :

1° Le plan qui contient le rayon incident et le rayon réfracté contient aussi la normale à la surface de séparation des milieux au point de concours des deux rayons

2° Le rapport des sinus des angles que ces rayons font avec la normale reste constant pour les mêmes milieux quoique l'incidence varie.

3° Enfin si la lumière rebroussait chemin, elle suivrait les mêmes directions dans un sens inverse; c'est-à-dire que si elle approchait de la surface en suivant la direction du premier rayon réfracté, elle parcourrait, en s'éloignant, la direction du premier rayon incident.

De deux milieux celui-là est dit le plus réfringent dans lequel le rayon lumineux se rapproche davantage de la normale.

Une conséquence immédiate des lois précédentes, et qu'il est facile de vérifier par l'expérience, c'est que si le rayon incident est normal, à la surface, le rayon réfracté suit la même direction.

Lorsque, dans l'expérience précédente, on se sert de la lumière du soleil, on remarque que le faisceau, blanc lors de l'incidence, se trouve composé à sa sortie du prisme, de rayons qui divergent inégalement dans le plan normal et qui sont de couleurs différentes ; les plus réfractés sont violets ; ceux qui s'éloignent le moins de la normale sont rouges ; au milieu du faisceau sont des rayons verts. Ce phénomène, appelé *dispersion* de la lumière, se rapporte à une classe de faits dont nous nous occuperons un peu plus loin. Nous supposerons ici, pour déduire les conséquences mathématiques des lois de la réfraction, que le rayon incident est homogène ou d'une seule couleur.

Parmi les substances solides, diaphanes et régulièrement cristallisées que la minéralogie a fait connaître, il en existe un grand nombre dans lesquelles un rayon lumineux tombant sur leur surface, donne naissance à deux rayons réfractés, l'un qui suit la loi de Descartes, et l'autre une loi plus compliquée. Nous ne nous occuperons pas de ce dernier rayon dont les propriétés ne se rapportent pas distinctement aux lois de la vision qui nous intéressent ici.

§ 19. Limite de la réfraction. Réflexion totale —D'après la loi de Descartes, si l représente le rapport constant du sinus de l'angle i d'incidence au sinus de l'angle r de réfraction, lorsque la lumière passe d'un milieu dans un autre plus réfringent, on a l'équation fondamentale :

$$\frac{\sin i}{\sin r} = l,$$

et l est plus grand que l'unité.

Si, au contraire, le second milieu est le moins réfringent, on a :

$$\sin i = \frac{1}{l} \sin r.$$

Dans ce dernier cas, l'angle de réfraction, toujours plus grand que celui d'incidence, doit être *droit* lorsque l'angle i a pour sinus $\frac{1}{l}$; et quand l'angle d'incidence surpasse cette limite (valeur qui a reçu le nom d'*angle limite*), la réfraction doit devenir impossible, puisqu'en supposant générale la dernière des formules qui précèdent, la valeur de sin r deviendrait alors plus grande que l'unité. D'après cela, si la loi de Descartes est exacte et rigoureuse, aucune portion de la lumière venant du milieu le plus réfringent et qui se présentera, sous ces grandes incidences, à la surface de séparation des milieux, ne pourra pénétrer dans le milieu le moins réfringent, et rebroussera chemin à l'intérieur suivant les lois de la réflexion.

Fig 12

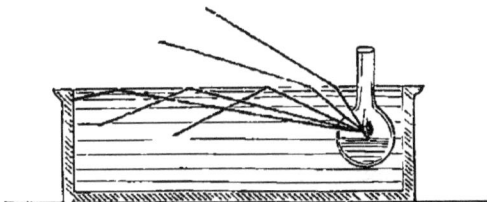

Ce phénomène a reçu le nom de *Réflexion totale*. Il rend compte de nombre de phénomènes particuliers dont nous ne pouvons grossir ce résumé.

Il convient cependant de citer celui bien connu sous le nom de *mirage*.

Lorsque deux masses d'air, de températures et conséquemment de densités différentes, sont séparées par une surface assez nettement déterminée, ce qui ne peut arriver que dans des temps de calme, les rayons de lumière qui, venant de la couche la plus dense, tomberont sous un angle très-petit sur cette surface de séparation, pourront s'y réfléchir totalement et produire des images par réflexion. C'est là le mirage.

Si la masse d'air la plus échauffée et la moins dense touche le sol, comme cela a lieu souvent dans les plaines de sable de la basse Égypte, la surface de la terre, vers l'horizon, ressemblera à un lac tranquille, et réfléchira les images renversées des objets éloignés.

Si la couche la plus échauffée est supérieure à la plus dense, comme cela se présente quelquefois en pleine mer, on verra les vaisseaux qui voguent vers l'horizon répétés par des images renversées et placées au-dessus d'eux.

Enfin, si les masses d'air de densités différentes sont au même niveau et séparées par des plans verticaux, les objets sembleront doubles et leurs images seront droites. Cette dernière variété de mirage a quelquefois lieu sur les côtes maritimes, l'air situé au-dessus de la terre et celui supérieur à l'eau pouvant conserver des températures et par suite des densités différentes, lorsque le calme de l'atmosphère retarde leur mélange.

(Lamé, Cours de l'École polytechnique.)

§ 20. De la réfraction par les prismes. — Les milieux que traverse la lumière dans les instruments d'optique et dans l'appareil de la vision, sont séparés par des surfaces planes ou courbes, et parmi celles-ci, les surfaces sphériques seules devront nous occuper.

Parmi les surfaces planes nous aurons à considérer les corps diaphanes à surfaces parallèles ou bien à surfaces inclinées l'une sur l'autre.

Milieux à faces parallèles. — Lorsque la lumière traverse un milieu à surfaces parallèles, les rayons émergents sont parallèles aux rayons incidents.

Fig 13

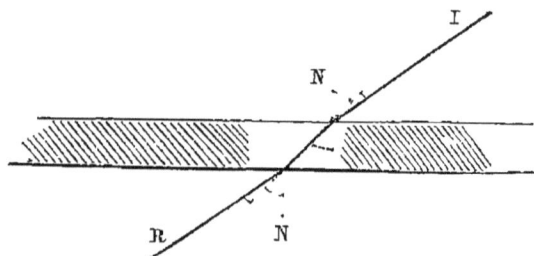

L'analyse de la marche des rayons dans cette circonstance démontre très-simplement cette proposition. Le rayon incident se rapproche en effet de la normale en entrant dans le milieu dont il s'agit de la quantité dont il s'en éloigne en en sortant. Or ces normales sont parallèles, donc...

Prismes. — On nomme *prisme*, en optique, tout milieu transparent limité par deux faces planes inclinées l'une sur l'autre. L'intersection de ces deux faces est l'*arête* du prisme, et l'angle qu'elles comprennent son angle réfringent. Dans la section triangulaire qu'un plan perpendiculaire à l'arête y dessinerait, le point correspondant à l'arête porte le nom de *sommet*, et le côté du triangle qui lui est opposé est appelé *base du prisme.*

Fig. 14.

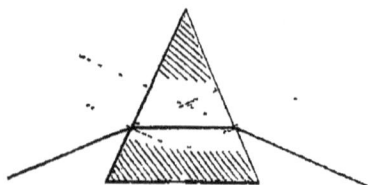

L'analyse expérimentale de la marche de la lumière à travers les prismes constate et explique les phénomènes suivants :

Un prisme étant placé entre l'œil et un objet, la lumière émanée de l'objet et qui traverse le prisme est réfractée deux fois, l'une à l'entrée, l'autre à la sortie. On remarque alors constamment, quel que soit le sens dans lequel on place le prisme, *que les objets vus à travers ce prisme paraissent déviés vers son sommet.*

(On constate en outre les phénomènes de dispersion cités plus haut.)

L'angle, que l'on peut mesurer entre l'objet vu directement et le même objet vu à travers le prisme, se nomme *angle de déviation.*

Si on se rappelle alors ce que nous avons nommé *l'angle limite,* et qu'on veuille connaître les conditions sous lesquelles l'émergence peut avoir lieu pour une incidence donnée, on reconnaît expérimentalement et par le calcul :

1° Que si l'angle réfringent du prisme est double de l'angle-limite, aucun des rayons qui sont entrés par la première face ne peut sortir par la seconde : arrivé à la seconde face, son inclinaison est telle qu'il éprouve la réflexion totale.

On pourrait donc impunément fermer une chambre noire avec un prisme diaphane, sans craindre qu'il entrât la moindre trace de lumière, pourvu que l'angle réfringent de ce prisme fût au moins double de l'angle-limite déterminé par l'indice de réfraction de la substance.

2° Pendant qu'on regarde l'image réfractée d'un objet, si l'on fait tourner le prisme sur son axe, il est facile de voir que l'objet se déplace et par conséquent que la déviation change ; mais on peut remarquer aussi qu'en partant d'une position extrême pour faire tourner le prisme dans le même sens, l'image se déplace d'abord, puis s'arrête, puis se déplace de nouveau pour retourner où elle était d'abord. Lorsqu'elle s'arrête, la déviation est *minimum.* (Le même phénomène est surtout manifeste dans le déplacement d'un rayon solaire tombant sur un prisme dans une chambre noire.)

En ce cas, on démontre par le calcul, et l'on peut vérifier par l'expérience, que la déviation minimum a lieu quand les angles d'incidence et d'émergence sont égaux entre eux, ou enfin quand l'angle de réfraction est égal à la moitié de l'angle réfringent.

§ 21. De la réfraction aux intersections des milieux sphériques ou des propriétés des lentilles.

— L'expérience apprend que lorsque la surface de séparation de deux corps diaphanes est sphérique, les rayons de lumière peu inclinés entre eux, qui sont partis d'un même point situé dans l'un de ces milieux, concourent, après leur réfraction, à peu près à un même point du second. Il en arrive encore de même lorsqu'un milieu diaphane est terminé par deux portions de surfaces sphériques, il forme alors ce qu'on appelle une lentille.

En combinant les surfaces sphériques entre elles ou avec des plans, on forme six espèces de lentilles représentées ci-dessous.

L   · Fig. 15.

A   B   C   D   E   F

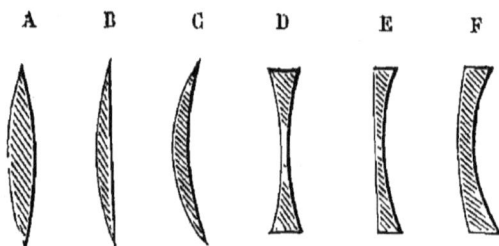

Quatre sont formées par deux surfaces sphériques, et deux par la combinaison d'une surface sphérique avec un plan.

La première **A** est dite biconvexe; la seconde **B** plan convexe; la troisième **C**, périscopique ou ménisque convergent; la quatrième **D**, biconcave; la cinquième **E**, plan concave; et la sixième **F**, périscopique ou ménisque divergent.

Les trois premières, qui ont les bords plus minces que le centre, sont appelées convergentes; les trois dernières, qui ont le bord épais, sont dites divergentes.

Nous ne nous occuperons que des deux principales, la biconvexe et la biconcave, auxquelles toutes les autres se rattachent immédiatement.

Comme dans les miroirs, les désignations d'axe principal, de centre de courbure, de centre de la lentille, ont la même signification.

Dans l'épaisseur d'une lentille et sur son axe, se trouve un point particulier que l'on nomme le *centre optique*. Tous les rayons de lumière qui passent par ce point prennent, en sortant de la lentille, une direction parallèle à celle qu'ils avaient en entrant. Ce rayon peut être considéré en effet comme traversant un milieu à surfaces parallèles.

Fig 16

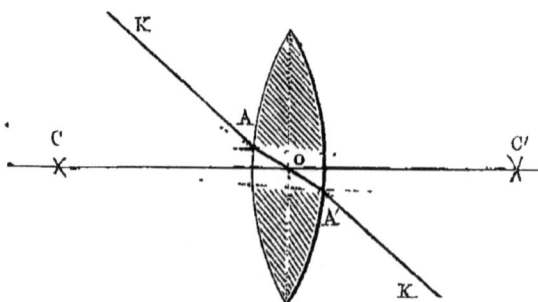

Toutes les restrictions que nous avons faites, à propos des miroirs sphériques, sur le degré d'ouverture de l'instrument sont applicables à l'ouverture de la lentille qui ne doit pas dépasser 20 ou 30°. S'il était plus grand, les rayons qui traversent les bords n'iraient plus concourir au foyer, comme les rayons voisins de l'axe, et il y aurait une *aberration de sphéricité* plus ou moins grande. Pour les axes secondaires, cette limite ne doit pas dépasser 10 à 15°.

§ 22. Lentilles biconvexes.

— Quand on applique le calcul à la marche des rayons lumineux dans les lentilles, on les considère comme régulièrement composées de séries de petits prismes déterminés par les plans tangents successifs. On leur adapte les lois de la réfraction aux prismes et on l'arrive aux formules suivantes qui expriment la marche des rayons, les relations des foyers, des rayons de courbure, des points lumineux et de leurs images dans les lentilles sphériques :

1°
$$\frac{1}{p'} = \frac{1}{f} - \frac{1}{p};$$

2°
$$f = \frac{rr'}{(l-1)(r'-r)}.$$

La première indique la relation qui existe entre la distance focale principale f, la distance de l'objet p et celle de son image p', toutes ces distances étant comptées à partir du centre optique, soit sur l'axe principal, soit sur un axe secondaire.

La seconde exprime la relation qui existe entre la distance focale principale f, les rayons de courbure r, r' de la lentille et l'indice de réfraction l de sa substance. Cette relation est évidemment une constante pour une lentille donnée, de sorte que tout l'intérêt est fixé exclusivement sur la première équation.

Dans cette équation supposons que l'on fasse :

1°
$$p = \infty; \quad \text{ou} \quad \frac{1}{p} = 0,$$

on trouve alors :

$$p' = f.$$

Fig 17

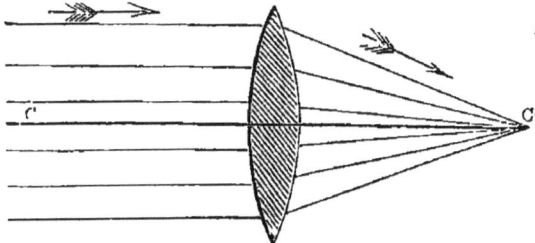

Quand les rayons sont parallèles, l'image est au foyer principal ; cela n'a rien qui surprenne : c'était le point de départ de la formule, puisqu'on a appelé *f*, ou distance focale principale, la distance du point de concentration des rayons parallèles.

2° Supposons $p = 100\,f$,

ou l'objet placé à cent fois la distance focale principale;

$$\frac{1}{p'} = \frac{1}{f} - \frac{1}{100\,f} = \frac{99}{100\,f},$$

ou

$$p' = \frac{100}{99}\,f,$$

Fig. 18.

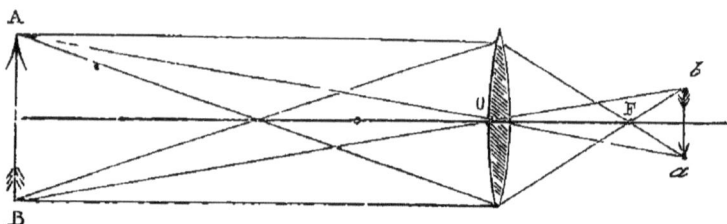

Quel faible chemin a fait l'image! $\frac{1}{99}$ de la distance focale, pendant que l'objet s'avançait de l'infini à $100\,f$.

3° Soit $p = 2f,$ $\quad \frac{1}{p'} = \frac{1}{f} - \frac{1}{2f},$

ou $\quad \frac{1}{p'} = \frac{1}{2f},$

ou $\quad p' = 2f.$

L'expérience fait voir en effet qu'un objet étant placé au double de la distance focale, l'image est de l'autre côté de la lentille, exactement à la même distance, et par conséquent de la même grandeur.

4° Soit $p = f.$

Fig. 19.

Naturellement p' distance conjuguée se trouve à l'infini : les rayons émergents sont parallèles. Résultat qui n'a même pas besoin d'être expérimenté, tant il est obligé par la réciprocité des rapports entre les foyers conjugués p et p'.

5° Supposons enfin l'objet lumineux entre la lentille et son foyer, ou

$$p < f.$$

Fig. 20.

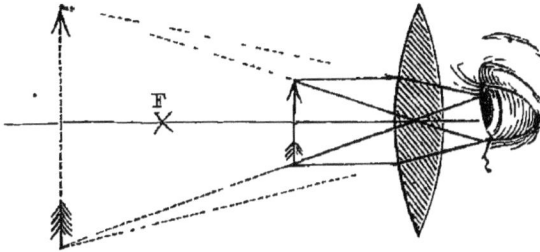

$\frac{1}{p}$ étant plus grand que $\frac{1}{f}$, $\frac{1}{p'}$ devient négatif, c'est-à-dire change de signe, et doit alors être compté du même côté que p et que f. L'image est alors *virtuelle*, puisque étant une image par réfraction, c'est-à-dire dont les rayons ont traversé une lentille, elle est cependant géométriquement, *mais non réellement* formée du même côté que le foyer positif.

Dans ce cas, la lentille n'est plus convergente; à proprement parler, elle diminue seulement la divergence.

Ainsi employée, la lentille biconvexe prend le nom de *loupe* ou microscope simple.

§ 23. **Lentille biconcave.** — Le calcul résume ses résultats quant à la marche de la lumière dans les lentilles biconcaves, par la formule :

$$\frac{1}{p'} = \frac{1}{f} + \frac{1}{p};$$

$\frac{1}{f}$ étant toujours une valeur absolue, et la propriété des lentilles biconcaves, la divergence, l'image et l'objet doivent être généralement du même côté, et leurs distances au centre optique porter le même signe.

Si l'on fait dans cette formule $p = \infty$, on a, comme dans le cas précédent, $p' = f$. Les rayons incidents parallèles semblent, à l'émergence partir du foyer principal situé du même côté.

2° Soit

$$p = f, \quad p' = \frac{f}{2}.$$

Dans le cas d'un point lumineux placé au foyer, les rayons émergents semblent partir d'un point placé entre le foyer et le centre optique à égale distance de l'un et de l'autre.

Fig 21

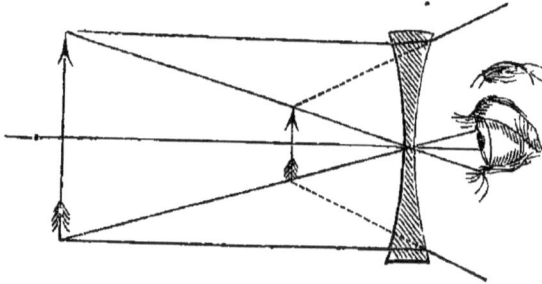

Quelque valeur qu'on donne ensuite à p, au-dessous de $\frac{f}{2}$ on a toujours p' de même signe. Les images sont donc toujours virtuelles, c'est-à-dire situées du même côté que l'incidence.

§ 24. Choix des signes dans les formules. Scolie. — La formule qui établit les relations entre les foyers conjugués et la distance focale principale dans les lentilles est une des plus importantes que l'on puisse rencontrer dans l'établissement et le maniement des instruments d'optique. Toute l'optique instrumentale est, en quelque sorte, basée sur cette équation.

Il est donc du plus haut intérêt de l'appuyer sur des règles sûres dans l'interprétation des valeurs qu'elle fournit et la signification des notations.

Une distribution rationnelle des signes est, en particulier, le premier soin à avoir dans cette interprétation. On nous permettra donc d'insister sur les règles pratiques propres à diriger dans ce choix, cette partie de notre travail n'ayant qu'un objet absolument pratique.

Considérant donc les formules

$$\frac{1}{p'} = \frac{1}{f} - \frac{1}{p},$$

$$\frac{1}{p'} = \frac{1}{f} + \frac{1}{p},$$

dont nous venons de discuter les enseignements dans l'étude des lentilles biconvexes et biconcaves, établissons les bases pratiques qui doivent servir à la détermination des signes à donner à p, p' et f dans les différents cas. Jusqu'ici nous avons pris f comme une quantité absolue et toujours positive : voyons s'il en est ainsi dans toutes les circonstances.

La valeur de f est donnée, nous l'avons vu plus haut, par la formule

$$f = \frac{rr'}{(l-1)(r'-r)}.$$

Or le calcul qui a servi à établir ces formules est parti de cette hypothèse que r représente toujours le rayon de courbure de la première surface, c'est-à-dire de celle par laquelle *entre* la lumière, et r' le rayon de la seconde ou de la surface de sortie.

Le sens des valeurs positives est celui de la marche de la lumière. Les rayons sont donc positifs qui sont comptés *du même côté* que la lumière *incidente ;* ils sont, au contraire, négatifs quand le centre de la surface de pénétration est du côté de l'émergence. La valeur absolue de f prend donc tels signes que donnera l'expression $f = \frac{rr'}{(l-1)(r'-r)}$ et son signe déterminera tous les autres.

Ainsi l'expression générale des propriétés des lentilles biconvexes étant donnée par l'équation d'ensemble

$$\frac{1}{p} + \frac{1}{p'} = \frac{1}{f};$$

avant d'appliquer cette formule à un genre de lentilles donné, il faudra recourir à l'interprétation de la valeur de

$$f = \frac{rr'}{(l-1)(r'-r)}.$$

Voyons ce que devient cette formule pour les différentes suppositions que l'on peut faire.

1° Lentille biconvexe.

On voit de suite que r, rayon de la surface de pénétration de la lumière, doit être pris en sens contraire de sa marche, c'est-à-dire négativement, et r' au contraire positivement.

Il en résulte pour f une valeur négative, c'est-à-dire à compter du même côté que r, en sens opposé à p, par conséquent,

Dans l'expression générale

$$\frac{1}{p} + \frac{1}{p'} = \frac{1}{f},$$

il faudra donc donner à f un signe contraire à celui de p.

2° Prenons le second cas, la lentille plan convexe :
r y est toujours négatif,

$$r' = \infty,$$

$$f = -\frac{r}{l-1}$$

encore négatif.

3° Ménisque convexe, c'est-à-dire ayant

$$r < r';$$

f est encore négatif.

Dans toutes les lentilles convergentes, f, distance focale principale, est donc toujours à prendre en sens opposé, ou en signe contraire de p, distance positive du rayon de lumière incident ou d'entrée.

f est donc toujours de signe contraire à p dans la formule qui représente ces lentilles.

$$\frac{1}{p} + \frac{1}{p'} - \frac{1}{f} = 0,$$

qui revient à la suivante :

$$\frac{1}{p} + \frac{1}{p'} = \frac{1}{f},$$

sous laquelle on le considère ordinairement.

Nous montrerions de même que dans les lentilles biconcaves, et plus généralement dans toutes les lentilles *divergentes*, f devient positif, ou doit être pris dans le même sens que p, distance du point d'émergence du rayon d'entrée dans la formule

$$\frac{1}{p'} = \frac{1}{f} + \frac{1}{p}.$$

forme sous laquelle on la considère dans son application aux lentilles divergentes.

Ainsi donc, et pour nous résumer, pour toutes les lentilles convergentes ou divergentes (dans la formule générale $\frac{1}{p} + \frac{1}{p'} - \frac{1}{f} = 0$ prise en valeur absolue), p et f sont de même signe, si le foyer se trouve du côté de la lumière incidente, de signe contraire, s'ils sont de côtés opposés par rapport à la lentille. — Quant au signe de p', la formule a été établie au point de vue de la seule grandeur absolue de ces quantités, en considérant comme de même signe des quantités disposées, en réalité, en sens contraire. p et p' ne devront donc être considérés comme de même signe que lorsqu'ils sont en sens contraire dans la figure (cas des images réelles) : mais, toutes les fois que p', foyer conjugué de p, passe du même côté que lui ou que l'image devient virtuelle, p' devra changer de signe, ou prendre le signe contraire de p. Il suit de là que lorsque l'image devient virtuelle dans les lentilles biconvexes, la formule générale devient :

$$\frac{1}{p} + \frac{1}{p'} - \frac{1}{f} = 0;$$

ou

$$\frac{1}{p} - \frac{1}{p'} = \frac{1}{f}.$$

Et quant à la formule des lentilles divergentes dans lesquelles p et f sont de même sens, ainsi que p', elle devient alors, d'après les mêmes considérations ·

$$-\frac{1}{p}+\frac{1}{p'}-\frac{1}{f}=0,$$

ou
$$\frac{1}{p'}=\frac{1}{f}+\frac{1}{p},$$

forme sous laquelle on la considère ordinairement.

En ne perdant pas de vue ces bases importantes du calcul, l'erreur dans les applications sera aisément prévenue, et chacun y verra clair dans leur signification pour chaque cas particulier.

Nous allons l'éprouver dans la discussion qui va suivre pour un cas très-particulier que nous rencontrerons dans la marche des rayons dans l'œil, et qui n'est pas habituellement considéré dans les traités de physique.

§ 25. Cas du faisceau convergent. — Il est quelques circonstances de l'optique dans lesquelles le faisceau pénétrant, au lieu d'être divergent comme nous l'avons supposé, serait au contraire un faisceau convergent Cela arrivera quand on fera, par exemple, tomber sur une lentille le faisceau déjà réuni par une autre ou par un miroir convergent ou concave.

Rien de plus simple, en pareil cas, que la détermination du lieu de l'image ou du foyer conjugué. Dans les formules qui précèdent, p sera changé de signe, voilà tout. Le foyer lumineux sera, en effet, *virtuel,* car sa position géométrique est de l'autre côté de la face de pénétration de la lumière incidente. C'est là toute la modification qu'aura à subir la formule, qu'il s'agisse d'une lentille convergente ou divergente. Ce qui arrivera dans chaque cas sera alors spécialement discuté.

§ 26. Du sens et de la dimension des images. — La position du foyer conjugué p', d'après celle de la distance p, telle que nous venons d'apprendre à la déterminer, règle donc, dans chaque cas, la position absolue de l'image et sa qualité virtuelle ou réelle. L'image réelle, ici, est toujours celle que l'on trouve du côté de l'émergence des rayons. On nomme *virtuelle* celle qui serait formée par le prolongement géométrique des rayons et non par eux-mêmes. Il convient de fixer maintenant son sens, sa direction, relativement à l'objet, et, en outre, sa dimension relative. Ces éléments seront également simples à préciser.

1° Sens de l'image.

L'image d'un objet résulte de l'ensemble des foyers conjugués de chacun de ses points Or ceux-ci sont déterminés, pour chaque point de l'objet, absolument de la même manière que pour le point situé sur l'axe principal. On fait donc, pour chacun de ces points, et sur l'axe secondaire qui lui correspond, la même construction que pour le point appartenant à l'axe principal.

Les axes secondaires, on le sait, sont les lignes menées par le centre optique : tous se coupent en ce point. Les images seront donc toujours renversées par rapport à l'objet quand elles seront réelles, c'est-à-dire formées au delà du centre optique, après l'intersection des axes secondaires.

Elles seront, au contraire, de même sens quand elles seront virtuelles, c'est-à-dire formées avant l'intersection des axes secondaires.

Quant à la dimension relative de l'image à l'objet, on l'obtient par cette considération que l'objet et l'image sont embrassés sous le même angle visuel par l'œil qui serait placé au centre optique de la lentille. Leur grandeur relative ne dépend donc alors que des rapports inverses des longueurs absolues p et p' que l'on calculera dans chaque circonstance d'après la formule spéciale à la lentille considérée.

§ 27. Construction des Images.

— Rien n'est plus aisé, avec tous les éléments qui précèdent, que de tracer l'image d'un objet telle qu'elle serait fournie par une lentille quelconque dont la distance focale principale serait connue.

Par chaque point de l'objet dont on se propose de déterminer l'image, on mène un axe secondaire et un rayon incident parallèle à l'axe principal. La première ligne ou rayon mené par le centre optique ne dévie pas ; la seconde ligne (rayon parallèle à l'axe) passe par le foyer principal (positif ou négatif, suivant les cas), ces deux lignes, par leur intersection, donnent le foyer conjugué réel ou virtuel du point en question. Pour tous il en est de même, et l'image cherchée en résulte.

On trouve ainsi que dans les *lentilles biconvexes*

1° Si un objet, même très-grand, est assez éloigné d'une lentille biconvexe, l'image réelle et renversée est très-petite, très-rapprochée du foyer principal et un peu au delà par rapport à la lentille. (Voy. fig. 18, p. 27.)

2° Inversement, si un objet très-petit est placé près du foyer principal, mais au delà de lui, l'image qui va se former à une grande distance est très-amplifiée, encore réelle et renversée. (Voy. la même figure en sens inverse, c'est-à-dire *ab* représentant l'objet lumineux)

3° Si l'objet passe entre le foyer et la lentille, l'image est toujours virtuelle, droite et plus grande que l'objet. (Voy. fig. 20, p. 28.)

Cette figure renferme en elle toute la théorie de la *loupe* ou *microscope simple*.

Lentilles *biconcaves*. Ces lentilles ne donnent, on le sait, que des images *virtuelles*. On voit dans la figure ci-contre que cette image est toujours droite et plus petite que l'objet. (Voy. fig. 21, p 29.)

§ 28. Détermination de la distance focale principale. — Nous

avons supposé, dans cette discussion, la distance focale principale
connue : elle ne l'est pas toujours; il faut donc savoir la déterminer.

Pour la lentille convexe ou convergente, rien n'est plus simple;
en l'exposant aux rayons solaires ou, à leur défaut, à un objet éclairé
très-éloigné (à une distance supérieure à cent fois le rayon) le point
de convergence des rayons parallèles du soleil, ou l'image nette de
l'objet éloigné, sont très-approximativement au foyer principal.

Si la lentille est biconcave, on recouvre une des faces de noir de
fumée, en réservant, dans un même plan méridien et à égale distance de l'axe, deux petits disques non noircis qui laissent passer la
lumière; puis on reçoit sur l'autre face de la lentille, parallèlement à
l'axe, un faisceau de lumière solaire qui traverse la lentille, et va de
l'autre côté, impressionner un écran en des points correspondant aux
lacunes transparentes de la lentille. On éloigne alors ou l'on rapproche
l'écran jusqu'à ce que les distances des deux images des lacunes soient
séparées par un intervalle double de l'intervalle des lacunes elles-
mêmes. L'écartement de la lentille et de l'écran donne la distance
focale principale de la lentille.

§ 29. Conséquences générales. Instruments d'optique appréciés dans leurs principes.

— On voit, en réfléchissant sur
les résultats qui précèdent, que, une lentille étant donnée qui
nous fournisse l'image réelle d'un objet, nous pouvons, en la rapprochant ou en l'éloignant de cet objet, lui donner telle dimension
qui nous conviendra ; comme en lui donnant (à la lentille) des dimensions de plus en plus grandes (dans les limites des procédés in-
dustriels de construction), nous pouvons, si nous ne changeons pas
de distance focale, rendre l'image d'autant plus brillante ou écla-
tante sans altérer ses dimensions. Tout étant égal d'ailleurs, des
lentilles à surface plus grande, réunissant un plus grand nombre
des rayons émanés de chaque point, fourniront des images d'autant
plus éclairées.

Un second point intéressant à noter, en ce que sur lui se fonde la
construction des principaux instruments d'optique, c'est que, de
même que dans les miroirs, une image réelle peut être, comme l'objet lui-même qui l'a fournie, la source et le point de départ de nouveaux effets objectifs. Les faisceaux qui se forment par leur entre-
croisement ne s'arrêtent point à cet entrecroisement; ils continuent
leur marche en divergeant alors, et réunis de nouveau par des
moyens naturels ou artificiels, ils deviennent la source et le point
de départ de nouvelles images.

§ 30. Télescope simple.

— Ainsi l'image réelle et renversée
d'une première lentille dessinée dans l'air et isolée par des écrans
ou des tuyaux, ou l'obscurité convenable du milieu, des impressions
voisines, devient un nouvel objet qui, visé par un œil placé à 6 ou
8 pouces en arrière de lui, reproduit l'objet lui-même à l'envers et

avec une parfaite netteté. Ce phénomène est la base de la construction du télescope simple de Brewster et de l'image renversée dans l'ophthalmoscopie; dans ces circonstances l'œil contemple directement, de 6 pouces de distance en arrière, l'image primitive *ab* renversée de l'objet dans la fig. 18.

§ 51. Lunette astronomique. — Entre cette image petite et renversée d'un objet éloigné, que nous regardions à une distance de 8 pouces, et notre œil, disposons une nouvelle lentille qui fasse, vis-à-vis de l'image primitive renversée, fonction de loupe ou de microscope simple. Elle donne à notre œil l'image virtuelle droite et agrandie de la première. C'est le principe et la théorie de la *lunette astronomique*. Les images sont évidemment renversées. Dans cette lunette, la longueur de l'instrument égale approximativement la somme des distances focales de l'objectif et de l'oculaire.

Fig 22

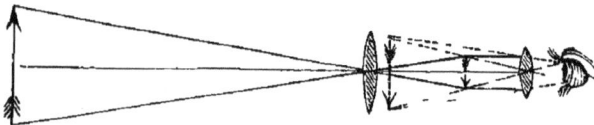

§ 52. Lunette terrestre. — Par un système de deux lentilles interposées et calculées de façon à *redresser* simplement l'image primitive avant qu'elle n'arrive entre le foyer principal et la surface de l'oculaire, on change la lunette astronomique en *lunette terrestre* (fig. 23).

Fig. 23

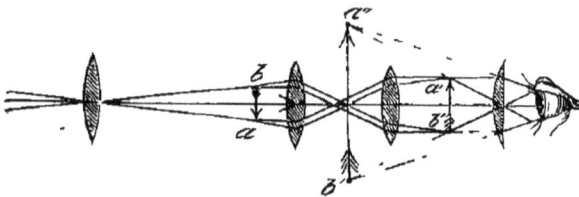

§ 53. Lunette de Galilée ou de spectacle. — Un peu avant la formation de la même image primitive réelle et renversée, interposez une lentille divergente et regardez : vous changez en virtuelle une image qui allait être réelle, par là vous la redressez et vous avez construit (en principe) la *lunette de spectacle* ou de *Galilée* (fig. 24).

La longueur de l'instrument égale ici, approximativement, la différence des longueurs focales de l'objectif et de l'oculaire.

Ces deux lunettes, destinées à viser les objets éloignés, ont porté autrefois le nom de télescopes par réfraction ou dioptriques.

Fig 24.

§ 34. **Télescopes par réflexion ou catoptriques.** — On ne comprend plus aujourd'hui, sous cette désignation de télescopes, que des instruments fondés sur le même principe que ces derniers, quant à la fonction et au rôle de l'oculaire, mais dans lesquels l'image primitive renversée est fournie par un miroir. Ce sont des télescopes par réflexion ou catoptriques.

Leur principe est, pour une part, celui de l'ophthalmoscope. L'œil est placé derrière un miroir concave et regarde par un petit trou oculaire pratiqué en son centre. L'image *ba* renversée de l'astre ou de l'objet éloigné est formée, par réflexion, en un certain point en avant de l'œil, et au foyer du grand miroir concave. L'œil ne saurait la voir, puisque les faisceaux qui l'ont formée continuent leur route au delà,

Fig. 25.

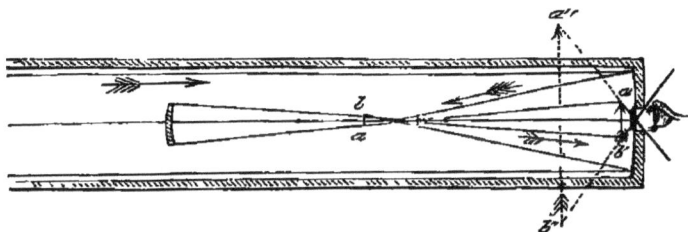

mais, sur leur chemin, ils rencontrent un second miroir concave disposé en sens inverse sur leur trajet. Ce miroir, tout petit d'ailleurs et proportionné à la première image de l'objet, reforme alors, par foyers conjugués de réflexion, une seconde image *a'b'* renversée par rapport à la première, droite par conséquent relativement à l'objet, et cette image, par le calcul préalable des distances focales, tombe juste tout près et en deçà du foyer d'une loupe placée devant l'œil, et qui la renvoie virtuelle et agrandie, et droite en *a"b"*. C'est la lunette astronomique même, dans laquelle l'image sur laquelle la loupe doit s'exercer, est fournie *droite* par une double réflexion.

Tel est le télescope de Grégory (fig. 25). Celui de Newton (fig. 26), celui d'Herschell n'en diffèrent pas quant aux principes ; dans ces deux derniers, destinés aux astres, il importait peu que l'image fût droite ou renversée, on a sacrifié une des réflexions à l'intérêt de l'éclat de l'image.

Fig 26.

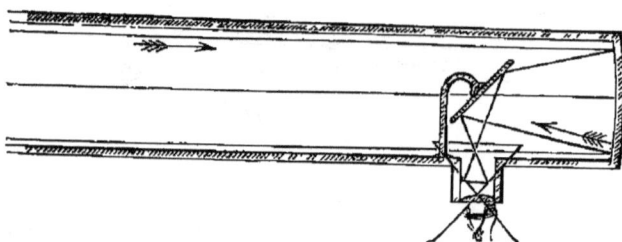

§ 35. **Microscope composé.** — Si au lieu de s'appliquer à des objets volumineux et éloignés, l'instrumentation s'adresse à des objets petits et rapprochés, on se trouve en présence du principe de la réciprocité des foyers conjugués ; l'image primitive de l'objet, au lieu d'être, relativement à lui, renversée et petite, devient, au contraire, éloignée de la lentille, et par conséquent agrandie, mais toujours renversée.

Un oculaire convexe à image virtuelle ou loupe est appliqué alors à cette image, exactement comme dans la lunette astronomique ; et l'on a construit là le *microscope composé* (fig. 27).

Fig 27

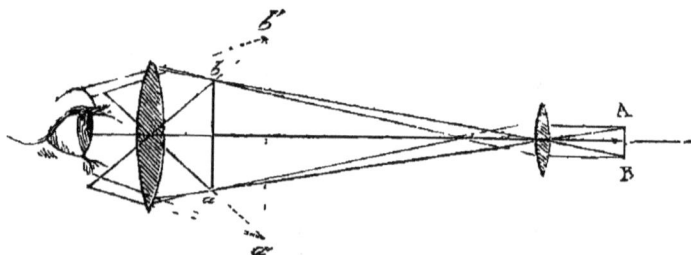

Nous renvoyons naturellement aux traités de physique pour les détails. Nous n'avons pu nous proposer ici que de poser les principes et les bases du mécanisme optique et physiologique.

Il est aussi des instruments fondés sur l'utilisation des images réelles, formées non plus dans l'air, mais projetées sur un écran. Ces instruments sont très-connus sous le nom de mégascope, microscope solaire ou à gaz, et chambre obscure à lentille.

Le *mégascope* se compose d'une simple lentille convergente devant laquelle l'objet très-éclairé et placé un peu au delà de son foyer principal, donne une image réelle reçue sur un tableau disposé en forme d'écran. On renverse l'objet si l'on veut avoir une image droite. La lanterne magique est un mégascope portatif.

Le microscope solaire diffère du mégascope en ce que l'objet transparent, extrêmement petit, est placé très-peu au delà du foyer principal de la lentille et au foyer même d'un second verre convergent placé derrière lui, et sur lequel un miroir plan projette les rayons solaires. Par cette disposition, l'objet est fortement éclairé, et l'image projetée sur un tableau très-éloigné, quoique considérablement agrandie, est suffisamment distincte.

Il serait superflu de s'arrêter plus longtemps sur ces détails, aussi faciles à comprendre que vulgaires.

§ 36. — Il nous reste, en ce chapitre, un point important à considérer, c'est la question de la grandeur apparente des objets; et c'est un point qu'il nous faut fixer, tant en lui-même que dans ses rapports avec les instruments d'optique.

La dimension apparente d'un objet est l'angle sous lequel nous le voyons, l'angle que font les deux rayons extrêmes menés du centre du cristallin ou de l'œil aux deux extrémités de l'objet.

Cet angle varie avec la grandeur de l'objet si la distance ne change pas entre l'objet et l'œil, ou avec la distance, si l'objet est le même. On suppose, à cet égard, que l'angle sous-tendu par la rétine pour un même objet varie en proportion exacte avec la distance. Ce n'est pas tout à fait vrai, puisque la rétine change relativement de place, eu égard au foyer principal, pendant ce mouvement. Mais la différence est si minime, qu'elle est assurément négligeable.

Mais si nous n'avons qu'un angle pour juger de la grandeur apparente, la mesure demeure indéterminée, la même unité de mesure sous-tendant des angles différents suivant la distance. Il faut donc fixer une unité pour la distance comme pour la grandeur de l'objet.

Pour les détails un peu délicats, l'unité de distance est donnée par un élément physiologique important et que rien ne peut remplacer; c'est la distance de la vision distincte pour les objets de petites dimensions.

Pour les objets plus grands, on prendra arbitrairement pour unité de distance celle à laquelle on voit distinctement un homme entier, et la taille de l'homme elle-même pour unité objective.

Quand on se sert des instruments d'optique, on voit qu'ils ont tous pour effet et pour objet d'apporter une image amplifiée dans certains cas (microscopes), réduite dans d'autres (télescopes), mais toujours composée de détails plus ou moins délicats à la distance de la vision distincte.

Le grossissement de l'instrument sera toujours le rapport de l'angle visuel de l'image virtuelle, donnée par l'oculaire, à l'angle visuel de l'objet même, et que sous-tendrait la rétine si l'œil était placé au centre de l'objectif, ces deux angles visuels étant d'ailleurs rapportés à une même unité, la distance de la vision distincte rapprochée, c'est-à-dire 8 pouces.

M. Lamé donne, pour trouver expérimentalement ce rapport dans les instruments divers, une règle pratique d'une grande simplicité.

« Après avoir ajusté la grandeur du tube, de manière que la lunette fasse voir distinctement les objets éloignés, on ôte l'objectif; le cercle d'ouverture de la lunette forme alors une image réelle en dehors, derrière l'oculaire. On mesure alors le diamètre de cette image : son rapport au diamètre connu de l'ouverture sera le grossissement cherché. »

Le grossissement cherché est en effet à très-peu près le rapport $\dfrac{F}{f}$ des distances focales principales de l'objectif et de l'oculaire. Mais, en vertu de la théorie des lentilles, lorsque l'objectif est ôté, le cercle d'ouverture de la lunette et l'image réelle en dehors est, vis-à-vis de l'oculaire, dans le rapport donné par la formule

$$\frac{1}{p} + \frac{1}{p'} = \frac{1}{f},$$

dans laquelle x étant la distance qui sépare l'oculaire de l'image réelle de l'ouverture, F la distance focale principale de l'objectif, f celle de l'oculaire

$$p = F + f \quad \text{et} \quad p' = x,$$

ou

$$\frac{1}{F+f} + \frac{1}{x} = \frac{1}{f},$$

ou

$$\frac{F + f}{x} = \frac{F}{f}.$$

$F + f$ représente la longueur totale de la lunette.

§ 57. Dispersion. — La lumière n'est pas homogène, comme nous l'avons supposé jusqu'ici. Lorsqu'un faisceau de rayons solaires traverse un prisme, il se décompose, à la sortie, en une série de rayons inégalement réfractés et de couleurs différentes. Ce phénomène s'appelle la *dispersion de la lumière*.

Il est apparent, au plus haut degré, quand on fait pénétrer à travers un prisme un faisceau de rayons solaires dans une chambre obscure. Si l'on suppose l'ouverture du volet circulaire, le faisceau introduit horizontal, le plan d'incidence vertical, enfin l'arête du prisme perpendiculaire à ce plan et tournée vers le bas, dans la position relative qui correspond au minimum de déviation, le faisceau émergent se relève en se dispersant, et va former sur un écran vertical placé à quelque distance, une figure de couleurs variées nommée *spectre solaire*. Cette figure, formée latéralement par deux lignes verticales, et terminée vers ses deux extrémités par deux moitiés d'ellipse, se compose d'une série de couleurs de nuances graduées, parmi lesquelles on distingue les sept principales suivantes

prises à partir de l'extrémité inférieure et en remontant, des moins
déviées aux plus déviées :

Rouge, orangé, jaune, vert, bleu, indigo, violet.

La différence de réfrangibilité des couleurs élémentaires de la lumière blanche, la forme du soleil, celle de l'ouverture, la position
du prisme et de l'écran, suffisent pour expliquer la forme et la composition du spectre.

Des expériences inverses démontrent la recomposition artificielle
de la lumière blanche au moyen des couleurs primitives.

Il résulte de cette première analyse du phénomene de la dispersion, qu'un rayon solaire comprend une infinité de rayons lumineux
qui se distinguent les uns des autres par leur réfrangibilité, leur
couleur et leur nuance. Mais le spectre indique encore, dans un
faisceau solaire, l'existence d'une infinité de rayons calorifiques de
diverses qualités, et d'une autre espèce de rayons exerçant une action puissante dans certains phénomènes chimiques. Des thermo-
mètres très-sensibles, exposés aux différentes parties du faisceau
dispersé par un prisme, signalent des échauffements inégaux; cette
action calorifique augmente du violet au rouge, et s'étend même au
delà.

Les actions chimiques ont, au contraire, leur plus grande intensité
dans le violet.

Nous verrons plus loin comment la nature défend, contre l'excès
de ces propriétés, les delicats tissus de l'œil.

Quoi qu'il en soit, la lumière blanche résulte de la superposition
de toutes les couleurs du spectre.

Ces couleurs principales sont, d'après Newton, au nombre de sept;
Brewster n'en admet que trois : le rouge, le jaune, le bleu. Il suppose qu'en chaque point du spectre, les trois couleurs sont en même
temps présentes, mais en proportions inégales et distribuées comme
il suit. Dans la région du rouge, le blanc et le jaune seraient mélan-
ges en proportion exacte pour faire de la lumière blanche, le rouge
demeurant en excès. Dans la région du bleu, cette couleur serait en
excès, le rouge et le jaune, au contraire en proportion pour faire du
blanc, et ainsi des autres. (On appelle complémentaires l'une de
l'autre les couleurs dont la réunion formerait la couleur blanche.)

Ce point de doctrine, uniquement théorique, est encore en discussion; les physiciens français sont restes fidèles à l'opinion de
Newton, confirmée par la découverte de Fraunhofer sur les raies
du spectre.

§ 38. Aberration de réfrangibilité. — La forme prismatique des lentilles doit faire penser, *à priori*, que leur emploi ne
saurait être exempt de vicieuses apparences, fruit de leur pouvoir
dispersif. Cette prévision est fondée, et les lentilles ordinaires présentent en effet ce terrible inconvénient de border les contours des
objets de rebords irisés rappelant les couleurs du spectre solaire;
ce défaut a reçu le nom d'*aberration de la réfrangibilité*.

§ 39. De l'achromatisme. — Du temps de Newton, ce vice des lentilles était au-dessus des ressources de l'industrie, et le grand physicien le considérait comme insurmontable. On croyait alors que tous les corps transparents agissaient uniformément sur les rayons d'inégal pouvoir dispersif. Mais peu de temps après sa mort, on reconnut dans les corps diaphanes de grandes inégalités des pouvoirs réfringents, relatifs aux diverses couleurs. Dollond, s'emparant de cette remarque, associa des lentilles composées de deux différentes substances, une biconvexe en crown, l'autre concave, embrassant la première, en flint-glass. Cette combinaison diminue considérablement l'aberration de couleur ou de réfrangibilité ; elle a reçu le nom d'*achromatisme.*

Ce premier progrès fut bientôt suivi d'un second apporté par Wollaston et Holland, le premier par l'emploi d'une double lentille convexe, le second par la même lentille triplée. On les dispose de telle sorte que ce que l'une d'elles présente encore d'aberration de couleur après la combinaison de Dollond, se trouve compensé par une répartition en sens inverse dans la seconde. Les résultats ainsi procurés sont presque parfaits.

§ 40. Couleurs propres des corps. — L'existence de rayons de couleurs différentes dans la lumière blanche explique la couleur propre des corps. La couleur des corps n'est pas en effet une propriété qui soit concevable comme une chose concrète, elle suppose un instrument qui puisse juger de cette couleur, et cet instrument, il est unique : c'est notre rétine.

La couleur des corps est donc simplement le résultat de l'action qu'ils exercent sur la lumière qui les frappe ou les traverse dans ses rapports avec notre rétine, de la manière dont elle réagit contre le rayon coloré qui lui parvient.

Tout corps, quelque opaque qu'il soit, transmet la lumière au moins sur une très-petite épaisseur ; c'est ainsi que l'or, réduit en feuilles minces, paraît translucide. Toute particule pondérable a donc la faculté d'absorber ou d'éteindre une fraction déterminée des rayons lumineux qui atteignent son système ou qui passent dans son voisinage ; le reste est *réfléchi* ou *transmis*.

La lumière blanche qui tombe à la surface d'un corps opaque n'est pas totalement réfléchie à cette surface même, puisqu'il n'y a aucune substance totalement opaque sur une très-petite épaisseur ; une portion de la lumière incidente pénètre donc la couche superficielle, où elle subit des réflexions qui la ramènent de nouveau hors du milieu. Mais elle éprouve, dans ce double trajet, des pertes inégales pour les différentes couleurs, et c'est de l'ensemble de ces pertes que résulte la couleur composée des faisceaux réfléchis ou la couleur propre des corps.

III

DES RAPPORTS PHYSIQUES DES MEMBRANES SENSIBLES AVEC LA LUMIÈRE.

REACTIONS PHYSIQUES DE LA RETINE DANS SES RAPPORTS
AVEC LA LUMIERE.

§ 41. Persistance des impressions sur la rétine. — La sensation produite par l'impression de la lumière sur la rétine a une durée appréciable; c'est ce que prouve l'arc lumineux que l'on aperçoit quand on fait tourner rapidement devant l'œil un charbon ardent, attaché à l'extrémité d'une fronde. Il résulte évidemment de cette apparence que l'impression produite par le charbon, lorsqu'il occupe une certaine position, dure encore quelque temps après que cette position est dépassée. Cette persistance explique un grand nombre d'illusions du même genre, telles que l'augmentation du volume apparent d'une corde sonore en vibration, la disparition des rais d'une roue qui tourne avec rapidité, la traînée lumineuse qui accompagne la chute d'un météore, etc.

.On a essayé de mesurer la durée de l'impression produite sur la rétine par un phénomène lumineux instantané. M. Plateau a trouvé qu'il fallait que la lumière agît pendant un certain temps sur la rétine pour y produire une impression complète.

Le temps pendant lequel cette impression produite peut conserver une intensité sensiblement égale, après que la lumière a cessé son action, est d'autant plus grand que cette impression est moins intense; ce temps est au plus de 1 centième de seconde pour l'impression occasionnée par un carton blanc qu'éclaire la lumière du jour; un peu plus grand si le carton est jaune, plus encore s'il est rouge; enfin le maximum correspond à la lumière bleue. Au contraire, la durée totale de l'impression est d'autant plus grande que la lumière est plus intense, et que son action sur la rétine s'est moins prolongée, pourvu qu'elle ait eu le temps de devenir complète.

L'instrument vulgaire connu sous le nom de phénakisticope donne un des plus curieux exemples de ces phénomènes de persistance; on en a vu d'autres exemples quand deux roues de même grandeur et du même nombre de rais étant animées sur le même essieu, de vitesses tres-grandes, égales mais de sens contraire, l'œil placé sur leur axe commun, aperçoit une seule roue immobile, d'un nombre de rais double.

Nous renverrons pour le détail de ces phénomènes aux traités classiques de physique. .

§ 42. Irradiation. — Il est parmi les modes d'action de la lu-

mière sur la rétine un ordre de phénomènes non moins importants
à rappeler.

L'excitation produite par la lumière sur la rétine ne se borne pas
aux points touchés directement par elle; cette excitation se propage
un peu au delà du contour de l'image. Telle est au moins la cause la
plus probable du phénomène connu sous le nom d'irradiation, et en
vertu duquel un corps lumineux environné d'un espace obscur, paraît plus ou moins amplifié. De là vient que les objets blancs ou
d'une couleur très-vive, semblent plus étendus que les objets noirs
ou moins colorés de même dimension. Ce phénomène se manifeste
très-bien sur deux disques égaux, l'un blanc sur un fond noir, l'autre noir sur un fond blanc; le premier paraît être d'un diamètre sensiblement plus grand que le second.

L'irradiation croît avec l'éclat de l'objet, se manifeste à toute distance, elle augmente avec la durée de la contemplation de l'objet.
Elle est modifiée par l'interposition d'une lentille; augmentée par la
lentille divergente, diminuée par le verre convexe.

M. Vallée attribue ce phénomène aux auréoles des foyers. Il existerait, suivant ce savant physicien, autour de tout pinceau de lumière efficace, un fourreau composé de lumière plus pâle ou irisée
et dont la zone extérieure seule peut être sensible dans les faisceaux
qui limitent les surfaces de séparation d'ombre et de lumière.

§ **43. Couleurs accidentelles.** — Les impressions que la lumière produit sur la rétine sont souvent suivies d'un phénomene d'un autre genre que celui de leur persistance. Lorsqu'on fixe
les yeux constamment au même point d'un objet coloré, placé sur
un fond noir, on remarque d'abord que l'intensité de la couleur s'af-
faiblit graduellement, et quand on dirige ensuite la vue sur un carton blanc, on aperçoit une image de l'objet, mais d'une couleur
complémentaire, c'est-à-dire qui fournirait du blanc, si elle était reu-
nie à la couleur de l'objet. Pour un objet rouge, l'image est verte, et
réciproquement; si l'objet est jaune ou bleu, l'image paraît violette ou
orange et inversement; enfin pour un objet blanc l'image est grise
ou moins blanche que le carton. L'image paraît plus grande que
l'objet quand le carton est plus éloigné que lui, plus petite dans
le cas contraire. On observe le même phénomène quand on ferme
subitement les yeux après avoir contemplé l'objet pendant un temps
suffisant; on aperçoit alors très-distinctement une image de l'objet
teinte de la couleur complémentaire.

Ces apparences auxquelles on donne le nom de couleurs accidentelles, persistent d'autant plus longtemps et avec d'autant plus d'intensité que l'impression primitive s'est prolongée davantage.

Suivant les expérimentations de M. Plateau, les images accidentelles ne s'éteignent pas d'une manière graduelle et continue; il arrive souvent qu'une couleur accidentelle disparaît pour renaître ensuite; quelquefois on voit de nouveau la couleur de l'objet, et, dans
certaines circonstances, cette alternative se reproduit plusieurs fois.

Les couleurs accidentelles se composent entre elles comme les couleurs réelles, avec cette différence que les couleurs accidentelles complémentaires se distinguent des couleurs réelles correspondantes, en ce que les premières donnent du noir pendant que les secondes donnent du blanc.

Les images accidentelles sont toujours précédées par la persistance de l'image primitive; mais un fait signalé par Franklin indique un moyen de faire succéder, à volonté, un de ces phénomènes à l'autre. Lorsque du fond d'un appartement on regarde une fenêtre bien éclairée par la lumière du jour, et qu'après avoir fermé les yeux on couvre les paupières d'un mouchoir, pour produire une obscurité complète, on observe alors la persistance de l'impression primitive, c'est-à-dire qu'on aperçoit la fenêtre avec ses panneaux brillants et son châssis obscur; mais si, les yeux étant toujours fermés, on retire le mouchoir, l'apparence se transforme de suite en image accidentelle, c'est-à-dire qu'on voit, au milieu de la clarté introduite par la translucidité des paupières, une fenêtre ayant ses panneaux obscurs et son châssis brillant. En recouvrant les paupières, l'obscurité ramène l'impression primitive, et ainsi de suite.

D'après cette exposition, il convient de diviser, avec Muller, les spectres oculaires en trois classes :

Première classe · Spectres oculaires ou images consécutives incolores succédant à des images objectives incolores ;

Deuxième classe : Images consécutives colorées succédant à des images objectives incolores ;

Troisième classe : Images consécutives colorées succédant à des images objectives également colorées.

Les phénomènes de la première classe sont expliqués ainsi qu'il suit par le physiologiste allemand, et l'on peut accepter cette explication : « Le point de l'œil qui a vu de la clarté conserve encore de l'irritation, et celui qui a vu du noir est, au contraire, tranquille et beaucoup plus irritable. Si, dans cet état, on reporte l'œil sur une paroi blanche, la lumière de la paroi produit une impression bien plus faible sur les points irrités de la rétine que sur ceux qui étaient demeurés tranquilles et qui ont conservé plus d'irritabilité. De là vient que le point tranquille de cette membrane qui avait vu du noir auparavant, aperçoit la paroi blanche beaucoup plus claire que le point qui avait vu de la lumière; de là aussi le renversement des images consécutives.

« Des phénomènes analogues ont lieu même par l'effet d'un changement subit de la clarté en l'obscurité, dans le champ visuel tout entier. En sortant des ténèbres, la grande irritabilité de la rétine fait que nous voyons tout très-éclairé, et en passant d'un lieu éclairé dans un autre médiocrement obscur, nous ne distinguons d'abord rien, jusqu'à ce que la rétine soit mise au repos, et son irritabilité en rapport avec le faible degré de clarté; alors on distingue bien les objets. Un lieu éclairé nous le paraît toujours plus qu'il ne l'est réellement, lorsque nous sortons d'un endroit obscur, et même quand il se trouve placé à côté de choses obscures. Les mêmes phénomènes ont lieu aussi pour d'autres sens; le froid ne nous semble jamais plus sensible qu'après la chaleur, et il suffit d'une légère différence de température, pour que nous éprouvions du froid en sortant d'un lieu très-échauffe. »

Il faut noter encore, dans ces phénomenes, un fait qui démontre directement aussi l'existence du principe de la direction C'est qu'à chaque mouvement de l'œil, les images consécutives changent d'emplacement, *eu égard au corps entier ;* elles apparaissent toujours sur la normale à la rétine au point précédemment touché, et se meuvent ainsi, par conséquent, en sens inverse de ce point.

« Deuxième classe. — Quand la rétine a été affectée par une forte impression de clarté, telle que celle de la lumière du soleil même, l'image consécutive ne paraît pas seulement claire sur un fond noir, elle prend encore des couleurs subjectives, jusqu'à ce que la membrane soit entièrement revenue aux conditions normales. Dans l'image sombre du soleil sur un fond clair, les couleurs se succedent de la plus foncée à la plus claire, selon l'ordre suivant : noir, bleu, vert, jaune, blanc. Leur apparition commence sur le bord. Quand l'image consécutive est devenue blanche, on ne la distingue plus de la paroi blanche, ce qui montre que ce point de la rétine est revenu dans la condition de tous les autres points. Les successions inverses s'observent si l'œil se reporte du soleil dans l'obscurité ou sur un fond noir.

« Ces phénomènes, qu'on ne saurait expliquer par des causes objectives, sont une nouvelle preuve que les couleurs ont leur cause intérieure dans les états de la rétine elle-même. »

Troisieme classe. — Nous avons vu plus haut que la contemplation prolongée d'objets colorés donnait lieu à des spectres oculaires également colorés, mais de couleurs complémentaires . on a expliqué ce phénomène comme il suit : la lumière blanche renferme toutes les couleurs à la fois. Lorsque la rétine se détourne d'une image objective rouge, elle est émoussée pour la lumière rouge, mais susceptible encore de sentir les autres lumières colorées. La reporte-t-on alors sur une paroi blanche, son émoussement pour le rouge ne lui permet plus de sentir le rouge contenu dans la lumière de la paroi, et elle ne reçoit plus que la sensation des autres couleurs, c'est-à-dire la sensation complémentaire.

Mais comment concilier cette explication avec le fait contraire que voici : si au lieu de se porter sur un fond coloré, l'œil se dirige au contraire sur un fond obscur, l'image consécutive est encore complémentaire !

Il y a donc lieu de penser que le phénomène est d'ordre tout physiologique : la perception de l'une des trois couleurs simples consiste probablement en ce que la rétine se trouve dans l'une des conditions que l'excitation a de la tendance à produire chez elle; si l'une de ces conditions a été artificiellement produite à un haut degré, la rétine acquiert une grande tendance à la production de la couleur complémentaire, laquelle est conséquemment perçue sous forme de spectre oculaire.

Cette explication est d'autant plus probable, le rôle de la sensibilité comme réaction propre de l'organe y doit être tellement accusé, que tous les hommes ne sont pas *à priori* également propres à l'observation des spectres oculaires ou images accidentelles. L'habitude de les observer y joue un grand rôle, et cette habitude arrive même à la proportion d'une maladie, ou du moins d'un phénomène dont on a grand'peine quelquefois à se débarrasser.

Les particularités suivantes relatives au spectre oculaire, et que nous empruntons à l'ouvrage de Mackenzie, nous paraissent dignes d'attention et propres à diriger le médecin dans les conseils qui lui sont souvent demandés.

Bien qu'une certaine quantité de lumière facilite la formation du spectre inverse, une trop grande quantité en empêche la production, un stimulus puissant excitant les parties mêmes de l'œil déjà fatiguées ; sans cela, chaque fois que nous détournons les yeux, nous verrions se produire le spectre de l'objet contemplé en dernier lieu.

On produit facilement la confusion dans les expériences que l'on fait sur le spectre oculaire, si on les renouvelle d'une manière trop rapprochée ; car le spectre dont la durée n'est point encore épuisée vient se mêler avec les nouvelles impressions. C'est là une circonstance qui gêne beaucoup les peintres obligés de regarder longtemps la même couleur, ceux dont les yeux, par suite d'une faiblesse naturelle, ne peuvent supporter longtemps la même occupation. Une couleur accidentelle ne peut toutefois ni s'ajouter à une autre, ni se combiner avec elle. Ainsi, quand l'œil voit une couleur accidentelle, le rouge par exemple, la portion excitée de la rétine reste insensible à tous les rayons autres que ceux de la couleur accidentelle : c'est-à-dire qu'elle se combine avec les seules couleurs accidentelles complémentaires, mais pour donner du noir et non du blanc.

§ **44. Auréoles accidentelles.** — Ces phénomènes ne sont pas les seuls qu'on ait à considérer en fait d'images accidentelles ou semi-subjectives. Buffon a observé et signalé le premier le fait suivant : « Si l'on regarde longtemps un objet coloré placé sur un fond blanc, on finit par distinguer autour de l'objet une auréole teinte de la couleur complémentaire. Quand un appartement n'est éclairé que par la lumière qui pénètre à travers un rideau coloré, si un faisceau de rayons solaires est introduit par une petite ouverture pratiquée dans le rideau, il projette sur le carton blanc une trace lumineuse teinte d'une couleur complémentaire de celle du rideau. Si l'on place entre une fenêtre et l'œil un papier coloré translucide, et sur ce papier une bande de carton blanc, cette bande paraît teinte d'une couleur complémentaire de celle du papier. Ces faits prouvent que toute impression produite sur la rétine est entourée d'une auréole accidentelle. Le phénomène de l'irradiation indique en outre que cette auréole accidentelle est précédée d'une autre auréole plus étroite et qui a-la même couleur que l'objet.

§ 45. Influence mutuelle des couleurs voisines. Contraste simultané des couleurs.

— Les auréoles accidentelles s'étendent à une assez grande distance autour des objets, et leur présence joue un rôle dans l'influence qu'ont l'une sur l'autre deux couleurs voisines. Cette propriéte de la lumière a été particulièrement étudiée par M. Chevreul.

Il résulte, en effet, des expériences remarquables de ce savant que lorsque deux couleurs sont juxtaposées, *à chacune d'elles s'ajoute la complémentaire de l'autre.*

Voici le procédé dont s'est servi M. Chevreul pour constater cette influence.

Sur une même carte, on colle parallèlement quatre bandes d'étoffes ou de papiers colorés, ayant chacune $0^m,012$ de largeur, $0^m,06$ de longueur; les deux bandes de gauche sont de la même couleur, rouges par exemple. Celles de droite sont aussi de même couleur, mais différente de la première; nous les supposerons jaunes. Les deux bandes intermédiaires sont seules contigues, les deux extrêmes doivent être séparées d'un millimètre environ. Or si l'on regarde obliquement et pendant plusieurs secondes, la carte ainsi préparée, les deux bandes de gauche, quoique en réalité de la même nuance rouge, paraissent différer l'une de l'autre : celle qui appartient au groupe du milieu semble tirer davantage sur le violet, et sa couleur apparente peut être regardée comme composée du rouge réel et de l'auréole accidentelle de la bande jaune voisine, laquelle doit être violette. Pareillement, des deux bandes jaunes de droite, celle qui est plus près du centre paraît tirer sur le vert; sa couleur résulte ainsi du jaune réel et du vert accidentel qui forme l'auréole de la bande rouge voisine.

D'autres couleurs que le rouge et le jaune donnent des résultats analogues qui rentrent tous dans la loi énoncée plus haut. Si les couleurs qui s'influencent mutuellement sont complémentaires l'une de l'autre, elles s'avivent par cette influence et acquièrent un éclat remarquable. Toutes ces influences subsistent encore, quoique avec moins d'énergie, lorsque les bandes sont éloignées l'une de l'autre et non juxtaposées.

On conclut de toutes ces expériences qu'il règne autour de tout objet une auréole accidentelle, laquelle s'étend même assez loin, toutefois en décroissant rapidement d'intensité, à mesure que la distance augmente. Cette action de voisinage ne devra pas être perdue de vue quand on aura à analyser les divers phénomènes de la vision d'objets très-différemment éclairés.

(Extrait des cours de l'Ecole polytechnique.)

§ 46. Des phosphènes en général.

— Les impressions objectives dues au fluide lumineux, ne sont pas les seules qu'on ait

eu à constater dans l'organe oculaire. On sait qu'en l'absence de
toute lumière, il est possible, au moyen de stimulations tactiles,
de produire de la part de l'œil des réactions de même ordre que
celles qui suivent ordinairement l'accès de la lumière. De tous les
physiologistes, M. Serres (d'Uzès) est celui qui a le plus sérieusement étudié ces phénomènes, et on lui doit un très-beau travail relatif à leur utilisation, comme moyen de diagnostic des divers états
pathologiques de la rétine.

Nous empruntons à notre savant confrère le résumé suivant (1)
des données physiologiques sur lesquelles il lui a été permis d'asseoir ses remarquables procédés rétinoscopiques.

Dans la nuit, en l'absence de toute excitation extérieure, et sous
l'influence d'une attention soutenue, on voit naître spontanément,
dans le champ visuel, des images lumineuses de couleurs brillantes,
se succédant d'une manière régulière et isochrone. L'ébranlement
ressenti par l'œil dans l'acte de l'éternuement s'accompagne d'une
vive lueur.

Le toucher de la sclérotique provoque une apparition lumineuse à
laquelle nous avons donné le nom de *phosphène*, et dont la forme est
déterminée par celle du corps compresseur. Cette apparition se montre à l'opposite du point comprimé et dans la direction d'une ligne
formée par le centre de pression sur la sclérotique et le centre du
cristallin. Dans le voisinage de la partie excitée, on remarque une
autre image lumineuse, beaucoup moins apparente, infiniment plus
petite. La première a reçu le nom de *grand phosphène*, et la seconde
celui de *petit phosphène*, ou phosphène de Brewster (qui l'a découvert, décrit et signalé le premier à l'attention des savants).

Les images n'ont pas toutes la netteté des empreintes qui les provoquent; l'épaisseur des membranes oculaires en altère la pureté,
comme le fait celle d'un lambeau d'étoffe grossière lors de l'application
d'un timbre sec. Voilà pourquoi elles offrent toutes des contours
arrondis.

2° *Identité des deux vues subjective et objective.* — L'image qui
correspond à chaque objet compresseur affecte une position inverse

Fig. 28.

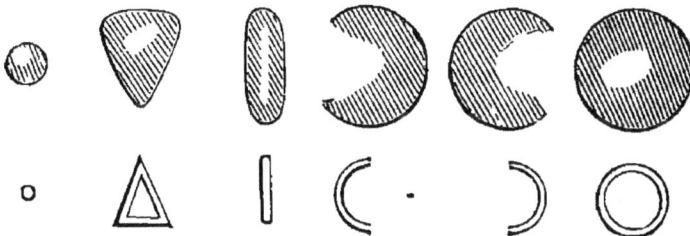

(1) Mackenzie, traduction de Testelin et Warlomont.

de celle sous laquelle l'objet lui-même est présenté, et les rapports de configuration sont tels que la forme de cette image sensorielle nous fait connaître celle du corps comprimant, sa grandeur et sa position.

L'apparence phosphénienne de l'objet est vue précisément sur le trajet de la sensation objective provoquée par son image daguerrienne; de sorte que si, à l'aide d'un seul œil, on remarque un point matériel éclairé dans le monde extérieur, et qu'on presse, en même temps, à travers la sclérotique, la rétine dans le lieu où ce point va se perdre, les deux images objective et subjective se superposent.

Pressez, dans un œil, la région pariétale gauche atteinte de paralysie hémiopique, rien de lumineux ne se montre dans la partie droite du champ visuel.

Que le sujet regarde ensuite de l'œil malade deux objets placés devant lui, à une certaine distance l'un de l'autre, celui de droite n'est pas vu, tandis que celui de gauche est nettement distingué. L'image de l'objet situé à droite heurte inutilement la partie gauche de la rétine hémiplégiée, et celle de l'objet situé à gauche donne lieu à une perception lumineuse, parce qu'elle impressionne la partie droite de la membrane conservée à la sensibilité visuelle.

De même que les sensations objectives sont perçues retournées ou redressées par rapport aux images lumineuses matérielles faites sur la membrane par le monde extérieur, de même aussi les sensations phosphéniennes ou subjectives sont perçues retournées ou *redressées* relativement *aux empreintes faites par les corps comprimants*. Remarquez la flamme d'une bougie placée sur l'extrême limite du champ visuel, l'œil regardant d'ailleurs droit devant lui, comprimez en même temps, avec la pulpe unguéale du doigt, la portion de rétine impressionnée par cette lumière, la corde du croissant phosphénien tournée en arrière se confond aussitôt avec le corps lumineux lui-même. Or cette corde représentant la défaillance de la sensation subjective sur la limite sensible de la membrane nerveuse, représente donc aussi celle de la fonction visuelle ordinaire expirant sur la même ligne. Toucher, en conséquence, la rétine par l'image lumineuse des objets ou par leur propre relief en forme de timbre sec, c'est donner lieu à une perception lumineuse fondamentalement la même dans les deux cas. Il y a donc ainsi parfaite identité entre la vue subjective et la vue objective, entre toutes les perceptions lumineuses, quelle qu'en soit la provenance.

3° *Dénominations.*—Nous appelons *phosphène nasal* (fig. 29) celui que provoque la pression opérée à l'angle *interne* de l'œil, à côté de la racine du nez; *phosphène temporal* (fig. 30) celui qui se produit par la compression de l'angle externe de l'œil, à côté de la tempe; *phosphène frontal* celui qui apparaît sous la pression de la partie supérieure au dehors du front (fig. 31); *phosphène jugal* celui qu'on sollicite par la pression de la partie interne de l'œil au dessus de la joue (fig. 32).

4° *Formes.* — La figure du phosphène n'est pas entière quand le

corps comprimant offre une surface aussi étendue que la pulpe du
doigt indicateur; l'anneau n'est pas achevé, et il apparaît sous la

Fig. 29.

Fig. 30.

Fig 31.

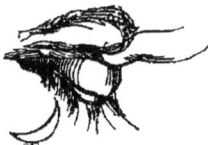

Fig. 32.

forme d'un croissant plus ou moins fermé, dont l'échancrure confine
fatalement la ligne péri-orbitaire du champ de la vision extérieure.
Cette échancrure, toujours en arrière de l'image lumineuse, très-
faible dans le *nasal*, augmente dans le *temporal* et s'accroît encore
dans le *frontal* et le *jugal*.

Si, au lieu du doigt, on se sert d'une petite boule fixée au bout
d'une tige et qu'on exerce des pressions successives, des parties
profondes à celles qui avoisinent les corps ciliaires, on voit apparaître les uns après les autres, d'abord un cercle bien terminé, puis
d'autres à échancrures ou coches incessamment plus grandes, et
ressemblant ainsi aux phosphènes nasal, temporal, frontal et jugal.

5° La lumière constituant le grand phosphène n'est pas, comme
nous l'avions cru, le résultat d'une excitation produite par le contre-
coup, mais celui de la compression médiate exercée sur la partie la
plus rapprochée du corps comprimant.

6° *Manière de produire le phosphène.* — L'examen peut se
faire le jour comme la nuit, mais mieux vaut que ce soit dans l'obscurité ou dans un appartement faiblement éclairé, le dos tourné du
côté d'où vient la clarté. Les yeux doivent être à peine entr'ouverts
et les paupières très-relâchées. Au bord unguéal du doigt indicateur
nous préférons le bout arrondi d'un porte-plume simple ou armé
d'une petite boule d'ivoire, pour provoquer le phosphène. A l'exploration par petites saccades, nous préférons maintenant la douce
pression en allées et venues sur le globe, afin de rendre permanente

l'image subjective qui persiste ainsi, mais en changeant de place, tant que dure cette pression mobilisée. Le sujet portera son attention vers le lieu où l'anneau doit paraître, celui qui est opposé à la pression, et tournera le globe de l'œil de ce côté, afin de rendre accessibles à la compression les portions de rétine habituellement cachées sous le rebord orbitaire.

Une très-faible partie de la rétine échappe à cette exploration ; elle n'a pas plus de un centimètre d'étendue, lorsque l'œil a sa mobilité normale, et encore cette partie reculée de la membrane n'est-elle pas entièrement soustraite à l'investigation phosphénienne chez les malades intelligents, puisque de petites saccades imprimées à l'organe provoquent une lumière, faible il est vrai, mais tres-appreciable dans le milieu et un peu en dehors du champ visuel ; c'est celle du choc du globe de l'œil contre le nerf optique, répondant à la sollicitation par l'ébranlement de sa propre papille. Telle est, du moins en l'état, notre dernière opinion sur le siége réel du *petit phosphène*, et le parti qu'on peut en tirer comme agent explorateur (Serres d'Uzès).

Nous renvoyons à la seconde partie l'exposition de l'emploi du phosphène comme moyen de diagnostic.

§ 47. De la couleur dans ses rapports avec les membranes sensibles. — Pour être complet et offrir au lecteur le tableau des connaissances acquises aujourd'hui en matière de vision, nous avons cru devoir exposer d'abord, dans des résumés sommaires, l'état de la science au point de vue classique, et les eléments de l'optique nécessaires à l'intelligence des recherches physiologiques que nous allons tout à l'heure aborder.

Or, à mesure que nous avançons dans cet exposé, la physique fait d'elle-même place à la physiologie, et les limites de leurs departements respectifs viennent graduellement à se confondre. Nous avons été, par exemple, assez embarrassé pour trouver une place régulière à ce chapitre des auréoles accidentelles, des phosphenes, etc. Nous sommes déjà en pleine physiologie. Cependant, comme tous ces faits sont des plus classiques et que nous n'avons d'autre objet ici que de les replacer, tels qu'ils sont décrits partout, sous la main du lecteur, le choix de l'ordre didactique est un peu moins impérieusement obligé.

Nous terminerons ce chapitre par quelques considérations dernières sur les réactions des membranes et des milieux de l'œil vis-à-vis de la lumière.

On n'a cherché jusqu'ici à représenter l'action de la couleur sur les membranes sensibles qu'au moyen de considerations empruntées à l'ordre purement physique, et par des hypothèses qui participent plutôt de la théorie physique de la lumière et du principe des ondulations, que d'observations vraiment physiologiques. Or ces hypothèses pourraient bien être un peu étroites pour les faits qu'elles ont à embrasser. Le nouveau champ ouvert aux investigations physiologiques par les nouvelles propriétés reconnues à la lumière, l'action de ce fluide sur un grand nombre de corps, permettent de soupçonner une autre cause aux impressions successives colorées complémentaires qui s'observent à la suite d'une impression lumineuse. La durée nécessaire à la production de l'impression première et qui a été reconnue être sans proportion aucune avec la durée d'une vibration lumineuse, la première étant de $\frac{1}{100^e}$ de seconde, quand l'ondulation lumineuse a une valeur si singulièrement courte (564,000 vibrations par millionième de seconde), semblent séparer les deux phénomènes et exigent l'intervention d'un agent nouveau entre la cause et l'effet observé.

L'analyse comparée du tissu des rétines d'un grand nombre d'animaux, des oiseaux entre autres, a fait découvrir chez eux des corps nouveaux et colorés diversement qui ne peuvent avoir été jetés là pour rien. En un mot, que la rétine puisse être soumise à quelques lois de réactions photographiques complétement inconnues dans leur essence, cela n'aurait rien de très-surprenant. Les nouvelles propriétés reconnues à la lumière permettent assurément de le supposer sans grande témérité.

Ce chapitre est donc tout entier à chercher dans la physiologie de la vision, et peut s'intituler : *Du rôle de la couleur dans la production des images.* Nous l'indiquerons seulement comme un travail à faire et une lacune existant dans la science, qui se borne, encore à l'heure qu'il est, aux faits classiques expérimentaux que nous venons de retracer sommairement d'après les auteurs accrédités.

§ 48. **Absorption et extinction des rayons calorifiques de la lumière.** — On doit à Herschell la découverte de l'existence de rayons caloriques obscurs mêlés à la lumière. En plaçant un thermomètre dans les différentes zones du spectre solaire, il a remarqué que l'instrument montait quelquefois plus dans la région obscure, située au delà du rouge, qu'au milieu des zones brillantes. Il y a dans la lumière blanche des *rayons invisibles* moins réfrangibles que le rouge et dont le pouvoir échauffant est très-considérable.

Dans un travail récemment communiqué à l'Académie des sciences, M. Janssens s'est proposé de rechercher ce que devenaient ces rayons dans leurs rapports avec les membranes et milieux intraoculaires. Il est arrivé aux conclusions suivantes, qu'il convient de rapprocher des résultats obtenus par MM. Foucault et Regnauld, sur les rayons chimiques.

1° Chez les animaux supérieurs, les milieux de l'œil qui sont d'une transparence si parfaite pour la lumière, possèdent, au contraire, la propriété d'absorber d'une manière complète les rayons de chaleur obscure, opérant ainsi une séparation des plus nettes entre ces deux espèces de radiations.

2° Au point de vue physiologique, cette propriété des milieux paraîtra importante, si l'on considère que dans nos meilleures sources artificielles de lumière (lampe Carcel), l'intensité colorifique de ces radiations obscures est décuple de celle des radiations lumineuses.

3° Ces radiations obscures s'éteignent en général avec une rapidité extrême dans les premiers milieux de l'œil; pour la source citée, la cornée en absorbe les deux tiers, l'humeur aqueuse les deux tiers du reste, de sorte qu'une fraction extrêmement faible se présente aux autres milieux.

4° Quant à la cause de cette propriété des milieux de l'œil, elle réside tout entière dans leur nature aqueuse; leur mode d'action sur la chaleur est identique à celle de l'eau.

5° Enfin une dernière réflexion semble naturelle à l'égard de nos sources artificielles de lumière; ne doit-on pas les considérer comme bien imparfaites encore, puisqu'il existe, pour les meilleures d'entre elles, une si grande disproportion entre les rayons utiles et ceux qui sont étrangers au phénomène de la vision.

§ **49. Absorption des rayons chimiques de la lumière : fluorescence des milieux transparents de l'œil.** — Dans la séance du 10 janvier 1860, l'Académie de médecine a reçu de M. le professeur Regnauld une communication sur un point des plus intéressants que puisse offrir l'étude de la physique médicale.

Il s'agissait, dans cette communication, de l'étude de rapports nouveaux et très-peu connus encore, que la physique est en train de découvrir entre la lumière et les corps diaphanes, et en particulier avec ceux qui servent à mettre en communication le centre cérébral, l'homme lui-même, et les objets éloignés, par l'intermédiaire des organes de la vue.

Voici comment nous rendions compte de ce travail dans la *Gazette médicale de Paris* (28 janvier 1860) :

Après avoir d'abord considéré la lumière comme un fluide d'une nature simple, obéissant dans sa marche à des lois uniformes, linéaires, rectilignes ou courbes, permettant, en chaque cas déterminé, de calculer à l'avance les directions du rayon émergent d'un milieu donné, son point d'intersection avec une surface ou un autre rayon rencontrant le premier, on reconnut plus tard que le problème physique n'était pas aussi simple, et que la lumière blanche, supposée jusque-là une et indécomposable, n'était en réalité qu'une résultante et le produit de la réunion de plusieurs lumières différentes par leur couleur. Les lois de l'optique se virent par là un peu modifiées, sans que cependant les moyennes, suffisantes en physiologie, aient été notablement ébranlées par l'introduction de cet élément nouveau.

Plus tard encore, nouvelles analyses du fluide : découverte dans le rayon blanc, de rayons non plus seulement différemment colorés, mais doués de qualités inattendues — rayons calorifiques — rayons chimiques.

La propriété de la couche superficielle des substances diathermanes de faire éprouver à toute espèce de chaleur rayonnante, inci-

dente, une perte particulière et constante, incomparablement plus
grande que la perte qui correspond à une couche d'égale épaisseur
prise dans le même milieu, rapprochée de la multiplicité des couches
distinctes composant le cristallin, le corps vitré et les autres milieux
réfringents de l'œil, fait comprendre comment la conformation de cet
admirable appareil peut suffire, dans les cas ordinaires, à garantir
la rétine de tout effet calorifique nuisible de la part des rayons lumineux.

Restaient à rechercher les moyens de protection qui devaient garantir ce même appareil contre l'influence des rayons chimiques.

La physique nous apprend que « les rayons émis par les sources
lumineuses ont la puissance de déterminer des combinaisons et des
décompositions chimiques, lorsqu'ils atteignent ou traversent certains corps : cette propriété ne réside pas au même degré dans toutes
les parties d'un faisceau solaire dispersé par un prisme; elle a beaucoup d'intensité sur le violet et les parties qui l'avoisinent; elle paraît nulle sur le rouge, l'orangé et le jaune. »

Cela posé, on a pu se demander si ces rayons chimiques avaient,
à leur rencontre avec les tissus de l'œil, et sur ces tissus, ou pour
l'acte lui-même de la vision, un effet utile ou funeste. Et cette question a en effet donné lieu à diverses préoccupations scientifiques. Les
recherches des Anglais sur les effets chimiques de la lumière, les
expériences de Groves en particulier, doivent fortement peser dans
la balance et donner à croire que la perception des images rétiniennes
n'est pas absolument indépendante de tout effet chimique. Mais c'est
un sujet à peine à l'étude encore, et il est très-permis de s'occuper
en même temps de la question de savoir si la lumière ou certaines
lumières ne peuvent pas être une cause de trouble et de maladies
pour l'œil. C'est ce qu'avait déjà accusé M. L Foucault, à la suite
d'expériences prolongées sur la lumière électrique. Plusieurs autres
observations, constatant la production d'accidents inflammatoires
éprouvés par des yeux soumis pendant quelque temps à l'éclat des
étincelles électriques ou de foyers continus de cette lumière, ont en-
gagé M. Regnauld à étudier les réactions des tissus de l'œil en présence de ces sources de lumière spéciale. Sa qualité violette le ran-
geait en effet dans l'ordre des rayons lumineux les plus actifs au
point de vue chimique.

Or ces rayons qui sont les plus réfrangibles de tous ceux du
spectre solaire, et d'autres rayons moins lumineux que calorifiques
ou chimiques, et qui sont plus réfrangibles encore que les rayons
violets, sont doués de la propriété de développer un certain éclat au
contact de certaines substances parmi les corps diaphanes. Ce phénomène est tout à fait passager ou peut durer quelque temps; dans
le premier cas, il reçoit le nom de *fluorescence* et cesse avec la durée
de l'éclairage extérieur; dans le second, il a, au contraire, une certaine durée, et porte alors le nom de *phosphorescence*. Les physiciens sont portés à penser que cette propriété est le résultat d'une
action chimique.

Voulant se rendre compte de ce qui se passe dans les yeux quand ils se trouvent, plus que d'ordinaire, en rapport avec des rayons éminemment réfrangibles, comme ceux de la lumière électrique, M. Regnauld a donc étudié les différents milieux de l'œil au point de vue de la fluorescence, et cherché à déterminer la susceptibilité relative de chacun d'eux à une désorganisation chimique de leurs molécules.

Parmi les principaux points reconnus par notre savant confrère, nous citerons les suivants :

« Chez l'homme et quelques mammifères, la cornée est douée d'une fluorescence manifeste ; ainsi en est-il du cristallin qui possède également un haut degré de fluorescence.

« Dans le corps vitré, la membrane hyaloïde offre seule une faible fluorescence ; la rétine, ainsi que l'avait déjà vu Helmoltz le premier, a développé également une fluorescence, mais moindre que celle du cristallin. »

M. Regnauld conclut enfin que les accidents constatés à la suite d'une occupation prolongée sous les rayons de la lumière électrique, doivent être rapportés à la fluorescence développée par les rayons violets et ultrà-violets si abondants dans cette lumière.

Nous ne nous permettrons pas de discuter en quoi que ce soit des énonciations de cet ordre, qui ne peuvent être appréciées sainement que par les vérifications expérimentales qui consacrent les découvertes scientifiques. Il faut, en effet, pour se former sur des faits aussi délicats une opinion fondée, avoir vu se reproduire les affirmations réitérées des laboratoires de physique.

Quoi qu'il en soit, nous pouvons pourtant, dès maintenant, reconnaître que la direction donnée à ce travail était éminemment logique et rationnellement conçue. Si les travaux ultérieurs des physiciens physiologistes, viennent confirmer les résultats annoncés par ce savant, la science lui devra un progrès réel. Car ce ne peut être un objet indifférent que celui consigné dans cette dernière conclusion :

« Si par leurs courbures » (et par d'autres remarquables propriétés savamment combinées) « la cornée et surtout le cristallin sont d'admirables lentilles, par leurs propriétés fluorescentes ce sont, en outre, de véritables écrans, perméables à la partie de la radiation qui développe la sensation lumineuse, mais obstacles infranchissables aux rayons purement chimiques, inutiles pour la vision et redoutables pour la membrane sensible. Leur rôle, à ce dernier point de vue, commence au moment où les rayons ultrà-violets arrivent à l'œil en trop grande abondance, comme cela a lieu dans quelques circonstances spéciales (arc électrique, lumière solaire directe ou réfléchie par la neige ou les sables) ; alors la cornée et le cristallin fonctionnent, à l'endroit de ces derniers rayons, comme organes de protection de la rétine, — mais ils sont eux-mêmes atteints par cet excès de rayons épipoliques. D'où surviennent des altérations passagères ou permanentes, suivant la durée de l'impression. »

Tel est, sous la condition exprimée plus haut, le service rendu à la physiologie et à la pathologie par M. Regnauld, dans le récent travail de « physique médicale » que nous venons d'analyser. Sans qu'on y doive voir une critique, nous ferons cependant nos réserves ou plutôt les réserves de la science, pour un point encore tout à fait inconnu dans les théories de la vision, et qui se rattache étroitement au sujet traité par M. Regnauld. Si ce physiologiste a parfaitement élucidé les conditions de mauvaise influence que peuvent avoir sur l'intégrité de l'organe de la vue les rayons chimiques extrêmement réfrangibles, il reste à faire la part utile de ces mêmes rayons chimiques, s'il doit leur en être attribué une, comme peuvent porter à le soupçonner les travaux les plus modernes, ceux des Anglais particulièrement.

Car ce n'est pas seulement au point de vue pathologique qu'il y a lieu de se placer ici, et la considération du sujet donnera aux corollaires un champ bien plus vaste qu'il ne semble au premier abord. La physiologie y est directement intéressée et signale aux savants un grand nombre, nous ne dirons pas de lacunes, mais de *desiderata*, de doutes, dans l'interprétation de plus d'un phénomène ressortissant au chapitre de la vision.

Sans nous occuper de la question si délicate encore de la formation même des images naturelles et du sens de la perception des couleurs propres des corps, où il nous semble difficile que le rayon chimique n'ait pas une influence directe (voyez la disproportion de durée de l'impression lumineuse colorée avec ce que l'on connaît de la rapidité sans égale de l'ondulation de la lumière), sans nous arrêter, dis-je, au mécanisme propre de la coloration en physiologie, citons en passant les circonstances secondaires, en apparence, des phénomènes complexes de la vision, connus sous le nom de contraste successif et simultané des couleurs.

Quand on a fixé le soleil et qu'on ferme les yeux jusqu'à produire une obscurité complète, l'image laissée par le soleil, et qui persiste un temps souvent fort long, paraît claire ou blanche sur un fond noir, puis elle passe par toute la série des couleurs jusqu'au noir, en suivant l'ordre croissant des réfrangibilités, jaune, orangé, rouge, vert, bleu, violet. Si, au contraire, toujours après avoir fixé le soleil, on regarde un mur blanc, la persistance et la succession se font dans l'ordre inverse, l'image première paraît noire sur un fond blanc et parcourt la même série du spectre en sens contraire, passant des teintes obscures aux claires jusqu'à ce qu'elle soit arrivée au blanc.

Ce phénomène et d'autres de même ordre ont été jusqu'ici considérés comme des effets purement physiques, ou plutôt comme le résultat de la simple stimulation nerveuse laissée par l'agent physique. N'y aurait-il pas lieu de rechercher aujourd'hui si les rayons chimiques n'y joueraient pas un rôle, et s'il ne faudrait pas le ranger quelque jour dans l'ordre des phénomènes de phosphorescence? L'inégalité d'énergie des actions chimiques propres à chacune des couleurs principales du spectre pourrait, sans faire violence à la logique, prendre une part dans l'explication de ces faits, encore obscurs quoi qu'il puisse sembler.

Et ce que nous disons du contraste successif des couleurs, y aurait-il témérité à l'appliquer au contraste simultané? Les belles observations de M. Chevreul ont toutes été analysees tant par ce savant éminent que par les physiciens et les physiologistes, au seul point de vue de la physique pure ou de l'irritabilité nerveuse de la rétine.

Ne pourrait-on se poser la même question au sujet de l'eclat miroitant qu'offre, dans des lieux presque absolument obscurs, le fond de l'œil des carnassiers? Le tapis de ces animaux ne fait-il, comme on le pense, que réfléchir une portion (et fort notable) de la petite quantité de la lumière reçue, ou n'y a-t-il pas lieu d'attribuer cet éclat, relativement grand, au même principe de la phosphorescence?

Et le daltonisme, ou le trouble dans l'appréciation des couleurs, devrait-on continuer à le considérer comme un effet simplement nerveux, une aberration de la sensibilité, ou bien l'analyse nouvelle de l'action des rayons chimiques n'aura-t elle pas droit à réclamer quelque part dans la production de cette anomalie plus commune qu'on ne le croit?

Les expériences si remarquables de Groves sur l'action de la lumière sur les corps, l'emmagasinement de la lumière, la phosphorescence, la fluorescence des corps diaphanes, les merveilles de la photographie, nous révèlent chaque jour l'importance et la valeur nouvelle du rayon chimique de la lumière.

L'étude de ces phénomènes peut sans péril être reprise, non pas sans doute au point de vue de l'observation (les noms de leurs observateurs illustres donnent à cet égard toute garantie), mais sous le rapport du principe théorique qui devra les embrasser. Toutes les explications dont on a tenté de donner les formules ont été elaborées et discutées à des points de vue purement physiques, et avant la connaissance, même vague, du rôle que joue, dans la nature, le rayon chimique de la lumière Il y a donc ici toute une étude à reprendre, et personne ne sera plus autorisé à la poursuivre que les judicieux physiciens qui viennent d'ouvrir avec autant de netteté cette voie nouvelle dans la physiologie de la vision.

PHYSIOLOGIE ET PATHOLOGIE FONCTIONNELLE

DE LA

VISION BINOCULAIRE.

PREMIÈRE PARTIE.

ÉLÉMENTS ANATOMIQUES ET ANALYSE PHYSIOLOGIQUE DU SENS DE LA VUE.

CHAPITRE PREMIER.

EXPOSITION SOMMAIRE DES ÉLÉMENTS ANATOMIQUES COMPOSANT L'ORGANE DE LA VUE.

SECTION I.

Des conditions physiques auxquelles doit satisfaire l'organe de la vue.

§ 50. **Position de la question entre la physique et la physiologie.** — Dans l'introduction préliminaire qui précède, nous nous sommes uniquement occupé de *rappeler* aux lecteurs les lois physiques bien connues de l'optique, en présence desquelles nous allons maintenant rencontrer l'organisme vivant. La lumière met cet organisme en rapport avec le monde extérieur, et à distance. Comment, dans ces rapports, les lois de l'optique sont-elles réalisées? par quel mécanisme chaque point visible donne-t-il au sensorium connaissance de son existence, de sa forme, de sa couleur, de sa position dans l'espace? Tel est le problème général que doit résoudre la physiologie de l'organe de la vue, telle est la question qui va nous occuper.

Une première et impérieuse condition est imposée à cet appareil : si la vision doit reposer, *à priori*, sur un organe doué d'une sensibilité spéciale, d'une susceptibilité exclusive pour la propriété des corps nommés couleur, ou d'un mode de réaction unique contre un fluide particulier nommé lumière, il faut encore que cet organe soit approprié, disposé, de telle sorte que le sensorium puisse, avec la sensation lumineuse, recevoir, en outre, une notion exacte du lieu occupé dans l'espace par le point visible. Ce qui revient à dire que l'organe doit être investi de la propriété absolue de distinguer une impression d'une autre voisine, de séparer, dans leur origine comme dans leur direction, toutes les sollicitations qu'il reçoit. Il faut, en un mot, si cet organe est une surface, que chaque point de cette surface ait le pouvoir de rapporter à une direction, et même à une distance unique et déterminée, le point de départ extérieur de la sollicitation dont il est l'objet. S'il en était autrement, tous les points de la surface étant éclairés et sollicités à la fois, la sensation serait nécessairement confuse. Pour qu'il y ait vision, il faut nécessairement que chaque point de l'espace, qui peut tout d'un coup devenir lumineux, envoie ses rayons à un point déterminé de la rétine et à ce point-là seul. Nous prierons le lecteur de vouloir bien faire attention à cette formule : elle est fertile en conséquences, tout en étant la représentation exacte des conditions à remplir.

Or on peut se demander de quelle façon il serait possible, en géométrie simple, de réaliser les conditions organiques qui, une rétine, ou une surface sensible étant donnée, permettent à chaque point de l'espace de se mettre en relation rectiligne avec un des points de cette surface, et rien qu'avec un de ces points. Quelle forme donner à cette surface, quelles lois imposer à ses rapports avec le centre de la sensibilité, avec le *sensorium centrale ?* »

§ 31. **Forme imposée à la surface sensible.** —
Les termes de ce problème peuvent être formulés sans difficulté. Et d'abord quelle forme peut-on concevoir pour l'organe chargé d'établir ces rapports ? Ce qu'il est le plus naturel d'imaginer, c'est

assurément de lui donner une surface géométriquement semblable à celle que représente l'espace qui nous enveloppe. Chaque point de l'une sera dès lors tout naturellement en rapport exclusif avec une direction de l'autre. Or l'espace ouvert autour d'un point ·quelconque situé à la surface du globe terrestre, est celui circonscrit par une demi-sphère; si donc on se représente une autre demi-sphère. plus petite et concentrique à la première, tout rayon de cette petite sphère, prolongé indéfiniment, représentera un des rayons de la sphère céleste, du champ ouvert à la vision. Tous les points de la surface extérieure auront donc leurs correspondants sur la surface de la plus petite sphère; et tous ces points, considérés deux à deux, y seront séparés chacun par la même distance angulaire. Tout sera symétrique et proportionnel d'une sphère à l'autre, et pour qui a la moindre idée géométrique, il est évident que seules des surfaces sphériques concentriques peuvent jouir de cette propriété et d'une entière réciprocité l'une avec l'autre. La forme de la sphère est une forme exclusive. (Voy. fig. 33.)

Fig. 33.

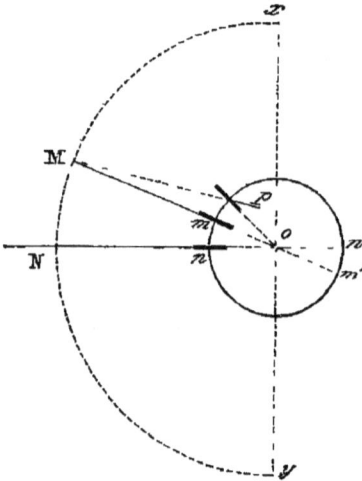

On peut donc, sans témérité, présumer, dès le principe, et par à *priori* synthétique, que pour offrir à la demi sphère céleste un tableau sensible, remplissant les conditions ci-dessus exprimées de correspondance exclusive entre tout rayon de l'espace, ou de la demi-sphère céleste, et l'organe, il faudra que la forme de la surface sensible de cet organe soit empruntée aussi à la sphère.

§ 52. **Principe de l'isolement des directions qui suivent le rayon de la sphère.** — La question de forme étant vidée, il en est une autre à résoudre qui pèse encore sur l'accomplissement de la fonction. Le point M de l'espace (fig. 33), qui envoie son faisceau lumineux suivant M*mo*, en disperse d'au-

tres encore tout autour de lui, et certains d'entre eux, tels que
M*p*, viennent rencontrer la surface intérieure sensible. Pour apprécier la direction OM, donnée par *om*, il faut donc que les
rayons lumineux tels que M*p* soient sans effets sur les points *p*, ou
du moins que l'impression produite en ces points n'ait pas de re-
tissement sur le sensorium. Cela ne sera obtenu que si chaque
point sensible de la petite sphère intérieure se trouve isolé et
comme s'il était enveloppé par un petit canal opaque sur ses
parois, qui ne laisse continuer leur chemin vers l'intérieur
qu'aux faisceaux dirigés suivant le rayon commun OM. Sans
nous arrêter au procédé de détail suivi par le grand architecte
pour amener ce résultat, nous sommes forcé de le concevoir
réalisé, si nous voulons nous représenter comme résolues les
conditions géométriques du problème proposé. Pour que chaque direction menée du sensorium, du moi sensible, à un point
de l'espace, ait son organe exclusif, il est géométriquement nécessaire et que l'organe, dans son ensemble, ait la forme sphérique, et que chacun des points de cette sphère, ou plutôt de cette
portion de sphère, ait le pouvoir exclusif de ne répondre qu'aux
pinceaux lumineux dirigés suivant son rayon. Ce que nous
avons exprimé par l'hypothèse d'une canalisation rayonnante organique, conduisant chaque rayon, ou chaque axe de faisceaux
lumineux, suivant une direction isolée et exclusive, à un point
unique de la surface sensible sphérique, convexe, qui se développe, comme en parallélisme, avec la demi-sphère des espaces
célestes (1).

§ 53. **La forme sphérique sensible peut être
concave tout aussi bien que convexe.** — Mais s'il
ne s'agit que de répondre à cette loi de similitude de formes
pour mettre en rapport les divers points de l'espace, chacun
avec un seul point sensible, une sphère concave, concentrique
à celle de l'espace, remplirait tout aussi bien l'objet proposé que
peut le faire la sphère convexe *mn*.

(1) Est-il utile de faire remarquer que les points *m* et *n* sont situés sur la
surface sensible, dans le sens même qu'ont M et N sur la surface de la sphère
céleste; et qu'en conséquence, le *sens* de l'image sur la surface organique est
le même que celui de l'objet? Des yeux construits suivant ce principe auraient
donc le caractère objectif d'offrir l'image droite des objets.

Jetons les yeux sur la fig. 33 ; nous avons vu que tous les points de la demi-sphère intérieure (celle qui représente l'œil) situés en avant du plan xy, pouvaient être considérés comme correspondant à une direction précise et déterminée vers la sphère céleste ou grande sphère MN.

Mais si nous considérons l'autre moitié de cette même petite sphère, celle située de l'autre côté du plan xy, chacun des points de cette deuxième demi-sphère se trouve également en rapport exclusif de correspondance géométrique avec les mêmes points de la demi-sphère céleste MN. Le rayon MO qui coupait la sphère intérieure en m, la coupe encore en un second point m'. De même, le rayon NO qui donnait le point n, donne aussi le point n'. Les points m' et n' représentent donc aussi exclusivement M et N que pouvaient le faire m et n; même distance angulaire relative, même possibilité de correspondance exclusive. La seule différence consiste dans le croisement des rayons au point O, avant la mise en rapport avec la surface sensible, au lieu du croisement postérieur qui s'observait dans le premier cas.

Comment réaliser semblables conditions, se demandera-t-on maintenant. Comment faire croiser tous les rayons de l'espace au point O centre d'une demi-sphère concave? La chose est géométriquement des plus simples.

La première demi-sphère mn étant en correspondance avec la sphère céleste, interceptait toute communication entre l'espace et la moitié postérieure de la sphère à laquelle elle appartient. Mais après l'avoir coupée par un plan diamétral xy, enlevons la moitié antérieure, en lui substituant un plan opaque percé, en son centre, d'un petit trou microscopique. Chaque direction rectiligne, menée de ce centre vers les espaces supérieurs, étant prolongée en dedans de la demi-sphère postérieure, en représentera également un rayon, et n'y rencontrera qu'un point de la surface. Le problème sera ainsi résolu. Tout point éclairé du dehors (voyez la théorie des images par les petites ouvertures, § 4. Int.) se dessinera sur un seul point de la surface sensible. Plus de confusion possible : identité, par similitude, du tableau extérieur et du tableau interne, mais sens dessus dessous, bien entendu.

Ici, on le voit, il n'est plus besoin d'imaginer un petit canal, opaque sur ses parois, enveloppant chaque point sensible de la demi-sphère concave. Le trou percé au centre du diaphragme en remplit à merveille l'emploi. Il faut seulement que chaque point sensible possède, dans les manifestations de sa sensibilité, la faculté directrice, c'est-à-dire la propriété de rapporter au sensorium l'impression qu'il a reçue, dans sa direction réelle, c'est-à-dire suivant une normale à sa surface, ou suivant le rayon de la sphère à laquelle il appartient, ou bien encore suivant la droite qui le joint au petit trou du diaphragme.

Cette conception, fille très-légitime de la théorie, trouvera, dans l'étude anatomique générale de l'organe chez les vertébrés, des fondements matériels en harmonie parfaite avec les nécessités géométriques ; elle y trouvera également des bases physiologiques non moins assurées, dans la loi connue sous le nom de *principe de la direction visuelle.*

Inversement, nous rencontrerons la première hypothèse des canalicules isolants dans les yeux à rétine convexe chez grand nombre d'espèces inférieures.

SECTION II.

Coup d'œil d'ensemble sur l'anatomie comparée de l'organe de la vue.

§ 54. Division des yeux des animaux en deux grandes classes. — Renversant le sens de nos recherches, procédant, peut être un peu tard, par analyse, après avoir attaqué la question par une synthèse directe, jetons un coup d'œil d'ensemble dans l'anatomie comparée de l'organe de la vue. Nous allons y reconnaître que toutes les méthodes, si variées en apparence, adoptées par la nature pour établir des rapports s'exerçant, à distance, entre l'être animé et le monde extérieur, vont toutes répondre à ces conditions absolues de sphéricité de la membrane sensible, et d'isolement, de canalisation du faisceau lumineux, suivant chacun des rayons de cette sphère.

Nous passerons sous silence les simples globules oculaires des animaux tout à fait inférieurs, comme les annelés ou les vers, qui vivent d'une vie souterraine et dont les organes de la vue ne semblent que des rudiments, bons au plus à leur permettre de distinguer le jour de la nuit.

En dehors de ces existences élémentaires, nous ne trouvons

plus, quelque nombreuses que soient les divisions des naturalistes, que deux sortes d'appareils pour la vision, à savoir :

« Les yeux des insectes et des crustacés qui sont dispoés en
manière de mosaïque, et pourvus de milieux transparents isolateurs de la lumière ;

« Les yeux à milieux transparents qui réunissent la lumière,
ou yeux renfermant une lentille, « yeux rappelant exactement
la chambre obscure. »

C'est le résumé même de Muller.

Nous verrons plus loin que ces yeux qui réunissent la lumière, l'isolent aussi parfaitement. Sans nous écarter des faits,
et en adoptant un ordre plus logique, nous dirons, nous, qu'il
n'y a que deux classes d'yeux :

(1re classe) à facettes ou mosaïques, ou yeux à rétine sphérique convexe ;

Et (2e classe) les yeux à lentilles ou à rétine sphérique concave, yeux formant chambre obscure.

Ou bien encore :

Yeux à image droite,

Yeux à image renversée, comme dans toute chambre obscure. (Voyez la fig 33.)

§ 55. Yeux agglomérés des espèces inférieures.

—Les yeux simples, ou à image renversée, ou à rétine concave,
sont les yeux de toutes les espèces supérieures, et feront l'objet
principal de ce travail. Nous commencerons donc par une exposition rapide de la construction des yeux à facettes, qui semblent tellement différents des nôtres. Nous noterons cependant,
avant d'aller plus loin, que parmi les animaux inférieurs, tels
que les arachnides, les crustacés, les mollusques, on rencontre
des yeux simples ou renfermant une lentille.

Ces yeux sont quelquefois portés sur des organes mobiles
nommés tentacules, comme chez les gastéropodes ; l'animal
les avance ou retire à son gré, et parcourt ainsi les divers
rayons de la sphère dont la base des tentacules occupe le centre. On a trouvé dans ces organes des traces de choroïde, de
lentille, de corps vitré : ce sont d'ailleurs des organes très-im-
parfaits et propres seulement à la vue très-rapprochée.

Chez les arachnides, les mieux doués dans cette classe, le principe de construction des organes, moins complet que chez l'homme et les vertébrés, en rappelle cependant les principaux éléments. On y trouve une cornée, un cristallin, un corps vitré, une rétine et même un projet de pupille dans l'expansion de la choroïde.

La figure ci-dessous offre le type de cet œil simple, déjà fort analogue au nôtre ; c'est (fig. 34) un des yeux du scorpion,

Fig 34

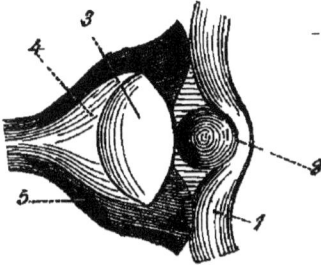

dans lequel on trouve une cornée 1, et immédiatement derrière elle, une lentille complétement sphérique 2, laquelle repose sur un corps vitré en forme-de segment sphérique aussi 3, derrière celle-ci se trouve une expansion du nerf optique 4, ou rétine, tapissée elle-même par une membrane noire, la choroïde 5, dont la prolongation entre le corps vitré et la cornée vient constituer une espèce d'ouverture pupillaire

Ces yeux sont séparés et fixés dans l'immobilité en diverses parties convenables de la tête de l'animal, comme on le voit ci-dessous dans la tête de l'araignée empruntée à Leuwenhoek.

Fig. 35.

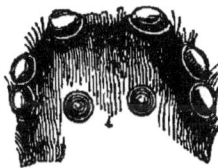

Réunissez ces yeux élémentaires en les groupant ensemble, supposez-les juxtaposés, et vous avez ce que les naturalistes nomment les yeux *agglomérés*.

Fig 36.

La figure ci-dessus, où les yeux sont placés en disposition

géométrique, en quinconce équilatéral, représente l'appareil oculaire du mille-pattes commun.

§ 56. Des yeux à rétine convexe. — Mais dans les classes inférieures, chez les articulés particulièrement, et le nombre en est immense, l'organe à rétine convexe, connu sous le nom d'yeux à facettes ou à mosaïque, tient le principal rang.

Ces organes, au premier aspect, bien différents des nôtres, ces instruments délicats et singuliers dont la construction est sans analogie apparente avec les yeux à lentilles, ces yeux que Muller appelle isolateurs du faisceau lumineux, poūr les distinguer des yeux des vertébrés, n'en diffèrent au fond que dans le procédé au moyen duquel ils isolent la lumière; car, nous le verrons plus loin, les nôtres, plus parfaits encore, ont également pour premier principe et premier objet cet isolement du faisceau lumineux, sans lequel il n'y aurait plus que perception de lumière, mais jamais de vision. Pour apporter l'idée de la forme des corps, il faut de toute évidence que le faisceau parti d'un point éclairé ne puisse être, par l'organe, confondu avec celui émané d'un autre point plus ou moins voisin.

Mais revenons à la description qui doit servir de point de départ à notre discussion ultérieure.

Ces yeux des articulés sont appelés à facettes ou mosaïques, d'après l'aspect de leur surface extérieure divisée en petits éléments réguliers visibles seulement à la loupe, le plus généralement, et dont les figures suivantes donnent une idée parfaite.

Fig 37.   Fig. 38,

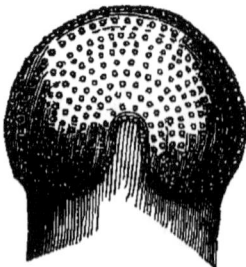   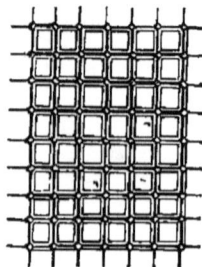

A cette surface, de forme constamment sphérique dans son

ensemble, qu'on n'oublie pas ce point, correspond une con-struction intérieure des plus dignes d'attention.

La figure suivante (39), empruntée à Leuwenhoek, et qu'il faut rapprocher des précédentes (37 et 38), manifeste, dès le

Fig 39.

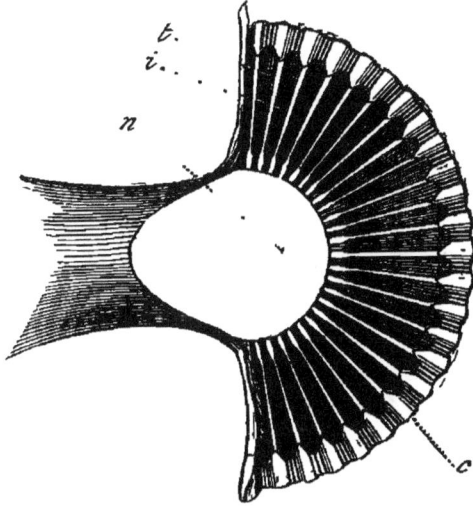

premier coup d'œil, le procédé d'isolement suivi par la nature. Dans cette figure, n représente l'extrémité antérieure du nerf optique s'épanouissant en ganglion sphérique convexe duquel émergent des prolongements en grand nombre, t, petits canaux tapissés par la couche pigmentaire, ou membrane choroïde, i. Cette membrane se prolonge en autant de filaments qu'il y a de facettes cornéales en tapissant les tubes, t, qui partent de chacune d'elles. Ces facettes elles-mêmes, c, hexagonales ou carrées, sont en nombre considérable, quelquefois jusqu'à 25,000, suivant Muller, et sont souvent terminées par de petites lentilles convexes. L'exemple que nous avons choisi et dessiné ici, en contient 8 à 9,000.

Le fait capital à observer dans cette disposition, c'est la canalisation de la lumière à travers ces tubes noircis sur leurs parois, et qui éteignent ainsi tout faisceau lumineux qui ferait angle avec leur axe. Chaque facette peut donc, avec le tube qui la suit, représenter un œil fixe et qui ne voit que dans une seule direction, celle de l'axe du tube. Mais chacune de ces directions correspond à un rayon de la sphère dont le centre de l'organe est le centre commun.

On notera donc ces deux caractères anatomiques constants et en harmonie avec notre synthèse première : convexité sphérique de la surface sensible, isolement de chacun de ses éléments, quant à la lumière qui le vient frapper.

Nous allons retrouver les mêmes données, mais dans un ordre inverse, dans les yeux des vertébrés

Si l'on se reporte à la fig. 33, on voit bien en outre que l'image des objets y a le même sens que les objets mêmes qu'elle représente ; le point m est au-dessus du point n, comme M est au-dessus de N ; m', au contraire, est au-dessous de n'.

SECTION III.

Des yeux à lentilles, ou à image renversée, en général. Anatomie et physiologie générales de l'œil humain en particulier.

Les yeux fondés sur le principe de la chambre obscure à lentille, et qui appartiennent à tous les vertébrés, ne diffèrent entre eux que dans l'importance relative de certains de leurs éléments, mis, par une accumulation spéciale de soins providentiels, en rapport plus parfait avec certaines appropriations de l'espèce. Mais le fond est le même pour tous, et les dissemblances ne portent que sur des détails, différences dont on se rend d'ailleurs aisément compte quand on les étudie eu égard aux différences de fonctions.

Nous donnerons donc une idée très-complète de l'organe par la description du seul œil humain, nous réservant de noter plus tard et sommairement, les variations que présentent, dans les différents embranchements, certaines parties de cet organe presque identique, dans son ensemble, à tous les degrés de l'échelle de l'anatomie comparée.

DESCRIPTION DE L'ŒIL HUMAIN.

§ 57. **Globe oculaire**. — Sphéroïde plus ou moins résistant que nous décomposerons, pour l'étude, en deux portions aussi différentes par leur organisation que par le rôle qu'elles remplissent et qui, quoique continues, ne se ressemblent en rien ; à savoir, la demi-sphère postérieure, organe de réceptivité, la demi-sphère antérieure, instrument d'optique ou de transmission.

Toutes deux solidaires cependant, et ne faisant qu'un tout quand il s'agit de les considérer au point de vue du mouvement.

Nous allons donc étudier successivement : 1° la partie postérieure, 2° la demi-sphère antérieure, 3° la zone de leurs connexions continues, 4° les humeurs ou corps semi liquides qui les séparent.

Fig 40

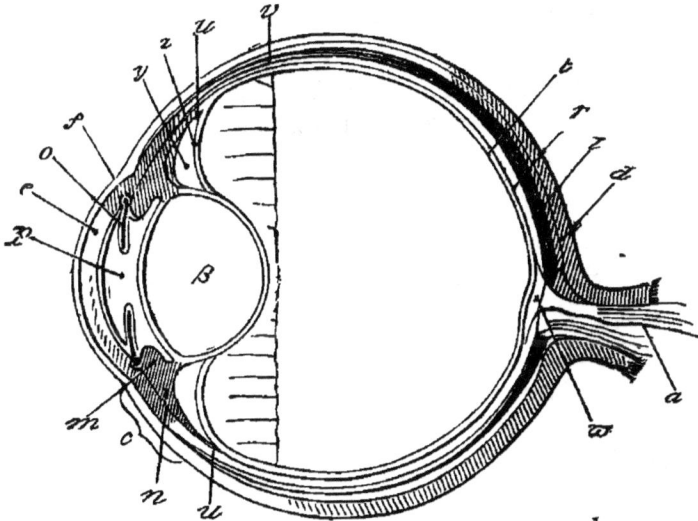

1° La partie postérieure du globe oculaire est une demi-sphère concave en avant, convexe en dehors, formée de *dehors en dedans* :

D'un tissu fibreux nommé *sclérotique d* et sur lequel s'applique une membrane très-fine et très-délicate, l'*arachnoïde* qui le sépare d'une autre membrane de même forme, noire et remplie de pigment *l*, nommée *choroïde*, servant à son tour de support à une seconde membrane aussi fine que transparente, *r*, nommée *rétine*, expansion du nerf optique. Cette membrane est recouverte elle-même d'une fine tunique *t*, nommée membrane *hyaloïde*, et qui sert d'enveloppe à l'humeur vitrée.

Ces trois dernières membranes s'étendent jusque sur la face postérieure de la demi-sphère antérieure : nous décrirons plus loin leurs connexions avec cette partie antérieure. Ajoutons qu'à l'union du tiers interne de la demi-sphère postérieure avec son tiers moyen, et un peu au-dessous de l'équateur du globe, se remarque un petit cercle *œ* (*a* tronc de vaisseaux qui en émergent, artère centrale de la rétine) et qui n'est autre que le lieu de pénétration du nerf optique à travers la paroi scléroticale. Dès son entrée, ce nerf perce la choroïde qu'il interrompt pour la tapisser dans toute son étendue sous le nom de rétine.

2° Demi-sphère antérieure. — Appareil dioptrique.

D'avant en arrière :

Enchâssée dans le prolongement antérieur du globe sclérotical on rencontre d'abord, au centre de l'orbite, une partie transparente nommée *cornée e ;* convexe antérieurement, elle laisse voir derrière elle un cercle de couleur variable, percé d'un orifice *noir*. Le cercle est *l'iris* (diaphragme oculaire) *o ;* le trou qu'il présente en son centre, et qui se nomme *pupille p*, laisserait voir derrière l'iris, si elle n'était d'une transparence absolue, une lentille nommée cristallin 6.

Entre le cristallin et la partie postérieure ne se rencontre plus que le corps vitré, humeur transparente, d'apparence gélatineuse. Cette humeur vitrée remplit l'œil depuis le cristallin jusqu'à la rétine et lui maintient, par sa résistance, sa forme globulaire.

Ajoutons à cette description trois fines membranes de protection, de support et de sécretion.

La conjonctive, muqueuse couvrant la surface antérieure de l'œil, à savoir la cornée et une partie de la sclérotique.

La membrane *uvée* tapissant, à l'intérieur, la face antérieure et postérieure de l'iris et se perdant dans l'anneau de connexion de la sclérotique et de l'iris. La cristalloïde antérieure ou capsule du cristallin, participe de la nature de l'uvée; car elles sont baignées par un liquide commun, l'humeur aqueuse qu'elles sécrètent, et qui remplit l'espace qui, sous les noms de chambre

antérieure à l'iris et de chambre postérieure, sépare la face
postérieure de la cornée de la face antérieure du cristallin.

3° Zone de connexion de la sclérotique avec la cornée, l'iris
et le cristallin. — *Zone ciliaire* (c).

Dans la région annulaire où la cornée s'enchâsse dans la sclérotique, se trouvent également les points de jonction intérieurs
de l'iris et du cristallin, avec le support commun, le tissu fibreux
sclérotical.

Dans cette région, nous rencontrons de dehors en dedans, et
d'arrière en avant, *m* le ligament ciliaire, *n* les procès ciliaires
(que nous décrirons plus en détail au § 64) auxquels est suspendu le cristallin, et qui renferment les fibres du muscle
ciliaire.

Entre eux, la lame *z* de l'hyaloïde antérieure, et le bord du
cristallin, règne un anneau canaliculé nommé canal de Petit *y*;
dont le pourtour externe *u* porte le nom de zonule de Zinn.

En arrière d'elle, se remarque le rebord *v* ou ondulo-denté, ou
ora serrata; en avant, à l'union du corps ciliaire avec la naissance
de la cornée, le canal de Schlemm, *f*.

Tel est l'ensemble des parties constituantes du globe que nous
étudierons plus loin dans leurs détails.

Considéré à ce point de vue sommaire et comme corps sphéroïde suspendu dans l'orbite, le globe est entouré de certains
moyens de protection qui le défendent contre le contact nuisible
des agents extérieurs; tels sont les sourcils, les paupières, la
conjonctive dont nous avons déjà parlé. Nous renvoyons pour
leur description aux traités d'anatomie; il suffit pour nous de
savoir qu'ils ne concourent qu'accessoirement à la vision par la
protection qu'ils offrent à l'œil.

Enfin le globe est soutenu dans l'orbite par un système fibreux
musculaire qui a, en outre, pour mission et objet de lui faire exécuter les mouvements commandés par l'exercice de la fonction.

§ 58. **Muscles extrinsèques de l'œil**. — Ils sont au
nombre de sept; six appartiennent en propre au globe oculaire;
le septième n'est qu'accessoire, et quoique soumis à la même
influence nerveuse que les muscles propres, il ne s'adresse qu'à un
organe tout à fait secondaire de la vision, le voile membraneux qui
recouvre l'œil, la paupière supérieure. Ce muscle a pour objet de

la relever (élevateur de la paupière supérieure) et est, par conséquent, antagoniste de l'orbiculaire des paupières, sphincter du
globe, qui, sous la loi du nerf facial, est chargé de l'occlusion
active des yeux. Ajoutons à cet ensemble un petit groupe de fibres musculaires lisses, pourvues de tendons élastiques, que l'on
trouve dans la fissure orbitaire inférieure chez l'homme (muscle
de Horner), et qui paraît destiné à agir sur le tarse palpébral, et
nous aurons ainsi huit muscles orbitaires.

Les six premiers nous importent seuls : le globe est suspendu
entre eux au milieu de la cavité qui lui est préparée dans les
graisses qui remplissent l'orbite, et dont le sépare une fibreuse
très-fine.

Ces six muscles, à l'exception de l'oblique inférieur, ont une
origine fixe commune au fond de l'orbite, et se dirigent alors
d'arrière en avant. Étroits et tendineux au début, ils deviennent
charnus en s'approchant de leur insertion antérieure qui se fait
sur le globe au moyen d'une large expansion tendineuse qui
enveloppe le globe sur la zone d'union de son tiers antérieur et
de son tiers moyen. L'oblique supérieur passe d'abord dans
une poulie logée dans la région interne et supérieure de l'orbite
pour se réfléchir en arrière, et va former, avec l'oblique inférieur, une sangle fibreuse postérieure au globe.

Les figures 41 et 42, en diront, sur ces dispositions anatomiques, plus que toutes nos descriptions.

Ces muscles sont maintenus dans des gaînes particulières formées toutes aux dépens d'une fibreuse très-complexe, décrite
premièrement par Ténon, mais qui n'est bien connue que depuis
la remarquable description qu'en a donnée M. J. Guérin, et dont
les détails se trouvent dans la *Gazette médicale de Paris*, année
1842. On peut se faire une idée exacte de cette vaste membrane
en l'envisageant comme il suit :

Supposons l'œil en place, imaginons une membrane fibreuse
délicate, celluleuse à son origine et qui, percée d'un trou circulaire,
s'appliquerait au pourtour de l'union kérato scléroticale. De ce
cercle, la membrane s'étend *sur* les quatre muscles droits et se
fond comme une enveloppe conique, en les embrassant jusqu'à
leur commune insertion orbitaire.

Voilà pour la première partie.

La seconde portion se compose ainsi qu'il suit : Après quelques millimètres de parcours sur le globe oculaire, elle se dédouble ; le feuillet profond ou oculaire suit le même chemin que nous venons de décrire : mais le dédoublement superficiel se réfléchit sous la conjonctive, forme le cûl de-sac oculo-palpébral et vient se perdre dans la paupière. Là elle se dédouble encore, remonte vers le fond de l'orbite où elle se fond, en adhérant à lui, avec le périoste orbitaire ; un autre feuillet enveloppe le muscle élévateur des paupières, et un troisième, inférieur, en descendant dans l'orbite, forme la cloison mince qui sépare l'œil des tissus graisseux qui l'environnent.

Il en est enfin une troisième division qui naît de façon inverse à la première, à savoir de la face postérieure du globe, couvrant les tendons des obliques avec lesquels elle se fond d'abord,

Fig. 41.

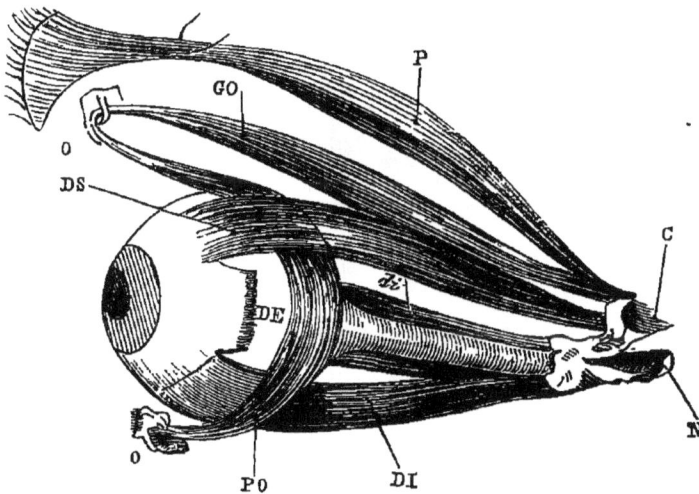

P   Élevateur de la paupiere supérieure
GO Grand oblique
PO Petit oblique.
DS Droit supérieur.
DI Droit inferieur.
DE Droit externe coupé.
di Droit interne caché.
O   Rebord orbitaire.
C   Fond de l'orbite.
N   Nerf optique.

qu'elle embrasse ensuite supérieurement, quand ils deviennent charnus, comme le premier feuillet recouvrait les muscles droits, se prolongeant sur eux jusqu'à leur insertion orbitaire ; mais à la rencontre de l'insertion des muscles droits, se repliant et re-

Fig. 42

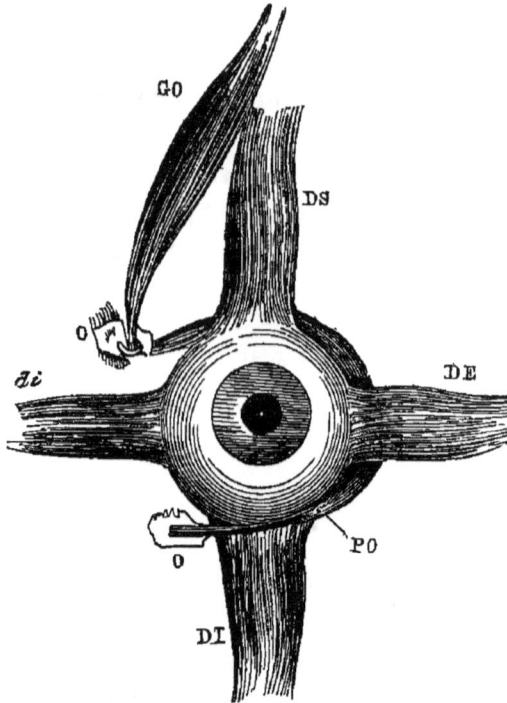

broussant chemin en arrière, elle s'applique sous eux et se fond, chemin faisant, avec la fibreuse supérieure, complétant ainsi la gaîne fibreuse de chaque muscle.

On remarquera dans ce trajet complexe deux particularités : 1° le dédoublement du feuillet intermédiaire sous-conjonctival qui permet tous les mouvements de l'œil ; 2° l'absence d'enveloppe fibreuse complète, et une simple *loge* à trois parois, autour des muscles droits, dans la région même de leur insertion au globe. Cette particularité a été utilisée par M. J. Guérin dans l'opération du strabisme.

Nous nous bornerons ici à cette indication sommaire, leur usage et leur fonction seront l'objet d'un chapitre spécial.

Voyez chap. IV.

§ 59. — Nous allons maintenant reprendre en détail la description des éléments du globe dont la connaissance intime est nécessaire pour l'appréciation et l'exposition du rôle du globe lui-même comme organe de la vision.

Du globe considéré en lui-même.

Le globe oculaire, dans une espèce, est de grandeur sensiblement constante : il ne varie guère qu'avec la taille du sujet, et son diamètre apparent semble plutôt sous l'influence de l'ouverture ou de l'occlusion des paupières que de toute autre circonstance.

Malgré la mollesse qui se remarque dans sa consistance après la mort, et même à un certain degré sur le vivant, le globe de l'œil affecte, au moins dans sa partie postérieure, une forme régulièrement sphérique. Cette opinion théorique est légitimée par les mensurations exactes de Nunneley, et la divergence même des auteurs, dont les uns ont trouvé au globe une différence de diamètre à l'avantage du diamètre antéro-postérieur, pendant que les autres reconnaissaient, au contraire, une supériorité de quelques centièmes dans le diamètre transverse ; ce qui, sans engager la sphéricité de la partie postérieure, paraît être le résultat le plus incontestable des mensurations pratiquées après la mort.

D'ailleurs la nécessité géométrique de la forme sphérique aussi exacte que possible pour l'accomplissement de la fonction, tant au point de vue du mouvement que sous celui de la direction des sensations, ne permet pas de supposer que le globe en fonction ne soit parfaitement sphérique, au moins dans sa surface de réception des images lumineuses.

Cette vue recevra ultérieurement des preuves absolument décisives.

Tout en étant sphérique dans sa partie postérieure, le globe oculaire est donc un peu plus large transversalement que d'avant en arrière. La cornée n'est pas non plus exactement circulaire : elle est un peu plus grande transversalement, même chez les animaux dont la pupille est exactement circulaire.

On sait aussi que l'entrée du nerf optique dans le globe est loin d'être centrale. Elle ne l'est ni dans le plan horizontal, ni dans le plan vertical, et le degré de cette excentricité est quelque peu variable. On le reconnaît sur le vivant, non-seulement par l'ophthalmoscopie, mais par le procédé de Mariotte et l'expérience du *punctum cæcum* (1).

Le diamètre du globe a été trouvé, en moyenne, de 20 à 22 millimètres, ou pour le rayon de courbure de la sclérotique, de 10 à 11 millimètres.

§ 60. **De la sclérotique.** — La tunique scléroticale, en y comprenant la cornée qui la complète antérieurement, est l'enveloppe même du globe. De sa forme sphéroïdale dépend l'intégrité des tissus délicats et richement organisés qu'elle renferme. La sclérotique proprement dite constitue les cinq sixièmes environ de l'enveloppe extérieure du globe, un peu plus, un peu moins, suivant les dimensions de la cornée. La moitié postérieure est parfaitement sphérique chez l'homme; mais en avant, et dans le voisinage de sa réunion avec la cornée, on observe quelquefois un léger aplatissement qui met plus en relief la convexité de la membrane transparente voisine. Cette dépression est beaucoup plus sensible chez certains animaux, comme par exemple chez les oiseaux et les reptiles, chez lesquels on rencontre des lames osseuses.

C'est donc en arrière que la sclérotique est le plus ferme et le plus épaisse. Au point de pénétration du nerf optique, elle a près d'un millimètre d'épaisseur, et de là s'avance en s'amincissant vers la cornée, région où elle n'a plus que la moitié de cette épaisseur; mais comme elle reçoit dans cette zone les insertions des quatre muscles droits, elle est un peu renforcée par leurs expansions tendineuses.

L'épaisseur en arrière est telle que la membrane est presque absolument opaque; tandis qu'en avant elle est au contraire plus

_____

(1) On marque deux points noirs sur du papier blanc, à quelques centimetres de distance l'un de l'autre; puis le papier étant rapproché de l'œil, on fixe le point de gauche avec l'œil droit, le gauche étant fermé, ce qui n'empêche pas de voir l'autre point; mais si l'on éloigne lentement le papier, le point de droite disparaît à une certaine distance pour reparaître bientôt, si l'on continue à éloigner le papier. La même chose a lieu si l'on regarde le point de droite avec l'œil gauche. La similitude des triangles permet alors de calculer l'excentricité du *punctum cæcum*. Ce calcul a montré que ce point n'était autre que la papille du nerf optique.

ou moins diaphane et permet souvent à la teinte foncée de la
choroïde de se laisser reconnaître au travers ; et c'est à cette particularité qu'est due la teinte bleuâtre que l'on constate chez les
enfants et les femmes délicates.

La sclérotique est de nature essentiellement fibreuse, et par
l'intermédiaire du névrilème du nerf optique, se rattache à la
dure-mère.

Rude, blanche, cellulaire à l'extérieur, eu égard à ses connexions, elle est, à l'intérieur, unie et fine et retient toujours quelques traces d'adhérence de pigment choroïdien, malgré l'interposition entre elle et la choroïde d'un tissu réticulaire très-délicat
qui constitue la membrane *arachnoïde*.

L'attention doit se porter un instant sur le mode de pénétration
du nerf optique à travers la sclérotique, l'état normal de cette introduction devant être le point de départ de plus d'une observation
ophthalmoscopique. Le nerf semble à son entrée, rétréci et comme
étranglé sur lui-même, on le décrit même comme tel ; mais l'é-
tranglement ne porte que sur l'enveloppe, au moment où elle
va se fondre dans la sclérotique ; le nerf serait plutôt, en ce qui
le concerne, dilaté. Il ne fait pas son entrée par une simple ouverture, mais par une surface perforée, la lame criblée, dont les
trous donnent passage aux fibrilles nerveuses.

Les tendons des quatre muscles droits, avant de s'insérer à la
sclérotique, s'élargissent et lui donnent cette apparence blanche
(blanc de l'œil) qu'offre la *tunique albuginée*. Que ces muscles
exercent une certaine pression sur le globe, dans l'étendue de leur
application sur lui, cela est évident dans les cas de maladie. Que
les humeurs soient accrues, alors on aperçoit entre les muscles
un gonflement partiel et caractéristique ; et si au contraire elles
sont raréfiées, le globe prend une apparence quadrangulaire,
(nous ferons en temps et lieu appel à cette donnée physiologique).

§ 61. **De la cornée.** — La cornée forme environ le sixième
de la tunique extérieure de l'œil. La sphère dont elle fait partie
est d'un rayon moindre que celui de la sclérotique ; on l'estime
de 7 à 8 millimètres. Parfaitement transparente pendant la vie,
elle devient très-promptement opaque après la mort.

On lui compte trois tissus distincts : la membrane externe ou conjonctive ; la membrane moyenne ou tissu propre de la cornée ; une troisième membrane interne, tissu élastique.

La prolongation de la conjonctive scléroticale sur la cornée, longtemps niée, n'est plus contestée aujourd'hui. Quoiqu'on n'y ait non plus jamais pu distinguer de vaisseaux ni de nerfs à l'état normal, il n'est pas à douter cependant qu'elle ne soit vasculaire quant à sa constitution, ou si disposée à le devenir que la moindre irritation la congestionne promptement. Quant aux nerfs, sa grande sensibilité, dans les maladies, doit en faire supposer l'existence au moins en fibrilles imperceptibles. La membrane moyenne forme la partie principale de la cornée : c'est la continuation des fibres blanches de la sclérotique : elles y sont disposées parallèlement et par couches lamelleuses.

La troisième couche membraneuse qui forme la cornée est des plus importantes. Elle est connue depuis longtemps sous le nom de *lame élastique* ou cartilagineuse ; on la nomme encore *membrane de Descemet* ou *de Demours*, membrane de la chambre aqueuse. On la sépare à l'œil nu de la précédente. Sa structure est tellement élastique que lorsqu'on l'a détachée de la cornée, il est presque impossible d'en retenir une portion quelconque étendue ; elle se roule aussitôt, et toujours dans une direction contraire à la courbure qu'elle affecte dans sa position physiologique, la surface convexe antérieure se roulant en avant, comme si elle exerçait constamment une pression sur la cornée à la façon d'une toile élastique.

Aux limites de la cornée, la membrane élastique offre une terminaison compliquée ; elle se termine en trois parties :

La plus externe passe sur la paroi externe du *canal de Schlemm* ou sinus veineux circulaire et se perd dans la sclérotique, avec les fibres élastiques dont elle semble le prolongement.

La portion moyenne passe en dedans du même canal et se ·perd dans le ligament ou le muscle ciliaire.

La troisième et plus importante se plisse d'une manière plus ou moins distincte pour aller se réfléchir sur la surface antérieure de l'iris (piliers de l'iris de Bowmann), où elle se modifie et se perd.

§ 62. De la choroïde.

§ 62. **De la choroïde.** — La choroïde est une membrane opaque interposée entre la rétine, organe du sentiment, et la sclérotique organe de support. Elle recouvre entièrement cette dernière. On peut la décrire comme partant du point de pénétration du nerf optique, par un cercle offrant un bord distinct, s'appliquant sur le nerf, mais sans connexion organique avec lui, s'étendant alors, d'arrière en avant, jusqu'à la jonction de la sclérotique et de la cornée, où, en tant que choroïde, elle se termine. Mais elle a, dans cette région, des rapports de continuité avec trois autres organes importants : le *muscle ciliaire*, le *corps ciliaire* et l'*iris*.

La choroïde est intimement unie à la sclérotique pendant un court espace autour du nerf optique, et encore aux points de pénétration des vaisseaux et des nerfs ; mais, dans les autres points, elle ne lui est qu'assez lâchement unie, du moins jusqu'à la zone ciliaire. Entre elle et la sclérotique est interposé un tissu délicat et fin que les anciens croyaient dérivé de la pie-mère elle-même et qui a reçu le nom de tunique arachnoïde ou lame obscure (*lamina fusca*).

La choroïde est essentiellement vasculaire ; elle contient en outre de nombreuses cellules pigmentaires. On y remarque deux couches de vaisseaux : la couche interne en offre un merveilleux réseau, plus riche en vaisseaux en arrière qu'à sa partie antérieure ; les vaisseaux naissent des artères ciliaires et n'ont nul rapport avec les vaisseaux de la rétine.

Le réseau veineux de la choroïde forme le plus curieux arrangement qui soit. Il est indépendant des artères et s'étend sur la surface externe de la membrane, et de leur apparence a reçu le nom de *vasa vorticosa*. Ils présentent une certaine ressemblance avec le tronc et les branches du saule pleureur en l'absence de feuilles.

Fig 43.

Les points d'émergence des vaisseaux ou de bifurcation commune sont au nombre de quatre ou cinq, et les branches communiquent librement les unes avec les autres. Cette disposition semble avoir pour objet de prévenir l'impression de toute pulsation, et la position sur l'équateur de l'œil des points d'émergence paraît d'accord avec cette interprétation des vues de la nature.

La choroïde est complétement couverte de

pigment noir; c'est la teinte qu'on lui assigne ordinairement. Chez la plupart des mammifères, des oiseaux, dans un grand nombre de reptiles, il en est en effet ainsi; chez quelques-uns le pigment est absolument noir.

Mais il n'en est certainement pas de même chez l'homme, et il est à croire qu'on désigne le pigment comme étant noir, par l'habitude où l'on est de disséquer des yeux de moutons ou d'autres animaux plutôt que des yeux humains.

Chez l'homme le pigment est non-seulement moins abondant, mais d'une couleur beaucoup moins intense que chez la plupart des animaux; il est, chez l'adulte, très-rarement plus que couleur de chocolat ou d'acajou.

Chez les vieillards, il est souvent rassemblé par paquets le long des vaisseaux et inégalement. Il suffit ainsi à rendre la choroïde comparativement imperméable à la lumière; mais on a disséqué des yeux où il y avait assez peu de pigment pour, qu'à travers la sclérotique, on pût voir l'image comme on la voit chez le lapin albinos.

Sur les procès ciliaires et à la partie postérieure de l'iris, le pigment est beaucoup plus épais que dans tout autre point; aussi sait-on que ces parties sont tout à fait fermées à la lumière : elle ne peut ainsi passer qu'à travers la lentille cristalline. Chez les enfants, le pigment est plus abondant que chez les vieillards, et de même chez les bruns que chez les blonds, ou encore chez les habitants des pays chauds ou très-froids, où le jour est éclatant, que dans les zones tempérées; on voit aisément l'objet de ces particularités.

§ 63. Muscle ciliaire. — Ce muscle, dans sa portion principale, n'est autre chose que la zone blanchâtre qui termine en avant la face extérieure de la choroïde et qui unit celle-ci à la sclérotique et à la cornée. Séparé de ces deux dernières membranes, il a la forme d'un anneau circulaire; son épaisseur est de $0^{mm},5$ à $0^{mm},6$ à son bord antérieur, ou petite circonférence, qui répond à l'union de la cornée avec la sclérotique : elle diminue graduellement vers le bord postérieur, qui se confond d'une manière insensible avec les couches extérieures de la choroïde au voisinage de l'*ora serrata*.

La face extérieure du muscle ciliaire répond à la sclérotique,

6

dont il est séparé par un tissu cellulaire extrêmement lâche, dans lequel quelques auteurs ont vu une vraie bourse séreuse ; sa

Fig. 44.

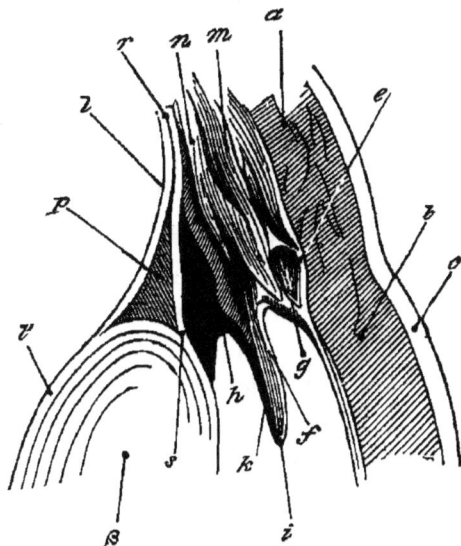

a   Sclérotique.
b   Fibreuse de la cornée
c   Couche épithéliale de la cornée.
d   Lame élastique de la cornée, de Demours ou de Descemet, se dédoublant en
e   Lame externe du canal de Schlemm,
f   Membrane antérieure superficielle de l'iris ou piliers de l'iris.
g   Canal de Schlemm.
m   Muscle ciliaire
n   Id.,   fibres provenant de l'iris
h   Procès ciliaires.
k   L'uvée.
i   La lame moyenne et vasculaire de l'iris.
r   La rétine.
l   La membrane hyaloïde venant tapisser en arrière le cristallin.
s   Ligament suspenseur du cristallin. Portion antérieure épaisse et forte.
t   Portion postérieure du même, très-mince.
       Comprenant entre elles.
p   Le canal de Petit.
ß   Le cristallin.

face interne est en rapport avec la partie plissée de la choroïde et la base des procès ciliaires auxquels elle adhère intimement. Les couches superficielles sont molles et comme gélatineuses ; plus on avance vers les couches profondes, plus son tissu devient dense et d'un aspect fibreux.

C'est Ph. Crampton qui, le premier, fit connaître en 1831,

dans l'intérieur de l'œil des oiseaux, un muscle particulier, étendu du cercle osseux de la sclérotique à la circonférence de la cornée, et qu'il désigne sous le nom de *depressor corneæ.*

Clay Wallace (1835) décrivit le ligament ciliaire comme composé de fibres musculaires dont il figure assez exactement la direction.

Plus tard, Brücke et Bowmann donnèrent de nouveaux détails sur cet organe, dont la véritable nature ne put être déterminée qu'après que Kölliker eut fait connaître la composition des fibres musculaires lisses. Brucke le désigne sous le nom de « tenseur de la choroïde.» Ce muscle, dit-il, naît circulairement de la face interne de l'anneau osseux (chez les oiseaux), et s'unit par des fibres dirigées d'avant en arrière à toute la circonférence antérieure de la choroïde. Il se distingue par sa richesse nerveuse; ses fibres sont striées comme celles du muscle de Crampton et de l'iris, et ont la même largeur. Il se montre chez les reptiles, tortues, lézards, crocodiles. Ce muscle existe enfin chez l'homme et les mammifères; mais là, la forme de ses éléments n'est plus la même. Au lieu de fibres musculaires striées, il ne présente, semblable, en cela, à l'iris des mêmes êtres, que des fibres musculaires de la vie organique.

La direction générale des fibres du muscle ciliaire est antéropostérieure.

C'est de la paroi interne du canal de Schlemm que naissent ces fibres; réunies en un seul faisceau à la partie antérieure, elles vont ensuite en divergeant; les plus superficielles suivent la courbure de la sclérotique et vont se continuer avec la choroïde : ce sont les plus longues; celles qui sont placées plus profondément se dirigent en arrière et en dedans, vers l'axe de l'œil, pour se terminer a la base des procès ciliaires. Les faisceaux les plus profonds qui sont les plus courts, et s'anastomosent fréquemment entre eux, deviennent en même temps obliques, ou même perpendiculaires par rapport à l'axe de l'œil, et par leur réunion constituent, à la face externe, des procès ciliaires un véritable muscle circulaire auquel se rattachent, d'après les recherches de M Rouget, les fibres radiées de l'iris.

Le muscle ciliaire reçoit de nombreux vaisseaux et nerfs. Les nerfs ciliaires pénètrent *tous* dans le muscle de ce nom.

Quel doit être l'effet de la contraction du muscle ciliaire ?

Suivant Bowmann, le muscle ciliaire est placé de telle sorte qu'il fait avancer un peu le cristallin, en tirant les procès ciliaires vers la ligne de jonction de la sclérotique et de la cornée, et aussi, peut-être, en exerçant une pression sur les côtés du corps vitré. Un tel mouvement de la lentille tendrait à adapter l'appareil optique de l'œil pour la vision des objets rapprochés.

Brucke, considérant la direction générale antéro-postérieure des fibres de ce muscle, admet que son action est de tendre la choroïde et la rétine sur le corps vitré et de les ramener en avant, vers la ligne de jonction de la sclérotique avec la cornée, d'où le nom de tenseur de la choroïde qu'il lui impose. Il est certain (pour lui) que tel doit être l'effet de la contraction des faisceaux les plus externes du muscle, et comme ces faisceaux sont les plus longs, le mouvement qu'ils déterminent doit être assez considérable. Ce glissement de la choroïde sur la sclérotique est d'ailleurs favorisé singulièrement par la laxité du tissu cellulaire qui unit les deux membranes.

Helmoltz pense que la traction de la choroïde réagirait elle-même sur l'insertion antérieure du muscle qui n'a pas une grande fixité : l'insertion de l'iris pourrait, de la sorte, être portée un peu en arrière, en même temps que la choroïde le serait en avant ; cela serait plus rationnel.

Quant à la partie profonde du muscle, son action doit être différente et se porter sur les procès ciliaires qu'elle presse contre la paroi antérieure du canal de Petit, et médiatement sur le bord du cristallin ou même sur la périphérie de la capsule cristalline antérieure, si l'on admet que les procès ciliaires empiètent sur cette face. Dans tous les cas, l'effet de cette contraction sera de refouler vers le centre une portion de la substance molle qui forme la superficie et le bord du cristallin, amenant ainsi dans la forme de la lentille une modification qui augmente le pouvoir réfringent de cet organe.

Le mode d'action du muscle ciliaire, tel qu'il est représenté dans cette exposition, est plus satisfaisant au point de vue de son objet qu'au point de vue du mécanisme lui-même. M. Nunneley fait à cet égard les remarques suivantes :

Le point d'attache fixe du muscle ciliaire, à l'union de la cornée avec la sclérotique, peut bien faire penser qu'il tire vers ce point les régions plus mobiles, et amène ainsi en avant et en dedans la choroïde ; mais l'étendue de ses fibres est tellement courte qu'il semble difficile qu'elle compense l'élasticité du tissu lâche de la choroïde, et qu'elle entraîne ainsi tout le corps vitré, et le cristallin avec lui.

On suppose encore que le même muscle agit sur la lentille par l'intermédiaire des procès ciliaires qu'il amène en dehors, entraînant ainsi *en avant* le cristallin par son bord circulaire. Mais les procès ciliaires ne sont directement attachés ni à la lentille, ni à la membrane hyaloïde, mais, comme nous le montrerons tout à l'heure, à une forte membrane, *ligament suspenseur du cristallin,* lequel est interposé entre les procès ciliaires et la membrane hyaloïde, et qui passant *sur la surface antérieure* du cristallin, le maintient en place. Comment comprendre dès lors que cette action exercée sur la face antérieure de la lentille, puisse l'amener en avant? ne doit-il pas au contraire la repousser vers l'humeur vitrée ?

Il y a là assurément matière à réflexion; que les modifications de forme de cristallin se lient à une action musculaire interne, c'est ce qui ne saurait être douteux; nous en serons convaincu ultérieurement. Mais il faut reconnaître, avec M. Nunneley, que le mécanisme qui préside à ces changements de forme est encore fort obscur.

§ 64. **Des corps et des procès ciliaires**. — Si l'on coupe l'œil transversalement de 6 à 7 millimètres en arrière de l'union de la cornée et de la sclérotique, et qu'on regarde d'arrière en avant le plan vertical de section, on rencontrera un beau disque radié entourant le cristallin et rappelant la disposition des pétales de la fleur de tournesol.

On a donné à cette partie presque autant de noms qu'on lui a supposé d'usages différents. Elle porte communément le nom de corps ciliaire, et se distingue en *procès ciliaires* ou partie plissée, et corps ciliaire proprement dit, ou partie sans plis.

A mesure que la choroïde s'avance dans la demi-sphère antérieure du globe, elle présente de légers plis dirigés dans le sens des méridiens qui commencent à l'*ora serrata*, et viennent se terminer presqu'au bord même de la lentille, où ils s'adossent aux parois antérieures du canal de Petit, pour venir se perdre dans la grande circonférence de l'iris et du muscle ciliaire, avec lesquels ils se continuent sans interruption.

Les procès ciliaires présentent une forme triangulaire à bord extérieur convexe, en rapport, sur toute son étendue, avec la choroïde et le muscle ciliaire ; un bord intérieur concave qui s'applique sur l'humeur vitrée et sur le ligament suspenseur du cristallin ; enfin un bord antérieur, le plus court, formant la base du triangle, et qui se trouve en rapport avec l'humeur aqueuse.

Les plis qui composent les procès sont plus ou moins nombreux et remplis de pigment. Lorsqu'on les détache de l'humeur vitrée, une partie du pigment est enlevée avec les procès, mais une autre demeure adhérente à la *Zonule de Zinn*. Le tissu auquel demeure alors attachée la substance pigmentaire, est tout à fait analogue, comme composition et vascularisation, à celui de la choroïde.

Lorsqu'au lieu de diviser l'œil transversalement, on enlève, seulement, par une section verticale, la cornée, le corps ciliaire et l'iris, laissant la lentille et le corps vitré en position, on voit alors un disque radié qui est l'impression même des procès ciliaires sur le corps vitré, s'étendant jusqu'au bord de la lentille. On a souvent nommé cette apparence les procès ciliaires de l'humeur vitrée, mais on la désigne aujourd'hui sous le nom de *zonule de Zinn*. Elle est

Fig. 45

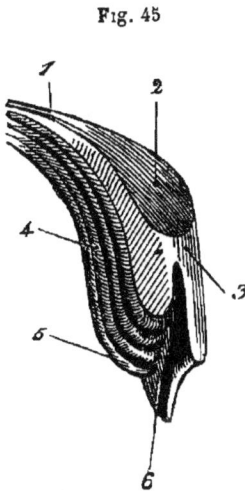

1. Choroïde.
2. Muscle ciliaire.
3. Iris.
4. Zonule de Zinn.
5. Procès ciliaires.
6. Chambre postérieure de l'humeur aqueuse.

constituée par une série de plis de la membrane hyaloïde en parfait rapport avec les procès ciliaires, mais non en contact immédiat ; il existe entre eux une fine membrane élastique, le ligament suspenseur du cristallin, lequel, contrairement à l'opinion commune, prévient toute communication vasculaire de l'un à l'autre.

Les procès ciliaires avancent-ils assez en avant et en dedans pour être en rapport avec le bord du cristallin, ou s'arrêtent-ils court à ce point ? Ont-ils ainsi, oui ou non, un rôle dans le mécanisme de l'adaptation ? Il y a sur ce point de grandes contestations entre les anatomistes.

M. Nunneley pense que le sujet n'a pas autant d'intérêt qu'on pourrait le croire, eu égard à l'existence du ligament suspenseur du cristallin et à la prolongation de celui-ci sur la face *antérieure* de la lentille. Comment pourrait-il ainsi accomplir l'action qu'on lui attribue de porter le cristallin en *avant ?*

Il est impossible de trancher encore cette question : les fonctions des procès ciliaires sont des plus obscures, et comme dit M. Nunneley, il est beaucoup plus aisé de critiquer celles qui leur sont attribuées que d'en découvrir de satisfaisantes. Jouent-ils un rôle dans l'adaptation ou la correction de l'aberration de parallaxe ? n'ont-ils, au contraire, qu'un rôle physique, une action de diaphragme postérieur, analogue à l'action antérieure de l'iris ? on ne saurait le décider.

L'anatomie comparée et l'objet à remplir, dont on connaît la réalisation sans tenir la clef du phénomène, peuvent seuls militer en faveur du rôle joué par ce corps dans l'accommodation. Chez les oiseaux, dont les yeux semblent et doivent subir de telles modifications dans l'adaptation à distance, on les trouve remarquablement développés, mais on y rencontre en outre un organe d'une structure très analogue, la bourse (*marsupium*) qui s'approche de la face postérieure de la lentille, de telle sorte que si les uns et les autres étaient doués du pouvoir contractile, ils seraient évidemment les antagonistes l'un de l'autre.

§ 65. **De l'iris.** — L'iris est ce diaphragme flottant suspendu dans la chambre de l'humeur aqueuse, qu'il divise en deux parties inégales. Il est, comme on sait, percé en son centre d'une ouverture circulaire nommée *pupille*. Quand je dis au centre, ce n'est pas toujours exact, et très-fréquemment le bord iridien est plus étroit du côté interne que du côté externe.

L'iris peut être regardé comme le prolongement de la choroïde et du muscle ciliaire, les vaisseaux et les fibres étant continus des uns aux autres. Il s'insère au point d'union de la sclérotique et de la cornée, point commun d'origine et d'attache de ces trois organes.

La surface postérieure de l'iris, sauf chez les Albinos, est toujours recouverte d'un pigment épais semblable à celui de la choroïde, et compris entre l'iris et l'*uvée*. Cette membrane envoie souvent des prolongements au delà du bord pupillaire, particulièrement chez les ruminants et les pachydermes, où on la voit quelquefois flotter et faire saillie comme un bord frangé. Chez l'homme même, dans des cas de cataractes prononcées qui repoussent l'iris en avant, on peut distinguer quelquefois, à la loupe, des prolongements irréguliers de l'uvée, et qu'on ne saurait attribuer à des adhérences.

La couleur de l'iris varie avec les conditions qui semblent influer sur la quantité du pigment. Chez les bruns, il est de couleur foncée ; bleu ou gris chez les blonds. Sœmmering dit avoir remarqué que plus est pâle la nuance de l'iris, plus sont minces les tuniques de l'œil, et inversement; observation que Maître-Jan paraît avoir faite également.

Le rôle de l'iris semble exclusivement physique. C'est celui de diaphragme. Il présente deux couches de fibres musculaires appartenant au système de la vie organique, les unes dans la direction des rayons, les autres circulaires et près du bord libre, où elles font l'office de sphincter. Toutes sont placées sous l'influence du nerf de la troisième paire, qui prend, comme on sait, une triple origine au système spinal et au système nerveux ganglionnaire. (Voyez plus loin le chapitre des paralysies musculaires de l'œil.)

L'iris est extrêmement vasculaire : les artères proviennent de la ciliaire longue, des ciliaires antérieures et de la ciliaire courte. Les veines sont le prolongement des vasa vorticosa.

Malgré sa riche organisation, l'iris est peu sensible; les opérations s'y pratiquent sans développer grande réaction de douleur, et dans l'iritis, la douleur semble devoir être attribuée à d'autres tissus concurremment affectés.

Le rôle de l'iris est évidemment la mesure à faire à la quantité de lumière qui pénètre dans l'intérieur de l'œil; la dilatation et la contraction antagonistes, de la pupille, sont sous l'influence de l'action organique et sympathique.

Les oiseaux seuls peuvent exercer une action volontaire sur l'ouverture de la pupille : aussi reconnaît-on dans leur iris les fibres musculaires striées. Quelques personnes ont prétendu avoir une action volontaire sur les mouvements de l'iris; mais c'est évidemment une action indirecte, par suite de leur connaissance des influences sympathiques qui règlent les mouvements dans l'exercice de la vision.

La pupille n'existe pas pendant la vie fœtale ; son ouverture est remplie par la *membrane pupillaire*, membrane entretenue par les vaisseaux mêmes de l iris. C'est un organe de transition et qui sert au développement même de l'iris. Tant qu'elle existe, la chambre de l'humeur aqueuse est divisée en deux ; la membrane pupillaire paraît alors être, en avant, la continuation de celle qui tapisse à l'intérieur la cornée, et se réfléchit sur la face antérieure de l'iris, tandis qu'une seconde membrane revêt la chambre postérieure en se réfléchissant de la capsule antérieure du cristallin sur la face postérieure de l'iris. Cette description est due à M. Cloquet.

L'iris est ainsi forme de trois tissus : son tissu propre vasculaire, pigmentaire et musculaire.

Les deux membranes, une postérieure qui tient de la composition de la cristalloïde antérieure, l'*uvée* entre laquelle et le tissu propre de l'iris est accumulé le pigment.

La membrane antérieure, espèce de continuation de la membrane de Demours, destinée comme elle à servir de barrière ou d'organe de sécrétion à l'humeur aqueuse.

Nunneley remarque que la face antérieure de l'iris est douée d'un grand pouvoir de réflexion, comme la face postérieure possède celui de l'absorption.

§ 66. **De la rétine.** — La rétine est la partie sensible de l'œil, celle pour laquelle l'œil lui-même semble avoir été formé. Elle s'étend sur la choroïde, entre elle et l'humeur vitrée depuis l'entrée du nerf optique jusqu'à l'*ora serrata*.

On l'a décrite, jusqu'en ces derniers temps, comme la terminaison par expansion des fibres du nerf optique. Elle semble être davantage : c'est un des organes les plus complexes qu'on puisse concevoir, comprenant en effet des fibres émanées du nerf optique, et qui la mettent en communication avec le cerveau, mais d'une structure si particulière qu'on doit y soupçonner des propriétés spéciales liées aux rapports de la lumière avec elle.

Pendant la vie, la rétine est aussi transparente que possible, d'une légère teinte rosée, mais qui, dès la mort, devient opaline, et enfin opaque.

On lui compte plusieurs couches très-nettes qui sont, en pro-cédant de dehors en dedans :

1° La choroïde ;

2° La couche des bâtonnets ou membrane de Jacob ;

3° Les couches granuleuses ;

4° La couche des cellules à noyau ;

5° et 6° La couche vasculaire ;

7° La couche des fibres du nerf optique ;

8° Couche cellulaire adhérente à la membrane hyaloïde.

Fig 46.

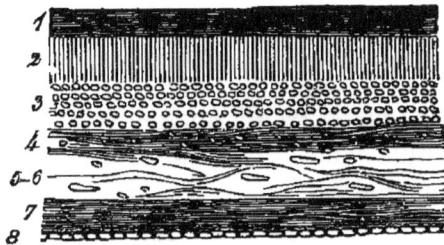

« La couche la plus externe de la rétine offre assurément la plus surprenante texture. Cette structure ne se rencontre que dans la rétine, mais aussi dans la rétine de tous les animaux (ayant une rétine concave). Elle est constituée par de petits corps cylindriques aussi nombreux que les grains de sable des rivages. Ce sont des baguettes, bâtonnets ou colonnes serrés côte à côte (comme les colonnes de basalte) *perpendiculaire-ment, debout sur la choroïde et dirigés vers le centre de l'œil.* Ils sont ainsi perpendiculaires à la direction des expansions fibreuses du nerf optique. On peut les suivre sans interruption depuis le point de pénétration du nerf jusqu'à l'*ora serrata,* d'autant plus longs qu'ils sont plus rapprochés du nerf. Ils sont assez resserrés les uns contre les autres, pour former une cou-che, une enveloppe complète (membrane de Jacob). Chez l'homme et généralement chez les mammifères, chez les rep-tiles (les chéloniens exceptés), les poissons, ce sont des cylin-dres parfaits coupés nettement, carrément à leurs extrémités. Chez les chéloniens et les oiseaux, on en rencontre de cylindri-ques et aussi de coniques. On les a quelquefois décrits comme des prismes à six pans ; cela tenait sans doute à la compression.

« Ces petits cylindres sont solides, parfaitement transparents, doués d'un grand pouvoir de réfraction et tout à fait droits dans l'œil vivant ; mais ils se déforment très-rapidement, se plaçant sous tous les angles possibles, particulièrement à leur extrémité choroïdienne où ils se recourbent en bec de corbin, ce qui a été pris pour leur forme régulière, mais à tort, car ils sont tout à fait droits chez l'animal récemment mis à mort.

« Chez l'homme ils semblent plus petits, mais, en revanche, plus nombreux que chez les autres animaux.

« Les bâtonnets sont évidemment d'une structure nerveuse *sui generis;* toute leur apparence le démontre. Il est à croire qu'ils sont intimement liés au sens de la vue. Mais quelle est leur relation à cet égard ? il est impossible, en l'état de la science, de le définir. Mais on ne peut douter, à leur caractère complexe, qu'ils n'aient plutôt trait à quelque fonction indépendante que d'être un simple tableau destiné à recevoir une image qui doit être de là transportée au cerveau, comme seul centre de la sensibilité. Kölliker et Müller les considèrent comme les expansions terminales des fibres nerveuses : on ne peut l'assurer. Ce qui est probable, d'après leur indépendance anatomique apparente, c'est une indépendance fonctionnelle, un pouvoir individuel. Où il y a la plus grande somme d'intelligence, là ils paraissent être et plus petits et plus nombreux. » (Nunneley, *Organ of vision.*)

La couche des cônes est la seconde de la rétine ; mais son étroit amalgame avec la couche la plus externe, et le peu de constance des petits cônes dont elle se compose, leur extrême altérabilité doivent faire penser que chez l'homme ces petits corps sont des bâtonnets dégénérés plutôt que tout autre chose. Ils sont d'ailleurs, comme les cylindres de Jacob, implantés perpendiculairement aux autres éléments de la rétine et de la choroïde, dans une lame membraneuse de la choroïde, comme une corolle dans un calice tubulé.

Les cônes offrent cette particularité d'être, chez les oiseaux et les chéloniens, colorés en rouge, en bleu, en jaune à leur extrémité externe.

3° La couche granuleuse suit immédiatement la précédente, et n'a, ainsi que celle des cellules à noyaux, (4°) d'autre intérêt qu'un intérêt histologique.

5° et 6° La couche vasculaire, intéressante à étudier eu égard à son rôle en ophthalmoscopie. Le système artériel fourni par l'artère centrale de la rétine qui, dès son entrée, se divise en deux ou trois branches, peut se répandre dans les couches celluleuse et fibreuse, mais non, que l'on sache, jusque dans la membrane de Jacob; autour de l'*ora serrata*, elles se confondent en un vaisseau circulaire qui en fait le tour.

Les veines accompagnent les artères: chez le vivant elles sont plus brunes et plus volumineuses.

7° La couche fibreuse se compose des filaments envoyés par le nerf optique, qui pénètrent dans l'œil par la lame criblée.

8° La membrane hyaloïde sépare toutes ces couches du corps vitré: elle appartient plus particulièrement à ce dernier; cependant la rétine adhère plus avec elle qu'avec la choroïde.

§ 67. Punctum centrale, ou tache jaune de la rétine.

— Sœmmering a montré qu'exactement sur l'axe principal de l'œil, à quelques millimètres en dehors du point de pénétration du nerf optique, existe une petite tache circulaire obscure, d'un millimètre et demi environ de large; elle est entourée d'une bordure jaunâtre plus large qui se fond graduellement dans les parties contigués de la membrane.

Fig. 47

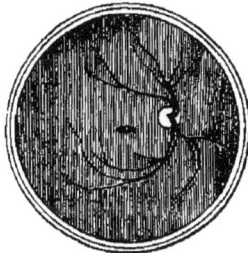

On avait décrit d'abord cette tache comme une ouverture existant dans la rétine. Tous les anatomistes ont fortement discuté, et le plus grand doute existe encore sur sa nature; il paraît cependant démontré que cette tache ne correspond à aucune perte de substance. Nunneley la rapporte à un effet cadavérique, Knox et Bowmann également.

D'après le docteur Von-Ammon, cette tache serait la dernière trace survivante des plis qu'offre la rétine aux premières périodes de son développement intrà-utérin.

Des humeurs de l'œil.

§ 68. De l'humeur vitrée ou hyaloïde.

— On nomme ainsi le corps transparent qui remplit les trois quarts ou les quatre cinquièmes du globe oculaire, sert de support aux membranes profondes par sa convexité postéricure, et loge le cris-

tallin dans un dédoublement de la face antérieure de la membrane hyaloïde ; le corps hyaloïde étant légèrement creux pour
recevoir la lentille, ou du moins sa face postérieure.

Ce corps est tellement transparent, que, placé dans l'eau pure,
c'est à peine si l'on peut l'en distinguer.

Son pouvoir réfringent est de 1.33, suivant S. D. Brewster.

Il est constitué par une masse semi-fluide très-semblable à
l'humeur aqueuse par ses caractères physiques et chimiques,
soutenu de toutes parts et dans son intérieur par une membrane
très-fine, qui le cloisonne dans toute son étendue.

Zonule de Zinn. — Nous l'avons décrite, plus haut, p. 86,
comme le résultat de la plicature anté-
rieure de la membrane hyaloïde autour
de l'équateur du cristallin (Voy. fig. 48).

Fig. 48

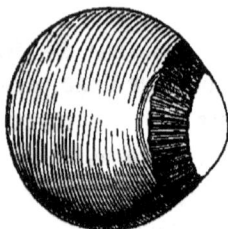

Ligament suspenseur du cristallin. — Il
s'étend entre les procès ciliaires et la zonule de Zinn, depuis l'*ora serrata*, jusqu'au bord de la capsule antérieure de la
lentille, mais peut aussi bien être décrit
comme le prolongement de cette capsule
antérieure, en arrière et vers la rétine.

Ce ligament, qui fait suite à la capsule antérieure, est comme
elle, comme la membrane interne de la cornée, manifestement élastique, se roulant, quand il est séparé de la lentille,
dans une direction contraire à la surface courbe à laquelle il
est appliqué. Il est ferme, épais et se déchire aisément. On
ne peut douter qu'indépendamment de son rôle comme moyen
de support, il n'en puise un dans le maintien ou la restitution
de la forme du cristallin, lors de l'accommodation de l'œil aux
différentes distances.

Le *canal de Petit* est un étroit canal qui entoure l'équateur
du cristallin : il est formé par le dédoublement du ligament
suspenseur du cristallin ou de la membrane hyaloïde elle-même.
Il contient extrêmement peu de liquide.

§ 69. **Du cristallin.** — Ce corps est un des éléments les
plus importants de l'appareil de la vue. Il est le plus parfait des
instruments d'optique qui se puisse imaginer au point de vue
de ses propriétés réfringentes, car il paraît être soustrait à l'ab-

erration de sphéricité, et défie encore les efforts analytiques des physiciens aussi bien que des mathématiciens.

La lentille est, on le voit, reçue dans un lit que lui fait l humeur vitrée, où elle est maintenue par le ligament suspenseur. Sa position occupe le point de jonction du tiers antérieur avec le tiers moyen du globe. Chez l'homme, les mammifères, les oiseaux et les reptiles, elle consiste en une lentille biconvexe dont la face postérieure est la plus convexe. On a attaché la plus grande importance à déterminer exactement le rapport de ces courbures ; mais il est impossible de compter sur une grande précision dans les mesures relevées. Ces courbures varient avec les sujets ; elles diminuent à mesure que, par les progrès de l'âge, la substance même de la lentille augmente de densité. Chez l'enfant nouveau-né, le cristallin est aussi mou que de la gelée ; chez le vieillard, il devient aussi ferme que du suif.

On peut juger de la difficulté d'obtenir une mesure exacte en ces matières, quand on sait que la proportion de la courbure de la surface postérieure au diamètre de la lentille, est beaucoup moins sujette à variation que celle de la surface antérieure. Le rayon de courbure de la face postérieure s'écarte très-peu, dans la plupart des espèces, de la moitié du diamètre de la lentille ; de telle sorte que la moitié postérieure du cristallin forme presque exactement une demi-sphère, tandis que la face antérieure appartient à une sphère beaucoup plus considérable. C'est sur elle que portent les différences apportées par l'âge, et cette circonstance est digne de toute l'attention du chirurgien.

Les mesures apprennent encore qu'en descendant de l'homme au poisson, on observe un accroissement de convexité jusqu'à y reconnaître une sphère entière, sans que cet accroissement de sphéricité soit accompagné par une augmentation de la densité.

Ces courbures sont, en moyenne :

Face antérieure,   rayon = 7 à 10 millim.
Face postérieure   —   5 à 6   —
Diamètre du cristallin —   10   —

Son épaisseur ou son axe est à peu près la moitié de son diamètre.

Il y a deux sortes de tissus à considérer dans le cristallin, et tout à fait dissemblables. Quoique parfaitement homogène à l'œil, la densité du cristallin croît de son bord à son centre. Chez l'enfant, il est plus uniformément mou ; chez le vieillard, plus uniformément dur. Cette augmentation de la densité de la circonférence au centre semble en harmonie avec la plus grande réfraction qui attend des rayons plus obliques.

La structure même du cristallin mérite une certaine attention, et l'arrangement des fibres qui le composent est des plus curieux. Chez l'homme, les fibres s'associent en trois groupes ou segments de cercle répondant à un angle de 120° sur chaque face ; mais le plein d'un segment de la face antérieure correspond à l'intersection de deux segments de la face postérieure ; de sorte que les interstices se dessinent sous des angles méridiens de 60°. Les fig. 49, 50, 51 et 52 représentent la division primitive et les divisions secondaires multiples qui se rencontrent dans notre espèce.

Fig. 49

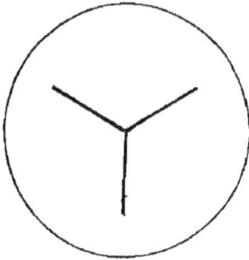

Fig. 50.

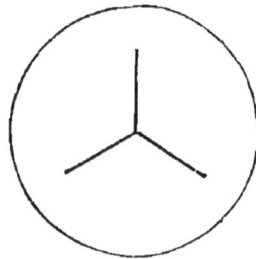

Fig. 51.

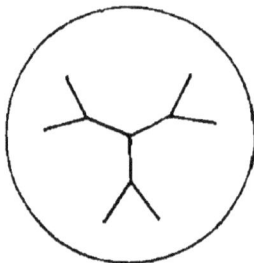

Fig. 52.

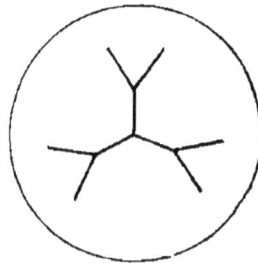

Capsules du cristallin. — Le corps du cristallin est compris et maintenu, nous le savons, entre deux membranes nommées capsules ou cristalloïdes.

Ces membranes sont d'une structure parfaitement transparente et dure, en apparence tellement perméable, que l'exosmose et l'endosmose s'y accomplissent avec une grande rapidité. Placé dans l'air, le cristallin se dessèche avec rapidité; dans l'eau, il se gonfle non moins rapidement et éclate. Percé dans cet état, il lance comme un jet l'eau qui y est entrée.

Il n'y a point de doutes que ce ne soit par les pores de la cristalloïde que le cristallin ne se nourrisse, car il ne porte pas trace de vascularisation. Par son tissu, la capsule diffère absolument du cristallin lui-même : aucun des agents susceptibles d'opacifier la substance corticale ne saurait affecter la transparence de la capsule qui se conserve longtemps après la mort.

Comme nous l'avons vu, la capsule est notablement élastique : elle s'applique étroitement sur la substance corticale dont elle doit tendre à préserver la forme. Elle est dure et forte, et cependant aisément déchirée et crie sous le couteau. Son élasticité est telle que, lorsqu'on la divise, elle se roule aussitôt et toujours en un sens opposé à celui de sa situation normale. Blessée pendant la vie, même légèrement, elle force souvent le cristallin à s'échapper dans la chambre de l'humeur aqueuse. Par ses caractères physiques et chimiques, elle paraît identique à la lame élastique de la cornée.

Toute blessure la rend invariablement opaque et amène l'absorption du cristallin. La cristalloïde antérieure est trois ou quatre fois plus épaisse que la cristalloïde postérieure ; cela provient probablement de l'expansion du ligament suspenseur.

Quelques heures après la mort, la capsule se trouve séparée de la substance corticale par une petite quantité de liquide qui a reçu le nom de *liqueur de Morgagni*. Cet effet, on le reconnaît aujourd'hui généralement, est exclusivement cadavérique.

Chez l'adulte, on ne peut suivre sur les capsules ni nerfs ni vaisseaux : il n'en existe que durant l'état fœtal et qui proviennent de l'artère centrale de la rétine.

§ 70. De l'humeur aqueuse.

§ 70. **De l'humeur aqueuse.** — On appelle ainsi une petite quantité de liquide (5 à 6 grains) contenue entre le cristallin et la cornée. On lui attribue une densité de 1.003 environ, presque celle de l'eau distillée.

Son usage paraît être de maintenir les courbures relatives des deux surfaces entre lesquelles elle est comprise ; car lorsque le liquide s'échappe, la cornée tombe à plat. En outre, elle offre à l'iris un milieu de la même densité que cette membrane, et qui lui permet de flotter à distance convenable de la cornée et du cristallin ; car lorsque l'humeur aqueuse s'écoule, l'iris tombe en avant ou en arrière, plus souvent en avant, adhère à la cornée ou à la cristalloïde et altère la fonction.

L'iris divise l'espace occupé par l'humeur aqueuse en deux chambres, chambre antérieure et chambre postérieure.

On a avancé que les deux chambres se trouvaient tapissées par une fine membrane séreuse couvrant le cristallin, la concavité de la cornée et les deux faces de l'iris. C'est rationnel assurément, mais l'anatomie ne le démontre pas.

(La plus grande partie de ces détails anatomiques a été extraite du long et savant ouvrage de Nunneley.)

SECTION IV.

Conclusion des trois sections qui précèdent, applicables à la physiologie.

§ 71. Nous avons établi plus haut, et c'était presque superflu, tant chacun a conscience de cette nécessité, que la rétine ne saurait *voir*, distinguer la forme des objets et les points éclairés les uns des autres, si elle n'a, en elle, la propriété de séparer, d'isoler les faisceaux lumineux émanés de chaque direction visible de l'espace. Est-il téméraire, connaissant la disposition intime de la rétine des vertébrés, après avoir constaté l'absence de tout organe ou appareil isolant en avant de la rétine, de considérer la couche de bâtonnets ou membrane de Jacob comme chargée, dans cette classe, du rôle rempli, chez les articulés, par la couche des cylindres à parois noircies qui enveloppe la convexité rétinienne ?

Quoique nous ne saisissions pas le procédé intime au moyen duquel l'élément bâtonnet, la cellule cylindrique affirme son action isolante sur les fibres normales, la nécessité de l'existence de ce mécanisme, l'absence de tout autre appareil propre à produire ce même effet, l'analogie de disposition (en sens inverse il est vrai, mais qu'importe !) que nous notons entre cette mé-

7

thode et celle que nous avons trouvée chez les animaux inférieurs, toutes ces considérations nous permettent d'adopter
cette identité de rôle et de fonction remplis sans conteste par
cette membrane, et que nul organe ou partie d'organe ne semble, dans l'appareil entier, en mesure, même apparente, d'accomplir.

Dire que l'œil *voit* un objet et le distingue d'un autre, c'est donc
dire que l'œil distingue et sépare deux rayons lumineux dont
il reçoit le choc ou l'influence. Cette séparation des directions
lumineuses, obligée en logique, est d'ailleurs la conséquence
tout aussi nette de l'observation et de l'expérience. L'enfant,
en ouvrant les yeux à la lumière, suit les mouvements qu'on
lui imprime et manifeste immédiatement sa notion innée de la
direction du rayon qui le frappe. Ainsi en est-il du petit animal
dès les premières manifestations de sa vie de relation.

Ajoutons le témoignage de la vision subjective, des enseignements fournis par les phosphènes dont la direction virtuelle
démontre si pertinemment les facultés propres du tissu rétinien,
et l'innéité, dans cet appareil, des propriétés de la direction et de
l'extériorité que la métaphysique avait elle-même jadis fait connaître, mais qui reçoivent de ces phénomènes la consécration
inattaquable de l'expérience directe.

Pour nous résumer, négligeant si l'on veut le mécanisme,
passant par-dessus la fonction éminemment probable des bâtonnets ou cellules cylindriques, normales à la rétine, mais en
partant de ce point de fait incontestable que la rétine a la propriété d'attribuer au faisceau lumineux la direction normale à sa
surface au point touché, nous reconnaîtrons dans une membrane rétinienne concave et demi-sphérique, fermée sur son diamètre par un diaphragme percé lui-même, en son centre, d'un
petit trou d'épingle, les conditions d'un œil parfait, au point de
vue de l'isolement de chaque direction lumineuse suivant un des
rayons de la sphère ou de l'espace. Ces conditions sont évidemment celles de la chambre obscure simple.

Un appareil ainsi formé serait, il est vrai, peu puissant au
point de vue de l'éclairage ; mais il est un moyen vulgaire d'a-
jouter à cet éclairage : il consiste à compléter la chambre obscure en élargissant le trou du diaphragme et en y enchâssant
une lentille biconvexe.

Ce que nous ferions dans un cabinet de physique pour construire une chambre obscure, la nature l'a fait pour nos yeux; ayant conçu sa chambre noire à faible effet, elle y a ajusté un appareil lenticulaire qui en a augmenté la puissance, en réunissant un plus grand nombre des rayons émanés de chaque point éclairé et en les condensant sur son axe de figure. Voilà tout le changement apporté par l'appareil réfringent placé au centre et en avant de la sphère rétinienne. Il a eu pour objet et pour effet la collection d'un nombre plus grand de rayons lumineux : mais le principe premier n'a pas été modifié, et la rétine est avec le centre optique de cet appareil dans les mêmes relations qu'avec le petit trou de notre diaphragme hypothétique ; elle reçoit en chacun de ses points un faisceau de rayons lumineux condensés au sommet d'un cône, *mais elle n'a conscience que d'une direction, l'axe seul de ce même cône.*

Cet accroissement de lumière ne pouvait s'obtenir sans sacrifier quelques avantages au moins apparents. Or ces avantages apparents perdus sont les suivants.

§ 72. Aberration de parallaxe. — Dans la chambre obscure sans lentille, formée par un simple trou d'épingle dans le diaphragme, quel que soit l'éloignement de la source lumineuse, chaque point du dehors se dessine exactement sur la surface interne et à l'extrémité du rayon qui lui est propre. L'image est faible, mais parfaite, malgré de très-grandes variations dans la distance de l'objet éclairé.

Les lentilles ne jouissent point de cette propriété. On sait que le lieu de convergence du faisceau émergent, ou foyer conjugué de la source lumineuse, est lié à cette source par une relation précise et invariable (*Théorie des lentilles*, §§ 21 et suivants). Un œil étant donné, et devant lui une source lumineuse, si la distance de cette source à l'œil varie, l'image ne sera plus perçue, c'est-à-dire le sommet du faisceau interne émergent de la lentille ne tombera plus exactement sur la rétine, à moins que celle-ci n'exécute un mouvement réglé par la formule des foyers conjugués; ou bien encore à moins, celle-ci demeurant immobile, que les courbures et le foyer principal de la lentille organique ne varient elles mêmes suivant une loi réglée également par cette formule.

Telle est la nécessité connue sous le nom d'aberration de parallaxe en physique, et d'adaptation ou accommodation en physiologie, et qui se résume en ceci : que l'œil que nous venons de définir, la chambre noire sphérique avec lentille convergente, devra pouvoir changer la distance de sa surface intérieure au centre de sa lentille, harmoniquement avec la variation de distance des objets qu'il regarde ; ou bien, si au contraire sa rétine demeure fixe, cet organe devra posséder un appareil qui modifie, en les adaptant aux distances de la vue, les courbures de son appareil lenticulaire. On sait aujourd'hui que c'est ce second procédé qui a été adopté par la nature ; nous étudierons dans la section prochaine le détail de son mécanisme.

L'adaptation de la vue aux différentes distances, qui est une des nécessités de l'emploi de la lentille au devant de la chambre obscure, était donc aussi une obligation que devait remplir un œil demi-sphérique un peu parfait. La conception d'un œil demi-sphérique, soit dans le premier, soit dans le second système que nous avons analysé, remplissait parfaitement, comme on l'a vu, son office au point de vue de la notion de la direction de la source lumineuse dans l'espace. Elle définissait exclusivement le rayon de la sphère rencontré par la source lumineuse ; mais, en même temps, elle était muette quant à la distance relative de deux points lumineux situés sur un même rayon.

Nous ne savons si cette imperfection a des inconvénients, ou si elle a quelques correctifs, chez les animaux inférieurs (les articulés) pourvus des appareils de la première espèce. L'histoire naturelle pourra éclairer ce point délicat de physiologie comparée.

Quant à notre espèce, et en général en ce qui concerne les animaux supérieurs, nous devons reconnaître que l'impossibilité de juger des distances relatives des objets éclairés, comme il arriverait avec la chambre noire simple sans lentille, serait une grave imperfection. L'adaptation à l'œil d'une lentille, en obligeant la nature à joindre à cette lentille un procédé propre à en faire varier à volonté le foyer, devait donc servir, en définitive, au perfectionnement du sens spécial de la vue, au moins en ce qui concerne la vision monoculaire, quoiqu'au premier abord cette obligation parût une complication.

§75. Aberration de sphéricité et de réfrangibilité.

— L'introduction d'une lentille ou d'un appareil de la nature des lentilles, quoique infiniment supérieur aux instruments les plus perfectionnés de l'optique de nos cabinets de physique, à de grands avantages semblait réunir certains inconvénients, celui d'abord, avons-nous vu, d'exiger l'emploi de procédés correctifs de l'aberration de parallaxe, vice inhérent à nos lentilles.

Mais cet inconvénient devant se trouver corrigé par un procédé qui apporte en même temps à l'organe, le moyen de juger des distances relatives, ne mérite plus ce nom. D'ailleurs la constitution élémentaire, intime de la lentille organique, son défaut d'homogénéité savamment combinée, sans doute, devait, *à priori*, y avoir remédié.

Nous aurons à tenir le même langage en ce qui concerne deux autres imperfections notables qu'auraient nos lentilles à nous, même les plus parfaites, si la nature avait dû les employer, au lieu de celle qu'elle a su enchâsser derrière le diaphragme fourni par l'iris : nous voulons parler de l'aberration de sphéricité et de réfrangibilité.

On sait que dans les lentilles que nous construisons (voy. les §§ 21 et 38) les rayons marginaux ne convergent pas, à l'émergence, exactement au même point de l'axe que les rayons centraux; elle les concentre notablement en deçà du foyer de ces derniers. D'où une imperfection évidente et qui appelle un correctif; c'est ce qu'on appelle, en optique mathématique, l'aberration de sphéricité.

Le diaphragme oculaire, représenté par l'iris, et qui intercepte, dans la vision rapprochée où l'aberration de sphéricité serait plus sensible, une grande partie des rayons marginaux, remédie grandement à cet inconvénient, beaucoup moindre, d'ailleurs dans les lentilles organiques ou cristallines que dans nos cabinets de physique, eu égard à la non-homogénéité de ces organes.

Quant à l'aberration de réfrangibilité ou inégalité dans la réfraction des rayons élémentaires du prisme, ou chromatisme des images, quand on a voulu se rendre compte, par le calcul, des procédés que la nature a pu adopter pour y remédier, on est tombé soi-même dans les plus étranges aberrations, comme de prétendre (ne pouvant l'expliquer) que cet achroma-

tisme n'existait pas, ou bien qu'il avait lieu par suite d'une décroissance de densités, des couches du cristallin du centre à la
circonférence, hypothèse à laquelle l'anatomie donne un dé-
menti non moins éloquent.

Il est effectivement impossible, dans l'état actuel de la science,
d'établir par quelles lois physiques l'achromatisme parfait de
l'œil est procuré. Mais la plus simple expérience démontre que
cet achromatisme a physiologiquement lieu. Il n'y a qu'une observation à faire à cet égard : c'est que, dans la vue *normale,* nous
ne voyons jamais les rebords des objets colorés ou portant les
auréoles du spectre. Mais nous n'avons qu'à troubler mécaniquement la forme ou la position de l'un des yeux, et produire
ainsi une image double (diplopie artificielle), et nous voyons que
cette seconde image n'est plus achromatique. Il y a donc, dans
l'équilibre de la vision, une cause réelle d'achromatisme.

Maintenant, qu'on ne s'en rende pas compte au moyen du calcul appliqué à la courbure des surfaces qui séparent les différents milieux de l'œil, qu'est-ce à dire, sinon que les procédés
de la physique mathématique ne peuvent s'appliquer sainement
qu'à des substances homogènes ou dont la composition, du
moins, varie suivant des lois déterminées et régulières, déve-
loppables en séries ? On a trop oublié qu'on avait affaire ici à la
nature organique qui se dérobe absolument aux lois de l'homogénéité.

Les mêmes remarques sont applicables à la question de l'aberration de sphéricité.

Le physicien a fait sur ce sujet tout ce qu'il pouvait faire en
l'état actuel de la science, quand il a établi que, considéré
comme instrumentation optique, l'appareil cristallinien et cornéal peuvent être approximativement comparés à un système de
lentilles achromatiques corrigeant, en elles-mêmes et dans leur
constitution moléculaire, les défauts dus à l'homogénéité, à
l'invariabilité de structure intime de leurs sœurs infirmes de l'optique industrielle. On a trop oublié, dans l'étude de ces questions
comme dans celles où la chimie est appelée à faire part de ses
acquisitions, l'influence de la forme moléculaire vivante ou organique, ce caractère supérieur et encore inconnu de la vie. Or
où la forme peut-elle avoir plus d'influence que dans ses relations avec la lumière ?

§ 74. Du centre optique. — Au moyen des mesures géométriques des courbures des différentes surfaces des milieux
transparents de l'appareil oculaire et des indices de réfraction
des liquides et des solides de ce même appareil, on a calculé la
position du centre optique de l'appareil cristallinien. Ce point
coïncide à très-peu près (et *doit* d'ailleurs coïncider exactement)
avec le centre de la demi-sphère postérieure rétinienne, ce qui
ne veut pas dire absolument le centre du globe, qui n'est pas
lui-même une sphère absolument régulière.

Cette coïncidence prouvait être prévue; mais elle est néanmoins à noter parce que, de même que nous avons pu, *à priori*,
en vertu des similitudes de forme de la sphère oculaire et de la
sphère céleste, conclure que tout l'appareil visuel pivotait sur
ce centre, comme point fixe et comme intermédiaire entre
le monde extérieur et l'organe de la sensibilité, de même
verrons-nous, dans l'analyse délicate de la fonction, que tous
les phénomènes de la vision exigeront, pour la régularité de
leur accomplissement, la permanence, la fixité de ce point, le
respect de ses rapports avec le globe oculaire dans toutes les
circonstances possibles de la vue normale.

C'est en particulier ce que nous établirons dans le chapitre consacré aux mouvements et à la statique du globe de
l'œil.

§ 75. En résumé, qu'on examine attentivement toute la
série animale, on ne trouvera, pour établir, entre l'individu et
le monde extérieur distant, les rapports que le sens de la vue est
chargé de fonder, d'autre organisation que l'une de celles que
nous venons de décrire dans leurs principes, c'est-à-dire des
yeux à image droite, ou sans croisement des faisceaux avant leur
rencontre avec la rétine qui les reçoit sur sa convexité, et des
yeux à image renversée, comme ceux des vertébrés. où la rétine est attaquée par sa concavité.

Dans chacun de ces deux modes, la direction du faisceau incident se confond avec le rayon de la surface sphérique dont la
rétine fait partie, et nul rayon ne touche cette membrane, si ce
n'est au point même où il rencontre l'axe du cône incident. On
peut donc dire que, dans les deux systèmes, il suffit de marquer
quel point rétinien est touché par la lumière pour indiquer en

même temps la direction réelle du rayon incident ou celle de
la source éclairante.

Si l'on imagine que le sensorium ait la notion primitive de
ce rapport, c'est-à-dire de la situation relative de chaque élément
rétinien sensible avec le centre de la sphère dont il fait partie,
on fonde, du même coup, la base physiologique de la vision.
On investit, en effet, l'organe ou le sensorium de la faculté de
juger de la direction des foyers de lumière par la situation dans
la rétine du point qui se trouve impressionné. C'est ce que l'on
connaît sous le nom de principe de la direction et qui peut se
formuler ainsi :

*La rétine rapporte à la normale à la surface au point consi-
déré, toute impression lumineuse. Cette direction visuelle, d'après
la constitution géométrique et optique de l'œil, se confond absolument avec la direction ou axe des cônes lumineux incidents aux
milieux transparents.*

Tous les yeux du règne animal sont établis sur ce principe.
Il est manifeste, comme nous l'avons vu, dans les yeux des articulés, appelés yeux à facettes ou à mosaïques (voyez § 56), et
dont chaque rayon direct est embrassé dans un étui canaliculé
depuis la facette cornéale jusqu'à la rétine. Cet étui noirci sur
ses parois éteint tout rayon, tout pinceau incliné sur son axe.
Le seul faisceau dirigé suivant le rayon vient frapper la surface *convexe* de la rétine. Le principe de direction est là dans
son état d'absolue simplicité et d'évidence.

Dans l'autre système, la rétine s'offre à la lumière par sa surface concave et les rayons qui lui parviennent centralisés et
réunis par un appareil optique (lentilles) la rencontrent par la
pointe effilée d'un cône. Ce n'est plus un seul rayon, c'est un
pinceau, formé de plusieurs rayons réunis, qui sollicite, en ce cas,
la membrane sensible. Lequel choisira la membrane pour lui
rapporter la sensation et sa direction? Si nous voulons rester
dans la stricte analogie avec ce que nous venons de reconnaître
manifestement dans les animaux inférieurs, si nous voulons seulement voir et étendre, généraliser les données de l'observation,
et non pas créer de toutes pièces une nature à notre idée, nous
penserons que la rétine, dans ce second cas, a au moins les
mêmes propriétés que nous avons rencontrées chez les animaux
inférieurs. Elle recevra la notion de la direction réelle du cône

lumineux ou de son axe, par la notion première qu'a le sensorium des rapports de situation du point de la rétine impressionné
avec le centre de l'œil, lieu de croisement de tous les cônes lumineux. La présence des éléments connus sous le nom de
bâtonnets dans la structure de la rétine, et qui rappelle, avec
une similitude si grande, le rôle des canalicules antérieurs, des
yeux à facettes, est une circonstance anatomique qui confirme
assurément cette manière de voir.

A part les animaux tout à fait rudimentaires, chez qui le sens
de la vue est l'objet de certains doutes, où il s'exerce au plus par
l'intermédiaire d'organes rudimentaires eux-mêmes et qui ne
semblent pouvoir donner d'autre avertissement que celui de
l'obscurité ou de la lumière présentes, la physiologie de la
vision ne connaît d'autre système que les deux modes, réciproques l'un de l'autre, que nous venons de décrire ou plutôt
d'analyser.

On voit par là que Muller a eu tort de désigner les yeux de la
première espèce par ce caractère, qu'ils isolaient les faisceaux
lumineux, tandis que ceux de la seconde les réunissaient. Les
faisceaux lumineux sont également isolés dans les deux systèmes, mais, dans le second, avec plus d'avantages du côté de la
lumière utilisée. Nous croyons, ainsi que nous l'avons dit plus
haut, qu'il serait plus logique de les nommer, les uns, yeux à
image droite ou à rétine convexe, les autres, yeux à image
renversée ou rétine concave.

La haute perfection de certains yeux de la classe des oiseaux.
et qui paraît surtout consister dans leur pouvoir d'accommodation, sera l'objet de remarques ultérieures quand nous nous
occuperons de l'aberration de parallaxe ou plutôt du procédé
physiologique qui lui sert de correctif, et qui a reçu le nom
d'accommodation.

CHAPITRE II.

DU. MÉCANISME DE LA FONCTION AU POINT DE VUE MONOCULAIRE.

SECTION I.

De la correction physiologique de l'aberration optique, dite de parallaxe, ou de la faculté d'accommodation de l'œil aux différentes distances.

§ 76. **Nécessité physique de l'adaptation de l'œil aux différentes distances.** — Si la théorie indique la nécessité d'un mécanisme spécial pour procurer l'adaptation variable et intentionnelle de la vue aux différentes distances, dans un œil demi-sphérique, pourvu d'un appareil lenticulaire, les preuves expérimentales ne permettent pas davantage de la mettre en doute, malgré toutes les contestations auxquelles elle a donné lieu parmi les savants. Sans parler de la conscience de l'effort exercé pour transporter son point de vue d'un point de l'espace à un autre notablement plus rapproché, il est une expérience classique universellement connue et qui démontre irréfragablement la réalité de cette accommodation de l'œil aux différentes distances : c'est l'expérience des deux épingles. Voici comme elle est exposée par tous les auteurs :

« Si l'on vise d'un seul œil les extrémités alignées de deux épingles placées à des distances différentes, on aperçoit distinctement la première, tandis que la seconde paraît nébuleuse, ou l'on distingue très-bien la seconde, tandis qu'on voit mal la première. Les deux images sont dans l'axe et se couvrent ; cependant il dépend d'un effort volontaire, qui se fait sentir dans l'œil, que la vision distincte soit pour l'une *ou* pour l'autre. Il résulte de là que quand je fixe un objet rapproché avec ma pupille rétrécie, comme elle l'est toujours en pareil cas, et que la distance focale de l'image nette se trouve au centre de la rétine, les rayons centraux de l'objet éloigné qui traversent la pupille forment un cercle de diffusion autour du centre de la rétine, c'est-à-dire qu'ils n'ont pas leur foyer à la distance où est cette membrane, mais au devant (1). »

Il est une manière plus simple encore de vérifier ce même fait sans quitter sa table de travail. Qu'occupé à écrire, on écarte son papier de quelque 30 à 50 centimètres, suivant la portée de sa vue, et qu'on porte le bec de sa plume ou la pointe de son crayon à 15 ou 20 centimètres de l'œil, il est impossible de distinguer *nettement, à la fois*, les caractères que l'on vient d'écrire et le bec de sa plume, situés dans la même direction, et bien entendu, avec un seul œil. On constate ici exactement le même effort et les mêmes phénomènes décrits ci-dessus par Muller.

Fig. 53.

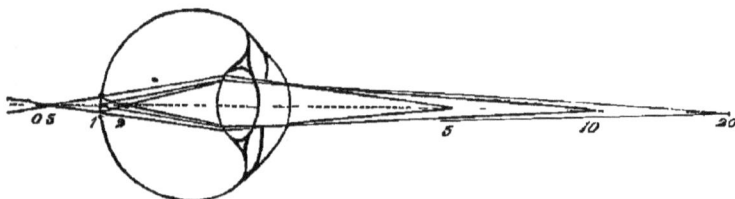

Ainsi (fig. 53) l'œil étant fixé exactement sur le point 10, l'image nette de ce point est au point 1 sur la rétine.

Mais en même temps, le point 20 se dessine par un cercle plus ou moins grand sur la rétine, vu que le sommet du cône qui lui correspond, à l'intérieur de l'œil, est au point 2 dans le corps vitré.

Le point 5 de son côté, situé entre l'œil et le point 10, a son foyer conjugué en arrière de la rétine à 0,5 (car la rétine est toujours supposée fixe sur le point 10); il y a alors encore un cercle de diffusion au point où le cône lumineux, avant de former son sommet, rencontre cette membrane.

Pour la vision nette aux différentes distances, il est donc constant que l'œil est investi de la faculté de changer les rapports de situation de la rétine et du foyer de l'appareil lenticulaire placé en avant d'elle, qu'il est doué, en un mot, du pouvoir de s'adapter aux distances variables des objets. Théorie et expérimentation sont, en cela, parfaitement concordantes.

_____

(1) Muller, *Manuel de Physiologie*, et tous les auteurs classiques.

Maintenant, comment, par quel mécanisme cette adaptation est-elle procurée? c'est un point longtemps débattu, mais qui semble aujourd'hui fixé, ou du moins bien près de l'être. On s'est demandé d'abord si les changements reconnus dans la distance *relative* de la rétine et du foyer principal de l'appareil cristallinien (nous comprenons dans cette expression, cornée et cristallin), n'étaient point amenés par une élongation ou un raccourcissement du diamètre antéro-postérieur de l'œil. La myopie qui accompagne le strabisme par rétraction musculaire permettait, au premier abord, de le penser.

D'autres auteurs ont jugé, au contraire, que la modification constatée avait lieu par un changement amené dans les courbures ou la position du cristallin; d'autres, dans la forme de la cornée. Influences qui ne pouvaient manquer de déplacer plus ou moins le foyer principal de cet appareil.

Quelques-uns ont fait porter le principe sur des modifications de l'ouverture de l'iris, etc.

Nous allons examiner en détail et discuter toutes ces hypothèses. Commençons par l'iris.

§ 77. La faculté d'accommodation est-elle due aux mouvements de l'iris? — Delahire, Tréviranus, M. Pouillet, le docteur Ch. Wright, dans ces derniers temps, ont cru trouver dans les variations de l'ouverture pupillaire qui se rétrécit lors de la vision rapprochée et se dilate quand la vue se porte au loin, dont le mouvement est, en un mot, isochrone avec l'adaptation, le mécanisme effectif de cette accommodation de l'œil aux distances variables.

Il est incontestable assurément qu'une telle modification dans la grandeur de l'ouverture pupillaire se lie expressément aux mouvements qui modifient la distance relative de la rétine et du foyer de l'appareil cristallinien. Elle est isochrone avec eux et soumise en apparence aux mêmes objets fonctionnels. Mais joue-t-elle, dans ce phénomène, plus qu'un rôle secondaire et accessoire? y a-t-elle une autre influence que celle qu'elle exerce sur la quantité de lumière reçue dans l'œil? a-t-elle d'autres objets que de remédier à l'aberration de sphéricité, circonstance contemporaine de l'aberration de parallaxe? voici ce dont il est permis de douter.

On sait, en physique, que la formule et la propriété focales des lentilles ne s'appliquent, d'une manière tant soit peu exacte, qu'aux rayons à peu près centraux du verre. La diffusion, connue sous le nom d'aberration de sphéricité, augmente rapidement avec le nombre de degrés, à mesure qu'on avance vers l'équateur de la lentille. Un diaphragme percé d'un trou et qui ne permet le passage qu'aux rayons peu éloignés du centre, remédie à cette aberration de sphéricité et restitue à la lentille l'exactitude de ses propriétés focales ; mais à moins que l'ouverture du diaphragme ne soit tellement réduite qu'elle ne devienne équivalente au simple trou d'épingle, et qu'elle n'annule alors la lentille en la réduisant à son axe, il serait contraire aux lois de la physique de voir dans ce diaphragme percé une cause altérant, à proprement parler, la distance focale de l'appareil.

Si donc les diverses expériences qui ont établi la simultanéité de la variation de la distance focale des appareils cristalliniens oculaires avec la dilatation ou le resserrement de la pupille, montrent bien entre ces phénomènes une liaison synergique, un rapport intime, si elles font reconnaître dans ces manifestations diverses les effets concourants de plusieurs nécessités physiologiques tendant au même objet, la connaissance des lois de l'optique ne saurait permettre pourtant de les subordonner expressément l'une à l'autre ; elles sont physiquement indépendantes, quoique conjurées physiologiquement vers le même but, la netteté des images rétiniennes.

Treviranus et M. Pouillet ont donné à cette théorie, par l'autorité de leur nom et une certaine hypothèse, un poids qui ne permet de la repousser qu'à bon escient. Quand la pupille est très-resserrée, disent-ils, toute source lumineuse, éloignée ou rapprochée, fournit, à la sortie du cristallin, un faisceau éminemment effilé et qui peut être coupé par la rétine un peu plus en avant du sommet mathématique, ou un peu en arrière de lui, sans nuire d'une façon appréciable à la netteté de l'image. Quand l'objet est rapproché, la pupille est physiologiquement resserrée et la vision suffisamment nette, quoique la rétine se trouve en avant du sommet vrai des faisceaux centraux. La vue se porte-t-elle, au contraire, sur un endroit plus éloigné, celui-ci n'est plus assez éclairé si la pupille ne s'élargit ; elle s'agrandit donc, mais alors les rayons marginaux viennent converger plus près du cristallin, exactement sur la rétine, si l'objet est à l'infini, ou du moins à l'extrême portée de la vue. Et s'il n'y a pas ainsi confusion dans les images, c'est qu'à cette distance encore les faisceaux centraux sont assez effilés et minces pour que leur foyer physique puisse, sans cercles-de diffusion, se marier aux sommets des faisceaux marginaux.

Cette explication est assurément très-rationnelle et ne saurait choquer *à priori;* mais elle est renversée par le fait expérimental suivant. Si la pupille, par ses mouvements, était seule en jeu dans le phénomène de l'adaptation aux distances variables, une pupille rétrécie qui exclut les rayons marginaux et permet de voir les objets rapprochés, n'altérerait en rien la distance focale pour les objets éloignés. Ce rétrécissement, nécessaire pour que le foyer conjugué des objets rapprochés devienne net, ne devrait donc nuire, en rien, à la netteté de l'image de l'objet plus distant. On devrait donc, dans le cas de la vision rapprochée, voir encore nettement les objets éloignés suffisamment éclairés, et le rétrécissement pupillaire n'agirait que comme un correctif pour la vision de près, sans pouvoir devenir jamais un empêchement pour la vision de loin. En un mot, le cas serait celui de la vision de l'épingle rapprochée dans l'expérience de Muller. A travers le trou d'épingle, et lorsqu'on vise l'épingle placée le plus près, on voit toujours très-nettement l'épingle éloignée, et cependant le diaphragme ne laisse passer que bien peu de lumière. Or, dans la vision naturelle, il en est tout autrement; et quand la pupille est au degré de réduction qui permet de voir distinctement la plus rapprochée, la plus éloignée des deux épingles n'est pas seulement mal éclairée, elle est fortement diffuse. Or à quelque distance que vous les mettiez l'une de l'autre, quand vous les regardez à travers le trou d'épingle, toutes les deux sont à la fois également visibles, quelle que soit celle que l'on fixe. L'expérience de Muller a donc, ce que l'on n'avait peut être pas assez remarqué, non-seulement démontré la réalité d'une accommodation de l'œil aux distances différentes, mais elle fait voir encore que cette accommodation est indépendante de la grandeur de la pupille.

§ 78. L'accommodation dépend-elle d'une variation de la forme, de la courbure de la cornée? — Observant, au moyen d'une lunette micrométrique d'une grande exactitude, l'image virtuelle d'un objet donné de grandeur convenable, réfléchie par la cornée d'un sujet, pendant les états accommodatifs les plus variés et les plus différents de l'œil de ce sujet, Young a toujours trouvé cette image invariable de grandeur. Les expériences plus récentes de Crammer et de Helmoltz ont confirmé absolument ces premiers résultats.

Plus tard de Haldat, emprisonnant la cornée entre l'humeur aqueuse d'une part, et de l'autre une couche d'eau contenue dans un tube terminé, au dehors, par une convexité calquée sur celle de la surface naturelle de la cornée, ayant ainsi annulé l'influence de cette surface comprise entre deux liquides de pouvoirs réfringents égaux, l'eau d'une part, l'humeur aqueuse de l'autre, put s'assurer, par des expériences directes, que malgré l'empêchement de toute variation possible de courbure de la cornée, l'œil conservait la faculté et la nécessité de s'adapter aux distances des objets.

Aucune expérience, aucun fait n'existent dans la science, qui puissent affaiblir la valeur de ceux-ci. Il n'est donc aucunement à penser que la cornée change de forme pendant l'adaptation de l'œil aux distances les plus variables.

§ 79. L'accommodation peut-elle être produite par changement dans le diamètre antéro-postérieur de l'œil? — L'expérience démontre, pour ce cas, que l'accommodation se fait du point le plus éloigné au point le plus rapproché, et non en sens inverse.

M. Cuscò l'avait observé pour la vision monoculaire, et nous avions fait la même observation pour la vision binoculaire. Dans celle-ci le fait est manifeste. L'accommodation aisée et primitive pour le plan le plus éloigné de l'objet (celui qu'on peut se représenter par la conception de l'horoptre ou du rideau physiologique de M. Serres (d'Uzès), est suivie d'un *travail* subit et très-sensible qui *fusionne* les points *rapprochés*. Si donc un changement dans le diamètre antéro-postérieur de l'œil était le moyen employé par la nature pour procurer l'adaptation, comme cette adaptation s'opère des plans éloignés aux plans moins distants, ce *serait* donc par *élongation* du diamètre antéro-postérieur du globe que se ferait l'accommodation d'un œil *vers les points les plus rapprochés*, à partir d'un point d'indifférence visuel normal. Le foyer conjugué d'un objet rapproché de l'œil est, en effet, plus éloigné du cristallin que celui qui correspond à des points éclairés plus distants.

La considération des muscles extrinsèques de l'œil ne se plie pas du tout à cette hypothèse; car la contraction active d'aucun de ces muscles ne peut amener cette élongation. Le globe oculaire n'est-il pas contenu, en état d'équilibre de forme, entre l'action musculaire tonique régulière des muscles droits et la ceinture postéro-antérieure, la sangle que lui constituent les obliques ? (Voir le chap. IV.)

La prédominance active des uns ou des autres doit nécessairement être suivie du raccourcissement du diamètre antéro-postérieur, indépendamment du changement de sa forme. Pour se trouver d'accord avec les faits expérimentaux, il faudrait donc que l'accommodation musculaire *active* coïncidât avec le *relâchement* relatif de tous les muscles à la fois : les droits et les obliques. Mais alors, indépendamment de ce contre-sens d'un acte volontaire musculaire *actif* produit par un *relâchement* des muscles, où serait la force qui irait rendre ovale un globe naturellement sphérique? On ne la connaît pas, anatomiquement du moins.

D'après les calculs d'Olbers, de Porterfield et autres, l'allongement que devrait subir le diamètre antéro-postérieur de l'œil, dans le passage de la vision des objets les plus éloignés aux points les plus rapprochés, varierait entre une ligne et un sixième de l'axe de l'œil (Young), ou deux lignes.

M. Vallée, qui ne repousse que très-faiblement l'idée d'un allongement de l'œil pour la vision rapprochée, conçoit cependant que cette déformation ne saurait être sans quelque inconvénient pour les mouvements du globe. Il est cependant influencé par les expériences de M. Jules Guérin, qui a corrigé maintes myopies par la section des muscles de l'œil.

Nous trouvons, quant à nous, au contraire, dans ces observations mêmes, un argument en opposition avec la doctrine de l'allongement du globe, de son allongement *actif* bien entendu, dans la vision rapprochée.

Nous démontrerons, en effet, dans un chapitre spécialement consacré à la statique et à la dynamique du globe oculaire, et conformément d'ailleurs à ce qu'a établi M. Jules Guérin lui-même, que la rétraction musculaire ne produit l'allongement relatif du globe que par la déformation en pointe qu'il produit sur la partie antérieure de l'œil, sur la partie exempte de toute pression musculaire, sur la région cornéale. La cornée, sous cette influence, devient plus convexe, et dès lors la myopie se conçoit de source. Mais cet effet est pathologique, et c'est le contraire qui s'observe à l'état physiologique, dans lequel on sait que la cornée ne change point de courbure. Les observations de M. Guérin sont donc mal interprétées par M. Vallée; elles ne démontrent en aucune manière que les muscles de l'œil puissent modifier physiologiquement les dimensions du globe pour la vision rapprochée. Elles ne se rattachent évidemment qu'aux déformations pathologiques de la cornée, dont elles augmentent la convexité; ce qui produit alors un degré souvent très-prononcé de myopie. Mais cet effet n'est pas de ceux qu'on pourrait appeler l'allongement absolu du globe.

Comment admettre d'ailleurs, et surtout par simple hypothèse, une variation de forme de la coque oculaire qui changerait les rapports de le surface hémisphérique intérieure avec le centre optique? Nous avons, dès les premières pages de ce travail, montré l'importance de la constance absolue de cette forme, au point de vue de la notion de direction innée dans chaque élément rétinien infiniment petit. Nous avons donné dans le chapitre précédent des considérations, tirées de l'anatomie com‑parée, qui montrent ce principe de la constance de la forme rétinienne se conservant dans toutes les espèces, quelles que soient leurs facultés d'accommodation.

L'expérience a démontré que, d'autre part, la belladone, en dilatant la pupille, rend l'œil inapte à voir les objets rapprochés, sans pour cela toucher en rien au jeu des muscles extrinsèques de l'œil.

Porterfield et de Graëfe n'ont-ils pas constaté, eux aussi, que très-peu de temps après l'opération de la cataracte, les malades ont perdu la faculté d'adaptation? Les muscles extrinsèques cependant n'ont rien perdu de leurs pouvoirs relatifs. Enfin dans tous les cas de paralysie observés par de Graëfe, lorsque la paralysie musculaire n'était point accompagnée d'une affection de l'iris, le pouvoir d'accommodation n'avait subi aucun changement.

Force nous est donc d'affranchir le système musculaire extrinsèque de la fonction de présider à l'adaptation physiologique.

§ 80. **Conséquences.** — Si l'adaptation graduée de l'œil aux différentes distances des objets ne peut être théoriquement, ni expérimentalement, attribuée ni aux mouvements de l'iris, ni à des changements de courbure de la cornée qui n'existent point, ni à des changements quelconques dans les dimensions relatives des diamètres de la coque oculaire, nous arrivons, par voie d'élimination, à localiser dans le cristallin des variations de forme qui existent nécessairement quelque part, ainsi que le raisonnement et l'expérience se réunissent pour le démontrer.

Et cependant on a longtemps appliqué au cristallin lui-même le bénéfice de cette méthode d'exclusion qui vient de nous amener à affirmer l'existence, dans cet organe, des éléments de l'accommodation, c'est-à-dire des conditions propres à modifier la position de son foyer principal.

De Haldat avait cru pouvoir conclure de certaines expériences faites en se servant de cristallins d'animaux, comme lentilles de chambres obscures, que ces organes jouissaient de la faculté de donner, à une distance fixe, les images d'objets placés aux éloignements les plus différents. Il est certain, en effet, que les images ainsi obtenues sont *assez* nettes dans tous ces cas. Cependant, en examinant les expériences de plus près, on a reconnu qu'au point marqué par la formule des lentilles, l'écran recevait des images plus nettes qu'en tout autre point.

D'ailleurs qui pouvait assurer de Haldat qu'une netteté d'images, en apparence suffisante quand elle était appréciée au second degré, pourrions-nous dire, c'est à-dire *comme un dessin plat examiné par lui de près*, eût une exactitude, une netteté, une délicatesse en rapport avec les fonctions mêmes de la vision dans l'animal ? Par quoi était-il assuré que la netteté suffisante pour lui après adaptation convenable de sa vue, appliquée à un dessin sans relief, fût en rapport efficace avec la sensibilité des éléments rétiniens chargés de préciser la direction réelle de chaque cône lumineux chez l'animal? qui lui disait que deux ou plusieurs éléments rétiniens de ces derniers ne se trouvaient pas compris dans une section de cône, dans un cercle de diffusion, rendant les directions confuses, au point même où le dessin plat lui *semblait* suffisamment net et parfait?

On ne peut donc tirer un argument absolu de cette apparente netteté, surtout en présence des autres éléments de la question.

Les observations, rappelées plus haut, de Graefe, de Porterfield et de Donders, sur la perte de l'accommodation après l'opération de la cataracte, se joignent, comme arguments directs, aux preuves accumulées, par voie d'exclusion, en faveur de changements apportés, soit dans la forme, soit dans la position du cristallin, lors de l'accommodation, et qui constituent le mécanisme même par lequel s'exerce cette faculté.

Voici la démonstration expérimentale de M. Donders :

« Ce savant choisit un jeune homme dont l'acuité de la vision ne laissait rien à désirer. Il avait eu une cataracte congéniale et avait été opéré avec un plein succès sur les deux yeux. Avec des verres de $\frac{1}{3}$ placés à 5 pouces en avant de l'œil, il voyait rond et parfaitement net un petit point lumineux situé à une grande distance. A quelque distance de l'œil, et dans la direction de la lumière, se trouvait un point de mire fixe. Si maintenant, en faisant converger les axes optiques, ce jeune homme regardait fixement le point de mire avec un seul œil, l'autre étant couvert d'un écran, ce point lumineux ne subissait aucun changement ou devenait tout au plus *une idée plus petit et plus net*. Mais dès que l'on éloignait la lentille ou qu'on la rapprochait seulement de $\frac{1}{4}$ de pouce, le point lumineux se changeait en une petite ligne, et même en faisant les plus grands efforts pour le voir distinctement, il ne pouvait y arriver ; et en convergeant alors de manière à regarder le point de mire, la ligne lumineuse diminuait de longueur, sans cependant qu'il pût jamais le voir comme un point. Les changements dans la grandeur et la forme apparente du point lumineux étaient isochrones avec les variations des dimensions de la pupille. Le même essai fut fait sur les deux yeux avec un même résultat.

« Dans un autre cas examiné de la même manière, Donders arrive à des résultats identiques ; mais il constate en outre que, lorsqu'un point lumineux était vu distinctement à une grande distance par une lentille convexe, il cessait d'être net, si l'on ajoutait à cette lentille un verre de $+ \frac{1}{180}$ ou de $- \frac{1}{180}$. Par la première, le point lumineux se changeait constamment en une ligne courte et verticale, tandis qu'avec la seconde la direction de la ligne était horizontale (1). Et ici la convergence des axes et tous les efforts pour voir de près demeuraient sans influence. *Il n'existait donc aucune accommodation.* »

Nous appellerons en passant l'attention du lecteur sur la circonstance remarquable de la transformation en une simple ligne droite verticale ou horizontale de l'image circulaire du point rond lumineux, par le raccourcissement ou l'allongement de la longueur focale principale de l'appareil dioptrique. Young avait déjà énoncé que les rayons qui divergent dans différents plans ne sont point réfractés au même degré, que les rayons qui frappent la cornée dans un plan vertical se réunissent ordinairement plus ou moins vite que ceux qui le frappent dans un plan horizontal.

Ces faits ont servi de base à la remarquable théorie mathématique de la vision due au célèbre Sturm. Effort de génie qui crut pouvoir trouver dans les abstractions transcendantes une inconnue qui se dissimulait sous de simples procédés mécaniques!

Nous allons maintenant aborder les preuves directes, montrer en quoi consistent en réalité ces modifications, si elles portent sur la forme du cristallin, ou sur des changements de position de cet organe.

§ 81. Rôle de l'appareil cristallino-ciliaire dans l'accommodation.

— On a imaginé d'abord qu'au moment où la pupille est contractée, et par la même synergie d'action, le muscle ciliaire tire en avant l'humeur vitrée et le cristallin avec elle, la cornée devenant, en même temps, plus convexe.

Un mouvement de cette nature est peu probable, car il changerait la place du centre optique; condition qui n'a pas été assez prise en considération.

Et d'ailleurs, comment amènerait-il en avant tout le corps vitré, sans déplacer en même temps la rétine? Il est plus logique de *supposer* (si l'on doit se borner à une supposition quelconque), une action des muscles ciliaires qui rendrait le cristallin plus convexe antérieurement, en déplaçant la zone molle qui forme sa superficie et la refoulerait en avant. Par là, on augmenterait le

---

(1) H. Dor., *Des différences individuelles de la réfraction de l'œil.* Paris, Victor Masson. 1860.

pouvoir réfringent de la lentille, sans déplacer le centre optique ; nécessité plus importante qu'on ne l'a cru jusqu'à présent, et l'on rapprocherait, en même temps, le foyer du cristallin.

Tel est l'effet nécessaire à produire pour l'accommodation de l'organe à la vision rapprochée. Or, dans ce cas, la logique serait satisfaite ; à une volonté active correspondrait une *action* musculaire.

Mais pourquoi donner sous la forme d'une supposition ce qui peut être présenté, dès aujourd'hui, sous une forme plus positive, la méthode expérimentale ? Comme il serait puéril d'essayer de reproduire en d'autres termes une exposition fort bien faite des découvertes les plus récentes sur ce sujet intéressant, nous reproduirons ici textuellement l'excellent exposé qu'en a fait M. Béclard dans sa *Physiologie*, d'après le travail inséré par M. M. Sée (1) dans les *Annales d'Oculistique*.

« La doctrine de l'adaptation n'est véritablement entrée dans le domaine de la démonstration rigoureuse que dans ces trois dernières années. M. Cramer, en Hollande, et M. Helmoltz, en Allemagne, ont, chacun de leur côté, démontré par des expériences ingénieuses la nature et le siége des changements qui s'accomplissent dans l'œil.

« M. Cramer a eu recours à une méthode basée sur un fait connu depuis longtemps déjà, d'après les observations de Sanson et de Purkinge, mais qu'on n'avait pas encore songé à utiliser pour cette recherche. On sait que lorsqu'on place la flamme d'une bougie à une certaine distance d'un œil sain, on peut apercevoir dans l'œil trois images de cette flamme. L'image antérieure A est *droite ;* elle est engendrée, par réflexion, à la surface antérieure de la cornée ; l'image moyenne M est *renversée* et petite ; elle est engendrée par la face postérieure du cristallin, agissant comme miroir concave. L'image postérieure P est droite, elle est engendrée par la face antérieure du cristallin (2).

« Il est évident que la position respective de ces diverses images dépend de la nature et du degré de courbure des miroirs concaves ou convexes qui les engendrent. Si, à certains moments déterminés, les rayons de courbure des milieux transparents de l'œil éprouvaient des changements, ces changements

---

(1) Béclard, *Traité de Physiologie.*

(2) Voir la note spécialement consacrée à la discussion des conditions qui accompagnent la production de ces trois images (chap. **xx**, 3ᵉ sect.).

seraient accusés, dans les images qui leur correspondent, par un changement de position. Or c'est précisément ce qui arrive. Supposons que l'œil du sujet en expérience fixe d'abord un objet placé à 100 mètres de distance, et qu'il fixe ensuite un objet placé à 1 mètre, l'observateur remarque qu'au moment où le sujet regarde un objet plus rapproché, il y a dans l'image P une locomotion en vertu de laquelle elle se rapproche du côté de la bougie. Les deux autres images restent sensiblement immobiles. L'image P se rapprochant du côté de l'observateur, c'est que la surface antérieure du cristallin s'est déplacée en avant; si les deux autres images n'ont pas changé leur position relative, c'est que la surface postérieure du cristallin et la cornée n'ont pas changé de position. D'où M. Cramer conclut que dans la vision des objets rapprochés, le cristallin change de forme en devenant de plus en plus convexe en avant.

« Le phénomène dont nous parlons peut s'observer à l'œil nu; mais on peut le rendre beaucoup plus sensible en se servant de l'ophthalmoscope.

« M. Helmoltz a constaté, comme M. Cramer, le changement de position des images de Sanson; mais il a fait plus : à l'aide d'un instrument d'une grande précision, il a mesuré, à 1/100e de millimètre près, les variations de grandeur de l'image, correspondant aux variations dans le rayon de courbure de la face antérieure du cristallin; il a montré dans quelles limites ces changements ont lieu; il a prouvé par le calcul que ces changements sont tout à fait en harmonie avec les lois de l'optique, et qu'ils expliquent parfaitement la vision distincte aux différentes distances.

« M. Helmoltz a encore prouvé que la face postérieure du cristallin, quoique ne se déplaçant pas comme l'antérieure, augmente cependant de convexité, ce qui se traduit par un changement de grandeur dans l'image correspondante M. Il a enfin remarqué, de même que M. Hueck, que l'iris est en même temps légèrement projeté en avant dans sa partie pupillaire, et qu'il prend par conséquent une forme légèrement convexe.

« De ces diverses observations, il résulte que le cristallin, au moment de l'accommodation, tend à se rapprocher de la forme sphérique. Par conséquent, l'épaisseur de la lentille qu'il représente augmente, et les bords de la lentille cristalline sont déprimés et se rapprochent vers le centre. »

Nulles méthodes expérimentales ne pouvaient être plus propres que les précédentes à fixer la science sur ce point important de physiologie : ne pouvant observer, dans son accomplissement, le mécanisme même de la production des images partant d'objets éloignés ou rapprochés, on a demandé à l'observation des variations survenues dans la réflexion des faisceaux incidents, ce qui se passait dans l'ordre de la réfraction, lors du passage de la vision éloignée à la vision rapprochée. Ce que la dioptrique dissimulait, on l'a demandé à la catoptrique, liée évidemment à la première par des relations mathématiques aisées à calculer. L'un des membres de l'équation se cachait dans les profondeurs de l'organe, l'autre, heureusement, était renvoyé, par réflexion, au dehors, et s'offrait ainsi à l'observation qui nous a procuré cette savante analyse.

§ 82. Mode d'action de l'appareil ciliaire, agent de cette déformation.

— Le phénomène physiologique ne serait pourtant pas suffisamment et complétement expliqué par l'exposition de cette belle étude, si l'on ne pouvait en même temps déterminer les agents mécaniques de ces modifications successives et inverses des courbures du cristallin.

Ces agents sont l'ensemble des fibres musculaires non striées, découvertes dans la région ciliaire par Brucke et Bowmann, et décrits par eux sous le nom de *muscle ciliaire* ou *tenseur de la choroïde*, description reproduite par nous au § 63, fig. 44.

Si nous nous reportons au paragraphe précité, nous y trouverons l'exposition détaillée de l'agent musculaire ciliaire et de son mode d'action, tel que les anatomistes et les physiologistes ont pu l'analyser. Nous y reconnaîtrons que si le sentiment général s'accorde à donner aux fibres ciliaires une action qui accroît la convexité du cristallin en avant, il y a lieu à manifester pourtant, quant au mécanisme de ces effets, une certaine hésitation. Cette exposition fait assurément cadrer, autant qu'il est possible, l'action du muscle ciliaire avec le résultat physiologique expérimental qu'il s'agit d'expliquer. Disons cependant qu'elle n'a pas encore le cachet de la démonstration absolue : elle convie plutôt qu'elle n'enchaîne le nouvel agent musculaire à la production de l'effet observé. La position relative des insertions fixes du muscle (zone de Schlemm) et du bord supérieur du cristallin, la hauteur un peu supérieure des premières laissent quelque chose d'incertain encore dans la preuve à faire de cette action probable.

, Il y a là encore un élément qui est laissé dans le vague quant à sa destination : ce sont les procès et le corps ciliaires dont le rôle demeure encore douteux et indéterminé. Eu égard à sa riche vascularisation, M. Rouget a pensé qu'il pouvait bien remplir ici le rôle d'un agent érectile dont le muscle ciliaire serait alors le régulateur et le frein : supposition qui a autant de fondements dans l'anatomie générale que dans les inductions légitimes à puiser dans le cas dont il s'agit ici.

Pour conclure, terminons en disant que si le fait est hors de doute qui localise dans l'appareil cristallinien le siége des modifications accommodatrices, et dans l'appareil ciliaire le mode, l'agent de ces modifications, le mécanisme même de leur accomplissement est encore légèrement obscur, quoique déjà très-circonscrit lui-même dans son siége (1).

§ 83. Considérations prises dans l'anatomie comparée.

— L'anatomie comparée nous fournit aussi des sujets intéressants en faveur de ces dernières considérations, qui excluent, du nombre des modes possibles de l'adaptation aux différentes distances, un changement dans la forme même du globe, *ou du moins dans la courbure de la surface choroïdo-rétinienne.* Nous empruntons à Nunneley les réflexions délicates et judicieuses qui suivent :

« Chez tous les animaux, dans toutes les classes, il est d'ob-

---

(1) Le principe et jusqu'au mécanisme de cette modification de la forme du cristallin sur laquelle se fonde la faculté d'accommodation, et qui ne sont acquis à la science que depuis un bien petit nombre d'années, avaient été entrevus, prévus dès la fin du dix septième siècle, par l'illustre Malebranche; après avoir posé la question, le célèbre cartésien ajoute :

. « Mais il n'est pas nécessaire de savoir ici de quelle manière cela se fait (l'adaptation aux distances), il suffit qu'il arrive du changement dans l'œil, soit parce que les muscles qui l'environnent le pressent, soit parce que les petits nerfs qui répondent aux ligaments *ciliaires*, lesquels tiennent le cristallin suspendu entre les autres humeurs de l'œil, se lâchent pour augmenter la convexité du cristallin, ou se roidissent pour la diminuer, soit enfin parce que la prunelle se dilate ou se resserre; car il y a bien des gens dont les yeux ne reçoivent point d'autres changements. »

(Malebranche, *Recherche de la vérite. Des sens,* chap. IX).

servation que la partie postérieure de l'œil, la surface sensible, est empruntée à une surface sphérique. Dans les poissons, nous avons vu que si la face antérieure de l'œil est aplatie, la partie postérieure y est toujours sphérique. Dans les oiseaux, si le corps de l'œil est plus ou moins tubulaire, la portion postérieure est cependant toujours sphérique. Chez quelques poissons, l'esturgeon par exemple, la membrane scléroticale embrasse une portion cartilagineuse qui affecte, en arrière, la forme même d'une coupe sphérique. Chez presque tous les animaux, cette portion postérieure du globe est la plus forte, la plus épaisse, particulièrement chez ceux d'entre eux soumis par leurs mœurs à une forte pression de dehors en dedans ; chez le phoque et la baleine, par exemple, la portion postérieure de la sclérotique est d'une épaisseur énorme. » Voyez, par exemple, l'œil de la raie :

Fig 54

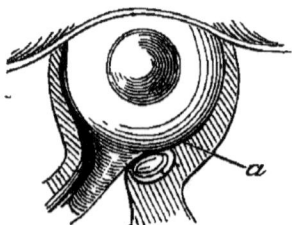

a, tige cartilagineuse, dure et épaisse, surmontée par un calice également cartilagineux et résistant, qui contient le globe en lui maintenant sa forme sphé-. rique. Cette forme apparaît là dans toute sa netteté, concentrique avec un cristallin également sphérique.

« D'autre part, si l'on examine les yeux de ces animaux qui possèdent indubitablement, et au plus haut degré, la faculté d'accommodation aux distances les plus différentes, comme les rapaces, par exemple, nous trouvons chez eux des dispositions anatomiques qui permettent un allongement dans l'axe antéropostérieur de l'œil. » (Mais, comme on va le voir, sans amener pourtant une variation quelconque dans la *courbure* postérieure ou de réception de la membrane sensible.) « La cornée y est mince, vaste, saillante, et dépressible. L'humeur aqueuse y est abondante, l'iris d'une sensibilité et d'une mobilité excessives ; le muscle et les procès ciliaires largement développés ; on y trouve en outre un appareil spécial (la bourse ou le peigne) qui semble, par sa disposition, appelé à agir sur la situation du cristallin ; chez ces espèces, la partie antérieure de la sclérotique est mince et s'avance sous une forme tubulaire renfermant une couche de lames imbriquées, dont la disposition indique que cette région de l'œil est destinée à aider à une compression dont l'effet serait l'allongement de l'axe antéro-postérieur du globe.

Dans la fig. 55, représentant l'œil du chat-huant vu de de-

Fig. 55.

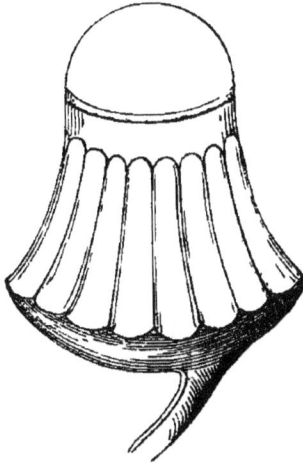

hors, on remarquera la portion tubulaire et lamelliforme de la
.sclérotique; les lamelles imbriquées pouvant se serrer les unes
contre les autres, ou, au contraire, s'écarter Cornée forte, proé-
minente, élastique.

L'iris, très-contractile, réduit la pupille à un point ou l'élargit

Fig. 56.

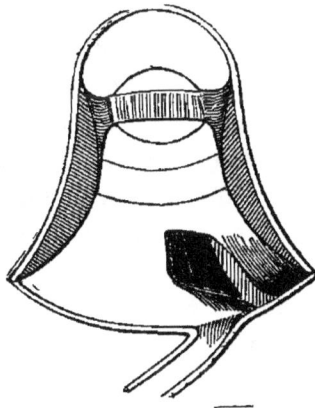

considérablement; ses fibres sont striées; l'iris est sous la dépendance de la volonté. Dans la fig. 56, on a mis en évidence le
muscle ciliaire, les procès qui sont très-développés. Enfin on y remarque le *pecten* ou *marsupium*, corps allongé en forme de faux,

épais, noir, quadrangulaire, qui naît de la partie externe de l'entrée du nerf optique et, traversant l'humeur vitrée, vient s'attacher au cristallin. On lui soupçonne un rôle antagoniste de celui du corps ciliaire sur les modifications de forme du cristallin.

Vraiment, si l'on avait à concevoir un plan pour produire un effet de cet ordre, il semble qu'on ne saurait inventer rien de plus en rapport avec cet objet. S'il n'y avait eu une indication semblable à remplir, l'élongation par compression, pourquoi ces lames imbriquées remplaceraient-elles l'anneau circulaire rigide que l'on rencontre là où la fixité et la force sont l'objet à atteindre? Et pourquoi ces détails de construction en cette région même, si ce n'est pour permettre l'allongement par projection en avant de la cornée, circonstance qui amène l'augmentation de sa courbure et de ses effets réfringents, *limitant à la partie antérieure les modifications de forme,* pendant qu'au contraire la courbure *sphérique rétino-choroïdienne* demeure dans *la plus constante invariabilité.*

« La distance à laquelle ces animaux voient distinctement est véritablement merveilleuse, et les rayons doivent être alors considérés comme absolument parallèles; mais, d'un autre côté, ils sont aptes à voir de tellement près, que les faisceaux lumineux affectent une divergence énorme. Ces derniers rayons doivent d'ailleurs se réunir exactement sur la rétine même quand leur point de départ est presque l'extrémité du bec; autrement leurs mouvement n'auraient pas la précision qu'on leur remarque. Ajoutons que ces changements doivent s'opérer aussi merveilleusement vite, dans le vol extrêmement rapide de l'oiseau qui fond du plus haut des airs sur sa proie rampant à terre.

«Une semblable disposition, par imbrication, existe également chez les amphibies, qui doivent être doués, eu égard à la différence de réfraction dans l'air et dans l'eau, d'un pouvoir d'adaptation analogue à celui que la variation excessive des distances rend nécessaire aux oiseaux rapaces.

« La nature a donc employé des moyens assez multipliés pour procurer l'adaptation aux distances différentes, quand elle a voulu l'obtenir dans des proportions élevées. Nous voyons en effet ici en jeu la cornée, l'appareil cristallinien et la constitution même des parois du globe, *dans sa moitié antérieure seulement.* Elle n'a pas été aussi prodigue lorsqu'elle n'a eu que des effets réduits à produire. Ne nous étonnons donc pas de trouver la cornée constante dans sa forme et le globe oculaire sans variation dans ses courbures, et l'appareil cristallinien seul variable, dans les espèces qui n'ont besoin que d'une mesure modérée dans le jeu de leur adaptation. Celle exigée chez l'homme est d'ailleurs de ce dernier genre. Le calcul a fait voir que le foyer principal (rayons parallèles) dans l'œil humain, est à neuf dixièmes de pouce du centre de la cornée, et que le foyer conjugué d'un objet situé à 5 pouces des yeux, limite inférieure du champ de la vue distincte chez le plus grand nombre des individus, est à un dixième de pouce plus loin ; de sorte qu'une variation d'un dixième de pouce est tout ce qu'il faut pour expliquer les adaptations les plus différentes.

« Ne nous étonnons pas qu'une variation aussi légère trouve des instruments pour la produire dont les modifications échappent elles mêmes à toute mesure. »

SECTION II.

De la portée de la vue monoculaire et binoculaire, ou du champ de la vision distincte.

§ 84. Ce qu'on entend par champ de la vision distincte. — Dans les études relatives à l'exercice physiologique ou morbide de la fonction visuelle, il est une expression qui revient à chaque instant : c'est celle de « champ de la vision distincte. » Cette expression semble ne pas avoir besoin d'explication, et cependant elle en nécessite une, et même assez précise.

Car si l'on entend bien ce que veut dire champ de la vision, l'épithète *distincte* peut être interprétée de diverses façons, et prête en effet à plusieurs significations. Le point, l'éloignement où un objet devient distinct ou indistinct, dépend évidemment d'abord de la grosseur de cet objet. Une tour, un cheval ne sont pas distincts au même éloignement, et encore moins la tête d'une épingle, le chas d'une aiguille, un fin caractère d'imprimerie. Ces qualités différentes des objets dépendant de leurs dimensions, ont porté des physiologistes et des médecins à établir deux ou trois catégories de visions distinctes, — celle des objets rapprochés, — celle des objets éloignés, — celle correspondant à des distances moyennes.

Il convient d'apprécier les bases et l'utilité d'une telle distinction.

Une tour peut être parfaitement visible à une grande distance, en tant que gros objet, et cependant ne pas répondre à ce que l'on entend par « perception distincte ». Le plus grand arbitraire règne dans cette appréciation, car plusieurs sujets pourront très-bien apercevoir la tour, préciser le lieu de l'espace qu'elle occupe, et cependant voir très-différemment ses détails. D'autres, au contraire, à cette même distance éloignée, ne verront rien du tout. Il y a là quelques éléments confondus et qu'il importe de distinguer.

Quand l'œil se porte vers un objet éloigné, deux circonstances de sa constitution intérieure peuvent lui en interdire la perception distincte : ou l'objet éloigné est trop petit pour qu'à cette distance il impressionne la rétine, dont le degré de sensibilité se trouve dépassé, ou bien la faculté d'accommodation de l'œil est défectueuse.

Entrons à cet égard dans quelques détails.

Dans un œil normalement construit au point de vue de l'exercice de toutes ses fonctions, et jouissant de ce que l'on pourrait appeler une vue sans limites vers l'infini, c'est-à-dire telle que des faisceaux de rayons parallèles puissent venir former des images nettes sur la rétine, il existe cependant, entre les individus, des degrés quant à la petitesse des objets perceptibles à ces distances considérables.

Ces différences de degrés tiennent à la sensibilité de la rétine ou à la transparence des milieux oculaires qui ne sont pas les mêmes pour tout le monde, et qui marquent à chacun des limites particulières à l'angle visuel minimum qu'il peut apprécier avec justesse.

Ainsi deux personnes sont sur le bord de la mer, et toutes deux distinguent, à l'horizon, le sommet du mât d'un navire dont le pont a déjà disparu. Mais l'une aperçoit nettement le cordage du pavillon, l'autre ne l'aperçoit point.

D'où vient cette inégalité ? A une distance semblable, 10 ou 15 kilomètres peut-être, les faisceaux de rayons émanés de chaque point peuvent, sans exagération, être considérés comme parallèles, et leurs foyers conjugués intérieurs, en tous cas, ne sauraient être pour l'un et l'autre observateur, ailleurs qu'au foyer principal de leur appareil cristallinien, ou si près de ce point que la différence en soit absolument négligeable. La faculté d'accommodation ne joue donc ici aucun rôle.

L'angle visuel sous-tendu par le même objet est donc perceptible pour l'un, tandis qu'il ne l'est pas pour l'autre, et cela sans qu'on ait à tenir compte de l'accommodation, qui est la même. Il faut donc attribuer cette différence à un autre élément, et nous ne pouvons le trouver que dans la sensibilité de la rétine ou la transparence des milieux, éléments qui échappent à notre appréciation autrement que par leurs effets et que nous ne pouvons plus appeler mécaniques.

§ 85. Mesure de la sensibilité de la rétine. — Tout étant égal d'ailleurs, la qualité de la vue, la sensibilité de la rétine joue donc, dans les phénomènes de vision, un rôle indépendant, comme la faculté accommodative en remplit un autre. Or le premier n'a jusqu'ici guère été considéré. Il n'a été tenu compte que des variations dans le pouvoir actif de l'accommodation. Or, sans s'arrêter à la possibilité de qualités individuelles de tact lumineux dont peut être douée la rétine chez des sujets différents, on avait cru trouver ces termes extrêmes de la finesse de la vue dans la mensuration des éléments anatomiques mêmes du tissu rétinien.

C'était un faux point de vue ; le microscope n'arrive pas à décomposer la rétine en éléments comparables aux dimensions fournies par l'expérimentation fonctionnelle. Le microscope donne en effet pour limite inférieure aux molécules constitutives et distinctes de la rétine, environ 1/10,000 de pouce ou 3 millièmes de millimètre.

Or si l'on cherche à mesurer la dimension des plus petites images qui puissent impressionner la rétine, on rencontre les résultats suivants :

Un élève de Beer apercevait, dit Muller, qui emprunte le fait à Wolkmann, à une distance de 28 lignes, un poil ayant une épaisseur de 1/60 de ligne.

La grandeur de l'image rétinienne est donc donnée par la proportion approximative $x : r$, rayon du globe oculaire, $:: 1/60$ de ligne : 28.

Exprimé en lignes $r = 5^l,30$ environ.

D'où

$$x = \frac{5,30 \times 1/60}{28} = \frac{5,3}{28 \times 60} = \frac{53}{28 \times 600} = \frac{53}{16800} = 0^l,0032$$

(Et non pas $0^l.00000014$, ce qui est exorbitant.)

En millim. $1^l = 2^{mm},25$

par conséquent, $x = 0^{mm},007$.

--Tréviranus apercevait distinctement un point de 7 millièmes de ligne ou de 1 centième de millimètre à 48 lignes de distance.

Wolkmann en conclut que la largeur de l'image rétinienne pourrait être d'environ $0^l,00006$ ou 6 cent-millièmes de ligne.

Nous trouvons, nous, 6 ou 7 dix-millièmes ou dix fois moins.

(Il doit y avoir en ces mesures quelque virgule mal posée.)

—MM. Béraud et Robin attribuent à un œil médiocre la faculté de distinguer nettement un cheveu à une distance de 30 lignes, et ils donnent au cheveu $0^l,002$ de diamètre, ou $0^{mm},0045$; nous trouvons pour notre part, avec Mandl, de 8 centièmes à 1 dixième de millimètre, pour la dimension d'un cheveu, c'est-à-dire 10 fois moins.

Prenant le chiffre de MM. Béraud et Robin, nous trouvons 0,00035 de ligne pour la dimension de l'image rétinienne ou 7 dix-millièmes de millimètre ; mais si le cheveu a, comme nous le croyons, un diamètre dix fois plus fort, nous retombons sur 7 millièmes de millimètre, dimension qui n'arrive pas à la minutie de celle des éléments anatomiques de la rétine.

Nous croyons ces résultats numériques notablement au-dessous de la réalité. Car, pour nous qui jouissons d'une bonne vue *ordinaire*, répétant la même expérience, nous pouvons percevoir nettement, par un jour plutôt sombre (18 novembre), un cheveu tendu sur un fond d'un blanc sale, à 5 mètres ou $4^m,50$, tant monoculairement, qu'avec le concours des deux yeux. Le calcul donne dans ce cas, pour la dimension de l'image rétinienne, environ 2 dix-millièmes de millimètre, $0^{mm},0002$, et pour sinus ou tang de l'angle visuel minimum 1/50,000, ce qui correspond à un angle au centre de $4''$ et non de $40''$, comme l'énonce Muller. Or cette dimension n'est guère que le dixième de celle supposée aux éléments premiers de la rétine.

Ces chiffres montrent clairement combien peut varier la finesse de qualité de la vue ; la dernière expérience, particulièrement, qui est loin de donner la limite dernière de la délicatesse de ce sens admirable, car nous connaissons de nombreux exemples de perception, par la rétine, d'angles visuels bien plus petits que 4″.

Cet angle de 4″ est en effet le même qui, à une distance de 10 kilomètres, embrasserait par ses côtés une dimension horizontale de 20 centimètres, épaisseur de l'extrémité la plus effilée d'un mât. (Ce qui ne veut pas dire que la pointe du mât fût aussi nettement visible en mer, eu égard à la présence des couches d'air et de vapeur qui, dans l'état même le plus serein du ciel, obscurciraient certainement encore notablement la netteté des perceptions.)

Nous avons admis ici, pour simplifier l'étude, que la grandeur apparente des objets varie en proportion directement inverse de leur distance.

Cette condition, il est vrai, n'est pas remplie dans la vision physiologique. Les grandeurs respectives de l'image et de l'objet sont liées aux éloignements respectifs de la rétine et de l'objet, par la formule des foyers conjugués. Dès lors un objet double d'un autre ne peut être supposé, que par tolérance approximative, devoir donner une image égale à la première quand on le transporte à une distance double. (V. le § 126.)

Mais pour les besoins de notre travail, cette approximation suffit.

§ 85 *bis*. Influence du mouvement sur la sensibilité rétinienne. — La sensibilité rétinienne, comme tout ce qui ressortit à ce département si obscur de la sensibilité organique, générale et surtout spéciale, est une propriété tellement complexe et si peu susceptible d'analyse ou de mesure qu'elle éprouve les variations les plus inattendues sous l'influence des causes que l'on eût pu le moins soupçonner.

Dans ses célèbres recherches sur la photométrie, Arago rapporte une série d'observations qui portent en elles un curieux enseignement sur les propriétés sensibles de la rétine :

« Un mouvement modéré de l'objet lumineux rend sa visibilité plus facile. »

Voici en quels termes le célèbre astronome rend compte de ses premières observations sur ce point :

« Je me promenais au milieu de la journée, en marchant du

nord au midi, sur la terrasse méridionale de l'Observatoire. Toute la partie des dalles au midi de mon corps était donc éclairée en plein par la lumière directe du soleil, mais les rayons de l'astre étaient réfléchis par les carreaux de vitre des fenêtres de l'établissement placées derrière moi; il y avait donc là une image secondaire, une sorte de soleil artificiel situé au nord, dont les rayons, venant à ma rencontre, devaient former une ombre dirigée du nord au midi. Cette ombre était naturellement très-faible; en effet, elle était éclairée par la lumière directe du soleil. Son existence ne pouvait donc être constatée que par la comparaison de cette lumière directe et de la lumière située à côté, composée de cette même lumière directe et des rayons très-affaiblis réfléchis par les carreaux. Or le corps restait-il immobile, on ne voyait aucune trace de l'ombre; faisait-on un geste avec les bras, un mouvement brusque du corps donnait-il lieu à un déplacement sensible de l'ombre, aussitôt on apercevait l'image du bras ou du corps. »

Cette influence du mouvement sur l'impression d'une image faible a été analysée depuis par des expériences plus précises : toutes ont démontré l'excès de sensibilité que le mouvement de l'ombre ajoute à celle dont l'œil semble naturellement doué. C'est un nouvel exemple du pouvoir du principe de mouvement et de stimulation sur les organes de la sensibilité.

§ 86. Appréciation de la sensibilité rétinienne et de la transparence des milieux.

— Deux conditions seront donc toujours à considérer dans l'appréciation de la portée de la vue d'un individu, l'une tenant exclusivement à la qualité du nerf ou à la transparence des milieux, l'autre à l'état du mécanisme optique.

Il est important d'être fixé d'abord sur les qualités organiques mêmes de l'instrument; tout examen de la vue d'un sujet devra donc avoir pour premier objet l'appréciation de la faculté perceptive ou rétinienne elle-même, indépendamment de toute considération de la distance des objets.

Or rien n'est plus simple que la solution de ce point de la question. Rappelons-nous le mécanisme physique de la production des images par les petites ouvertures, la théorie de la chambre noire sans lentilles.

Nous avons vu, § 4, que tous les objets d'une perspective venaient se dessiner sur la muraille postérieure d'une chambre obscure, si un très-petit trou était pratiqué dans la paroi antérieure. Plaçons devant l'œil, cette chambre noire naturelle, une carte percée d'un tout petit trou, un trou d'épingle. L'effet de la lentille oculaire est annulé par là : tous les rayons lumineux qui traversent le petit trou traversent aussi, par son centre, l'appareil cristallinien : ils n'y sont donc pas déviés ; les faisceaux lumineux ne sont plus des cônes, ce sont de petits cylindres extrêmement minces ayant pour axes les axes secondaires mêmes de l'appareil optique. Dès lors il n'y a plus lieu à considération de foyers, ni de parallaxe, ni d'accommodation : c'est la chambre noire pure et simple. L'œil est rendu apte à voir avec la même netteté (moins l'intensité lumineuse qui, toutes choses égales d'ailleurs, diminue avec la distance ou plutôt comme le carré de la distance) tous les objets de la perspective placée devant lui. Les différences signalées, pour lors, entre les vues de deux sujets, ou même des deux yeux d'un même sujet, au moyen de cet appareil, ne peuvent donc porter que sur les qualités de la rétine et la diaphanéité des milieux. Faisant alternativement porter la vue sur des points rapprochés et des points éloignés, et par chaque œil à son tour, au moyen du trou d'épingle, on est promptement fixé sur les qualités sensibles ou de transparence des organes de la vision.

Cette étude, qui ne demande qu'un instant, doit toujours être faite préalablement à toute autre, si l'on veut se garantir de toute erreur, de toute confusion dans l'analyse de la vue d'un sujet.

§ 87. Étendue du pouvoir accommodatif. —

Occupons nous maintenant de l'etude ou plutôt de la mesure de l'étendue du mécanisme, seules considérations dont on ait, d'ordinaire, coutume de tenir compte.

Tout étant égal d'ailleurs, la vision monoculaire d'un sujet *à l'état normal*, s'étend d'un certain point plus ou moins rapproché de son œil, à l'infini, c'est-à-dire au parallélisme des rayons incidents.

La vue qui, mécaniquement, a une limite en arrière, n'en a pour ainsi dire pas en avant, dans l'état sain.

Les objets très-éloignés qui envoient à l'œil des rayons parallèles, ou à considérer comme tels, ont leur foyer conjugué au foyer principal de l'appareil cristallinien. Là se tient là rétine sans effort et comme en état d'indifférence. L'objet éloigné qui se rapproche verrait alors son foyer conjugué fuir en arrière de la rétine, et la vision demeurer confuse, si le pouvoir accommodatif ne veillait au maintien des rapports convenables entre la rétine et ce foyer conjugué. Nous avons vu que cette conservation de rapports avait lieu par l'accroissement progressif de la réfringence de l'appareil antérieur de l'œil, pendant le rapprochment d'un objet s'avançant vers l'observateur, mouvement qui rapproche graduellement du centre optique le foyer principal du cristallin. Par là, le foyer conjugué de l'objet se trouve maintenu sur la rétine.

A un certain moment pourtant, cette congruence cesse ; l'effort accommodatif, qui ramenait en avant le foyer principal, est au bout de sa carrière : l'œil a beau s'exercer, l'objet, en s'avançant, devient confus, nuageux, obscurci sur ses contours par les cercles de diffusion.

'₊ Ce point où commence la confusion d'un très-petit objet est ce qu'on nomme *la limite inférieure du champ de la vue distincte*. C'est la limite des *efforts* d'adaptation.

'On suppose, la chose est sous-entendue, la vue normale, ou pouvant s'étendre à l'horizon. La vue normale n'a ainsi qu'une limite, du côté de l'œil ; elle n'en a pas du côté de l'éloignement ; ou du moins sa limite, en ce sens, ne dépend que des qualités organiques du tissu rétinien et des humeurs de l'œil.

§ 88. Variation des limites de la faculté d'accommodation.

— Il est un genre de vue, cependant morbide, celui-là, dont le champ accommodatif se trouve avoir deux limites : c'est la myopie.

Comme nous le verrons dans le chapitre qui lui sera destiné, dans cet état pathologique, la vision, dont la limite inférieure est très-rapprochée, est incapable de percevoir nettement les objets éloignés, quelle que soit leur grosseur, et sans que l'on puisse pourtant soupçonner ou accuser la finesse de perception de l'organe. En faisant exercer la vue à travers le trou d'épingle, les sujets aperçoivent alors parfaitement les objets éloignés.

Le défaut observé vient donc tout entier de l'appareil accommodatif : ce dernier, comme il sera ultérieurement démontré, (et les raisons en seront alors exposées), soumis à une sorte de contracture des muscles ciliaires, maintient toujours le foyer principal plus ou moins en avant de la rétine. Les rayons parallèles, et ceux qui sont très-peu inclinés sur l'axe optique, viennent donc toujours converger en avant de cette membrane. Le point, à partir duquel, pendant le rapprochement de l'objet vers l'œil, les rayons divergents commencent à se rencontrer sur la membrane même, est *la limite supérieure* ou éloignée du champ de la vue distincte chez le myope ; c'est la limite du relâchement de l'appareil ciliaire, de son asthénie.

Quoique cette condition de la vue soit une condition anormale ou morbide, elle est tellement fréquente sur le théâtre de la vie civilisée, que l'on ne peut s'empêcher de lui donner la même attention qu'à la vision physiologique, sauf à y revenir dans une étude spéciale et pathologique qui lui sera de droit consacrée.

Quant à l'état opposé, la vue presbytique, c'est-à-dire dont la limite inférieure est beaucoup plus distante que lors d'un état normal, elle rentre, sauf l'evaluation numérique de cette limite inférieure, dans le cadre théorique de la vue physiologique ; elle n'a, comme celle-ci, qu'une limite.

En dehors de ces trois conditions, cependant, vue normale, myopie et presbytie, nous en trouverons d'autres encore, mais moins fréquentes, et qui feront l'objet d'une étude particulière, dans la partie de cet ouvrage que nous consacrerons à la pathologie fonctionnelle. Ainsi un sujet pourra être myope pour la vision rapprochée et presbyte pour la vision de loin, c'est-à-dire avoir une vue plus que normale, une immense élasticité d'accommodation. Par contre, il pourra être presbyte pour les objets rapprochés (n'y pas voir de près), mais se trouver myope eu égard aux objets distants ; sa vue, en ce cas, sera déplorablement limitée.

On peut supposer encore dans l'œil un état de l'accommodation qui n'amène même pas jusqu'à la rétine le foyer des rayons parallèles, un état de la vue tel que ce foyer ait lieu en arrière de la rétine. Tous objets sont alors vus confusément, quelle que soit leur distance, et malgré la perception de l'éclat qu'ils produisent. C'est l'hyperpresboypie, l'hypermétropie de M. Donders.

La convenance d'une mesure de la faculté d'accommodation

et de son étendue découle de toutes ces distinctions. Nous allons nous occuper maintenant des procédés propres à nous procurer, en chaque cas, cette mesure.

§ 89. Mesure du pouvoir accommodatif. — Il y

a plusieurs moyens, donnés dans tous les traités classiques, pour mesurer la portee de la vue, ou plus simplement pour déterminer la distance minimum à laquelle un objet de petite dimension peut être vu nettement. Ces procédés sont connus sous le nom d'optométriques, et les instruments employés sous celui d'optomètres.

Le plus simple, à notre avis, à employer, dans la mesure de la portée de la vision monoculaire, est celui connu sous le nom d'optomètre de Scheiner.

Reportons-nous à la figure 53, § 76 ou à la figure 57.

Devant l'œil en expérimentation, plaçons une carte percée de deux trous d'épingle, séparés par une distance un peu inférieure au diamètre de la pupille.

Fig. 57.

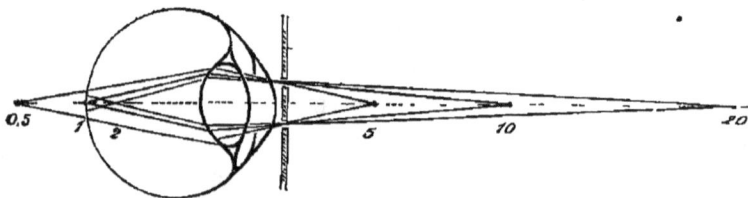

Soient maintenant 5, 10 et 20 les positions successives d'un même petit objet éclairé, tel qu'un cheveu : en 5, il est trop près de l'œil pour que son image conjuguée 0,05 soit sur la rétine ; elle est en arrière de cette membrane : on l'éloigne jusqu'en 10 ; jusqu'à ce point, l'image du cheveu qui, sans la présence de la carte, eût été confuse et enveloppée de cercles de diffusion sur toute son étendue, cette image a été double ; on voit en effet que les rayons qui passent par le trou de droite et celui de gauche coupent, indépendamment l'un de l'autre, la rétine *avant* de se rencontrer. Grâce à cet artifice, le cheveu n'est point vu confus, mais double. A mesure qu'on l'a éloigné, l'écartement des deux images doubles, a diminué. Enfin, au point 10 elles se sont fusionnées en une seule. Là est la limite la plus rapprochée des

objets qui peuvent donner une image nette. C'est la limite inférieure de la vision distincte.

Supposons que l'on continue à éloigner le cheveu, le foyer
conjugué qu'il forme dans l'intérieur de l'œil s'avance, et il y a
tendance nouvelle à former des images doubles, croisées celles-
ci ; la rencontre des rayons de droite et de gauche ayant lieu
dans le corps vitré avant d'arriver à la rétine. Mais l'œil, ayant
une certaine faculté d'accommodation, relâche sa contraction ciliaire et repousse en arrière le foyer conjugué du point vu. L'i-
mage demeure donc nette indéfiniment si la vue est parfaite ; indéfiniment, c'est-à-dire jusqu'au parallélisme des rayons incidents.

Mais si la faculté d'accommodation est bornée pour des objets
éloignés, si le sujet est myope, l'œil n'arrive pas à suivre ainsi le
cheveu dans son éloignement ; vers un certain point 20, plus
ou moins distant, la tendance optique à formation d'images
doubles n'est plus combattue par le pouvoir de l'œil ; la dualité
du cheveu reparaît, et l'on a, en ce point, la limite éloignée du
champ de la vision distincte.

Dans l'usage ordinaire, on peut se servir, au lieu du cheveu,
du caractère n° 1 de l'échelle de Jaeger, et même se dispenser
de l'emploi de l'optomètre, en notant simplement le point (ou
les points, s'il y en a deux) pour lesquels la vision devient confuse, où elle manque de netteté. Mais pour une expérience délicate, l'emploi de l'optomètre est plus rigoureux.

§ **89** *bis*. **Mesure de la superficie du champ visuel.** — Quand nous sommes ainsi parvenus à déterminer le
degré de la vision centrale, nous ne sommes pourtant encore
que très-insuffisamment fixés sur la vue d'un malade ; un second problème, tout aussi important, est de trouver quelle est
l'étendue *en surface* de ce même champ visuel. Nous devons à
M. de Graefe des réflexions et des directions précieuses sur ce
point de physiologie ou de pathologie fonctionnelle. « Il est en
effet, dit le célèbre chirurgien, des altérations de la vue qui ne
se révèlent que par des perturbations de cette catégorie et qui
n'amènent que dans leur dernier stade des modifications dans
la vision centrale. Je connais, par exemple, à Berlin, un individu qui parcourt les rues comme musicien aveugle, ne peut
s'y diriger seul, et est pourtant en état de distinguer le caractère

d'imprimerie n° 4 de Jaeger (mignonne); l'angle de son champ
visuel, au lieu d'être de 174° dans le sens horizontal et de 160°
dans le sens vertical, comme à l'état normal, n'est que d'environ
10° dans l'une et l'autre direction; en d'autres termes, à 1 pied 1/2
de distance, il ne peut distinguer qu'une étendue double de
celle de la paume de la main. Qu'on roule une feuille de papier
de façon à réaliser sur soi-même cet état, et l'on verra combien
il est difficile de s'orienter ainsi (1). Souvent de tels malades reconnaissent mieux les objets éloignés que de rapprochés, de
petits que de grands; ils distinguent moins avec des verres convexes que sans leur aide, tandis que de concaves peuvent un
peu leur servir. L'expérience ci-dessus mentionnée permet de
réaliser sur soi-même la plupart de ces données.

« A l'état normal, le champ visuel est donc borné dans son
étendue, en haut par le bord de l'orbite, en dedans par le nez :
la limite externe coupe presqu'à angle droit l'axe visuel; l'inférieure forme avec ce dernier un angle d'environ 78 à 82°. Pour
obtenir la limite supérieure, il faut diriger l'œil suffisamment en
bas, pour que l'image excentrique du rebord orbitaire disparaisse,
et l'on trouve un angle analogue au précédent. En dedans, il
faut, pour arriver à un résultat analogue, un effort assez considérable pour être pénible et diminuer ainsi un peu la clarté de
la perception excentrique : toutefois, abstraction faite de cette
circonstance, l'angle vertical paraît plus petit que l'horizontal,
étant en moyenne de 160°, tandis que le dernier est de 174°.

« Il serait inutile, dans la pratique, de vouloir mettre trop de
minutie à ces mensurations, tant parce que les impressions visuelles d'objets situés sur le bord du champ visuel sont trop indécises pour une détermination précise, que parce qu'on trouve
des différences individuelles assez fortes, dont quelques-unes
pourraient bien être en rapport avec l'accommodation de l'œil.

« Il n'est point nécessaire d'avoir une méthode proprement

_____

(1) Cette discussion montre en toute évidence la nécessité d'une *surface*
sensible comme condition d'orientation. On y lit en toutes lettres la solidarité
établie entre les éléments sensibles contigus de la rétine pour répondre subjectivement à la continuité des impressions objectives déterminées par une même
surface. En un mot, la contiguité des sensations représente dans l'organe sensible la continuité des points matériels lumineux de l'espace. (Voir le chap. III,
§ 119.)

dite pour trouver les limites du champ visuel. On fera fixer l'axe visuel sur une image quelconque tracée sur un tableau, et l'on en éloignera progressivement et successivement une seconde, dans le sens latéral interne ou externe, supérieur ou inférieur, suivant, en un mot, les quatre points cardinaux de l'image fixe, et portant ainsi l'image mobile vers les limites du champ visuel, en ayant soin que l'axe visuel demeure fixé sur la première.

« Vu les variations physiologiques, on ne considérera comme pathologiques que les différences de sensations ou de netteté ayant un certain degré. Quand ces variations sont très-prononcees, le meilleur moyen de les apprécier est de diviser une table en un certain nombre de compartiments carrés égaux, et, fixant l'axe visuel sur le milieu, de promener sur les divers compartiments un morceau de craie en notant ceux où il disparaît. Il sera bon d'adopter pour de telles expériences une distance constante, qui sera convenablement fixée à 1 pied 1/2.

Cette méthode nous paraît également propre à déterminer le lieu où l'examen ophthalmoscopique doit faire découvrir des points insensibles épars, des scotômes dans la rétine ou la choroide. Quand le scotôme est central, il est difficile d'obtenir la direction de l'axe visuel effectif (l'axe central étant aboli). Mais si l'on parvient, en appelant l'attention du malade sur un tableau quadrillé comme celui dont il vient d'être parlé, à lui faire fixer ce tableau dans l'immobilité, on peut alors dessiner sur lui, par le moyen qu'indique M. de Graefe, une figure renversée semblable à la surface sensible conservée dans la rétine. En la rapportant alors à l'inclinaison, approximativement estimée, du regard dans la position immobile où il a su se maintenir, on aura une notion très-approchée de la distribution sur la rétine des points insensibles et de la portion de surface qui demeure, au contraire, en fonction.

« Il en est de même d'une question physiologique qui se rattache à celle-ci par une grande analogie; tous les ophthalmologistes ont reconnu la loi de décroissance de la sensibilité rétinienne du pôle de l'œil vers son équateur ou périphérie rétinienne. Mais à tous il a été impossible de donner une mesure, ou d'exprimer la loi de cette décroissance. Difficulté qui tient à ce que si le centre du pôle oculaire est naturellement le lieu où cette sensibilité est à son maximum, l'exercice accidentel plus ou moins soutenu sur un axe secondaire (voyez la *Théorie des lunettes*, chap. X), déterminant sur un de ces axes le maximum d'activité, appelle en de nouveaux points, et sans que le médecin puisse s'en rendre compte, une sensibilité plus grande.

« En l'absence d'une loi, on fera bien, dit M. de Graefe, de s'en tenir, dans la pratique, à un procédé purement comparatif. Souvent on rencontre chez des malades, dont l'étendue du champ visuel n'a pas souffert, une incertitude surprenante des impressions excentriques dans certaines directions; d'où une incapacité de s'orienter qui n'est pas en harmonie avec la netteté de la vision. On fera fixer l'axe central sur un point noir d'où partent, sur une feuille de papier, dans huit directions, des points noirs également séparés. Les malades diront généralement que les rayons de cette espèce d'étoile sont inégaux en longueur.

« Ces altérations de régularité donneront un aperçu de l'état de la sensibilité de la rétine en ces différentes régions de sa superficie. » (*Annales d'oculistique*, 1858.)

Ces considérations nous seront ultérieurement d'un grand secours dans l'étude des anomalies fonctionnelles de la vision. (Voir chap. IX.)

§ 90. Table de Donders : représentation graphique des accommodations.

— Tels sont les éléments propres à déterminer, chez un sujet donné, les deux limites extrêmes de la vision distincte. On peut, à l'exemple de Donders, construire, par leur moyen, une table, un dessin représentatif.

Prenant un papier quadrillé dont les lignes horizontales sont divisées en longueurs égales, et dont chacune représente l'unité de longueur focale, on construit le tableau ci-contre dans lequel les lignes horizontales pleines représentent l'étendue relative du pouvoir accommodatif. Le commencement de chacune d'elles donne la limite rapprochée *l;* son point de départ est fixé au moyen de l'optomètre ou par la lecture aisée du caractère n° 1 de l'échelle de Jæger. — Le point extrême *l'*, limite éloignée, serait évalué au moyen de la méthode de Donders, et donné par le numéro du verre qui rendrait nettement visibles les objets situés à l'horizon.

REPRÉSENTANT L'ÉTENDUE, POUR LES DIFFÉRENTES ESPÈCES DE VUES, DU POUVOIR ACCOMMODATIF.

N⁰ˢ	VUE.	2	3	4	8	24	36	∞		
1.	Normale.									
2.	Presbytique									
3.	Myope de près. . . . / Normale de loin. . .									
4.	Myope.									
5.	Myope de loin. . . / Presbyte de près. . .									
6.	Hyperpresbyopique.									

Dans ce tableau, les lignes pleines représentent graphiquement l'étendue du champ de la vision ou du pouvoir accommodatif, le caractère n° 1 de l'échelle de Jæger étant pris pour unité pour la limite *l*, rapprochée — ; l'horizon servant de point de départ pour la mesure de *l'*, limite éloignée. Le commencement des lignes pleines représente la valeur de *l*, la fin des mêmes lignes, *l'*.

« Ainsi le n° 1, la limite inférieure *l* étant à 8 pouces, et la limite extrême à l'∞, représentera la vue normale ; mais au n° 2, *l* ne se trouve qu'au point 24, par exemple ; le sujet est presbyte pour la vue rapprochée, et normal pour celle de loin.

Au n° 3, c'est le contraire ; *l* se rapproche, et vient à 3 ou 4 pouces : on a affaire à un myope pour la vue de près, normal de loin.

Le quatrième commence au même point, 3 ou 4 pouces, il est myope pour la vue de près, mais *l'* est à 36 pouces, je suppose, il est myope aussi pour la vue de loin ; c'est le vrai myope ordinaire.

Inversement pour le cinquième ; il ne commence à voir simple qu'à $l = 36$ pouces, mais s'arrête à 75 ; il est donc presbyte pour la vue de près, myope pour la vue de loin.

On peut concevoir d'autres variations encore et on les rencontre dans la pratique : l'intervalle *l* à *l'* peut occuper tous les points du tableau. Nous verrons à l'article «pathologie» que ces aperçus ne sont pas exclusivement théoriques, que toutes ces vues se rencontrent, et qu'il en est même une tout à fait particulière, l'*hyperpresbyopie*, qui ne peut point figurer dans ce tableau, qui se trouve au delà de lui ; le point *l* tombant au delà de la limite ∞, c'est-à-dire le foyer principal de l'appareil cristallinien, pour les rayons parallèles, étant au *delà* de la rétine. Pour ce genre de vue pathologique qui correspond, *comme résultat seulement*, à celle des opérés de cataracte, à l'*aphakie*, les verres convexes procurent la vision nette des objets éloignés. L'insuffisance de la réfraction y est due, non à la qualité des milieux transparents, mais au déficit de l'action musculaire ciliaire propre à assurer une convexité convenable de la lentille oculaire. Nous figurons ce cas à la ligne n° 6 du tableau.

Depuis 2 pouces jusqu'à l'infini, ces lignes sont l'expression de distances réelles ; les rayons qui partent de ces points frappent l'œil à l'état de divergence. L'∞ désigne le point d'où partent les rayons parallèles. Au delà de ce point, comme au n° 6, les lignes n'indiquent plus des distances réelles, mais sont l'expression correspondante de la convergence des rayons ; ils expriment donc la distance vers laquelle ces mêmes rayons convergent en arrière du centre optique de l'œil.

§ 91. De l'unité de mesure pour le champ de la vision distincte. — Après avoir lu ce que nous avons dit au § 84, en faveur du système de l'unité de mesure, dans le champ de la vision distincte, on pourra s'étonner de nous voir, dans le tableau qui précède, abandonner notre première manière de voir et adopter deux termes de comparaison ou de points de départ pour la détermination des éléments de ce tableau. Rapproché ou éloigné, disions-nous, un objet ne diffère, dans les dimensions de son image, que proportionnellement aux variations de l'angle visuel qu'il sous-tend; de telle sorte que, dès que l'accommodation en permet la perception nette, sa dimension apparente est du domaine de la simple mensuration, du simple rapport des angles visuels.

Quel bénéfice y a-t-il dès lors à adopter deux sortes de mesures sans rapport l'une avec l'autre, quand la détermination prise pour un angle visuel minimum, ou l'adoption d'une seule et unique unité, peut donner, pour tous les cas, des renseignements suffisants.

Le foyer conjugué d'un objet situé à cent fois la distance focale d'une lentille se confond presque avec son foyer principal. Il n'y a donc qu'une accommodation presque nulle de l'œil entre un objet situé à 2 mètres et un objet situé à l'horizon. Seul l'angle visuel varie alors avec l'éloignement de l'objet.

Un objet très-fin, un cheveu, étant vu nettement à l'œil nu, ou simple à l'optomètre de Scheiner, à cette distance de 2 mètres, nous pouvons donc conclure qu'un objet deux fois plus gros sera vu avec la même netteté à 4 mètres, à 100 mètres s'il est cent fois plus gros, et ainsi de suite.

Il est donc superflu d'imaginer une seconde unité de mesure pour les gros objets éloignés, puisqu'en somme nous ne pouvons nous considérer comme en ayant la perception nette, que si nous voyons nettement à cette distance les détails comparables aux objets fins de la vue rapprochée.

Comme, d'autre part, la chose importante est la mesure de la portée de la vue pour les objets fins ou rapprochés, que c'est elle qu'il s'agit surtout de connaître pour apprécier la valeur de la fonction dans la vie civilisée, dans toutes les circonstances d'une existence industrielle, artistique, scientifique ou littéraire, c'est à elle qu'il convient aussi de s'attacher d'abord Sur toute l'échelle du tableau de la vie des cités, l'œil de l'homme ne s'applique guère qu'à de petits objets : partout les instruments techniques de cette civilisation sont établis d'après les conditions communes des organes de la vue et du toucher et des rapports qui les lient naturellement. Le moindre trouble dans ces rapports est donc des plus intéressants pour l'hygiène. Imaginez que le minimum de la vue distincte moyenne fût de 1 mètre au lieu d'être à 20 centimètres; comment, avec des bras de 75 centimètres, arriverions-nous à manier les petits objets qui nous servent aujourd'hui communément, comme les caractères d'imprimerie, par exemple, une plume, un crayon, un burin? Les traits d'un dessin, les hachures d'une gravure devraient donc être deux ou trois fois plus gros qu'ils ne sont, etc.

En voilà assez pour démontrer qu'au moyen de la détermination expérimentale des deux termes l et l' du paragraphe précédent, c'est-à-dire des *deux* limites de la *vue simple* d'un cheveu ou du caractère n° 1 de Jaeger, avec l'optomètre de Schéiner, on peut fixer très-expressément l'étendue accommodative d'un œil donné, et avoir une opinion très-nette sur la portée du mécanisme de la fonction monoculaire.

Qu'on n'oublie pas d'ailleurs qu'on a eu le soin préalable de se renseigner sur la qualité de la rétine et des milieux du même organe, au moyen de trou d'épingle unique appliqué aux mêmes unités visibles. Ainsi, pourrait-on dire, seront fixées les conditions physiologiques ou anormales de toute vue monoculaire donnée.

Au point de vue exclusivement théorique, et en ne considérant que la propriété des lentilles, ces aperçus seraient en effet péremptoires pour déterminer l'adoption d'un seul système de mesures pour les deux limites du champ de la vision distincte.

Mais il est un élément physiologique que nous avons négligé dans cette étude, et dont l'influence justifie dans la pratique, et peut-être même théoriquement, la distinction des auteurs sur la vision distincte des objets rapprochés et celle des objets éloignés; et le problème est plus complexe qu'il ne paraît au premier abord.

Si nous devons considérer, en théorie, qu'à partir d'une distance égale à 100 ou 200 fois la longueur du rayon de la lentille, la distance focale conjuguée des objets qui s'éloignent jusqu'à l'infini ne varie plus sensiblement, la pratique ne justifie pas absolument cette considération. Ainsi l'on connaît des cas où le sujet lit distinctement à la distance de 2, 3, 4 pieds et ne distingue pourtant pas, à 15 ou 20 pieds, des lettres de 1 *pouce* de hauteur. Fait d'observation qui se trouve en contradiction formelle avec les vues théoriques développées plus haut. M. Donders fait observer avec raison que, dans ce cas, à 15 pieds de distance, les cercles de dispersion sont assez grands pour gêner considérablement la vision, surtout si la pupille est assez dilatée.

Cette raison doit être la véritable, et nous devons en analyser l'influence et le mécanisme.

Si, à mesure qu'un objet s'éloigne, son angle visuel varie en proportion inverse, mais exacte, avec la distance, son éclairage, son éclat suivent, dans leur décroissance, une autre proportion; ils diminuent en raison directe du carré de cette même distance. Si donc, en disant que l'angle visuel d'un objet de 1 millimètre de largeur, à 1 mètre de distance, était approximativement le même que celui d'un objet de 10 millimètres d'épaisseur à 10 mètres ou de 10 centimètres à 100 mètres, nous étions dans la vérité géométrique (sensiblement du moins), il faut reconnaître que nous étions, par contre, très-loin des conditions exactes relativement à la lumière. Dans ces cas d'éloignement progressif, l'éclat de l'objet diminuait en effet dans les proportions de 1 à 100, à 10,000, etc.

La visibilité de l'objet diminuerait donc bien rapidement, si la nature n'y avait obvié par la dilatation progressive de l'iris. Pour compenser ce défaut d'éclat, elle offre une surface progressivement croissante de la lentille cristalline, s'appropriant ainsi une plus grande quantité de rayons lumineux.

Mais il naît de là un autre inconvénient : l'aberration croissante de sphéricité et de chromatisme qui s'accuse par des cercles de diffusion d'autant plus sensibles que l'objet s'éloigne davantage.

Comment se produisent ces cercles? Nous l'avons vu : par la rencontre des rayons marginaux en un point plus rapproché du cristallin ou de la lentille que les rayons centraux. Le foyer réel conjugué de l'objet, celui de l'image nette est donc toujours plus près du cristallin que ne le donnerait la formule exacte des foyers conjugués, et cette différence croît à mesure que l'objet s'éloigne davantage.

. L'œil myope, à moins d'une acuité rétinienne surprenante et hors ligne, est donc d'autant plus myope que les objets s'éloignent davantage, et, pour cette raison, il est nécessaire de mesurer la portée de sa vue pour les objets très-distants et de ne pas se borner à l'évaluation proportionnelle que la théorie indiquait au premier abord.

A cet égard, la méthode de M. Donders, que nous indiquons plus bas, est d'une application excessivement simple et facile, et c'est à elle que nous nous sommes rattaché et que nous recourrons dans la pratique, à cause de cette simplicité même.

Remarquons, en passant, qu'eu égard à l'influence de l'aberration de sphéricité exaltée par la nécessité de remédier à la diminution croissante de lumière, le verre concave, qui procure la vision nette des objets éloignés, est nécessairement plus que suffisant à celle des objets moins distants. Il est un maximum.

Quelques détails sur la méthode de M. Donders jetteront un grand jour sur ce problème important d'oculistique.

§ 91 *bis*. Note sur une nouvelle méthode pour fixer l'étendue de l'accommodation par M. Donders, et appréciation de cette méthode. — Le savant M. Donders envisage à un point de vue nouveau les variations qu'on observe physiologiquement et pathologiquement dans la portée de la vue ou l'étendue de l'accommodation. Suivant cet auteur, un œil normal est celui qui voit sans aucune fatigue et nettement les objets éloignés : alors, les rayons parallèles viennent, d'eux-mêmes, naturellement, converger sur la rétine elle-même ; l'accommodation est à l'état d'indifférence ou de repos.

Seront anormaux, par conséquent, les yeux pour lesquels, lors de l'état d'indifférence ou de repos, lesdits rayons parallèles viennent se croiser *en avant* de la rétine ; ceux également pour lesquels (car il y en a) les mêmes rayons parallèles viendraient se croiser *en arrière* de la membrane.

Les premiers sont dits *myopes*.

On a nommé à tort les seconds *hyperpresbyopes*, cet état n'ayant rien de commun avec la presbyopie. Ces yeux voient en effet mieux les objets éloignés quand on leur applique des verres convexes.

Ils voient encore *mieux* les objets rapprochés que les objets distants. (Cette particularité tient à ce que, dans ce dernier cas, la dimension des images augmente plus rapidement que celle des cercles de diffusion.)

A raison de ces circonstances, Helmoltz et de Graefe ont désigné cet état sous le nom d'*hyperopie*.

Donders propose les bases suivantes :

« Prenant pour point de départ le point le plus éloigné de la vision distincte, il appelle «*emmétrope*» (vue moyenne) l'œil pour lequel, dans l'état de repos, ce point le plus éloigné de la vision distincte est situé à l'infini (rayons incidents parallèles).»

Les yeux anormaux le seront alors par défaut ou par excès: il appelle les premiers «*brachymétropes*» vue courte ou «myopie,» les seconds «*hypermétropes;*» c'est l'hyperopie ou ce que nous connaissons sous le nom d'hyperpresbyopie.

M. Donders prend donc son point de départ dans la vue des objets infiniment éloignés, ou, dans l'œil, au foyer principal de l'appareil réfringent, lors de l'état de repos ou d'indifférence de l'agent actif qui en règle le degré.

Tout œil anormal peut alors, dit M. Donders, être amendé par des verres appropriés, et rendu apte à voir les objets situés à l'horizon: et les verres qui procureront ce résultat seront ceux qui transporteraient à l'horizon la limite éloignée du champ de la vision chez le myope ou le brachymétrope, et, chez l'hypermétrope, ceux qui en rapprocheraient, au contraire, la limite la plus rapprochée.

La détermination, par le calcul, du numéro ou de la valeur focale de ces verres est la chose la plus aisée.

Chez l'un comme chez l'autre, on arrivera au résultat voulu en appliquant avec à-propos la formule générale des foyers conjugués.

Soit a la longueur focale cherchée dans chacun de ces cas; elle est donnée par la formule générale

$$\frac{1}{l} + \frac{1}{l'} - \frac{1}{a} = 0,$$

l et l' représentent les limites du champ de l'accommodation.

Dans le cas du myope, le verre doit reculer à l'infini ou à l'horizon la limite éloignée l' du champ de la vision distincte, ou donner aux rayons parallèles la convergence correspondante à l' : dans la formule générale des lentilles biconcaves prise en valeur absolue, $$\frac{1}{p'} = \frac{1}{f} - \frac{1}{p},$$

p point d'émergence étant à l'infini,

$$\frac{1}{p} = 0,$$

l'on a donc $$\frac{1}{f} = \frac{1}{p'},$$

f d'ailleurs étant négatif. Il suit de là que

$$\frac{1}{a} = \frac{1}{l'}.$$

Le calcul est exactement de même ordre chez l'hypermétrope.

Chez celui-ci quelle est, en effet, la condition optique de ce genre de vue? Les rayons parallèles partis de l'infini sont inaptes à se rencontrer sur la rétine. Ils vont former leur foyer en ar-rière de cette membrane.

Pour qu'il y ait vision nette, il faut donc user de quelque arti-fice qui présente ces rayons à l'œil sous un certain angle de con-vergence. Mais quel est cet angle pour une vue donnée?

Il est aisé de le déterminer : il faut donner aux rayons paral-lèles une certaine convergence que l'expérience seule enseigne dans chaque cas, et que procure une certaine lentille conver-gente de foyer f, la moins puissante (1) de celles qui rendraient vi-

---

(1) M. Dor établit, à cet égard, une autre règle : au lieu de prendre le verre *le moins puissant* propre à procurer la vision nette des objets éloignés, il conseille, au contraire, de prendre le plus fort; et même, supposant que l'œil est déjà préalablement dans l'habitude de faire tous ses efforts pour ramener sur la rétine le foyer des rayons parallèles (efforts actifs d'accommodation dans ce cas-ci, comme chez le presbyte qui veut voir de près), ce physiologiste conseille de paralyser l'appareil ciliaire par des mydriatiques, pour produire un état complet d'indifférence de l'appareil qui préside à l'adaptation; le verre qui convient, en ce cas, est celui qui lui sert alors de mesure pour exprimer le degré de l'hypermétropie.

C'est là la base de la distinction, proposée par le professeur Donders, entre l'hypermétropie latente et l'hypermétropie apparente. C'est à la clinique, a l'expérience, à nous apprendre la valeur pratique de cette distinction.

Quoi qu'il en soit, l'expression $\frac{1}{a}$ représente, dans ce cas, le degré de l'hy-permétropie, comme $-\frac{1}{a}$, dans le cas de myopie, nous donnait la mesure cor-respondante.

sibles les objets éloignés. L'image ici est réelle. il faut donc appliquer la formule

$$\frac{1}{p} + \frac{1}{p'} - \frac{1}{f} = 0$$

dans laquelle p et p' sont de même signe et p de signe contraire à f.

Or $p = \infty$, ou $\frac{1}{p} = 0$, la formule devient donc :

$$\frac{1}{p'} = \frac{1}{f},$$

f étant positif.

Telle est donc la base prise par M. Donders pour l'étude de l'accommodation. A partir de l'infini, comme origine commune, la vue des myopes et des hypermétropes peut être exprimée par la valeur focale des lentilles qui les corrigent, c'est-à-dire qui amènent sur la rétine, pendant l'état d'indifférence de l'appareil ciliaire, le foyer des rayons parallèles. a étant, dans l'un et l'autre cas, la longueur focale de ces lentilles, M. Donders a donc pu, très-pertinemment, prendre pour expression de ces états les valeurs :

$-\frac{1}{a}$ pour le myope (verre négatif),

$+\frac{1}{a}$ pour l'hypermétrope (verre positif).

En ce sens, le terme $\frac{1}{a}$ représente, non pas, comme le dit M. Donders, le pouvoir accommodatif, l'étendue, la latitude de l'accommodation, mais le déficit de cette faculté.

Mais il y a d'autres vues que des accommodations de myope et d'hypermétrope. Comment M. Donders s'y prend-il pour exprimer leur faculté accommodative ?

Conséquent avec son point de départ, M. Donders appelle étendue de l'accommodation A l'expression $\frac{1}{a}$, a étant la longueur focale de la lentille qui, placée sur la face antérieure du cristallin, donnerait aux rayons émanés du point le plus rap-

proché de l'observateur la même direction angulaire que s'ils
venaient du point le plus éloigné.

Ainsi l et l' représentant les deux limites du champ de la vision distincte, on sait que la longueur focale a de la lentille qui,
placée devant l'œil, reporterait virtuellement en l' le point situé
à la distance l, sera donnée par la formule

$$\frac{1}{l} + \frac{1}{l'} - \frac{1}{a} = 0,$$

dans laquelle l est de signe contraire à a et à l' qui sont négatifs,
l'image étant virtuelle.

On a donc

$$\frac{1}{l} - \frac{1}{l'} = \frac{1}{a}$$

en valeur absolue.

C'est cette expression $\frac{1}{a}$ que M. Donders prend pour la me-
mesure de la faculté d'adaptation; et nous conviendrons que
cette expression représente convenablement l'étendue de ladite
faculté, la distance qui sépare les deux extrémités du champ de
la vision.

Mais est-ce là tout ce qu'il y a à déterminer sous le rapport
accommodatif, et ne voit-on pas que ce terme $\frac{1}{a}$ n'exprime, en
somme, qu'un rapport·et non des termes absolus ?

Il n'a de valeur absolue qu'au moyen d'une certaine hypothèse, celle qui prend son point de départ à l'infini. Alors $\frac{1}{a}$
exprime, non l'étendue de l'accommodation, mais bien ce qui
lui manque pour arriver aux rayons parallèles.

Parfaite en ce qui concerne l'appropriation du myope et de
l'hypermétrope à la vue des objets situés à l'horizon, elle est
muette en ce qui a trait à la limite du côté de la vue rapprochée.

Et cela est si vrai que pour représenter la presbytie, M. Donders a été obligé d'abandonner la méthode, et de se procurer un
autre point de départ, celui de la vision distincte pour les objets
rapprochés.

«On admet, dit-il, qu'il y a presbyopie à partir du moment
où le point le plus rapproché de la vision distincte (l) est trop

éloigné pour satisfaire à nos besoins habituels (lire, écrire, etc.).
On est tombé d'accord d'admettre l'existence de cet état dès que
le point l est situé à une distance de l'œil qui dépasse 8 pouces.
La valeur numérique de ce cas particulier s'exprime alors par

$$\frac{1}{a} = \frac{1}{8} - \frac{1}{l}.$$

M. Donders considère donc la vue aux deux limites de l'accommodation et les mesures s'appliquent séparément à ces deux
limites.

La myopie peut alors avoir la même expression numérique
que la presbytie, en valeur absolue, mais avec un signe contraire, le signe du verre reconnu nécessaire dans le premier cas
pour amener l'infini au point l', verre négatif; dans le second
pour porter le terme fixe 8 pouces au point l déterminé par l'expérience; et ici le verre est positif.

Qui ne voit que tout cela se réduit toujours théoriquement,
en définitive, à mesurer directement les distances l et l'?

Cependant nous reconnaîtrons un grand avantage pratique
dans cette méthode : elle réduit effectivement toute l'opération pratique, à donner au presbyte le verre convexe le plus
faible qui lui procure la vision nette des caractères appropriés à
sa profession et placés à 8 pouces de lui; au myope, le verre
concave le plus faible qui lui fasse voir nettement les objets éloignés, et à l'hyperpresbyope le verre convexe qui a la même
propriété. Mais, dans tous les cas, on est toujours obligé de
consulter la position des points l et l', leur valeur absolue et non
pas leur simple rapport.

(Les bases de la méthode de M. Donders, que nous venons
de reproduire dans leurs éléments fondamentaux, sont empruntées à un travail très-intéressant et très-clair, inséré dans le
Journal de la physiologie de l'homme et des animaux, de
M. Brown-Séquart, pour juillet 1860, par M Henri Dor (de
Vevey, Suisse), et recueilli aux leçons du célèbre professeur
d'Utrecht.)

§ 92. **Champ de la vision binoculaire.** — D'après
les détails dans lesquels nous venons d'entrer, on voit que les
conditions les plus parfaites d'une bonne vue consisteront dans

une grande facilité d'accommodation', c'est-à-dire une grande latitude naturelle entre les limites les plus rapprochées et les plus éloignées de la vue (1). On pourrait la qualifier ainsi : une grande élasticité naturelle d'accommodation, dans un œil parfaitement *normal, sensible et transparent.*

Telles sont les conditions que doit remplir chaque œil considéré séparément.

Mais la vision s'opérant avec deux yeux, et nous verrons plus loin quel est, indépendamment de la quantité de la lumière perçue, l'avantage immédiat, la propriété de la vision binoculaire (enchaîner la faculté de limitation et, par suite, fixer le lieu exact occupé, dans l'espace, par les objets visibles), cette dualité des organes de la vue entraîne naturellement de nouvelles conditions.

La première, c'est une égalité parfaite de tous les éléments actifs ou passifs dans l'un et l'autre œil ; on ne peut espérer de l'harmonie sans cela.

La seconde est une concordance, une harmonie non moins absolues entre les puissances chargées de procurer le mouvement mutuel de convergence ou d'écart des deux axes optiques. On comprend que la moindre infériorité d'un système de muscles d'un œil sur celui de l'autre œil, troublant toute symétrie d'action, le jugement porté sur la position des objets devient tout à fait erroné. La faculté de juger avec précision la direction des objets éclairés ou des foyers lumineux est sous la dépendance entière de cette harmonie.

Quand un objet doué de mouvement passe, avec une médiocre rapidité, devant nous, un oiseau. par exemple, soit que notre double regard le suive, soit que maintenant nos yeux immobiles et fixes sur un point de vue déterminé, la trace de la trajectoire de l'objet se dessine sur nos deux rétines immobiles, nous n'en recevons pas moins une notion exacte de cette trajectoire et de sa direction.

Dans· le premier cas, le système musculaire nous avertit de lui-même des modifications de situation qu'il imprime à l'or-

_____

(1) Cette oscillation correspond, comme on a vu, à un déplacement relatif de la rétine, ou plutôt à un mouvement du foyer principal du cristallin, d'une ligne au moins, et de deux lignes au plus. (Olbers.)

gane, et notre sensorium en conclut au mouvement de l'oiseau. Dans le second, le même sensorium, conscient de l'immobilité de l'œil, juge la direction du mobile par la seule sensibilité propre de l'organe et de la succession des éléments de cet organe, tour à tour sollicités.

Ce double exemple, concordant par ses résultats, ne nous montre-t-il pas l'étroite connexion, le rapport intime établi entre la sensibilité spéciale rétinienne et la sensibilité consciente du système musculaire, et ne devons-nous pas voir dans cette connexion d'ordre supérieur, le principe même qui nous révèle notre situation relative par rapport aux différents points visibles du monde extérieur ? Le principe de direction aurait-il une valeur réelle et efficace, si le système musculaire pouvait agir sur le globe de l'œil, sans qu'à l'instant même la conscience de ce mouvement ne nous informât des nouveaux rapports de direction établis entre le monde extérieur et chaque élément rétinien ?

N'oublions donc pas que la faculté de juger la direction dont est investi chaque élément de la rétine, se trouve ainsi intimement liée à la sensibilité propre du système musculaire, et que nous ne saurions considérer l'une de ces facultés indépendamment de l'autre.

La synergie du système musculaire des yeux est donc tout aussi indispensable à l'exécution d'une vision normale que toute autre condition propre à ces organes. Et l'on comprend dès maintenant le rôle important que joue nécessairement un tel système dans l'accomplissement de la fonction.

Une conséquence de détail de cette harmonie, en ce qui concerne la portée de la vue dans les deux sens, se peut apercevoir immédiatement : c'est que ladite concordance d'un œil à l'autre ne doit pas être limitée à l'égalité des actions musculaires à droite et à gauche.

Pour que la vue binoculaire jouisse de la même portée *dans les deux sens* que la vision monoculaire elle-même, il faut que les mouvements synergiques musculaires de convergence et de divergence puissent s'étendre, sans effort pénible, jusqu'aux limites extrêmes, au près et au loin, de l'accommodation monoculaire.

C'est ce qu'avait parfaitement vu M. le docteur Desmarres

lorsqu'il établit une distinction, dans son chapitre sur les maladies de l'accommodation, entre le mésoroptre accommodatif et le mésoroptre musculaire.

Que le mouvement de convergence des axes optiques ne puisse, sans effort pénible, arriver par exemple à la limite rapprochée de l'accommodation monoculaire, la vision binoculaire aura un moindre champ d'action que la vision au moyen d'un seul œil. Et une vue parfaite exige que ces limites soient non seulement les plus étendues possible, mais égales encore dans la vision avec un œil, ou avec deux yeux.

Comment s'assurera-t-on que ces conditions sont effectivement remplies? c'est ce qu'il s'agit maintenant de rechercher.

§ 93. Mesure des limites de la vision binoculaire.
—Il est une méthode très-simple pour déterminer les limites de la convergence des deux yeux, limite qui ne se recherche d'ailleurs, dans le cas de vue symétrique, que du côté des objets rapprochés. A moins de strabisme, les yeux peuvent en effet toujours se placer dans l'état du parallélisme des axes ou de l'indifférence, la portée de la vue binoculaire éloignée n'ayant, le plus habituellement, d'autre limite que celle de la vue monoculaire.

On doit donc et l'on peut mesurer la limite inférieure de la convergence des axes oculaires, et la comparer ainsi à la limite inférieure de la vue distincte monoculaire.

Fig 58.

Le procédé consiste encore dans l'emploi de l'optomètre. On trace sur une feuille de papier plus ou moins étendue, suivant le besoin, une ligne droite noire sur le fond blanc. On place le plan de ce papier horizontalement devant les yeux, et dans le plan médian, la ligne fuyant d'avant en arrière. Regardant alors cette ligne, d'une faible hauteur, de 4 à 5 centim. au-dessus du plan du papier, on perçoit promptement l'apparence suivante. La droite, simple sur une grande étendue, se bifurque en avant suivant l'image d'un Λ (y grec renversé), et si l'on s'efforce de voir le point de bifurcation le plus rapproché possible, on remarque, en effet, qu'on peut bien l'amener jusqu'à un certain point v, mais que ce point v

n'est jamais dépassé. Ce point est à une distance de l'observateur, marquée par le lieu de convergence des axes optiques
principaux. Le minimum de cette distance donne la limite inférieure du champ de la vision binoculaire.

Il est clair qu'il peut être plus éloigné que celui de la vision
monoculaire, mais jamais moins, dans la vision à l'œil nu. puisqu'alors l'imperfection de la vision monoculaire ne permettrait
plus à des images nettes de se former dans l'un ou l'autre œil.

Le mésoroptre musculaire, c'est-à-dire l'étendue de la convergence mutuelle ou de la divergence des axes optiques, devra
donc avoir pour limites, *d'une part* la convergence qui a pour
hauteur triangulaire les 20 centimètres du minimum de la vision
monoculaire, de l'autre, le parallélisme de la vision à l'infini.

C'est en effet ce qui doit s'observer dans toute vue normale.
Nous verrons cependant que fréquemment et sans que cela soit
considéré comme une maladie, il n'en est plus ainsi, et que le
mésoroptre musculaire se trouve moins étendu en arrière, et
quelquefois en avant, que le mésoroptre accommodatif ou monoculaire. Cet objet sera rappelé, avec détails, dans l'étude des
maladies fonctionnelles de l'organe.

Il conviendra donc, dans certains cas, quoique la nécessité de
ce complément d'opération soit plutôt rare, de mesurer aussi
la portée de la convergence possible des axes optiques dans le
sens de l'éloignement. Chez les sujets dont les axes optiques ne
pourraient accomplir un mouvement de divergence angulaire
proportionné à la limite éloignée de l'accommodation monoculaire (il y a alors un strabisme actif ou passif), la ligne droite
de l'expérience optométrique que nous venons d'exposer, se bi-
furquera non-seulement du côté de l'observateur pour un point
v, comme nous l'avons vu, mais encore en sens opposé, en un
autre point v' plus ou moins éloigné et que la volonté ne pourra
jamais reculer. Ce point v' marquera la limite extrême de la divergence des axes optiques, comme le point v a marqué celle
de la convergence, et la distance vv' le champ de la vision binoculaire.

En résumé, sous le rapport de sa portée, une vue quelconque
devra donc être examinée et mesurée sous les trois chefs suivants :

1° La sensibilité rétinienne sera explorée au trou d'épingle et
dans chaque œil, et ses deux limites fixées.

2° La mesure du champ de la vision distincte en avant et en arrière, pour chaque œil séparément, sera prise ensuite au point de vue de l'accommodation;

3° Enfin cette même mesure sera reprise lors de l'acte binoculaire, dans le sens du rapprochement et de l'éloignement.

Toute myopie, toute presbytie, devront donc être étudiées sous ce triple rapport; car tel pourrait avoir, quant à chaque œil séparément, une très-bonne vue, qui serait myope dans la vision binoculaire, son mésoroptre musculaire éloigné se trouvant limité, quand l'autre ne le serait pas. L'inverse peut avoir lieu, et cela se rencontre. Pour l'ordinaire, cependant, les deux mésoroptres marchent dans le même sens et sont altérés ensemble et de la même manière, sauf, bien entendu, dans le strabisme.

Nous reviendrons sur ce sujet avec détails dans un chapitre spécial.

CHAPITRE III.

DE L'UNITÉ DE JUGEMENT DANS L'ACTE DE LA VISION BINOCULAIRE, OU DE LA VISION SIMPLE AVEC DEUX YEUX.

(Mémoire communiqué a l'Academie des sciences, dans sa seance du 2 juillet 1860)

SECTION I

Discussion des explications classiques données de ce phénomène, et en particulier de la doctrine des points identiques.

§ 94. Généralités théoriques sur le passage de la vision monoculaire à la vision avec deux yeux. — Nous venons d'étudier l'organe de la vue, en lui même d'abord, puis dans ses rapports avec la lumière, et nous avons reconnu qu'il était construit sur un plan géométrique dont la forme devait faire supposer, même à *priori*, que chaque point de l'élément sensible de l'instrument était pourvu de la propriété de répondre à une direction unique et déterminée parmi les faisceaux lumineux pénétrant dans son intérieur. Sa forme sphérique n'était-elle pas seule en coordination possible d'harmonie avec cette propriété abstraite que les physiologistes ont été, forcés, depuis quelques années, d'admettre parmi les propriétés vitales, sous le nom de principe de la direction; et qui exprime ce fait général : que chaque point de la rétine rapporte, *à l'extérieur*, et *sur la direction de la normale à la surface* dont il fait partie, la position de la source lumineuse qui, du dehors, l'a sollicitée? Cette propriété, avons-nous vu, est anatomiquement évidente chez les articulés. La construction, la disposition des détails de l'appareil ne peuvent laisser de doutes dans l'esprit, sur la simple inspection anatomique, ou en jetant les yeux sur les planches qui reproduisent ces détails. La faculté dont nous parlons y est géométriquement écrite et frappe incontinent l'observateur.

Or il serait surprenant que ce principe, indispensable à l'ex plication des phénomènes les plus simples et les plus communs de la vue, dont la présence se lit, en toutes lettres, chez les animaux inférieurs, fût trouvé trop abstrait, trop métaphysique pour les classes en possession d'une organisation plus élevée, quand on ne constate d'autres différences entre les unes et les autres qu'une beaucoup plus grande perfection, une plus grande délicatesse dans les éléments premiers chez ces dernières; quand chez elles, si ces éléments anatomiques sont beaucoup moins perceptibles, vu leur finesse, leur multiplicité, les effets acquis sont de la plus incontestable évidence et d'un fini bien plus complet; quand on peut établir à la fois et la plus grande richesse des éléments anatomiques élémentaires du même ordre, et une perfection adéquate dans l'exercice de la fonction.

Ayant donc établi, au point de départ même de nos investigations, l'existence et les instruments de cette faculté, primordiale en matière de vision, de ce mode de sensibilité spéciale, nouvel et remarquable exemple de l'étonnante connexion du physique et du moral, de l'immatériel et du corporel, nous allons essayer de nous rendre compte, avec l'aide de cette notion, et de celles qui en pourront découler naturellement, de toutes les particularités (dont beaucoup sont encore sans explication) que présente la fonction si complexe qui relie, au moyen de la lumière, le moi au non-moi distant.

Nous ne savons jusqu'ici qu'une chose : c'est que l'œil *voit par* chaque point de la rétine *dans* une direction déterminée unique, qu'il a la conscience de cette direction et qu'il peut, en outre, s'ajuster aux différentes distances sur cette même direction.

Comment, en partant de ces simples données, pourra-t-on concevoir que l'organe de la vision procure la connaissance de la position exacte ou relative des objets et non pas seulement leur direction angulaire relative? quelle nécessité a dû appeler, pour l'exercice de la fonction, la création de deux instruments au lieu d'un seul? comment de l'action simultanée de ces deux organes se fait-il qu'il ne naisse qu'une impression, ou du moins qu'une seule notion résultante? comment (banalité si longtemps discutée) l'image rétinienne, toujours renversée, donne-t-elle lieu au sentiment d'une position contraire ou droite de l'objet, etc.?

Voilà une série de questions qui forment l'objet réel de ce travail et que nous allons attaquer maintenant.

§ 95. De la vision droite résultant d'une image renversée. — Écartons d'abord de notre chemin cette simplicité, qui a arrêté si longtemps les savants, de la production d'une vision droite, au moyen d'une image renversée.

Puisque chaque élément rétinien a la faculté d'apprécier la direction de l'axe des faisceaux lumineux dont le pinceau conique vient le rencontrer (nous prenons ici, pour la commodité du langage, l'instrument du sensorium pour le sensorium lui-même; qu'on ne nous accuse pas de confondre l'un avec l'autre), puisque cet élément nerveux rapporte exclusivement l'origine de ces faisceaux réunis, à un point extérieur pris sur la normale à la surface hémisphérique à laquelle il appartient, ou sur une direction passant par le centre optique, centre également des mouvements du globe, n'est-il pas clair et indispensable, par suite du croisement de toutes ces directions audit centre, que deux points quelconques lumineux, à l'extérieur, ne peuvent avoir leurs correspondants rétiniens qu'en une situation de renversement, de croisement relatifs? Mais ce n'est que par une flagrante inattention, une rare étourderie (le fait ne mérite pas une moindre qualification), qu'on a pu confondre ce renversement de dessin, d'image, avec un renversement de sensation.

L'image est *un effet*, comme est aussi la sensation ; elles sont toutes deux les conséquences collatérales, d'ordre distinct, d'un phénomène complexe, physique et physiologique à la fois. La conséquence physique, c'est le dessin d'une image renversée ; la conséquence physiologique, c'est la notion d'une ou de plusieurs directions rectilignes qui précisent la position où les positions relatives d'un ou plusieurs points de l'espace par rapport à l'œil, et, conséquemment, par rapport à l'individu lui-même. Chaque point de l'hémisphère concave tapissé par la rétine correspond à un rayon de la sphère de l'espace, et rien qu'à lui. Il n'y a là ni renversement ni contradiction quelconques, mais une notion précise et exclusive. En deux mots, le sensorium ne *voit* pas *l'image* ; il *voit l'objet*, rapportant autocratiquement et primitivement l'origine de ses sensations, non à la rétine, son instrument, mais, en *dehors de lui*, aux lignes de l'espace en rapport de situation géométrique correspondante avec les éléments touchés de la rétine.

(Voir la section deuxième du chapitre premier, §§ 54 et suivants, relatifs à la division des yeux des animaux en deux grandes classes, suivant que l'image retinienne est chez eux droite ou renversée.)

L'étude des manifestations phosphéniennes a démontré et fait toucher du doigt cette loi de *l'extériorité*. Mais indépendamment de ce que nous apprend, à cet égard, une très-simple étude sur nous-mêmes, ce principe de l'extériorité est devenu d'une évidence rationnelle saisissante depuis que l'on sait que, dans la vision binoculaire, les deux images rétiniennes d'un même objet sont manifestement différentes. Puisqu'on ne voit qu'*un* objet (et même avec certaines qualités de détail que nous étudierons plus loin, et que n'ont ni l'une ni l'autre des deux images), ce ne peut être ni l'un ni l'autre de ces dessins dont on a conscience, mais bien de leur commune et extérieure origine.

§ 96. **De l'objet de la vision binoculaire.** — Si l'organe de la vision, tel que nous l'avons étudié, sait si parfaitement se rendre ou nous rendre compte de la *direction* d'un objet ou d'un point lumineux, de la *position* relative de ses parties, de sa distance relativement à un autre objet vu précédemment (faculté d'accommodation), aucune des qualités que nous venons de rencontrer en lui ne peut pourtant jusqu'ici nous faire supposer qu'il puisse apprécier *exactement* la position de ces points relativement à lui-même ou du moins à l'individu, ce que l'on peut appeler la position absolue.

Par une suite d'exercices répétés, par l'habitude, fruit de ces études, ou éducation, par une sorte de raisonnement intérieur plus ou moins rapide, mais surtout par la conscience du degré de l'effort dans l'accommodation, on comprend parfaitement que l'œil puisse distinguer, à la longue, l'éloignement plus ou moins grand et relatif de deux ou de plusieurs objets *vus successivement*. Mais si on lui présente un objet unique et qui lui soit inconnu jusqu'alors, s'il ne peut établir certains rapports de distance, par la comparaison avec des objets voisins et familiers, où est, parmi les données physiologiques de la question, l'élément en état de préciser pour lui la situation exacte ou relative de l'objet? Le principe de l'extériorité, celui de la direction, donnent tout un rayon de la sphère, depuis quelques pouces jusqu'à l'infini, pour y placer l'objet. La fonction visuelle exige donc ici et possède quelque chose de plus; car, enfin, nous savons apprécier la position d'un objet, même quand nous le voyons pour la première fois.

Si, avant de scruter la physiologie, nous interrogeons la géométrie, bonne à consulter quand il s'agit de lignes et de points, et que nous lui demandions ce qu'il faut, chez elle, pour obtenir la détermination d'un point dans l'espace, ou, plus simplement, dans un plan, elle nous répondra : Il suffit de posséder, en détermination exacte, deux lignes à chacune desquelles ce point appartiendrait à la fois. Faisant partie de chacune d'elles, ce point serait précisé par leur intersection. Telle est la réponse de la géométrie; elle est assurément simple.

Mais en est il autrement en physiologie? Si un œil ne peut nous donner qu'une de ces lignes, n'avons nous pas deux yeux ; et, sans remonter jusqu'aux causes premières, l'harmonie d'action de ces deux organes, pareillement doués, ne va-t-elle pas avoir pour effet de nous fournir ces deux directions dont l'intersection répondra au point donné?

Nous ne heurterons aucune conscience scientifique en posant ainsi la question : elle reproduit simplement sous une forme, plus en accord avec notre marche didactique, le rôle de la vision binoculaire tel qu'il est exposé dans tous les traités classiques : celui de préciser à l'esprit la direction et la situation d'un point lumineux de l'espace, par la considération de l'angle formé par les axes optiques, ce que l'on nomme *l'angle optique*. Nous prendrons ainsi la question toute posée et nous allons l'analyser.

§ 97. De l'unicité de jugement dans la vision binoculaire. Doctrine des points identiques. — La
vue se porte donc sur un point de l'espace, la vue binoculaire, s'entend ; l'axe optique de l'un et de l'autre œil se rencontrent sur ce point. Le principe de *l'extériorité*, de la cause extérieure et plus ou moins distante de la sensation, domine si réellement le phénomène, que nous n'avons conscience que d'une seule impression.

Les deux impressions ne donnent lieu qu'à une seule sensation ! Serait-ce le propre de ces organes que leur dualité matérielle donnât naturellement, et quels que soient les points touchés, naissance à la simplicité, à *l'unicité* de sensation et de jugement ?

Mais non ; si nous pressons légèrement le globe de l'œil avec le doigt, dérangeant ainsi quelque peu la direction de l'axe optique, au lieu du seul point lumineux que nous voyions, l'instant auparavant, le jugement, l'impression deviennent doubles comme les sensations. Nous voyons deux points brillants.

Voilà donc un fait nouveau : le défaut de correspondance géométrique, de symétrie de position des deux globes a amené la dualité d'impressions.

Qu'est à dire ? Et à quel ordre ordre de principes rattacher ces singuliers phénomènes ?

Sans nous étendre plus longtemps sur cette exposition, voici ce que l'on a imaginé pour se rendre raison de ces faits surprenants.

Qu'on nous permette ici un historique condensé, indispensable à la clarté du sujet.

C'est une hypothèse qui a été le point de départ des recherches ; hypothèse assez plausible, d'ailleurs, si l'on s'en tient aux enseignements superficiels des faits.

Si l'on voit double lorsqu'on dérange l'harmonie des deux

yeux, s'est-on dit, c'est que tous les points de l'une des rétines
ne sont pas aptes à donner lieu à une sensation unique avec
chacun des points de l'autre rétine pris indifféremment. Les
éléments des deux rétines se correspondent, deux à deux, pour
la production d'une seule sensation ; et ce qui le prouve, c'est
que si l'on presse mécaniquement sur l'un des deux yeux, ou
sur tous les deux, on trouble cette correspondance. L'harmonie
que l'on détruit ainsi est celle des éléments correspondants.
Chaque point d'une des rétines a donc, dans l'autre œil, son
harmonique, et n'a que lui. Ces points ont été nommés « *points
identiques.* » L'expérience directe et inverse, semblait parfaitement d'accord avec cette conclusion ; et c'est ainsi que s'est vue
fondée la doctrine dite des points identiques.

Nous verrons un peu plus loin ce qu'il faut penser de cette
théorie, et si tous les faits de la vision binoculaire y trouvent
une ample et suffisante explication. Mais n'anticipons pas, et
poursuivant notre exposition, reproduisons, avec les auteurs,
une proposition, capitale dans les théories qui ont cours encore
à l'heure qu'il est, et qui résume parfaitement, dans ses corollaires, les conséquences elles-mêmes de la doctrine des points
identiques : nous voulons parler de la célèbre théorie de
l'horoptre.

§ 98. De l'horoptre des auteurs. — Après avoir établi

en principe que les points des deux rétines étaient deux à deux
harmoniques et, que cette harmonie était nécessairement liée à
la symétrie de position de ces mêmes points, on s'est demandé
à quelle loi géométrique devaient obéir ces points particuliers,
quelle était, en un mot, leur ordonnance géométrique.

On a commencé par tracer sur un plan (voyez fig. 59) deux
cercles représentant les deux yeux, puis un point M sur lequel
concourent deux droites OM, O'M menés des centres de ces
cercles.

La géométrie enseigne que, dans un tel cas, si l'on décrit une
circonférence qui passe par les trois points O,M,O', tout point
de cette circonférence, tel que M',M'', étant joint à O et O',
donnera des angles MOM', MO'M' égaux entre eux (2ᵉ liv. géom).
Ce qui revient à dire que les arcs compris entre les prolongements de ces axes, c'est-à-dire xx' et yy' sont aussi égaux entre eux.

Cette relation a satisfait les physiologistes ; les arcs xx', yy', étant égaux entre eux, et OM, O′M′ représentant naturellement les axes optiques, tout point tel que M′, M″ viendra donc im-

Fig. 59.

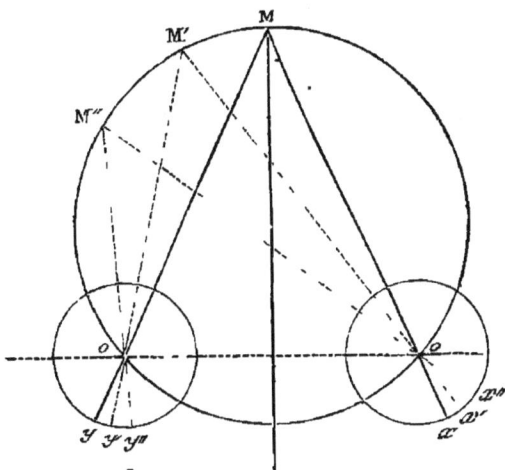

pressionner, dans les deux yeux, des points également distants du centre polaire de chaque œil, et même semblablement placés par rapport à lui.

La relation géométrique était donc trouvée : les points harmoniques en physiologie n'étaient autres que les points symétriquement placés à droite et à gauche du méridien principal de chaque œil, les points ayant, par rapport à ce méridien, la même longitude et la même latitude. Voilà pour ce qui concernait les yeux eux-mêmes.

D'autre part, considérant l'espace extérieur, on devait, pour être logique, le diviser en deux parties : la première comprenant les points susceptibles de produire une impression unique dans les deux yeux ; la seconde embrassant tous les points dépourvus de cette propriété. La considération de la figure précédente indiquait d'ailleurs comment devaient se décomposer ces deux lieux géométriques. Il était palpable que pour rencontrer sur les deux rétines, des points homologues, un point de l'espace devait être placé, eu égard aux globes oculaires, de telle sorte que les deux droites le réunissant aux centres optiques, fissent

entre elles l'angle même que faisaient aussi les axes optiques. Et
on a appelé *horoptre* le lieu géométrique de tous ces points. ·

Dans un plan quelconque, il est clair que l'horoptre n'est
autre que la circonférence de cercle tracée dans la figure précédente, et qui embrasse à la fois les deux centres optiques et le
point de vue M.

Et comme ce que nous venons de dire pour un plan quelconque s'applique évidemment à tout autre plan passant par la
ligne OO', qui joint les deux centres optiques, l'horoptre, pour
chacun de ces plans, est toujours une circonférence de cercle
dont le centre est situé toujours sur la perpendiculaire, au milieu
de OO' ou à la même distance de O et de O'.

Le lieu géométrique général des points qui, pour une accommodation angulaire donnée, OMO', envoient vers les centres
optiques deux droites faisant avec les axes optiques des angles
égaux, n'est donc autre que la surface de révolution ayant la
circonférence OMO' pour génératrice, et la ligne des centres
des yeux pour directrice. Cette surface se nomme un *tore*, en
géométrie.

**§ 99. D'après cette définition, tous les corps de
la nature pour être vus simples, devraient affecter
la forme même de l'horoptre.** — Telle est l'exposition
classique des principes de la vision binoculaire simple : d'un côte
la disposition symétrique, dans les deux yeux, des points harmoniques, ou susceptibles de produire une impression unique ;

De l'autre, la division corrélative de l'espace en deux catégories de points pour chaque accommodation de distance : les
points situés sur l'horoptre déterminé par cette accommodation,
et ceux situés en dehors ou en dedans de cette surface.

Les faits de la vision binoculaire, même les faits ancienne-
ment étudiés, sont-ils avec cette théorie en un accord aussi parfait qu'on semble l'avoir accepté jusqu'ici? C'est ce que nous
allons étudier maintenant.

La première conséquence à déduire du rapprochement obligé
des deux principes que nous venons de reproduire, c'est que
nul point de l'espace, pour une accommodation de distance
donnée, n'est susceptible d'être vu *simple*, binoculairement,
s'il n'est situé sur l'horoptre correspondant à cette accommoda-

tion, c'est-à-dire s'il ne fait partie du *tore* décrit sur cette distance autour de la ligne des centres oculaires. Nous ne pouvons
assez nous étonner que l'absurdité de cette conséquence n'ait
pas, dès longtemps, fait écrouler la théorie ; qu'on n'ait pas,
dès l'abord, compris que tous les corps de la nature, vus
simples avec le concours des deux yeux, étaient pourtant fort
loin d'affecter tous la forme du *tore*, d'être limités par la surface horoptérique !

Enfin, l'opposition du fait à la théorie a dû cependant faire
justice de celle-ci, et les partisans de la conception de l'horoptre
ont été forcés de renoncer à cette doctrine. Mais, chose inexplicable, s'ils ont abandonné l'horoptre comme surface de *tore*
(et il ne saurait pourtant être autre chose, et l'équation de cette
surface est la conséquence même de sa définition), ils désignent
aujourd'hui sous ce même nom, qui une chose, qui une autre.

Ainsi, nous avons sous les yeux, en manuscrit, un travail de
M. le docteur Claparède (de Genève), inséré dans un recueil allemand périodique dont nous ne possédons pas l'indication, et
qui reprend l'étude de la vision simple binoculaire au point de
vue de la conservation de la doctrine des points identiques et de
la considération de l'horoptre. Dans ce travail, M. Claparède
commence par adresser quelques critiques à notre essai de
théorie de la vision binoculaire, fondée sur la variabilité de forme
de la surface rétinienne : au paragraphe 104 de ce même chapitre,
il aura, nous l'espérons, toute satisfaction. Nous ne devons nous
occuper ici, si nous voulons conserver de l'ordre dans nos recherches, que de ce qui a trait à l'horoptre et à la doctrine des
points identiques.

L'auteur définit sous ce même terme « horoptre » une conception quelque peu différente de celle de ses prédécesseurs. Il
ne suppose plus que les points identiques soient distribués,
dans l'une et l'autre rétine, d'une manière géométriquement
homologue ; prenant l'expression « horoptre » dans un sens absolument général, il donne ce nom « à l'ensemble des points de
l'espace susceptibles d'être vus simples à la fois, tandis que tous
les autres points sont vus doubles. » Nous ne demandons pas
mieux que d'accepter cette définition très-générale, mais seulement nous ferons remarquer qu'elle s'écarte de l'idée qui a présidé jusqu'ici aux discussions sur ce point de théorie, en ce que

l'horoptre n'avait jamais été jusqu'à l'époque actuelle, et aux travaux des Allemands, particulièrement étudiés par M. Claparède, implicitement séparé de la théorie des points identiques géométriquement homologues, distribués suivant les lois de la longitude et de la latitude.

M. Claparède et les Allemands qui ont repris l'étude de cette question, n'affectent donc plus une situation géométrique, connue et précisée à l'avance, aux points identiques; ces points ne seront déterminés que « à posteriori » secondairement, et par l'équation même de la surface déduite des calculs mathématiques, auxquels va être désormais soumise, par eux, cette question. Avant de la pénétrer, on peut déjà conjecturer, sans grande témérité, que les théories mathématiques sont appelées à jouer, dans la solution à intervenir, le principal rôle.

Avant d'entreprendre dans ses détails la critique des expérimentations contestables sur lesquelles s'appuient ces savants, il convient préalablement de faire remarquer que quelle que soit la ligne ou la surface dont leurs calculs puissent leur faire admettre l'existence, comme réunissant les conditions horoptériques, cette ligne ou cette surface représentant le seul système de points qui puissent envoyer des faisceaux de lumière, ou plus simplement des rayons non déviés rencontrant des points identiques, il s'ensuit nécessairement que cette surface ou cette ligne sera, comme dans le cas précédent le tore, la seule forme que puisse revêtir un corps ou système de corps pour être perçus simples par les deux yeux.

Nous insistons sur cet argument qui ne saurait laisser debout la conception horoptérique elle-même. Il est même bon de le reproduire encore sous une seconde forme pour en finir avec cette hypothèse antiphysiologique.

Dès qu'on avance cette proposition qu'il existe, pour chaque accommodation de distance, une surface ou, plus généralement, un lieu géométrique de points tels que ces points, et eux seuls, produisent dans les deux yeux une impression unique, on limite à cette surface toutes les formes et les situations diverses des corps qui, dans la nature, nous apparaissent simples. Si nous voyons simples et *simultanément* (n'en déplaise aux auteurs de l'explication tirée de la succession *point par point* des impressions optiques, MM. Brucke, Alex. Prévost, le docteur Brewster)

les quatre membres d'un cheval placé devant nous, à quelque
distance, ces quatre jambes font donc partie de la même surface
horoptérique, et aussi celles du cavalier qui le monte, et aussi
les oreilles du cheval, et même l'éperon de l'écuyer, etc., etc.
Voilà une surface géométrique dont l'équation sera curieuse à
connaître !

Et qu'on ne voie pas là une plaisanterie ; telle est bien la conséquence obligée de la conception horoptérique : tout corps con-
cret vu simple d'un seul coup d'œil (et il n'est pas contestable
qu'on ne voie un corps de moyenne dimension, à une médiocre
distance, d'un seul coup d'œil), tout corps produisant ainsi, dans
son ensemble, une impression binoculaire unique, a donc pour
surface la forme même de l'horoptre. Or que ce soit un paraboloïde,
l'hyperboloïde le plus compliqué, une surface de révolution,
développable ou gauche, auxquelles doivent conduire les calculs nés de cette hypothèse, il est clair que la nature ne saurait
se prêter à cette limitation de formes, et que ses variations en
ce genre déjouent toutes les lois dont on pourrait demander les
formules à l'analyse mathématique.

§ 100. **La vision d'un objet se fait d'abord par
son ensemble, d'un seul coup d'œil, et non successivement, point par point.** — Ce raisonnement ne
permet aucune autre échappatoire que celle qui consiste à affirmer que nous ne voyons jamais, à la fois, que le point de l'objet
sur lequel se rencontrent nos axes optiques et ceux qui, dans
le corps donné, pourraient, par hasard, appartenir au même
horoptre que lui. Mais cette affirmation ne peut tenir contre l'expérience. Il est d'appréciation intime et d'évidence consciente
que notre œil ou nos yeux perçoivent, avec une netteté qui détruit toute erreur, dans un angle visuel de 5 à 10 degrés, tous
les objets situés à la même distance approchée d'accommodation.

Peut-on prétendre que ce soit point par point ou au plus ligne
par ligne (les intersections avec les horoptres successifs) que
nous concevons l'idée d'une surface de grandeur déterminée ?
Voilà un livre ouvert devant moi ; est-ce que, *à chaque moment*,
mes yeux dérangent *à la fois* leur convergence successive sur
les mots que je lis, pour se donner à chaque instant une perception nouvelle et entière de la surface du livre ? Car, tout en lisant,

je la vois cette surface, et je la vois dans son entier? Pendant que
j'écris ces lignes, je vois très-bien la surface entière du papier
et ses rapports avec les surfaces voisines, distinctes également.
Et pourtant mon regard attentif s'attache expressément à suivre
le bout de ma plume. Comment renier le témoignage de mes
sens et me figurer que j'exécute, à chaque neuvième de seconde,
un changement multiple de l'attention, qui me fait, d'une part,
parcourir toutes ces surfaces voisines *point par point*, pour revenir ensuite aux caractères que je trace? Le sens intime est ici
par trop en désaccord avec la théorie. Il est manifeste pour *lui*,
le sens intime, que j'ai une conscience instantanée de toute la
surface de mon livre et de mon papier.

La remarque suivante, qui nous est fournie par le mémoire
de M. Claparède, porte avec elle un caractère plus probant peut-
être encore.

« Pour ce qui me concerne, dit M. Claparède, je ne vois
« qu'une objection sérieuse à faire à la théorie de la vision
« binoculaire telle qu'elle a surgi des brillants travaux de
« MM. Brucke, Alex. Prévost, Brewster, etc. Cette objection est
« puisée dans des expériences que M. Dove a faites en 1841.
« Ce célèbre physicien a, en effet, constaté qu'à la faveur d'une
« étincelle électrique on peut voir, au moyen du stéréoscope, le
« relief de deux projections planes d'un corps. Or il résulterait
« de là que si la théorie que nous avons exposée est exacte, la
« convergence des axes optiques doit pouvoir varier de quelques
« degrés dans un espace de temps infiniment court, moins de
« 0″,0000001, ce qui supposerait une rapidité de l'action mus-
« culaire beaucoup plus considérable qu'on ne le pense d'ordi-
« naire. Il est à remarquer, du reste, que cette difficulté s'op-
« pose aussi bien à l'hypothèse de M. Giraud-Teulon (sur la
« variabilité des formes de la rétine) qu'à la théorie de M. Brucke. »
— Ce que nous nous empressons de confesser.

Nous n'avons pas sous les yeux les travaux cités ci-dessus
par M. Claparède et appartenant à M. Alex. Prévost et Brucke ;
mais nous pouvons reproduire les mêmes idées en les empruntant à S. D. Brewster. Nous citerons même textuellement cet
auteur, afin de n'avoir plus à revenir sur cette hypothèse de la
succession des impressions détruite par le sens intime, et surtout
par l'expérience ci-dessus relatée de Dove.

§ 101. Théorie de S. D. Brewster. — La perception complète d'une ligne, dit S. D. Brewster, s'obtient par la succession rapide des axes optiques convergeant sur un de ses points, et se portant *successivement* d'une de ses extrémités à l'autre. Par là, l'objet paraît unique, quoiqu'en réalité on ne voie pas un objet, mais seulement chacun de ses points à son tour, lequel d'ailleurs paraît seul en chaque instant donné. La représentation totale de la ligne pour un des yeux *semble* coïncider avec la représentation analogue de l'autre œil et apparaître ainsi unique (sic).

(The whole picture of the line AB, as seen with one eye, seems to coincide with the whole picture of it, as seen with the other and to appear single.) — Nous reproduisons cette phrase textuellement à cause de son obscurité et pour ne pas encourir le reproche d'une traduction traîtresse. — « Il en est de même « d'une surface ou d'une aire, de même encore d'un corps solide « ou d'un paysage. Un seul de leurs points est toujours vu simple; « nous n'observons pas que les autres points en soient doubles « ou indistincts, parce que leurs images vont se peindre sur des « points de la rétine qui ne donnent pas une vision nette, eu « égard à leur distance du *foramen centrale*, point unique de la « vision distincte. »

C'est là une des suppositions gratuites de S. D. Brewster, et que démentent les faits de chaque jour.

Pourquoi d'ailleurs, si les yeux n'ont chacun qu'un point utile, le siège de la sensibilité visuelle serait-il donc une surface et non un simple point? Qu'y aurait-il à faire de points « dits identiques deux à deux» si un seul point, dans chaque œil, suffit à la vision?

« Nous voyons par là, ajoute le savant écossais, comment il « se fait que la vision distincte est limitée à un point unique de « la rétine» (cercle vicieux, si nous ne nous abusons) : nous ne voyons pas double parce qu'il n'y a qu'un point de la rétine qui voie distinctement, — et il n'y a qu'un point de la rétine qui voie distinctement pour que nous ne voyions pas double.

« Only one point of each is seen simple; but we do not ob- « serve that other points are double or indistinct, because the « images of them are upon parts of the retina which do not give « vision distinct, owing to their distance from the foramen or « point which gives distinct vision *Hence* we see the reason

« why distinct vision is obtained only on one point of the retina ;
« were it otherwise we should see every other point double
« when we look fixedly upon one part of an object. » (S. D.
Brewster, *The Stereoscope*, p. 50, John Murray, London).

S. D. Brewster s'arrête donc à ce prétendu point de fait : que
nous ne voyons jamais qu'un seul point d'un objet à la fois, nettement, celui qui s'inscrit au centre optique, sur l'axe même.
Il suffit de regarder autour de soi pour se convaincre du contraire.

M. Wheatstone d'ailleurs (*Philosophical transactions*, 1838),
avait très-bien fait observer, dès le principe, en opposition avec
cette idée, le fait que lui apprenait son stéréoscope ; à savoir que
le relief, c'est-à-dire l'objet dans son ensemble, avec ses trois dimensions, était nettement perçu et *comme subitement* par le regard
binoculaire, et se conservait malgré le maintien dans une immobilité absolue dudit regard, et la convergence des axes sur un même
point des images binoculaires. Il ajoute d'ailleurs que le phénomène n'est absolument vrai que dans un champ de vision qui ne
s'écarte pas par trop du centre des impressions distinctes. Ce
que chacun peut en un instant vérifier. Le cercle de perception
nette est d'environ 5 à 10 degrés (1).

§ 102. Incompatibilité de la doctrine des points identiques avec la vision stéréoscopique. — La doc-

trine de M. Brewster est donc incompatible avec les faits, comme
est celle de l'horoptre, comme est celle des points identiques ;
au moins en conservant, dans ce dernier cas, les données anatomiques communément reçues sur la constitution intime des
différentes parties de l'œil et sur l'invariabilité de leurs rapports
(exception faite des conditions déjà étudiées de l'accommodation). De nouveaux faits sont venus prendre rang dans la science
qui ne permettent plus qu'on se perpétue dans cette illusion.
L'analyse de la stéréoscopie n'a pu accepter ces propositions :
elle est venue montrer qu'il fallait, de toute nécessité, recourir
à de nouveaux principes ou de nouvelles hypothèses, si l'on vou-

---

(1) On voit très-nettement, et d'un seul coup-d'œil instantané, la surface d'un
cercle de moyenne étendue ; on sent bien, à la vérité, que l'axe optique n'a plus
la même assurance ; mais on voit toujours nettement dans la même étendue.

lait se donner, des faits nouvellement observés, une raison satisfaisante.

Cette étude a appris en effet, ainsi que l'a fait voir l'inventeur
de la stéréoscopie, M. Wheatstone, que la connaissance du mécanisme de la vision binoculaire stéréoscopique (reproduction
artificielle des conditions de la vision binoculaire réelle) ne
pouvait laisser debout *à la fois, simultanément,* deux des principales bases des théories anciennes de la vision : d'un côté, l'inal-
térabilité de forme des surfaces rétiniennes, de l'autre, le principe des points identiques. L'un de ces deux principes doit
tomber devant cette considération de fait que les images rétiniennes dessinées par un même objet dans chaque œil fixé sur
lui, sont *géométriquement dissemblables ;* leur ressemblance n'est
qu'une grande analogie.

Dans le travail que nous avons publié en 1857 (1) sur cette
question, nous avons démontré, après Wheatstone d'ailleurs,
que prise d'une manière quelconque sur un objet, toute distance
horizontale mesurait, dans chaque œil, des angles parallactiques
inégaux, quoique sans doute peu différents ; cette inégalité obligée
avait pour conséquence non moins obligatoire que si l'une des
extrémités des arcs correspondants reposait, de part et d'autre,
sur des points identiques ou homologues, l'autre extrémité rencontrait forcément des points sans homologie.

Devant les enseignements de la stéréoscopie qui démontraient,
mettaient en évidence l'inégalité des deux images rétiniennes
d'un même objet vu simple, dans l'acte même de la vision ordinaire, il y avait donc impossibilité de conserver la doctrine des
points identiques, à moins que, substituant une hypothèse nouvelle à celle-ci, on ne vît dans la rétine une surface flexible dont
la forme pût varier avec les inégalités parallactiques, en portant,
sous les rayons analogues, des points identiques qui n'eussent
pas, sans cela, pu être rencontrés par eux.

En deux mots, il y avait désormais incompatibilité absolue
entre les deux principes des points identiques et de la permanence
de la courbure rétinio-choroïdienne.

_____

(1) *Comptes rendus des séances de l'Académie des sciences.*

§ 103. Incompatibilité de la doctrine des points identiques avec le maintien de la forme sphérique des membranes profondes de l'œil. — Cette incompatibilité demeure donc un fait qu'il faut avoir constamment devant les yeux, dès qu'on arrête son esprit sur les problèmes de la vision. Il faut absolument rejeter ou l'un ou l'autre de ces principes : l'inégalité des arcs sous-tendant les angles qui correspondent, à droite et à gauche, à deux points d'un même objet, ne permet pas de les conserver simultanément.

La théorie des points identiques *paraissant* bien établie et personne ne songeant à la contester, nous avions cherché si l'invariabilité de forme de la rétine, qui n'avait jamais été mise en suspicion et que tous les auteurs avaient invariablement admise, était bien effectivement au-dessus de toute attaque. Nous avons cru quelque temps que non, trouvant dans l'analyse des phénomènes de la vision binoculaire un certain nombre de faits dont l'explication devenait simple dès que nous nous écartions du principe de cette invariabilité.

Si l'on se reporte au mémoire que nous avons publié en 1858 à la suite de notre *Traité de mécanique animale* et dans la *Gazette médicale de Paris* en 1857, on verra comment l'analyse, pied à pied, des phénomènes de la vision binoculaire, en partant de la doctrine des points identiques, nous conduisit et devait nous conduire à admettre, dans la rétine, une variabilité de forme non suspectée jusque-là, et comment la logique concentrée sur cette région trop étroite des phénomènes, parut nous obliger à concevoir certains mouvements synergiques tendant les membranes profondes dans l'intervalle d'un écartement angulaire donné à droite, par exemple, pendant que de l'autre côté cette même synergie amenait le plissement de l'arc correspondant aux mêmes points de l'objet. Par là seulement des points identiques pouvaient, à droite et à gauche, être mis sur le chemin des rayons émanés des points correspondants extérieurs. Qu'on ne perde pas de vue que les angles (parallaxes) sont inégaux entre deux points donnés pour l'un et l'autre œil.

Cette hypothèse, on le verra dans le mémoire cité, semblait en parfaite harmonie avec toutes les circonstances des phénomènes étudiés : le sens même des mouvements rétiniens s'accordait avec les effets de relief ou d'éloignement observés.

La découverte du muscle tenseur de la choroïde (portion externe) faite en Angleterre par Bowman, en Allemagne par Brucke, venait ajouter un grand poids à l'opinion que nous pouvions nous former de cette théorie, en nous apportant l'instrument anatomique des mouvements que nous soupçonnions dans la choroïde, et, par suite, dans la rétine.

Disons enfin qu'en produisant cette théorie nouvelle, nous ignorions qu'elle eût été déjà proposée en Angleterre par MM. Wheatstone et le docteur Wheewell, ce que nous venons de voir dans l'ouvrage cité plus haut de S. D. Brewster.

§ 104. La variation de forme de la rétine n'est pas moins incompatible avec les faits généraux et les lois de la vision. — Mais quelque satisfaction que nous éprouvions à nous rencontrer avec des esprits aussi éminents, c'est un devoir pour nous de déclarer ici que la théorie de la variabilité de forme de la rétine laisse en dehors d'elle un certain nombre de faits qu'un nouvel examen nous a démontré être absolument incompatibles avec elle.

Si, par exemple, la théorie rend parfaitement compte de la vision unique, binoculaire, et avec relief, d'une série de pyramides ou de prismes, horizontalement disposés à côté les uns des autres (la plicature de la rétine, suivant des méridiens successifs du globe oculaire, s'accordait complétement avec la donnée expérimentale), il n'en était plus de même du cas où un nombre quelconque de ces figures se trouvaient placées arbitrairement et sans ordre, les unes avec le sommet en avant, les autres fuyant en arrière du tableau etc., etc., *mais sur les mêmes méridiens.* Le muscle de Bowmann ne pouvait se prêter alors à des exigences aussi multipliées et contradictoires entre elles. Il y avait dans ce point d'analyse un grave empêchement pour la théorie.

En supposant la rétine flexible et prête à se plier aux exigences réclamées, on demeurait donc toujours dans l'hypothèse, et dans une hypothèse inconciliable avec un certain ordre de faits. Le muscle ciliaire ou tenseur de la choroïde ne peut certainement suffire, comme instantanéité d'action (voir l'exp. de Dove), ni au point de vue du mécanisme, à toutes les modifications de forme qu'il eût été chargé de produire, et dans un espace de temps infiniment court. Ajoutons que nos analyses ultérieures du mécanisme de la vision, chez l'homme et dans toute l'échelle de l'anatomie comparée, nous ont démontré depuis la nécessité du maintien invariable de la même courbure sphérique dans une rétine donnée, faisant de cette condition géométrique la base même de l'exercice de ce sens spécial. (Voyez chap. I.)

Puisqu'il était impossible, après plus mûres réflexions, de demeurer sur le terrain des variations de forme de la rétine, il y avait donc lieu de ramener son attention sur la doctrine des points identiques et d'en étudier à fond la valeur expérimentale ; car encore fallait-il sortir de ces impasses, de ce labyrinthe d'incompatibilités.

Toutes les conséquences des faits connus, en ce qui concernait cette doctrine, étaient-elles, en réalité, inattaquables, comme, d'un commun accord, chacun semblait disposé à le croire ? Si dans nombre d'expériences on reconnaissait que les points propres à produire une impression simple étaient géométriquement homologues, pouvait-on bien sérieusement affirmer qu'il n'y eût que ces points-là en possession de déterminer cette unité ou *unicité* de sensation ? C'est ce que nous allons examiner maintenant.

§ 105. **Révision directe de la doctrine des points identiques.** — On sait, à cet égard, que de très-fortes preuves (il vaudrait mieux dire : présomptions) apportées à l'appui de cette doctrine, étaient puisées dans la considération des phosphènes. Quand on provoque, avons-nous rappelé plus haut, la formation des phosphènes correspondant à deux points géométriquement homologues, les sensations perçues par l'un et l'autre œil se fusionnent manifestement en une seule, et, par contre, si l'on dérange, dans la même expérience, le point d'application de l'un des instruments qui servent à déterminer l'impression lumineuse subjective, la fusion cesse. On *voit* deux anneaux lumineux. Il semblait dès lors bien légitime de conclure à la nécessaire réciprocité des points homologues et des points identiques dans l'acte de la vision simple.

Eh bien ! c'était une erreur : concluantes, en apparence, ces expériences étaient cependant incomplètes ; si elles démontraient que les points homologues étaient identiques, elles ne montraient point ce que pourtant on concluait, qu'ils fussent *seuls* identiques, ou que ce fût à leur homologie qu'était due leur identité. En d'autres termes, il eût fallu faire voir, pour être conséquent avec sa conclusion, que des points non homologues ne pouvaient pas devenir identiques, et que, dans toutes leurs situations, des points homologues procuraient la sensation unique. Et c'est ce qui n'avait pas été fait.

§ 106. La doctrine des points identiques est renversée par l'étude attentive de la production des images phosphéniennes ou subjectives. — Reprenons donc l'étude expérimentale des faits, au point de vue que nous venons d'indiquer. Cherchons si des points homologues, dérangés de leur situation respective, continuent à fournir des sensations fusionnées en une seule, et inversement, si des points non homologues ne peuvent acquérir la qualité d'être identiques. Il nous suffira pour cela de reprendre, en sens inverse, les deux expériences classiques.

1re EXPÉRIENCE. Commençons par déterminer chez nous deux phosphènes coïncidant, en variant nos points d'application, comme dans l'expérience classique : au moment où les impressions coïncident, on admet que nous avons rencontré, à droite et à gauche, deux points homologues et identiques.

En cette situation, sans déranger les points d'application des pointes mousses, nous faisons mouvoir légèrement l'une d'elles *avec l'œil* sur lequel elle repose, dans un sens ou dans l'autre. Les points de contact sont toujours les points identiques de la doctrine, et cependant nous voyons alors deux phosphènes différents.

2e EXPÉRIENCE. Inversement, sollicitons deux points non homologues, mais *assez voisins*, et produisant deux phosphènes manifestement distincts, quoique rapprochés.

Dans cette situation, *sans changer le point de contact des pointes mousses*, il est aisé de fusionner en une seule la double sensation phosphénienne. On y arrive par un mouvement synergique, spontané et volontaire, ou par un mouvement *mécanique*, en déplaçant *l'œil* par une action légère des pointes mousses.

Dans la première expérience nous avons donc obtenu des impressions subjectives *doubles* sur des points *homologues;* dans cette dernière, des impressions *fusionnées* en une seule, au moyen de points *non homologues*.

Et l'expérience est d'autant plus concluante qu'on peut prendre pour siéges de la production des phosphènes simples, des points situés, soit en dehors, soit en dedans du méridien principal. Dans le premier cas, il faut faire tourner l'œil de dehors en dedans, dans le second, de dedans en dehors. On reconnaît en effet, dans ce second cas, que les phosphènes se rapprochent du plan médian, tandis que, dans le premier, la fusion se produit en sens inverse.

En même temps, on peut constater que les images objectives suivent la direction relative exactement opposée.

Cette particularité permet même de s'assurer que, dans ces expériences, c'est bien le globe oculaire lui même que l'on meut sur son axe, et non, comme on aurait pu le croire, la pointe mousse qui glisserait sur l'œil ; car si, pendant l'expérience, on maintient les yeux fixés sur un objet extérieur, au cas où la pointe abandonnerait son point de contact et glisserait sur le globe, on ne produirait pas de diplopie ou une image dissociée de l'objet regardé. Or dans l'expérience répétée les yeux ouverts, on voit très-nettement une seconde image de chaque objet marcher en sens inverse du phosphène.

Cette observation donnera lieu plus loin à certaines remarques importantes; il nous suffira, pour le moment, de bien nous convaincre du mouvement de déplacement que l'œil a bien effectivement subi pendant l'expérimentation.

Comme il ne faut pas, à cet égard, laisser de place au doute, pour être convaincu de la réalité des expériences que nous venons de décrire, il convient d'être sûr de n'avoir pas amené le mouvement phosphénien par un simple déplacement ou glissement de la pointe mousse sur le globe de l'œil. Indépendamment de l'attention qui doit présider à l'expérience, nous conseillerons de la répéter comme il suit :

On fixera un objet, éloigné, et dans cette position, on se procurera une impression subjective simple des deux phosphènes qui correspondront alors à des points homologues. Les points de contact étant alors assujettis avec fermeté, et à la fois avec délicatesse, et surtout une grande attention, on changera la direction ou l'accommodation du double regard ; dans ce mouvement, l'attention

devra porter sur le maintien précis des points de contact sollicités ; or on observera, en même temps, le dédoublement des phosphènes. On se sera donc convaincu de la possibilité de fusionner
ou de dédoubler deux phosphènes, sans que les points de contact des deux globes aient été changés.

Loin d'être démontrée, comme on l'avait cru, par l'expérimentation phosphénienne, la théorie des points identiques en reçoit
donc un profond ébranlement. Ces expériences ne montrent-
elles pas qu'en dérangeant légèrement l'œil de sa position, on
rend harmoniques des points qui ne l'étaient pas, ou que l'on
détruit l'harmonie de ceux qui étaient homologues?

Et si l'on creuse un peu plus l'analyse du fait nouveau, on
s'aperçoit que c'est en modifiant *la direction* à laquelle se rapporte la sensation subjective, que l'on détruit ou que l'on produit
l'harmonie, l'unité de la vision binoculaire.

§ 107. Remarque sur le lieu imaginaire des images subjectives.

— On pourrait se demander com-
ment toutes pressions normales à la surface du globe, portant à
droite et à gauche sur des points faisant partie du même plan
avec les centres optiques, et choisis, en outre, de façon à déterminer des directions subjectives concourant en avant du sujet, ne
sont pas aptes à se fusionner, et qu'il faille faire exécuter un
mouvement aux globes oculaires pour les amener à concourir.

Un fait suffira pour éclaircir ce point, c'est que les impressions
phosphéniennes subjectives, quoique rapportées *au dehors* du
sujet et sur la normale à la surface, sont vues à une distance
fixe, ou au moins fort peu variable du centre du globe oculaire.
Chaque œil les place sur une circonférence de cercle (ou peut-être
une ellipse ou une courbe approchante), dont l'axe horizontal
aurait pour extrémités la tempe au dehors, l'angle nasal au
dedans. Or on voit que ces courbes ne se rencontrent, pour
chaque plan, qu'en un seul point (deux points en géométrie;
mais ici il ne peut être question que des moitiés antérieures des
deux courbes).

On remarquera d'ailleurs que les phosphènes ne pouvant être
produits que dans le voisinage de l'*ora serrata*, lieu des impressions lumineuses dont l'origine est la plus voisine du sujet, le
cercle expérimental est extrêmement limité.

**§ 108. Mêmes résultats obtenus par la considé-
ration des images objectives et de la diplopie
artificielle.** — Mais il est un autre ordre d'expérimentations
toujours extrêmement simples et qui conduisent à la même
conséquence, à savoir que la simplicité, l'harmonie, l'*unité* de
sensation due aux deux impressions, doivent être attribuées,
non à ce que l'on a nommé l'identité des points rétiniens correspondants, mais bien plutôt *au concours des directions auxquelles sont rapportées les impressions lumineuses reçues par
chaque œil.*

Ce que nous a fait entrevoir l'étude des images subjectives,
nous allons le retrouver dans l'analyse des sensations objectives.

1° Fixons le double regard sur un objet quelconque, une
bougie si l'on veut. Cela fait, pressons légèrement le globe de l'œil
droit, par exemple, avec le doigt et de façon à avoir la conscience
de lui avoir imprimé un déplacement qui l'ait fait pivoter autour
de son axe vertical de mouvement, dans le sens de la divergence
ou du strabisme externe, comme si l'on portait l'axe optique
de cet œil de dedans en dehors. Au moment où se produit ce
déplacement, la bougie est vue *double*, il y a diplopie. L'image
perçue par l'œil gauche, auquel on n'a point touché, demeure
nette et fixe; l'image déviée, celle de l'œil droit, devient de
moins en moins nette, à mesure qu'on prononce davantage le
déplacement de l'œil ou l'écartement de l'image nouvelle.

Or si l'on note le sens du déplacement de l'image déviée ou
accidentelle, on remarque qu'il se fait *à gauche* de l'image fixe.

Inversement presse-t-on le même œil, le droit, de manière à
le placer en strabisme convergent, en pressant sa région interne
dans le sens de l'action du muscle droit interne, l'image déviée
que l'on fait naître se déplace à droite, en s'écartant de l'image
fixe.

En résumé,

La diplopie, mécaniquement produite par un strabisme artificiel, est divergente si le strabisme est convergent, convergente,
au contraire, ou *croisée* si le strabisme artificiel est divergent.

Il résulte manifestement de là que les images simples se dé-
composent en leurs deux images composantes, par un mouvement des axes optiques, inverse et contraire au propre mouve-

ment relatif de ces dernières. Elles s'éloignent l'une de l'autre, sans croisement, quand on porte les axes optiques dans la convergence ; elles se rapprochent, par conséquent, et se fusionnent par un mouvement contraire ou de divergence des mêmes axes optiques.

Ces expériences sont également explicables dans le système de la doctrine des points identiques ou dans celui de la simple direction.

Mais modifions-les comme il suit :

Plaçons devant un des yeux, le gauche par exemple, un prisme à sommet externe.

La diplopie se manifeste au même instant, puis peu à peu se corrige et finit par disparaître, tant que l'angle du prisme ne dépasse pas 8 à 9 degrés. L'effort, le mécanisme qui produisent la fusion secondaire se fondent sur une synergie musculaire des deux yeux dont l'effet est le suivant : l'image nette de l'œil gauche est rejetée en dehors, comme si cet œil avait été porté dans la convergence : cet œil et son congénère, pour rétablir la coalescence, se portent alors forcément dans la divergence (chacun sans doute pour la moitié de la différence introduite), et les images sont recomposées en une seule qui paraît légèrement amplifiée, eu égard précisément à cet acte de divergence. L'objet semble grossi, son image virtuelle semblant venir de plus loin Si l'on tournait en dedans le sommet du prisme, on constaterait l'effet opposé.

Or, si pendant cette situation relative des axes optiques, l'observateur, sans remuer les yeux, porte cependant son attention sur les objets du voisinage immédiat du point considéré, et en dehors du prisme de l'œil gauche, cet observateur voit ces objets *simples*. Or s'il les voyait déjà (ce qui est le fait) dans cet état de simplicité, avant l'interposition du prisme entre l'œil gauche et l'objet qu'il a pour but de déplacer, il est absolument impossible de mettre tous ces points dans le même horoptre, c'est-à-dire dans la même surface décrite sur la rencontre des axes optiques réels d'abord, virtuels en second lieu. Si donc les partisans de la doctrine des points identiques ou homologues allèguent la propriété d'une surface horoptérique dans l'un des cas, il ne leur est plus permis de le faire dans le deuxième, quand les axes optiques ont changé leur angle de convergence.

Les objets avoisinant celui que l'on considère, en supposant qu'ils aient rencontré des points identiques dans le premier cas, ne peuvent plus en avoir rencontré dans le second, et faire partie de tant d'horoptres à la fois !

Prenons maintenant un prisme de 20 degrés ; nul effort ne réussit, pour un tel angle, à corriger la différence.

Alors, l'œil gauche demeurant intentionnellement bien fixé sur l'image nette qu'il a en face de lui, imprimons mécaniquement (en le pressant avec le doigt, comme il a été exposé plus haut) un mouvement de *divergence* à l'œil droit. Nous réussirons ainsi à ramener la fusion, la coalescence, reproduisant artificiellement ce que la synergie physiologique avait procuré, à elle seule, dans la première épreuve.

Que s'est-il passé ici ? L'œil gauche a porté *en dehors* son axe optique d'un angle égal à celui de la déviation. L'image gauche se peint donc au centre polaire. Quant à l'œil droit, il a été amené artificiellement à un degré de divergence mesuré par ce même angle. Le défaut de netteté de l'image déviée est d'ailleurs en rapport avec cette circonstance, que le rayon efficace tombe fort en dehors du pôle optique de cet œil.

C'est en une telle situation qu'a lieu l'effacement de la diplopie, l'unité de sensation, la fusion des deux images.

Mais qui ne voit que cette unité est réalisée par deux images dont l'une tombe au pôle de l'un des yeux, l'autre à un certain nombre de degrés en dehors ? Qu'est devenue l'homologie en ce cas ? Seul, le principe de direction demeure en état d'expliquer ce qui s'est passé. Il accuse la position du point lumineux à l'entre-croisement de l'axe optique polaire de l'un des yeux et d'un axe secondaire de l'autre œil.

Nous retrouverons les mêmes phénomènes dans l'étude de la diplopie et du strabisme naturels, et tous recevront alors leur explication simple et facile. Nous les retrouverons encore dans la vision binoculaire qui suit une opération de pupille artificielle. Un axe secondaire est ici manifestement en rapport avec un axe polaire.

§ 109. **Rôle du même principe dans l'expérimentation stéréoscopique.** — L'expérimentation stéréoscopique nous conduit, par d'autres voies, inverses de celles-

ci, aux mêmes conséquences encore. Si, dans les dernières
expériences, nous avons décomposé une impression binoculaire
simple ou résultante, en ses images composantes, par la vue
stéréoscopique, nous allons, au contraire, construire une image
simple au moyen de ses deux composantes. L'analyse physio-
logico-mécanique de ce phénomène nous reproduira la synthèse du précédent, et tous deux, rapprochés l'un de l'autre,
nous démontreront, par leur ensemble, que c'est dans la propriété innée qu'a chaque point de la rétine de rapporter la sensation perçue à une direction fixe et déterminée, qu'est due la
fusion des images binoculaires en une seule, entraînant à sa
suite la notion du relief.

Pour cette recherche, nous nous servirons avec avantage du
stéréoscope à double paire de prismes et à réflexion totale (décrit § 331), qui offre, pour l'étude de ces phénomènes intéressants, toutes commodités, et dont la simplicité théorique ne
laisse aucun détail dans l'obscurité. Prenons donc ce stéréoscope

Fig. 60.

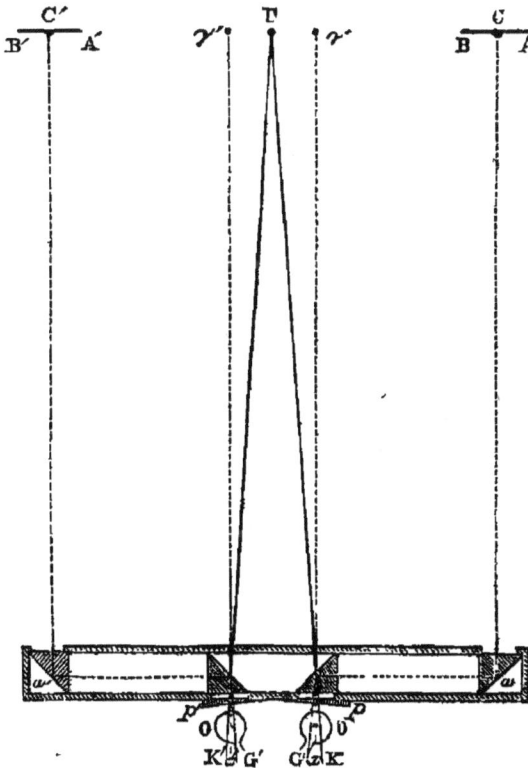

dans son état de construction la plus simple : supposons les faces perpendiculaires des prismes parfaitement parallèles entre elles, et supprimons, pour un moment, les petits prismes oculaires destinés à amener le fusionnement.

Deux images stéréoscopiques AB, A'B' sont placées en face des deux prismes extrêmes, et leurs points centraux C, C' se trouvent ramenés dans la direction des axes optiques supposés parallèles et dirigés vers l'infini, sur les points figurés en γ, γ'. Par quel procédé sera procurée alors la fusion des points γ, γ' en un seul point Γ.

Rappelons-nous que nous avons supposé les faces des prismes réciproquement perpendiculaires.

Nous aurons, pour amener la coalescence en un seul des points γ, γ', supposés d'ailleurs à la distance de la vue distincte, et nulle loupe n'étant interposée, deux procédés à choisir : ou les yeux fusionneront eux-mêmes, et par leur pouvoir propre, les deux images, ou ils y arriveront, sans effort de leur part, par l'interposition de petits prismes supplémentaires de 4 à 5 degrés, opposés par leur sommet et que l'on placera en face des yeux o, o', en p, p'.

Que se passera-t-il dans ces deux cas ?

Dans le dernier, celui de l'interposition des prismes p, p', la chose est simple : leur effet est de dévier vers le sommet le rayon émergent γo, et de lui donner la direction virtuelle $\Gamma\kappa$. De même pour $\gamma'o'$ il sera dévié suivant $\Gamma\kappa'$. La direction originelle des points γ, γ' ou C, C', se présente alors aux yeux comme si elle émanait du point Γ. Les rayons émergents des petits prismes p, p' se placent donc dans une inclinaison réciproque ou une convergence semblable à celle d'un objet placé en Γ. Les axes optiques se placent d'eux-mêmes alors sous cette même inclinaison et la coalescence est produite.

Maintenant renversons l'expérience :

Enlevons les petits prismes oculaires p, p' et partons de la situation initiale $o\gamma$, $o'\gamma'$, en confiant aux yeux seuls le soin d'amener la coalescence par leurs efforts instinctifs. A la distance de la vision distincte, la chose est faisable quoiqu'à des degrés de facilité différents pour chaque observateur (Voy. le § 341); et tous les physiologistes ou expérimentateurs qui ont essayé de produire ainsi, à l'œil nu, la fusion des images stéréoscopiques,

nous disent y être arrivés, après plus ou moins d'efforts, et
ajoutent unanimement : « La fatigue oculaire est assez notable et
rappelle celle que l'on éprouve à loucher fortement. »

Au moment où se produit la coalescence, on *croit* en effet
fortement *loucher*, et l'on est fatigué en proportion.

Mais, chose étrange au premier abord, si vous priez un aide
attentif et soigneux d'observer de très-près votre regard pendant cette opération, il vous dit que vos yeux lui paraissent
beaucoup plutôt à l'état de *divergence* que de *convergence*,
qu'ils ont plutôt l'apparence de regarder en *dehors* qu'en *dedans*,
et que le mouvement de convergence semble plutôt coïncider
avec celui où *cesse* l'expérience et où l'on recommence à voir
séparément les deux images ; seconde appréciation assez délicate, car les yeux ont autant de peine à se défaire de l'image
unique, à la décomposer, qu'ils en ont eu à la fusionner au
commencement de l'expérience.

Ce résultat étonne au premier instant et renverse toutes les
croyances reçues. Qu'on veuille donc bien reprendre l'expérience et s'en assurer avant de passer outre. Elle ne saurait être
acceptée de confiance, et il faut, avant d'admettre ce qui suit,
être fixé sur ce point de départ.

Un mot pourtant suffira pour démontrer à l'esprit que c'est
bien en effet un mouvement de divergence qu'en une telle circonstance devront exercer les yeux.

Si l'on veut se reporter au § 107, ou à notre expérience faite
avec un prisme placé devant un œil, ou devant les deux yeux,
ce qui revient au même, et ayant leurs sommets en dehors, on
aura immédiatement la solution théorique demandée : les prismes à sommet externe, la vue étant fixée sur un objet, ont dé-
doublé cet objet et rejeté ses deux images à droite et à gauche
(diplopie synonyme), et c'est un mouvement synergique de divergence qui seul a pu les fusionner derechef, si l'angle des
prismes n'est pas excessif ; comme c'est un mouvement mécanique de même sens qui a pu seul amener cette coalescence
dans le cas d'un angle un peu grand.

Or ici c'est la même chose ; les deux images stéréoscopiques
peuvent être considérées comme le dédoublement d'une image
simple, sa diplopie synonyme. Il faudra donc un mouvement de
divergence pour les ramener en coalescence.

§ 110. L'expérimentation stéréoscopique est au contraire en contradiction avec la doctrine des points identiques.—Il est, du reste, un moyen aussi simple qu'absolu de confirmer cette première donnée. Si les yeux ont quelque peine à passer de la position $o\gamma$, $o'\gamma'$ aux positions angulaires OG, O'G' correspondant à la convergence ok, $o'k'$ (les angles xog, $x'o'g'$ étant respectivement égaux aux angles xok, $x'o'k'$), de chaque côté des lignes parallèles ox, $o'x'$, on peut aider les yeux dans leur effort synergique. Il suffit pour cela de presser chaque œil en dehors et d'avant en arrière, *comme pour amener la diplopie croisée,* qui correspond au strabisme externe double ou divergent, et l'on est tout surpris d'amener aisément (non pas toujours très-correctement toutefois, eu égard à la difficulté de produire avec le doigt, à droite et à gauche, deux mouvements symétriques), d'amener aisément, disions-nous, la fusion stéréoscopique. Mais on l'obtient, et avec un relief parfait. C'est même un moyen de se passer de stéréoscope pour fusionner deux images stéréoscopiques.

Rapprochons maintenant, et comparons ces deux expériences. Dans la première, qu'ont fait les deux prismes p, p'? Ils ont amené les rayons similaires émanés de γ, γ' sur les directions ok, ok', émanant virtuellement du point Γ, et les axes optiques se sont, sans effort aucun, placés eux-mêmes dans cette situation très-naturelle.

Mais dans le second cas, sans prismes interposés, les axes optiques auraient vainement affecté la position ok, $o'k'$, la théorie des points identiques ne saurait elle-même s'accommoder de cette supposition. Les points similaires se peindraient dans ce cas sur des points non-seulement sans homologie, mais tous deux *en dedans,* du même côté, de leur axe optique !

Il faut donc que la chose se soit passée différemment. Or nous savons ce qui s'est fait : les points G, G' des rétines sont venus se placer sur les directions γo, $\gamma'o'$, soit par un effort instinctif, soit par l'action mécanique du doigt. Ici l'on ne peut plus supposer que les axes optiques soient en *convergence;* ils sont nécessairement *à l'état de divergence* relative, puisque $o\gamma$, $o'\gamma'$ sont parallèles.

Or ces points sont ceux qui, dans la situation d'indifférence des yeux, seraient rencontrés par les rayons émanés d'un point tel que Γ ; en d'autres termes, ce sont ceux qui donnent au sensorium la notion d'une direction OΓ pour l'un des yeux, O'Γ pour l'autre. Il ne nous est pas possible d'expliquer ici le fusionnement par une autre hypothèse que celle de l'habitude du sentiment de la direction OΓ qu'ont seuls les points G, G' des rétines. Quant à la doctrine des points identiques, de quelque façon qu'on s'y prenne, les points qui fusionnent en Γ leur sensation ne peuvent être pris pour homologues.

Est-il possible, en considérant cet ensemble de données expérimentales, de douter que l'on puisse se procurer la coalescence d'images similaires au moyen de points *non homologues?* Peut-on désirer des faits plus nettement en contradiction avec la doctrine des points identiques.

Nous reprendrons ultérieurement ces faits pour montrer plus en détail combien, au contraire, ils s'expliquent aisément par la considération du principe de direction.

§ 111. **Extension aux axes secondaires des propriétés exclusivement attribuées jusqu'ici aux axes optiques polaires.** — Il résulte accessoirement des expériences rapportées aux §§ 106, 107, 108, 109 et 110, que deux images binoculaires sont aptes à se fusionner, non-seulement sur les axes polaires de chaque œil, mais sur des axes secondaires : cela a toujours lieu dans la stéréoscopie procurée sans secours des prismes interposés ; cela a lieu quand ces prismes sont d'angles inégaux ; cela a lieu dans les cas de diplopie naturelle corrigée par action mécanique, cela a lieu dans les cas de pupille artificielle.

Enfin la diplopie monoculaire, quelle que soit sa cause, se fondant sur l'existence de deux cônes lumineux à axes différents, n'est-elle pas encore une preuve à ajouter aux considérations qui précèdent sur la valeur physiologique des différents axes de la vision et sur la propriété qu'a la rétine de percevoir à la fois, sur des points différemment éloignés du pôle optique, des impressions lumineuses et de leur attribuer une direction déterminée?

Nous verrons cette propriété de tous axes secondaires ultérieurement confirmée par des observations d'un ordre différent.

SECTION II.

De la limitation sur la direction.

§ 112. Le double principe de la direction et de l'extériorité, en y adjoignant celui de la limitation sur la direction, vont suffire à l'élucidation de tous ces phénomènes. — L'analyse géométrique de la vision binoculaire ou stéréoscopique, l'analyse des sensations phosphéniennes s'accordent également, nous venons de le voir, à affirmer l'incompatibilité des deux principes de la constance de la forme rétinienne et des points identiques. D'autre part, cette dernière doctrine, loin d'être aussi inébranlable que nous le supposions avec la généralité des physiologistes, croule, au contraire, devant une dissection un peu attentive.

Mais, par contre, nous trouvons dans le principe généralement connu sous le nom de loi *de la direction visuelle,* une base physiologique (et même un fondement anatomique, si nous considérons l'existence et la disposition des éléments rétiniens désignés sous le nom de bâtonnets), qui suit, dans toutes leurs évolutions, tous les phénomènes auxquels semblait satisfaire, mais avec lesquels ne s'accorde point en réalité, la doctrine des points identiques. Voyons si, en poussant plus loin cette étude, ce principe de la direction n'aurait pas, pour la solution complète du problème, quelques secours de plus à nous fournir que sa fidélité à en suivre toutes les phases.

Quoique anciens dans la science et remontant au siècle dernier (Porterfield), les deux principes connus aujourd'hui sous le nom d'*extériorité* et de *direction* n'étaient, jusqu'en ces derniers temps, que des produits du raisonnement, des hypothèses judicieuses et satisfaisantes, faisant grand honneur à leurs auteurs, mais exclusivement abstraites et spéculatives. Il n'en est plus de même aujourd'hui ; les belles recherches de M. Serres, d'Uzès, sur les phosphènes ont donné un corps à cette doctrine, une base expérimentale à la conception métaphysique qu'elle formulait.

Le savant médecin d'Alais expose comme il suit le résultat de ses analyses physiologiques (1) :

_____

(1) Recherches sur la vision binoculaire simple et double et sur les conditions physiologiques du relief. Paris. Victor Masson

« L'extériorité est la faculté attribuée à la rétine et à ses dépendances de rapporter ses impressions au dehors d'elle, au *non-moi* ; elle a été appelée l'action de la vue en dehors. L'image phosphénienne sensorielle s'éloigne de la rétine et se fait remarquer hors de l'organe oculaire. »

- « La propriété de *direction* consiste dans la faculté attribuée à la rétine de rapporter ses impressions selon une direction déterminée. »

Cette faculté *innée* de l'appréciation de la position relative d'un point lumineux dans l'espace, de sa direction par rapport à l'individu, et localisée instrumentalement dans le point même de la rétine qui reçoit l'impression lumineuse objective, est irrésistiblement démontrée par la considération des phosphènes qui traduisent cette faculté subjectivement, en donnant la sensation et la perception de la même direction, quand on attaque les mêmes points rétiniens par leur face opposée. On conçoit alors que l'élément cylindrique (bâtonnet) réagit de la même façon sur le sensorium quand on sollicite l'une ou l'autre de ses extrémités.

Voici les termes mêmes dont se sert, dans son exposition, M. Serres : « Si l'on mène une ligne du point de la rétine tac« tilement excité par la compression méthodique de la scléroti« que, au centre de l'image phosphénienne extérieurement per« çue, cette ligne passe par le centre du cristallin. » (*Centre optique*, sans désignation si précise vaudrait peut être mieux.) « La direction prise par la casue impressionnante n'exerce donc « aucune influence, aucune action sur la direction vitale impri« mée par la rétine à ses perceptions lumineuses. Qu'une particule, « ou un groupe de particules soient sollicitées intérieurement « par la pointe d'un pinceau ou un faisceau de lumière traver« sant les milieux diaphanes, ou bien, extérieurement, à travers « les enveloppes de protection, par la pointe ou le bout arrondi « d'un crayon ; que les rayons lumineux frappent la membrane « rétinienne sous tel ou tel angle ; que l'instrument compresseur « de la sclérotique affecte telle ou telle inclinaison par rapport « à la courbure de sa surface, la sensation, dans sa projection « extérieure (virtuelle pourrait-on ajouter), suit toujours invaria« blement la ligne qui passe par le point excité et le centre du « cristallin, pour aller se confondre soit avec l'objet, soit avec

« le phosphène, car l'un et l'autre sont, dans ce cas, rapportés
« au même endroit du champ visuel. » (Dans la même direction
serait plus exact.) « Voilà, selon nous, la preuve expérimen-
« tale de l'existence d'une direction virtuelle géométrique déter-
« minée par une force autocratique de l'organe sensitif, et indé-
« pendante de la direction de la cause excitatrice. »

Il y a longtemps que nous avons accepté ces judicieux principes qui nous ont toujours paru être au-dessus de toute attaque.
Sans leur secours, il est absolument impossible de se rendre
compte d'aucun des phénomènes qu'offre l'admirable fonction
du sens de la vue.

Mais suffisent-ils pour tout expliquer ?

Disons tout de suite que non. — La connaissance des lois de
direction et d'extériorité, comme principes innés et dont l'existence est démontrée, est nécessaire à l'intelligence de tout phénomène visuel. Mais si ces deux principes sont nécessaires, ils
ne sont pas suffisants; ils laissent évidemment indéterminée la
notion de la situation réelle de l'objet dont ils n'indiquent que
la direction par rapport à l'individu. N'oublions pas ce caractère.

Comment le sensorium sortira-t-il de cette indétermination ?
Comment parviendra-t-il à apprécier la distance relative entre
deux objets inégalement distants et situés sur la même direction, ou sur deux directions plus ou moins voisines ? En un
mot, comment limitera-t-il, sur une direction donnée, le vague,
l'indétermination de l'extériorité ?

Sur une direction unique, et s'il ne s'agit que de distances
relatives, le problème est déjà résolu. La faculté d'accommodation répond à toutes les nécessités; et la conscience qu'a le
sensorium des énergies relatives déployées par l'agent musculaire qui y préside, lui permet d'apprécier l'étendue de deux
distances successivement observées.

Mais il ne suffit pas de pouvoir estimer l'éloignement relatif
de deux points; chaque jour, à chaque instant, nous apprécions
la *situation* relative des objets, entre eux et par rapport à nous,
dans le champ libre de l'espace. Par quel procédé y pouvons-
nous parvenir? Tel est le desideratum scientifique à combler.

Le savant auteur du *Traité des phosphènes*, notre confrère et
ami M. Serres (d'Uzès), dont la puissance d'abstraction, l'origi-

nalité bien connue des conceptions ont déjà rendu de si grands services à la science, a essayé de remplir cette lacune par l'introduction d'une nouvelle idée qu'il a apportée dans l'analyse des phénomènes, et qu'il a encore empruntée au domaine des principes innés. Il a investi l'œil du pouvoir de *limiter*, de localiser l'extériorité sur une direction donnée, et a nommé cette propriété la faculté de *limitation*.

Après mûres réflexions et une certaine opposition que nous pouvons du reste justifier et dont M. Serres ne pourra, nous nous en assurons, que reconnaître lui-même le bien-fondé, nous sommes arrivé à ne plus repousser cette idée; mais, il est vrai, c'est à la condition de faire subir certaines modifications aux interprétations dont l'avait accompagnée son auteur, et au mécanisme par lequel il se rend compte de ses résultats. Nous devons dire, en effet, qu'en demeurant fidèle aux interprétations données par l'auteur lui-même à son idée, il est absolument impossible de l'accueillir ou d'en faire sortir une explication plausible des phénomènes.

§ 113. Le point de départ extérieur des sensations lumineuses est localisé pour chacune d'elles à l'entre-croisement même des directions virtuelles correspondantes. — La propriété dont nous parlons ici est celle désignée par M. Serres sous le nom de *limitation;* propriété dont nous ferons comprendre la portée et la signification en reprenant l'étude du fusionnement ou de la coalescence de deux images stéréoscopiques ou binoculaires, aspect nouveau de la fonction visuelle.

Reprenons les figures de notre premier mémoire : elles peuvent être utilement rappelées ici, représentant parfaitement les conditions géométriques même de la vision simple binoculaire naturelle ou stéréoscopique.

Soient ACB, A'C'B', les deux groupes de lignes représentant les arêtes d'un prisme posé verticalement devant les yeux et à une distance donnée à laquelle correspondrait un horoptre déterminé, dans l'ancienne théorie. Ces lignes, stéréoscopiquement renvoyées dans l'un et l'autre œil par les prismes p, p', viennent se peindre sur les rétines en acb, $a'c'b'$; et, comme nous l'avons fait voir, elles dessinent des arcs rétiniens $a'c'$, $b'c'$, à gauche, *réciproquement* égaux aux arcs *ac*, *cb*, de droite, mais en sens inverse.

Fig 61.

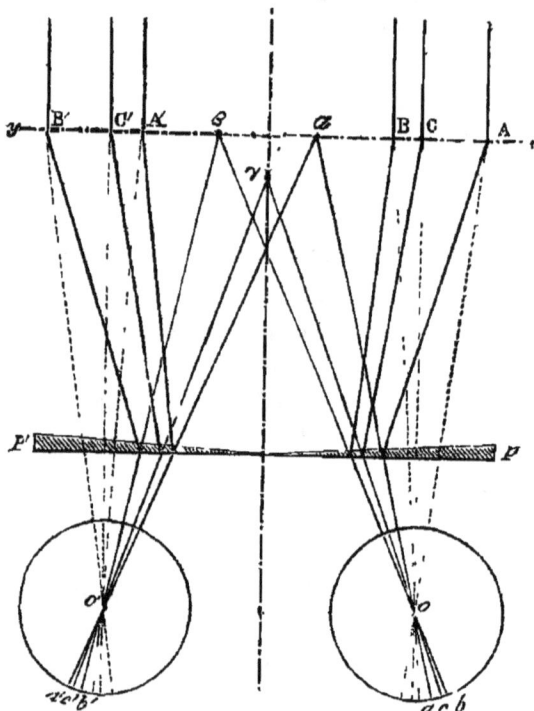

L'arc entier *ab* étant égal à *a'b'*, la doctrine des points identiques s'accorde parfaitement avec la vision simple de A et de B (*aa'*, *bb'*). Ces points se trouveraient en effet, dans l'horoptre des auteurs, en α et 6, symétriquement placés des deux côtés du plan médian qui séparerait les deux yeux; jusque-là rien que de très-simple et de très-concevable.

Mais *c* et *c'* ne peuvent point rencontrer des points homologues : l'inspection seule de la figure le démontre suffisamment.

Il n'y a pas d'homologie ; et cependant il y a sensation simple (et simultanée avec la sensation de A et de B, quoi qu'en dise M. Brewster), et ajouterons-nous, chose frappante, cette sensation est rapportée par le sensorium juste en γ, au point d'entre-croisement des directions *co*, *c'o'*, en avant de α et de 6 (comme elle le serait en arrière de ces points, si l'inégalité des écartements angulaires était renversée). Voy. fig. 62.

Dans cette figure, on peut suivre la marche des rayons effectifs et virtuels, quand les écartements moindres sont au côté

Fig. 62

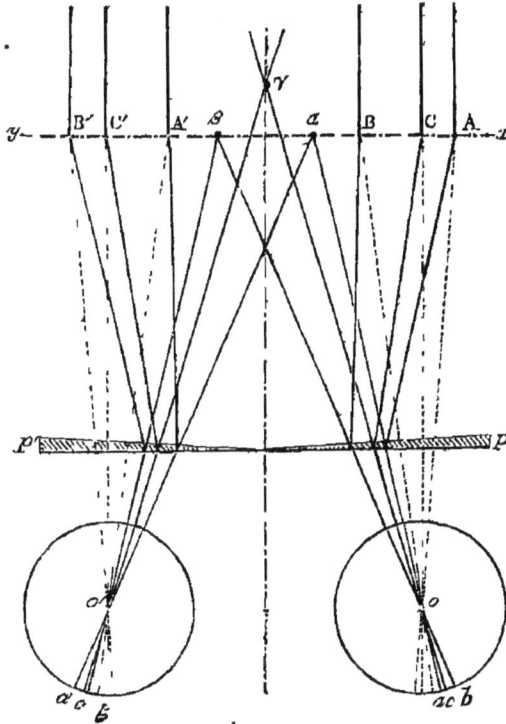

externe de chaque figure. Alors les lignes oc, $o'c'$ se coupent encore en γ, mais *en arrière* des points de rencontre α et 6, et la
figure prismatique est renversée : l'arête médiane est en *arrière*.

En résumé, de même que l'impression double aa' s'est autocratiquement fondue en une seule au point d'entre-croisement,
α dans l'espace, des directions ao, $a'o'$, de même que bb' s'est
fondu en 6, à la croisée des lignes bo, $b'o'$, de même, cc' se sont
limités et fusionnés à l'entre-croisement γ des directions virtuelles innées qui leur correspondent.

Mais comment s'est opérée cette limitation ? Car si dans la
doctrine des points identiques, la détermination de a et de b à
l'entre-croisement des directions $(ao, a'o')$ et $(bo, b'o')$ se conçoit
comme une conséquence implicite de cette doctrine, en suppri-
mant le principe on supprime ses conséquences, et la limitation

ne se comprend plus que dans le système de M. Brewster à l'entre-croisement même des axes optiques : encore ce physiologiste a-t-il été obligé d'imaginer que les autres points ne déterminent leur sensation que tour à tour; hypothèse dont nous avons démontré la fausseté pratique et l'insuffisance théorique.

Mais si nous n'avons plus la ressource facile de la fusion, de la coalescence naturelle des images doubles qui rencontrent des points identiques, nous n'avons pas non plus de différence à concevoir entre la facilité qu'auront à fusionner leurs impressions des points homologues ou non homologues des rétines, et nous pouvons espérer qu'un même principe gouvernera la coalescence, quels que soient les points impressionnés, s'ils correspondent d'ailleurs au même point lumineux de l'espace ou à sa représentation stéréoscopique.

Nous bornant à la considération du fait, d'après l'analyse de l'exemple ci-dessus emprunté à la stéréoscopie, nous *voyons* donc que la situation d'un point visible quelconque *est* rapportée, *de fait* entendons bien, à l'entre-croisement, à l'intersection même des directions correspondant à ce point pour l'un et l'autre œil. De même que chaque œil a la sensation, le jugement inné de la direction du point visible, eu égard à l'individu, de même les *deux yeux* agissant ensemble, fournissent une notion d'un nouvel ordre, *la notion de l'intersection, du lieu de l'entre-croisement, de la rencontre, dans l'espace, de ces deux directions !* Voilà *le fait;* nous ne disons pas voilà le principe : nous reconnaissons, comme le lecteur, qu'il y a ici une lacune; nous ne nous faisons pas tout d'abord une idée nette, immédiate, avec tous ses enchaînements, de la matérialisation organique d'un principe, d'une propriété qui ne se présente, au fond, à notre esprit que comme une pure abstraction géométrique, un principe métaphysique par conséquent.

Ajoutons que la considération des phosphènes, la méthode par laquelle nous avons réussi à amener des phosphènes non homologues à la fusion, à l'unicité d'impression, nous conduit aux mêmes conséquences de fait, à savoir : la notion exacte du lieu de l'entre-croisement des directions.

Efforçons-nous maintenant de pénétrer le mécanisme par lequel s'acquiert cette notion, de dégager cet élément inconnu qui sert de transition, d'intermédiaire entre le fait brut et remarquable que nous venons de signaler, et le principe géométrique dont il réalise la condition.

§ 114. Comment le sensorium a-t-il conscience de cet entre-croisement? Théorie de M. Serre, (d'Uzès).

— Mais préalablement, et avant de chercher une explication plus complète, il convient d'exposer celle donnée par M. Serre (d'Uzès), et de montrer ce qu'elle laisse encore d'imparfait ou d'obscur.

La proposition à résoudre était celle-ci : dans la vision binoculaire d'un objet quelconque de dimensions qui ne sortent pas par trop d'une même portée de l'accommodation et dont les détails sont vus avec une netteté suffisante, chaque œil limite la sensation déterminée par *chaque point visible* sur la direction normale au point rétinien touché, *et à l'entre croisement de cette direction virtuelle avec celle qui, dans l'autre œil, correspond au même point visible.*

Mais comment s'opère cette limitation? De quelle nature est cette propriété, que possède évidemment le sens de la vue, et qu'accusent si nettement les phénomènes que nous venons de décrire?

M. Serres (d'Uzès), après avoir très-ingénieusement défini ce fait de la *limitation* (on lui doit cet hommage, la caractéristique du fait, son expression générale lui appartiennent incontestablement), a cru en concevoir et en donner une idée précise et exacte, en attribuant à un certain plan qu'il nomme *rideau physiologique*, la propriété de limitation. Ce plan, qui reproduit purement et simplement l'idée de l'horoptre, en en changeant la forme, est le plan vertical parallèle à la droite qui joint les centres optiques; c'est un simple plan imaginaire de perspective à la distance de l'accommodation ou du croisement des axes optiques. Ce plan idéal aurait, dans la conception de M. Serres, la faculté de limiter toutes les directions lumineuses qui viennent frapper les deux yeux à la fois. Ce serait sur lui que l'esprit reporterait les foyers lumineux dont il reçoit l'impression ; à lui que l'œil assignerait le point de départ, le siége extérieur et l'origine des sensations.

Après avoir cherché longtemps à nous rendre compte de la liaison, de l'enchaînement des inductions de notre savant ami, nous avons été obligé de reconnaître que si la conception de la formule de la limitation était vraiment heureuse, les développements par lesquels il en justifiait et exposait le mécanisme, l'exercice, allaient, au contraire, tout droit contre le but qu'il poursuivait, et ne tendaient à rien moins qu'à renverser la doctrine même de la limitation. Car le rideau ou plan physiologique, conçu par l'auteur, ne limite précisément aucune autre sensation que celle reçue par les pôles optiques; une seule paire d'axes visuels se rencontre en un point sur ce plan, les axes optiques mêmes. Tous les autres se rencontrent en avant ou en arrière de lui, toutes les directions visuelles, correspondant à une surface différente de ce plan, procureraient par conséquent une double sensation, si chaque œil les limitait à lui. Loin d'élucider les conditions de la vision binoculaire simple, l'introduction du plan physiologique aurait, au contraire, l'effet de faire voir en diplopie croisée tous les points de l'objet situés en avant de ce plan, et en diplopie homonyme tous ceux situés en arrière de lui.

Voyez les deux figures ci-dessus, 61 et 62. Le plan physiologique de M. Serres serait le plan vertical qui passerait par xy. Si ce plan avait la faculté innée (nous ne nous arrêtons pas sur l'absence de liaison de cette hypothèse avec la physiologie) de limiter virtuellement les impressions sur leurs directions, α et 6 seraient bien vus simples; mais γ serait nécessairement vu double, en diplopie croisée dans la première figure, sur le prolongement de oc et de oc', à la rencontre de ces lignes avec le plan xy, et, sur la seconde figure, en diplopie homonyme avant la rencontre en γ. Que deviennent alors le relief et l'unité d'impressions?

M. Serres (d'Uzès) a bien aperçu cet écueil pour sa théorie, et la conséquence que nous venons de développer, il l'expose bien lui-même; aussi, pour sortir d'embarras, admet-il (et ici l'on ne peut vraiment plus le suivre) que l'esprit *choisit* l'une ou l'autre de ces deux images, et *appréciant* si elles sont croisées ou homonymes, il *conclut* (l'esprit) à l'entre-croisement de leurs directions en avant ou en arrière du tableau physiologique! D'où l'impression finale du relief ou du creux. Assurément si nous nous croyons fondé à contester à M. Serres toute cette série d'hypothèses, non-seulement inutiles, mais dangereuses, nous ne le serions point à lui refuser le don brillant de l'imagination.

Mais chacun peut s'en assurer; cette série de conceptions était inutile. Non, l'esprit n'a pas à *choisir* entre deux images croisées ou homonymes; car ces images doubles *n'existent pas;* M. Serres s'est créé une difficulté que la nature ne lui opposait pas. Ces images doubles sont sur notre plan géométrique, elles ne sont pas dans la nature, et l'observation directe ou stéréoscopique le démontre immédiatement; quand *dans un même voisinage d'accommodation,* on regarde une personne en face, on ne voit pas qu'elle ait deux nez; quand on regarde un tabouret à trois pieds, on ne lui en voit pas quatre : et l'on aurait cette confusion à débrouiller, si c'était un plan virtuel qui fût chargé de limiter les impressions.

On ne nous accusera pas de prêter des intentions ou des arguments imaginaires à notre savant confrère; citons-le lui-même :

Reprenant les expériences de Wheastone sur les images géométriques symétriques dissemblables, celles obtenues au moyen de troncs de pyramides ou de cônes, M. Serres, au moment même où *il s'appuie* sur les propriétés reconnues du nouvel instrument, *celles de procurer une image unique en relief,* commence tout d'abord par *les contredire.* Il prétend, en effet, voir alternativement l'une ou l'autre des bases des troncs de pyramides, et annonce voir l'une des deux *double,* quand il *voit* l'autre simple. Mais que cherche donc M. Serres? Si cela était, il n'y aurait pas à découvrir comment se procurent les impressions simples, puisque ces impressions sont toujours doubles suivant lui.

Ici, nous nous en assurons, l'esprit de M. Serres lui rend confuses des impressions que ses sens lui porteraient simples, s'il les analysait avec moins de préventions et de préoccupations.

Toute personne quelque peu familière avec le stéréoscope est, au contraire, frappée de la netteté de la sensation unique et de relief que procure un instrument bien fait et qui reproduit les conditions mêmes de la vue naturelle.

Les cercles doubles accusés par M. Serres ne se montrent que lorsqu'on ouvre et que l'on ferme alternativement l'un des yeux. Alors il y a un instant confusion par persistance et chevauchement des images binoculaires. Mais, après cet instant, la vue en relief est si parfaitement solide, établie, inébranlable qu'aucun effort intentionnel ne peut l'altérer.

D'ailleurs dans la vue binoculaire à l'œil nu, les objets du même champ d'accommodation ne sont nullement vus doubles : ils ne le sont que dans le cas de maladie, et les sujets sont appelés diplopes; et la chose les inquiète même passablement.

Ainsi donc, tout en laissant intactes toutes les difficultés du problème, l'attribution imaginaire de la faculté de limitation à un certain plan déterminé par le croisement des axes optiques à la distance de l'accommodation (rideau physiologique), a le double désavantage de s'appuyer sur un fait contraire à la réalité des choses, de nécessiter alors une seconde hypothèse (le choix que ferait l'esprit entre les images doubles, croisées ou synonymes), et, secondement, de nier la condition même de la fonction qu'elle se propose d'expliquer.

Le problème demeure donc toujours posé; quoiqu'il faille rendre à M. Serres cette justice que, par la notion de *la limitation* sur la direction, la solution se soit bien rapprochée de nous (1).

(1) Depuis que ces lignes ont été écrites, ayant soumis notre critique à notre honorable ami, M. Serres nous a répondu qu'en fait « il y avait dans la vision naturelle ou stéréoscopique bien réellement perception double, et que le jugement savait s'affranchir de cette dualité Pour preuve, nous a-t-il dit, répétez l'expérience suivante :

« Placez votre index, à 8 ponces du nez, dans la direction d'un objet très-éclairé, bien apparent, placé à 25 mètres de distance, ou plus. Regardez l'extrémité du doigt, et puis, sans déranger les axes arrêtés sur lui, mettez de champ la main derrière ce même doigt pour couvrir complétement l'objet en question; enlevez ensuite brusquement la main pour la faire retomber aussitôt. En répétant plusieurs fois cette opération, et laissant constamment les yeux dans la même position, vous remarquerez que, tout en continuant à voir le doigt simple, vous avez eu la perception de la double impression produite par l'objet éloigné, chaque fois que la main s'est soulevée pour retomber instantanément, et imiter l'éclair et les ténèbres de Dove »

Cette expérience, très-exactement vérifiée si le doigt et l'objet sont tous deux dans le plan médian vertical, ne l'est plus, pour peu que l'objet s'écarte, à droite ou à gauche, de quelques degrés. Ce fait rentre d'ailleurs dans un certain ordre d'autres expériences qui nous ont été opposées à l'appui de la doctrine de l'horoptre. Nous les discutons aux §§ 124 et suiv. de ce même chapitre.

13

§ 115. Recherche du mécanisme de la limitation ou localisation sur la direction. — Mais comment lier ce principe de limitation aux agents organiques? Comment un fait d'ordre purement géométrique, en apparence, se matérialise-t-il dans les organes, devenant un effet, une conséquence des propriétés organiques et vitales de l'économie animale? Si l'on trouve dans le tissu rétinien des dispositions moléculaires correspondant, à la notion instinctive de la direction (bâtonnets et cylindres cornéaux des articulés), quel tissu peut bien correspondre à la notion du croisement de deux lignes idéales dans l'espace !

Voilà une notion assurément nouvelle, arbitraire dans son expression ; et cependant le fait qui la justifierait est indubitable. Les sensations sont manifestement rapportées à cet entre-croisement géométrique ; mais la liaison du fait avec le sujet, où est-elle? Voilà ce qui est encore profondément obscur.

Doit-on voir là une nouvelle manifestation de liaisons intimes qui rattachent l'ordre physique aux facultés intellectuelles? La propriété de limitation est-elle appelée à figurer parmi les phénomènes de l'ordre de ceux de la conscience musculaire, ou du sixième·sens de Ch. Bell? Dans la plus obscure nuit, sans autre rapport avec la terre ou support commun que la plante de nos pieds, notre sens intime possède en lui-même une notion parfaite du degré d'inclinaison de l'axe de notre corps sur l'horizon, de l'angle de chacun de nos leviers avec les leviers voisins, etc., toutes notions purement géométriques et tellement innées que l'enfant les possède, que le petit animal au sortir de la coquille les manifeste, que la maladie les atteint, tout en *respectant notre intelligence* (preuve de leur indépendance réciproque !). Aurions-nous de la même manière et par un pouvoir inné, sans intermédiaire intellectuel, la notion de l'*entrecroisement* de deux directions idéales, comme nous avons celle de ces directions elles-mêmes? Il y aurait témérité à le prétendre, et pourtant on peut dire que cette hypothèse formulerait parfaitement, exprimerait exactement le fait même de l'observation.

Pour ne scinder ni la discussion de ces faits, ni l'ordre de notre rédaction nous renverrons le lecteur à ce paragraphe. Il y verra que, loin de détruire, elles confirment au contraire la théorie que nous proposons·dans ce travail, dont elles forment des cas particuliers.

-, Nous allons rechercher si une analyse plus approfondie n'est pas apte à nous fournir de nouvelles lumières sur cette propriété de l'organe de la vue ou sur le mécanisme qui la réalise; si elle ne se rattacherait pas par des déductions légitimes à d'autres propriétés démontrables de nos organes, dont elle ne serait qu'une conséquence rationnelle.

Il nous faut, pour cela, faire un retour sur la vision monoculaire que nous avons jusqu'ici un peu trop reléguée dans un coin du tableau.

SECTION III

Comment l'œil acquiert-il la notion de LIMITATION dans la vision monoculaire?

§ 116. **La vision monoculaire limite les sensations sur les directions sans le secours de l'entre-croisement.** — Lors de la vision binoculaire d'un objet ou d'un ensemble d'objets à trois dimensions, la sensation de relief et de simplicité reconnaît, nous n'avons pas dit pour cause, mais pour *fait contemporain*, isochrone, l'entre-croisement, deux à deux, des directions virtuelles correspondant à chacun des points vus, au lieu même où est rapportée par le sensorium l'origine de la sensation unique. Le fait aurait pu, pour des esprits peu sévères, prendre le rang de cause, mais en passant pardessus cet inconvénient de l'absence de liaison logique entre la cause et l'effet.

La limitation a donc lieu *à* l'entre-croisement; mais nous ne pouvons dire *par le fait* de cet entre-croisement. Nous le pourrons bien moins encore après un coup d'œil jeté dans le domaine de la vision monoculaire.

Car si la vision avec un seul œil manque assurément de la précision que lui donne le double regard, il n'en est pas moins vrai, et d'expérience commune, que la vision monoculaire est apte, par elle-même, à procurer la sensation du relief; qu'elle entraîne, par elle-même, une certaine notion des positions relatives des objets, ou de points d'un même objet appartenant à des plans différents.

Or réduite à une seule direction par point visible, la limitation ne peut plus reposer sur l'intersection de deux lignes; où donc a-t-elle sa cause en cet exemple ? C'est ce que nous allons rechercher.

§ 117. Position de la question. — Supposons donc l'œil fixé sur un objet à trois dimensions, à la distance de la vue distincte, et l'un de ses points, le plus marquant, au foyer exact de l'accommodation, sur l'axe optique même. Les autres points de cet objet sont, dès lors, pour la plupart, ou plus rapprochés, ou plus éloignés de l'observateur que la longueur de l'accommodation à laquelle a dû se fixer l'œil. Quelle est alors la loi physiologique qui donne la notion de la distance relative de ces points ? Comment l'observateur reconnaît-il une différence entre cet objet et un dessin parfait qui le représenterait ? Par quel procédé jugera-t-il que l'objet a trois dimensions et que le dessin n'en a que deux ? Car enfin il ne s'y trompe pas à l'ordinaire. Telle est la question que nous devons résoudre.

§ 118. De quelques illusions de la vision monoculaire. — Mais d'autre part il y a cependant des conditions où ce défaut de jugement s'observe, où il se produit des illusions, où un dessin plan peut en imposer pour l'objet qu'il imite.

Ainsi, quand on isole parfaitement des objets qui l'entourent, de son cadre, une figure très-bien exécutée, une miniature, une photographie, l'illusion est souvent entière : l'œil croit voir un bas-relief.

Et cependant ce n'est qu'un dessin plan.

Il est vrai que l'œil ne s'y trompe plus et que son jugement se rectifie, dès qu'on lui rend la vue du cadre et des objets circonvoisins.

A quoi sont dues ces apparences, ces sensations contraires ? Tous les points du dessin ont-ils cessé d'occuper la même situation relative eu égard au centre polaire, dans l'un ou l'autre cas ? Non : dans l'un et l'autre cas chaque point du dessin est venu se décalquer sur le même point de la rétine, pour dessiner une même image sur cette membrane. Pourquoi donc deux sensations si différentes ?

Nous avons démontré, dans un précédent travail (*Mécanique animale*, p. 481), l'influence sur la perfection de ces illusions de certaines conditions accessoires, comme l'emploi de la loupe, la contemplation de l'image à travers un tube étroit. Par ces procédés on rend l'image rétinienne d'autant plus exactement semblable à celle que dessinerait l'objet lui-même.

Mais rien n'explique là pourquoi, dans l'une des circonstances, l'œil rapporte les impressions qu'il reçoit à des points inégalement distants de lui (relief) quand, dans la seconde, les mêmes points de la rétine étant impressionnés, et, en apparence, de la même manière, l'organe rapporte toutes ses impressions à un même plan et reconnaît un dessin.

La faculté de limitation est ici tout à fait obscure dans son mode de production.

Où peut-elle bien résider? Quelle loi en règle l'exercice? L'accommodation étant une fois fixée pour l'un des points de l'objet à trois dimensions, cette accommodation peut bien comporter la notion de la limitation pour ce point fixé sur l'axe optique; mais les autres! Comment l'œil s'assure-t-il que l'impression imparfaite, relativement confuse, qu'ils créent, doit être virtuellement renvoyée par le sensorium un peu en avant, ou un peu en arrière de celui pour lequel l'accommodation est exacte.

Nous voulons parler ici, il est bien entendu, de points voisins, qui sont vus en même temps dans le même champ de vision; car, pour les autres, la grande différence de netteté, de teinte, de grandeur, peut informer tout de suite un œil déjà quelque peu expérimenté.

On sait que S. D. Brewster a essayé de résoudre toutes ces difficultés en disant que l'œil ne perçoit toutes ces notions que par un mouvement successif du regard, transporté de point en point, et variant pour chacun son accommodation.

Nous avons exposé les faits qui ne nous permettent pas d'admettre cette idée, incompatible avec la réalité, avec la notion que chacun peut avoir du mode d'exercice de la vision, et que dément péremptoirement l'expérience de Dove (Voir le § 101). Sans reprendre en détail nos précédentes argumentations sur ce sujet, sans reproduire les expériences instantanées que chacun peut faire, rappelons la rapidité avec laquelle se produit l'apparition du relief dans le stéréoscope. Au moment même où l'accommodation synergique des yeux s'opère, à l'instant où tous les points du double dessin se fusionnent avec cette admirable sensation de relief des objets, en un instant, sans aucune variation de l'œil, la sensation est complète. Elle se fait même quelquefois de façon en quelque sorte automatique. Pour peu qu'un œil non habitué à l'instrument ait quelque peine à s'y adapter, la vision d'abord confuse, embrouillée, double, passe à la sensation simple cherchée, d'un bond, comme par un saut, un mouvement brusque dont on a parfaitement conscience et dont on a même ensuite quelque peine à se détacher. Chacun sait d'ailleurs qu'au milieu d'une nuit obscure, un éclair sillonnant la nue révèle instantanément le paysage en relief placé devant les yeux. — La production du relief s'opère donc instantanément et non par succession.

C'est le seul point que nous voulions établir.

L'étude des détails, par accommodation spéciale aux divers points, peut venir plus tard pour ajouter au bienfait de la fonction ; mais la production du relief, la notion des trois dimensions est indépendante de cette succession. C'est là un point incontestable.

Ce que l'on observe ainsi, lors du concours fonctionnel des deux yeux, n'est pas moins vrai, quoique l'illusion soit moins vive, dans l'examen du dessin dont il s'agit ici, au moyen d'un seul œil.

Après avoir contemplé l'image stéréoscopique double placée dans l'instrument, fermons un œil. La sensation de relief diminue graduellement, mais assez lentement pour demeurer encore très-sensible pendant un temps très-long, et elle porte, à la fois, sur tous les objets contenus dans le dessin. — Absolument, d'ailleurs, comme dans les panoramas où la sensation fallacieuse d'éloignements différents ne peut être attribuée, n'est-ce pas, à des adaptations continuellement variables.

Il faut donc admettre, conformément aux faits, que la sensation de plans différents n'exige pas une différence dans les accommodations, ni que le phénomène soit successif pour chacun d'eux, quoique cette méthode, qui est celle de l'étude des détails, ajoute puissamment aux résultats obtenus.

On connaît encore cet autre ordre de faits (Brewster les décrit au titre *Illusions optiques*, page 216, *The Stereoscope*).

On place sous nos yeux le moule d'une médaille : regardé binoculairement, nul ne s'y peut tromper ; c'est bien un moule.

Mais examiné avec un seul œil, c'est autre chose. L'œil le voit tantôt en creux, tantôt en bosse. Or vu en bosse, le moule représente avec une perfection absolue, complète, sans inspirer de soupçon possible d'une erreur, la médaille elle-même. Seulement les ombres y sont à contre-jour, c'est-à-dire placées *du côté* de la lumière incidente. Mais c'est le raisonnement, non l'instinct, qui note cette circonstance.

Comment concilier ce fait avec la théorie Brewster? Si l'œil se fixe successivement sur chaque point, il prendra nécessairement l'accommodation qui convient à chacun d'eux et l'observateur ne pourra croire à un rapprochement quand l'accommodation s'allonge. L'illusion éprouvée dément cette supposition.

M. Brewster met, il est vrai, l'illusion sur le compte de notre jugement, et pense que la contradiction qui s'observe entre le sens de la lumière incidente et celui des ombres est la seule cause du phénomène. Cette appréciation est également inadmissible; elle suppose un calcul, une discussion intérieure, un savoir, un esprit d'observation qui manquent le plus souvent. Et nous voyons l'illusion se produire chez des gens qui n'ont jamais fait un raisonnement de leur vie, en matière de physique au moins. La considération du sens des ombres redresse, pour l'observateur attentif, l'erreur sensorielle, mais elle ne détruit ni ne crée l'illusion. Et la notion du vrai sens de l'ombre devrait la détruire! Or elle n'est pas plus détruite par l'attention que créée par l'inattention.

Et d'ailleurs quelle importance donner au sens de l'ombre dans les lettres de la légende autour de la figure? A peine la distingue-t-on; et pourtant elles semblent en relief comme la figure elle-même.

M. Brewster suppose, à cet égard, qu'un grand éclat est nécessaire à la production du phénomène, lequel est souvent ou toujours la conséquence d'une vive lumière incidente. Mais nous produisons l'illusion, dans toute sa perfection, avec un moule couvert de noir de fumée à la bougie. Ce ne saurait donc être là la raison du phénomène.

Pour la découvrir, il faut faire appel à un nouvel ordre de faits et d'idées.

§ 119. **Notion de la continuité des lignes ou des surfaces vues**. — L'organe ou sens de la vision n'a-t-il pour propriétés premières et physiologiques que celles que nous lui avons reconnues ou supposées sous les noms d'extériorité et de direction?

Si l'on se reporte à l'un quelconque des points de la théorie de la vision qui ont fait l'objet de l'étude de cette importante et curieuse fonction, on remarquera qu'il n'a jamais été question, dans toutes les discussions auxquelles elle donne lieu, que de l'image et de la position des différents *points* de l'espace ou des objets sur lesquels se porte la vue. Jamais il n'y est question de lignes, ni de surfaces. On discute tous les problèmes de la vision comme si le *point* était la seule entité géométrique dont l'organe de la vue, le sensorium put avoir la notion.

Cependant quelques observations des plus simples peuvent nous assurer que cette notion des lignes et des surfaces existe au nombre des propriétés physiologiques innées ou acquises de cette sensibilité spéciale, comme on l'a déjà rencontrée dans un autre département de la sensibilité.

Nous sommes en un champ, et notre regard se porte sur un oiseau placé au sommet d'un arbre. L'oiseau s'envole et part comme une flèche. Notre regard (monoculaire) le suit. Or, soit qu'en chaque instant, si court qu'il puisse être, notre œil s'accommode à la position momentanément occupée par l'oiseau (Brewster), soit que cette accommodation varie à des intervalles appréciables, à mesure que l'oiseau s'éloigne, un fait est certain : c'est qu'il naît, dans notre esprit, une notion exacte de la ligne suivie par l'oiseau. Si celui-ci a été en ligne droite, par exemple, nous en avons une notion parfaite, de même s'il a fait un ou plusieurs crochets, et quels crochets? — Il semble que le chemin parcouru par lui ait été dessiné, comme avec un pantographe, au fond du globe oculaire.

Il n'en a rien été pourtant; notre œil a suivi l'oiseau, s'est mû proportionnellement à son mouvement; aucune ligne n'a été dessinée sur notre rétine, l'oiseau a toujours été vu au centre rétinien. Et cependant l'impression physiologique de la ligne parcourue par lui a été telle que l'art précis du chasseur ne se fonde que sur elle, et que son coup s'adresse, avec certitude, à un point *futur* de cette même ligne, tant la notion intime en est, chez lui, exacte.

Si l'on demande où naît cette notion, chacun répondra sans

doute qu'elle appartient au système de la sensibilité musculaire, du sixième sens de Ch. Bell, au sentiment d'activité musculaire de Gerdy, à la conscience musculaire de M. Duchenne (de Boulogne). Elle se rattache évidemment, dans ce cas, au jeu des muscles extrinsèques de l'œil chargés de la manœuvre du globe autour de son centre optique. C'est un phénomène de même ordre que celui qui nous avertit de nos mouvements et du lieu occupé par nos membres et notre centre de gravité, pendant la nuit, par exemple. Cela est du domaine des choses et des principes reconnus. La notion de la ligne est donc une des attributions de la sensibilité musculaire spéciale.

Mais elle n'y est pas exclusivement circonscrite, et nous allons la retrouver dans un autre ordre de faits inverses des précédents. Reprenons l'exemple de l'oiseau qui s'envole : seulement au lieu de le suivre dans son vol, conservons au contraire notre œil et son accommodation fixes sur le point de départ, le sommet de l'arbre.

A mesure que l'oiseau s'éloigne, nous recevons une impression successive, de moins en moins vive et nette, des différents points qu'il occupe, mais telle encore que notre esprit a une notion parfaite du chemin parcouru et de la nature de la courbe suivie. Au moment où l'oiseau sort du champ de la vision distincte, il a donc laissé dans notre sensorium une trace linéaire, *continue* de sa direction droite ou infléchie. Nous demeurons avec l'impression mentale, très-expresse, d'une *ligne*, et cependant ce ne sont que des points rétiniens qui ont été l'un après l'autre sollicités.

La propriété physiologique connue sous le nom de *persistance des impressions sur la rétine* peut-elle rendre compte de ce fait; non, assurément; cette faculté de la rétine n'a pas une durée d'action assez longue. Dans l'espèce, elle nous retracerait successivement une suite de petits tronçons linéaires, mais non une ligne continue : le commencement de la courbe aurait disparu avant que l'oiseau fût arrivé à la moitié peut-être de son parcours dans le champ de la vision. On sait d'ailleurs que l'impression laissée par un corps lumineux en mouvement varie entre 1/3 et 1/32 de seconde, et que cette impression diminue extrêmement de durée si le corps est peu brillant. Obscur, il laisse à peine une impression.

Il faut donc chercher ailleurs la cause de la notion de la ligne. Ne serait-ce pas dans le fait de la succession des impressions lumineuses d'un point de la rétine au point immédiatement voisin ? Que le sensorium ait conscience de la succession non interrompue des éléments du tissu de la rétine, est-ce là une hypothèse téméraire? Ne doit-il pas y avoir une solidarité de voisinage entre des éléments nerveux en contact? Est-ce chose si hardie que de supposer que le sensorium ait conscience de ce voisinage immédiat? Est-ce une conception bien arbitraire celle qui attribue au centre nerveux cérébral cette faculté de considérer comme continues des causes qui impressionneront, elles-mêmes, d'une manière continue, des éléments successifs de la même membrane sensible? L'action continue de nos muscles, appliquée à l'un de nos membres, nous révèle, la nuit, la position exacte du membre mû, nous reproduit exactement l'angle parcouru par le levier, sans doute eu égard à la continuité de l'action et à la mesure qui en est résultée pour le sensorium. Eh bien qu'y a-t-il de plus exorbitant à concevoir qu'une série non interrompue d'impressions rétiniennes, sur des éléments immédiatement en contact, laisse dans le sensorium la notion d'une cause également continue, d'une ligne si la cause est linéaire, d'une surface si la source lumineuse a deux dimensions?

Même genre de causes et même genre d'effets.

Nous croyons qu'il suffit d'énoncer cette idée pour qu'elle soit acceptée ; elle est tellement naturelle, tellement dans la nature des choses, qu'il semble plutôt que ce soit parce qu'elle était, pour ainsi dire, implicitement comprise dans toutes les explications possibles des phénomènes de la vision, qu'on a négligé jusqu'ici de la formuler expressément.

Or cette formule nous sera, on va le voir, d'une extrême utilité.

Le fait, du reste, s'exprime d'une manière si formelle qu'il suffit, croyons-nous, de l'énoncer pour que la démonstration en demeure. Il n'y a qu'à jeter les yeux sur une surface, un lac, un mur, un champ, une place, etc... pour se convaincre que le cerveau reçoit la notion immédiate de cette surface et non celle d'une série de points sans dépendance entre eux. Il la reçoit avec la même rapidité que l'œil accuse dans la perception d'un seul point, et la continuité des teintes et des impressions se traduit immédiatement dans l'esprit par la notion de la continuité de la cause, la continuité de la ligne ou de la surface éclairées, *au moins* pour une certaine étendue comprise dans les 5 à 10° de vision nette autour du point de vue.

Voilà donc une notion élémentaire à introduire dans l'étude des phénomènes de la vision : l'unité, la continuité, la dégradation insensible de teintes, d'impressions successives égales entre elles, ou ne différant, d'un point à l'autre, que par nuances parfaitement graduées. De cette notion naît immédiatement, dans le sensorium celle d'une ligne ou d'une surface continue dans les limites où cette impression demeure graduée. Est-il téméraire ou même indifférent de mettre en sa lumière propre cette nouvelle donnée physiologique, et de la désigner sous le nom de « *principe ou notion de la continuité des lignes ou des surfaces?* »

Nous le croyons d'autant moins que, mis en regard des principes de la direction et de l'extériorité, tous les problèmes de la vision se verront notablement simplifiés, si nous n'osons mieux dire résolus.

§ 119 *bis.* **De la continuité des impressions rétiniennes dans ses rapports avec les mouvements relatifs des corps et de l'observateur, et avec la faculté d'orientation.** — Nous avons une preuve fort ancienne de l'influence de ce principe sur le fonctionnement du sens de la vue, dans le mécanisme propre à rendre compte des illusions que nous cause le mouvement circonscrit de notre propre corps quand la vue se fixe sur des objets immobiles. Nous sommes avertis, dans ces occasions, du changement de rapport de lieu survenu entre nous et les objets qui nous environnent par le déplacement successif de l'image au fond de notre œil, et ce déplacement ne peut être sensible que par suite de la notion de la continuité des impressions.

Pour expliquer les illusions produites par les mouvements relatifs d'un observateur et des objets de son attention, il faut avoir présent ce principe d'optique : que quand l'œil est mû sans qu'il s'aperçoive de son mouvement, la pensée transporte ce mouvement aux corps extérieurs et juge qu'ils se meuvent en sens contraire, quoique ces objets soient en repos. Les vitesses relatives de ces mouvements apparents sont alors en raison directe de la grandeur des arcs parcourus, dans l'unité de temps, par les objets sur la rétine, c'est-à-dire en raison inverse des distances.

Inversement, un objet visible qui se meut avec une vitesse quelconque paraît en repos, si l'espace décrit par cet objet dans l'intervalle d'une seconde est imperceptible à la distance où l'œil est placé. C'est pourquoi les objets fort proches qui se meuvent très-lentement, tels que l'aiguille d'une montre, ou les objets fort éloignés qui se meuvent très-vite, comme une planète, paraissent être en repos parfait. On s'aperçoit, à la vérité, au bout d'un certain temps, que ces corps se sont mus, mais on n'aperçoit point leur mouvement. Il n'est pas surprenant, en effet, que la sensation de continuité des impressions rétiniennes se perde par la lenteur des déplacements de ces impressions successives.

La notion de la continuité des surfaces trouve une autre preuve dans la faculté d'orientation dont nous sommes doués. Comment parviendrions-nous à nous orienter, si les objets éclairés ne se révélaient à nous que par points sans relations entre eux, comme le veut S. D. Brewster dans son explication du mécanisme de la vue successive et points par points? Comment jugerions-nous de l'éloignement plus ou moins grand de deux points tour à tour sollicités, si les points intermédiaires sont passés sous silence par la cause éclairante? Notre position serait alors celle de l'astronome qui veut interroger le ciel avec un grand télescope, lequel n'y découvre qu'un tout petit champ de quelques degrés, de quelques minutes peut-être. Mais il ne trouverait peut-être pas la lune elle-même, si notable que soit son diamètre apparent, s'il ne dirigeait sa vue monoculaire par un chercheur (petite lunette adhérente à la grande, ayant un axe parallèle au sien, mais un champ de vision d'une étendue superficielle relativement considérable). Essayez d'expliquer l'orientation, en conservant la théorie du défaut de relation et de solidarité de continuité entre les divers éléments rétiniens!

La pathologie elle-même vient d'ailleurs encore au secours de cette théorie, en nous faisant connaître des cas d'altération fonctionnelle où cette faculté d'orientation se trouve perdue, quoique la vision soit conservée. L'organe alors n'a plus qu'un tout petit champ visuel (nous parlons ici de son étendue en surface) ; les sujets peuvent lire si on leur met un livre devant les yeux ; mais dans une rue, sur une place, ils ne peuvent plus se diriger. Ils sont comme serait l'astronome auquel on enlèverait son chercheur. Or notre chercheur naturel, c'est l'étendue superficielle de la rétine dont tous les points sont, par continuité, solidaires entre eux. (Voir le § 89 *bis*, chap. II.)

§ 120. Influence du principe de la continuité des surfaces sur la limitation, dans la vision monoculaire.

—Appliquons-le, pour commencer, ce principe, à l'étude de la vision monoculaire. Replaçons-nous à notre point de départ.

L'œil est fixé sur un objet, sur une pyramide par exemple, dont le sommet est tourné vers lui. L'image rétinienne consiste, n'est-ce pas, en un polygone divisé en triangles ayant au centre, ou au moins dans l'intérieur du polygone, leur sommet commun. (Nous supposons, bien entendu, la pyramide de dimensions assez réduites, eu égard à sa distance de l'œil, pour que l'accommodation ne diffère pas sensiblement de sa base à son sommet.)

D'autre part, nous dessinons, sur un plan, un polygone semblable à la base de la pyramide du premier cas, divisé en triangles semblablement placés, cette dernière figure représentant exactement la projection de la première.

Les deux images dessinées sur la rétine sont ainsi identiques.

De quelle manière, par quel mécanisme physiologique, et sans que l'accommodation change d'un cas à l'autre, comme le suppose M. Brewster, expliquera-t-on la différence des impressions ? Comment comprendre que, dans le premier cas, on ait la sensation d'un corps solide, dans l'autre, au contraire, celle d'un simple dessin plan, du diagramme de la première figure ? Pourquoi la faculté de limitation existant dans l'œil s'arrête-t-elle, dans le cas du diagramme, au plan du dessin, et dans le cas du solide, à des distances différentes de la base au sommet ?

Telle est bien la question à résoudre.

Elle est instantanément tranchée par la notion de la continuité des surfaces et des lignes.

Dans le second cas, celui du dessin plan, en même temps qu'il *voit* la surface du papier comprise dans le périmètre du polygone, l'œil reçoit aussi la lumière émanant de la continuation de la surface, au delà des limites du polygone; il perçoit une notion positive du plan du dessin. L'unité de teinte de tous les triangles et dans toutes leurs parties, et son identité avec la surface avoisinante extérieure, impriment à l'esprit la notion d'une même surface sans lacune, sur laquelle sont dessinées des lignes remarquables aussi par l'égalité de teinte de leurs diffé-rents points. Tous les points des lignes d'une part, des surfaces d'autre part, présentent donc une égale netteté, produisent, d'un point à l'autre immédiatement prochain, une sensation exacte-ment aussi nette : le critérium instinctif d'une surface unique est acquis. La faculté limitatrice, si elle avait dû être primitivement indécise, est enchaînée, elle s'arrête à un plan unique.

Maintenant considérons la pyramide ; chacune de ses arêtes se peint, comme dans le cas précédent, par une série de points portant au sensorium l'impression de continuité ; mais l'inégalité ménagée et graduelle de teinte des surfaces partielles des trian-gles qui limitent la pyramide, indique la fuite de leurs faces, en même temps que la différence plus nette des teintes d'un de ces triangles avec celle du triangle voisin engendre la connaissance de surfaces brusquement interrompues, de plans différents.

La notion d'un corps à trois dimensions, de surfaces qui fuient et qui se coupent, naît sans effort de ces éléments-là, sans que l'on soit même obligé d'avoir recours à l'influence d'une longue et délicate éducation intellectuelle de l'instrument.

Et cette appréciation est si exacte, que si l'art s'étudie à repro-duire, sur le diagramme en question, les dégradations et les différences de teintes de la nature, reproduisant les ombres, sé-parant ensuite avec soin les limites du dessin des plans voisins, de façon à enlever à l'œil ses repères naturels, l'œil étant privé de ses ressources ordinaires, va tomber dans les erreurs de l'il-lusion ; sa faculté limitatrice n'a plus de base sûre, elle suit alors les lois de l'habitude ou de l'éducation, s'arrête aux impressions dont elle a conservé le souvenir. Et ce souvenir et l'imagination l'emportent alors tellement sur l'accommodation, que sans même prendre le soin d'ombrer ainsi les dessins, une figure géométri-que, une figure schématique de pyramide ou de parallélipipède, vue à travers un trou d'épingle qui l'isole des surfaces voisines, donne à volonté, pourrait-on dire, l'impression d'un polygone ou du corps solide dont il est la projection.

Mais si l'on s'aide du secours des ombres savamment imi-
tées, si la nature elle-même les dispose suivant ses teintes mé-
nagées comme dans la photographie, alors en ayant la précaution d'isoler le fond et de cacher les bords du dessin, l'illusion
est aussi complète que possible (pour *un* œil, c'est entendu) et
l'impression du bas-relief absolue.

Ici l'on ne peut manquer de voir combien est annulée la
puissance accommodative; mais on peut manifester bien plus
expressément encore son indifférence pour des distances aussi
peu dissemblables.

Rappelons-nous l'exemple du moule creux de la médaille
vu en bosse. Dans ce cas, non-seulement l'accommodation n'a
pas à s'exercer, mais l'impression produite est créée en sens
contraire de ce que produirait l'adaptation aux distances relatives de la surface du moule et de la profondeur du creux.

Mais l'admirable dégradation de la lumière sert seule ici de
base à l'impression, et le sensorium détermine alors la limitation suivant ses habitudes. Celle-ci n'a, en effet, rien autre qui la
domine; les ombres et la dégradation de teintes se suivant exactement dans les mêmes mesures (quoiqu'en sens contraire) dans
le cas du moule ou de la bosse.

Nous parlons ici de la vision monoculaire, qu'on ne l'oublie
pas; car lors de l'exercice des deux yeux, toute illusion cesse,
comme nous le verrons tout à l'heure.

Nous ne saurions assez insister sur ce frappant exemple des
causes qui président à la limitation dans la vision monoculaire.
Elle s'arrête, dans ce cas remarquable, aux formes qui lui sont
les plus familières, aux convexités : elle y passe subitement
quand le souvenir, l'impression laissés par la vision binoculaire
précédente se sont évanouis.

Quelle peut être la cause de cette illusion, si ce n'est la perfection de la transition des teintes, dessinées par la nature même
et suivant la même loi pour les creux et les bosses? Ces teintes
et ces ombres sont, il est vrai, disposées en sens contraire à la
loi des convexités : mais la rétine ne *calcule* pas; elle *sent*. Elle
sent la dégradation dans la continuité, et cette dégradation continue a toute la perfection des opérations de la nature.

Ajoutons que nous avons une disposition d'autant plus grande
à voir en relief, que l'accommodation a toujours une tendance à

se fixer d'abord sur les points les plus éloignés (le fond, la surface d'appui) et de procéder, pour les détails, par voie de rapprochement, c'est-à-dire d'arrière en avant.

Cette particularité, qui est un fait d'observation, permet de se
rendre compte de cette seconde circonstance de détail, que
les lettres de l'exergue, pour lesquelles la considération de l'ombre doit avoir sans doute moins de valeur, paraissent également
en saillie sur la surface plane du moule creux, en même temps
que les détails de la figure.

**§ 121. Correspondance, au point de vue des tein-
tes successives, du tableau visible et du tableau
inverse dessiné sur la rétine**. — Ce que nous venons
de dire eu égard à une pyramide considérée isolément, sera vrai
pour toute autre pyramide, pour tout autre corps quelconque
placé dans le rayon d'une visibilité suffisamment nette, tout
autour du point qui fixe, à un moment donné, l'attention. Tous
ces corps seront unis entre eux et rendus solidaires, — cette remarque est importante — par l'ensemble de toutes les surfaces
partielles qui se coupent et s'entre-coupent autour de l'objet
primitif de l'attention, ensemble qui crée autour de lui comme un
fond fuyant ou se rapprochant, et qu'interrompent des corps intermédiaires formés eux-mêmes de lignes et de surfaces particulières dont les intersections, brusquement variées, fournissent
à l'esprit, par leur contraste, la notion de corps distincts, en coupant, en interrompant la marche nuancée et continue de la limitation.

Regardons un paysage :

Tout autour du point particulier sur lequel l'œil se fixe, un
clocher plus ou moins éloigné, par exemple, à l'horizon si l'on
veut, s'étendent deux surfaces, l'une au-dessus, l'autre au-dessous du plan horizontal, et qui, toutes deux, s'avancent avec des
teintes de moins en moins distinctes, quoique plus fortes, vers
l'observateur.

Chaque point de la rétine reçoit de l'espace son faisceau propre, son rayon particulier, si on le réduit à une ligne ; la notion
de la continuité de l'espace se retrouve dans l'impression de
continuité sensible, identique ou graduée, d'un point de la rétine à
l'autre. A un fond éclairant continu, correspond un fond con-

tium de réceptivité, *doué du sentiment de cette continuité* (tout est là).

Survient-il, dans le fond éclairant, des changements brusques de teintes, de couleurs, l'esprit conçoit en ce point, sur cette ligne, la notion d'une interruption des surfaces, c'est-à-dire de la présence de corps distincts tranchant les uns sur les autres et se dérobant mutuellement des portions de leurs surfaces continues.

Telles sont, nous paraît-il, les bases physiologiques sur lesquelles peuvent s'appuyer l'étude, l'éducation, l'habitude pour *perfectionner* le sens de la vue.

Jusqu'ici la seule réponse faite par la science à une foule de ces questions curieuses se bornait à renvoyer l'écolier au pouvoir obscur de l'éducation, aux propriétés tout aussi vagues et confuses de l'habitude; sans songer que la plupart de ces questions pouvaient être posées pour un âge où l'éducation et l'habitude manquent également.

Combien de siècles pareille réponse n'a-t-elle pas été faite à cette énigme de la vue droite répondant à une image renversée ! Et pourtant depuis que M. Serres (d'Uzès) a démontré, par la considération du phosphène, que l'œil possédait les notions physiologiques premières et innées de l'extériorité et de la direction, cette explication non définie de la scolastique est retournée à l'école d'où elle est partie, dans la nuit de l'ignorance.

L'interprétation que nous venons de donner de ce qu'il faut entendre par limitation sur la direction, l'idée du sentiment de la continuité des surfaces et des lignes fournie par la continuité des impressions, nous paraît de nature à rendre à la physiologie un service de même ordre pour la solution des difficultés qui demeurent encore pendantes.

C'est ce que nous allons essayer de faire voir dans le chapitre suivant.

SECTION IV

Dé la limitation sur la direction dans la vision binoculaire.

§ 122. — Si l'on a bien compris les développements qui précédent, on voit que la rétine représente un tableau *continu* sur lequel s'imprime, renversé, l'espace entier, au centre duquel se dirige l'axe optique. Si l'espace est uni et sans corps tranchant sur le fond, chaque point de la rétine correspond à un point de l'espace déterminé et ne correspond qu'à lui; les deux surfaces sont également unies et continues, et le sensorium a le sentiment de cette continuité.

Un corps vient-il à dérober à la rétine une région quelconque de ce tableau, les teintes sont, à ses limites, brusquement interrompues; et cette rupture de teintes amène dans le sensorium, et sur les directions qui leur correspondent, le sentiment de la discontinuité des surfaces, de l'interposition d'un corps.

Telles sont les conditions de l'impression reçue et de la notion perçue par chaque œil séparément. Maintenant cherchons à déterminer ce qui se passe dans leur combinaison synergique ou sympathique.

Nous avons établi § 113, en fait, que chaque point de l'espace, vu binoculairement, était rapporté par le sensorium à *l'entrecroisement*, à *l'intersection* même des deux directions qui unissent ce point aux centres optiques, c'est-à-dire, à la fois, sur chacune des deux directions normales aux rétines et aux points sollicités par la lumière. Il restait à se rendre compte de la manière dont le sensorium pouvait se représenter cette intersection.

Or nous venons de voir que de la continuité des impressions lumineuses naissait, dans le sensorium, le sentiment de la continuité des surfaces vues, de même que de la brusque interruption de la teinte ou de l'éclat d'une impression, naissait le sentiment d'une intersection de surfaces, de la présence d'un corps tranchant sur le fond uni.

Supposons donc les deux yeux fixés sur un même point de l'horizon, le ciel à teinte bleue uniforme, par exemple, formant le fond, et un clocher servant de point de vue.

Chaque rétine, ayant à son centre la pointe renversée du clocher, est un tableau qui représente tout l'espace avec son fond uniforme. La moitié droite de l'une reproduit les mêmes points que la moitié droite de l'autre, et réciproquement pour les moitiés gauches.

Imaginons un deuxième objet à une distance quelconque du clocher, et à gauche pour fixer les idées, l'arête vive d'un mur, par exemple.

Ce pan de mur se dessine sur la moitié droite de chaque rétine par une brusque interruption de la teinte grise ou bleue du fond. Chaque œil a donc le sentiment d'une surface parfaitement *une* entre le clocher et le mur, et rapporte forcément l'interruption qui la limite au même point de l'espace, comme à un corps unique : la similitude, l'identité, presque, de l'interruption ne laissent, en cette circonstance, aucun doute au sensorium. La rupture de la continuité apparaît en chaque œil, comme déterminée par une seule et même circonstance.

Mais si l'impression et le sentiment, la notion perçue sont les mêmes, si le point réel qui la détermine est le même pour les deux yeux, la direction n'est pas la même pour les deux organes, la parallaxe de l'espace compris entre le pan de mur et le clocher n'est pas la même pour chaque œil, ce qui revient à dire que l'axe optique étant fixé de part et d'autre sur le clocher, l'arête vive du mur ne se dessine pas, dans les deux rétines, sur des points homologues ou identiques. En d'autres termes encore, les portions de surfaces rétiniennes correspondant à droite et à gauche à la *même* étendue du fond commun vu, ne sont pas de dimensions absolument égales.

Mais qui nous a jamais pu faire penser qu'il en dût être autrement, et que les rétines, pour conclure à l'*unicité* d'une surface d'une dimension donnée, binoculairement vue, dussent offrir sur elles deux images de cette surface absolument égales ! Nous tombons, par cette façon de comprendre les choses, dans l'erreur séculaire du desideratum de l'image renversée et de la vue droite. Les rétines ne jugent point ces images ; elles voient les objets, et jugent de leur direction par leur principe inné des directions virtuelles. La direction et l'extériorité, voilà les seules propriétés physiologiques incontestables : nous y joignons le sentiment ou notion de la continuité des corps révélés par la continuité des impressions, et tout se comprend aussitôt.

Voici donc la série des faits, le développement des phases physiologiques du phénomène.

Les axes optiques étant fixés sur le point de vue centre du tableau naturel :

Premièrement, chaque œil (sous l'empire de la tendance fusionnante innée dans le sensorium, et si bien démontrée par Wheatstone), a la conscience de l'identité d'une même surface continue, de même forme, offrant les mêmes dégradations et nuances, révélée par l'uniformité des teintes, depuis les pôles rétiniens jusqu'au lieu où se fera sentir la première interruption survenue dans cette uniformité.

Secondement, sentiment pareil d'identité, d'unité, dans la cause de cette interruption dans les teintes perçues, dans les couleurs, et dépendant d'abord de la forme de la surface intercurrente, des dimensions apparentes de l'objet qui vient ainsi couper la première surface; ajoutons-y le sentiment de la direction dont chaque œil, supposé seul, estimerait, grâce au sens musculaire, très-exactement les rapports avec l'individu.

Troisièmement, précision de ces rapports, d'une manière plus fixe encore, par l'action simultanée des deux principes de direction qui ne laissent plus de place à l'incertitude.

D'où notion précise, donnée par les rétines, du lieu de leur entre croisement.

En résumé :

Un point éclairé appartient virtuellement, pour le sensorium, à deux directions virtuelles qui établissent ses rapports avec l'individu, comme chaque point d'un plan, en géométrie, se trouve déterminé, si l'on sait qu'il appartient à deux droites connues.

Si le sensorium savait, entre toutes les directions dont les rétines peuvent lui transmettre la notion, *celles* qui correspondent à un certain point éclairé de l'espace, il aurait donc le sentiment exact de la position de ce point, ayant celui des directions elles-mêmes.

Or il est, en effet, mis à même de distinguer entre ces directions par le lieu des deux rétines où se manifeste l'interruption des teintes uniformes, déterminées par des surfaces et des corps qui sont évidemment les mêmes et dont la succession depuis les pôles optiques a été identique. Les points sur lesquels l'impression lumineuse, semblable à droite et à gauche, révèle alors l'interruption, sont ceux signalés au sensorium comme correspondant aux intercurrences des mêmes corps et des mêmes surfaces qui viennent trancher sur le fond commun, puis les unes sur les autres.

Le sensorium place alors en ces points l'origine des directions *auxquelles il doit s'en référer*, et, par l'autocratie de l'organe, renvoie la cause de la sensation *au dehors de lui sur chacune de ces directions, c'est-à-dire à leur entre-croisement.*

Et voilà comment la notion incontestable et première de la continuité des surfaces et lignes vues entraîne, comme conséquence, le sentiment net et précis de l'unité du lieu de l'espace qui rompt ces continuités, et comment les directions correspondantes étant ainsi notées et révélées au sensorium, celui-ci place le point éclairé lui-même à l'entre-croisement, à l'intersection de ces deux directions.

Cette notion complexe de deux directions précises, virtuellement conçues, et de l'unité de la cause de sensation perçue par leur origine organique (à ces directions), révèle donc à l'esprit le point même de l'espace d'où rayonne cette cause, fixe sa situation dans l'espace avec la même netteté, la même précision *que le concours des deux axes optiques déterminatifs du point de vue*, ou centre du tableau commun des deux rétines, sait apporter à l'esprit dans *l'appréciation de la position de ce point de vue.*

La faculté mentale est en jeu, dans les deux cas, de la même manière : le premier mode n'est pas plus arbitraire ni plus difficile à concevoir que le second. Ce sont deux manifestations collatérales d'un principe que l'on croyait borné aux pôles optiques, et qui appartient évidemment à tous les éléments des rétines et non pas seulement à leurs centres polaires.

Tous ces éléments sont d'ailleurs liés les uns et les autres de la même manière et suivant les mêmes lois, au centre de gravité ou de figure de l'observateur, par l'intermédiaire du sens musculaire : nous verrons en effet plus loin que la diplopie est un symptôme inséparable de la paralysie des muscles de l'œil, ou d'une perversion de leur sensibilité. Cette propriété se formulera de la manière suivante :

§ 125. **Tous les axes secondaires sont des axes optiques.** — Tout point visible de l'espace est nécessairement à l'intersection de deux axes secondaires des yeux (quand il n'est pas au point de rencontre même des axes polaires). Mais, d'autre part, chaque axe secondaire d'un œil, ou chaque direction virtuellement conçue, coupe un nombre infini d'axes secondaires de l'autre œil, situés dans le même plan.

Comment le sensorium distinguera-t-il, entre toutes ces intersections, celles afférentes à un point lumineux donné?

Il le fera, comme nous venons de le montrer, par la notion élective que lui fournit, entre toutes les directions virtuelles ou axes secondaires des deux yeux, le sentiment, dans les deux organes d'une même interruption dans la dégradation des teintes, d'une même discontinuité survenue entre les surfaces et les lignes.

L'identité d'origine de l'onde lumineuse étant révélée au sensorium par cette dernière circonstance, la position même de ce point s'accuse à l'intersection des directions virtuelles.

Et ce qui arrive d'une façon nette et sensible pour les points saillants qui nous ont servi dans cette analyse, se produit d'une façon plus diffuse, mais non moins efficace, pour les divers points des surfaces plus ou moins uniformes, quoique continues, qui les séparent. Les lignes d'ombre jouent le même rôle, quoique d'une façon plus atténuée que les intersections de surfaces. Les surfaces, planes ou courbes, ainsi délimitées dans leurs points principaux, servent, à leur tour, de causes limitatrices aux directions moins nettement précisées. Par là le sensorium reçoit une impression douée d'une qualité que ne faisait pas soupçonner la forme superficielle des images. Chaque croisement des directions correspondant à un point visible de l'espace est indiqué à l'esprit avec la même précision que le croisement même des axes optiques. Tous les points des rétines jouissent à cet égard des mêmes propriétés virtuelles que les pôles eux-mêmes: seulement la netteté et la précision diminuent à mesure qu'on s'éloigne de ces points remarquables.

La preuve de cette extension de propriétés qu'on limite encore aujourd'hui aux pôles des rétines, et que vient de nous enseigner l'analyse physiologique, nous est également donnée par la considération des faits pathologiques. On peut noter dans un grand nombre de troubles fonctionnels de la vue (nous le reconnaîtrons ultérieurement) des changements d'axes dans la vision binoculaire, et la concordance très-nette d'axes secondaires entre eux, ou d'un axe principal avec des axes secondaires : l'étude du strabisme pathologique nous en fournira plus d'un exemple; nous l'avons reconnue plus haut dans l'analyse de la vision stéréoscopique et du strabisme artificiel.

L'usage des lunettes (bésicles), par exemple, dont l'effet secondaire est de rompre l'harmonie entre les accommodations d'angle ou binoculaire, et de distance ou monoculaire, ne peut se comprendre qu'avec cette modification dans les axes principaux (Voir notre chapitre X, *des Lunettes*).

Quand on place devant ses yeux deux verres convexes d'un même foyer, l'objet visé est vu plus gros et plus éloigné, et cependant les rayons efficaces émanés de l'objet font, avec les deux yeux, le même angle de convergence mutuelle que dans le cas de vision à l'œil nu. Les deux yeux, pour éviter la diplopie, se sont donc portés dans une *convergence* plus grande que dans ce dernier cas et, nonobstant, ils ont *vu* l'objet plus *loin :* les deux axes principaux de cette vision armée ont donc été deux des axes secondaires de la vision ordinaire à l'œil nu, et cependant la vision n'a manqué ni d'exactitude, ni de relief, ni d'aucune des qualités requises.

Et on fait l'observation inverse avec des verres concaves.

Il suit manifestement de là que des axes secondaires peuvent jouir et jouissent, par conséquent, de toutes les qualités des axes optiques principaux et qu'ils sont aptes, par leur croisement, à révéler au sensorium, la position exacte des points auxquels ils correspondent, tout comme les axes optiques eux-mêmes. Nous signalons cette observation de *fait* à l'attention des partisans de la théorie Brewster sur le rôle *unique* des axes optiques.

Nous ne voulons pas dire, que ces derniers ne soient, après tout, supérieurs, qu'ils ne jouissent d'une perfection plus grande. D'après ce que nous savons de la constitution de la rétine, de la plus grande épaisseur de cette membrane, de la plus grande longueur des bâtonnets dans sa région polaire, de la diminution progressive de ces éléments à mesure qu'on s'éloigne du centre pour avancer vers l'équateur de l'œil ou l'*ora serrata ;* d'après ce qu'on connaît encore de l'imperfection croissante des propriétés géométrique des lentilles, à mesure qu'on s'éloigne de leur axe principal, on peut conjecturer que les directions virtuelles et leur croisement sont d'autant moins formellement perçus et déterminés qu'on s'éloigne davantage des centres que nous venons d'indiquer. La perfection ne semble remarquable que dans une zone de quelque 5 à 10 degrés autour du pôle optique.

Néanmoins la propriété absolue de fixer, pour le sensorium, la position relative d'une source de lumière, eu égard à l'observateur, appartient tout aussi catégoriquement à des éléments quelconques des rétines qu'à leurs pôles mêmes.

Cette propriété, comme on l'a vu dans le chapitre qui précède, résoud très-exactement tous les desiderata de la vision binoculaire en relief, puisqu'elle fixe topographiquement, pour l'observateur, les positions de tous les points éclairés de l'espace par rapport à lui-même ou au lieu de l'espace qu'il occupe.

§ 124. Division par les axes polaires des deux tableaux rétiniens en deux moitiés droite et gauche correspondantes.— Dans le tableau que l'esprit peut aisément se représenter de toutes les directions virtuelles qui le mettent en communication avec l'espace indéfini, et du croisement binoculaire de ces directions, on voit que prenant pour plan médian le plan vertical qui passe, dans chaque œil, par l'axe des mouvements et le pôle optique, ce plan divise chaque hémisphère oculaire en deux moitiés réciproquement correspondantes, répondant (dans le jugement du sujet) au plan vertical médian du sujet lui-même. Cela étant, les deux moitiés des surfaces rétiniennes se trouvent réciproquement correspondantes l'une à l'autre, la gauche avec la gauche, la droite avec la droite.

Nous ne saurions dire ici si cette division est anatomique et correspond à une division semblable des tissus sensibles; car elle s'observe également dans tous les cas où des axes secondaires jouent le rôle d'axes optiques, comme dans la vision avec des lunettes par exemple.

Il y a donc ici un point d'interrogation à poser, mais que la seule observation pourra résoudre un jour.

Nous verrons, au § 239, que le mécanisme du fusionnement les images binoculaires au moyen d'axes secondaires, repose, lors de l'usage des bésicles, sur une décentration interne ou externe et mutuelle des centres optiques *de l'appareil dioptrique* (cristallins), le centre des mouvements de l'œil qui est, en même temps, le centre de la surface rétinienne, demeurant invariable. La substitution des axes secondaires aux axes polaires a-t-elle lieu, dans tous les cas, de cette dernière façon, par un changement qui ne porte que sur les axes dioptriques et qui respecte la propriété innée des pôles rétiniens? Tel est le point encore incertain.

Il est très-difficile, en effet, de saisir expérimentalement cette décentration : on juge qu'elle a nécessairement lieu, mais on ne le saurait encore montrer. On pourrait, pour changer cet aperçu en fait, recourir à la méthode d'Helmoltz, et observer les variations des images par réflexion sur les deux faces du cristallin, pendant le passage de la vision naturelle à la vision armée de lentilles ou de prismes. Nous l'essaierons un jour si personne ne le fait avant nous.

Quoi qu'il en soit, la division du champ de la vue entre deux moitiés, droite et gauche, est un fait incontestable. On décidera plus tard si elle repose sur des circonstances premières de structure ou sur le déplacement fonctionnel du centre des perceptions. Ce qu'il importe de savoir, dès maintenant, c'est que c'est le point de vue central du tableau qui détermine ce partage, celui qui correspond à l'objet principal et premier de l'attention, au regard volontaire et intentionnel ; le point de vue en un mot, celui que l'observateur *regarde*, tandis qu'il *voit* simplement les autres.

Il suit de là que les deux moitiés internes, comme les deux moitiés externes des deux yeux, ne sauraient jamais correspondre entre elles. Dire, en effet, que les axes optiques se rencontrent sur un point donné, c'est exprimer que, pour l'observateur, il n'existe aucun autre point visible entre ce point de vue et lui ; s'il en était autrement, ce dernier étant un objet, cacherait, vu l'impénétrabilité des corps, l'objet le plus éloigné.

Par certains artifices, en choisissant pour point de vue un objet d'un très-petit diamètre, on peut réussir à placer dans le même alignement deux objets et les voir à la fois ; mais alors on les voit de façon très-inégalement nette, c'est-à-dire que l'un d'eux est toujours confus.

Cet aperçu a une certaine utilité, pour se rendre compte d'une difficulté qui a arrêté longtemps et qui arrête même encore les physiologistes. C'est un phénomène d'observation de vue double qui nous a déjà été objecté par M. Serres (d'Uzès), § 114, et que contient plus généralement l'exposé suivant d'une expérience assez complexe de Meissner.

§ 125. Expériences de Meissner. — Nous avons, au § 39, montré combien était logiquement, et *à priori*, inacceptable la

conception, comme lieu géométrique déterminé (horoptre), d'une surface ou ligne unique, comprenant tous les points de l'espace qui, pour une accommodation donnée, étaient aptes à procurer, dans la vision binoculaire, une sensation unique. Pressé par la marche didactique de notre dissertation, nous avons été obligé de laisser de côté, en cet endroit de notre travail, certains faits expérimentaux qui nous ont été opposés comme inexplicables en dehors de la conception horoptérique, et appelés, par conséquent, à lui servir de base. Ces faits consistent principalement en deux expériences sur l'interprétation desquelles nous sommes, en quelque sorte, mis en demeure de nous expliquer.

Nous le ferons d'autant plus volontiers que nous les ayions déjà étudiés spontanément, et que nous avions été assez heureux pour y trouver quelques données avantageuses à consulter pour la physiologie générale de l'organe.

La première de ces expériences est produite par Meissner et a pour objet la détermination, *à posteriori*, de la surface horoptérique.

« Pour reconnaître la forme de l'horoptre (nous reproduirons ici l'exposition même de M. Claparède, d'après Meissner), il faut déterminer, d'une part, la forme de la ligne d'intersection de l'horoptre par le plan horizontal passant par les centres optiques (circonférence de cercle suivant Prévost, Muller, etc.) et, d'autre part, la forme de la ligne d'intersection de l'horoptre par un plan vertical passant par le point de mire (lieu de convergence angulaire des axes optiques principaux ou polaires) et le milieu de la ligne qui unit les centres optiques. C'est à la recherche de cette dernière ligne que M. Meissner s'est d'abord attaché. »

Soit R un observateur ayant les yeux en O et O' et fixant un point A dans le plan horizontal (fig. 63).

« Les points B et B', situés dans le même plan et sur la même ligne médiane, seront vus doubles, avec cette circonstance que les images doubles de B seront *homonymes* (portant le même nom que l'œil auquel elles correspondent) et celles de B', croisées. »

Ce point de départ est vrai dans son expression générale, mais exige une discussion détaillée sur laquelle nous reviendrons tout à l'heure.

« Si maintenant, ajoute M. Meissner, les axes optiques « convergeant toujours vers le point A, on élève graduellement

Fig. 63.

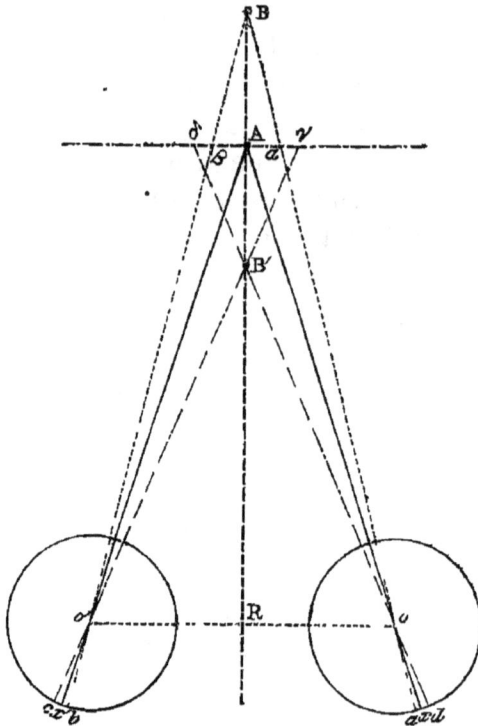

« et verticalement le point B, on voit les deux images A et B « se rapprocher par degrés, et finir par se confondre en une « seule, lorsque B a été élevé à une hauteur suffisante. — Si, « au contraire on abaisse le point B au-dessous du plan de « vision, on voit les deux images A et B s'écarter l'une de l'au-« tre, et finalement *sortir du champ visuel.*»

« L'élévation et l'abaissement du point B′ produisent un effet « précisément inverse ; c'est-à-dire que les images doubles se « fusionnent dans l'abaissement, et s'écartent toujours de plus « en plus pendant l'élévation graduelle du point B′ au-dessus « du plan du dessin. »

Nous n'avons point un grand intérêt de doctrine à contredire ces expériences, puisque M. Meissner est simplement conduit à déduire des considérations auxquelles elles lui ont paru se prêter, que l'horoptre se réduit à une ligne située dans le plan vertical, et dans le plan horizontal de vision, à un seul point. Or les corps de la nature ne sauraient pas plus se réduire à la forme d'une ligne et d'un point qu'à celle d'un tore, et l'horoptre de M. Meissner n'est pas plus compatible avec les faits de tous les instants que cette dernière surface.

Nous ne nous occuperons donc point de la discussion même à laquelle se livre le physiologiste allemand, mais seulement des faits qui lui servent de point de départ, et dont nous devons, sous peine de laisser des lacunes dans nos propositions précédentes, donner une explication raisonnée et surtout raisonnable, en ce qu'ils ont, du moins, d'exact et de fondé. Or quoique cette dernière partie ne soit que très-limitée, elle nécessite cependant une analyse délicate qui la rattache aux lois de la vision binoculaire.

Or, dans l'exposition des faits que nous venons de reproduire d'après M. Claparède, il n'y a que le commencement d'exact et de bien observé. Les axes optiques principaux étant fixés sur A, il est vrai que B et B' donnent des images doubles, les premières synonymes, les secondes croisées ; et c'est là-dessus que nous aurons à nous expliquer, car, par suite d'un malentendu de notre part, on nous a accusé de nier simplement le fait.

Mais quant au fusionnement des images doubles de B pendant l'élévation de ce point dans le plan vertical, ou de celle de B' pendant l'abaissement de ce dernier point, quant à l'écartement desdites images doubles pendant les mouvements inverses, nous les nions absolument, au moins dans les termes et dans les limites assignés à ces phénomènes. Ces fusionnements prétendus sont des impressions de pure illusion et dus exclusivement à la difficulté que les yeux éprouvent, pendant le mouvement décrit, à conserver leur accommodation fixée imperturbablement sur le point A. Qu'on veuille bien reprendre l'expérience, et l'on s'assurera qu'au moment où les images doubles de B paraissent se fusionner au-dessus du plan de A, en ce moment là A lui-même n'est plus vu simple, à moins toutefois que B n'ait été écarté angulairement du plan de A de quelque 20 degrés, distance angulaire à laquelle les images doubles de B se perdent, deviennent tout à fait confuses, et font place à une impression unique en effet, mais vague, et qui donne seulement une notion obscure de la position de B, mais non son image exacte; comme cela arrive pour tous les points même situés dans le plan horizontal et qui sont à cette même distance angulaire du point de mire ou du point de vue du tableau. Car, pour peu que cette notion *vague* prenne le caractère d'une image *nette*, à cet instant même le point A est vu double.

Ajoutons, contrairement à l'observation de M. Meissner, qu'il en est encore tout à fait de même si B *descend* au-dessous du plan du dessin au lieu de s'elever au-dessus de lui; les images doubles s'y fusionnent encore aux mêmes conditions vers 20 à 25 degrés.

Nous en dirons autant du point B', sauf l'unique différence du croisement des images, au lieu et place de leur synonymie.

§ 126. Concordance de ces faits avec nos principes.

— Mais il ne saurait suffire de montrer ici l'inanité des expériences précitées au point de vue horoptérique; il faut justifier ce qu'elles nous apportent d'irréfutable en fait, au point de vue des doctrines que nous avons nous-même présentées.

Or la simple existence des images doubles homonymes de B ou croisées de B', dans les 10 à 20 degrés où nous les observons, est elle-même un fait d'apparence paradoxale et qui semble en discordance avec le principe de la limitation par le croisement des directions, et dont il faut, au contraire, montrer la liaison très logique avec ce même principe.

Et d'abord, remarquons une circonstance qui n'a pas été mentionnée dans ces expériences, c'est que les images doubles α, 6, γ, δ ne sont aucunement nettes. Ce sont des images plus ou moins confuses : leur comparaison avec l'image nette, intermédiaire du point A, montre tout d'abord que leur confusion provient de l'absence d'accommodation de l'œil pour leur distance réelle : et les images croisées répondant au point le plus rapproché sont tout aussi peu nettes que les images homonymes qui représentent le point B le plus éloigné.

On peut déjà inférer de là que la différence des accommodations correspondant à la vision nette des points B, A, B' joue un rôle dans l'impuissance où se trouve la vue binoculaire de limiter les impressions B et B' au croisement de leurs directions.

Mais il est, dans la question, un élément plus important qu'il faut mettre en lumière, c'est le suivant :

De même que lorsqu'ils sont arrivés à une vingtaine de degrés au-dessus ou au-dessous du plan de A, les points B et B' donnent lieu à une sorte de sensation unique, non pas à une image nette, mais à un avertissement unique, indication vague d'une position et non d'une forme précise, à moins qu'en cet instant, ce qui a lieu le plus souvent, A lui-même n'apparaisse double, *de même un très-léger mouvement de* B *ou de* B', *à droite ou à gauche de* A, anéantit aussitôt l'impression double ou confuse, et donne lieu à une *image unique* de B ou de B', si ces points ne sont pas écartés de plus de 4 à 5 degrés, au plus 10 degrés ; et à une simple notion vague de la situation réelle de B et de B', si le mouvement atteint cette distance angulaire. Dans toutes les expériences que nous avons faites sur la vision simple binoculaire, et même monoculaire, nous avons toujours noté qu'au delà de 10 degrés, les perceptions étaient plus ou moins confuses quant à la forme, et ne donnaient d'autre indication que celle de la situation relative des objets.

L'expérience des trois épingles de Meissner nous apprend donc une circonstance nouvelle en apparence, à savoir que deux points ou deux tiges matérielles de petites épaisseurs, *dont l'une ne couvre pas l'autre*, placées dans le plan vertical médian, et à la même hauteur horizontale, ou dans le voisinage immédiat de cette hauteur, ne sauraient être vues simples à la fois. Pour les points situés de la sorte, les directions sensorielles binoculaires de chacun d'eux ne se limitent point à leur commune intersection. C'est le plan seul de l'accommodation qui les limite, en ce sens qu'ils y apparaissent comme la projection d'un corps interposé, et qui se détache sur la surface du fond.

Or, loin de contrarier la théorie que nous avons présentée dans les paragraphes qui précèdent, ces observations pourraient au contraire servir à la confirmer.

Remarquons, en effet, que α et b, images doubles de B, correspondent, vu l'accommodation qui est fixée en A, à deux directions ayant leur origine organique en *a* et *b*, c'est-à-dire dans des demi-hémisphères rétiniens correspondant à des régions opposées de l'espace, comme tout ce qui est compris dans l'angle oAo', ou son opposé au sommet, portion de l'espace soustraite à l'unité de la vision binoculaire, comme l'a démontré, le premier Léonard de Vinci, espace forcément neutralisé, comme étant destiné à des corps qui, sauf un éloignement suffisant, se recouvriraient complétement pour l'un ou l'autre œil.

B et B'. se projettent dans chaque œil sur des régions organiques qui ne correspondent point au même champ visuel. *Tout indice, tout avertissement manquent dès lors au sensorium qui lui marquent la direction virtuelle* à laquelle rapporter binoculairement B ou B'. Ces points ne font pas partie du tableau de la vision binoculaire unique, la nature ayant agi forcément en vue de la loi de l'impénétrabilité des corps, qui veut qu'un corps placé devant un autre le dérobe à la vue, à moins qu'ils ne soient relativement très-éloignés; et alors la différence des accommodations rend l'un ou l'autre assez confus pour qu'il n'y ait point double image perçue.

Et cela est si vrai que si l'on éloigne B ou B' du plan médian vertical, à droite ou à gauche, alors il arrive plus ou moins vite, suivant le degré de différence des accommodations, qu'ils se projettent en direction sur la moitié correspondante hémisphérique de chaque œil. Dès lors la rupture de la continuité de teinte qu'ils occasionnent dans le tableau correspond sur deux directions dont le sensorium établit la connexité avec le tableau, à un lieu unique de l'espace; ce qui n'arrive pas dans le cas de Meissner, où une même direction correspond à la fois à deux plans différents d'accommodation ou de perspective.

On voit d'ailleurs que le mouvement angulaire à produire, à droite ou à gauche, est seulement celui qui correspond aux différences de convergence déterminées par les éloignements AB, AB', et qui tend à effacer la région de l'espace, très-limitée du reste (espace neutralisé) qui se projette virtuellement sur les moitiés *non correspondantes* des deux rétines, en dedans des axes principaux pour les points situés comme le point B, en dehors, au contraire, pour les points tels que B'; car dès que B ou B' font, à droite ou à gauche, en dehors de A, un angle égal à l'angle aOx ou $Co'x'$, qui correspondent à la différence des convergences, et que d'ailleurs ces angles n'excèdent pas eux-mêmes 5 à 10 degrés, pour lesquels la netteté peut être conservée, ces points donnent lieu à une image précise, à une notion claire du point de concours des directions.

Mais, nous dira-t-on, vous ne vous expliquez pas en ce qui concerne l'élévation ou l'abaissement des points B ou B' au-dessus ou au-dessous du plan de l'horizon. Or dans l'un quelconque de ces cas, c'est dans le plan médian lui-même, et non à droite ou à gauche, qu'a lieu la coalescence des images doubles; comment vous rendez-vous compte de l'unité de l'image, quoique les projections de B et de B' viennent à se faire sur des régions non correspondantes des deux rétines?

Il y aurait là, en effet, quelque chose de paradoxal au premier abord; mais ce n'est qu'en apparence. Tant que les points B et B' se trouvent en effet dans un certain voisinage de l'horizon, les régions des rétines sur lesquelles ils opèrent leur projection sont en effet destinées à des tableaux différents; mais quand l'inclinaison devient notable (non plus 5 à 10 degrés et même moins ici), quand elle arrive à 20 degrés, plus ou moins, les muscles extrinsèques de l'œil peuvent parfaitement incliner l'un vers l'autre, soit en bas, soit en haut, les plans médians de chaque œil, en faisant tourner les globes oculaires autour de leur axe optique horizontal passant par A. Il existe dans les yeux, suivant la belle formule de Wheatsone, une telle tendance à faire fusionner les images doubles, que nous comprenons parfaitement la production de ces inclinaisons, dans une certaine mesure toutefois et entre certaines limites, dès que le besoin d'une coalescence semblable se fait sentir et que les autres conditions de la vision ne s'y opposent pas. Or la tendance physiologique est ici de faire disparaître l'image double, soit par le changement instantané et comme involontaire de l'accommodation (ce qui est certainement le plus ordinaire, s'il faut en croire l'enseignement de nos sens), soit par une inclinaison mutuelle du plan médian de chaque œil en haut ou en bas, suivant le cas. La synergie des muscles obliques et des droits supérieurs est plus que capable d'amener un tel effet. Mais ce qui s'observe le plus clairement et le plus constamment, c'est le changement subit de l'accommodation, et la réciprocité des images doubles de A avec B ou B'.

On voit, d'après cette discussion, que nous n'avions par tort d'annoncer que les faits en question, analysés avec soin, étaient plutôt de nature à confirmer qu'à ébranler les doctrines que nous venons de développer sur le principe d'unité de la vision et de la vision en relief, principe qui rapporte virtuellement les objets à leur place réelle par rapport à l'individu.

Doctrine qui se renferme dans ce seul principe final :

Tous les points des rétines jouissent de la même faculté que les axes optiques polaires, de rapporter binoculairement l'origine de la sensation lumineuse au point même de l'espace d'où elle émane, et où se coupent les axes secondaires ou directions virtuelles qui lui correspondent.

§ 127. Faits curieux de Wheatstone et leur signification.

— Parmi les faits expérimentaux qu'a fournis l'étude de la stéréoscopie et qu'il est impossible de concilier avec aucune des théories antérieures, il en est un très-curieux, dû à Wheatstone, inexpliqué jusqu'ici dans son mécanisme, et qui devient des plus faciles à concevoir dans la théorie actuelle.

Wheatstone dessine sur un papier, à 6 centimètres d'écartement, comme tous dessins stéréoscopiques, deux lignes droites d'un pouce environ de longueur, placées en regard l'une de l'autre, mais légèrement inclinées l'une vers l'autre, et qu'on peut même supposer encore plus expressément asymétriques, en prenant l'une verticale, telle que A'B' (fig. 64), l'autre inclinée vers la première, comme AB.

Si l'on place ces deux figures dans le stéréoscope, on remarque avec une certaine surprise qu'elles se fusionnent en une seule ligne, dirigée d'arrière en avant (faisant saillie sur le tableau), de droite à gauche, et de bas en haut. On n'a plus un double dessin dans un plan, mais une ligne matérielle suspendue dans l'espace, dans la position que nous venons de décrire, s'avançant obliquement vers le spectateur.

Cette impression stéréoscopique est niée par S. D. Brewster, mais à tort, car elle est bien réelle. Seulement, si l'on exagère l'angle de AB avec la verticale, la fatigue des yeux provoquée par cette exagération d'angle qui sort des conditions ordinaires de la vision, rend le phénomène instable, et il est alors concevable qu'on le nie, ou qu'on le croie mal observé, sans aucune mauvaise foi d'ailleurs. Mais que l'on ne dépasse pas 3 à 4 degrés, angle maximum, et le fait de la coalescence binoculaire devient constant pour chacun. Or quel que soit le nombre de degrés adopté, la signification du phénomène n'en est pas moins entière.

Fig. 64.

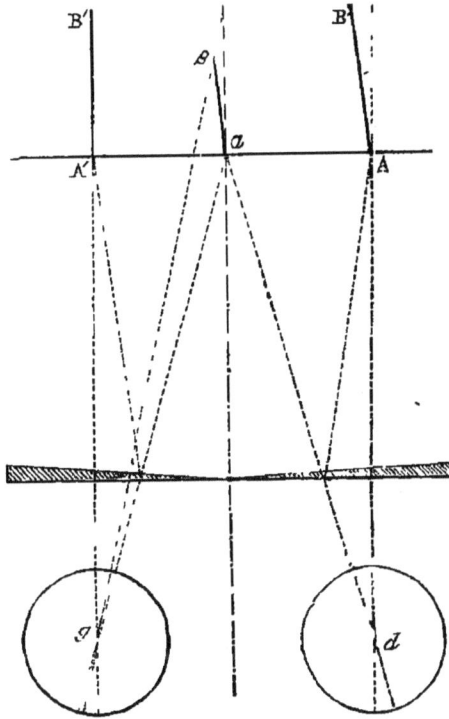

Cette expérience une fois bien constatée est, on le conçoit, un nouvel argument, et puissant, contre la théorie Brewster; comment, en effet, *voir* une seule ligne, et en relief, produite par la fusion de deux lignes dissemblablement placées, si les yeux devaient les parcourir successivement point par point!

Cette expérience, comme toutes les données stéréoscopiques, n'est pas moins incompatible avec la doctrine des points identiques; il est inutile d'y insister.

La nôtre sera-t-elle plus heureuse et rendra-t-elle compte du phénomène? Nous le croyons.

Suivons pas à pas le phénomène: dans chaque œil, sur un fond identique, uniforme, se dessinent deux droites de longueurs à peu près égales.

En vertu de ce grand et supérieur principe formulé par Wheatstone, les yeux ou le sensorium ont une tendance innée, violente à fusionner leurs impressions analogues, et ce fait n'arrêterait personne s'il portait sur des éléments symétriques. Or il n'en est pas ainsi dans le cas actuel.

Non; il n'y a pas symétrie géométrique, mais il y a dans chaque champ de vision une ligne isolée, se détachant seule sur le fond du tableau, et de dimensions, de teintes, de position assez peu différentes pour que la tendance innée à fusionner les impressions semblables trouve amplement lieu à s'exercer.

Toutes deux représentent, une dans chaque œil, la trace d'un plan contenant une ligne noire continue qui tranche sur le fond uniforme du tableau. Toutes les directions virtuelles nées ou sollicitées en chaque rétine sur les projections de AB d'une part, et de A'B' d'autre part, seront donc comprises, pour chaque œil, dans ces mêmes plans ABd, A'B'g, marchant l'un vers l'autre, en convergence vers le plan intermédiaire commun qui comprend le point de vue, ou centre de la perspective.

Et comme elles ne sauraient, d'ailleurs, ces directions virtuelles, se limiter autre part que dans le plan qui les contient, il s'ensuit que leur limitation commune et réciproque est forcément à l'intersection même des deux plans que nous venons de définir.

Et si l'on prend pour point de repère ou point de vue le point α, par exemple, il est visible, dans l'exemple choisi, que cette intersection est nécessairement une droite dirigée *de bas en haut, d'arrière en avant, et de droite à gauche.*

Ce qui est absolument conforme à l'expérience.

, Et d'ailleurs, si l'on renversait le raisonnement, et que l'on procédât par voie analytique, on arriverait encore au même résultat. Imaginons une droite α6 (fig. 64) occupant dans l'espace, et isolée sur le fond uni du ciel, cette même situation inclinée d'arrière en avant, de bas en haut, et de droite à gauche, où seraient ses projections dans les yeux ou sur un plan de perspective, si ce n'est sur les traces mêmes correspondant à AB pour l'œil gauche et A'B' pour l'œil droit après le retour des axes au parallélisme, c'est-à-dire après la suppression des prismes ?

Et la chose est tellement régulière que si l'on renverse le sens de la ligne AB, qu'on l'incline en sens inverse, de bas en haut (fig. 65) et de dedans en dehors, on peut prédire géométriquement que l'impression résultante changera de sens, et que la nouvelle droite αϐ paraîtra dirigée de bas en haut, d'avant en

Fig 65

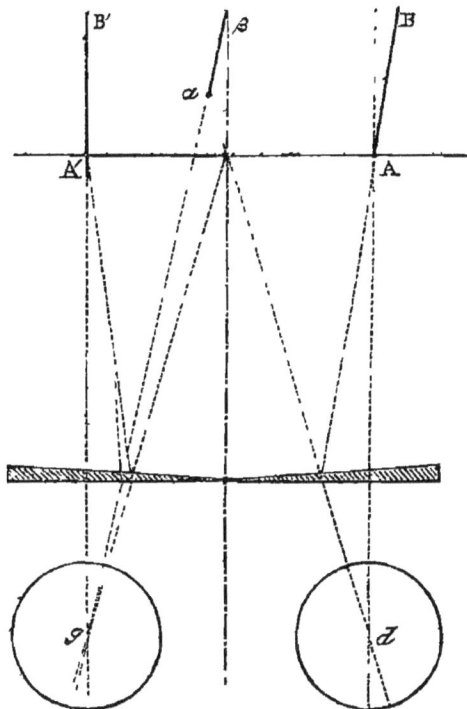

arrière et de gauche à droite. Car telle est l'intersection des deux plans contenant à droite et à gauche l'ensemble des directions virtuelles qui correspondent aux nouvelles positions de AB et de A' B', lorsqu'on les amène en convergence mutuelle.

On voit combien simplement ce cas, en apparence singulier, rentre dans la théorie générale de la vision binoculaire.

§ 128. Autres faits curieux du même ordre. — Il est un autre ordre de faits, avec raison plus contestés, dus encore à Wheatstone, et qui montrent à un degré encore plus élevé la puissance, l'énergie de cette tendance fusionnante qui préside à la vision binoculaire.

Le physiologiste anglais a annoncé que deux figures *semblables* (employant ce mot dans le sens géométrique exact) telles que cercles, carrés, polygones, etc., mais de dimensions un peu différentes, étant placées dans le stéréoscope, s'y voyaient fusionnées en une seule. Mais il faut pour cela, dit-il, que leur différence ne soit pas poussée jusqu'à l'exagération.

Nous dirons, pour fixer les idées, que ces différences linéaires ne doivent pas être supérieures au dixième des dimensions de la figure. Passé ce terme, la fusion n'a plus lieu, ou du moins n'est que fort instable.

Mais il est autre chose à noter, c'est que l'impression produite n'est pas une fusion réelle : l'image résultante n'est ni plane, ni en relief, ni régulière. Ce n'est plus, si on l'examine attentivement, ni l'une ni l'autre des deux figures ; c'est une figure altérée, déformée, gauchie. Or en analysant autant qu'on le peut ces déformations, et on y arrive en quelque mesure en interrompant d'espace en espace la continuité des lignes, on remarque que ces altérations reposent sur des considérations multiples et dont les influences se combattent.

Ainsi quand les lignes sont ainsi coupées comme, par exemple, si l'on efface les sommets des carrés ou des polygones, on trouve que la coalescence obéit aux intersections de plans contenant les directions oculaires correspondant aux lignes analogues. On ne voit plus alors une figure géométrique régulière, mais des lignes différemment inclinées en avant ou en arrière, eu égard au plan de la perspective.

Qu'on rétablisse les sommets, ce qui implique alors pour le sensorium la notion d'une figure *continue*, alors ces lignes se gauchissent vers les sommets communs et il en résulte une impression unique de figure déformée suivant une loi inintelligible et confuse. La vision géométrique se voit troublée par l'influence de l'illusion sensorielle.

Nous rangerions volontiers ces phénomènes dans l'ordre des illusions binoculaires.

Quoi qu'il en soit, ils sont une preuve nouvelle de la grande énergie et de la spontanéité du principe de fusionnement sur lequel repose, avant tout, la vision binoculaire. Nous verrons plus loin, dans la partie destinée à la pathologie fonctionnelle, le secours que la chirurgie oculaire peut demander à cette force nouvelle.

SECTION V.

Résumé des quatre sections qui précèdent.

§ 129. **Fusion des deux tableaux rétiniens autour du point de vue.** — Au point de vue général développé dans les paragraphes qui précèdent, tout l'espace offert à la vue se trouve embrassé dans les deux tiers environ de la surface hémisphérique comprise dans les prolongements des rayons extrêmes de chaque segment rétinien. Quand un objet devient visible dans cette étendue et que nous faisons acte de le regarder, nos deux axes optiques principaux viennent se rencontrer sur un point de cet objet, en général plus notable, plus apparent que les autres, qui devient le centre de chaque tableau dessiné au fond de l'œil. Tous les autres points de l'objet, tous ceux qui forment le fond du plan de perspective, tous ceux qui se détachent sur ce fond, se trouvent alors au lieu précis de l'entre-croisement des directions virtuelles conçues par l'un et l'autre œil, comme ils se trouvent également à l'intersection géométrique des axes des cônes lumineux émanés de chacun d'eux. Le point réel de l'espace est vu par le sensorium, exactement au lieu où il est *par rapport à l'individu*.

Qu'on n'oublie pas, à cet égard, le mécanisme physiologique sur lequel se fonde cette notion secondaire : comment la notion de cet entre-croisement virtuel dérive, pour le sensorium, de celle de la continuité des surfaces procurée par la conscience de la contiguïté des sensations lumineuses. Qu'on n'oublie pas non plus la conséquence de ces principes, à savoir qu'il n'y a sentiment de continuité que par correspondance des demi-hémisphères rétiniens de chaque côté du point *regardé*.

Tout est ainsi aisément et parfaitement éclairci dans l'acte de la vision binoculaire. On y voit que la faculté de vision exacte, plaçant chaque point dans sa situation relative parfaite, que l'on considère les rapports de position des points entre eux ou leurs rapports avec l'individu qui observe (et la fixité de ceux-ci assure la fixité des premiers), on y voit, disons-nous, que cette exactitude des renseignements apportés par la fonction au sensorium se fonde précisément sur la non-identité, la non-homologie des points rétiniens rencontrés dans chaque rétine par deux faisceaux lumineux émanés de deux points, l'un par exemple au point de vue du tableau, et l'autre en un lieu quelconque de l'espace (dans les limites approchées de la même accommodation). Il n'y a que les seuls points situés sur l'horoptre qui répondent, dans les rétines, à des arcs égaux, et il est clair que ces points appartiennent à des surfaces, à des formes géométriquement définies, et non plus aux caprices d'une nature indéterminée.

§ 130. **Rôle du sens musculaire.** — Le principe de la limitation, tel qu'il résulte des développements qui précèdent, n'est donc au fond qu'un corollaire du principe de la direction. Rattaché également, comme conséquence, aux notions fournies par le principe de la continuité, l'habitude et l'éducation paraissent avoir sur lui une certaine influence. Il ne semble pas né, comme celui de la direction, avec toute sa perfection finale, et l'on reconnaît qu'il se laisse influencer par des causes secondaire : le chapitre des illusions optiques est presque tout entier à placer sous sa dépendance.

L'étude de la diplopie et du strabisme nous donnera, à ce propos, des lumières précieuses. Elle nous apprendra que si la rétine fournit la notion exacte géométrique de la direction du faisceau lumineux qui la touche, dans l'axe du cylindre du petit bâtonnet qui reçoit ledit faisceau, la notion de la *position du point lumineux par rapport à l'individu*, ou au moins son centre de gravité, ou le centre de gravité de sa tête si vous voulez, exige une autre notion secondaire, à savoir : le sentiment de l'inclinaison même de ce petit cylindre sur l'axe du corps.

Or si l'œil était enchâssé dans le crâne comme un diamant dans une bague, l'inclinaison de ce bâtonnet sur l'axe du système étant parfaitement fixe, pourrait très-bien être supposée connue, instinctivement possédée par le sensorium. Mais l'œil se meut, est mû plutôt. Pour apprécier une inclinaison qui varie, il faut donc que la conscience soit avertie des moindres altérations de position subies par l'inclinaison du bâtonnet.

On sait quel est l'instrument de ces variations et en même temps celui de leur mesure : c'est la conscience ou sens musculaires, un des apanages de la sensibilité propre aux muscles. En chaque instant, cette conscience musculaire avertit le sensorium de l'inclinaison des bâtonnets sur l'axe de l'observateur, comme le contact d'un de ces petits cylindres par le faisceau lumineux précise à l'œil la direction, dans l'espace, de la source éclairante. Le système musculaire de l'œil et, quand la tête remue, celui du squelette entier, complètent la notion portée au cerveau, et la position des objets est précisée par l'esprit *relativement à l'observateur*.

§ 131. Nature et degré d'influence de l'éducation.

— C'est en cela qu'il ne nous semble pas impossible, loin de là, que la fonction, pour être parfaite, exige une certaine éducation. L'exercice de la vue, comme celui du toucher, ne sont pas, chez l'enfant, immédiatement à leur apogée : certains animaux précoces ou arrivant au jour dans un degré de développement relatif plus avancé, paraissent sans doute tout d'abord aussi instruits qu'ils peuvent le devenir. L'homme ne semble pas aussi privilégié, et il appert de l'observation journalière des faits qu'il a besoin d'un certain perfectionnement, d'une éducation.

Cette même observation se fait dans quelques maladies, dans l'amendement de la diplopie, conséquence immédiate, mais non durable, d'un strabisme d'origine récente, ou survenant après l'opération d'un strabisme. (Voir le chapitre *Strabisme*.)

Enfin on l'observe ou plutôt on l'a observé, ce besoin d'éducation, dans quelques cas de « *naissance de la vision*, » chez des sujets plus ou moins âgés, après l'opération de cataractes congénitales.

Ce point de physiologie, à la fois intellectuelle et fonctionnelle, est généralement, universellement admis; il marque le passage de l'impression à la conception, l'alliance et le rapport de l'organisme avec le jugement.

On peut l'étudier dans l'observation de quelques opérés de cataractes congénitales, et c'est une étude qui ne manque pas d'intérêt.

Citons d'abord le cas classique observé par Cheselden : « Cet aveugle, lorsqu'il vit pour la première fois, ne sentit que les impressions reçues dans ses yeux; il ne distinguait aucune chose d'une autre. Lorsqu'il commença à voir les objets, il les observait avec soin pour les reconnaître une autre fois, et il oubliait mille choses pour une qu'il retenait; il se passa plus de deux mois avant qu'il pût reconnaître que les tableaux représentaient

des choses solides: il demandait quel était le sens qui le trom-
pait, de la vue ou du toucher..» Et ces observations de Cheselden, dit M. Magendie (*Physiologie*, p. 83, 1re édition), ne sont
pas uniques; il en existe d'autres, et toutes ont donné des résultats à peu près semblables.

Cette observation de Cheselden, quelques autres tout à fait
analogues rapportées par sir Everard Home, démontrent assurément, tout comme l'observation de la première enfance, que
l'œil a besoin, avant d'être parfait, d'une certaine éducation;
mais elles sont encore assez confuses, et ne précisent point en
quoi a dû consister et de quel genre a été cette éducation.

Nous trouvons dans dans l'ouvrage de M. Nunneley un cas
plus complétement analysé, quoique laissant encore planer sur
la question un certain vague; néanmoins il renferme aussi
quelques données plus positives que les précédentes.

« Il s'agissait (dit Nunneley) d'un beau et très-intelligent garçon
« de 9 ans qui portait une double cataracte congénitale, et chez
« lequel la rétine paraissait plus puissante qu'elle n'est, dans des
« cas semblables, à un âge aussi avancé, comme on put s'en
« assurer par l'excellente vue qu'il acquit plus tard. Il pouvait se
« diriger dans tous les coins du village manufacturier où il de-
« meurait. Il lui était possible de reconnaître la différence entre
« le jour clair, l'éclat du soleil et un jour obscur, nuageux; *il*
« *pouvait également suivre les mouvements d'une lumière prome-*
« *née devant ses yeux* (principe inné de la direction!). Le tou-
« cher avait obtenu chez lui une certaine perfection; il recon-
« naissait assez généralement, en les maniant en tous sens, de
« menus objets comme livres, pierres, petites boîtes, morceaux
« de bois ou d'os de différentes formes, un cube, une sphère,
« déclarant aussitôt l'un carré, l'autre rond, et s'aidait souvent,
« pour arriver à cette connaissance, de son œil, dont il appro-
« chait l'objet presque jusqu'au contact. Les couleurs très-
« brillantes ainsi rapprochées, il les reconnaissait pour blan-
« ches; toutes celles plus obscures, il les déclarait noires, etc.
« Les lentilles étaient larges, laiteuses, contenant des grumeaux
« caséeux, blancs et opaques; les capsules claires et transpa-
« rentes. Il arrive communément, on le sait, dans ces sortes de
« cas, avant cette période de la vie, que le cristallin est absorbé,
« laissant à sa place une capsule opaque bien moins favorable à

« l'observation que les circonstances présentes. Après l'avoir
« maintenu dans l'obscurité pendant quelques jours, quand
« toutes les parties opaques du cristallin eurent été absorbées
« et les yeux devenus parfaitement clairs, les mêmes objets
« qu'il avait l'habitude de reconnaître par le toucher et qu'on
« avait tenus éloignés de lui, furent offerts à sa vue. Il reconnut
« aussitôt leurs différences de formes, mais sans pouvoir aucu-
« nement distinguer laquelle était cubique, laquelle était une
« sphère ; il disait seulement qu'elles ne se ressemblaient pas.
« Ce ne fut que lorsqu'on les eut placées plusieurs fois entre ses
« mains qu'il parvint à reconnaître par la vue ce qu'il recon-
« naissait autrefois par le toucher ; mais cela n'arriva qu'au
« bout de plusieurs jours. *De la distance, il n'avait pas la plus
« légère notion ; il disait que tous les objets touchaient ses yeux ;*
« et quand il marcha, ce fut avec les plus grandes précautions, les
« mains en avant, craignant de se heurter les yeux contre les
« objets éloignés. Il fallut beaucoup de soins pour lui appren-
« dre à ne pas se heurter ; graduellement pourtant il acquit les
« notions nécessaires, et sa vue devint ce qu'elle est encore,
« relativement parfaite. »

Les enseignements que la fonction visuelle est chargée de
nous transmettre sur les objets que nous ne pouvons ou que
nous ne devons pas toucher sont de diverses sortes, qui peuvent se ranger sous les chefs suivants :

Forme et couleur. — Situation relativement à nous. —
Distance.

Si nous nous en tenons à l'observation qui précède et à celles
moins nettes encore qui ont été faites antérieurement, nous
trouvons que, pour ce qui concerne le premier chef, forme ou
couleur, l'éducation du sujet opéré a dû être faite en entier.
Nous n'en serons aucunement surpris ; la forme et la couleur
sont des impressions qu'il faut apprendre à rapporter au langage,
ainsi qu'au sens du toucher (pour ce qui est de la forme du
moins), et pour lesquels l'éducation est une nécessité simple et
facile à comprendre.

Quant à la distance, l'observation précédente est négative ou
plutôt sans résultat : elle ne nous apprend qu'une chose, l'existence chez le sujet de la notion d'extériorité ; mais elle est silencieuse à l'endroit de la distance. L'opéré croit que les objets

vont heurter ses yeux; il les *sent* donc en dehors de lui, et si nous ne nous trompons, il les place dans la région à laquelle se rapportent les phosphènes.

Mais comment lui demanderions-nous de fixer des distances relatives? Oublions-nous qu'il n'a plus de cristallins, partant plus de pouvoir d'accommodation variée? Il faut donc qu'il conquière toutes ses notions par la grandeur apparente des objets connus, et que le sens du toucher se charge entièrement de son éducation et lui fournisse, non la notion exacte, instinctive, mais un aperçu mental, raisonné des distances.

Mais la situation, dira-t-on, la situation relative lui est fournie, encore est-ce assez imparfaitement, par le sentiment de la direction qui lui est évidemment innée. L'observation le témoigne de façon absolue; mais cette direction manque elle-même d'une base absolument fixe; la disparition du cristallin enlève à la rétine, non la propriété de renvoyer virtuellement sa sensation au dehors, sur une ligne passant par le centre optique; mais c'est ce centre optique lui-même qui manque ou devient variable, eu égard aux inclinaisons différentes des faisceaux lumineux incidents. Le centre optique objectif est devenu variable quant le centre optique virtuel est demeuré le même. On peut donc conjecturer (car l'observation est muette) que la perfection de la vue n'a jamais dû être complète chez cet opéré, comme elle ne doit pas l'être chez d'autres dans le même cas.

Il serait, à ce propos, du plus haut intérêt de remettre cette question à l'étude, en ce point notamment, et d'interroger les opérés de cataracte longtemps après le rétablissement de la fonction visuelle, pour juger du *degré de précision* avec laquelle ils apprécient la situation des objets relativement à eux. Il est vrai que, chez la plupart, nne seconde éducation doit se faire à la longue, fondée sur les rapports des bâtonnets avec le centre optique des verres convexes indispensables à la vision de ces infirmes. Néanmoins il y a des choses à approfondir dans cet ordre d'observations; nous citerons notamment la diplopie : il serait intéressant de savoir avec exactitude si le sujet y est soumis, et si oui, durant quel temps.

§ 132. **Conclusion**. — En résumé, la vision binoculaire

portant l'idée d'un objet simple et la notion de ses trois dimensions, repose donc sur deux ordres de faits, les uns exclusivement physiques, les autres exclusivement physiologiques.

Le fait physique se résume dans l'énoncé suivant : au moyen d'un certain mécanisme dioptrique dans lequel la physiologie joue d'ailleurs un rôle propre qui différencie l'appareil naturel des appareils analogues de l'optique expérimentale ou instrumentale, une image est dessinée par un même objet au fond de chaque œil sur la surface hémisphérique qui en forme la région postérieure. Cette image est renversée, plus petite que l'objet et très-nette, si, ce qu'il y a lieu de supposer, l'œil est exactement accommodé pour la distance de l'objet, c'est-à-dire si, par rapport à l'appareil optique proprement dit, l'objet et le fond de l'œil sont à des distances respectives marquées par la relation, équation ou formule des foyers conjugués de cet appareil à foyer variable.

Mais les deux yeux n'occupant pas le même point de l'espace, ces deux images sont forcément dissemblables, quoique d'ailleurs très-comparables et analogues. Formées d'une très-grande partie commune, elles ont pourtant sur leurs parties internes, correspondant aux bords externes de l'objet, chacune une partie indépendante ou monoculaire : c'est l'auréole de Léonard de Vinci. Par la même raison, la partie commune offre, entre deux points similaires quelconques, des écartements inégaux dans les deux yeux.

Voilà pour les conditions physiques.

Passons aux éléments physiologiques.

Par suite de la sympathie synergique des deux yeux, de la congruence au point de mire instinctivement choisi, des deux axes optiques, de la tendance innée qu'ont ces organes à confondre leurs impressions, le point de mire se trouve expressément relié à la situation occupée dans l'espace par l'observateur; et tout autour de lui, les deux images se mêlent en fournissant au sensorium, averti par les principes de direction et d'extériorité, la notion du lieu de l'espace accusé par la source de lumière et d'ombre, par l'objet vu.

Chaque point de l'une et l'autre image est alors reporté par l'œil, à l'extérieur, dans une direction virtuelle qui se trouve être exactement celle de l'axe du cône lumineux correspondant à ce poiñt, et ayant la cornée pour base ; et en vertu de la notion de continuité des surfaces, chaque point similaire emportant l'idée d'un point unique, est vu virtuellement à l'entre-croisement même des deux directions virtuelles qui lui correspondent, c'est-à-dire à l'entre-croisement même des directions réelles, au lieu *exact* qu'il occupe dans l'espace, le point de mire et l'individu formant la base commune et fixe de ces appréciations.

L'unicité et la sensation des trois dimensions de l'objet sont comprises intégralement dans ces propositions.

CHAPITRE IV.

STATIQUE ET DYNAMIQUE DU GLOBE OCULAIRE.

§ 153. Harmonie du système musculaire avec les autres éléments physiologiques de l'organe.— Dans notre chap. II, sect. 2ᵉ, résumant les conditions réunies par la nature dans la construction de l'appareil de la vue, après avoir marqué d'une façon sommaire le rôle du système musculaire extérieur au globe oculaire, nous disions : « La synergie du système musculaire extrinsèque est donc tout aussi indispensable à l'exécution d'une vision normale et régulière, que toute autre condition propre à ces organes. »

Si nous voulons arriver à déterminer les conséquences que pourraient offrir, pour l'accomplissement de l'acte de la vision, des anomalies dans cette parfaite synergie, il nous faut maintenant exprimer les conditions de détail et d'ensemble de l'équilibre de ce système musculaire.

Rappelons, avant d'aller plus loin, que cette synergie doit exister dans toute sa perfection, non-seulement entre les deux yeux, mais entre chacun d'eux et l'étendue même de la vision monoculaire. Si l'accommodation de convergence ou binoculaire ne pouvait s'étendre du côté des objets rapprochés, par exemple, jusqu'à la limite inférieure du champ de la vision distincte monoculaire, l'individu y verrait beaucoup plus près avec un seul œil qu'avec deux yeux (ce qui arrive quelquefois dans la myopie).

Le champ de la vision distincte binoculaire serait diminué d'autant, et cette diminution, si le sujet était myope, pourrait aller jusqu'à le priver absolument de la vision binoculaire. Il importe donc toujours, dans l'étude pratique des affections fonctionnelles des yeux, de mesurer le champ de la vision distincte, pour chaque œil séparément, et pour tous les deux ensemble.

Cette parfaite concordance dans les mouvements relatifs des deux yeux exige évidemment, et en premier lieu, une mobilité parfaite des globes oculaires autour d'un axe, ou plutôt d'un point, centre du mouvement de chacun d'eux, et parfaitement invariable dans sa position. Le plus léger mouvement angulaire de cette sphère doit, d'autre part, être aussitôt exécuté que conçu, et apprécié aussitôt qu'exécuté; or, ces deux échanges de volonté ou d'instinct, d'une part, d'impression, de l'autre, ont pour agents, chacun le sait, la sensibilité musculaire spéciale, quelque nom qu'on lui donne, comme sens musculaire, conscience musculaire, sens d'activité musculaire. Nous devons donc nous attendre à trouver, dans les conditions anatomiques remplies par le globe oculaire, toutes les facilités imaginables pour l'exécution de ces mouvements.

Et, en effet, ces conditions sont même telles que l'organe sphérique est, absolument et exclusivement à toutes autres forces (la pesanteur exceptée), *suspendu* entre deux systèmes de muscles extérieurs qui, dans leur synergie normale, assurent en même temps la conservation de sa forme sphérique et sa convenable direction.

La savante, délicate et très-exacte description donnée de ces muscles dans les belles recherches de M. J. Guérin (1) sur le strabisme, conduit directement à cette conclusion, à laquelle nous ajouterons nous-même quelques petits détails qui la confirment.

Comme pour juger pertinemment des anomalies de forme ou de position d'un organe aussi mobile, il faut avoir une idée

---

(1) *Gazette Médic. de Paris*, 1842.

parfaitement nette de sa situation normale et des forces entre lesquelles il est placé, nous allons reprendre ici succinctement cette description anatomique. Elle est nécessaire à la parfaite intelligence du mécanisme auquel est assujetti l'organe.

§ 154. Description des systèmes musculaires de l'œil au point de vue de leur action mécanique. —

Fig 66

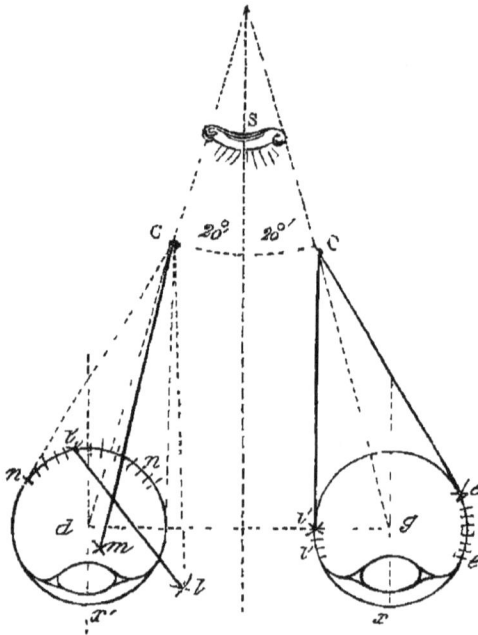

Soient o,o' les deux centres des globes oculaires; c,c' les points d'insertions des muscles droits, de l'élévateur de la paupière supérieure et du tendon direct du grand oblique, au fond de l'orbite.

$c'm$ représente, en projection, la longueur et la direction moyenne des muscles droits supérieur et inférieur. Ces projections se recouvrent ou se superposent dans le plan horizontal ou du dessin.

ci, ce les projections des droits interne et externe.

ll' la direction, en projection également, des deux obliques.

M. J. Guérin a fait remarquer, entre autres particularités

dignes d'attention, sur ces premières données anatomiques : 1° que les points c ou c', sommet du cône orbitaire et point d'attache commun des muscles droits ci-dessus dénommés, se trouvaient fort en dedans de la direction des axes optiques parallèles ox, $o'x'$; 2° que le muscle droit interne ci est, au contraire, et seul, à très-peu près parallèle à ces axes dans leur direction vers l'infini ; 3° que ce muscle ne s'enroule presque aucunement autour du globe, son point d'attache étant sur la tangente même ci ; 4° que le muscle droit externe, au contraire, embrasse le globe oculaire, suivant un segment de sphère, d'un nombre notable de degrés ee ; 5° que les muscles droits s'insèrent sur une circonférence de cercle verticale, qui forme à très-peu près la limite entre le tiers antérieur et le tiers moyen du globe oculaire.

Quant au système des muscles obliques, l'axe moyen de ses tractions a pour région un plan vertical dont la projection est représentée par la ligne ll', formant sur l'axe antéro-postérieur de l'œil un angle de 45°.

§ 135. **Centre de mouvement du globe.**—Après avoir fixé ces premières données, M. J. Guérin établit d'abord, anatomiquement et expérimentalement, que le centre de mouvement du globe oculaire n'est pas sur la face postérieure de l'œil, ni dans le cristallin, mais au centre même du globe.

Nous sommes arrivé physiologiquement à la même conclusion, par l'expérience ou la mensuration suivante :

Les deux yeux étant fixés bien exactement sur un point de mire invariable, et la face bien droite devant ce point de mire, la distance des centres des pupilles est mesurée avec soin. Nous trouvons, par exemple, soixante-trois millimètres.

Alors, *sans changer la direction du regard*, nous tournons la tête autour de son axe vertical demeuré fixe, en lui faisant parcourir un angle d'environ 45°. Mesurant alors la distance des centres pupillaires, nous ne trouvons plus que cinquante-trois millimètres.

Or, si le mouvement combiné qui a permis sans effort, sans aucune altération des traits du visage, cette diminution d'un demi-diamètre de l'œil, dans la distance qui sépare les pupilles, ne s'était point passé autour du centre de figure, ou au moins d'un point fort voisin, comme centre de mouvement, quelle déformation n'eût pas dû être la conséquence d'un mouvement de 45° de chaque œil autour de son pôle optique!

Si l'on se représente ce mouvement par un dessin schématique, on voit qu'au lieu d'une simple rotation autour de son axe de figure et dans son orbite, le globe oculaire aurait dû être soumis à un mouvement de translation de totalité qui eut rapproché un des yeux du nez, de près de deux centimètres, et éloigné de la même quantité l'autre du plan médian, ce qui n'est point compatible avec les dimensions de l'orbite et les autres conditions géométriques de la question.—Nous fixerons plus loin, d'une manière plus précise encore, le point ou l'axe autour duquel s'exécute ce mouvement. Pour toutes les discussions qui vont suivre, la détermination approchée que nous venons de donner est parfaitement suffisante.

§ 156. **Équilibre statique des pressions internes et externes qui s'exercent sur le globe oculaire.**—Ces préliminaires posés, on peut reconnaître du premier coup d'œil, anatomiquement jeté sur les parties mises à découvert, que le globe de l'œil, considéré pour un instant comme dépourvu de pesanteur, est suspendu entre deux groupes de forces, les unes agissant d'avant en arrière et sur la circonférence de cercle qui sépare le tiers moyen du globe de son tiers antérieur, et qui prennent en arrière, sur l'os même, leur attache fixe (les quatre muscles droits), le second groupe (muscles obliques) agissant, au contraire, d'arrière en avant, et prenant leurs attaches fixes en avant sur le rebord orbitaire, et leurs attaches mobiles sur le globe de l'œil, en arrière, où elles se fondent en une vaste sangle fibreuse qui embrasse toute la demi-sphère postérieure de l'organe (feuillet fibreux qui enveloppe directement la partie postérieure du globe oculaire.—J. Guérin). Si l'on dissèque attentivement ce feuillet, on voit qu'il se confond avec les expansions fibreuses du tendon réfléchi du grand oblique et la terminaison directe du petit. Or, il n'a pas été suffisamment remarqué jusqu'ici que l'œil n'a point, *soit d'avant en arrière, soit d'arrière en avant*, d'autres supports que ces éléments fibro-musculaires. Noyé dans une atmosphère de graisse qui remplit le cône aponévrotique dont

est tapissée l'orbite et qui lui sert de périoste, l'œil n'a d'autre
appui en avant et en arrière que ces soutiens élastiques et actifs.

Ce n'est pas tout ; si l'on considère la direction générale des
forces représentées par les muscles droits, on voit que leur
résultante commune, celle qui peut être prise comme l'intégrale
de ces actions qui tendent à porter le globe de l'œil d'avant en
arrière, est dirigée nécessairement suivant l'axe de l'orbite *oc*;
d'autre part, la résultante inverse, effet propre aux obliques,
aurait pour direction moyenne *l'l* portant le globe d'arrière en
avant.

Mais il est facile de voir sur la figure, et de se représenter d'ailleurs par la simple considération de la position des points *c'* et *l*,
tout à fait interne par rapport au globe de l'œil, que ces deux
résultantes ne sauraient absolument se détruire ; leurs directions
ne sont pas exactement opposées et contraires (voyez les lignes
c'm et *l'l*, qui les représentent approximativement). Il est évident, dès lors, que ces forces ont une résultante commune, dirigée de dehors en dedans, suivant la perpendiculaire, à la paroi
orbitaire interne dont la résistance seule les détruit.

Ajoutez toutefois que cette équilibration ne peut avoir lieu
exactement dans le plan horizontal que représente le dessin.
Nous avons en effet négligé, dans cette analyse, une force qui
ne peut être passée sous silence, l'action de la pesanteur sur le
globe oculaire. Il y a lieu nécessairement à la faire entrer dans
cette combinaison ; mais son introduction n'a d'autre effet que
de faire dévier, non plus exactement de dehors en dedans, mais
encore de haut en bas, la résultante finale des actions qui doit
détruire la résistance de la paroi orbitaire.

Le point d'appui solide de tous les mouvements de l'œil,
celui sur lequel *glisse* le globe dans tous ses mouvements autour
de son centre de figure, est donc placé au point de contact de
la surface sphérique du globe, ou de son coussinet graisseux, avec
la paroi orbitaire inférieure interne. En cette région, l'anatomiste doit rencontrer les tissus fibreux les plus résistants, les
tissus adipeux les plus serrés, la bourse séreuse la plus ferme et
la plus complète. Et s'il nous est permis de nous élever de la
considération d'un fait mécanique à des aperçus physiologico-
pathologiques, c'est là, dans un espace triangulaire compris entre
les insertions du droit interne, du droit inférieur et celles du

nerf optique, que l'histoire des kystes orbitaires semble devoir trouver ses éléments de prédisposition les plus complets et ses cas les plus nombreux.

Une dissection minutieuse nous a paru confirmer ces aperçus; mais comme chacun est trop enclin à voir ce qu'il croit devoir rencontrer, comme une appréciation d'épaisseur de tissus aussi délicats que ceux-là peut prêter à l'illusion, nous abandonnerons cette question à l'attention et à la décision des anatomistes et des chirurgiens.

§ 157. **Déformation du globe par suite de la rupture de l'équilibre des pressions externes et internes.** — Telles sont les conditions mécaniques qui président à la statique et à la dynamique de l'œil. Étudions sur ces bases anatomiques les deux problèmes définis dans ces deux mots.

Le problème statique est simple et son objet aisé à pénétrer : il est tout entier dans la conservation de la forme sphérique du globe. Le problème dynamique est plus complexe : il doit faire connaître les conditions propres à procurer le mouvement du globe oculaire autour de son centre, à partir d'une position initiale, et sans altérer son état statique ou sa forme.

Occupons-nous de la première question : statique du globe oculaire.

Le globe oculaire est, on le sait, un sphéroïde membraneux rempli de substances aqueuses ou participant de la nature plus ou moins fluide d'un liquide, c'est-à-dire telles qu'une pression exercée en un quelconque des points de la masse se transmette, intacte dans toutes les directions, dans cette même masse. Pour qu'une telle surface sollicitée par des forces extérieures, n'éprouve de leur part aucune action qui en altère la forme, il faut que toutes les pressions exercées par ces forces soient dans le cas des pressions qui seraient exercées par un milieu homogène, à savoir : que tous les points de cette surface soient sollicités par des actions égales entre elles, normales à la surface de la sphère, et dirigées deux à deux en sens contraire.

Or, si l'on jette les yeux sur la figure 66, on voit que toute la partie postérieure du globe oculaire est soumise à l'action de toutes les composantes normales n'n'n' qui naissent de l'action des obliques en tous leurs points de contact avec le rayon oculaire, et que, par contre, les muscles droits et l'orbite, par sa face interne et inférieure, enfantent en tous les points de leur contact avec le globe, de semblables composantes *nnn* normales à la sphère oculaire sur toute la zone moyenne de l'œil. Ces normales vont se rencontrer au centre du globe; seul, le tiers antérieur de la surface sphéroïde est libre de toute pression musculaire. Les forces normales qui s'appliquent sur le tiers postérieur du globe ne correspondent donc à aucune équivalente musculaire normale sur le tiers antérieur. La résistance du tissu cornéal et celle de la zone scléroticale qui l'encadre ont donc été calculées par la nature de façon à ne céder à ces pressions normales, agissant ici de dedans ou de dehors, que de la quantité nécessaire pour assurer leur degré logique et régulier de courbure propre.

On peut donc dire, en se résumant, qu'à l'état normal, les pressions musculaires exercées, de dehors en dedans. par les muscles extrinsèques sont équilibrées par la résistance propre du tissu cornéal, par celle de la sclérotique dans les points où la résistance de la membrane est dépourvue de tout secours musculaire.

Tout changement, par exagération, des pressions intérieures, réactions de celles qui s'exercent de dehors en dedans, devra donc avoir pour effet la tension de la région moyenne et antérieure du globe, la région cornéale et péri-cornéale. C'est elle qui devra céder devant les réactions de l'intérieur, à moins toutefois que les parties postérieures n'aient perdu de leur consistance normale, ne soient altérées dans leur résistance. Alors, si la diminution de résistance est plus ou moins uniformément répandue dans la région postérieure, ce sera sur les points les moins soutenus que s'exercera la déformation.

Or, de toute la surface postérieure du globe, c'est la région même de la pénétration du nerf optique qui est la moins soutenue, et dans cette région, le côté *inférieur* et *interne*. Ce serait donc en cet endroit que devraient s'observer de préférence, tout étant égal d'ailleurs, au point de vue du ramollissement des tissus, les staphylômes postérieurs. Cependant, comme la portion interne de cet espace reçoit un puissant renfort de la présence de l'orbite sur lequel elle appuie et qui réagit contre elle et vers le centre, on peut expliquer par là la prédilection qu'a le staphylôme postérieur à s'accuser d'abord sur la région externe de la papille. Ajoutons que le siége anatomique du ramollissement est toujours, dans le cas où doit apparaître le staphylôme, la considération la plus importante, puisque si les résistances demeurent normales, le bombement et l'effort s'accusent en avant.

Il est bien entendu, toutefois, que nous n'introduisons cette cause dans l'étiologie générale du staphylôme postérieur, que toute réserve faite de la prépondérance du ramollissement et de son siége, l'influence élective de la pression ne devant jouer de rôle sur le lieu occupé par le staphylôme qu'autant que la cause morbide agirait elle-même sur tout l'organe avec uniformité.

§ 138. **Toute rétraction musculaire peut et doit produire de la myopie.**— D'après ce que nous venons de dire relativement à la statique des pressions qui agissent sur le globe oculaire, et sur le parfait équilibre entre les pressions musculaires exercées de dehors en dedans et la réaction du liquide intérieur, équilibre constaté par la permanence de la forme et la constance des rayons de courbure, on voit que tout changement survenu dans le rapport exact de ces forces, devra être suivi et accusé par une altération de ladite forme sphéroïdale.

C'est ainsi que l'augmentation du liquide intérieur produit des staphylômes si une portion de la coque oculaire se trouve plus ou moins ramollie; mais il peut auparavant, et surtout s'il n'y a pas ramollissement de la coque, s'accuser au dehors par une distension, avec excès de courbure, de la cornée et de la zone scléroticale qui l'entoure; ces régions peuvent augmenter de courbure et se laisser distendre jusqu'à réaliser la forme conique elle-même.

Mais la rupture de l'équilibre peut encore avoir lieu d'autre manière, à savoir par la prédominance d'action des muscles extérieurs. Il est inutile de beaucoup insister pour démontrer que tel doit être l'effet d'une exagération d'action de la part des puissances musculaires : pressé outre mesure de dehors en dedans, le liquide intérieur réagit, en pressant de dedans en dehors, sur les parties non soutenues, et rend par là plus bombée la région la plus abandonnée, la surface de la cornée.

Telle peut être assurément une des origines de la myopie congénitale. Tout étant égal du côté du cristallin, de la faculté d'accommodation, un excès de tonicité de la part de tous les muscles extérieurs peut décider consécutivement un accroissement dans la courbure de la cornée.

Mais il n'est pas besoin de recourir à cette supposition d'un excès général de force tonique dans le système musculaire de l'œil ; la seule contraction ou rétraction non de tous les muscles, mais d'un seul d'entre eux, est de nature à produire le même effet. Le raccourcissement d'un seul muscle augmente la somme des pressions générales supportées par le globe oculaire et détermine l'effet que nous venons d'annoncer. Ce point de vue a été très-nettement exposé, pour la première fois, par M. J. Guérin dans ses belles études sur le strabisme. Ce savant a même fait voir davantage, en montrant comment, dans certains cas de strabisme excessif, la région cornéale disparaissant dans l'orbite d'un ou d'autre côté, une autre portion du globe venait la remplacer dans le vide intra-palpébral. Ce n'était plus alors la cornée, soutenue par les tissus avec lesquels elle entrait en rapport, mais la nouvelle région antérieure, dépourvue maintenant de tous supports, qui cédait aux excès de pression intérieure et devenait bombée, et donnait naissance à une menace de staphylôme à la place primitivement occupée par la cornée. Nous avons été à même, dans plusieurs cas, de vérifier l'exactitude pratique de ces données de haute pathogénie théorique.

§ 159. Comme toute section de muscle rétracté peut la corriger à l'instant.— Il appert clairement de ces considérations, que puisque la myopie doit être un des effets consécutifs du strabisme, elle se verra souvent corrigée par la section des muscles rétractés; mais on doit penser encore que plus d'une myopie, non strabique en apparence, pourra bénéficier, de la même manière, d'un soulagement donné aux pressions internes par le relâchement amené par une section tendineuse ou musculaire. On doit même voir là le secret de plus d'une des guérisons de la myopie acquise, suite de presbytie mal gouvernée, et dont la ténotomie paraît avoir triomphé. Or, si l'on considère que ces ténotomies ont porté tantôt sur un des muscles droits, tantôt sur un des obliques, on

ne peut voir que dans une action exercée sur une des causes
générales de la myopie, la vraie raison des succès obtenus par
des opérations en apparence fort contraires. On ne peut se
rendre autrement raison des succès obtenus par la section de
deux muscles dont l'action classique est radicalement opposée.

§ 140. **La myopie, suite de rétraction, ne provient
donc que d'un bombement de la cornée, et nullement d'une augmentation du diamètre antéro-
postérieur de l'œil.** — Ces mêmes remarques peuvent
servir à faire apprécier la théorie qui plaçait la myopie ou l'accommodation pour les objets rapprochés, sous la dépendance
d'un allongement, non pas relatif, mais absolu du diamètre
antéro-postérieur de l'œil, et celui-ci sous l'influence active des
muscles droits (Olbers).

La première conséquence de ce fait, s'il était exact, serait la
déformation du globe oculaire ; or elle n'est pas compatible
avec le principe de la direction. Mais ce serait faire juger ici un
point en discussion par une proposition dont on pourrrait alors
exiger la démonstration directe, quand elle n'est qu'un principe
théorique qui n'a de démonstration réelle que sa concordance
avec tous les faits observés dans le chapitre de la vision.

Mais il y a autre chose à dire : la contraction active des
muscles droits n'a mécaniquement que deux effets possibles :
1° la translation du globe oculaire, et dans sa totalité, d'avant en
arrière, sans la moindre déformation de l'œil, si les obliques y
consentent, en suivant le mouvement par un relâchement proportionnel au raccourcissement de ces muscles droits; 2° ou
l'augmentation des pressions intérieures, si les obliques se
refusent à suivre et à faciliter le mouvement de totalité de
l'organe Or, nous avons vu qu'en un tel cas, la déformation
portait exclusivement sur la courbure des régions libres du
contact des muscles, et en premier lieu de la cornée. Or les
expériences de Young et de de Haldat ont démontré que l'accommodation physiologique était indépendante de tout changement
de courbure de la cornée. Elle est donc tout aussi indépendante
de toute action musculaire extérieure, car nous ne pensons pas
qu'on veuille la chercher dans la création momentanée de
quelque staphylôme postérieur.

Il est donc parfaitement établi dès maintenant qu'aucune des circonstances d'une vision physiologique *dans un œil normal* ne doit ni ne peut s'accompagner d'un changement quelconque dans la forme sphéroïdale native du globe oculaire.

§ 141. Du principe de l'association des mouvements. — Si la constance de la forme première de la coque oculaire est une des conditions formelles de l'accomplissement régulier de la fonction; si le centre du globe doit, comme nous l'avons exposé, demeurer fixément situé dans une position invariable pendant tout mouvement de l'organe, il suit de là que la contraction d'un muscle, considérée isolément, ne saurait jamais être présentée ni envisagée comme la cause unique et indépendante d'un mouvement normal et régulier des yeux ou d'un œil. Tout doit être synergique autour de l'œil, et le globe, dans l'état de mouvement comme au repos, demeure soumis à une même somme de pressions extérieures, toute variation dans ces pressions devant entraîner une déformation des courbures antérieures. Et l'on sait qu'une telle déformation n'a lieu, normalement, en aucune circonstance de la vue physiologique.

Ainsi donc, lorsqu'un muscle doit, pour amener un mouvement déterminé, une rotation quelconque du globe autour de son centre, se raccourcir d'une certaine quantité, tous les autres muscles doivent se prêter, par des concessions respectives proportionnelles et simultanées, au mouvement proposé. La constance de la forme exige la constance dans les pressions, celle-ci une constance égale dans l'intégrale des tractions musculaires.

Ce point de vue, exposé pour la première fois par M. Jules Guérin, reçoit, croyons-nous, de cette démonstration mathématique un surcroît de lumière qui ne saurait être dédaigné. Il est en outre éminemment fécond en conséquences dans ses applications à la pathologie musculaire de l'organe Tout ce qui a été dit et tout ce qui reste à découvrir encore dans la question du strabisme repose sur son appréciation.

Il résulte en effet d'abord de ce que nous venons d'établir, que tout strabisme actif, toute inégalité dans la longueur d'un muscle ou d'un groupe de muscles, comparée à celle du côté opposé, a pour premier effet l'augmentation des pressions intérieures du globe, conséquemment une exagération de la courbure de la cornée. Il en est de même de toute accumulation de liquide dans l'œil, tendant à le distendre ; la distension portera encore sur la cornée en exagérant sa courbure.

Tout strabisme actif, tout épanchement distenseur de l'œil, seront donc accompagnés de plus ou moins de myopie.

Toute myopie excessive qu'on pourra supposer liée à un excès d'action musculaire, sera donc avantageusement combattue par la section des muscles. Les exemples d'ailleurs en sont nombreux dans la science.

§ 142. Classement des muscles suivant le mouvement produit. — Considérée par rapport aux effets produits, l'action synergique des six muscles de l'œil peut être divisée en deux groupes principaux : la convergence ou la divergence, le mouvement à droite, le mouvement à gauche.

Le mouvement en haut et celui en bas peuvent être en effet envisagés ici comme des actes accessoires venant apporter une composante particulière au mouvement binoculaire principal qui est toujours celui de convergence ou de divergence, à partir d'une situation initiale. Négligeons donc, pour un moment, ces mouvements monoculaires, pour nous occuper du mouvement binoculaire synergique, la grande affaire de la vision, puisque c'est sur elle que repose, en premier lieu, l'unité des sensations et l'appréciation de la position des objets.

Considérés dans un seul œil, ces mouvements se résument en deux : l'adduction, l'abduction, soumises d'ailleurs au consensus binoculaire dans la vision normale.

On doit encore à M. J. Guérin une démonstration très-précise du rôle des forces actives dans ces deux circonstances, et leur décomposition très-judicieuse en deux groupes comprenant tous les muscles extrinsèques.

Jetons avec lui les yeux sur la fig. 66 : nous y voyons qu'en considérant l'œil dans sa situation d'indifférence, c'est-à-dire quand il est dirigé vers l'infini ou l'horizon, ou même vers un point quelconque du plan médian vertical, l'action d'un quelconque des muscles droits, sauf le droit externe, tend à porter le globe de dehors en dedans. (La chose est évidente pour le droit interne ; quant au droit supérieur et au droit inférieur, il est également visible que, tant que la direction $c'm$ fait avec l'axe $o'x'$ un angle $c'mx'$ ouvert en dedans, la force mc' a une composante dirigée en dedans vers le plan médian, c'est-à-dire adductrice. Lorsqu'au contraire cet angle vient à être ouvert en dehors, les deux droits supérieur et inférieur offrent alors une composante dirigée en dehors ou abductrice).

Ainsi donc, le droit externe excepté, tous les muscles droits sont adducteurs, tant que l'axe optique se dirige en dedans des axes des orbites.

Mais au delà de cette limite, ils deviennent (sauf le droit interne), tous abducteurs.

Quant aux obliques, antagonistes naturels et d'ensemble des muscles droits, si l'on considère la direction ll' commune et moyenne desdits muscles, il faut, pour apprécier leur mode d'action, faire également la distinction entre la direction en dedans ou en dehors de l'axe optique, considérée comme situation initiale.

Or prenons le premier cas, la direction plutôt *en dedans* de l'axe optique; dans ce cas, la direction $l'l$ est évidemment disposée de façon à faire tourner le globe oculaire de dedans en dehors. Il faudrait supposer une convergence déjà bien grande de l'axe optique en dedans, et telle que la ligne $o'x'$ devînt parallèle à $l'l$, pour pouvoir leur attribuer une action adductrice. (Il est certain pourtant que ce cas se présente dans certains strabismes convergents, et alors les obliques deviennent franchement adducteurs.)

Mais dans l'état normal, cette action semble plutôt rare, et les obliques doivent, dans leur action commune, agir généralement comme abducteurs.

Ainsi, dans les conditions ordinaires, et quand le double regard n'est ni excessivement convergent, ni très-divergent d'un côté pendant la convergence de l'autre œil, on peut dire que si les droits supérieur et inférieur sont des congénères du droit interne, c'est-à-dire tous adducteurs, inversement les obliques sont des congénères du droit externe, ou abducteurs.

Ces règles du regard ordinaire cessent à partir de certaines positions de l'axe optique : ainsi, d'une part, les droits supérieur et inférieur deviennent abducteurs avec le droit externe et les obliques, dès que l'axe optique se confond avec l'axe orbitaire,

le droit interne restant seul adducteur ; d'autre part, en sens opposé, les obliques deviennent adducteurs avec tous les autres
muscles, sauf le droit externe, quand l'axe optique vient à se
diriger (pathologiquement?) tout à fait en dedans, vers la racine
du nez.

M. J. Guérin a très-heureusement mis en évidence ces actions
combinées synergiques des muscles extrinsèques, et leur influence sur la réparation fonctionnelle, qui suit l'opération du
strabisme. Il a montré que l'un des éléments du groupe adducteur, par exemple, pouvait efficacement remplacer, pour l'exercice de la vision binoculaire, l'autre élément de l'adduction,
sectionné pour cause de rétraction, circonstance qui permettait
à l'harmonie visuelle de se rétablir, et à la réparation du muscle
coupé de s'effectuer conformément aux conditions et sous la
direction supérieure de cette harmonie.

Si de l'étude des mouvements de convergence ou de divergence nous passons à celle des mouvements de rotation de
l'œil, en haut ou en bas, soit directement, soit en un sens
oblique, nous rencontrerons encore la même loi d'association.

En nous reportant à la direction des muscles droits supérieur
et inférieur, nous savons, par exemple, que dans la situation
ordinaire des yeux, c'est-à-dire quand l'axe optique est dirigé
en dedans de l'axe orbitaire, ces deux muscles sont adducteurs.
Le mouvement *direct* en haut ou en bas ne saurait donc être
l'effet unique de l'un d'eux ou de leur synergie exclusive. Il
faut évidemment, pour que ce mouvement soit direct, que l'un
des abducteurs ou tous ensemble corrigent l'adduction qui
serait la conséquence de l'action isolée de l'un des muscles
droits supérieur ou inférieur agissant seul.

Ce simple exemple montre ce qui doit arriver dans toutes les
autres suppositions de mouvement. Jamais un mouvement n'est
l'effet d'une action unique, toujours il est une résultante. C'est
un principe qui a été parfaitement démontré par M. J. Guérin
sous le nom de principe de l'association des mouvements.

§ 143. Confirmation de ces vues par la pathologie.
— Comme il était permis de le penser, l'analyse pathologique
apporte l'appui de ses enseignements à la vue que nous avons
établie sur l'équilibre statique ou dynamique des forces qui

maintiennent en une situation fixe et invariable (dans l'état normal) le centre du globe oculaire.

Ces forces, si on se le rappelle, sont premièrement l'action des quatre muscles droits dont la résultante commune peut être représentée par une droite dirigée d'avant en arrière et de dedans en dehors du centre optique au sommet du cône orbitaire;

2° L'action contraire des obliques dirigée d'arrière en avant et de dehors en dedans, toujours par le centre de l'œil;

3° Enfin la réaction de la paroi orbitaire interne dirigée également vers le même point central, de dedans en dehors et un peu de bas en haut (eu égard à la composante de la pesanteur).

Or si nous étudions la savante analyse des effets du raccourcissement pathologique de tel muscle ou de tel groupe de muscles, dans le strabisme, due à M. J. Guérin, nous voyons écrite en toutes lettres, par les faits, la confirmation de l'aperçu qui précède.

Considérant le cas où les quatre muscles droits sont, à la fois, le siége d'une rétraction pathologique, notre savant confrère assigne comme un des caractères principaux de la maladie *le transport de l'œil en arrière* (1) avec accompagnement des circonstances suivantes : dépression sur les quatre faces des régions du globe en contact avec les muscles, *saillie de la cornée, augmentation de sa courbure*, ou, ce qui revient au même, diminution du rayon de courbure. L'œil représentant très-vaguement un cône à quatre faces et à sommet arrondi, tous les mouvements de l'œil sont alors plus ou moins bornés. C'est ce que M. Guérin a nommé l'*ankylose* de l'œil.

Envisageons maintenant le cas opposé, la rétraction, le raccourcissement des obliques. L'observation n'a pas donné jusqu'ici d'exemple de rétraction siégeant uniquement sur l'un des obliques ou sur les deux à la fois. Le raccourcissement de ces muscles n'a été constaté qu'en compagnie d'une rétraction concomitante de l'un quelconque des muscles droits. Il est donc difficile de représenter, d'après nature, les effets et l'aspect d'un tel raccourcissement; mais il est possible de les extraire, dans leur physionomie générale, du tableau des caractères représentant leur rétraction compliquée de rétractions voisines.

_____

(1) *Gazette Medic.*, 1842, p. 101 et 324.

Or, parmi ces caractères, il en est un qui vaut à lui seul toute une démonstration : « c'est l'*exophthalmos*, caractère précisément inverse de celui qui appartient à la rétraction des muscles droits, dit M. J. Guérin, et dont la seule existence, à quelque degré que ce soit, *suffit pour attester* l'intervention des obliques. »

Nous avons vu, en effet, que suivant la direction première de l'axe optique, les obliques peuvent agir comme abducteurs ou adducteurs (ce dernier cas limité au strabisme très-interne) ; mais le caractère constant de leur action, dans l'un et l'autre cas, est la composante puissante dirigée d'arrière en avant, et dont l'exagération apparaît dans l'exophthalmos total ou partiel qui accompagne tout strabisme auquel ils prennent une part un peu marquée.

Mais qu'est-ce à dire ? Voilà en présence deux systèmes de forces opposées appliquées à un mobile. Or les faits eux-mêmes nous apprennent que toute prédominance de l'un des systèmes a pour effet d'entraîner le mobile en arrière, tandis que toute prédominance de l'autre groupe l'amène en avant. La conséquence forcée de ce rapprochement n'est-elle pas que ledit mobile est régulièrement en équilibre entre elles ?

L'analyse pathologique confirme donc essentiellement les aperçus que nous avait ouverts la théorie physiologique.

§ 144. Rôle des obliques dans l'abduction et l'adduction.

—Si l'on compare le mode d'insertion et la direction relative des axes de traction des muscles droits, d'une part, et des obliques, d'autre part, on remarquera combien celles de leurs actions qui doivent concorder entre elles diffèrent dans leur principe.

Ainsi prenons, par exemple, le mouvement d'adduction : on voit d'un seul coup d'œil combien il est inégalement facile, suivant qu'il est exécuté par le droit interne ou par la synergie des deux droits supérieur et inférieur. Dans le premier cas, la puissance a pour bras de levier le demi-diamètre même de la sphère oculaire ; dans le second, le bras de levier n'est, au contraire, qu'une bien faible portion de cette même longueur, à savoir la distance du centre de mouvement o' à la direction $c'm$ (fig. 66). On voit encore que ce bras de levier augmente à mesure que l'adduction se prononce, diminue, au contraire, jusqu'à devenir nul à mesure que la direction $c'm$ se rapproche du parallélisme avec l'axe orbitaire, pour devenir enfin un agent d'abduction quand elle a dépassé cette limite.

Il en est de même de l'action des obliques au point de vue de l'adduction et du mouvement contraire. Dans la situation moyenne de l'axe optique, et à mesure que la direction marche dans le sens de l'abduction, le bras de levier des obliques, dans leur rôle d'abducteur, devient de plus en plus favorablement disposé et très-rapidement égal en importance au muscle droit externe. Dans la marche en sens contraire, ce bras de levier diminue jusqu'à devenir nul pour la situation de l'axe optique qui se confond avec la direction moyenne des obliqués eux-mêmes. A partir de ce point ils deviennent adducteurs, et leur puissance relative recommence à croître avec le mouvement d'adduction.

Ces remarques conduisent à la conclusion suivante : c'est que les droits supérieurs et inférieurs et les obliques, simples auxiliaires de l'adduction ou de l'abduction, dans les situations moyennes de l'œil, deviennent des agents éminemment actifs du maintien de ces situations dans leurs phases extrêmes, tandis que les muscles droits internes ou externes ont vu, au contraire, dans ce passage de la situation moyenne aux situations extrêmes, diminuer notablement l'influence de leurs bras de levier.

§ 145. Des obliques comme limitateurs du redressement dans le strabisme. — Ces considérations ont une grande importance au point de vue pathologique.

La limitation du mouvement dans le sens du redressement, a dit M. J. Guérin, est un caractère qui appartient en propre à la rétraction des obliques. Et ce savant montre en effet, par la considération de la direction moyenne de leurs fibres par rapport à l'axe orbitaire et leur point d'insertion à la face postérieure du globe, que dans l'hypothèse d'une contracture pathologique, et surtout d'une rétraction de ces fibres, amenant une déviation déterminée, leur longueur moyenne peut être devenue assez courte pour ne plus permettre à ces fibres d'atteindre la position du parallélisme avec le grand diamètre de l'œil. Dès lors tout retour au delà de ce parallélisme est *à fortiori* devenu impossible, et c'est en ce sens qu'on peut considérer l'œil

-comme fixé dorénavant dans la direction vicieuse qu'il affecte.

Si l'on se rappelle ce que nous avons établi à l'égard des muscles obliques, on sait que la somme des longueurs physiologiques de ces muscles répond au maintien du centre de mouvement du globe au lieu de l'orbite qu'il doit normalement occuper, point autour duquel s'exécutent toutes ses rotations. Or pour que, dans l'un quelconque de ces mouvements, cette condition de fixité centrale soit maintenue et conservée, il faut, si l'un des obliques se raccourcit pour les produire ou y concourir, que l'autre se relâche ou s'allonge d'autant. Mais quand l'un des obliques ou tous les deux sont pathologiquement rétractés ou raccourcis, la somme de leurs longueurs n'est plus la même, et le centre de mouvement va s'en ressentir et se déplacer en avant, à moins que maintenu par l'action opposée des muscles droits, le raccourcissement des obliques (ce qui est ici le cas) ne détermine un strabisme plus ou moins prononcé.

Alors n'est-il pas clair, eu égard au raccourcissement absolu de la sangle des obliques au-dessous de la somme des longueurs physiologiques, que jamais leur direction moyenne ne pourra être ramenée de nouveau dans celle du grand diamètre de l'œil? L'œil dévié par l'action de l'un des obliques, ou de tous deux, ne saurait donc jamais être ramené dans la direction du regard de face.

Aussi, M. le docteur Guérin a-t-il pu établir que le degré de fixité du globe est en rapport avec le degré de strabisme, surtout dans le cas de strabisme convergent. Dans le sens de la divergence, au contraire, les muscles obliques dont l'action propre est dirigée dans ce sens, déterminent cette fixité bien plus rapidement que dans l'autre cas, où ils ne jouent que le rôle d'auxiliaires, et seulement après avoir dépassé le parallélisme de l'axe optique.

§ 146. Du mouvement spécifique ou de restitution, lors de la rétraction des obliques. — Il est, dans cette étude de détail, une autre circonstance mécanique non moins digne d'intérêt, et dont la découverte et l'analyse appartiennent encore en entier à M. J. Guérin, à qui nous en empruntons textuellement l'exposition.

« La spécificité du mouvement, dans le cas de rétraction simultanée des muscles droits et des muscles obliques, est plus caractéristique que le degré d'obstacle apporté à son exécution. Ce caractère spécifique consiste en ce que, quelle que soit la direction du strabisme que les obliques, isolément ou simultanément, concourent à produire, l'œil exécute, pendant les efforts de redressement et aux limites de son déplacement dans ce sens, des mouvements de rotation autour de son axe antéropostérieur, mouvements dont le sens varie suivant que la rétraction occupe l'oblique inférieur seul ou les deux obliques simultanément Dans le premier cas, la rotation a lieu à chaque effort de redressement de haut en bas et de dehors en dedans ; dans le second cas, elle a lieu alternativement de haut en bas et de bas en haut.

« Cette circonstance, que les mouvements de rotation s'exécutent *pendant les efforts de redressement*, a une signification tout à fait précise, en ce qu'elle indique que les mouvements ne sont pas l'effet d'une contraction physiologique des obliques. En effet, dans tous les strabismes convergents, divergents ou intermédiaires dans lesquels interviennent, comme agents de production et de fixité, les muscles obliques, les points d'insertion mobiles de ces muscles ne sont pas situés juste dans le même plan que le centre de mouvement du globe oculaire, mais bien en avant ou en arrière de ce plan ; par conséquent leur contraction physiologique tendrait à faire voyager l'œil dans le sens même de la déviation, et le déplacement de cet organe en sens opposé ne peut avoir d'autre effet que d'exercer sur les obliques raccourcis une traction mécanique. C'est donc cette traction qui, en retentissant sur le globe oculaire, au niveau de leur insertion fixe, lui imprime les mouvements de rotation dont nous avons parlé. Ajoutons que le sens même de ces mouvements indique suffisamment qu'ils ne sont pas dus à l'action normale ou pathologique des muscles droits. »

En rendant toute justice à l'esprit élevé d'observation qui a fourni les éléments de cette discussion pleine d'aperçus neufs autant que justes, que M. Guérin nous permette de reprendre, non à un point de vue plus scientifique, mais à l'aide d'une analyse mécanique plus intime, l'étude même du mouvement anormal dont il a reconnu l'existence et su entrevoir le caractère, quoiqu'il l'ait laissé, en réalité, couvert encore de quelque obscurité.

La question, sauf erreur, peut être posée ainsi :

Étant donné un strabisme quelconque convergent, divergent ou intermédiaire, à la confirmation duquel prend part la rétraction de l'un des obliques ou de tous les deux, le raccourcissement de la sangle musculaire postérieure de l'œil amènera, comme effet secondaire, ou au-dessus ou au-dessous du plan médian horizontal, le point d'insertion mobile commun aux deux muscles. Ce point se sera abaissé, si la rétraction a lieu plus particulièrement aux dépens de l'oblique inférieur; il se sera au contraire élevé, si l'oblique supérieur est le siége unique ou principal de la rétraction. A cet abaissement ou à cette élévation correspond un mouvement inverse du centre pupillaire, qui se sera porté *en haut et en dehors* dans le premier cas, *en bas et en dedans* dans le second, exactement comme si une action physiologique avait eu lieu.

Or, dans les efforts de redressement commandés à l'œil strabique, après avoir fait fermer l'autre pour laisser plus d'indépendance aux muscles de l'œil malade, *on observe* un mouvement de rotation, appelé par M. Guérin *spécifique*, et qui pourrait s'appeler mouvement de *restitution*, car d'après cet observateur, il a lieu exactement en *sens contraire* de celui que l'oblique rétracté amènerait physiologiquement. M. J. Guérin dit en effet que « cette rotation a lieu, à chaque effort de redressement, *de haut en bas et de dehors en dedans*, si le muscle rétracté est l'oblique *inférieur*, et alternativement de haut en bas et de bas en haut, si la rétraction porte sur les deux obliques simultanément.

M. J. Guérin reconnaît à ces derniers caractères, et avec toute raison, qu'un tel effet ne saurait être attribué à l'action normale ou physiologique des muscles droits ou obliques considérés isolément, et y voit une conséquence manifeste de la traction mécanique exercée sur le globe oculaire par les efforts de redressement.

C'est ici que nous trouvons une obscurité, ou plutôt quelque chose d'incomplet dans l'analyse du mécanisme, quoique sa formule soit exacte à un point de vue d'ensemble. C'est bien la traction mécanique exercée par les efforts de redressement qui

17

produit le mouvement de rotation de restitution; mais comment le produit-elle? c'est ce qui demeure confus et demande explication. Est-ce en portant sur les obliques que la traction mécanique produit les effets observés, est-ce au contraire en portant sur les muscles droits? M. Guérin incline visiblement à attribuer le mouvement en question à la traction opérée sur les obliques, et il dégage de la question l'action pathologique ou normale des muscles droits. Il y a là, nous le répétons, un léger desideratum; le problème réclame, pour sa solution complète, une nouvelle donnée qui n'a pas encore figuré dans son analyse.

Car si l'action isolée soit des muscles obliques, soit des muscles droits, est impuissante à rendre raison du mouvement de restitution par rotation observé pendant les efforts de redressement, comme il n'y a, en somme, sur le théâtre de cette action, que les muscles droits et les muscles obliques, il faut bien dégager le mode d'action de chacun d'eux dans ce résultat complexe.

C'est ici que se place le nouvel élément qui reste à introduire dans la question.

§ 147. Détermination de l'axe des mouvements de l'œil.

— Lorsque nous avons décrit la situation et les rapports des agents de l'équilibre statique et dynamique du globe oculaire, nous avons appelé l'attention sur l'opposition des forces appliquées à cette masse sphéroïdale, et nous avons fait voir comment de leur disposition relative résultait le maintien du centre de mouvement du globe dans une situation parfaitement fixe et invariable. Mais il est un détail, dans cette disposition générale, qui a, sans la faire conjecturer dès l'abord, une importance considérable : c'est l'adhérence, la fixité, la réunion intime des tendons des obliques avec le tendon du muscle droit avec lequel chacun d'eux est en rapport immédiat. Le tendon de l'oblique inférieur passe par-dessous le muscle droit de même nom, *et ils adhèrent ensemble en ce point de contact.* De même en est-il du tendon de l'oblique supérieur avec le droit du même nom qui passe au-dessus de lui. Ces deux points d'adhérence mutuelle offrent en outre cela de particulier, qu'ils sont situés sur la même verticale très-voisine du diamètre vertical de l'œil, et un peu en avant de ce diamètre, un peu en arrière du centre optique des appareils réfringents de l'organe.

La position spéciale de ces deux points, rapprochée des mouvements de synergie des deux yeux, ne permet pas de leur refuser le rôle de pôles de l'axe vertical du mouvement latéral des globes oculaires.

Dans ce mouvement bilatéral, la résultante des quatre muscles droits, celle des obliques et la réaction de la paroi interne de l'orbite, concourent à maintenir fixe et invariable le centre du mouvement. D'autre part, la parfaite latéralité du mouvement exige qu'il se passe autour d'une verticale, c'est-à-dire que les deux points de la coque oculaire situés sur la verticale du centre de mouvement soient eux-mêmes invariables dans leur situation absolue.

Mais les conditions de l'équilibre statique du globe oculaire emportent cette autre nécessité, mathématique celle-ci, que la résultante des réactions de l'orbite passe par le centre de mouvement, où elle doit détruire exactement la résultante des obliques et des muscles droits. Or cette dernière se trouve forcément aussi dans un plan vertical qui passe par l'intersection du plan des deux droits supérieurs et des deux obliques, et qui est perpendiculaire au plan tangent de l'orbite et du globe.

Il suit de là que l'axe de mouvement de chaque œil, lors de la situation horizontale du plan des axes optiques, est exactement la verticale qui passe par les points de réunion des muscles obliques et des muscles droits inférieurs et supérieurs. Cette ligne passe quelque peu en arrière du centre optique des milieux réfringents de l'œil.

En sus de l'avantage qu'a cette démonstration pour fixer exactement le lieu occupé par le centre de l'axe du mouvement des yeux, de confirmer mathématiquement l'observation de M. J. Guérin sur la position centrale de ce centre de mouvement, nous allons, avec son secours, pouvoir expliquer clairement la raison de ce mouvement de rotation de l'œil qui s'observe dans les efforts de redressement dans tout strabisme dû à une rétraction des muscles obliques.

Quel est le premier effet produit par cette rétraction sur l'axe vertical dont nous venons de parler? N'est-ce pas de l'incliner de bas en haut, d'avant en arrière et de dedans en dehors, si la rétraction porte sur l'oblique inférieur, et de haut en bas, de dedans en dehors et d'avant en arrière, si la rétraction porte exclusivement, ou à un plus haut degré, sur l'oblique supérieur (dans le cas où l'un et l'autre seraient rétractés, ce qui est le seul cas observé jusqu'ici)?

Mais qui ne voit que dans l'une ou l'autre de ces situations inclinées de l'axe de mouvement, tout le système des forces en présence a été consécutivement altéré dans les directions respectives des forces? De perpendiculaires, ces forces ont pris la direction d'obliques.

L'inclinaison de l'axe du mouvement due à l'oblique inférieur a fait subir au plan des muscles droits latéraux un mouvement de haut en bas, de dedans en dehors et d'avant en arrière; celui dû à l'oblique supérieur aurait imprimé au même plan une direction inclinée d'avant en arrière, de bas en haut et de dedans en dehors.

Tout effort de redressement, exerçant pour premier effet une tendance restitutive des positions normales, doit ramener les muscles droits latéraux dans le plan horizontal, raccourcir celui qui est allongé, l interne, pour le ramener dans la direction de sa plus courte distance (rapports de l'oblique relativement à la perpendiculaire), c'est-à-dire faire tourner le globe oculaire de dehors en dedans, de haut en bas et d'arrière en avant, dans le premier cas (oblique inférieur).

Et dans le second, au contraire, ramener dans le plan horizontal le droit externe et faire tourner l'œil d'avant en arrière, de haut en bas et de dedans en dehors, ce qui est bien conforme à l'observation.

M. J. Guérin dit bien que dans le cas où les deux obliques sont rétractés à la fois, seuls cas observés dans lesquels le grand oblique ait été rétracté, il y a lieu à une alternation de rotations contraires de bas en haut et de haut en bas. Mais cela n'est point pour étonner, vu l'indétermination, dans ce cas, du degré respectif des rétractions pathologiques de chaque muscle.

Le mouvement spécifique ou de rotation observé par M. J. Guérin pendant les efforts de redressement exécutés en cas de strabisme dû aux obliques ou à l'un d'eux, est donc le simple et premier résultat de la restitution au sens vertical de l'axe propre du mouvement de l'œil, c'est-à-dire de la ligne qui joint les points d'adhérence de chaque muscle oblique avec le muscle droit qu'il rencontre.

§ 148. Des mouvements intermédiaires. — Nous ne nous sommes occupé, dans cette étude de l'action musculaire appliquée au globe oculaire, que de l'unique, point de vue des mouvements de convergence ou de divergence, laissant tout à fait de côté ou les mouvements en haut en bas ou les mouvements intermédiaires, les plus fréquents de toute évidence.

Quelques mots combleront cette lacune.

Les mouvements directement en haut ou en bas vers les points cardinaux de l'organe se passent évidemment dans les muscles droits supérieur ou inférieur; et l'on entend ce que nous voulons dire par là, si l'on se reporte au principe formulé plus haut sous le nom de principe de l'association des mouvements. (Voyez § 141.)

Quant aux mouvements intermédiaires, ils sont ou des résultantes de l'action prépondérante des deux muscles droits voisins dont les directions comprennent le sens du mouvement, ou l'effet de l'un des obliques, si le mouvement se passe dans le plan vertical même des obliques. C'est évidemment le plus rare, comme est de son côté celui des directions exactement verticales. Dans la plupart des cas, en effet, la direction observée est l'effet d'une résultante.

Cette question ne revêt quelque intérêt qu'au point de vue pathologique. Alors il importe de savoir à quel ordre de muscles rapporter une déviation affectant un sens déterminé; mais alors aussi certains signes particuliers décèlent les auteurs réels de la déviation. Le raccourcissement, cause de la difformité, a d'autres conséquences que la seule déviation : suivant qu'il siége sur les obliques ou les muscles droits, il entraîne en même temps l'œil malade en saillie ou en retraite eu égard au plan de l'œil sain. En outre, au cas où les obliques en sont le siége, on observe le mouvement de restitution signalé au § 146, et des obstacles plus marqués au redressement. Tous ces caractères permettant de dégager l'action des obliques de celles des autres muscles, réduisent alors la question à des termes très-simples et qu'un coup d'œil suffit ensuite à résoudre. On s'en convaincra à la lecture du chapitre que nous consacrons à l'étude mécanique du strabisme.

DEUXIÈME PARTIE.

PATHOLOGIE FONCTIONNELLE DE L'ORGANE DE LA VUE,

ETUDE DES ANOMALIES DE LA VISION.

Introduction. — Dans les quatre chapitres qui précèdent nous avons essayé d'établir les conditions physiologiques sur lesquelles s'appuie l'exercice de la vue. Nous allons nous occuper de déterminer maintenant le mécanisme et la formule des altérations que peut éprouver cette même fonction, par le fait de telle ou telle modification morbide ou anormale survenue dans ces conditions physiologiques. Nous renfermerons d'ailleurs nos recherches dans le cercle des seuls troubles de la fonction, laissant en dehors d'elles les altérations de tissu ou d'ordre purement anatomique ou de nutrition.

Nous allons, en un mot, étudier en eux-mêmes, et à partir de l'élément anatomo-pathologique exclusivement, les troubles fonctionnels de l'organe ou des organes de la vue.

Nous suivrons dans cette étude l'ordre fonctionnel lui-même. Ainsi ayant reconnu dans les chapitres précédents que la mise en jeu, ou l'exercice de l'appareil optique, se fondait : 1° sur un certain appareil musculaire extérieur au globe oculaire; 2° sur un second appareil musculaire intérieur agissant sur la lentille et le diaphragme de la chambre obscure, nous étudierons successivement :

Les troubles fonctionnels ou maladies déterminées par une altération d'équilibre ou d'action du premier de ces systèmes (le système musculaire extérieur), ceux nés à la suite de modifications survenues dans le second ou système ciliaire, enfin les affections de la vue nées du défaut d'harmonie mutuelle des deux systèmes.

Quant aux maladies fonctionnelles qui ne pourront être rattachées ni à l'un ni à l'autre de ces systèmes, non plus qu'à leur défaut de concordance et d'harmonie, elles devront nécessairement être mises sur le compte, soit des qualités mêmes de l'organe sensible, c'est-à-dire de la rétine ou du cerveau, soit d'une altération de la transparence, c'est-à-dire d'une altération anatomique. Or, l'ophthalmoscope étant là pour décider toujours entre les deux ordres de causes, nous pourrons, par son moyen, demeurer constamment sur le terrain des perversions purement fonctionnelles, objet unique de cette partie de notre travail.

DES TROUBLES FONCTIONNELS

QUI PRENNENT NAISSANCE DANS UNE RUPTURE DE L'ÉQUILIBRE ENTRE LES PUISSANCES APPLIQUÉES EXTÉRIEUREMENT AU GLOBE DE L'ŒIL.

CHAPITRE V.

DU STRABISME (1).

SECTION I.

Définitions. — Classification.

§ 149. Rôle général du système musculaire. — Après avoir analysé les conditions mécaniques qui président à la statique et à la dynamique du globe oculaire, et montré l'importance de leurs relations avec l'exercice de la vue, non-seulement comme organes de la direction de l'instrument, mais en même temps comme appareil DE MESURE ET D'APPRÉCIATION, après avoir scruté les lois de la statique physiologique, entrons hardiment dans l'étude des altérations que peut éprouver l'exercice régulier de ces lois.

Comme appareil *de mesure et d'appréciation*, disons-nous, car nous ne devons en aucun instant oublier que le système musculaire est, en réalité, tout autre chose qu'un simple appareil de génération et de transmission de forces, un simple producteur de mouvement ; c'est en même temps (l'étude entière de ce système merveilleux le montre à chaque pas), ce que ne sont pas nos machines à nous, c'est un *témoin* constamment en éveil, un moniteur toujours en rapport avec le sensorium et qui lui représente perpétuellement, à chaque seconde (à l'état normal), la situation *actuelle*, exacte, des organes en mouvement, la position relative des leviers mis en œuvre.

---

(1) Στραϐίζω, je regarde de travers.

Nous constatons l'existence de cette admirable propriété, sous le nom de sens ou conscience musculaire, dans tout le tableau de l'exercice de la locomotion, et quant à ce qui concerne en particulier l'appareil de la vue, nous rappellerons la comparaison à laquelle nous a conduit la stricte analyse de la fonction binoculaire :

« Les yeux, disions-nous (1), dans leurs rapports avec les objets visibles, jouent le rôle de deux cercles répétiteurs intelligents. En même temps qu'ils portent au sensorium les avertissements fournis par la couleur et l'éclairage, différenciant entre eux tous les objets de l'espace, ils lui font connaître la position même, exacte de chacun d'eux. Chaque division de ces cercles y est comme *animée*, en ce sens que deux points, appartenant chacun à une des rétines, étant simultanément sollicités par un même foyer d'éclairage, portent au sensorium, en même temps que la sensation perçue, *la parallaxe binoculaire même* de cet objet éclairé. »

§ 150. **Ce qu'on entend par strabisme.** — Parler d'un trouble survenu dans les lois qui règlent l'action du système musculaire, c'est sous-entendre que l'un ou plusieurs de ces agents musculaires voient leur énergie altérée par excès ou par défaut. Nous ne nous occuperons pas des cas où la sensibilité spéciale en laquelle réside ce que nous pourrions nommer l'intelligence du muscle, serait elle-même et seule troublée, la science manquant, à cet égard, d'observations et de faits.

Il est inutile de se lancer dans la voie des hypothèses, quoi-qu'il ne le soit pas d'indiquer cette source posssible de maladies et de troubles dans une fonction dont l'intégrité se lie d'une manière si intime au plein exercice des propriétés du système musculaire de l'organe. Or il n'est pas du tout illogique de penser que l'altération singulière de la sensibilité qui a dénoncé à Ch. Bell l'existence du sens musculaire, puisse être, un jour ou l'autre, rencontrée dans les muscles de l'œil, ou n'y étant pas aperçue en elle-même, y engendrer du moins certains désordres fonctionnels saisissables. Nous nous bornerons à cette indication

(1) *Gaz. Méd. de Paris*, 7 juillet 1860.

sommaire, et n'envisagerons les altérations survenues dans le système qui nous occupe qu'au point de vue que nous venons de
marquer, l'exaltation ou l'affaiblissement du type de l'énergie
d'action.

Toute altération de cette énergie, dans l'un quelconque de ces
deux sens, a pour premier et immédiat effet la destruction du consensus, de la synergie qui préside au fonctionnement normal des
yeux, et qui se manifeste au dehors par l'harmonie constante du
double regard.

Dans les rapports sociaux, nous devrions même dire dans les
rapports universels de la vie animale, car cette propriété est
commune à toutes les espèces armées d'yeux, chaque individu
possède en effet la faculté d'apprécier avec une merveilleuse
exactitude la direction du regard de tout habitant du globe avec
lequel les circonstances le mettent en rapport. Cette faculté
universelle et réciproque est notre premier moyen de communication mutuelle pour le bien comme pour le mal. Elle préside
évidemment aux relations des individus; elle est l'avant-garde,
chez nous, de toute démarche, chez les animaux, de tout
geste, de tout acte : l'arrêt chez les animaux chasseurs, la per-
spicacité diplomatique chez les animaux doués de la faculté syl-
logistique et de la parole, en sont l'expression la plus élevée et la
plus saisissante. Nous la définirons mathématiquement, sans
ajouter en rien, du reste, à la notion commune, en disant que
tout être qui voit, outre la conscience de la direction de son propre regard, a encore la faculté de se représenter exactement la
direction chez autrui des axes oculaires, de la normale au centre de la cornée, avec tout autant de précision que s'il était lui-
même dans l'œil de son voisin.

La moindre déviation, la plus légère dissociation de l'harmonie
des axes oculaires, se décèle à l'instant dans l'appréciation par
les étrangers de la direction du regard ; le regard est dit oblique,
le sujet strabique.

Le terme strabisme (στραβισμὸς, regard de travers), au point de
vue pathologique, désigne donc immédiatement un état de trouble dans les synergies musculaires, et s'applique évidemment
aux états les plus contraires de ce système, à tous les troubles
survenus dans l'équilibre des forces, qu'ils soient l'effet de l'exaltation ou de l'affaiblissement, du spasme ou de la paralysie.

Suivant que l'angle des axes oculaires, lors du regard indifférent, est aigu en avant ou en arrière, le strabisme est dit convergent ou divergent, interne ou externe.

Nous verrons plus loin ce qu'on peut entendre par strabisme
simple et strabisme double.

§ 151. **Classification.** — Cette définition posée, nous
compterons autant de classes ou d'espèces de strabisme que
nous reconnaissons de causes ou d'origines à la dissociation
d'harmonie extérieure qui nous la révèle.

L'action exercée par le système musculaire des yeux, cause
prochaine, immédiate, de la dissociation harmonique du double
regard ou du double axe oculaire, est primitive ou secondaire;
le point de départ de cette action dissymétrique est dans le
système musculaire, ou, au contraire, est en dehors de lui et le
tient sous sa dépendance. Dans le premier cas, le strabisme
sera naturellement dit primitif, dans le second consécutif ou
secondaire.

D'après cela, sous le terme général de strabisme primitif,
nous comprendrons toutes les déviations de l'axe oculaire, conséquences d'un trouble primitif, d'une perversion première de l'action musculaire; et il conviendra, dès lors, d'y distinguer deux
espèces très-différentes : la déviation, suite d'excès d'action,
spasme, contracture, rétraction; la déviation par défaut, ou
strabisme par atonie, paralysie.

Dans le strabisme consécutif ou secondaire, le système musculaire sera encore actif ou bien passif. Dans le premier cas,
l'équilibre s'altérera dans un but physiologique pour accommoder l'œil à de nouvelles conditions de la vision, pour remplir une
fonction déterminée, il aura un objet utile, ou bien au contraire,
conséquence de certaines lois supérieures, il constituera une
déformation pathologique.

On comprendra clairement cette distinction, en apparence
confuse, par l'exemple suivant qu'elle a pour objet : quand une
tache opaque siége sur la cornée, sur les cristalloïdes, dans l'intérieur du cristallin, en un mot sur le trajet de l'axe oculaire;
on voit l'œil se dévier pour fournir au rayon lumineux un axe
secondaire destiné par l'instinct à suppléer l'axe polaire ou
principal obtrué. C'est le strabisme optique de M. Jules

Guérin : l'œil se dirige en sens oblique pour y voir; comme, avant la tache, il se dirigeait normalement dans le même objet. La déviation, en somme, a donc pour but l'accomplissement de la fonction; elle est physiologique. On comprend à l'avance que ce genre de déviation est régulier, qu'il exclut toute idée de tentative de redressement, qu'il est une ressource de la nature et non une maladie; que nulle opération ne serait sage qui l'attaquerait lui seul, et avant d'avoir enlevé la cause qui en a commandé la production. Par ces motifs, nous désignerons cette espèce de strabisme sous le nom de strabisme optique que lui a donné M. Jules Guérin, et mieux encore peut-être, de strabisme physiologique, désignation qui emporte son corollaire avec soi, car elle le protége contre toute agression prétendue curative.

Le strabisme physiologique n'est pas le seul consécutif; il en est une seconde espèce qui se produit sous l'empire des lois physiologiques de sympathie qui tiennent les deux yeux sous leur domination, mais qui, tout en obéissant aux lois préétablies de la biologie, n'a plus l'amélioration, le service plus régulier de la fonction pour objet : nous voulons parler ici de la déviation par synergie, par sympathie, si bien décrite, toujours par M. J. Guérin, sous le nom de strabisme mécanique actif consécutif; déviation qui se produit dans un œil par retentissement de ce qui se passe dans l'autre (nous aurons soin d'en décrire ultérieurement le mécanisme), et même qui ajoute, dans l'œil premièrement affecté, son influence à celle qui a primitivement causé la maladie.

Enfin, sous le nom de strabisme passif, nous désignerons des cas auxquels plusieurs auteurs refusent le nom et la qualité de strabisme, mais qui, s'exposant à nous avec ce caractère capital de la disjonction des deux axes oculaires, sont, à chaque instant, confondus dans cette dénomination générique : nous voulons parler ici des déviations du globe, et par conséquent de son axe, par des tumeurs, par une force extérieure quelconque qui est venue troubler la topographie et conséquemment la symétrie. Il est évident que ce trouble n'est pas, à proprement parler, une déviation de l'axe oculaire, mais une déviation du globe lui-même. Cependant comme, dans la pratique, il y a le plus souvent lieu à un diagnostic différentiel, préalable à toute discussion sur le traitement, que la disjonction des axes est un de ses phénomènes les plus saillants, l'expression strabisme, qui se présente à chacun dès le premier coup d'œil, ne compromet en rien la question, puisque l'épithète qu'il recevra, à la suite de l'examen du malade, le protége tout aussi bien qu'un autre nom contre toute confusion.

Nous le nommerons strabisme consécutif, passif ou par pression extérieure.

Nous allons donc étudier successivement :

1° Le strabisme musculaire mécanique primitif actif, spasmodique, ou rupture d'harmonie par excès d'action ;

2° Le strabisme musculaire primitif par défaut d'action ou paralysie ;

3° Le strabisme consécutif physiologique ou optique ;

4° Le strabisme consécutif par sympathie ou synergie ;

5° Le strabisme passif que nous ne citerons que pour mémoire, et qui trouve sa place parmi les effets et conséquences des tumeurs intrà-orbitaires.

SECTION II.

Du strabisme musculaire spasmodique ou mécanique primitif et actif.

§ 152. Strabisme musculaire actif. Étiologie. — Le strabisme musculaire primitif spasmodique prend généralement naissance à l'époque de la première enfance et dans les affections nerveuses plus ou moins graves qui s'observent au début de la vie. Il a la même origine que les autres ruptures d'équilibre qui se manifestent dans les puissances musculaires, sous l'influence d'un système nerveux troublé, et qui ont été si bien élucidées par M. J. Guérin. Pour préciser cette origine et ses manifestations, nous ne saurions donc mieux faire que de reproduire ici l'exposé même de ce savant physiologiste. On ne saurait avoir la prétention de rendre mieux que l'auteur lui-même ses idées propres et originales (1).

« La rétraction musculaire n'est pas un fait simple et con-

_____
(1) *Gaz. Méd. de Paris*, 1842, p. 195.

stamment identique à lui-même ; c'est un fait complexe ; son existence comporte différents modes qu'on n'avait pas distingués jusqu'alors, et qu'on n'avait pas surtout rattachés à une origine commune, à savoir : *l'affection des centres nerveux ou des rameaux nerveux, produisant le spasme ou contracture du muscle.* Cet état pathologique, ainsi indiqué d'une manière générale, comprend différentes phases par lesquelles passe le muscle, depuis la contracture simple jusqu'à la paralysie. Ces différents états avaient été confondus jusqu'ici. On leur appliquait indifféremment les mêmes noms de contracture, contraction, spasme, rétraction spasmodique, raccourcissement, contraction paralytique et autres, et l'on employait indifféremment toutes ces dénominations pour chacun d'eux, parce qu'on avait méconnu l'importance de leur distinction et les caractères essentiels sur lesquels elle repose. On n'y voyait qu'une seule et même chose, le fait du raccourcissement qui leur est commun. Cependant, au delà de ce caractère analogique superficiel, et dans ce caractère même il existe des différences qui ne permettent pas de les confondre. Au point de vue qui nous occupe, ces différences sont de la plus grande importance ; car elles sont la base d'indications souvent opposées. Aussi avons-nous affecté à chacun des états dont l'ensemble formule tous les modes de la rétraction, des appellations précises, rigoureuses, invariables qui établissent pour la myotomie oculaire, comme pour la myotomie générale, des indices certains à ce qu'elle doit faire, ne point faire, et à la manière dont elle doit le faire ; c'était le moyen de conserver au traitement chirurgical du strabisme, la communauté de principes qu'il doit tirer de sa communauté d'origine avec les autres difformités musculaires. »

« Or les différents modes de la rétraction sont au nombre de cinq : 1º La *contracture simple,* dans laquelle le raccourcissement du muscle dépend uniquement d'un simple plissement de ses fibres, par suite d'une contraction involontaire plus ou moins permanente et sous l'influence *actuelle* d'une affection nerveuse. Ce mode comprend lui-même trois variétés, la contracture *temporaire,* la contracture *fixe* et la contracture chronique. Dans chacun de ces états, le muscle peut être souvent raccourci par des tractions, ou revenir de lui-même à sa longueur normale ; sa texture n'a subi aucune altération appréciable.

« 2° *La rétraction fixe*, ou rétraction proprement dite; c'est l'état du muscle contracturé, guéri, mais resté court. Le raccourcissement ici est absolu et fixe. Le tissu musculaire a subi plus ou moins la transformation fibreuse ou fibro-graisseuse, suivant les circonstances. *La rétraction fixe est le mode le plus fréquent, le plus général du raccourcissement musculaire dans toutes les difformités. Les autres modes sont plus ou moins rares et ne sont, pour ainsi dire, qu'exceptionnels.*

« 3° *La rétraction spasmodique.* Le muscle est alternativement le siége de contractions et de relâchements involontaires; il est, à la fois, fibreux et charnu; souvent il est hypertrophié dans sa portion charnue, quoique sa partie fibreuse soit plus étendue qu'à l'état normal. Ce mode comprend encore plusieurs variétés. Il est des cas dans lesquels les alternatives de contraction et de relâchement sont séparées par un temps plus ou moins long, et n'offrent rien de fixe dans leur retour : c'est la *rétraction spasmodique intermittente.* Il y en a d'autres dans lesquels les muscles sont le siége de mouvements alternatifs constants, qui varient d'intensité, mais qui existent toujours : c'est la rétraction spasmodique permanente, tremblante. Cette sous-variété est plus commune que la précédente.

« 4° *La rétraction paralytique.* Le muscle a subi un commencement de paralysie; en outre, la somme de contractilité qui lui reste est *soustraite* à l'influence de la volonté. Elle ne peut souvent s'exercer ni dans l'instant, ni dans la direction, ni dans les limites rigoureusement déterminées par le but du mouvement. La texture des muscles est amoindrie, celluleuse en quelques points, et d'apparence normale en d'autres, mais généralement moins charnue et plus pâle, plus graisseuse qu'à l'état normal.

« 5° *La paralysie* proprement dite, ou *résolution paralytique*, dans laquelle le muscle, complétement dépouillé de l'influence nerveuse, reste mou, flasque, et dénué de toute contractilité. Il a perdu la texture charnue; il est réduit à une trame cellulo-fibreuse ou cellulo-graisseuse. »

Nous n'avons point voulu scinder ce remarquable exposé étiologique : nous ferons cependant observer que les deux derniers degrés de la perversion musculaire décrits aux §§ 4 et 5 devront être transportés, par la pensée, en tête de la section du strabisme par paralysie ou *défaut* d'action musculaire, Distinction importante au point de vue du traitement, autant qu'à celui du diagnostic. Nous les rappellerons, du reste, en temps et lieu.

Telles sont donc les causes les plus générales du strabisme primitif, c'est-à-dire dans lequel le point de départ prochain est dans un vice de distribution musculaire de l'influx nerveux. Il convient cependant de citer également la déviation par mauvaise habitude prise pendant l'enfance, ou par suite de quelque exigence professionnelle. Cette origine tient encore une certaine place dans les relevés classiques ; au milieu du conflit violent d'opinions que ce sujet a soulevé, il convient donc de lui laisser sa colonne dans les cadres : une observation attentive lui donnera ultérieurement son chiffre probable de proportionnalité. La grande loi établie par M. Guérin, comme origine générale des difformités du squelette, y trouvera sans doute un point de confirmation ; mais nous ne devons pas espérer que ce soit avant la fin des passions qui vivent encore et de la génération qui les a surabondamment entretenues.

De quelque côté que puisse se trouver la vérité numérique, la vérité pathologique a ses caractères ; et les inconvénients de ces longues disputes se borneront, pour tout esprit sérieux, à lui imposer plus de recherches et d'analyse dans l'étude de chaque cas particulier. Or cela n'est pas un souci pour le vrai chirurgien, qui ne compte pas sur la statistique pour établir ses diagnostics.

Quant à la théorie de Buffon qui considérait le strabisme comme le résultat d'une inégalité de force dans les deux yeux, il n'y a plus à la discuter. Elle est tombée devant une observation attentive des faits qui ont montré que les yeux inégaux en force sont un phénomène très-commun sans strabisme, et secondement devant la guérison, et du strabisme, et consécutivement, de la faiblesse relative des yeux, par la section des muscles rétractés !

§ 153. Strabisme musculaire actif. Symptomatologie.

— La description du strabisme musculaire primitif, sa symptomatologie diffèrent plus ou moins d'après ses causes, ou du moins d'après le degré d'action de la cause générale que nous venons d'indiquer d'après M. J. Guérin.

Disons d'abord ici ses caractères généraux :

Le strabisme doit être étudié dans ses causes ou son origine, son mode de développement, sa terminaison. Mais comme on n'est pas toujours en situation d'avoir des données positives sur ces divers points, c'est dans l'état des organes eux-mêmes, dans leurs caractères objectifs et subjectifs que devront et pourront toujours être recherchés les éléments du diagnostic circonstancié et de la conduite qu'on devra tenir.

Ces caractères secondaires consistent dans les changements de *direction*, de *forme* et de *mouvement* de l'œil ; dans l'état et le mode d'exécution de la vision ; dans la structure particulière des muscles rétractés.

Direction. Elle est très-variée, le strabisme pouvant être convergent, divergent, supérieur ou inférieur, droit ou oblique. Il peut être double ; ce que n'admettait pas Buffon, moins par suite de ses observations que par prévention d'esprit. Attribuant la difformité à une inégalité de force dans la perception des images, il ne faisait, naturellement, pas porter la déviation sur l'œil qui, étant le plus fort, lui paraissait absolument normal.

L'observation, cependant, nous apprend non-seulement que le strabisme peut être double, mais même que tout strabisme, pourrait-on dire, est double. M. J. Guérin a démontré en effet, et nous le verrons dans la section 9 de ce même chapitre, que toute inégalité d'action d'un des muscles de l'œil, producteur du strabisme actif de cet œil, amenait forcément, au bout de peu de temps, un strabisme consécutif, musculaire actif, *de même sens*, dans l'œil opposé.

En nous tenant d'ailleurs à la définition que nous avons donnée du strabisme, et qui consisterait, d'après cette définition, en une simple dissociation d'harmonie du double regard, il est clair qu'il n'y aurait pas de strabisme simple. Qui dit dissociation, dit phénomène mutuel et réciproque. C'est en effet le cas ordinaire ; mais il peut présenter des exceptions, et la définition que nous avons donnée, quoique suffisante dans la généralité des cas, doit être particularisée davantage.

Nous dirons donc que la dissociation harmonique des axes oculaires ne doit pas être bornée à la considération du rapport mutuel de ces axes, mais doit s'entendre encore du rapport normal de chacun d'eux avec l'axe orbitaire. L'harmonie des deux axes consistera alors dans l'égalité, de part et d'autre, des angles de l'axe-optique polaire avec l'axe orbitaire lors de la vue en face.

Quand on dira alors qu'un strabisme est double, on exprimera ce fait que chaque axe optique polaire a perdu, à un certain degré, son inclinaison normale sur l'axe de son orbite, lors de la vue dirigée en avant. Ainsi l'on pourra comprendre le strabisme chez un borgne, chose évidemment possible.

Enfin ce supplément de définition devra toujours être présent à l'esprit quand on voudra décider la question de savoir si un cas donné appartient à un strabisme simple ou double, et c'est par l'étendue du redressement possible de chaque œil, l'autre étant fermé, qu'on pourra, à cet égard, sortir du doute.

La *forme* du globe est altérée dans le strabisme mécanique. Au chapitre de la statique du globe oculaire, nous avons exposé le mécanisme de cette altération, et montré comment, équilibré entre les puissances qui l'enveloppaient, sauf en sa partie antérieure, où il est en rapport direct avec l'atmosphère, il devenait forcément plus convexe en cette région, dès que la somme des pressions contraires auxquelles il était soumis de toutes parts, hormis de ce côté, venait à s'accroître pathologiquement. Or ces pressions sont directement liées aux tensions musculaires, lesquelles sont elles-mêmes proportionnelles aux raccourcissements. (Voyez §§ 138-139).

Outre ce bombement, outre cet excès de sphéricité antérieure, cause de myopie mécanique secondaire, le globe oculaire présente une autre déformation qui consiste dans une dépression de la portion du globe qui correspond au muscle rétracté; dépression qui devient de plus en plus sensible, à mesure que l'on provoque le redressement de l'œil. Cette déformation doit avoir sans doute, ajoute M. J. Guérin, à qui nous empruntons ces détails, une autre influence encore sur les parties renfermées dans l'intérieur du globe oculaire. Mais ces particularités demandent un supplément d'étude. Notons pourtant la dilatation de la pupille, généralement plus grande dans l'œil strabique, sa déformation dans les cas les plus graves, ou de strabisme fixe: on voit alors la zone iridienne plus large du côté du muscle distendu, plus étroite du côté de la déviation. Tout le globe oculaire est, en même temps, plus petit que celui du côté opposé;

et cette circonstance devient d'autant plus frappante que l'opération lui rend son volume naturel.

Mouvements. — Les mouvements *mécaniques* sont toujours
limités ; ils s'étendent depuis la mobilité presque complète
jusqu'à la fixité presque absolue. Au premier degré correspond
le strabisme rudimentaire ; au dernier, le strabisme fixe.

Il importe de rappeler à cet égard l'action physiologique des
muscles extrinsèques de l'œil, et leur décomposition en deux
groupes d'*adducteurs* et d'*abducteurs,* sans préjudice d'ailleurs
de l'action propre à chaque muscle. Nous nous souvenons que
le droit interne et les deux droits supérieur et inférieur forment
le premier de ces groupes, le droit externe avec les obliques
constituant le faisceau des abducteurs. Cette particularité
explique la conservation des mouvements, limités cependant,
après la section d'un muscle rétracté.

§ 154. De l'effort de redressement de l'œil
dévié. — Il est dans les mouvements des yeux, en cas de strabisme, une circonstance très-remarquable notée déjà par
Buffon, et qu'il ne faut pas perdre de vue ; elle est caractéristique. Pendant les efforts de redressement provoqués dans l'œil
dévié, la synergie physiologique force l'œil sain à se porter
dans le même sens de redressement, de façon à simuler un strabisme *du côté opposé.* (C'est ce même mouvement qui exprimerait la tendance propre à amener la fusion binoculaire.)

Ainsi, quand on s'efforce de redresser un strabisme convergent de l'œil gauche, l'œil droit tend à se porter, comme le
premier, dans le strabisme divergent. Ce caractère est souvent
très-précieux, en ce qu'il est très-marqué ; l'*effort* considérable,
et souvent vain, que fait l'œil malade, provoquant un *mouvement* très-notable en ce sens dans l'œil sain.

Les mouvements *optiques* dans le strabisme mécanique ne
sont pas moins importants à considérer. En général, quand on
veut regarder avec l'œil strabique, il tend à se redresser pour se
placer en face de l'objet regardé. Lorsque le strabisme est très-
faible, c'est-à-dire rudimentaire ou insuffisant, ce redressement
peut se faire même pendant le regard avec les deux yeux, et alors
toute apparence de strabisme cesse, parce que le raccourcisse·
ment du muscle rétracté n'est pas assez fort pour s'opposer au

redressement de l'œil devié ; dans ces cas, le *strabisme n'existe qu'en l'absence de l'action de regarder*, et surtout dans la vision distraite ; il constitue ce que Buffon appelle un *faux trait* dans les yeux. On peut donc résumer ce qui précède en disant :

Que dans le strabisme mécanique à tous les degrés, l'œil affecté est toujours dévié quand le sujet ne regarde pas, mais il tend toujours à se redresser quand il regarde.

Ce redressement est toujours en raison inverse du raccourcissement musculaire ; en sorte qu'au plus haut degré de la difformité, l'œil dévié ne peut plus se redresser pour regarder seul, tandis qu'aux moindres degrés il se redresse complétement et peut même (faux trait), dans le strabisme insuffisant, s'harmoniser avec l'autre.

Dans le *strabisme rudimentaire*, le regard distinct a lieu par les deux yeux, et toute apparence de strabisme cesse à ce moment, parce que le raccourcissement est trop faible pour s'opposer au redressement demandé par les conditions de la vue binoculaire, et procuré par les muscles antagonistes.

Cette remarque nous semble devoir être utilisée pour le traitement, dans tout strabisme plus avancé que le strabisme rudimentaire, mais cependant pas assez prononcé encore pour être classé dans la catégorie du strabisme par *rétraction fixe*.

Dans ces cas, le degré de déviation peut être tel que les deux images binoculaires soient par trop dissemblables, l'une étant nette et l'autre tout à fait diffuse, tant par la myopie consécutive du sujet, que par l'exagération de l'angle de l'axe secondaire auquel elle correspond.

Armant alors l'œil dévié d'un verre concave approprié au degré de cette myopie consécutive, et doublant ce verre d'un prisme dont le sommet serait dirigé du même côté que la déviation et l'angle proportionnel à son degré, on placerait cet œil dans le cas du strabisme rudimentaire ; il lui serait permis alors de *regarder* binoculairement. On le rendrait alors à la vie physiologique, l'exercice de la tendance à fusionner les images l'obligeant automatiquement à fonctionner dans le sens physiologique, à lutter contre la tendance rétractive, à opposer à cette tendance une force constante : ce qui n'a plus lieu, tout au contraire, dès que, dans les cas ordinaires, les images sont assez dissemblables pour que la tendance fusionnante n'ait plus de raison pour s'exercer. Il arrive en effet un degré où l'image fausse est assez trouble pour que l'œil dévié s'isole et cherche à s'affranchir de l'image double, avec autant d'ardeur instinctive qu'il en met dans l'état physiologique à confondre les impressions perçues.

Comme toute vue de l'esprit, ces considérations sur un point nettement défini du strabisme ont besoin d'être éprouvées expérimentalement, avant de prendre place dans le cadre régulier du traitement du strabisme, réglé d'après ces indications analytiques.

Enfin, lorsque le strabisme est double, dans le même sens et au même degré, chaque œil se redresse alternativement pour regarder, la difformité semble voyager d'un œil à l'autre.

Et si la difformité est très-prononcée des deux côtés, les yeux ne pouvant pas se redresser, la tête se tourne alternativement à droite et à gauche pour porter l'œil en face des objets, ou bien le sujet place ceux-ci dans la direction des yeux déviés.

§ **154 bis. Des prismes comme moyen curatif du strabisme**. — Cette méthode appartient, comme idée, au docteur Kurke : « Ce médecin a récemment conseillé de placer devant l'œil dévié une lentille prismatique dont la base, c'est-à-dire le bord épais, est placée du côté vers lequel l'œil doit se diriger. Au moyen de cette lentille prismatique, l'image qui se produit sur la rétine de l'œil qui louche est dirigée de façon à *produire la diplopie*. Pour éviter cet inconvénient, le malade est obligé de mettre en action le muscle relâché, et, en persévérant ainsi à faire des efforts pour éviter de voir les objets doubles, il arrive dans les cas légers à se guérir de la difformité. » (Mackenzie, trad. par Testelin et Warlomont.)

Nous ajouterons à cet exposé quelques détails. Dire que le prisme ou la lentille concave prismatique que l'on peut avec avantage employer dans le même objet, est destiné à produire la *diplopie*, ce n'est pas dire assez ; il faut encore en préciser le degré, c'est-à-dire la rendre gênante et *assez voisine* de la vision simple binoculaire, pour provoquer chez le malade l'exercice de l'effort fusionnant : dès que deux images sont assez physiologiquement pareilles et semblablement disposées pour que la fusion puisse en avoir lieu, cette fusion s'exécute (Wheatstone). Or elle s'exécute par un mouvement de synergie musculaire, en sens opposé au strabisme existant.

Le degré d'ouverture du prisme, son angle, devra donc être calculé ou déterminé par le tâtonnement (ce qui est facile avec une collection de verres prismatiques variant par degré ou demi-degré), de façon à amener l'image fausse tout près du point où la moindre volonté du sujet les amène à fusion. Tous les huit ou dix jours on change alors le prisme pour un autre d'un demi-degré moins obtus, et cela jusqu'à ce qu'arrivé à un verre à faces parallèles, le malade ait la vue rectifiée.

Comme d'autre part le strabique n'a jamais les deux yeux égaux, pour peu qu'ait duré son infirmité, il faudra ajouter à l'appareil (double monture de lunettes) un verre concave approprié, enchâssé dans la même monture; verre dont la force devra être aussi progressivement diminuée.

Ce verre concave peut même être confondu avec le prisme, soit en découpant dans une lentille concave un segment excentrique à une distance calculée et en rapport avec la déviation qu'on veut obtenir, soit en doublant un verre plan-concave approprié, d'un prisme ayant l'angle voulu. Procédé plus simple que l'usage de deux verres superposés.

SECTION III.

Du strabisme dans ses rapports avec la diplopie.

§ 155. **Symptomatologie subjective.** — De même que la dissociation des axes oculaires entre eux et avec les axes orbitaires s'accuse, pour les étrangers, par un trait discordant du double regard, un phénomène spécial en avertit également le sujet lui-même. L'exactitude d'appréciation du lieu de l'espace occupé par un point lumineux exigeant une concordance parfaitement mesurée des axes oculaires (voir le chap. IV, § 133), tout dérangement de ces axes, signalé à l'extérieur par l'apparence strabique, doit avoir pour conséquence un dérangement, une altération dans l'appréciation sensorielle, lesquels déroutent les perceptions du sujet. L'unité de la fonction binoculaire doit être troublée, le lien ou consensus des deux yeux rompu; chaque œil est devenu indépendant; la vision doit être double.

On doit donc constater en correspondance avec l'apparition extérieure du strabique, la manifestation interne de la diplopie.

Cela est apparemment très-logique ; cependant le fait est loin d'être aussi absolu que la théorie semble l'indiquer, et le strabisme n'est pas constamment, loin de là, accompagné ou suivi du phénomène de la diplopie.

L'analyse des circonstances dans lesquelles les deux phénomènes sont connexes, et de celles dans lesquelles ils ne se se rencontrent pas simultanément, est des plus délicates, ces circonstances ayant été jusqu'ici mal définies et incomplétement déterminées.

Cherchons donc à les préciser : rassemblons en un faisceau les faits connus, et tâchons d'en extraire la signification générale.

Ils ne sont, du reste, pas très-nombreux, et ceux jusqu'à présent bien établis se bornent aux suivants :

1° Au moment où pour remédier à une convergence ou divergence exagérée du regard, on pratique la section d'un des muscles extérieurs de l'œil, la vision simple, avant l'opération, devient double immédiatement après elle, et se conserve telle pendant un certain temps qui ne semble pas plus long que deux à trois mois.

2° Le strabisme chronique ne présente pas le phénomène de la diplopie. Les yeux, en ce cas, ou bien s'accommodent de façon à confondre leurs sensations en une, ou bien les isolent absolument, sans les mêler jamais, reproduisant alors le phénomène physiologique de la vision bilatérale chez les animaux. Nous pouvons nous représenter ce qui se passe alors, reproduire les circonstances de cette vision dissociée, en contemplant un paysage quelconque avec une lunette de spectacle monoculaire sans fermer l'œil libre, mais en détournant son axe par une pression extérieure. Nous ne mêlons plus alors nos sensations, nous ne les embrouillons point ; la différence d'accommodation considérable que crée l'usage de l'instrument, jointe à la séparation des axes, nous met complétement dans le cas de la vision bilatérale des animaux.

Est-ce là ce qui se passe constamment dans les cas de strabisme sans diplopie, ou bien ne se créerait-il pas, au contraire, de nouveaux axes visuels avec consensus entraînant coalescence des sensations doubles ? Voilà ce qu'il serait intéressant de connaître ; la solution de ce problème jetterait un grand jour sur l'essence même de la fonction.

Essayons de pénétrer dans ce labyrinthe.

§ 156. La diplopie se lie toujours à un trouble dans la sensibilité musculaire. — Si nous nous reportons aux classifications des diverses espèces de strabisme, nous pouvons, au point de vue qui fixe ici notre attention, les réduire à deux genres : ceux dans lesquels le tissu musculaire a conservé la propriété sensible spéciale normale qui lui sert à mesurer son action ; ceux au contraire où elle a perdu, en tout ou en partie, cette propriété. Dans la première classe, nous trouvons le strabisme spasmodique chronique, condition musculaire morbide arrivée à ce que les pathologistes ont désigné sous le nom de période d'état ; le strabisme musculaire consécutif par synergie ; enfin le strabisme physiologique.

Dans la seconde classe, nous trouvons : l'état désordonné des yeux, qui succède à une strabotomie et dure jusqu'à la réparation du muscle divisé ; le strabisme par rétraction ou résolution paralytique ; enfin le strabisme passif, c'est-à-dire le dérangement du globe oculaire par action extérieure, tension ou propulsion artificielle du globe en un sens ou en un autre.

Dans la première catégorie, nous trouvons intactes les attributions sensibles du système musculaire ; dans la seconde, il est évident qu'elles sont absolument troublées ou anéanties. Or il est à remarquer que ces deux divisions sont celles que l'on serait conduit à créer si l'on voulait catégoriser également les cas du strabisme sans diplopie ou avec diplopie.

Prenons-les successivement :

Strabisme spasmodique. Dans tout strabisme mécanique, il est d'observation reconnue que la diplopie n'est que temporaire, et qu'elle ne se manifeste que pendant une période de temps qui se rattache, comme point de départ, à la modification spontanée ou traumatique qui a troublé l'état corrélatif précédent des deux yeux.

Strabisme mécanique consécutif par synergie, point de diplopie.

Strabisme physiologique ou optique. On sait positivement

que lors du regard attentif et intentionnel (celui qui se fonde sur l'attention et la mesure musculaire) il n'existe point de diplopie ; les objets y sont vus simples comme lors de l'exercice physiologique de la fonction.

La diplopie ne s'observe ici que dans la vue distraite, c'est-à-dire quand il n'existe aucun rapport déterminé entre la position de l'objet et l'attention, c'est-à-dire la conscience musculaire, seul moniteur des directions et rapporteur des angles mutuels de nos leviers.

Dans le strabisme paralytique, c'est tout autre chose ; là il y a diplopie constante, indéfinie, comme on l'observe encore dans l'état désordonné qui suit la strabotomie.

On le voit donc, entre ces deux classes une seule différence principale et capitale s'observe. Dans l'une d'elles, en tout instant de l'exercice de la vision, le sensorium est, sans discontinuité, averti par le sens d'activité musculaire, par le sens de Ch. Bell, en un mot, de la situation par rapport à l'individu ou à son axe, ou à son centre de figure ou de gravité, comme on voudra, de chaque élément de l'appareil oculaire qui lui représente la direction exacte des faisceaux lumineux, et sert de lien entre le moi et le monde extérieur intangible.

Dans l'autre classe, cette condition n'existe plus. Or le jugement et l'observation nous apprennent qu'il n'y a vue double que dans les cas où les instruments de ce sens sont lésés, où une maladie, une altération de tissu ou de l'action nerveuse ont troublé la conscience d'activité musculaire, changé ses rapports ordinaires avec la situation des éléments oculaires préposés à la perception de la direction.

Toutes les présomptions s'accumulent donc en faveur de cette opinion, que la diplopie est le symptôme fonctionnel exclusif d'une altération de la sensibilité musculaire de l'organe.

Voici cependant un fait d'observation qui semblerait, au premier abord, peu en rapport avec cette opinion : si l'on peut noter généralement qu'aussitôt après une opération de strabisme ancien, et pendant tout le temps exigé pour sa réparation et encore assez longtemps après, la vue est double, qu'il y a diplopie, d'autre part, cette dipoplie cesse le plus souvent avec le temps ; les yeux s'harmonisent, et le malade est revenu à l'état normal. Ce fait n'est pourtant pas absolument constant, et il a été observé des circonstances où la diplopie ne prend terme que lorsque la déviation oculaire primitive s'est vue reproduite, qu'une disjonction des axes oculaire et visuel, égale à celle qui existait avant la section du muscle, s'est établie de-rechef.

Comment faire concorder, pourra-t-on nous objecter, ce fait exceptionnel avec l'opinion précédente? M. J. Guérin a été au devant de la réponse à faire à cette objection. Il a émis l'hy-pothèse probable d'une décentration antérieure (voir la sec-tion 9, § 177) de la lunette oculaire ; or cette décentration peut avoir duré assez longtemps pour avoir créé à l'intérieur une nouvelle disposition des agents de l'accomodation de la nature des raccourcissements musculaires. Ces spasmes, ces contrac-tures, ces rétractions ciliaires constitueraient une sorte de stra-bisme interne que n'a point le pouvoir de modifier la straboto-mie et qui doit, par conséquent, lui survivre.

La gymnastique oculaire qui succède à l'opération et a pour but de ramener l'harmonie entre les deux yeux, n'a donc at-teint son objet physiologique qu'après la reproduction du stra-bisme primitif.

Les développements que nous donnerons plus loin (chap. X) sur la nature et le mécanisme de cette décentration de la lunette oculaire, ne laisseront pas de doute sur la portée, la réalité de cette supposition.

Il y a donc toute raison de croire que la diplopie n'est jamais que la conséquence d'un trouble apporté dans l'exercice de la sensibilité du système musculaire extrinsèque; que ce phéno-mène est indépendant des points de la rétine rencontrés par le rayon lumineux utile, chaque point rétinien se bornant à ac-cuser, à formuler la direction lumineuse dans ses rapports avec le système musculaire; que c'est enfin dans ce système seul, et dans son intégrité primitive ou de longue habitude, qu'il faut chercher la condition de la coalescence binoculaire, portée au sen-sorium par la conscience musculaire.

§ 157. L'étude directe des paralysies muscu-laires conduit aux mêmes conséquences. — Cette conclusion, qui n'a évidemment que le caractère d'une induction rationnelle, trouve une confirmation dans l'analyse des états opposés à ceux que nous venons d'étudier, dans les inégalités d'énergie musculaire par déficit d'action, en d'autres termes, dans les paralysies.

Ouvrons quelque traité que ce soit des maladies des yeux, à l'article Paralysie. Ici il n'y a plus doute : paralysies de la troisième paire, de la sixième, de la quatrième... que trouvons-nous partout et toujours? caractère constant : diplopie, diplopie, diplopie. Quel est le système malade en ce cas-là? le système musculaire de l'appareil oculaire; car ici la diplopie est constante et dure autant que l'affection. L'habitude n'y change rien. Le système musculaire est lésé, dans sa sensibilité, non plus dans son action seulement, comme dans le cas de contracture ou de spasme. Le moniteur du sensorium est atteint : la diplopie est éternelle. L'œil ici ne peut même pas s'isoler, comme on voit qu'il le fait souvent dans le strabisme actif.

Il est donc de toute logique de chercher dans les seules conditions de santé ou de maladie du système musculaire la cause réelle de la diplopie binoculaire; car nous rencontrons ce phénomène insolite dans tous les cas d'un trouble évident du système musculaire de l'appareil, et nous ne le rencontrons que dans ces seules circonstances.

Or ce n'est pas ce qui a été fait jusqu'ici. Le fait saillant de la disjonction des axes visuel et oculaire constitutif des phénomènes mêmes du strabisme, eu égard aux opinions ayant généralement cours en matière de vision, ne permettait point aux physiologistes de s'écarter des idées reçues, soit à l'endroit de l'harmonie des points correspondants des rétines, soit sur la nécessité du rôle exclusif de l'axe oculaire, ou plutôt du pôle oculaire comme lieu obligé des sensations binoculaires concordantes.

A ce point de vue exclusif, il est en effet impossible d'avoir une idée nette des conditions qui créent la diplopie binoculaire.

Pour se rendre raison de ce phénomène anormal, il faut absolument s'écarter des notions anciennes, et passer des propriétés mêmes de la rétine à celles du système musculaire, ou du moins aux conséquences qui naissent des rapports préalablement établis entre ces différents organes. La discussion précédente montre en effet que tout axe visuel est bon pour fixer et apprécier la direction d'un objet, pourvu que l'élément rétinien affecté soit mis en rapport régulier, constant, physiologique en un mot, avec le sensorium par une sensibilité musculaire intacte. Car si le moindre trouble dans cette faculté amène la diplopie, inversement la diplopie n'existe jamais sans ce trouble préalable.

Il y a diplopie tant que cette relation n'est pas encore fixée par l'habitude ou l'éducation, ou qu'on la voit rompue; mais elle cesse au moment où s'établit la constance de coalescence des mêmes axes visuels. Aussi la persistance de la diplopie nous paraît-elle fournir un indice pathologique significatif, un signe diagnostique. Nous serions enclin à y voir la preuve de la permanence de l'action morbide musculaire ou nerveuse, empêchant cette fixité de s'établir, luttant contre l'éducation et l'habitude par une altération incessante du degré de l'action musculaire ou de celle des nerfs qui la règle et l'anime.

§ 158. **De l'absence de diplopie dans les contractions actives, mais lentes.** — Cette réflexion semblerait devoir s'étendre théoriquement aussi bien aux diplopies par paralysies qu'à celles par rétraction musculaire. Il ne paraît pas cependant qu'il en soit ainsi. Dans la rétraction musculaire, même progressive, pourvu que la marche soit extrêmement lente, le sens musculaire peut suivre la déviation dans ses progrès et continuer son office de moniteur auprès du sensorium, quant à l'appréciation des directions. On comprend qu'alors il n'y ait diplopie que tant que la marche de l'altération musculaire fait des progrès sensibles et de nature à enlever, par la rapidité de ses changements, toute chance d'éducation ou d'habitude; ce qui est très-loin d'être le cas ordinaire.

Dans les paralysies, il en est tout autrement; le sens musculaire, apanage, département particulier de la sensibilité répandue dans l'organe, participe à l'état morbide qui frappe cette sensibilité. Dès lors il devient muet tant que dure l'affection, c'est-à-dire autant que la paralysie et ses conséquences.

On pourrait déduire de là un signe diagnostic différentiel important entre le strabisme actif et celui suite de paralysie. Dans le premier, la diplopie ne dure qu'un temps fort limité ou même plutôt n'apparaît pas; dans le second ordre de cas elle est, au contraire, sans terminaison propre, et dure autant que la maladie, dont sa constance devient alors comme un caractère pathognomonique.

En résumé, les rapports qui peuvent unir la diplopie au strabisme pourront se formuler comme il suit :

Toute diplopie binoculaire indique, comme le strabisme, la disjonction des axes visuel et oculaire.

Ces deux symptômes existent concurremment dans les cas de trouble actif survenus *récemment* dans le système musculaire de l'appareil optique, ou dans ceux à rattacher à une perturbation profonde et ancienne de l'ordre des *paralysies* musculaires.

La diplopie cesse en effet dans tout strabisme actif, surtout dès qu'il est parvenu à l'état de situation fixe musculaire ou de condition très-voisine de cet état, et n'apparaît même pas si la rétraction suit une marche très-lente. Alors les deux yeux isolent leurs sensations respectives, ou bien il se forme en eux un ou deux axes secondaires pour la vision binoculaire, axes qui remplacent dorénavant les axes principaux ou polaires de la vision normale.

Ces considérations serviront à différencier le strabisme mécanique actif ou par rétraction, spasme musculaire, du strabisme mécanique par défaut d'action ou paralysie. Dans ce dernier, il y a en effet et il doit y avoir toujours diplopie.

§ 159. **Du strabisme physiologique dans ses rapports avec la diplopie**. — Quant au strabisme optique ou physiologique, on le distingue *à priori* de l'un ou l'autre des précédents en ce que, absent pendant la vue distraite, il est alors remplacé par une diplopie plus ou moins accusée, et que cette diplopie cesse, au contraire, pendant le regard attentif et intentionnel au moment où le strabisme se manifeste. En d'autres termes, la diplopie et le strabisme n'existent point ici simultanément ; preuve de l'intégrité, en ce cas, du système musculaire et de son fonctionnement physiologique, en même temps que de la production d'une sensation unique procurée par deux axes secondaires des organes de la vision.

C'est donc, comme nous le disions, dans les altérations seules de l'intégrité des rapports entre le sens musculaire du double

appareil optique et le globe lui-même, dans les éléments rétiniens de la direction, que gît le secret de la diplopie.

§ 160. Sens et direction des images fausses. —
Dans les cas où il y a lieu d'observer la diplopie, il est d'ailleurs
également d'observation que l'image qui a son siége dans l'œil
strabique ou dévié est plus faible, plus confuse que celle donnée
par l'œil sain. De plus, quant au sens des images ou à leur position
relative, l'image fausse donnée par l'œil gauche dévié par exemple, est à droite de l'image vraie, ou *croisée* quand la déviation
de l'œil est externe ; elle est au contraire à gauche ou homonyme, si l'œil gauche est dévié en dedans.

En d'autres termes, la diplopie est croisée dans le strabisme
divergent, homonyme, au contraire, dans le strabisme convergent.

SECTION IV.

De l'étendue du champ de la vision binoculaire
dans le strabisme actif.

**§ 161. Des limites de l'association visuelle bino-
culaire dans le strabisme mécanique actif.** — La
vision, dans le strabisme musculaire spasmodique, s'exerce, suivant les cas, avec un seul œil ou avec les deux yeux. Il y a certainement des sujets qui isolent complétement la sensation confuse perçue par l'œil dévié, et cela s'observe, comme on peut
le penser, particulièrement dans les cas de déviation très-prononcée. L'œil strabique est presque invariablement plus faible
que l'autre ; il l'est d'autant plus que la déviation est plus prononcée, le faisceau utile tombant alors sur des éléments rétiniens
moins puissants. On sait que la rétine diminue de force et d'é-
paisseur à mesure qu'on se rapproche de l'*ora serrata*. Si en
même temps, ce qui est une conséquence ordinaire du raccourcissement de la somme des longueurs des muscles (voyez le
chap. IV sur la statique du globe oculaire), l'œil est plus bombé,
la vue est d'autant plus courte, diffère davantage de la portée
de l'œil sain ; cette différence rend plus nécessaire encore l'isolement fonctionnel de chaque œil, ou du moins force le sujet à
ne pas porter attention aux images, affaiblies d'ailleurs, perçues
par l'œil dévié.

Néanmoins, dans les cas moyens et légers, les deux yeux fonctionnent souvent synergiquement. Pour distinguer ces cas-là de ceux où le sujet isole les sensations de l'œil dévié, on n'a qu'à lui faire fixer un objet, puis à interposer un écran entre cet objet et l'œil sain. Si l'œil louche regarde et concourt à la vision binoculaire, l'interposition de l'écran devant l'œil sain ne nécessitera aucun changement dans la direction du regard qui demeure libre ; celui-ci demeurera donc fixé sur l'objet.

Quand la vision ne s'exerce qu'au moyen de l'œil sain, ce qui est le cas le plus général, le contraire a lieu, l'œil louche se redresse aussitôt que l'œil sain est caché. Par contre, si l'on cache l'œil dévié, l'œil sain reste fixé sur l'objet qu'on lui faisait fixer, car l'action des deux yeux est constamment liée par la synergie. Cette question du fonctionnement isolé de chaque œil, dans le strabisme, soulève des difficultés et appelle des distinctions. Dans un strabisme prononcé et surtout divergent, il est clair que cet isolement, cette séparation des actions ne saurait être mise en doute. Mais quand les axes oculaires ne présentent pas une dissociation extrême, et surtout dans le cas de strabisme convergent, il n'en est plus toujours ainsi : les deux yeux ont encore un champ d'action commun, et ce champ commun, la tendance instinctive des organes doit s'essayer à l'utiliser. L'association fonctionnelle est la loi de l'appareil, et cette loi doit toujours s'appliquer dès qu'elle est applicable. Aussi, pour peu que soit étendue cette surface oculaire qui, à droite et à gauche, reçoit les rayons d'une même région de l'espace, pour elle, croyons-nous, il y a concordance, sympathie et besoin d'harmonie.

Si dans les premiers temps de la rupture de cette harmonie, et tant que le système musculaire est malade, qu'il n'a pas atteint une condition statique durable, la diplopie subsiste, et la diplopie est la vraie cause qui vient à la traverse de la fonction, en ce cas, tout nous montre que cette dualité de sensation cesse avec la reprise de possession que le muscle fait de lui-même. Alors l'œil dévié isole ses sensations, si le champ qu'il peut avoir en commun avec l'œil sain est par trop réduit ou discordant ; mais dès qu'une portion assez notable de l'espace demeure en commun entre les deux yeux, la tendance sympathique des deux organes doit les porter à se mettre en consensus actif, et il se crée alors une harmonie nouvelle entre deux axes secondaires ou entre un axe polaire et un axe secondaire, comme cela s'observe dans le strabisme physiologique ou optique et dans certains strabismes mécaniques.

§ 162. Des axes secondaires en exercice dans le strabisme physiologique.—Dans le strabisme optique, lors du regard attentif et intentionnel, il n'existe point de diplopie; les objets vus des deux yeux sont vus simples, comme lors de l'exercice physiologique de la fonction, sauf la netteté probablement; de même que dans la vue distraite, il n'y a plus strabisme, mais une sorte de diplopie instable ou confuse.

Sans nous arrêter à la discussion intime du phénomène, une chose ressort clairement de cette observation, à savoir : la concordance, le *consensus* amenant l'unité de sensation entre un axe principal et un axe qui ne l'est pas, ou entre deux axes visuels, tous deux distincts des axes polaires. Mais quel est le fait réel entre ces deux présomptions?

Il est une autre observation qui peut jeter quelque jour sur cette difficulté : « Dans le strabisme optique double, dit M. J. Guérin, la vue est simple quand les axes visuels ou secondaires (non pas les axes oculaires principaux ou polaires), sont dans un égal degré de convergence sur le point vu; dans le cas même où ils seraient, les axes oculaires ou polaires, à l'état de divergence.» (J. G.) La vue binoculaire simple peut donc être procurée par le *consensus* de deux axes secondaires; elle peut l'être, on le voit dans le fait précédent, entre deux axes, l'un secondaire, l'autre principal; le *consensus* binoculaire peut donc être procuré par deux axes quelconques. (Voyez aussi l'obs. de M. Demarres, p. 659, III.) Je l'ai constaté directement aussi.

(Cette proposition, disons-le en passant, n'est pas sans valeur pour être opposée à l'opinion de S. D. Brewster eu égard au rôle exclusif des axes polaires, opinion qui, si elle était réelle, rendrait parfaitement superflue la forme hémisphérique de la surface rétinienne, un simple point suffisant au rôle conçu par le savant phisiologiste anglais.) Voir le chap. III.

§ 163. Suite : De la propriété binoculaire des axes secondaires. — Un autre ordre de considérations va nous conduire au même résultat, et nous l'empruntons à notre chapitre sur l'action des lunettes sur la vision binoculaire, et sur l'influence des régions prismatiques externes ou internes des verres soit convexes, soit concaves.

Dans ce chapitre (X), on verra que, lors de la vision binoculaire par les centres des bésicles concaves ou convexes, les axes optiques principaux ou polaires font avec les axes visuels un angle égal à celui qui sépare la convergence réelle de la convergence virtuelle; qu'ils se portent dans la convergence lors de l'emploi du verre convexe, et dans la divergence dans le cas du verre concave.

Cette circonstance anormale, et qui permet cependant une vision exacte, devient un élément d'instruction et d'éclaircissement important dans cette discussion. Ne ressort-il pas de ce fait que la vision peut se centraliser sur un axe différent de l'axe optique principal?

Et ce témoignage expérimental rapproché des faits que nous venons d'analyser, en particulier des cas de la vision simple dans le strabisme optique, et dans de nombreux cas de strabisme mécanique double, ne démontre-t-il pas suffisamment que la vision binoculaire peut s'exercer, non avec sa perfection absolue, mais très-nettement, sur des axes visuels distincts des axes oculaires ou polaires optiques et même sur des axes secondaires inégalement inclinés sur l'axe polaire?

Quoiqu'il soit constant que très-fréquemment les strabiques isolent leurs sensations, et cela est nécessaire dès que le strabisme est très-prononcé, qu'ils ne *regardent* que d'un œil à la fois, il est démontré par l'expérience qu'ils *peuvent* voir binoculairement sur des axes visuels dépourvus d'harmonie géométrique, mais possesseurs de l'harmonie physiologique. Or nous avons vu que celle-ci était directement procurée par l'habitude et l'éducation que sait acquérir le *consensus* musculaire. Ce qui se passe en de tels cas (voyez le paragraphe relatif à la diplopie) est ce que l'on observe dans la première enfance.

Chez tous les enfants nouveau-nés, il y a une grande mobilité et une grande agitation des yeux. Ils ne les fixent sur les objets qu'avec incertitude, et il n'est pas rare d'y observer plus ou moins de strabisme. On doit par l'éducation y développer la régularité et l'harmonie des mouvements (Mackenzie, p. 224).

Ce que fait l'habitude instinctive de l'enfance soumise à la loi de symétrie, la nécessité de l'accomplissement de la fonction le défait, pour le refaire sur de nouvelles bases, quand cette fonction se trouve en présence d'obstacles qu'elle est obligée de tourner. Il se forme dans l'œil ou dans les yeux de nouveaux axes principaux; leur point de concours le plus rapproché forme la limite inférieure de la vision binoculaire dans ces yeux privés d'une partie de leur champ, comme lors du strabisme divergent, comme ce même point de concours forme la limite éloignée du champ binoculaire si le strabisme est interne.

Dans le strabisme divergent, les seuls axes qui puissent se mettre en rapport dans l'un et l'autre œil, les axes secondaires extrêmes, les premiers qui se rencontrent, forment donc entre eux un angle plus ou moins aigu par rapport à celui qui correspond au point de la vision binoculaire la plus rapprochée normale, s'il n'y avait pas strabisme. Le champ de la vision binoculaire rapprochée est donc diminué d'autant, et il peut l'être même de façon à ne plus permettre la vision unique que pour des objets extrêmement éloignés. Pour tout point situé en deçà de cette limite, la vision a donc nécessairement lieu par un seul œil.

Dans le cas de strabisme convergent, il n'en est plus de même. Les axes peuvent se rencontrer sur une beaucoup plus grande étendue relative, mais d'un seul côté, du côté de la déviation, et si le strabisme est simple, une grande portion de la région de l'espace, située en regard de l'œil dévié, peut fournir des rayons utiles pour la vision binoculaire. En ce cas, on peut presque dire que la moitié de l'espace appartient plus ou moins à la vision binoculaire.

Mais si le strabisme convergent est double, il arrive le contraire de ce que nous avons observé dans le cas de divergence. Les axes ne peuvent s'écarter l'un de l'autre que d'une quantité déterminée et très-petite.

Les axes secondaires extrêmes, en se croisant, limitent alors le champ de la vision commune, et l'on voit que celle-ci est circonscrite dans l'angle intérieur de ce croisement comme elle l'était dans le premier cas, dans l'angle extérieur. (Voyez le § 93.)

§ 464. **Ce qu'on doit entendre par strabisme simple ou double.** — Le strabisme, avons-nous vu, est primitivement simple ou double : mais dans les apparences extérieures, et au premier abord, il est souvent double, le strabisme d'un œil entraînant généralement à sa suite, comme nous le verrons dans un paragraphe spécial (strabisme consécutif par synergie) un strabisme de même sens dans l'autre œil.

Pour séparer, dans l'examen, ce qui appartient à chaque œil, en propre, de ce qui est en eux le simple effet de la synergie, comme aussi pour mesurer l'étendue des déviations respectives, s'ils sont atteints l'un et l'autre, il faut étudier isolément les mouvements de chaque œil. En faisant fermer chaque œil alternativement, on mesure approximativement l'étendue des mouvements que peut accomplir celui qui reste ouvert ; et si les signes positifs d'une rétraction incontestable n'existent pas sur tous les deux, si l'un d'eux conserve une étendue respectable de mouvements, on dira que le strabisme est simple ou du moins, au point de vue opératoire, on le considérera comme tel. (Voyez le § 153.)

SECTION V.

Du strabisme musculaire primitif actif double.

§ 165. **Strabisme double**. — Il est une sorte de strabisme sur la signification duquel les auteurs semblent diverger et qui réclame un supplément d'études : c'est le strabisme double alternatif.

Parlant du strabisme *double*, M. J. Guérin a dit excellemment d'une manière très-générale :

« Lorsque le strabisme est *double* dans le même sens et au même degré ou à peu près, chaque œil se redresse alternativement pour l'action de regarder, et la difformité, par ces alternatives de redressement et de déviation, semble voyager d'un œil à l'autre ; et si la difformité est très-prononcée des deux côtés, les yeux ne pouvant pas se redresser, la tête se tourne alternativement à droite et à gauche pour porter l'œil en face des objets, ou bien le sujet place ceux-ci dans la direction des yeux déviés. » (*Gaz. Méd.*, 1841, p. 209.)

Et telle doit bien être effectivement la condition de la vision dans les cas les plus généraux, et quand le strabisme est prononcé ou les yeux fort inégaux dans leur action. Mais cette proposition, considérée comme loi, nous semble trop absolue, et nous avons rencontré un strabisme double convergent alternatif, dans lequel la vision s'opérait *binoculairement* dans les deux cas, c'est-à-dire un des yeux quelconques étant droit quand l'autre avait le trait oblique ; fait que nous ne pouvons concilier avec la proposition suivante du savant auteur de la méthode sous-cutanée :

« Le regard distinct par les deux yeux n'est momentanément possible qu'autant que les deux axes visuels peuvent converger d'une manière égale et se réunir en un même point de l'objet regardé.

« Partant de ce fait, je dirai que quand ces deux conditions ne sont pas possibles, le regard distinct ne s'opère qu'avec un seul œil ; ce qui a lieu toutes les fois que le raccourcissement est considérable, et partant la déviation de l'œil strabique trop forte pour être vaincue sans un grand déplacement de l'œil sain. »

Dans le cas que nous rappelons, les choses ne se passaient pas ainsi : quand le strabisme était à gauche, par exemple, l'impression unique perçue lors de la vision binoculaire se voyait produite par le concours de l'axe principal de l'œil droit avec un certain axe secondaire de l'œil gauche ; et inversement, quand le sens du strabisme venait à changer, l'axe principal était celui de l'œil gauche et l'axe secondaire à droite.

Il y aurait eu ainsi, dans ce cas, dans chaque œil, deux axes oculaires habitués par l'éducation à se correspondre, l'axe principal de droite avec l'axe secondaire de gauche, l'axe principal de gauche avec l'axe secondaire de droite ; mais jamais les axes principaux ensemble, ni les axes secondaires non plus. L'habitude aurait créé là deux applications distinctes du principe de la direction dans ses rapports avec le sens musculaire et l'axe de l'individu.

Cette proposition devrait assurément être considérée comme fort arbitraire, si elle était une simple conception. Mais nous ne l'énonçons ici que comme la traduction du fait, dans le langage théorique le moins distant qu'on puisse trouver des principes généraux qui formulent les lois de la vision. De même qu'il n'y a pas de diplopie qui survive, au delà d'un temps très-limité, à l'intégrité recouvrée de l'action musculaire, de même que l'en-

fant apprend à confondre les impressions reçues par les deux réti-
tines et qui émanent des mêmes interruptions dans la continuité
des sensations, de même on peut comprendre qu'une double
éducation puisse se faire par l'exercice suffisamment répété de
deux champs visuels séparément correspondants. Nous conviendrons cependant sans peine que ce phénomène a quelque
chose de nouveau et d'étrange qui est fait pour arrêter le physiologiste et provoquer les hésitations. Aussi ne le plaçons-nous
ici que comme un fait observé, une contribution à l'histoire encore incomplète du strabisme et sous toutes réserves quant au
sens à y attacher définitivement. Le sujet, quoique bien observé,
n'est pas demeuré assez longtemps sous nos yeux pour que
nous ayons pu scruter avec loisir toutes les conditions de la
question si délicate qu'il soulevait.

M. J. Guérin pense que le regard distinct par les deux yeux à
la fois, n'est normalement possible qu'autant que les deux axes
visuels peuvent converger d'une manière égale et se réunir en
un même point de l'objet regardé.

Mais cette proposition ne tombe-t-elle pas devant l'analyse du
strabisme optique ou physiologique? Dans ce genre de discordance, n'est-il pas clair qu'il y a rapport harmonique établi ou
s'établissant entre un axe secondaire et un autre de même genre,
ou entre lui et l'axe polaire de l'autre œil? Pour qu'il n'en fût
pas ainsi, il faudrait que tout strabisme physiologique fût *double
et égal* dans les deux yeux pendant la vision parfaite. En est-il
ainsi dans ce genre de strabisme? Dans celui où l'œil dévié l'est
du côté de la divergence, par exemple.

Nous pensons que sur ce point l'observation est incomplète.
Si un axe secondaire peut, comme la chose est démontrée en
fait, s'accorder avec un axe polaire, il est simple et naturel
qu'il en soit ainsi dans ce cas. (Voir les §§ 162 et 163) (1).

---

(1) Depuis que ces lignes ont été écrites, nous avons trouvé dans les *Annales
d'oculistique,* pour l'année 1855 (30 avril), une observation communiquée à ce
journal par le professeur Stœber (de Strasbourg), et qui nous paraît concorder
complétement, en ce qu'elle a de nouveau et d'inobservé jusqu'ici, avec celle
que nous venons de relater. Elle présente en outre un intérêt puissant sous le
rapport de l'influence de la convergence des axes optiques sur l'accommodation.
« Strabisme volontaire et alternatif de chacun des deux yeux, nécessaire
pour l'accommodation de la vue.
« M^{ll} de S., âgée de 18 ans, d'une santé parfaite, vient me consulter au

§ 166. Du strabisme double alternatif. — Le strabisme convergent double alternatif n'est pas envisagé par tous les auteurs sous le même aspect.

M. Desmarres considère le stabisme double alternatif convergent (et cette affection est très-fréquente) comme la conséquence d'une paralysie double de la sixième paire. La vue s'isole dans chaque œil, ajoute le savant auteur, mais il y a diplopie. Nous adoptons entièrement cette manière de voir pour les cas où se rencontre en effet le signe qui, pour nous, est le symptôme pathognomonique d'une altération encore présente, actuelle, de l'innervation musculaire.

Alors rien de plus simple que cette séparation instinctive des actes de l'un ou l'autre œil. Le sujet sent bien qu'il ne peut les comparer, que la liaison binoculaire manque.

Si dans le cas que nous avons cité plus haut, il y avait eu di-

mois d'août 1852, pour une affection oculaire que je n'ai jamais rencontrée, et que je n'ai vue mentionnée nulle part. Cette jeune personne a de beaux yeux châtains, bien conformés; les iris ont leur contractilité normale, et cependant la malade ne peut lire un caractère moyen, à quelque distance que ce soit, lorsqu'elle regarde avec les deux yeux, ni lorsqu'elle ferme un œil, les axes des deux yeux demeurant dans le parallélisme. Pour y voir, elle est obligée de loucher avec un œil; ce qu'elle fait avec la plus grande facilité, soit à droite, soit à gauche, en contractant le muscle droit interne de l'œil avec lequel elle ne peut voir.

« Lorsque les paupières sont fermées d'un côté, elle ne voit pas à lire de l'autre, à moins qu'elle ne fasse loucher l'œil fermé; ce qu'elle fait encore sans difficulté; elle sent très-bien, les paupières étant fermées, si l'œil est dévié ou non.

« Cette singulière disposition a existé dès l'enfance; la malade louchait lorsqu'elle voulait distinguer un objet de petite dimension ou placé à une certaine distance. Les parents qui l'attribuaient à une mauvaise habitude, ont cherché, en vain, à faire disparaître ce strabisme volontaire. Toutes les fois que l'enfant devait lire, broder, coudre, ou qu'elle cherchait à reconnaître les personnes a une distance un peu grande, elle se mettait à loucher de l'un ou l'autre œil, et affirmait qu'elle ne pouvait s'en dispenser, si elle voulait y voir suffisamment.

« Il y a deux ou trois ans qu'en essayant, par hasard, des lunettes a verres convexes n° 4, elle s'aperçut qu'elle y voyait bien sans loucher. Depuis lors, un opticien lui a donné le n° 6 convexe avec lequel elle distingue également très-bien. De sorte que, maintenant, elle préfère se servir de verres, car l'action de loucher la fatigue depuis longtemps. Elle s'est habituée aussi à rapprocher les petits objets des yeux pour les distinguer. La malade a remarqué qu'après avoir cessé pendant quelque temps d'appliquer ses yeux à la lecture, à la broderie, elle y voyait bien moins que lorsqu'elle les avait astreints à un ouvrage de ce genre. »

M. Stœber fait suivre cette observation des remarques que voici :

« Ce cas est doublement remarquable ; la faculté de contracter à volonté et plopie, nous n'aurions pas cherché une autre explication du fait surprenant que nous rencontrions sous nos pas; mais il n'y avait pas diplopie; la maladie datait de l'enfance, et nous avons dû nous arrêter à *imaginer* que l'éducation s'était faite sur les nouvelles bases alternantes dont nous avons formulé le mécanisme et le fonctionnement.

Nous ferons donc toutes nos réserves sur l'admission de conclusions finales. Les faits complétement observés manquent, à nous surtout, et sur ce point de détail, nous demandons la permission d'ajourner nos conclusions et de remettre cette question à l'étude par un nouvel examen des faits.

Cette correspondance d'axes optiques principaux avec des axes secondaires, ou d'axes secondaires entre eux, n'a rien d'ailleurs qui doive arrêter : nous avons démontré son existence dans un grand nombre de circonstances de la vision Le seul

isolément l'un ou l'autre des deux muscles droits internes est tout à fait insolite. Habituellement les deux muscles droits internes se contractent simultanément lorsqu'on fixe des objets très-rapprochés, ou le muscle droit interne d'un œil se contracte avec le droit externe de l'autre œil dans les mouvements des yeux. Je n'avais jamais observé antérieurement la contraction volontaire d'un muscle droit d'un seul œil chez une personne ayant les deux yeux bien conformes en apparence et jouissant de tous leurs mouvements.

« Il est encore plus remarquable que ce strabisme volontaire vienne au secours de la vision. La contraction du droit interne d'un œil chez ce sujet fait que l'autre œil y voit aussi bien que si, le muscle n'étant pas contracté, elle regardait avec les deux yeux à travers des verres convexes. Il faut donc que cette contraction serve au pouvoir d'accommodation de la vue aux distances. Ne pourrait on supposer, dès lors, que la contraction de ce muscle droit interne d'un œil agit sympathiquement sur les muscles de l'autre œil et excite leur contraction de manière a rendre la cornee plus convexe ? »

On voit par combien de points cette observation touche aux principales questions traitées dans cet ouvrage et la justification qu'elle apporte à plus d'une des propositions qui y sont renfermees. N'y lit-on pas en toutes lettres la liaison qui unit l'accommodation à la convergence ?

Chez cette demoiselle *hypermétrope*, la contraction par convergence des axes optiques équivaut à l'action d'un verre convexe n° 6. Comme ce fait justifie bien les belles remarques de M. Donders sur l'hypermétropie et sa correction, soit par des verres convexes, soit par des verres prismatiques à sommet internes et nos propres remarques sur l'influence de la convergence des axes optique, sur l'accommodation et le mécanisme de la production de la myopie consécutive à la presbytie mal gouvernée (voy. § 235) dans l'emploi des verres convexes.

Enfin, pour revenir à notre objet dans le présent chapitre, elle nous démontre a nous-même que le fait, rapporté ci-dessus, de strabisme alternatif n'est pas la conséquence d'une illusion, et que nous avions bien observé, puisque le même fait a été rencontré par d'autres.

élément nouveau que nous apportions ici, et pour ce cas particulier, c'est la possibilité du concours régulier d'axes différents, dans des instants différents. Mais l'étude de la vision binoculaire avec des lunettes ou sans lunettes, nous apporte
également le même phénomène, et nous démontre par conséquent la possibilité physiologique de cette faculté.

SECTION VI.

Du strabisme mécanique actif d'après son siége.

§ 167. — Nous n'entrerons pas dans une description détaillée
de tous les cas différents que peut présenter cette étude, muscle
par muscle.

« Les modes et le siége de la rétraction peuvent être aussi variés que ceux de la contraction physiologique dont ils ne sont
que la répétition morbide et la représentation permanente, et
l'on peut dire à priori qu'il n'y a pas un seul muscle de l'œil
qui ne puisse, en tout ou en partie, être affecté de rétraction,
comme il n'est pas non plus une seule association d'actions physiologiques qui ne puisse voir son expression stéréotypée dans la
formule pathologique d'un strabisme. Aussi, comme nous l'a-
vons exposé dans l'histoire du strabisme consécutif, la rétraction se distribue-t-elle, le plus souvent, dans les muscles des
deux yeux où elle reproduit symétriquement les mouvements
simultanés accomplis par ces organes. » (Jules Guérin.)

Dans toute étude pratique d'un strabisme donné, il faudra
donc avoir toujours présente à l'esprit cette loi d'association, pour
bien distinguer le siége réel, le point de départ des altérations.

Les déviations parfaitement horizontales, ou exactement ac-
complies dans le plan vertical, pourront être à priori considérées
comme le résultat exclusif de la rétraction localisée uniquement
dans un des muscles droits. Mais dès que le sens de ces déviations exprimera une action oblique, il y aura lieu à une analyse beaucoup plus délicate. Cette déviation inclinée sur un des
deux plans vertical ou horizontal peut, en effet, être produite,
par l'un des obliques, comme elle peut être l'expression d'une
action résultante imprimée par le concours de plusieurs mus-

cles. C'est dans un tel cas qu'il y aura lieu de se rappeler tout ce que nous avons exposé sur la statique de l'œil, et en particulier l'action générale de transport du globe d'avant en arrière par la diminution des longueurs des muscles droits, et inversement, l'action exophthalmique du raccourcissement de la somme des obliques.

De plus, nous avons vu que les obliques supérieur et inférieur avaient, en outre de leur action en bas ou en haut, une action *abductrice* ; ils sont congénères du droit externe et non du droit interne. L'obliquité en haut, dans le strabisme convergent, est donc plutôt le fait du système convergent que du système divergent.

Mais ce qu'il faut surtout avoir devant les yeux, c'est l'action exophthalmique du groupe des obliques : leur état de rétraction, joint à une abduction, et une action supérieure ou inférieure doivent donc en même temps présenter quelque chose d'exophthalmique, une saillie plus ou moins prononcée du globe.

Dans le strabisme convergent, sans trace d'exorbitisme, il y a donc peu à soupçonner de la part des obliques.

On trouve un argument à l'appui de ces remarques dans l'observation, suivante ou plutôt l'expérimentation faite par M. Radcliffe Hall sur les yeux d'un singe (*Gazette médicale*, 1844, p. 391).

L'oblique inférieur produit la rotation en haut et en dedans, mais ce mouvement n'est jamais aussi marqué dans ce cas, que lorsqu'il est dû à l'action combinée des droits supérieur et interne. Sur ce point, M. Hall est en contradiction formelle avec Ch. Bell. De même, il croit que la rotation en bas et en dehors peut être déterminée et par l'oblique supérieur et par les droits inférieur et externe, mais jamais dans une étendue aussi grande par la seule contraction de l'oblique que par celles réunies des deux autres muscles.

Une autre différence pour le résultat entre l'action d'un oblique et celle des deux muscles droits correspondants, c'est que, dans le premier cas, le globe oculaire subit un mouvement comme de torsion sur le nerf optique, tandis que, dans le second il s'infléchit seulement à angle plus ou moins aigu sur ce nerf. » C'est le principe du mouvement de restitution par rotation de M. J. Guérin. (Voir les §§ 146, 147.)

168. Caractères de la rétraction des obliques. On se rappellera, en outre, que le mouvement de translation du globe en arrière est accompagné d'une déformation qui, dans les cas légers et moyens, est accompagnée de myopie mécanique, et dans les cas graves, de bombement de la partie intrapalpébrale des globes. Ajoutez à cela les impressions digitales des muscles rétractés sur le prolongement de leur diamètre et dont le sillon indique le siége de la rétraction. Nous n'insisterons pas davantage sur le signe tiré du mouvement de rotation spécifique de M. J. Guérin, auquel nous croyons pouvoir donner plus exactement le nom de mouvement de restitution dans les efforts de redressement. (Voy. le chap. IV de la Dynamique oculaire, § 146.)

Il est encore un caractère très-remarquable dans la déviation consécutive et la rétraction des obliques : c'est la limitation extrême du mouvement dans le sens du redressement. L'œil, non-seulement ne peut se porter en sens inverse de la déviation, comme dans le strabisme par rétraction exclusive des muscles droits, mais ne peut même arriver jusqu'à la rectitude. Ce signe différentiel a une grande valeur ; la direction des muscles droits, presque parallèle à l'axe antéro-postérieur de l'œil, permet qu'un certain degré de raccourcissement du muscle se compense, en quelque manière, par la dépression de la sphère oculaire suivant la tangente représentée par ce muscle. Il y a dès lors conservation d'un certain état physiologique, mais avec déformation, rupture de la symétrie de la forme. Le mouvement cependant est encore permis. Il ne devient impossible que lorsque le degré de la rétraction est tel que la sphère oculaire n'y puisse plus guère aider par sa dépression. Le globe, devenu plus ferme, à l'instar d'un levier rigide, ne peut plus dès lors se redresser.

Ce phénomène, tardif dans la rétraction des muscles droits, se présente dès le premier moment dans celle des obliques. Leur action normale s'exerce presque suivant un grand cercle de la sphère oculaire. Mais dès qu'il y a raccourcissement, la longueur de leur bras de levier efficace croît avec ce raccourcissement. Les obliques deviennent donc d'autant plus efficacement situés, soit comme adducteurs, soit comme abducteurs, qu'ils s'écartent plus de leur position normale, dans le cas de l'abduc-

tion qui est leur sens naturel, ou qu'ils s'écartent du grand cercle méridien, quand ils ont fait passivement quelque chemin au
delà de ce cercle dans le sens de l'adduction.

Ils deviennent donc d'énergiques agents de déviation dans le
sens d'une divergence modérée, et ne tardent pas à y immobi-
liser le globe.

Dans le sens de la convergence il leur faut, au contraire, un
fort degré de rétraction pour atteindre au même point l'immobilité. Aussi ce caractère n'a-t-il pas la même valeur dans le
strabisme interne que dans le strabisme externe pour les diffé·
rencier de celui produit par les muscles droits dont la résultante
serait la même.

Cette immobilité dans la divergence strabique peut être confondue, si on ne l'étudie pas d'un peu près, avec la fixité paralytique. On sortira du doute au moyen des caractères généraux
de la paralysie, la diplopie entre autres, et en particulier par
cette considération que l'immobilité paralytique est absolue, que
le plus faible redressement ne saurait avoir lieu, tandis que
celle par rétraction externe permet encore un certain degré de
mouvement de redressement.

§ 169. **Rétraction de tous les muscles droits à
la fois** — Nous terminerons ce rapprochement par un dernier emprunt que nous ferons au savant auteur dont nous avons
tant exploité les travaux pour l'élaboration de cet intéressant
chapitre. Il résume, dans une formule pathologique, une grande
partie des données physiologiques sur lesquelles nous nous sommes appuyé pour établir les lois de la statique du globe oculaire.

« Quand la rétraction occupe la totalité des muscles droits,
dit M. J. Guérin, pour peu qu'elle soit considérable, l'enfonce-
ment de l'œil est plus ou moins prononcé, sa partie antérieure
est déprimée sur quatre côtés, aux extrémités des deux diamètres rectangulaires du cercle vertical qui comprend leurs insertions, et dans le prolongement de la direction de chacun de ces
muscles. En outre, la cornée est plus saillante, son rayon de
courbure plus petit, et le sommet de cette saillie n'est plus situé
dans une portion plus ou moins excentrique de la cornée, mais
bien à son centre. Il résulte de ces deux dispositions que cette

portion de l'œil représente, très-vaguement, il est vrai, un cône à quatre faces et à sommet arrondi. Ce caractère est très-précieux, très-significatif au point de vue du diagnostic, et confirme toutes celles de nos inductions théoriques qui se rattachent à cet ordre de faits. La saillie plus grande du centre de la cornée par la rétraction des quatre muscles droits, n'est que l'expression exagérée des faits physiologiques par l'exagération des causes qui la produisent. Ce fait de la saillie plus grande de la cornée coïncidant avec la retrait de l'œil, prouve la possibilité de la coexistence d'un raccourcissement total du globe oculaire avec la diminution du rayon de courbure de la cornée, ce que quelques critiques peu éclairés avaient regardé comme impossible et contradictoire. »

Rapproché des symptômes de l'exophthalmos consécutif à l'action exagérée des obliques, cet état du globe *démontre* l'exactitude de notre propre théorie sur la statique du globe oculaire et de son équilibre entre les muscles qui le retiennent en arrière, ceux qui l'attirent en avant et la pression de la paroi orbitaire interne et inférieure.

M. J. Guérin (25 décembre 1841) avait donc bien raison de dire « que l'étude du strabisme, sur laquelle il a jeté tant de lumières, ainsi que celle de toutes les difformités du corps humain, ont pour effet d'agrandir singulièrement le domaine de l'observation, tantôt en diminuant, tantôt en grossissant, ou en modifiant d'une manière quelconque certains faits plus obscurs et moins perceptibles, lorsqu'on se borne à les étudier dans leur normalité. »

SECTION VII.

Du strabisme optique ou physiologique.

§ **170.** — Le strabisme mécanique est la déviation d'origine musculaire, il est la conséquence d'un excès pathologique d'action d'un système de muscles, ou du déficit également morbide d'un autre système ou d'un seul muscle. Mais ce dernier n'est considéré généralement que comme un symptôme secondaire d'une paralysie partielle.

Mais il en est d'une autre sorte, et qui, *en tant que strabisme,* n'est point du tout pathologique. C'est l'ensemble des circon-

stances dans lesquelles un obstacle étant survenu sur le chemin
de l'axe oculaire, à l'intérieur ou sur la surface de l'œil, l'organe se dévie physiologiquement, aux fins de se procurer
un autre axe visuel que l'axe principal. Ainsi, une tache qui
couvre le centre de la cornée ou l'une de ses moitiés, un dépôt
plastique circonscrit, sur le trajet de l'axe principal, dans le
cristallin, le corps vitré, la chambre antérieure, une perte quelconque de transparence sur cette direction, une adhérence de
la conjonctive palpébrale et de la conjonctive oculaire, une dislo-
cation ou luxation du cristallin, enfin une paralysie ou un dépôt
local rétinien, toutes ces causes, qui annulent la fonction de
l'axe optique principal ou polaire, peuvent et doivent amener
un strabisme optique ou physiologique.

Car, en vertu de la loi de tendance au fusionnement des images
dessinées dans chaque œil, s'il reste un espace libre qui permette à un faisceau lumineux de pénétrer vers la rétine, cet
espace détermine un axe visuel désormais obligé et unique.
Toutes les fois que les deux yeux, en pareille circonstance, se
portent à la fois sur un même point de l'espace, il y a forcément strabisme, et pourtant les systèmes musculaires des deux
yeux, complétement soumis à la volonté qui en règle et qui
sait en mesurer le degré d'action, n'obéissent qu'à des lois
physiologiques.

Il y a donc un strabisme pathologique et un strabisme physiologique, et le premier caractère que l'on doive rechercher, c'est
son signe objectif, une opacité, une perte de transparence sur
l'axe. L'ophtalmoscope peut être, à cet égard, d'un très-grand
secours.

§ **171. Ses caractères.**—Le strabisme optique est donc
l'expression d'une rupture de l'harmonie première entre les
axes visuels des deux yeux, par suite de quelque altération ou
changement dans les milieux transparents ou dans la rétine.
Son objet (consécutif) est de mettre en rapport l'axe optique de
l'œil sain avec l'axe visuel le plus rapproché possible de l'axe
principal que possède l'œil malade.

Dans la vue *distraite*, le strabisme ne doit donc pas exister,
tandis qu'il naît immédiatement du besoin de fixer et de fondre
les sensations, c'est-à-dire dans la vue attentive.

Son principal caractère est, par conséquent, l'indépendance des mouvements, l'absence de strabisme dans le cas de vue distraite, la liaison, au contraire, de la déviation avec le regard intentionnel ou attentif.

Dans le strabisme optique ou physiologique, à moins qu'il n'ait été modifié par un certain degré de contraction musculaire exagérée, fruit d'une longue habitude, la forme de l'œil n'est point modifiée ; chose parfaitement concevable, car la nécessité de présenter aux faisceaux lumineux un diamètre de l'œil plutôt qu'un autre, n'entraîne aucun raccourcissement immédiat d'aucun muscle, par conséquent aucune diminution dans la somme des longueurs de tous les muscles.

Cependant, quand le strabisme optique est devenu très-chronique, la répétition constante de la même action dans le même muscle peut déterminer chez celui-ci un excès de force, de nutrition, et une sorte de raccourcissement consécutif. On aurait alors un strabisme musculaire consécutif à un strabisme optique.

L'absence de toute déformation du globe oculaire a pour conséquence finale le rejet de tout soupçon de myopie consécutive ; si le sujet est myope, la chose est indépendante de son strabisme optique, l'œil n'étant le siége d'aucune rétraction dans le strabisme optique ou physiologique.

Nous ajouterons donc aux caractères généraux du strabisme optique l'absence de myopie *consécutive*. L'œil n'étant point soumis à une rétraction musculaire, n'éprouve alors aucune déformation suite de pressions anormales.

Nous en dirons autant de la diplopie : elle ne saurait s'observer dans ce genre de déviation. L'harmonie préétablie dans les axes est en effet détruite, mais elle l'est par une action libre et spontanée, mesurée, du système musculaire, locomoteur du globe. La conscience musculaire n'en abandonne donc point la mesure, ni l'appréciation, et c'est le déficit ou l'absence de cette faculté qui seul, nous l'avons démontré, constitue la diplopie.

Cette circonstance étiologique, de la plus haute importance au point de vue du mécanisme de la difformité, a une conséquence énorme au point de vue diagnostique.

Si les yeux se désharmonisent volontairement par déviation de celui dont l'axe polaire est obstrué, c'est pour les besoins de la vue, dans une mesure que l'instinct dirige, qu'il effectue sa déviation. On doit donc présumer qu'au moment où les deux axes volontairement mis en rapport se rencontrent sur un objet, il n'y a pas diplopie.

C'est en effet ce qui s'observe : de même qu'il n'y a strabisme optique ou physiologique que dans la vue intentionnelle, pendant le regard attentif, de même n'y a-t-il diplopie qu'en l'absence de vue intentionelle et attentive, c'est-à-dire pendant la vue distraite ; encore ici n'y a-t-il pas à proprement parler d'image double, mais une vision confuse et plutôt bilatérale. Les termes physiologiques de la fonction sont ici disjonction des axes et vue simple, strabisme sans diplopie. L'absence de fonctionnement intentionnel ou attentif s'exprimant, au contraire, par absence du strabisme et présence de la diplopie. Tout cela est tout à fait physiologique.

§ 172. Propriété des axes secondaires. — Dans le strabisme optique ou physiologique apparaît manifestement cette propriété qu'ont les yeux de remplacer l'axe polaire par un axe secondaire, de faire *congruer*, de mettre en rapport deux axes secondaires entre eux, ou un axe secondaire avec un axe polaire.

« Dans le strabisme optique, dit M. Guérin, l'œil sain ne se dévie pas; l'harmonie des axes visuels des deux yeux se conserve, malgré la désharmonie des axes oculaires. La chose est bien plus sensible encore si le strabisme est double; les axes secondaires peuvent alors coïncider pendant une dissociation des yeux portés jusqu'à *la divergence* des axes polaires.

Nous recommandons cette observation à S. D. Brewster : est-elle compatible avec sa théorie d'*unité* du point sensible de la rétine? ne démontre-elle pas manifestement la réelle impossibilité d'harmonie entre des axes sans symétrie? (Voir le § 165.)

§ 173. Infériorité de l'axe secondaire. — Cette particularité a d'autres conséquences encore : si les axes polaires ou principaux des yeux ne sont point ceux employés pendant la vision, la propriété connue de la rétine d'être de moins en moins sensible ou efficace, à mesure qu'on s'éloigne du *punctum luteum* doit rendre, dans ces cas de strabisme optique, la vi-

sion moins nette ou plus confuse. L'image est en effet formée toujours plus ou moins en dehors ou en dedans du pôle oculaire.

L'observation confirme cette appréciation; la vue est en effet toujours quelque peu obscure et confuse, et cette obscurité a lieu pour toutes les distances, elle a lieu de près aussi bien que de loin; l'accommodation de l'œil n'en est donc aucunement la cause, et l'emploi des verres ne lui donne ni plus de portée ni plus de netteté. Le fait est, on le voit, absolument conforme à la théorie.

On avait attribué cette circonstance à la myopie, aux rétractions; mais l'étude de ce genre de strabisme exclut bientôt cette origine; le lieu de la rétine sollicité y joue le principal rôle; puis vient une seconde influence, extrêmement considérable: c'est l'obliquité du cristallin qui ne donne une image exactement au foyer que sur l'axe secondaire lui-même, mais non pour les points situés en dehors de cet axe.

Dans le strabisme optique, la fonction binoculaire ne précise donc avec quelque exactitude que le point de vue ou de congruence des axes.

Le centre seul des images ou tableaux de perspective est vu nettement et à sa place. Le reste de l'impression appartient plutôt à la vue monoculaire qu'à une vision binoculaire exacte. Le secours de l'œil dévié n'est cependant pas à dédaigner, et le sujet en tire évidemment un bénéfice réel, ne serait-ce que pour *fixer* très-positivement le point de vue ou de mire de la perspective; la position du centre du tableau (§ 174).

Nous résumerons les caractères différentiels du strabisme pathologique spasmodique actif et du strabisme optique ou pathologique dans le tableau suivant que nous empruntons à M. J. Guérin.

§ 174. — Parallèle des caractères du strabisme mécanique et du strabisme optique.

Strabisme mécanique	Strabisme optique.
Le strabisme mécanique naît à des époques déterminées, à celle de l'enfance, de la dentition, sous l'influence d'affections cérébrales, de convulsions, d'émotions violentes. Sa marche est	Le strabisme optique, sauf le cas de paralysie partielle, naît à des époques indéterminées, à la suite de circonstances tout accidentelles, tellesqu'une ophthalmie, une lésion traumatique de

Strabisme mécanique.   Strabisme optique.

souvent irrégulière; il augmente tout à coup sous l'influence des excitations nerveuses. Il est incurable sans opération.

Dans le strabisme mécanique, la déviation de l'œil est permanente, quoique variable par son degré; elle peut avoir lieu dans toutes les directions que peut imprimer à l'œil l'action physiologique isolée ou simultanée des différents muscles de l'œil, et indépendamment de toute influence optique. Elle est souvent double dès l'origine.

Dans le strabisme mécanique, les mouvements mecaniques et optiques sont bornés en sens opposé à la déviation; l'œil affecté, toujours dévié quand le sujet ne regarde pas, tend toujours à se redresser quand il regarde. Cette tentative de redressement entraîne l'œil sain dans le sens opposé. Quand le strabisme est double, et a lieu dans le même sens et à peu près au même degré, chaque œil se redresse alternativement pour regarder (?)

Le strabisme mécanique s'accompagne de déformation de la sphère oculaire, caractérisée principalement par un aplatissement du côté de la déviation, un bombement du côté opposé et un retrait de l'œil ou un exophthalmos.

Dans le strabisme mécanique l'œil est ordinairement frappé d'une myopie qui diminue ou disparaît par l'opération. Quand les yeux peuvent s'accoupler pour le regard intentionnel, il y a le plus souvent diplopie. (Quand la cause morbide dure encore. G. T.)

Enfin, les muscles qui président à a deviation mécanique de l'œil ont subi plus ou moins la transformation fibreuse.

l'œil, laissant après elle un obstacle matériel au passage des rayons lumineux, une taie de la cornée, un déplacement de la pupille, une cataracte, etc. La difformité une fois produite reste stationnaire ou bien augmente ou diminue graduellement.

Dans le strabisme optique, la déviation de l'œil est temporaire; son sens et son degré sont rigoureusement déterminés par le siége et l'étendue de l'obstacle qui obstrue le passage des rayons lumineux. Le strabisme optique est rarement double.

Dans le strabisme optique tous les mouvements mecaniques conservent leur étendue et leur liberté normales.

Les mouvements optiques seuls président a la deviation. L'œil, toujours droit quand le sujet ne regarde pas, se dévie toujours quand il regarde. Cette deviation n'empêche pas l'autre œil de pointer vers l'objet regardé. Quand le strabisme est double, les deux yeux s'accouplent pour le regard intentionnel, mais s'accouplent dans des rapports vicieux.

Le strabisme optique laisse à la sphère oculaire sa forme normale.

Dans le strabisme optique la vue est ordinairement confuse et obscure, mais exempte de myopie proprement dite. Quand les deux yeux peuvent s'accoupler pour le regard intentionnel, il n'y a jamais diplopie.

Les muscles qui président à la déviation optique de l'œil ont conservé leur texture normale.

CONCLUSION.

L'ensemble de ces caractères atteste   L'ensemble de ceux-ci témoigne de

Strabisme mécanique.	Strabisme optique.
l'existence d'une cause musculaire, d'une cause permanente, d'une cause capable de soumettre l'œil à une pression et une traction continues. Telle est la *rétraction musculaire*.	l'existence d'une cause musculaire passagère, ne pouvant que déprimer ou tirailler que passagèrement le globe de l'œil ; telle est la contraction optique des muscles.

SECTION VIII.

Du strabisme mécanique secondaire ou consécutif.

§ 175. —Tout strabisme simple confirmé, quelle que soit son origine, amène toujours dans l'autre œil un strabisme de même sens..

Cette proposition appartient à M. J. Guérin et a été établie par lui sur les faits expérimentaux et sur les explications qui vont suivre.

Expérimentalement, on constate d'abord que le strabisme double mécanique est loin d'être toujours né à la même date dans les deux yeux.

On voit souvent le second se produire sans intervention d'une cause pathologique nouvelle. Étudiant cette production, on remarque que plus ou moins longtêmps après un strabisme mécanique monoculaire confirmé, l'œil sain commence à ne plus être bien droit. Sans incident nouveau, cet œil se dévie dans le sens de l'autre.

Vient-on à opérer le premier strabisme et guérit-il mal, se changeant en un strabisme contraire, l'autre œil, au bout de quelque temps, commence à contracter aussi un strabisme opposé au premier.

On ne peut montrer plus manifestement le *consensus* musculaire des deux yeux.

En résumé, le strabisme d'un œil entraîne donc consécutivement le *même* strabisme de l'autre œil.

§ 176. **Son mécanisme.** — Ce phénomène sympathique aurait, ajoute M. Guérin, pour raison d'être le mécanisme suivant :

Le strabisme d'un œil en dedans ou en dehors, par *consensus* involontaire, celui qui préside au mouvement non attentif des yeux, doit tendre incessamment à faire dévier l'œil sain en sens contraire, c'est-à-dire à le placer, relativement à l'œil malade, dans le sens du parallélisme de leurs axes oculaires. L'axe de l'œil sain prendrait donc, eu égard à cette influence, une direction strabique inverse.

D'après cela, dès que le besoin de la vision attentive vient à se faire sentir, l'effort propre à rétablir l'harmonie de convergence devient et plus nécessaire et plus intense; sa répétition provoque donc dans les muscles qui concourent à cet effet, ou le produisent, un excès de force ou d'action suivi bientôt d'un accroissement de la nutrition. Comme conséquence finale, on observerait donc la production, à la longue, d'un strabisme consécutif de même sens dans l'autre œil.

Ainsi produit, le strabisme musculaire ou mécanique consécutif ne diffère plus, *avec le temps*, du strabisme primitif ou par rétraction, et dès lors amène à sa suite tous les corollaires attachés à ce dernier.

Cependant il y a plus de probabilité que dans le premier cas de trouver les muscles sans dégénérescence fibreuse, et plus de chances d'amener le rétablissement de la fonction normale par un exercice bien dirigé.

SECTION IX.

Du strabisme optique consécutif.

§ 177. — De même que le strabisme optique ou physiologique peut engendrer le strabisme mécanique par la répétition constante d'une action excessive du même ordre de muscles, de même le strabisme musculaire primitif ou consécutif peut amener à sa suite le strabisme optique.

En d'autres termes, la déformation amenée dans la surface, dans la périphérie de la sphère oculaire, et que nous avons vue être produite par la pression des muscles rétractés, peut s'étendre au delà des limites de cette surface et détruire ou changer les rapports des éléments intérieurs compris dans la coque oculaire. Rien de plus logique assurément que cette action : on comprendrait même difficilement qu'une déformation de la surface consistant en un aplatissement de la sphère sur un de ses côtés, le refoulement des liquides sur la face opposée, le bombement de sa portion libre, les impressions déterminées par les rétractions musculaires, fussent sans influence sur les inclinaisons relatives des surfaces de séparation des milieux transparents intérieurs.

Apprécier le sens et le degré de ces modifications serait peut-être un travail difficile; mais affirmer leur réalité dans tous les cas de strabisme prononcé, cela ne saurait être téméraire. M. Jules Guérin a très-justement exprimé ce fait en disant qu'une telle violation de la forme du globe ne pouvait que « décentrer » la lunette optique.

Si le raisonnement ne suffisait à établir cette vérité, on en trouverait une preuve dans l'observation des faits :

Dans les strabismes primitifs musculaires anciens, traités par la myotomie, il arrive souvent que le strabisme optique ou physiologique survive à l'opération. Alors une nouvelle opération est impuissante à corriger la déviation, et c'est à l'exercice seul qu'on peut demander la réparation désirée. Et en effet, une volonté soutenue, secondée par une bonne direction, triomphe souvent de ces reliquats de la maladie primitive.

Ainsi, dit M. Guérin, des sujets atteints de strabisme primitif peuvent encore regarder monoculairement de l'œil affecté, et l'œil dévié conserve de la déviation, sans que cette déviation soit produite par le muscle raccourci; l'œil, en effet, peut se redresser complétement dans le regard distrait.

Mais il est plus ou moins dévié quand il se fixe pour la vue intentionnelle. Alors il est dévié dans le sens du strabisme, et il n'y a pas diplopie.

Dans ce moment, il y a évidemment disjonction des axes visuel et oculaire.

Or, après l'opération, il arrive souvent, surtout si le strabisme est ancien, que quand la cicatrisation est obtenue, etc., etc., il y a diplopie pour toutes les situations qui ne reproduisent pas celle antérieure à l'opération, c'est-à-dire la déviation correspondante à cette disjonction des axes visuel et oculaire.

L'œil est alors dans la situation que lui créerait un strabisme par mauvaise habitude, et sans rétraction musculaire; difformité qui ne peut être corrigée que par une nouvelle éducation

propre à rétablir les rapports fonctionnels synergiques sur des
bases symétriques. La formule de cette éducation nouvelle resté
à déterminer, et nous croyons que les idées que nous avons
émises au § 154, sur la méthode corrective des lunettes prismatiques, pourront en ces circonstances rencontrer d'utiles applications.

« On conçoit parfaitement d'après ce qui précède, dit M. J.
Guérin, pourquoi dans les strabismes musculaires primitifs anciens, où les parties constituantes de l'œil ont eu le temps de
s'adapter aux conditions vicieuses que leur a imposées la difformité, le strabisme optique consécutif survit plus ou moins longtemps à la section des muscles rétractés, pourquoi il n'est en
aucune manière influencé par une nouvelle opération, pourquoi enfin il disparaît à la longue sous l'action répétée du muscle antagoniste, qui tend à ramener les humeurs de l'œil à leur
position normale. »

§ 178. La décentration optique est une espèce de strabisme ciliaire ou interne. — Nous voyons une
raison surtout à cet amendement ultérieur par l'éducation, et
que l'expérience a constatée, quand une opération nouvelle se
montrait au contraire inutile.

C'est l'existence dans l'œil déformé des effets d'une tendance
interne au redressement. De même qu'une opacité, un défaut
de transparence sur l'axe des milieux transparents, provoque de
la part du système musculaire un mouvement qui altère la direction du regard, la création du strabisme optique, de même
est-il possible que l'inclinaison du cristallin, amenée par le strabisme musculaire, soit plus ou moins combattue intérieurement
par un effort spontané du muscle ciliaire, et qu'à la suite de ces
efforts constants, un strabisme intérieur par rétraction ciliaire
soit produit dans les instruments de suspension et de déformation physiologiques (accommodation) de l'appareil cristallinien.

Il serait dès lors tout simple qu'une opération nouvelle fût
impuissante à corriger cet effet consécutif du strabisme survi-
vant à l'opération, et qu'au contraire l'éducation par les verres
prismatiques (§ 154) provoquât, de la part des ligaments actifs du
cristallin, une restitution nouvelle de la forme en rapport avec la
nouvelle direction de l'organe.

Ce n'est qu'ainsi qu'il nous est possible de nous rendre compte d'une réparation ultérieure, par l'éducation, du strabisme optique consécutif. Il nous est impossible de nous représenter comment les muscles extrinsèques arriveraient seuls à produire cet amendement nouveau, si la simple restitution de la forme n'y a pas suffi dès l'opération.

Ces réflexions trouveront une application nouvelle dans l'étude des altérations fonctionnelles qui suivent l'usage des lunettes; nous aurons au chapitre X l'occasion d'élucider les effets et la nature de ces décentrations de l'appareil cristallinien.

SECTION X.

Du strabisme. — Indications curatives.

§ 179. **Indications curatives tirées des causes.** — Strabisme musculaire actif ou mécanique : distinction des trois causes ou degrés d'influence de la même cause originelle, d'après les caractères actuels de la difformité.

Il ne suffit point d'avoir indiqué théoriquement les différents degrés d'action de la cause générale à laquelle on doit rapporter la production du strabisme musculaire primitif; cette cause, dans la pratique, ne s'accuse que par ses caractères, et il importe à la conduite du chirurgien de savoir la distinguer dans les conditions offertes actuellement à son examen par le malade.

Or le premier degré ou *contracture simple* a pour caractère essentiel la circonstance même de l'existence encore présente du trouble nerveux qui pèse sur le système musculaire : la contracture simple offre donc les traits d'une affection nerveuse aiguë présente encore, et offrant, par conséquent, tous les symptômes pathologiques d'une affection nerveuse mobile, douloureuse, variable dans ses manifestations, comme toutes les affections de ce genre.

« On doit admettre au contraire, ajoute M. J. Guérin, l'existence de la rétraction fixe quand le strabisme est ancien, quand l'affection nerveuse a disparu, quand la déviation oculaire et la gêne du mouvement en sens inverse existent toujours au même degré. Son caractère le plus positif est dans *la dépression du globe oculaire sur le trajet du muscle roccourci*, la déforma-

tion du globe, la myopie constante, et nous y ajouterons pour
le différencier du degré précédent, pour séparer le chronique,
le fixe, de l'aigu et de l'instable, nous ajouterons, disons-nous,
l'absence de la diplopie dans la rétraction fixe, et sa présence
quand le système nerveux est encore à l'état de trouble.

Sous le terme *rétraction spasmodique continue ou intermittente*, M. Guérin a désigné un trouble nervoso-musculaire actuel, une affection aiguë, par conséquent, et en cela comparable
au premier degré d'influence strabique, signalé ci-dessus, mais
qui s'en distingue par le caractère mobile, capricieux, désordonné, tremblant, oscillant, saccadé, inégal, des manifestations.
C'est une espèce de chorée oculaire, variant depuis le degré de
simple défaut dans la rapidité de la coordination des mouvements, jusqu'à celui de *nystagmus* ou agitation perpétuelle de
l'œil.

Ces états, à tous leurs degrés, sont sous l'influence immédiate
de toutes les causes qui peuvent agir directement ou indirectement sur le système nerveux, causes morales, causes physiques,
maladies, fatigues, émotions, etc.

§ 180. Indications tirées des degrés de la cause.
— Les différents modes de la rétraction musculaire que nous
venons de passer en revue entraînent dans le traitement chirurgical du strabisme des indications différentes.

Dans la *contracture* simple, on doit craindre que l'affection
nerveuse, existante, qui maintient le muscle en état de contracture, ne survive à la section de ce dernier, et que les deux extrémités musculaires venant à se réunir sous cette condition, la
contracture ne se rétablisse aussitôt et ne reproduise la difformité. M. Guérin établit pourtant une différence et une sorte
d'exception pour le cas où l'affection ne porterait que sur un filet ou rameau nerveux, dont la section pourrait modifier la vitalité : les considérations sur lesquelles ce savant chirurgien
établit cette source d'indications sont encore trop délicates et
dépendent par trop de son grand tact chirurgical pour pouvoir
servir encore de règle de conduite et de précepte scientifique.
Nous sommes d'autant plus fondé à faire cette réserve que le
judicieux auteur la fait lui-même, implicitement, dans le paragraphe suivant.

Quoi qu'il en soit de la valeur de la myotomie oculaire dans ce de strabisme par contracture, nous pensons que malgré la réserve que nous venons de faire, il sera bon de s'abstenir, au moins jusqu'après l'emploi des autres moyens. Or l'expérience nous a appris que la véritable contracture des muscles de l'œil, comme celle des autres muscles du corps, peut être heureusement combattue par des moyens locaux et généraux appropriés à la nature de l'affection. Les purgatifs répétés, la saignée générale et locale, mais surtout la pommade stibiée et les petits moxas appliqués sur la tempe, peuvent dissiper le strabisme par contracture comme toutes les autres difformités produites par le même mode pathologique. Les lunettes et la gymnastique de l'œil peuvent en ces mêmes cas produire de grands résultats. »

Dans ce cas sera donc manifestement indiquée l'exécution des idées proposées au §154, et qui consistent dans l'usage des verres concaves appropriés à l'état de myopie, compagne obligée du strabisme (laquelle peut cependant être à peine marquée dans ces cas de début), mais surtout dans l'emploi des verres prismatiques d'un degré convenable.

§ 181. Rétraction spasmodique permanente ou intermittente.

— « Cette forme de la rétraction présente une certaine analogie avec la contracture simple : comme dans celle-ci, le muscle est sous l'influence d'une affection nerveuse existant actuellement et dont la persistance après la myotomie peut devenir une cause de récidive. Cependant l'expérience a appris à M. Guérin que les chances sont loin d'être les mêmes dans les deux cas. Dans la contracture simple, la récidive est presque constante, et cela peut se concevoir par l'acuité persistante de la maladie. Elle est *rare*, au contraire, dans la rétraction spasmodique que l'on peut considérer comme une affection chronique, sinon mieux, comme un mode particulier de vitalité que l'on change par la section des filets nerveux présidant au spasme musculaire. Cette manière de voir expliquerait les insuccès assez rares de la myotomie dans ce mode de la rétraction, et l'on pourrait les attribuer à la section incomplète du filet nerveux, soit parce qu'on n'aurait pas divisé ce muscle dans sa partie charnue, soit parce qu'on n'aurait pas atteint tous les filets affectés. »

Dans ce cas, comme dans le précédent, nous voudrions cependant essayer le traitement mécanique-optique du § 154 avant d'en venir à la myotomie.

§ 182. Rétraction fixe. — Reste la rétraction fixe. Ce mode de rétraction, qu'il porte sur le muscle seul ou sur le muscle et le fascia tout ensemble, constitue une indication formelle, absolue, de l'emploi de la myotomie. Ici il ne s'agit plus que d'un obstacle mécanique : l'état morbide qui l'avait engendré a disparu ; ce ne sont plus que des liens trop courts qui tiennent l'œil bridé. Il faut donc les couper, et (toutes réserves faites des complications qui peuvent se présenter) le redressement de l'œil est l'effet aussi nécessaire de la section du muscle ou du fascia que le strabisme l'avait été de son raccourcissement.

En résumé, deux cas seulement dans le strabisme musculaire primitif appellent l'opération : l'un d'une manière absolue, la *rétraction fixe;* l'autre d'une façon beaucoup moins assurée, et seulement d'après les enseignements de l'expérience, la rétraction spasmodique.

§ 183. Strabisme physiologique. — De tout ce qui précède il résulte que tant qu'un strabisme peut être expressément caractérisé comme d'origine optique et de mécanisme purement physiologique, il est clair qu'il ne saurait y avoir indication à aucune opération. Le diagnostic exact est donc de la plus haute importance.

Les questions de pratique ou l'indication d'une règle à suivre dans la considération d'un strabisme se résumeraient donc dans la détermination de son caractère au point de vue exclusif de l'existence de la rétraction musculaire actuelle, comme cause de la difformité.

De l'analyse du savant mémoire de M. J. Guérin, il ne ressort point manifestement que le strabisme musculaire, consécutif ou par synergie, arrive habituellement, et en fait, au degré de la rétraction fixe. Si le fait est expérimentalement connu de M. Guérin, aujourd'hui il ne semble qu'une induction légitime, mais encore à justifier par des exemples, quand on a lu et discuté son remarquable travail. Jusqu'à nouvel ordre, il semble fait donc convenable de localiser, circonscrire dans la rétraction musculaire constatée l'indication de l'opération.

Et ce caractère indubitable serait pour nous exclusivement dans la déformation oculaire, la myopie qui en est la consé-quence, l'impossibilité du redressement et le retrait ou la saillie du globe.

Quant au strabisme mécanique consécutif par synergie, c'est-à-dire dans lequel manqueraient ces derniers caractères, nous n'entreprendrions contre lui aucune opération avant d'avoir tenté l'éducation normale de l'organe par les verres prismati-ques. Il en serait encore de même dans le strabisme optique, non plus physiologique, mais consécutif à un strabisme mécanique opéré. On peut alors tenter le redressement des milieux ocu-laires en rapprochant de l'harmonie la direction des axes des milieux déviés et celle des faisceaux lumineux. Sous l'influence de la tendance innée à fusionnement des images binoculaires, les muscles ciliaires pourront ramener plus ou moins le cristallin dévié lui-même par la déformation du globe. (Voir le § 178.)

Quant au strabisme optique ou physiologique primitif, son caractère physiologique exclut la pensée de toute espèce de correction. Il est lui-même un amendement apporté par la na-ture à une imperfection préexistante de la fonction.

§ 184. Mécanisme de la guérison après la myo-tomie oculaire. — Le principe de l'opération étant décidé soit pour changer un état de rétraction fixe inaltérable sans l'in-tervention du couteau, soit pour modifier la vitalité nerveuse de l'appareil musculaire, on peut se demander quelles sont les conditions mécaniques que réclamera le nouvel ordre de choses amené dans l'appareil.

Nous supposerons donc l'opération de myotomie faite (notre intention n'étant pas de reproduire ici des détails de médecine opératoire qu'on trouvera partout); nous la supposerons bien faite, c'est-à-dire ne laissant derrière elle aucun élément rétracté, ni fibre musculaire, ni tendon, ni lame aponévrotique; nous sup-poserons encore qu'on a bien coupé suivant l'indication analy-tique, et qu'on a bien su distinguer, avant l'opération, à quels muscles rétractés se rapportait le strabisme en question.

Cela posé, le globe de l'œil se trouve placé dans l'orbite dans des conditions nouvelles et dangereuses : son équilibre statique est altéré fondamentalement. Suspendu entre deux systèmes·de forces dont l'un le tirerait en arrière, l'autre en avant, et qui se faisaient en quelque sorte équilibre, il voit cet équilibre rompu en faveur de l'un des deux systèmes.

Même rupture d'équilibre encore entre les systèmes moteurs convergent et divergent, sensible ici surtout, car le moindre effort musculaire en exagère singulièrement les différences. Comment, par exemple, imaginer, après la section du droit interne pour un strabisme convergent, que la simple action des deux droits supérieur et inférieur puisse faire équilibre à l'action concordante du droit externe et des obliques, tous abducteurs?

Ou bien encore, que les seuls obliques luttent avec un suffisant avantage contre les trois muscles droits qui survivent après la section du droit externe?

Dans les nombreuses discussions survenues après semblables opérations suivies de strabisme inverse, on voit que ces soupçons et ces inquiétudes sont loin d'être dépourvus de fondement.

La première observation relative à la rupture de l'équilibre entre les puissances propulsives ou rétractives du globe, est sans grande importance pratique si l'on ne divise qu'un seul des muscles droits. Les trois muscles qui survivent suffisent, dans les cas ordinaires, pour compenser l'effort d'arrière en avant, action propre des obliques. Mais cette rupture de la balance des forces deviendrait très-préjudiciable, si l'on sectionnait un muscle de plus parmi les muscles droits, ou que l'ouverture conjonctivale eût été trop largement faite. Néanmoins cette saillie, ce léger degré d'exorbitisme est souvent inséparable de l'opération.

Peut-être, en pareil cas, serait-il sage de couper l'un des obliques consécutivement à la section de l'un des droits ou, inversement, l'un des muscles droits consécutivement à la section d'un oblique.

Le globe demeurerait alors en parfait équilibre et dans l'immobilité jusqu'à la cicatrisation des deux antagonistes coupés.

Si c'était le droit interne qui eût par exemple appelé l'opération, on aurait même ainsi obvié, en même temps, au grand excès des forces abductrices sur ce qui reste d'adducteurs en situation normale, et ce ne serait peut-être pas un avantage à dédaigner, même au point de vue des inconvénients qui résultent de la prédominance considérable de la tendance abductrice après division d'un adducteur.

Quoi qu'il en soit, la plus grande préoccupation du chirurgien doit donc être le maintien du globe à l'état de parfaite indifférence pendant toute la durée de la réparation musculaire, c'est-à-dire pendant trois à quatre jours. Après s'être assuré que le globe oculaire n'a plus de tendance à se porter du côté vers lequel il était précédemment dévié, même en ordonnant au malade de regarder binoculairement de ce côté, le chirurgien devra éviter tout ce qui porterait le regard du côté opposé. Le malade devra donc alors être maintenu dans une obscurité compète *des deux côtés* jusqu'à cicatrisation; le chirurgien veillant chaque jour à la permanence de la position indifférente, et y remédiant, s'il y a lieu, par une traction et par un fil passé dans la conjonctive et fixé en un point convenable du visage par un emplâtre adhésif. Si la cicatrisation s'est opérée en une situation bien centrale de l'orbite ou des paupières, il sera ultérieurement aisé, au moyen d'un exercice binoculaire bien dirigé, d'assurer les bonnes conditions de la vue.

Nous n'en exceptons pas le cas où un strabisme optique consécutif ciliaire aurait survécu à l'opération. Les lunettes prismatiques amèneraient sans doute, à la longue, l'harmonie intérieure, comme la strabotomie a ramené l'harmonie externe.

En tous cas, il sera sage de commencer l'éducation de l'œil opéré par une étude plus ou moins longue de vue *monoculaire* alternative; méthode dite du parallélisme.

Quand la fonction monoculaire aura acquis sa pleine liberté, sa complète étendue dans l'indépendance, alors seulement on s'occupera d'amener l'harmonie binoculaire, et l'on aura recours, pour cela, au procédé décrit au § 154 touchant l'usage réglé des verres prismatiques.

SECTION XI.

Du strabisme musculaire par défaut d'action ou par paralysie.

§ 185. — Il est encore deux modes d'affections du système musculaire de l'appareil de la vision que M. J. Guérin range

sous la rubrique « rétraction, » mais qui, eu égard à la qualité de cette convulsion, quand elle existe, nous semblerait
devoir constituer un chapitre à part sous le chef de la paralysie. Ce sont les deux modes désignés par lui sous les noms de
rétraction et *résolution* paralytiques. Eu égard au mélange des
caractères convulsifs et de ceux qui appartiennent à la paralysie, nous en ferons une division dernière du chapitre du strabisme, mais qui ne sera, en somme, qu'une transition pour
passer au chapitre des paralysies proprement dites, auxquelles
il appartient pour le moins autant qu'à celui des rétractions.

Dans ces deux ordres de circonstances qui, au fond, ne diffèrent que par le degré, l'élément paralysie joue le principal rôle.
S'il y a, en effet, strabisme, c'est par l'excès de l'action normale
des muscles sains sur l'action en déficit ou même nulle des muscles atteints. Quoi que l'on puisse faire, si l'on le rappelle la vie
normale dans ces derniers, les premiers l'emportent toujours
sur eux. Il ne saurait donc y avoir ici indication logique primitive de sections musculaires quelconques, comme moyen d'y remédier.

Les deux degrés de l'affection paralytique ou du strabisme
passif se distinguent en ceci, que dans la *résolution* ou paralysie
complète, on constate une *impossibilité* absolue de redressement volontaire du strabisme.

Dans la rétraction au degré moindre, cette impossibilité *absolue* n'existe pas ; l'œil dévié peut se mouvoir encore ; mais il a
perdu la faculté de se diriger ; les contractions du muscle sont
arbitraires, en sorte que l'œil ne peut se tourner à volonté dans
le sens d'action du muscle, ni pointer d'aplomb vers l'objet regardé. Quand le sujet fait effort pour le porter dans une direction donnée, on le voit hésiter d'abord, puis se porter, par un
mouvement brusque, tantôt dans une direction précisément opposée, tantôt dans la direction voulue, mais dans une étendue
moindre ou plus grande qu'il ne le faut pour les besoins de la
vision.

On ne confondra donc pas ensemble les deux degrés, surtout
au point de vue de la conduite à tenir pour le traitement, et de
l'appréciation de l'indication de la myotomie ; car malgré le peu
d'espoir qu'on doit avoir de rétablir, par la section du muscle, des
fonctions qui sont sous la dépendance d'une affection encore exis-

tanté, il paraît qu'on a noté quelques cas où la régularité a été à peu près rétablie dans le jeu des yeux. Nous croyons cependant que, pour le salut de l'opération en elle-même et de son succès fort compromis aujourd'hui par l'absence trop commune de diagnostic différentiel sérieux, il convient de la réserver exclusivement aux cas nettement déterminés, compris dans la formule de la rétraction fixe, et peut-être de la rétraction spasmodique, mais celui-ci sous toutes réserves pronostiques.

Nous trouvons, dans le *Traité des maladies des yeux* de Mackenzie, traduit, revu et augmenté par MM. Testelin et Warlomont, une série d'observations très-curieuses dues à M. le docteur Guépin (de Nantes), et ayant trait à diverses diplopies ou monoblepsies (1) qui semblent tout aussi bien attribuables à des contractures musculaires qu'à des paralysies.

Les caractères connus de ces diplopies étaient les suivants : affaiblissement visuel d'un œil, trouble allant jusqu'au vertige quand le malade regarde avec les deux yeux, difficultés dans l'action musculaire d'un ou de plusieurs muscles (constituant, en somme, du strabisme), douleurs de tête actuelles ou antérieures, et, ce qui est surtout à noter, possibilité de la guérison (de la diplopie) par la section du muscle opposant, aidée d'émissions sanguines ou de moyens destinés à combattre l'état de congestion du cerveau.

Le nombre de guérisons est en effet très-remarquable, quarante et un sur quarante-trois cas.

M. Guépin hésite à reconnaître dans ces caractères ceux d'une simple paralysie musculaire ; mais on n'y saurait reconnaître non plus le strabisme par simple rétraction musculaire localisée dans un ou plusieurs muscles. D'après l'ensemble des caractères que nous venons de résumer, on peut donc penser que cet état singulier doit être rangé dans la catégorie des contractures simples de M. J. Guérin, c'est-à-dire des affections spasmodiques dont la cause prochaine est encore présente.

Or cette cause prochaine cérébrale ou nerveuse peut, sans qu'il y ait lieu de s'en étonner, tenir à la fois du spasme et de la paralysie, avoir sous sa dépendance aussi bien une altération de la sensibilité que de la motilité proprement dite ; offrir en

(1) Vue avec un seul œil.

particulier, et nous ne comprenons même pas comment elle pourrait se soustraire à cette nécessité, des troubles obligés de la conscience musculaire, seul titre étiologique, pour nous, des symptômes de diplopie. .

En somme, nous voyons dans ces cas de M. Guépin des exemples de la rétraction paralytique de M. Guérin, et la guérison par la section des muscles contracturés n'y permet pas de doute, sans pourtant que cette guérison complète soit expliquée par l'opération.

Nous la regardons, au contraire, comme extrêmement remarquable, surtout quand nous la rapprochons des enseignements classiques et rationnels admis jusqu'ici et qui interdisent la myotomie dans toute affection convulsive encore à l'état aigu. (Voyez le § 180) Cependant nous ne repousserons pas les assertions d'un observateur ayant toute autorité, comme M. Guépin, et les résultats qu'il a constatés; nous les placerons à côté de ceux obtenus par M. Guérin dans les cas de rétraction spasmodique continue ou intermittente, et dans lesquels, contrairement aux prévisions et en apparence à la logique, la myotomie remédie, non-seulement au raccourcissement musculaire, mais encore à l'état nerveux aigu du système. (Voyez § 181).

Nous enregistrons donc ces succès, tout en insistant sur la réserve dont il conviendrait d'user dans des cas semblables. La strabotomie est tellement négligée, a été si cruellement décevante et abandonnée, eu égard surtout à l'absence de saines différentiations diagnostiques, qu'il ne faudrait y recourir désormais qu'en en faisant chaque fois un acte scientifique complet.

§ 186. Strabisme par résolution paralytique.—

Quant à la résolution paralytique, c'est-à-dire à la paralysie proprement dite, il est clair que nulle opération n'y saurait avoir quelque chance.

Nous avons dit plus haut, en ce qui concerne cette affection, que son principal caractère se trouvait dans l'*impossibilité* absolue de tout redressement, même partiel, de l'œil dévié. On ne confondra pas ce signe avec l'impossibilité mécanique au redressement que l'on peut rencontrer dans certains strabismes actifs et fixes.

Outre la diplopie, signe constant de la paralysie, on notera ici l'absence de déformation de l'œil résultant de l'excès de pression, et que nous avons reconnue être la conséquence obligée du raccourcissement de la somme des longueurs musculaires. — Dans ce cas, la déformation est plutôt par aplatissement, par mollesse que par fermeté et excès de courbure. Ajoutons à ces caractères les signes de quelque paralysie de la paupière supérieure, d'un affaiblissement de la vision, d'un trouble qui n'est pas exclusivement mécanique. Disons enfin que l'impossibilité de redressement est ici aussi absolue pour une petite déviation que pour une déviation très-prononcée, ce qui est le contraire de ce que donnent l'observation et le raisonnement dans le cas de strabisme actif, où la difficulté est directement proportionnelle au degré du raccourcissement et ne devient de l'impossibilité que dans les cas extrêmes.

Au chapitre des strabismes particuliers, nous avons eu occasion de faire saillir davantage ces signes différentiels ; or ils recevront encore un supplément de lumière de la discussion des paralysies spéciales des nerfs de l'œil dont l'étude ne sera qu'un cas particulier du sujet.

CHAPITRE VI.

PARALYSIES MUSCULAIRES DE L'ŒIL.

§ 187. Paralysies suivant leur siége. — Après avoir parlé des paralysies à un point de vue général, nous allons aborder l'étude du détail des paralysies d'après leur localisation dans telle ou telle paire nerveuse, se révélant par l'altération ou la suspension de l'action des muscles placés sous leur dépendance.

Des paralysies des 3ᵉ, 4ᵉ et 6ᵉ paires.

Cinq paires de nerfs servent à porter la vie, la sensibilité et le mouvement dans l'appareil oculaire.

L'une est destinée exclusivement à la sensibilité générale : c'est la 5e paire.

Une autre est destinée à une fonction de mouvement très limitée : c'est la 7e paire ou nerf facial, chargé de déterminer la contraction de l'orbiculaire des paupières ou la fermeture, l'occlusion de l'œil, en même temps que de mouvoir tous les muscles de la face.

Parlons d'abord des mouvements propres de l'œil. Nous les distinguerons en volontaires et en involontaires : les premiers sont exécutés par les muscles extérieurs ; les seconds sont ceux de l'appareil ciliaire rendus évidents, d'une part par l'accommodation, de l'autre par la dilatation ou, au contraire, le rétrécissement de l'iris.

Le même acte s'accomplit involontairement, en ce cas, dans les deux yeux ; les fibres circulaires de l'iris et les fibres du muscle ciliaire se contractent en même temps sous l'influence du besoin de la vision rapprochée et de la convergence simultanée des axes oculaires. Cette action est sous la dépendance du ganglion ophthalmique, lequel reçoit ses filets moteurs du nerf moteur oculaire commun (3e paire) dans la plupart des cas, quelquefois cependant du nerf destiné au muscle externe ou 6e paire.

La dilatation paralytique de la pupille, ou mydriasis, doit donc faire soupçonner à priori une paralysie probable de la 3e paire.

En dehors de ces nerfs, le mouvement des yeux et des paupières est confié à trois nerfs de mouvement :

La 3e paire, ou nerf moteur oculaire commun, destiné à l'élévateur de la paupière ;

A trois muscles droits, l'interne, le supérieur et l'inférieur ;

A un oblique, le petit ou inférieur.

La 4e paire, ou pathétique, exclusivement destinée au grand oblique ou supérieur.

La 6e paire, exclusivement affectée au muscle droit externe.

§ 188. Caractères généraux de ces paralysies. —

D'après l'analyse à laquelle nous nous sommes livré de la physiologie des mouvements de l'œil, de la statique et de la dynamique du globe, le diagnostic des paralysies musculaires devra être facile.

Nous rappelant ce que nous avons démontré relativement à l'appréciation des directions des impressions lumineuses, et du lieu auquel on doit les rapporter, ayant devant l'esprit le rôle exclusif que remplit à cet égard le sens d'activité musculaire, toute paralysie de l'œil devra se révéler à nous par la dissociation des impressions binoculaires, désormais dépourvues de lien et de relations. Mais qu'est-ce que cette dissociation comme effet éprouvé, si ce n'est la diplopie ?

La *diplopie* sera donc, pour nous, inséparable de toute paralysie, en ce sens que la vision unique ne saurait exister concurremment avec une désharmonie quelconque de la conscience musculaire. Ce qui ne veut pas dire qu'il n'y ait diplopie que dans les paralysies ; nous nous sommes expliqué à cet égard.

Le caractère diplope est sans réciprocité ici. Toutes les fois qu'il y a paralysie, il y a nécessairement diplopie, ou si quelque circonstance étrangère, comme un excès de divergence des axes oculaires, une opacité s'opposent à sa manifestation, il y a toujours assurément impossibilité absolue de vision binoculaire unique, sauf dans une position et pour une distance une et déterminée par la coïncidence avec l'habitude acquise.

De même qu'il y a dissociation d'impressions. il y a dissociation non moindre dans la direction des axes optiques, c'est-à-dire strabisme, et les deux caractères sont connexes.

Ce second caractère vient ici en aide pour résoudre le problème soulevé par la diplopie. Une affection du système musculaire de l'œil de nature toute différente de la paralysie peut amener la diplopie, si elle est récente ou même seulement existant encore dans sa cause ; c'est la contracture active et aigue. Comment les différencie-t-on ? Ce qui reste de mouvement au globe de l'œil et la limitation de ce mouvement serviront ici d'instruments de diagnostic. Ces mouvements sont nuls, ou du moins très-limités dans le sens du siége de la paralysie, et il y a tendance au strabisme et même strabisme réel dans la direction opposée.

Mais l'appréciation de ce strabisme ou de sa direction est chose délicate, et plus délicate encore est la fixation du siége exact de la paralysie, si elle porte sur un seul muscle.

On devra se rappeler à cet égard les conditions de la dynamique de l'œil.

Nous avons, on s'en souvient, divisé en deux groupes, ces muscles extrinsèques, suivant leur rôle d'adducteurs ou d'abducteurs. Or si l'on suppose la maladie fixée sur le tissu du nerf, et non dans le muscle, on voit combien on peut être trompé par l'apparence. Ainsi le droit interne peut être plus ou moins paralysé, et l'adduction être encore quelque peu. posssible sous l'influence des droits supérieurs et inférieurs qui sont également adducteurs. De même le droit externe peut être aussi le siége d'une paralysie, et les obliques continuer à procurer un certain degré d'abduction ; dernier cas qui se présentera plus fréquemment que le premier et même peut être assez régulièrement observé, eu égard à la spécialisation d'origine de l'innervation du droit externe et des obliques.

La même branche nerveuse anime les trois droits *supérieur*, *inférieur* et interne, et en outre le petit oblique et l'élévateur de la paupière supérieure. Il semble, dès lors, que ce ne soit qu'exceptionnellement que le seul droit interne se verrait frappé d'inertie; il n'en est rien, et les paralysies partielles sont très-fréquemment observées. La plupart du temps cependant çette inertie comprendra tous les muscles que nous venons de nommer, et il ne sera aucunément possible à l'œil de revenir de la déviation où il est fixé vers le petit angle de l'œil.

Dans le cas de paralysie avec divergence, rien n'indique *à priori* lequel des droits externes ou des obliques est la cause de la déviation. Le rôle d'abducteurs que remplissent les obliques demeurera encore possible, si toutefois le globe n'a pas été amené, par une cause ou par une autre, dans une convergence prononcée; auquel cas, comme nous l'avons fait voir plus haut, d'après M. J. Guérin, l'action des obliques deviendrait adductrice, leur direction moyenne ayant été reportée en dehors du grand diamètre de l'œil. Ces muscles deviennent, en ce cas, confirmateurs de l'adduction produite en dehors d'eux, et il n'y a plus la moindre abduction possible.

Le caractère, signalé par les auteurs, de la persistance du globe au centre de l'orbite, malgré la paralysie du muscle droit externe, n'a donc rien qui doive étonner. Nous verrons même plus loin qu'elle est une conséquence presque forcée de cette rupture de l'équilibre statique.

Comme nous l'avons rappelé plus haut, l'absence ou la présence de la mydriase sera un caractère de probabilité à joindre à ceux que nous venons d'énumérer, la dilatation de l'iris étant presque toujours sous l'influence de la paralysie de la 3ᵉ paire.

Mais il est un autre ordre de considérations à invoquer et propre à jeter un grand jour sur ces difficultés. Il n'y a point que la seule déviation à droite et à gauche, en haut et en bas, à consulter ici pour décider à quel ordre de muscles il convient d'attribuer la déviation.

De même que nous avons divisé en deux classes les muscles extrinsèques, suivant leur action en dehors ou en dedans, il y a également lieu à les considérer au point de vue des pressions qu'il exercent sur le globe oculaire, et dont l'effet est la conservation de sa forme et le maintien de sa situation en un point déterminé de l'orbite; les muscles à cet égard, nous l'avons surabondamment montré, se divisent en deux nouveaux groupes : les muscles droits ayant pour effet normal de retenir le globe d'avant en arrière, les obliques qui agissent au contraire d'arrière en avant.

Ajoutons un ou plusieurs degrés à l'une de ces actions normales, et nous avons le retrait du globe en arrière si la somme des actions des muscles droits est en excès, ou au contraire un certain degré de saillie si l'excès porte sur les obliques. Nous avons montré clairement cela dans notre analyse du strabisme actif.

. Mais l'équilibre n'est pas moins troublé si, au lieu d'être en excès positif, l'une de ces sommes de forces est en excès seulement relatif, c'est-à-dire si la somme des forces opposées est en déficit absolu. L'atonie ou la paralysie des obliques produira donc un effet comparable à l'excès de tonicité, à la contracture, au spasme actif des muscles droits; et réciproquement, la paralysie des muscles droits s'accusera de la même manière que le spasme, la rétraction des obliques. Dans le premier cas, on devra observer un certain degré de retrait du globe dans l'orbite, comme dans le second plus ou moins de saillie.

Nous ne parlerons pas des déformations propres du globe qui devront également avoir lieu en sens contraire.

La somme des pressions de dehors en dedans que les muscles extrinsèques exercent sur le globe se trouvant diminuée, le globe, inversement à ce que nous avons vu dans le strabisme par rétraction, devra être plutôt gros que petit. On n'y observera pas les impressions digitales des insertions musculaires qui dépriment et aplatissent les régions du globe correspondantes dans le strabisme actif. Le globe ainsi sera plus ou moins mou et relativement flasque, et inversement encore à ce qui a été signalé dans le strabisme actif, plutôt encore vers la presbytie que vers la myopie. La convexité cornéale a perdu en effet le secours que reçoit sa courbure de l'action régulière de la somme des pressions dues aux muscles droits.

Tout cela doit être clair quand on se reporte par la pensée au chapitre de la statique du globe oculaire.

Tels sont donc les caractères généraux de la paralysie musculaire des agents du mouvement de l'œil, déviation, immobilité (*luscitas*), diplopie, impossibilité de redressement. Ajoutons-y le retrait ou la saillie du globe, dans les deux cas apparemment plus flasque et plus volumineux que l'œil sain, et conséquemment de même plus ou moins presbyte.

Ces caractères, et particulièrement la diplopie, ne permettent pas de confondre un instant le strabisme actif avec celui par paralysie. On n'oubliera pas à cet égard de considérer la date, l'ancienneté de la déviation; la diplopie exprimant seulement l'existence actuelle d'un trouble de l'innervation, l'absence forcée de l'exercice du sens musculaire. Cette condition, après un certain temps de durée, ne peut plus indiquer qu'une paralysie plus ou moins prononcée ; le volume de l'œil, sa faiblesse, l'irrégularité de son peu de mouvement, complètent le diagnostic.

§ 189. **Diagnostic différentiel.**—Revenons maintenant au diagnostic différentiel de la paralysie de l'une des trois paires de nerfs qui animent les muscles extrinsèques de l'œil.

Est-il possible, en s'arrêtant à la considération du sens du strabisme ou de la déviation, et à celui de la diplopie, de décider à quels muscles correspond la paralysie? C'est là ce qu'il nous faut prévoir au moyen des éléments qui précèdent.

Et d'abord, d'une manière générale, le sens de la déviation et celui de la diplopie devront être déterminés, et ils seront généralement connexes, sauf certaines particularités perturbatrices sur lesquelles nous aurons à nous expliquer, car cette loi présente des exceptions.

Ainsi, on peut dire, en termes généraux, que la diplopie est homonyme dans la situation de convergence, et croisée lors du strabisme externe. Mais en disant cela on suppose que le globe a conservé sa forme régulière. Mais si, pour une cause quelconque, le globe se trouvait déformé, cette loi se verrait plus ou moins altérée, comme la forme du globe elle-même. Or l'inégalité d'action des muscles qui maintiennent l'œil dans cette situation amène à sa suite une espèce de déformation particulière qui n'a pas été étudiée, et dont il importe de se rendre compte.

L'œil, avons-nous dit au chapitre Ier, est maintenu en équilibre entre trois systèmes de forces : les unes qui l'attirent d'avant en arrière, dans le sens de l'axe de l'orbite ; les secondes (les obliques) qui l'appellent d'arrière en avant et de *dehors en dedans* ; 3° *la réaction du plancher* orbitaire interne qui le repousse *de dedans en dehors et un peu d'arrière en avant*. (Nous ne nous occuperons pas ici de la pesanteur qui ne change rien aux termes de la question.)

Or supposons plus ou moins notablement réduit un des éléments de l'un de ces groupes, l'équation de l'équilibre changera nécessairement. De même qu'il y aura retrait ou projection de l'œil suivant les cas, il y aura en même temps déplacement de son centre de mouvement (ou centre du globe) du côté où l'action fera défaut. Ainsi, lors du strabisme interne par paralysie du droit externe, en même temps que l'axe oculaire se voit dévié en dedans, l'axe même autour duquel s'exécute son mouvement de déviation est déplacé de dedans en dehors. En ce cas, la résultante des actions dirigées d'avant en arrière, au lieu de passer par le centre du globe oculaire, serait appliquée en un point du globe situé entre le plan vertical qui comprend les droits supérieur et inférieur et le plan du droit interne, c'est-à-dire quelque part dans l'hémisphère *interne* du globe.

D'autre part, les obliques portent eux-mêmes d'arrière en avant sur cette même moitié de la sphère oculaire.

Toutes les pressions perpendiculaires à la surface de cette sphère ont donc pour point d'application, et sans réciprocité, la moitié ou seulement le tiers interne et postérieur du globe oculaire. Il n'est dès lors point difficile de comprendre ce qui résultera de cette inégalité : la demi-sphère ou plutôt le tiers interne et postérieur du globe oculaire sera le siége d'une somme de pressions tendant à diminuer la capacité de cette région du globe ; le liquide qu'il contient refoulera donc de dedans en dehors, fera bomber du côté externe ledit globe oculaire, qui éprouve ainsi un degré plus ou moins prononcé d'exorbitisme externe.

De cette déformation fatale résultera un changement dans les axes des milieux, un strabisme optique secondaire, dont il serait téméraire de vouloir prévoir et décrire à l'avance tous les effets. Mais on notera et la déformation et une de ses conséquences principales. C'est que le lieu de la fausse image dans la diplopie pourra jurer avec le sens apparent du strabisme ; ainsi l'axe optique pourra être tellement déformé que la fausse image soit celle du strabisme convergent, ou homonyme, pendant que la direction du regard semblera être celui du strabisme divergent. Nous avons rencontré un cas de ce genre qui nous a paru longtemps inexplicable, et c'est lui qui nous a mis sur la voie de cette analyse.

Le sens de la diplopie, c'est-à-dire le lieu de la fausse image, devra donc avoir une bien moindre importance diagnostique que l'existence même de la diplopie, quels que soient sa direction et les caractères si importants de la saillie, ou du retrait de l'œil et de son augmentation de volume.

§ 190 (Suite). — Cela posé, les questions suivantes peuvent se présenter :

Le globe est dévié apparemment en dedans ; il ne peut point se redresser dans l'abduction. Le strabisme a bien lieu par paralysie, l'œil est sensiblement plus gros qu'à l'état normal, il y a diplopie ; diplopie homonyme, c'est déjà une probabilité de convergence : mais on a supposé qu'il y avait en effet strabisme interne. La seule question à trancher est dès lors la suivante : la difficulté ou l'impossibilité de l'abduction est-elle due aux obliques ou au droit externe, à la quatrième, troisième ou sixième paire ?

Un seul caractère décidera en un instant la question, si on parvient à le bien constater.

Si les obliques sont paralysés, ou seulement l'un d'eux, il y a retrait du globe en arrière. Si c'est le droit externe, il y a saillie en dehors.

Le seul doute possible roulerait ensuite sur la possibilité d'une tumeur profonde de l'orbite. En essayant de mouvoir l'œil avec une pince, on pourra s'éclairer à cet égard ; car il n'est pas possible de faire exécuter au malade des mouvements spontanés.

Le même caractère analytique conduira à distinguer la paralysie d'un oblique de celle d'un des muscles droits, dans le cas d'un strabisme intermédiaire. Le caractère du mouvement de restitution par rotation, dans les efforts de redressement, manque ici, puisqu'un des signes les plus certains de la paralysie est l'absence des efforts de redressement. C'est donc au retrait ou à la saillie du globe qu'il faut demander de trancher le doute, et c'est à les préciser qu'on doit surtout s'attacher dans l'étude et l'analyse de la déformation.

Quant à la paralysie des muscles animés par le moteur oculaire commun, son caractère absolu est la divergence ; car l'adduction tout entière est sous la dépendance de ce nerf unique. On y joindra la mydriase, symptôme le plus communément sous la dépendance de cette même paralysie.

Au fond, l'important en cette étude n'est guère que la distinction à établir entre la cause paralysie et la cause rétraction. C'est elle en effet qui détermine le traitement. Cependant pour le cas où un traitement direct pourrait être porté sur le muscle paralysé, comme l'acupuncture ou l'électricité localisée, on prendra les précautions que nous venons de dire pour préciser le siége même de la paralysie, et l'on voit que cette analyse ne demande que de l'attention. Il est vrai qu'elle en exige beaucoup.

§ 191. **En résumé :** — Les paralysies partielles de l'appareil locomoteur de l'œil auront pour caractère différentiel entre elles le sens du strabisme, celui de la diplopie, croisée dans la divergence, homonyme dans la convergence (sauf le cas signalé de la déformation exagérée du globe, § 189). Le sens de la déviation étant déterminé, il restera à décider s'il est sous la dépendance des muscles droits ou des obliques, et le principal caractère de cette distinction sera dans l'étude attentive de la saillie ou du retrait du globe relativement à l'œil sain. Circonstance qui s'appliquera aussi bien au strabisme intermédiaire qu'au strabisme direct.

Le souvenir des distributions nerveuses, rapproché de ces caratères, la mydriase et la chute de la paupière supérieure ou ptosis, suffiront à compléter le diagnostic.

§ 192. Paralysie de la 5ᵉ paire. — L'altération fonctionnelle de ce nerf ne compromet que la sensibilité générale de l'appareil de la vue et n'intéresse en aucune façon la sensibilité spéciale, si ce n'est consécutivement, et après avoir amené des troubles plus ou moins graves dans la nutrition des tissus.

Ce dernier cas est imminent et s'attaque même, dès le début, aux éléments intimes de l'organe, si la paralysie de la 5ᵉ paire est cranienne, c'est-à-dire si le nerf est atteint avant de s'être mis en communication avec le ganglion ophthalmique. On sait, en effet, que les nerfs ciliaires qui distribuent dans l'organe la sensibilité, le mouvement instinctif et la nutrition, émergent des bords antérieurs de ce ganglion.

Une altération qui compromet à ce degré la substance même des tissus ne saurait être de peu de poids sur la fonction elle-même. Elle compromet en effet absolument et sûrement l'appareil de la vue, particulièrement quand elle a son point de départ dans la région cranienne.

La paralysie des branches antérieures, celles qui viennent des rameaux orbitaires de la branche maxillaire supérieure ou de la branche ophthalmique et qui se répandent dans la conjonctive palpébrale ou oculaire, sont moins immédiatement dangereuses et peuvent être plus ou moins combattues. On a contre elles les ressources ordinaires des stimulants directs : quant aux lésions, résultat de compressions sur les trajets intracraniens, c'est tout autre chose et l'affection est nécessairement très-sérieuse, elle porte sur la nutrition même et se dérobe aux moyens d'action médicaux et chirurgicaux.

§ 193. Paralysie de la 7ᵉ paire. — L'absence d'innervation de l'orbiculaire des paupières ou la suspension de la contraction de ce muscle est le seul effet direct de cette paralysie en ce qui concerne l'organe de la vue.

Il semble dès lors qu'il y ait fort peu de choses à en dire, et nous n'en parlons en effet que pour être complet et établir les caractères propres à prévenir toute confusion diagnostique. La rigidité et la constance de l'ouverture des paupières entraîne effectivement quelques conséquences secondaires qui compromettent plus ou moins la vision, et qu'il faut savoir nettement distinguer des autres causes de maladies qui peuvent avoir frappé cet appareil.

La plus notable de ces circonstances est l'absence du clignement. La paupière supérieure, maintenue en rapport avec le rebord orbitaire par la contraction de son élévateur, montre le globe largement en vue et simulant la saillie entre les bords palpébraux. Cette fixité, désagréable à voir, amène ou peut entraîner plus d'un inconvénient. La muqueuse oculaire se dessèche plus ou moins, n'est plus protégée ni balayée par le mouvement naturel de clignement, les légers corps étrangers qui voltigent dans l'atmosphère et que son contact y dépose, ne sont pas ramassés par le balai palpébral comme à l'état normal. Ces causes, le contact de l'air frais, etc., peuvent amener à leur suite des inflammations chroniques de la conjonctive ou de la cornée.

M. Desmarres conseille avec raison de se garantir de cinquante pour cent de l'influence de ce fâcheux état de choses, en procurant chaque nuit une fermeture artificielle de l'œil, en maintenant les paupières au contact par quelques bandelettes de taffetas d'Angleterre.

§ 194. **Étiologie générale.** — Si la paralysie des muscles de l'œil est la cause la plus générale de la diplopie, les causes de la paralysie des muscles de l'œil sont les mêmes que celles de tous les autres appareils musculaires et fibreux du corps humain.

Le refroidissement subit sans réaction, ou refroidissement prolongé, les affections rhumatismales, le vice syphilitique, toutes les maladies intoxicatrices, enfin le cadre complet des affections cérébrales, telle est l'étiologie générale de ces paralysies.

Le traitement est une conséquence naturelle du point de départ étiologique auquel nous croyons devoir nous arrêter, les corollaires appartenant au domaine de la pathologie générale et non plus des perversions fonctionnelles de l'organe de la vue.

CHAPITRE VII.

DE LA DIPLOPIE.

§ 195. **Définitions.** — Quoique nous ayons, dans les chapitres qui précèdent, traité fort au long de la diplopie, et dit,
sur la signification de ce symptôme, ce qui importe le plus,
sous le rapport de la pratique, dans sa considération, il y a lieu
cependant de nous résumer ici et de compléter ce qui concerne
cette aberration fonctionnelle.

On entend par *diplopie* (il est bien temps, dira-t-on, de donner ici la définition d'un terme qui remplit les pages qui précèdent, mais nous nous assurons que, nonobstant cette lacune,
nous avons été constamment compris), la présence de la double
image d'un même objet dans nos sensations : la vue double
d'un même point. Tel est le sens exact et classique du terme
diplopie. On l'observe dans un certain nombre d'affections pendant l'exercice de la vision binoculaire : c'est la diplopie binoculaire; mais on la rencontre aussi quelquefois et fournie par un
seul œil : c'est la diplopie monoculaire.

Cette aberration, dans les deux cas, a une signification absolument différente, et dans l'intérêt du diagnostic, il sera
toujours indispensable de préciser à laquelle des deux on a affaire. La diplopie binoculaire est, comme nous l'avons vu, le
symptôme pathognomonique de l'absence, de la perte ou de la
confusion des avertissements qu'est chargée de fournir la conscience musculaire de l'appareil moteur des yeux; et elles se
lient invariablement à un trouble permanent, en général par suspension, de l'innervation de tel ou tel muscle de cet appareil. Il
est inutile de revenir là-dessus; nous avons suffisamment développé ce principe.

Quand l'œil n'est point déformé, qu'il a conservé en outre,
dans son centre de mouvement, ses rapports réguliers et normaux
avec son congénère, l'expérience apprend que l'image fausse
est homonyme ou synonyme, c'est-à-dire en dehors et du côté
même de l'œil malade, quand l'axe de cet œil est, relativement

à son congénère, dans une situation de convergence relative.

Inversement, elle est croisée lors de la divergence relative des axes optiques, c'est-à-dire dans la situation du strabisme externe.

On n'oubliera pas que sous la désignation de fausse image nous entendons celle fournie par l'œil malade, s'il n'y en a qu'un d'affecté. Cette image se différencie aisément de l'autre à son caractère plus confus et plus pâle. On ne s'en étonnera pas en remarquant que le point de la rétine où se dessine une image de cette sorte est nécessairement plus ou moins écarté, en dedans ou en dehors, du pôle de la vision. Et l'on sait que les éléments de la membrane sont de moins en moins fins et délicats à mesure que l'on s'écarte du pôle oculaire. Ajoutons à cette cause celle qui provient de la position inclinée du cristallin sur l'axe de la vision réelle. On sait que l'image d'un objet plan incliné sur l'axe d'une lentille est elle-même inclinée sur cet axe; seul le point central de l'image se trouve en rapport constant avec cet axe.

§ 196. De la diplopie indirecte. — Il existe encore une autre espèce de diplopie binoculaire qui devrait peut-être recevoir un autre nom, quoiqu'elle se rattache aux mêmes causes que l'une de celles que nous venons d'étudier.

Nous voulons parler d'un phénomène bizarre constaté par M. J. Guérin, et certainement aussi par tous les chirurgiens qui auront eu occasion de pratiquer la strabotomie. Immédiatement après cette opération on sait qu'il y a diplopie, que le sujet voulant fixer un objet le voit double : mais souvent cette perception d'images doubles est portée à ce degré que les deux yeux ne peuvent se fixer à la fois sur le même point, et que la fonction se voit troublée, du côté sain, par le passage irrégulier, désordonné des images perçues par l'œil opéré, lesquelles, sans coordination aucune, viennent se jeter en travers de la vision de l'œil sain. Pendant que ce dernier fixe son attention sur un objet donné, les objets épars dans le paysage viennent se présenter entre l'œil sain et l'objet de son attention, les maisons, les arbres, les meubles viennent rouler sans ordre dans le champ de la vision régulière.

En cette circonstance, il n'y a pas, à proprement parler, vue double du même objet, mais vision momentanée de plusieurs objets sur la même direction. Ici il n'y a plus deux images du même objet occupant ainsi à la fois deux points différents de l'espace, mais deux images d'objets différents occupant ou paraissant, momentanément, d'une manière instable, occuper le même point. Si le premier cas a reçu le nom de diplopie, ajoutons-lui l'épithète de directe, et nommons cette seconde espèce diplopie inverse ou indirecte (nous ne tenons point d'ailleurs à cette dénomination, et quelle que soit celle qu'on adopte, pourvu que le phénomène qu'elle devra désigner soit bien entrevu dans l'expression choisie, nous y donnons avec empressement les mains).

Quoi qu'il en soit, cette seconde espèce de diplopie binoculaire n'est que l'exagération des conditions qui déterminent la première. Cette absence de toute coordination dans la succession des images dénote dans l'œil affecté une absence absolue de contrôle; l'œil est impuissant à assurer une direction déterminée quelconque à ses axes optiques, il est comme ivre : ses axes flageolent, et celui d'entre eux qui, naguère encore, était en rapport de direction, pour l'accommodation actuelle, avec l'axe fixé de l'œil sain, se promène, sans que le sujet en ait conscience, sur tous les points du paysage, doublant, en chaque instant, d'une perception nouvelle, la perception de l'œil sain.

C'est de la diplopie au maximum, et dont l'expression habituelle est dépassée par l'impossibilité où est l'œil malade de se diriger, même un peu, vers l'objet sur lequel est fixé l'œil sain. Il y a, à proprement parler, vision bilatérale, mais compliquée d'une circonstance nouvelle et perturbatrice, à savoir, d'une fausse appréciation musculaire de la situation du levier sphérique que représente le globe oculaire. La vue des deux yeux est, par ce fait, dissociée, mais la conscience musculaire des deux yeux est encore en rapport; seulement ce rapport est vicieux : l'appareil nerveux n'a pas le sentiment de la rupture subite que l'opération a introduite dans la synergie des deux instruments connexes de la vision.

En deux mots, la diplopie indirecte (vision de deux objets en un même lieu) n'est autre *qu'une vision bilatérale jugée par les habitudes synergiques de la vision binoculaire unique.*

Comme la diplopie directe, elle révèle évidemment la rupture de l'harmonie musculaire des deux yeux, sans conscience du trouble survenu. Il y a là une forme nouvelle de trouble de la sensibilité musculaire; la synergie n'existe plus, mais la conscience musculaire existe toujours. Le cas est différent de ce qu'on observe dans les paralysies et dans les affections convulsives. Dans ces dernières, les yeux ont perdu la faculté d'appréciation du degré d'effort des muscles et de la position des leviers, la conscience musculaire est absente; dans le cas de section d'un muscle, au contraire, la faculté est troublée dans son action, mais elle existe toujours : la sensibilité musculaire parle toujours au *sensorium,* mais si elle lui représente exactement l'état du muscle, elle ne représente plus l'état du levier avec lequel il n'est plus en rapport. Il se passe là le même phénomène qui s'observe chez les amputés. On sait que chez ces invalides une notion subsiste et survit à la perte d'une partie du membre, c'est celle d'une certaine position qu'en tout instant l'article perdu semble occuper encore. « Longtemps après la perte d'une portion de membre, l'opéré éprouve la sensation non-seulement de l'existence de cette partie, mais d'une certaine position affectée par elle, et comme s'il pendait à son côté ou était placé de certaine façon déterminée. » (Ch. Bell, *On the hand.*)

En deux mots, la différence entre les deux cas consiste en ceci que, dans la paralysie, la conscience musculaire ne parle pas, et que dans la section du muscle sain, elle parle; mais elle ment, ne reposant que sur de faux renseignements.

Nous ne saurions trop nous étonner en nous voyant les premiers en France à reconnaître l'immense valeur physiologique, en matière de vision, d'une des qualités les plus remarquables de la sensibilité ou innervation musculaire, quand nous trouvons que dès 1832 S. Ch. Bell avait indiqué très-nettement le rôle de cette faculté et même dans le système musculaire de l'œil en particulier.

Ce grand physiologiste disait positivement, dès cette époque, que le sentiment ou la notion de la direction du regard ou des objets vus est sous la dépendance immédiate (nous croyons que médiate eût été plus exact, sans vouloir indiquer cependant, par ce mot, une infériorité d'influence) de la conscience ou sens musculaire. Nous voudrions bien avoir été le premier à énoncer cette vérité considérable ; mais elle appartient à Ch. Bell.

§ 197. De la diplopie unioculaire. — La diplopie, avons-nous dit, peut également être monoculaire, c'est à dire qu'un œil peut, dans certaines circonstances, percevoir d'un seul objet deux images distinctes.

Cette anomalie a, évidemment, toute autre signification que la précédente; bornée à un seul œil, elle ne saurait reposer sur une rupture de l'équilibre musculaire binoculaire et la désharmonie des apréciations que le *sensorium* y puise. Il y a ici bien évidemment deux images dessinées sur une même rétine et non défaut d'accord de deux images distinctement produites dans deux yeux qui ne s'entendent plus dans leur fonctionnement.

Mais où peut-on chercher la cause de la production de deux images du même objet dans une chambre obscure? Nulle part ailleurs que dans l'existence de deux axes de pénétration pour les faisceaux lumineux extérieurs, seule condition qui puisse y permettre la création de deux axes coniques lumineux. Tel serait, par exemple, un œil en possession de deux pupilles artificielles. Hypothèse tout arbitraire; telle serait la présence sur la cornée de deux facettes transparentes comme les kératites chroniques peuvent en produire.

Le même phénomène devra encore se produire si la lentille de la chambre obscure est déplacée, ou si les surfaces de séparation des milieux sont rompues dans leur continuité.

Un cône lumineux passera par exemple au-dessous de la lentille et un second faisceau sera réfracté obliquement par la partie prismatique de la lentille qu'il rencontre. D'où formation, sur le fond de la chambre noire, de deux images distinctes.

Imaginez, en effet, un œil dans lequel le cristallin soit plus ou moins déplacé, où l'axe de la pupille rase un des bords de la lentille cristalline, et vous aurez le même résultat; deux faisceaux efficaces pénétreront dans l'œil, l'un en dehors du cristallin, l'autre dévié par la région prismatique de ce corps, dans une direction déterminée. Telle est l'origine la plus simple de la diplopie monoculaire.

La luxation du cristallin et la présence des facettes cornéales sont donc les hypothèses les plus probables auxquelles on doive recourir pour se rendre compte d'une diplopie monoculaire bien constatée. L'ophthalmoscope aura vite fait de transformer le doute en certitude, et de fixer l'observateur sur l'état des lieux.

somme, deux images dans un seul œil ne peuvent être attribuées qu'à la présence de deux axes effectifs, deux cônes lumineux (1) distincts pénétrant dans l'organe.

Le docteur Airy était dans le même cas, sa cornée ou son cristallin n'affectaient pas la forme de révolution; dans les deux plans vertical et horizontal les réfractions étaient différentes.

Mais à l'inverse de ce que présentait Young, les cornées du docteur Airy offraient une courbure plus prononcée dans le sens vertical que dans le sens horizontal. Ce savant professeur sut remédier à cet état d'irrégularité de réfraction de ses yeux : voici le raisonnement fort juste qu'il adopta.

Considérant le plan horizontal médian de son œil comme le plan normal de la vision, si je plaçais devant mon œil, se dit-il, un verre concave à surfaces parallèles entre elles et à la cornée, aucune déviation n'en résulterait pour les rayons lumineux et tout se passerait comme avant l'emploi de ce verre. Mais si sur la même direction horizontale de la surface externe convexe du verre adventif. on fait promener une ligne droite verticale parallèle à elle-même, on décrit une surface cylindrique qui ne diffère en rien de la surface sphérique primitive dans ses points de tangence avec elle, c'est-à-dire sur le cercle horizontal médian, mais qui, au contraire, dans le plan vertical crée un prisme d'autant plus aigu qu'on s'éloigne du lieu de sa tangence : l'œil malade avait donc devant lui un verre inerte ou indifférent dans le plan horizontal, et un verre concave double dans le plan vertical. Le défaut signalé était donc corrigé en

---

(1) On trouve dans Mackenzie deux exemples qui justifient cette manière de voir.

«M. Prévost a publié, à l'âge de 81 ans, un récit intéressant de son propre cas de vision double avec un seul œil, qu'il pensait pouvoir attribuer à une fracture, à une contusion, ou à un aplatissement partiel du cristallin, ou à la séparation de ses lamelles. M. Prévost a eu occasion de voir M. Babbage, qui est affecté de vision double dans les deux yeux pris isolément, mais qui corrige ce vice de la vue en regardant par un petit trou pratiqué à une carte à travers une lentille concave.

« Le docteur Young nous apprend que son œil, à l'état de vue indolente (in state of relaxation), rassemble en un foyer sur la rétine les rayons qui divergent verticalement d'un objet situé à 10 pouces de la cornée, et les rayons qui divergent horizontalement d'un objet situé à 7 pouces. Dans ce cas, le cristallin ou la cornée n'affectaient pas la forme d'une surface de révolution : la courbure dans le sens horizontal était plus forte que celle dans le sens vertical.»

principe ; quelques tâtonnements firent le reste. Ce verre devait naturellement être tenu très-rapproché de l'œil.

§ 198. Espèce particulière de diplopie uni-oculaire.

— Il est un autre genre de diplopie unioculaire, constaté seulement dans les traités d'oculistique, mais sur lequel les auteurs ont négligé généralement de s'expliquer.

On sait que les myopes sont diplopes à une certaine distance, et que leur diplopie est unioculaire.

« Lorsqu'un myope regarde la flamme d'une bougie placée à un mètre ou deux, elle lui paraît obscure, double, triple ou même quadruple. On n'a pas expliqué d'une manière satisfaisante cette multiplication des images pour l'œil myope regardant des objets éloignés. Les mêmes images multiples sont vues par un œil ordinaire lorsqu'en regardant des objets éloignés, il est adapté par un effort volontaire à la vision des objets rapprochés. Quand une personne douée d'une vue ordinaire adapte son œil pour la vision à 10 pouces, et regarde la flamme d'une bougie distante de 6 pieds, cette flamme offre l'apparence de plusieurs images qui se recouvrent en partie l'une l'autre, tandis que, d'après la théorie, on devrait s'attendre à voir une seule image mal définie et légèrement agrandie. » (Mackenzie.)

Enfin on produit des phénomènes de même ordre si, étant presbyte, on place devant l'œil un verre convexe et qu'on regarde ainsi un objet étroit éloigné ; on se met alors dans la condition du myope on d'une adaptation vicieuse.

Cette aberration singulière se lie directement à l'accommodation, ou du moins au défaut d'adaptation exacte, et peut se formuler ainsi : tout œil placé vis-à-vis d'une bougie, en deçà ou au delà des limites de la vision distincte, voit plusieurs images de la flamme. Ces images sont parallèles et au nombre de deux ou trois de chaque côté de la principale.

On s'en assure tant à l'œil nu et en se plaçant à différentes distances, qu'au moyen d'un verre et en se rendant, pour une distance donnée, presbyte ou myope. Nous avons pu nous en assurer dans des expériences personnelles et en outre en expérimentant sur ce sujet avec M. le docteur Cuscó, à l'occasion d'une malade frappée de paralysie diphthérique et qui offrait ce singulier phénomène de polyopie unioculaire pour les objets rapprochés. Nous avons rapporté comme il suit ce cas curieux dans la *Gazette médicale de Paris*, 1860, p. 522 :

« Nous avons eu, cette semaine même, l'occasion de voir chez M. le docteur Cuscó une malade qui offrait ces caractères. A une diphthérie avait succédé une paralysie de même origine, et parmi les symptômes persistants encore, on avait à noter du côté de la vue un certain état amblyopique avec les caractères suivants : la vue n'était nette que de loin ; mais tout objet rapproché ne donnait lieu qu'à des images plus ou moins confuses et, ce qui est à remarquer, multiples, doubles, ou triples, et tout aussi bien monoculaires que binoculaires. Ce qui est très-digne d'attention : la diplopie ou la polyopie unioculaire ne se rencontrent habituellement que dans des cas de rupture de continuité entre les surfaces de séparation des milieux transparents. Or il n'y avait rien de semblable à supposer dans ce cas, les milieux n'offraient à l'ophthalmoscope rien d'anormal. Une seule explication, très-habilement rencontrée par notre savant confrère M. Cuscó, demeurait pour justifier ou expliquer cette particularité. On sait que lorsqu'on regarde la flamme d'une bougie dans des conditions tout à fait en désaccord avec la faculté d'accommodation, cette bougie présente des apparences multiples. Eh bien ! il devait en être de même chez cette malade : affectée d'hyperpresbyopie, elle ne voyait nettement que de loin. Lors de la vision rapprochée, les objets lui paraissaient multiples comme fait la bougie au myope qui la regarde de loin.

« Qu'était donc cette diplopie ? Une paralysie musculaire ? Non, si l'on voulait désigner les muscles extrinsèques de l'œil, qui jouissaient, au contraire, de toute leur activité; oui, s'il s'agit de la musculature ciliaire, agents de contractilité soustraits à la volonté, faculté frappée dans ce cas de paralysie, tant dans les muscles qui président à l'accommodation que dans ceux du pharynx, comme dans la tunique musculaire œsophagienne endormie chez cette jeune fille (1). »

La diplopie ou polyopie unioculaire caractérisée par les circonstances qui précèdent est donc un signe de lésion de la faculté d'accommodation; comme dans le cas physiologique, elle consiste

---

(1) Nous trouvons plus loin avec plaisir que cette manière de voir est aussi celle de MM. de Graefe et Follin.

dáns un défant de rapport entre la distance de la flamme et la même faculté.

Mais si l'on se demande par quel mécanisme a lieu cette formation d'images multiples, on ne trouve point de réponse. Pour nous, du moins, la cause prochaine du phénomène est-elle absolument obscure : nous voyons les deux termes, éclat vif circonscrit d'une part, défaut d'adaptation de l'autre. Quant à la liaison physique elle nous échappe, et nous la proposons aux investigations des savants comme un *desideratum* de l'optique oculaire.

Ces deux genres d'aberrations visuelles, celles présentées par le docteur Airy, par Young, Prévost, etc...., et la diplopie monoculaire que nous venons de décrire et qui dénote un défaut de concordance entre l'accommodation actuelle et le point de mire du regard, ont été décrits par les auteurs sous le nom d'*astigmatisme* (α privatif et στιγμα, de στιζω, pungo, je pointe).

La première espèce constituant l'astigmatisme anormal, la seconde l'astigmatisme normal ou régulier.

M. Donders essaye de se rendre compte du second, au moyen de considérations empruntées aux différences des rayons de courbure dans les différents méridiens du cristallin et de la cornée, différences qui seraient normales suivant lui (voir le § 80), et dont l'astigmatisme anormal n'offrirait que des cas particuliers et exceptionnels.

Cette manière de voir ne nous satisfait pas pleinement; nous ne reconnaissons pas, aux développements que lui donne son auteur, ce caractère de vérité qu'ont les choses simples; nous croyons mieux faire de laisser la question avec un point d'interrogation, plutôt que de présenter comme démontrée une théorie qui ne nous a point convaincus.

§ 199. **Indications curatives.** — La diplopie n'étant, en général, qu'un symptôme, doit être attaquée dans sa cause supérieure.

Celle que l'on a le plus souvent occasion de rencontrer, la diplopie binoculaire, se rattache presque exclusivement, comme nous l'avons fait voir, à une paralysie de quelqu'un des muscles de l'appareil oculaire. C'est donc à cette dernière affection qu'il faudrait remédier si l'on voulait avoir raison de la diplopie.

Quant à la présence d'images doubles ou multiples dans un

seul œil, il est impossible de remédier à la plupart des circonstances que nous avons reconnues pour être investies du rôle de
causes de ce trouble dans la fonction. La conduite à tenir est évidemment subordonnée au degré de gêne apportée par la double
image et à la considération de la nature même de la cause. Si
celle-ci est aisément attaquable et sans danger, l'indication en
découle tout naturellement. Si au contraire une opération, quoique
possible, était de nature à apporter plus de danger que de bien,
il faudrait chercher dans des essais rationnels quelque palliation
indirecte. Les verres prismatiques, les lunettes panoptiques ou à
mydriase, certains verres adaptés à la vue peuvent modifier ou
obscurcir une des images en ménageant l'autre. C'est dans un
ordre de tâtonnements de ce genre qu'il faut aller puiser un secours, un correctif à l'état vicieux dont nous venons de nous occuper. On y est souvent forcé par le trouble profond qu'éprouve
le système nerveux tout entier sous le poids de cette gêne singulière survenue dans la fonction. Les malades se voient obligés
à fermer mécaniquement l'œil malade, tant par l'impossibilité où ils
sont mis de juger sainement de la direction des objets et de leur
distance, que par le vertige cérébral éminemment perturbateur
qui vient les tourmenter.

DES TROUBLES FONCTIONNELS

QUI PRENNENT NAISSANCE DANS UNE RUPTURE DE L'ÉQUILIBRE DU SYSTÈME MUSCULAIRE INTERNE OU CILIAIRE,

ou

ANOMALIES DE L'ACCOMMODATION.

CHAPITRE VIII.

MYDRIASIS ET MYOSIS.

§ **200. Mydriasis.** — L'immobilité de la pupille largement dilatée, son impassibilité devant les réactifs ordinaires, la lumière vive et l'attention du regard sur un objet rapproché, constituent la maladie qui a reçu le nom de mydriasis.

Dans sa cause prochaine, la mydriase consiste évidemment dans un défaut d'action du muscle circulaire qui détermine le resserrement de l'ouverture pupillaire, ou, au contraire, dans l'excès d'énergie du muscle qui préside à sa dilatation, à savoir le muscle radié.

Le premier cas se rapporte à une affection de l'ordre des paralysies complètes ou partielles suivant les circonstances ; la seconde hypothèse se rattache à une affection par irritation, spasme, état convulsif.

Physiologiquement, il a été démontré (et nous reviendrons, un peu plus loin, sur les particularités qui se rattachent à cette démonstration) que « l'iris, au moyen de ses fibres musculaires rayonnées et circulaires, est dans un état d'équilibre instable, et que le degré d'amplitude de l'ouverture pupillaire est la résultante de deux puissances agissant en sens opposé, l'une tendant à agrandir, et l'autre à contracter l'ouverture pupillaire, en agissant respectivement sur les deux ordres de fibres musculaires de l'iris. » (Béraud et Ch. Robin, *Éléments de phy-siologie.*)

D'après cela, dans sa cause prochaine, l'élément directement actif de la mydriase devra être cherché soit dans la 3e paire, soit dans le grand sympathique, suivant que l'affection devra être attribuée à une action par excès ou par défaut. La ques-tion posée sera donc le choix à faire entre ces deux départe-ments, le système spinal ou le système ganglionnaire.

Les circonstances de voisinage feront en général pencher la balance du diagnostic vers l'une ou l'autre des deux suppositions qui précèdent. Et pour cela l'esprit s'appuiera sur les élé-ments suivants :

L'iris reçoit, avec l'appareil ciliaire, son innervation d'une triple origine fusionnée dans les ganglions ophthalmiques : l'in-fluence motrice directe y est apportée par le moteur oculaire commun, l'influence motrice sympathique involontaire (abdomi-nale des auteurs anciens), par le grand sympathique en com-munication antécédente avec le pneumo-gastrique, l'influence de la sensibilité générale s'y faisant jour, de son côté, au moyen de la 5e paire, tant par sa branche ophthalmique que par le ra-meau nasal.

Comment distinguerons-nous maintenant si un état de my-driasis constaté est l'expression symptomatique du relâchement paralytique des fibres circulaires, ou, au contraire, de l'action en excès des fibres radiées.

La physiologie est muette à cet égard ; elle ne nous fournit que quelques probabilités ; les signes généraux de la surexcita-tion du grand sympathique ou de la paralysie des nerfs moteurs étant absolument identiques quant à leurs effets sur les parties innervées.

M. Cl. Bernard a en effet démontré que la section (paralysie) des nerfs moteurs dans une région produit, outre l'abolition du mouvement, un refroidissement relatif des parties ; et de son côté, M. Brown-Sequart, renversant le procédé de recherches, a fait voir « que la galvanisation (excitation, stimulation, action convulsive, spasmodique) du bout périphérique du grand sym-pathique coupé, était suivie d'un refroidissement rapide dans les parties soumises à son influence. »

La mydriase, qu'elle soit l'expression du relâchement paraly-

tique des fibres circulaires ou de l'action en excès-des fibres
radiées, ne saurait donc bénéficier de la distinction physiologique que nous venons de rappeler.

C'est donc uniquement dans la considération de l'état des
muscles soumis à l'empire des nerfs moteurs de l'appareil, qu'il
y aura lieu de chercher un indice de l'état respectif du système
nerveux moteur ou sensitif. Il est difficile de penser que la paralysie des nerfs moteurs de l'appareil se borne à compromettre et suspendre les fonctions des fibres circulaires ; quelqu'un
des muscles, tirant leur innervation des mêmes branches nerveuses, doit probablement participer à l'effet de cette diminution
d'influx nerveux, et dès lors la mydriase s'accompagner de
quelques paralysies des muscles droits placés particulièrement
sous la même influence motrice que l'iris, le plus généralement
ceux soumis à la 3e paire ou moteur commun.

On sait pourtant que parfois la 6e paire contribue également
à cette innervation spéciale. Mais le plus ordinairement, c'est
dans la 3e paire que les nerfs ciliaires puisent leurs relations avec
le système nerveux moteur spinal ; c'est donc avec une paralysie de l'oculaire moteur commun qu'elle coïncidera le plus
souvent.

§ 201. **De l'action de la belladone.** — C'est de ce dernier genre qu'est la mydriase artificiellement produite au moyen
d'une application de belladone. Waller et Budge ont expérimentalement démontré que la mydriase produite par cette substance provient de la paralysie de la 3e paire et que le nerf sympathique y est étranger. Ils ont coupé et désorganisé ce dernier
nerf, et l'action de la belladone sur la pupille est demeurée la
même.

Physiologiquement, la pupille est intimement et sympathiquement liée à la sensibilité de la rétine, qui manifeste cette sympathie par une action réflexe cérébrale ; la mydriase peut donc
souvent devenir un symptôme supérieur à la simple maladie
d'une branche nerveuse et faire soupçonner une altération d'un
degré plus élevé, une affection de la rétine ou même du
cerveau.

Les liaisons de contiguïté, les rapports intimes, fonctionnels
et de nutrition, qui unissent la choroïde à la rétine, doivent éga-

faire penser que toute altération des membranes propres de l'œil, et en particulier de la choroïde, peut être suivie
ou accompagnée de mydriasis. On ne doit donc pas être surpris
la voir signaler comme symptomatique de la choroïdite aiguë
chronique, de l'amaurose cérébrale, du glaucôme et d'autres
affections de l'œil. A part les signes sympathiques généraux, on
se rappellera à cet égard la valeur diagnostique de la diplopie
dans les paralysies musculaires. Quant aux autres affections que
nous venons de citer, on sait l'importante valeur de l'ophthalmoscopie comme méthode diagnostique.

§ 202. Symptomatologie et traitement.—La mydriase
n'est pas toujours une maladie secondaire et symptomatique ;
elle a quelquefois son siége même dans l'iris, et cela s'observe
parfois à la suite d'un choc léger subi par la cornée ou la sclérotique, plus généralement par le globe oculaire, et suivi d'une
lésion traumatique, d'une commotion, au moins, des nerfs ciliaires. La cause, dans ce cas, est simple à découvrir.

Les symptômes anatomiques et physiologiques de l'affection
considérée en elle-même se divisent en objectifs et subjectifs.

L'aspect dilaté, l'état d'immobilité absolue ou au moins relative
de l'iris, l'absence de consensus avec les changements de dimension de la pupille de l'autre œil, quelquefois l'état frangé du bord
pupillaire, forment l'ensemble des caractères objectifs.

Les symptômes subjectifs ou physiologiques se recueillent
dans l'examen de la fonction. On sait que l'iris a pour principal
objet de servir d'écran protecteur et prohibitif contre les rayons
marginaux, particulièrement pour les objets rapprochés ou très-
éclairés. La vue sera donc généralement troublée par la mydriasis, si elle s'exerce sur des objets rapprochés ou éclatants.

L'observation donne cependant des exceptions à cette induction : mais on ne voit pas dans les auteurs qu'en pareil cas
l'état de sensibilité propre de la rétine ait été dûment apprécié.
Toute observation de cet ordre devrait être flanquée de l'étude
de la qualité de la vue au moyen de la lunette à trous d'épingle.
Parmi ces symptômes, il faudrait compter, dit M. Warlomont,
la singulière circonstance constatée par plusieurs malades et
qui effraye souvent beaucoup : c'est le rapetissement des
objets.

Nous ne nous arrêterons pas sur ce phénomène que nous étudierons à l'article *micropie*, et que nous croyons dès mainte- nant pouvoir considérer comme se rattachant à la paralysie de l'appareil ciliaire qui condamne l'accommodation à la fixité. Les notions de distances relatives manquant, la dimension des objets n'a plus d'autres relations avec le sensorium que leur angle visuel, sans appréciation de distance relative. Dès lors, la di- mension apparente n'est plus qu'une pure illusion. Nous re- viendrons là-dessus.

Il est difficile de parler du traitement d'une maladie qui n'est, dans la plupart des cas, que le symptôme d'une affection plus ou moins profonde du centre nerveux, d'une de ses branches, ou d'un simple rameau de l'une d'elles. Comme dans la presque totalité des cas cette affection est de l'ordre des paralysies mus- culaires, le seul système de traitement à diriger contre la my- driase, après l'insuccès du traitement adressé à la paralysie nerveuse elle-même, ne peut que consister dans les méthodes excitantes employées localement contre le muscle paralysé. On se souviendra toutefois du précepte général qui prescrit de ne tenter ces essais de stimulation locale, qu'après l'assurance de la cessation de l'etat morbide initial du système nerveux lui-même.

Parmi ces moyens, il faut compter l'électricité, les stimula- tions caustiques appliquées à l'union de la cornée et de la sclé- rotique, l'exercice fréquent et soutenu du mouvement volon- taire de convergence oculaire. Action qui peut recevoir un puissant stimulant du secours des lunettes à prisme interne, for- çant les yeux à se porter dans la convergence.

§ 203. **Myosis.** — On appelle ainsi le rétrécissement obstiné de la pupille.

Cette affection, nullement rare, opposée de la précédente dans ses apparences, l'est également dans son mécanisme.

Elle est la manifestation de la rupture de l'équilibre pupil- laire au profit de l'action des fibres circulaires, et exprime leur triomphe actif sur les fibres radiées, ou l'atonie plus ou moins profonde de ces dernières. Les développements dans lesquels nous sommes entré à l'article *mydriase* nous permettent donc de conclure tout de suite que ce resserrement ne peut avoir d'autre origine qu'une paralysie ganglionnaire ou, au contraire, une extrême irritation spinale.

Les caractères généraux du système nerveux du malade, les manifestations que ce système écrit lui-même dans les différents appareils musculaires soumis à son influence, devront naturellement diriger l'opinion du médecin et lui marquer le choix qu'il a à faire entre la cause paralysie et la cause spasme.

Mais, inversement à ce qui s'observe dans la mydriase, le myosis *doit* offrir certains caractères spéciaux différents, suivant qu'il y a lieu de l'attribuer à l'un ou à l'autre des deux ordres de causes. Nous savons effectivement par les beaux travaux de M. Cl. Bernard, que « la section (paralysie) du grand sympathique est suivie d'une augmentation de caloricité constante et considérable, accompagnée d'une grande vascularisation des parties où se répandent ses branches; » phénomène absent dans l'état de spasme du système moteur spinal.

Pour tout myosis dont la cause nerveuse est encore active, la température et la vascularisation de l'œil affecté suffiront donc pour indiquer quel système il faut en accuser, du sympathique ou du spinal.

Cet état s'observe, par exemple, dans les inflammations de l'iris et de la cornée, et l'on doit y voir un indice du rôle que remplit le système ganglionnaire dans les inflammations.

La circonstance d'être si intimement lié à l'inertie ganglionnaire rend, dans un grand nombre de cas, son pronostic fort grave. On conçoit que ce symptôme, tenant de si près aux sources de la nutrition, de la vie organique de l'appareil, ait une grande signification dans les amauroses.

A moins d'être complet, de consister dans l'oblitération absolue de l'ouverture pupillaire, le myosis gêne, bien moins que l'affection contraire, l'exercice de la vision. On comprend, en effet, qu'il réduit l'œil à l'état de chambre obscure simple, c'est-à-dire sans lentille, car il ne permet à celle-ci d'être utilisée que par son centre même, et suivant son axe. C'est une vraie lunette à trou d'épingle, et l'on sait combien, en supposant un éclairage suffisant des objets, la vision est parfaite au moyen de cet appareil.

Ajoutons, bien entendu, que nous ne parlons ici que du myosis en lui-même et non de celui qui serait symptomatique d'une lésion de la rétine. Il est clair que si parfaite que soit la lorgnette, si le nerf est mort, la vue est nulle.

Un myosis qui n'est pas absolument complet, c'est-à-dire arrivé à l'oblitération même de l'ouverture pupillaire, et qui ne permet pas la vision très-nette des objets bien éclairés, doit donc inspirer de violents soupçons sur le peu d'intégrité des milieux postérieurs ou des membranes profondes.

Inversement encore à ce qui s'observe dans la mydriase, le myosis peut être l'effet de l'application de l'opium : c'est un signe de l'intoxication par cette substance. C'est l'état de la pupille pendant le sommeil.

Parmi les causes de la mydriase on a pu compter l'habitude prolongée de s'exercer la vue sur des objets peu éclairés. Inversement encore pour le myosis, on le voit succéder à une habitude trop longtemps maintenue de fixer le regard sur des objets petits, minces et très-éclairés.

Les fibres de l'un ou l'autre ordre deviennent contracturées par l'habitude. C'est une espèce de rétraction fixe. La cause alors met sur la voie de la nature de l'affection, et cette affection est ici de l'espèce spasmodique.

Mais dans les maladies où ces deux affections ne sont que symptomatiques, il y a plus généralement lieu, si ce n'est dans l'enfance, à les rattacher à une paralysie, et alors la mydriase est la conséquence d'une paralysie spinale et le myosis d'une paralysie ganglionnaire.

Le sommeil est accompagné d'une sorte de myosis physiologique, comme l'opium en produit un très-marqué d'ordre pathologique.

CHAPITRE IX.

MALADIES DE L'ACCOMMODATION.

SECTION I.

Myopie et presbytie. Généralités.

§ 204. **Myopie.** — Nous avons étudié les conditions normales de la vue et défini ce que l'on devait entendre par limites de la vision distincte.

Nous avons vu qu'à l'état normal, la vision éloignée n'avait de limites que dans la finesse du sens de la vue, dans les qualités de la rétine ; mais que la vision rapprochée, limitée, elle, par l'étendue du pouvoir accommodatif, ne pouvait guère tomber au-dessous de 20 centimètres, toujours dans l'état normal. Là s'arrêtait l'efficacité des efforts d'accommodation.

L'observation de tous les jours nous montre pourtant de grandes et nombreuses dérogations à cette loi. Quoi de plus commun que des gens dits à vue longue, si ce n'est ceux dits à vue courte ? Il sont tellement communs que M. Sichel nie l'existence d'une vue normale. (*Traité des lunettes.*)

Qu'entend-on donc par vue courte et vue longue ? Ces mots se traduisent d'eux-mêmes. Les gens à vue courte ne voient pas du tout les objets éloignés et voient mal les objets fins, s'ils ne sont très-rapprochés. Supposons d'abord les qualités de leurs rétines égales, puisque cet élément n'a guère été étudié jusqu'ici, à quoi pourrons-nous attribuer cette anomalie ?

Evidemment à un trouble dans le mécanisme accommodatif. La rétine dans son état d'indifférence, ou lorsque l'intention du regard se tend vers l'horizon, comme pour regarder une étoile, une planète, au lieu d'occuper le foyer principal du cristallin dans son état passif, est plus ou moins en arrière de ce point. Un objet d'une médiocre dimension ne pourra donc avoir son foyer conjugué sur la rétine qu'après s'être plus ou moins notablement rapproché de l'œil. Le point où cet objet (supposons, comme précédemment, un cheveu) commencera à être vu nettement sera la limite la plus éloignée de la vision distincte de ce sujet.

Au delà de ce point, ce même objet ne sera vu que confusément, et c'est ce caractère qui différenciera la cause de la vue courte. Si la rétine manquait de sensibilité ou les milieux d'une transparence suffisante, sans que l'accommodation fût en souffrance, l'objet fin cesserait très-rapidement d'être vu ; il n'y aurait que quelques courts instants de confusion, puis disparition complète de l'objet. Mais, à cette même distance, un autre objet un peu plus gros serait très-distinctement vu : ce qui n'aurait pas lieu pour le myope.

Pour lui les objets sont plus longtemps confus, parce que sa rétine est généralement puissante, mais il ne peut corriger les cercles de diffusion tracés par les objets éloignés. Ces objets sont pour lui dans le cas du point (20) de la fig. 57. (Optomètre de Scheiner.) (Voy. p. 133.)

Mais chez les myopes, en général, ce n'est pas simplement dans le sens de l'éloignement qu'est rapprochée la limite de la vue distincte. La limite rapprochée de la vision a suivi la même marche et s'est plus ou moins raccourcie; au lieu de se fixer à 20 ou 25 centimètres, comme nous l'avons trouvé dans la vue moyenne, cette limite n'a que 15, 10, 5, 4, 3 centimètres d'étendue. Et de même que les objets éloignés ne sont pas vus du tout, les objets fins, pour être perçus distinctement, doivent être rapprochés d'une façon disgracieuse et gênante. Souvent même le mésoroptre musculaire se trouve en désaccord avec ces exigences de la vue du myope, et la vue binoculaire des petits objets lui devient interdite; alors on voit ces gens à vue très-courte lire, par exemple, avec un seul œil et mettre leur livre presque au bout de leur nez. Cette circonstance doit être et est, en effet, une cause fréquente de strabisme convergent, amené par l'effort musculaire constant de convergence. (Voyez relativement à ces généralités la section II du chap. II.)

§ 205. **Caractères généraux de la myopie.** — Les caractères de la vue du myope pris dans les habitudes de sa vie de relation sont, d'après les auteurs, les suivants :

« Le myope ne peut distinguer le visage des acteurs sur le théâtre, ni le sujet des tableaux placés à quelques pieds au-dessus de sa tête; il ne peut lire les inscriptions sur les portes et sur les maisons, ni reconnaître les personnes dans les rues; il ne regarde pas les personnes avec lesquelles il cause, ne pouvant suivre les mouvements de leur physionomie. Sa vue a généralement un caractère hagard et rappelle celle de l'amaurotique. » (Mackenzie.)

Chacun peut confirmer aisément l'exactitude de cette description.

Mais ce qui suffit pour un aperçu superficiel et comme homme du monde, ne suffit plus pour l'établissement sérieux du diagnostic. N'ayant pas la prétention de faire mieux, nous emprunterons à notre savant confrère M. Sichel, les termes mêmes du diagnostic précis. Plus loin, nous reviendrons sur la mesure même du degré de la myopie, pour servir de point de départ dans le choix d'un rayon de courbure, ou du numéro des bésicles qui doivent remédier à cette infirmité.

« Un individu myope voit considérablement mieux de loin avec des verres concaves. Nous y avons joint l'impossibilité de se servir de lunettes convexes un peu fortes pour la lecture et le travail, sans approcher beaucoup son livre ou son papier, et sans que les lettres paraissent notablement grossies. Nous allons ajouter un nouveau critérium pratique qui consiste dans une expérience facile à exécuter. On commencera par faire lire sans lunettes, à l'extrême limite de sa vision distincte, l'individu sur lequel on veut expérimenter; puis on lui fera prendre des verres concaves un peu forts, du n° 13 au n° 9 environ, et l'on répétera le même exercice sur le livre placé à la même distance. S'il est presbyte, il n'y verra plus du tout; s'il est myope, il y verra distinctement. La vision s'effectuera encore assez nettement en approchant le livre davantage, et beaucoup plus nettement en le mettant plus loin. » (Sichel.)

Nous donnerons ultérieurement beaucoup plus de précision à l'observation et à la mesure de ces caractères. (Voyez la section V de ce chapitre.)

§ 206. **Du clignement**. — La myopie est ordinairement accompagnée d'un certain tic des muscles de la région oculaire appelé clignement, action de cligner, qui a donné son nom à l'affection (μυειν), et qui consiste en un rapprochement instinctif des paupières, ayant comme pour objet de ne laisser passer entre leurs bords qu'une quantité de lumière limitée. Ce mouvement a lieu quand le sujet voit avec peine un objet, *un objet éloigné* particulièrement, et qu'il fait effort pour le distinguer plus nettement.

Ce froncement de sourcil, ce rapprochement des paupières ont été expliqués ainsi qu'il suit par la généralité des physiologistes et des ophthalmologistes :

« Ce mouvement, a-t-on dit, a pour but de ne laisser passer que les rayons les plus voisins de l'axe visuel, et d'exclure ainsi les rayons périphériques ou marginaux qui, trop fortement réfractés par les milieux de l'œil myope, se réuniraient au devant de la rétine et ne produiraient qu'une image confuse. »

Quelques physiologistes ont, d'autre part, émis l'idée que l'effort du clignement devait se rattacher à une modification ou un essai de changement de l'adaptation.

Au fond, on ne connaît pas très-nettement l'objet de ce petit acte physiologique qui mérite de fixer un peu l'attention des observateurs et des analystes.

§ 207. Presbytie. — Généralités. — La diminution d'étendue du champ de la vision distincte que nous venons de voir produite par une limitation fonctionnelle pathologique du côté de l'espace libre, et vers les objets distants, peut avoir lieu en sens inverse; et la limite inférieure, au lieu de se trouver placée vers 20 à 25 centimètres, ou se rapprocher davantage, comme dans la myopie, peut se trouver portée, au contraire, beaucoup plus loin de l'œil. Le sujet ne voit distinctement alors que les objets distants; quant à ceux de petite dimension que ses mains pourraient atteindre, son œil est impuissant à les distinguer. Ce genre de vue, vue longue, a reçu le nom de presbytie, de cette circonstance qu'on la rencontre plus particulièrement chez les vieillards (πρεσϐυς); elle est en effet une conséquence des progrès de l'âge, et on l'a attribuée généralement, jusqu'ici, à un aplatissement des surfaces convexes des milieux transparents de l'œil; circonstance anatomique que rien n'a démontré avoir l'importance que lui ont assignée les anciens auteurs.

La presbytie, d'après ces faits, est donc aussi un état anormal, une maladie de l'accommodation. Tout objet rapproché n'étant pas perçu par la rétine, ou y dessinant des images confuses ou troublées, a son foyer conjugué au delà de la rétine (point 5 de la fig. 57). Et ce n'est qu'en éloignant l'objet de l'œil que son foyer conjugué, que ce mouvement rapproche de la face postérieure du cristallin, vient enfin rencontrer efficacement la rétine et y dessiner une image nette.

On peut donc dire de ces yeux que la réfrangibilité y est en déficit, que l'œil est trop court pour la puissance du cristallin, ou encore, ce qui est plus conforme à ce que l'on connaît sur l'accommodation, que la puissance accommodative y est très-limitée, dans le sens du rapprochement des objets; que le muscle ciliaire y est impuissant à tirer le cristallin de sa situation d'indifférence convenable pour les objets distants, et de le

mettre en rapport harmonique avec les objets rapprochés.
1° C'est l'inverse de ce que nous avons vu pour la myopie, où la faculté d'accommodation est troublée en sens opposé.

2° L'œil, eu égard au foyer conjugué des objets rapprochés, est trop court chez le presbyte, comme il est trop long chez le myope relativement au foyer conjugué des objets éloignés, ou plus simplement au foyer principal de son cristallin.

· Dans la réalité, ce n'est pas l'œil même qui est trop long ou trop court, ce sont les distances focales variables du cristallin qui, dans le premier cas, ne peuvent pas se raccourcir assez, comme dans le second elles ne peuvent pas s'allonger suffisamment.

§ 208. **Presbytie, caractères généraux.** — De même que la simple attitude du myope est presque toujours un indice de son infirmité, de même le presbyte se reconnaît également à la manière dont il se conduit vis-à-vis des objets de petite dimension avec lesquels il se met en rapport. A la manière dont un presbyte prend un livre pour lire, on peut *à priori* juger de la portée de sa vue.

Mais le diagnostic sérieux et précis repose sur un élément de conviction plus déterminé. Si le myope voit beaucoup plus nettement les objets éloignés avec un verre concave (prenez pour essai le n° 14 par exemple), et n'y voit plus du tout avec des verres convexes, le n° 36 par exemple, le presbyte, au contraire, ne voit plus que tout brouillé et nuageux, s'il met devant ses yeux un verre concave, et peut rapprocher un livre de ses yeux s'il leur interpose une lunette convexe.

· Le degré de la presbytie, comme celui de la myopie, se fixera d'une manière aussi précise que l'on voudra au moyen des épreuves indiquées dans la 2ᵉ section du chap. II.

(Voyez en particulier le § 90 et la construction de la table de Donders.)

§ 209. **Quantités de lumière nécessaires au myope et au presbyte.** — Le myope, avons-nous vu, celui qui est ainsi venu au monde, ou du moins dont l'infirmité date de l'enfance, possède en général un œil plus fort, plus vigoureux que le presbyte, tant à cause de la petite distance à laquelle il est obligé de mettre les objets, qu'à cause de la grande ouverture relative de sa pupille, et encore à raison de la vitalité de sa rétine. La vue nette, pour lui, n'exige que peu de lumière. Il en a, dirait-on, toujours assez, et on le voit lire au clair de lune ou au crépuscule, quand déjà les traits de son visage deviennent confus pour le presbyte. C'est que celui-ci est dans une condition tout opposée, qu'il jouit de moins de vitalité nerveuse oculaire, que sa pupille est plus étroite que de raison, enfin qu'il est obligé d'éloigner davantage les objets. Si bien qu'on a pu croire avoir établi que myopie et presbytie ne tenaient qu'à la dimension du cercle pupillaire. Nous nous sommes expliqué à cet égard au § 77.

Quoi qu'il en soit, si le myope, obligé de supporter une vive lumière, frappant sur des objets rapprochés, est autorisé par toutes les conditions de sa vue à se servir au besoin de conserves ou de verres teintés, quoiqu'il ne le doive faire qu'avec mesure, le presbyte, eu égard aux conditions inverses, doit constamment s'en abstenir.

Nous renvoyons le lecteur aux pages pleines de bon sens, et empreintes du plus remarquable esprit d'observation que M. Sichel a consacrées à ce sujet dans son petit traité précité des lunettes, p. 21 et suiv.

§ 210. Diagnostic de la portée de la vue au moyen de l'ophthalmoscope.

— Si la myopie et la presbytie sont aisément reconnues par les moyens de diagnostic que nous avons indiqués et que chacun connaît, il est encore un caractère qui permettra au médecin-oculiste d'être fixé sur la qualité accommodative de la vue, dans le cours de l'examen qu'il est appelé à faire : nous voulons parler du cas où dans le cours d'un examen des parties profondes de l'œil, à l'aide de l'ophthalmoscopie, il lui serait intéressant de savoir s'il a affaire à un myope ou à un presbyte.

Dans notre exposition théorique du mécanisme optique sur lequel était fondé l'ophthalmoscope, nous avons cherché à définir le lieu occupé par l'image extérieure *déterminée* des parties profondes, de la papille entre autres. Cette image est un peu en deçà du foyer de la lentille objective et du côté de l'observateur. Or, suivant la position de la rétine par rapport au foyer du cristallin, l'image externe est plus ou moins éloignée de l'œil observé, et en même temps plus ou moins grande. Si l'on jette les yeux sur la figure qui sert à la démonstration du rôle de la lentille objective (voir le chap. relatif à la théorie de l'ophthal-moscope, fig. 90), on reconnaît que l'image qu'elle donne est elle-même proportionnelle à l'image externe indéterminée. Sa dimension apparente sera donc généralement en rapport avec la distance et la grandeur de l'image indéterminée, plus grande chez le presbyte, plus petite chez le myope. Avec quelque habitude et l'usage d'une même lentille, l'observateur reconnaît à l'instant s'il a affaire à un œil presbyte ou myope.

Dans les cas d'hypermyopie, on peut même être obligé, tant l'image indéterminée est petite, de rapprocher beaucoup de l'œil observé la lentille objective, et même d'en prendre une d'un foyer moins fort, afin de conserver des dimensions plus notables à l'image réduite indéterminée. Cette nécessité révèle à l'instant le caractère de l'hypermyopie. Il n'y a qu'un œil extrêmement long relativement à la distance focale du cristallin qui puisse donner une image aussi rapprochée de l'œil objectif.

Ce même procédé est des plus efficaces pour constater qu'un œil est atteint d'hyperpresbyopie, comme l'œil des cataractés, après l'ablation du cristallin. L'appareil réfringent ayant, dans ces deux cas, son foyer principal au delà de la rétine, fait, eu égard aux détails de cette membrane, fonction de loupe. L'observateur, armé de l'ophthalmoscope, peut donc voir très-nettement, et à l'image droite, toutes les particularités des membranes profondes, sans interposer aucune lentille convexe entre l'observé et lui-même.

§ **211. Hyperpresbyopie.** — Mais ce n'est pas à ces particularités que se bornent les remarques à faire sur la limite inférieure du champ de la vision distincte. *Il y a des cas, et ceux-là sont une vraie maladie, et grave, où l'on ne peut trouver de mesure ni pour l'une ni pour l'autre limites du champ de la vision distincte* (chap. II), où l'individu ne voit ni de près ni de loin. Chez ces sujets, les rayons parallèles se croisent en arrière de la rétine : leurs yeux ne peuvent donc recevoir *utilement* que des rayons *convergents*. Convergents, entendez-bien !

Telle est l'hyperpresbyopie ou hypermétropie de M. Donders, (Voy. § 91 *bis*.)

Ces sujets se reconnaissent immédiatement à ce fait général qu'ils n'y voient distinctement ni de près ni de loin, ils sont comme *amblyopes;* mais avec cette différence qu'un verre *convexe*, approché des yeux, leur procure la vision nette des objets placés à l'horizon. C'est dans ce cas que M. Donders a observé aussi qu'un verre prismatique placé devant un des yeux avec son angle réfringent, au côté interne, provoquait indirectement l'accommodation active par son action sur la convergence des axes optiques, et procurait la vision plus ou moins nette des objets éloignés. (Voy. § 239).

Une autre fait très-remarquable et propre à ces sujets hyperpresbyopes, c'est que beaucoup d'entre eux peuvent *lire*, sans verres, à de petites distances. Comment, se demandera-t-on, cela se peut-il faire ?

Il semble, en effet, étrange que les hyperpresbyopes puissent en général voir plus nettement à une distance très-petite qu'à celle de 8 ou 12 pouces. Graefe a expliqué en partie ce phénomène : il a montré expérimentalement et par le calcul que, dans un œil hyperpresbyopique, en rapprochant les objets, l'étendue des images rétiniennes augmente plus rapidement que les cercles de diffusion, et que, par conséquent, les cercles de dispersion des caractères ou des lignes contigues laisseront sur le tableau rétinien des intervalles relatifs plus distincts qu'à une distance plus grande. Il faut y joindre l'effet de la convergence et de la contraction pupillaire; rapprochant les objets, à une distance très-inférieure à 8 pouces, l'hyperpresbyope provoque fortement la convergence, comme quand il se met devant les yeux un prisme interne pour y voir de loin plus nettement. Cette convergence agit sympathiquement sur l'accommodation, et l'effet observé est ainsi facilité, aidé dans sa production.

Ces exemples ne doivent pas être perdus de vue dans certaines presbyopies : si les lunettes convexes ordinaires peuvent, par leur action sur la convergence des axes optiques, dissocier les accommodations jusqu'au point de changer la presbytie en myopie, quand elles sont employées sans règle ni mesure, leur usage méthodique et l'analyse de leur action peuvent conduire, au contraire, à des résultats très-avantageux dans des cas de présbytie et de fatigue de la vue. Nous reprendrons ce sujet à l'article *Kopiopie* ou *hebetudo visûs*.

SECTION II.

Myopie et presbytie congénitales. Étiologie physiologique.

§ 212. **Étiologie physiologique.** — La myopie et la presbytie sont essentielles, primitives, font partie de la constitution de l'individu, ou bien sont amenées consécutivement par quelques troubles organiques ou fonctionnels.

Nous allons étudier successivement ces diverses origines de l'affection.

L'étiologie est une des plus puissantes sources d'indication pour la thérapeutique.

Prenons donc tous ces états un à un, au seul point de vue physiologique. Faisons la physiologie pathologique de la fonction troublée. C'est le premier moyen d'arriver à quelque lumière sur les remèdes à y apporter.

On sait que dans la vision physiologique, quand la vue se porte sur un objet qui se rapproche, la pupille, d'abord relativement large, se contracte et diminue graduellement. Il semble qu'à l'état normal une *même* circonstance préside à la contraction pupillaire et à l'*effort* accommodatif (rapprochement bon à invoquer à l'appui de la doctrine de Helmoltz sur l'accommodation, voir le § 84); en d'autres termes, un œil normal étant fixé sur un objet rapproché, les conditions d'éclairage étant d'ailleurs les mêmes, la pupille est relativement plus étroite que quand la vision se porte au loin.

En un mot, les fibres circulaires de l'iris agissent en même temps que la portion profonde du muscle ciliaire, concourant toutes ensemble et harmoniquement, celles-ci à placer le cristallin dans la situation active d'accommodation pour la vision rapprochée, celle-là à régler la quantité de lumière convenable.

Il y a donc dans la vue normale une sorte d'équilibre *physiologique* (nous ne disons pas mécanique) entre le degré de constriction du cercle ciliaire, l'action du muscle de ce nom et le degré de constriction de l'iris.

Une rupture dans cet équilibre doit amener, il n'est pas ab-

surde de l'imaginer, des troubles fonctionnels plus ou moins sérieux dans l'accommodation.

Examinons, par exemple, ce qui se passe chez le myope.

Chez le myope, la vue rapprochée qui, si elle était physiologique, coïnciderait avec une pupille étroite, se rencontre, au
contraire, généralement, avec une pupille élargie. Il appert immédiatement de là qu'un défaut grave d'harmonie est survenu
entre les agents du mécanisme accommodatif et celui de la contraction pupillaire. L'équilibre est troublé entre l'adaptation et
un des correctifs de l'aberration de sphéricité, entre l'élément
ciliaire de la vision et l'élément pupillaire.

L'aberration de sphéricité n'a plus de correctif dans l'état de
la pupille, et les rayons marginaux viennent ajouter, par la confusion qu'ils apportent, à l'excès de l'accommodation active. Une
distance focale déjà trop courte est encore relativement raccourcie par l'action des rayons équatoriaux de la lentille. Les deux
causes se joignent donc pour l'établissement du vice de la vision,
de la myopie.

D'autre part, et inversement, chez le presbyte, ce rapport est
changé. L'équilibre est encore rompu, mais dans ce cas, en sens
opposé. La pupille, qui est dilatée lors de la vision normale éloignée, est ici resserrée. Le muscle ciliaire est quasi sans action
sur le cristallin, mais la pupille est devenue en même temps
presque sans dilatation physiologique possible; il faut pour
l'émouvoir des stimulants spéciaux.

La synergie est donc encore ici rompue en sens inverse, il est
vrai, mais toujours au désavantage de la fonction.

§ 213. **Conséquences.** — Il n'est pas hors de propos de
rechercher s'il n'y aurait pas quelque induction utile à recueillir,
au point de vue de la connaissance de la nature de ces deux affections opposées, dans la considération du trouble survenu entre les éléments de l'équilibre ainsi rompu de deux façons contraires.

Interrogeons donc les éléments de cette harmonie physiologique.

Au point de vue du mouvement, le système musculaire iridien, comme le système ciliaire, sont soumis, en des proportions
inconnues, à l'action complexe et combinée de l'innervation ra-

dienne (moteur oculaire commun) et du système grand sympathique qui se fondent, par leurs branches, dans le ganglion ophthalmique. De ce ganglion émergent les nerfs ciliaires se rendant à l'iris par le cercle ciliaire dans lequel ils se répandent également. Anatomiquement, cette double innervation est donc indéchiffrable : impossible de distinguer quels filets nerveux s'arrêtent au cercle ciliaire, quels pénètrent jusqu'à l'iris. C'est donc à la physiologie seule qu'il faut s'adresser pour obtenir une réponse.

Or la physiologie répond, qu'à l'état normal, la pupille se contracte quand l'œil s'accommode pour la vision rapprochée, et se dilate pour la vue de loin. Action ciliaire et contraction pupillaire sont donc physiologiquement isochrones, ainsi que, de leur côté, le relâchement ciliaire et la dilatation pupillaire. Le rôle actif simultané des deux resserrements, est donc sous la même influence : cherchons à déterminer quelle elle est.

On sait expérimentalement qu'une action directe de stimulation portée sur la racine spinale du ganglion ophthalmique détermine une contraction de la pupille. Et l'on sait encore que pour produire le même effet par l'intermédiaire de la racine ganglionnaire, il faut agir par excision ou en déterminer la paralysie.

D'autre part Waller et Budge ont démontré expérimentalement que la mydriase artificielle, produite par l'action de la belladone, avait pour cause prochaine la paralysie de la troisième paire, et que le grand sympathique était étranger à la production du phénomène.

Il suit de là qu'à l'état physiologique la contraction pupillaire active est due à l'action spinale et l'action contraire à l'influence du grand sympathique particulièrement affecté aux fibres radiées. Par contre l'état inverse de la pupille, sa dilatation, par cause pathologique, pourra également être attribuée, soit à l'irritation ganglionnaire, soit à la paralysie de la troisième paire.

Voilà pour l'iris ; mais pour le cercle ciliaire qu'arrive-t il ? Soumis, en apparence, à la même innervation complexe, le muscle ciliaire, seul agent connu de la constriction de la zone de ce nom, n'a d'autres antagonistes connus que l'élasticité de la capsule cristallinienne. L'anatomie, muette sur son compte, laisse encore à la physiologie le soin de nous éclairer sur les sources qui règlent et provoquent son mouvement. Mais celle-ci ne nous apprend à cet égard qu'une chose; c'est que l'effort actif, isochrone physiologiquement avec la constriction pupillaire doit être sous la même influence.

C'est-à-dire qu'à l'état normal, c'est le système spinal qui préside à l'effort accommodatif et à la contraction pupillaire; ayant dans le système ganglionnaire un antagoniste harmonique dont l'action radiée de l'iris peut servir à mesurer l'énergie et le rapport d'intensité.

Or, que se passe-t-il dans la myopie?

Contrairement à ce qu'on observe dans l'état normal, la pupille est élargie, pendant que le muscle ciliaire est relativement rétracté. Cette rupture d'équilibre est-elle due à l'excès d'action ganglionnaire ou au défaut d'innervation spinale?

Probablement à l'excès ganglionnaire; car la paralysie spinale serait accompagnée d'un état de relâchement du muscle ciliaire et d'une vue presbytique (1).

Inversement dans la presbytie.

La pupille est contractée et le muscle ciliaire incapable d'efforts ou comme paralysé. La prépondérance du système ganglionnaire y est donc due probablement à la faiblesse relative du système spinal.

§ 214. Modifications des deux affections par le progrès des années, en concordance avec cette théorie. — Ces données s'accordent merveilleusement avec ce que l'on connaît d'autre part de l'histoire de ces états anormaux de la vue; ne sait-on pas qu'avec les années la myopie s'amende généralement, tandis qu'au contraire la presbytie s'aggrave? Nous savons qu'on a cru pouvoir attribuer ces effets à la diminution que doit ou peut amener, dans la convexité des divers éléments de l'appareil réfringent antérieur, la moindre humidité des humeurs de l'âge avancé. Mais cette considération est assurément plus problématique, hypothétique, au moins,

---

(1) Ces considérations seront à rapprocher de celles énoncées, d'après les auteurs, au § 209, et relatives à l'énergie relative de la vue du myope et du presbyte, et qui demandent à être étudiées à nouveau et de plus près par l'analyse et surtout l'observation.

que démontrée, et a plutôt eu pour but de combler un désidératum de la science que d'énoncer une vérité connue *à priori*. Elle ne peut assurément être invoquée dans les cas où la myopie, et ils sont nombreux, ne présente ni convexité exagérée, ni rien d'apparent pour l'observateur.

D'ailleurs, la trop grande convexité apparente de la cornée est un phénomène plutôt rare que commun, et il paraît appartenir au genre de myopie qui se lie au strabisme ou à des inégalités d'action musculaire.

Quant au cristallin, des recherches directes (Percy, Reveillé-Parise) ne l'ont pas trouvé anatomiquement différent chez le myope et le presbyte.

Nous croyons infiniment plus rationnel de rattacher ces modifications, effets de l'âge, aux modifications générales incontestables que le progrès des années imprime à l'économie.

L'exagération d'action du système nerveux tant spinal que ganglionnaire, est un des attributs de la jeunesse. Quoi de plus simple qu'elle s'amende avec l'âge, relâchant à la fois l'iris et le cercle ciliaire, diminuant par conséquent la myopie, de même qu'elle augmente la presbytie et change la vue moyenne en vue longue.

En résumé, dans ces deux affections, l'état du système nerveux est tout contraire : surexcité dans la myopie, l'équilibre des forces est rompu au profit de l'un des deux systèmes; il y a excès d'action spinale se traduisant par le resserrement ciliaire, ou bien excès d'action ganglionnaire révélé par la dilatation pupillaire.

Dans la presbytie, au contraire, atonie nerveuse générale, se traduisant du côté spinal par le peu d'étendue et l'insuffisance de l'action accommodatrice, du côté du système ganglionnaire par la contraction de l'iris.

Or, en prenant des années, un seul de ces états s'améliore : l'état de surexcitation nerveuse; l'autre, l'atonie, ne peut, au contraire, que s'aggraver. D'où l'amélioration éprouvée par le myope et l'état tout contraire du presbyte; l'expérience est donc en tout conforme aux prévisions de la théorie.

Mackenzie regarde comme une erreur la croyance que la myopie s'améliore en prenant des années.

L'observation générale s'écarte absolument de cette opinion et la contredit. Nous n'en voulons pour preuve que l'excellent et remarquable chapitre de M. Sichel sur une modification de cette affection, que nous nommerons « partielle. »

Le savant ophthalmologiste rapporte de nombreux témoignages et le sien propre en particulier, de personnes très-myopes qui sont parvenues à corriger leur vue, et qui après l'avoir eue fort courte, avoir eu de la peine à lire à 20 centimètres, par exemple, sont arrivées, après plus ou moins d'années, à lire aussi facilement à une distance presque double.

Mais chose digne de remarque ! ces mêmes personnes qui, à juger d'après les positions du livre pendant la lecture, auraient presque pu passer pour presbytes, étaient cependant toujours inhabiles à percevoir nettement des objets d'une dimension proportionnelle, à une distance relativement grande. Ainsi lisant couramment le n° 8 de Jaeger à 40 centimètres, ils ne distinguaient pas la physionomie d'une personne d'un côté de la rue à l'autre.

Ces observations sont remarquables et confirment le bien fondé du point de départ de nos études sur ce sujet intéressant.

Les personnes dont il s'agit ici, myopes primitivement, presque hyper-myopes même, par un exercice assidu sur de petits objets, ont fini par relâcher assez l'excès de leur activité accommodatrice pour éloigner sensiblement d'eux la limite inférieure du champ de la vision distincte. Mais cet effort n'a jamais dépassé la distance correspondant à un éloignement convenable des petits objets : le relâchement ciliaire n'a jamais dépassé ni même atteint la limite supérieure de la vision distincte : et cela parce que le sujet n'a jamais essayé d'opérer. pour cette limite supérieure, le travail intérieur qui s'est fait pendant l'application aux petits objets. Le malade qui avait un champ de vision entre 10 centimètres et 5 à 6 mètres, je suppose, suivant la dimension des objets, a modifié l'étendue de sa vision, en reculant la portée de la vision rapprochée, mais n'a jamais touché par un exercice semblable à la limite distante.

Mais comme le fait très-bien remarquer le savant observateur, le succès obtenu pour les petits objets peut être atteint pour les gros objets éloignés, si le sujet prend soin de faire, en plein air et pour la vue éloignée, les mêmes essais propres à modifier son accommodation distante. Et cet exercice est à recommander aux malades, car le succès qui se borne à reculer la limite *l*, sans toucher à la limite *l'*, diminue, en somme, l'étendue même du champ de la vision. (Voir le chap. II, sect. 2.)

Ces vues se trouvent également confirmées par M. Donders.

Si l'on examine un œil quelconque à différentes époques de la vie, dit le savant hollandais, on constate toujours qu'il subit divers changements, tant pour ce qui a rapport à l'aspect extérieur de l'œil (la cornée et la conjonctive sont moins brillantes, la pupille plus petite, l'iris et la sclérotique présentent une autre coloration, etc.), que pour ce qui a trait à ses fonctions.

En ce qui concerne l'accommodation et la réfraction, chacun sait que chez le vieillard, le point le plus rapproché de la vision distincte est à une beaucoup plus grande distance de l'œil que chez les jeunes gens. On admet généralement que ce changement s'opère vers l'âge de 45 ans; mais cela n'est point exact, car déjà à un âge beaucoup moins avancé, cet éloignement de la limite inférieure *l* du champ de la vision distincte peut généralement s'observer. Il résulte d'un grand nombre d'observations prises par M. Donders que dans un œil moyen, ce point le plus rapproché de la vision distincte s'éloigne déjà de l'œil vers dix ou quinze ans, et que cet éloignement augmente rapidement avec l'âge.

Ce n'est que beaucoup plus tard que, chez le myope, la limite éloignée *l'* commence également à fuir, mais même alors cet éloignement est peu considérable. Elle est généralement stationnaire jusqu'à quarante ans et c'est alors seulement qu'elle commence à s'éloigner par degrés insensibles. Mais la diminution de la portée de la vue ou de la latitude de l'accommodation porte en très-grande partie sur la limite rapprochée.

Sous ce rapport, M. Donders estime avec raison que c'est à tort que l'on considère que chez le myope la vue s'améliore avec l'âge. Il est vrai, comme on l'a observé, que le myope, en vieillissant, voit sa limite inférieure s'éloigner; mais dans une proportion bien autre que la limite éloignée : il perd par conséquent bien plus qu'il ne gagne.

M. Donders entre à ce propos dans des considérations délicates sur la marche de la myopie : nous ne le suivrons pas dans cette voie, parce qu'il nous a paru qu'il confondait la myopie proprement dite, le simple résultat primitif d'une sorte de rétraction ou spasme de l'appareil musculaire intrà-oculaire, avec la myopie symptomatique d'une distension pathologique, d'une altération de nutrition des couches et membranes profondes de l'œil.

M. Donders parle d'allongements du globe de près d'une moitié de sa longueur normale! Ce n'est plus là de la myopie: c'est un commencement de destruction de la fonction, après destruction de l'organe lui-même. Les cas d'allongement excessif ne peuvent appartenir qu'à des staphylômes postérieurs.

C'est seulement au point de vue de l'influence de l'âge sur les altérations fonctionnelles de la vue, que M. Donders envisage la presbyopie; maladie qui ne commence, suivant lui, qu'au moment où le point rapproché de la vision distincte commence à s'éloigner, par le progrès des années, et à dépasser les distances du travail commode, c'est-à-dire 8 pouces.

Aussi le savant physiologiste s'élève-t-il contre le prétendu antagonisme admis entre la myopie et la presbytie. L'opposé de la myopie, c'est l'hypermétropie : leur point commun de départ, leur mesure est l'infini, ou le parallélisme des rayons. A partir de ce point commun, la mesure des deux vues se fait très-simplement par la force réfractive des verres négatifs pour le myope, des verres positifs pour l'hypermétrope ou hyperpresbyope.

Quant au presbyte, ce mot est pris dans son acception étymologique exacte, l'affaiblissement sénile : pour cette maladie on prend un autre terme, un autre point de départ, à savoir : 8 pouces; et l'on mesure de même le degré de l'affection par la force du verre positif qui restitue la fonction, c'est-à-dire la vue nette, à 8 pouces.

Mais il ne faut pas oublier alors, et c'est ce que n'a pas mis en suffisant relief le traducteur des idées de M. Donders, que la mensuration ne repose plus sur les mêmes unités.

Chez le myope et l'hypermétrope, les mesures sont comparables, ayant le même point de départ; seulement les mesures, comme les verres, doivent prendre des signes opposés.

Mais le presbyte n'est comparable à l'un ni à l'autre des deux états qui précèdent : le verre convexe qui lui est nécessaire, il l'emploie pour diminuer la divergence comme nous allons le faire voir et non pour changer le parallélisme ou cette même divergence en convergence, comme cela a lieu chez l'hypermétrope.

Enfin son point de départ est à 8 pouces et non à l'infini.

Toutes ces considérations ne changent mathématiquement pas grand'chose aux conséquences généralement admises. On ne peut leur refuser pourtant de jeter une certaine lumière sur ces différents états pathologiques, et de donner des bases plus assurées à la pratique. Enfin, elles confirment, au dernier point de vue que nous venons de traiter, les anciennes opinions quant à l'influence de l'âge sur la fonction, et montrent que, dans les cas ordinaires, pour les vues moyennes, il y a un certain rapport assez constant entre l'âge et l'éloignement de la limite inférieure du champ de la vision. Nous renvoyons à cet égard au tableau page 138.

§ 215. Concordance de ces mêmes considérations avec les autres qualités de la vue chez le myope.

— Ces considérations générales sur le caractère de la myopie, une grande excitabilité nerveuse, trouvent une confirmation dans différentes remarques consignées dans les écrits de nombreux observateurs et reçues au titre de faits démontrés.

Ainsi, les myopes voient, en général, mieux que les vues ordinaires par un jour sombre. Cet avantage, légère compensation de leur infirmité, peut, il est vrai, être considéré soit comme cause, soit comme effet de leur état anormal. On peut dire que par un jour sombre leur pupille se dilate davantage laissant passer plus de rayons marginaux, contribuant dès lors à la plus grande netteté de la vue; mais cet effet lui-même ne serait-il pas à rapporter à la sensibilité de la rétine (démontrée déjà par bien des faits) et qui rend la pupille docile à des variations de lumière qui influenceraient peu une vue moyenne.

Quoi qu'il en soit, cette observation est en parfait accord avec tout ce que nous avons dit, soit sur l'accommodation, soit sur le clignement dans la myopie.

On a remarqué d'ailleurs que le myope craint la lumière vive et cligne davantage au grand jour. (Desmarres.)

§ 216. Preuves expérimentales à l'appui de ces aperçus.

— A l'appui de ces considérations sur la cause prochaine de la myopie, à savoir : une sorte de contracture ou rétraction ciliaire pesant sur l'accommodation, nous citerons l'extrait suivant d'une méthode chirurgicale pour la guérison de la myopie et dont le succès, paraît-il, constaté, justifie amplément nos aperçus sur cette causalité.

Sous le titre : *Traitement chirurgical de la myopie*, M. J. V. Salomon, chirurgien de l'hôpital ophthalmique de Birmingham décrit la méthode suivante, qui a pour effet de doubler la portée de la vue chez les myopes dont les cornées ne sont pas coniques. Cette méthode lui réussit également, soit que les yeux soient proéminents ou petits, la chambre antérieure étroite ou profonde. Il l'a essayée dans différents cas variant de douze à quarante-cinq ans. Un homme de ce dernier âge qui portait des verres concaves d'une immense courbure, n° 16 (c'est sans doute ici une mesure autre que la nôtre, car 16 n'est pas très-fort chez les myopes), depuis un très-grand nombre d'années, put à l'œil nu, reconnaître nettement les traits d'une personne à une distance de 9 pieds, obtenant ainsi tout d'un coup, par l'opération, un agrandissement de 7 pieds de la portée de sa vue. Chez un enfant de douze ans, la même opération porta la faculté de lire de 4 à 8 pouces, et celle de distinguer les traits des personnes, de 20 à 40 mètres. Chez un autre de seize ans, l'effet fut plus prononcé encore.

Ces résultats furent obtenus en divisant transversalement quelques fibres du muscle de la lentille (muscle ciliaire). M. Salomon ne considère pas comme important de choisir telle ou telle portion du muscle pour opérer cette division; cependant il préfère généralement la partie supérieure ou inférieure du muscle. Supposons qu'il ait choisi le segment supérieur ; on fait asseoir le sujet dans une chaise, l'opérateur se place derrière lui et fixe le globe avec les doigts de la main gauche, comme pour l'extraction, et prend de la droite un couteau à cataracte. Portant en haut le plat de l'instrument, il en introduit successivement la pointe à travers l'union de la sclérotique et de la cornée, les *piliers de l'iris*, et enfin le muscle ciliaire. L'instrument est porté obliquement en bas et en dehors (downwards and outwards). Il prend soin que l'incision du muscle soit de la même dimension que la ponction d'entrée, 2 lignes ou 2 lignes 1/2 de diamètre.

Dans plusieurs cas, M. Salomon a trouvé que le pouvoir d'adaptation aux objets éloignés était augmenté par l'exercice et le temps.

Inséhez un jeune homme myope depuis son enfance, et qui souffrait depuis les trois dernières années d'une congestion rétinienne, la portée de la vue s'est accrue à ce point, que le profile des grands bâtiments peut maintenant (après six semaines depuis l'opération) être parfaitement distingué à une distance de 1 mille 1/2; or, avant la section des muscles ciliaires, ils n'apparaissaient que comme un brouillard. (*British medical journal*, 26 mai 1860.)

§ 217. Limites inférieures de la vue. — Dans son intéressant travail sur la faculté d'accommodation, Donders se pose la question de savoir où commencent la myopie et la presbytie.

Comme nous, il donne à la vue normale la limite extrême r ou l' à l'horizon, à l'infini, aux rayons parallèles. Il n'y a donc pas de difficulté de ce côté là.

Quant à la limite inférieure, au point p de Donders (notre point l à nous, § 89), il le place pour l'œil normal à 3 ou 4 pouces, et non à 8 pouces comme on est dans l'habitude de le faire. Nous trouvons à ce terme de mesure un peu d'exagération : il y a bien peu d'yeux qui puissent binoculairement lire un caractère un peu fin à 4 pouces de distance. Mais comme d'autre part ce savant expérimenté a reconnu qu'à 8 pouces de distance, quelques sujets se plaignent de ne pouvoir lire des caractères un peu fins à la lumière de la bougie, et que la presbytie lui paraît ainsi commencer là, nous prendrions, par voie de conciliation, volontiers 6 pouces pour limite inférieure de la vue normale et 8 pouces pour celles de la vue déjà un peu presbytique.

Au-dessous de 6 pouces, seront les limites du myope pour la vue rapprochée.

D'après les considérations qui précèdent, on voit que l'on peut rencontrer des vues myopes pour lesquelles la limite rapprochée s'éloigne, sans que la limite éloignée suive le même mouvement; et pour lesquelles par conséquent le champ de la vision sera des plus limités, qui seront tout à fait presbytes pour la vue rapprochée, et myopes pour la vue de loin.

L'idée qu'a eue M. Donders de représenter les différentes vues par des lignes horizontales étendues entre les points p et r ou l et l', mesurés préalablement, sur un tableau, comme sont les degrés de longitude sur un planisphère, permet de se faire tout de suite une représentation imagée des différentes espèces de vues. (Voyez le tableau, p. 138.)

D'après ses observations pratiques sur la vision, Donders affirme que, par suite des progrès de l'âge, les deux limites du champ de la vision du myope, s'éloignent à la fois. Cette opinion est controversée; elle semble cependant assez rationnelle. Si, comme nous le croyons, la myopie consiste, anatomiquement, dans une sorte de spasme, de contracture du muscle ciliaire, il semble qu'une diminution de ce spasme doit porter sur ses deux termes à la fois. Cependant cela doit être soumis à une observation prolongée. On est encore, à cet égard, dans la phase purement théorique. Mais la question étant bien posée, comme elle l'est dans ce chapitre qui rappelle et met en regard les opinions des auteurs et une base rationnelle pour les apprécier, nous pensons qu'avant longtemps des règles tout à fait précises pourront enfin être établies.

SECTION III.

De la myopie symptomatique ou consécutive.

§ 218. Des causes occasionnelles. — Habitudes. — Lunettes. — La myopie et la presbytie ne sont pas toujours des affections congénitales; elles sont même rarement telles, et l'une des causes éloignées les plus générales de l'une ou l'autre de ces affections se rencontre dans les habitudes imprimées à la vue, particulièrement dans l'enfance.

Ainsi, on a observé qu'il y a très-peu de myopes dans la population des campagnes, dont les habitants ont généralement la vue appliquée seulement aux grandes distances ou sur de gros objets. Dans les villes, au contraire, où la vue est constamment en rapport avec des objets fins et délicats, souvent peu éclairés et rapprochés, le nombre des myopes est vraiment considérable.

Il est d'ailleurs d'observation vulgaire qu'un myope voit sa vue s'allonger, s'il dirige ses applications exclusives sur les objets éloignés, dans la vie du campagnard ou du marin; et que le presbyte voit la sienne suivre la marche inverse, s'il passe d'une existence libre et extérieure, à l'occupation minutieuse des villes ou aux applications délicates sur des objets rapprochés.

Chez le myope, ce résultat, dû à la nécessité d'augmenter activement l'effet réfringent des milieux que traverse la lumière, pour ramener sur la rétine des foyers lumineux qui se formaient en arrière d'elle, se retrouve encore dans l'usage intempestif que ferait une vue moyenne de verres simplement concaves ou une vue, un peu courte déjà, de verres trop concaves.

L'augmentation excessive de divergence des faisceaux lumineux, produite par ces verres, renvoie le concours de ces faisceaux lumineux au delà de la rétine, force au même excès d'action l'activité ciliaire accommodatrice, et produit conséquemment les mêmes effets.

Nous devons donc considérer comme cause directe de myopie l'usage de verres concaves d'un degré trop fort. Ce que nous traduirons en disant, comme tout le monde, que les verres concaves doivent rendre un myope plus myope.

Inversement, un presbyte qui se servirait habituellement de verres convexes trop puissants, épargnant par là des efforts à son appareil ciliaire, lequel est déjà trop paresseux, devrait voir sa vue longue devenir plus longue encore à la suite d'un usage tant soit peu prolongé de ces verres.

Ces conclusions sont inattaquables au point de vue de la vision *monoculaire*. Quand nous aurons étudié le chapitre des lunettes, nous reconnaîtrons l'existence dans la question d'un nouvel élément très-important, qui joue un grand rôle dans les maladies fonctionnelles des yeux, qui renverse quelquefois de fond en comble cette proposition, sans diminuer pour cela le danger que court la fonction. Ce sera le rapport qui lie l'usage des lunettes aux conditions d'exercice de la vision binoculaire.

Mais d'autres causes encore sont à invoquer dans la genèse de ces affections.

§ 219. **Habitation des lieux obscurs**. — L'habitation constante des lieux obscurs a été rangée parmi les causes hygiéniques (antihygiéniques plutôt) de la myopie. On peut s'en rendre raison en songeant à la dissociation d'harmonie, à la discordance entre les fonctions où de telles conditions placent

la vue. Le peu de rayons lumineux émanés de chaque objet,
l'obscurité en un mot du milieu, force le sujet qui s'y trouve
confiné à se rapprocher beaucoup des objets, pour recevoir d'eux
une quantité suffisante de rayons. Il n'est plus pour lui d'occasion aucune d'exercer sa vue à de longues distances ; le champ
de son accommodation se trouve limité à un cercle des plus
restreints. En même temps sa pupille doit se dilater d'autant
plus que l'obscurité est plus grande, et toujours par le même
motif. Ces deux causes secondaires, conséquences d'une même
cause première, amènent chacune de leur côté, et ensuite par
la dissociation fonctionnelle née de leur concours, un état anormal de la vision dont les caractères rationnels sont bien ceux de
la myopie. Observation et induction arrivent donc au même résultat.

§ 220. **Hydrophthalmie.** — **Exorbitisme.** — La
myopie est également symptomatique de plusieurs maladies
oculaires.

1° *De l'hydrophthalmie.*—La pression de dedans en dehors se
faisant sentir davantage sur la portion de la sphère oculaire
qui est exempte de support musculaire ou fibreux, et peut, par
là, céder le plus à la pression, cette portion libre, la cornée,
devient alors plus convexe.

2° *De l'exophthalmos.* — Même cause absolument. Une tumeur ou un développement excessif quelconque de l'un des
tissus du fond de l'orbite ou de ses parois, donnant un point
d'appui trop proéminent à la partie postérieure du globe, produisent l'élongation des muscles, une pression extérieure plus
grande et une réaction plus grande aussi par conséquent, de la
part des liquides intérieurs ; d'où une saillie plus conique de la
région antérieure du globe qui est la moins soutenue, comme
nous l'avons montré aux §§ 136, 137.

§ 221. **Strabisme.** — La myopie est, nous l'avons vu, invariablement consécutive à une inégalité d'action tonique des
muscles extrinsèques de l'œil.

On s'en est rendu compte à l'art. *Strabisme,* et dans l'analyse
du mode d'action des forces qui font évoluer l'œil autour de
son centre de mouvement, et qui, dans l'état normal, se font

équilibre entre elles, maintenant le globe oculaire dans sa situation physiologique, aussi bien que dans l'intégrité de sa forme sphérique. Les composantes diverses des pressions que ces muscles exercent normalement à leurs surfaces de contact avec la sphère oculaire se détruisent les unes les autres à très-peu près, sauf celles qui font face au segment antérieur de la sphère oculaire, et qui se trouvent sans autre équilibrante que la force propre de résistance du tiers antérieur de la sphère, dont le milieu est occupé par la cornée transparente.

La forme normale du globe résulte donc de l'équilibre de ces dernières pressions dirigées d'arrière en avant et de la consistance régulière de la cornée.

Mais supposez celle-ci inférieure à son taux normal, par suite d'une cause pathologique quelconque, ou bien imaginez un excès dans la somme des actions musculaires, et la forme sphérique du globe se trouvera détruite par propulsion en avant du point central de la cornée, et par conséquent par une exagération de la courbure de la surface de cette partie transparente.

C'est ainsi que s'expliquent très-naturellement les observations de myopie habituelle dans le strabisme, et leurs guérisons à la suite de la section des muscles rétractés.

L'action de ces muscles est même telle que lorsque le strabisme est très-prononcé, que la cornée a disparu, fuyant vers l'une des parois de l'orbite, la région du globe qui prend sa place dans le vide de l'orbite subit une portion de l'action qu'eût éprouvée la cornée, cède comme elle, donnant lieu à un staphylôme choroïdien latéral, ainsi que l'a très-bien observé et expliqué M. Jules Guérin.

§ 222. Opacités diverses. — La myopie *acquise*, consécutive, peut être un symptôme de cataracte centrale commençante. On le comprend aisément si l'on réfléchit que, parmi les rayons émanés d'un objet, ceux périphériques à la lentille se croisent plus près que ceux du centre. Dès lors l'œil, qui ne reçoit plus ces derniers, devient relativement trop long, ou myope.

La production soudaine de la myopie chez des personnes qui voyaient bien auparavant doit donc nous porter à soupçon-

ner un changement survenu dans le mécanisme de l'œil ou
dans les tissus (Mackenzie). Cette considération doit nous conduire à nous attacher au diagnostic exact de la cause de l'altération fonctionnelle. (Voir à ce sujet le précédent chapitre.)

Des opacités de la cornée. Sans entrer dans la théorie, qui est
ici la même que pour la cataracte, l'observation indique que
souvent, dans la plupart des cas même, les opacités de la cornée déterminent une myopie, soit apparente, soit réelle, chez
les presbytes, ou augmentent la myopie existant déjà.

On en donne pour raison que le défaut d'éclat ou de lumière
force à rapprocher les objets des yeux, et détermine par conséquent la myopie habituelle.

L'hygiène commandée par toutes ces circonstances consiste à
reposer souvent sa vue pendant le travail et à la porter sur
les objets éloignés.

**§ 222 *bis*. Allongement absolu de l'axe longitudi-
nal de l'œil.**—Un ramollissement de quelque partie de la coque
oculaire consécutif à une affection chronique, telle que la choroïdite atrophique ou scléro-choroïdite postérieure, par exemple,
le staphylôme postérieur, ou toute inflammation de ces membranes, arrivée jusqu'au degré d'altération de consistance des
tissus, suffisent pour déterminer à leur suite la myopie. La chose
est aisée à comprendre, l'œil s'allongeant d'une manière absolue.

Si alors cet effet secondaire est de bien peu d'importance
comparativement à la maladie primitive, il peut néanmoins lui
servir d'élément diagnostique ou la faire soupçonner quand l'historique de la maladie manque ou est mal exposé.

Ce sont ces allongements absolus et souvent considérables du
globe qui ont offert à M. Donders les types de ses études sur
la myopie. M. Donders en cite qui vont jusqu'à près d'un centimètre d'allongement sur un et demi qui mesure la longueur
focale du cristallin.

Nous avons exposé déjà comment nous trouvions ce point de
vue un peu forcé. La myopie, dans un tel cas (staphylôme postérieur), n'est plus la myopie proprement dite, c'est un symptôme secondaire d'une maladie des plus graves et qui menace
l'œil lui-même.

Il sera bon dans la pratique de se rappeler cette circonstance qui devra provoquer la sollicitude du praticien, quand il se trouvera en rapport avec quelqu'une de ces myopies plus ou moins subites et considérables qu'on rencontre parfois. L'investigation ophthalmologique est alors une indication formelle à remplir.

SECTION IV.

De l'office des verres concaves ou convexes.

§ 225. De la dimension apparente des objets au moyen des verres convexes et concaves. — La myopie, caractérisée physiquement par une accommodation trop puissante (prenons, dans cette discussion, le mot accommodation dans le sens actif, la considérant, ce qui est d'ailleurs exact, comme un effort qui fatigue plus ou moins, une force active) est donc le propre d'un appareil dioptrique (cristallin) qui réfracte *trop*, qui ramène dans l'intérieur du corps vitré les foyers conjugués de tous objets qui ne sont *pas très-rapprochés*.

Impuissant à se corriger autrement que par l'effet de l'âge qui abaisse le taux de la tonicité nerveuse, l'œil myope ne verra jamais distinctement les objets un peu distants, qu'au moyen de quelque appareil optique artificiel qui repousse plus ou moins en arrière, vers la rétine, les foyers conjugués de ces objets, *comme si ces objets se rapprochaient*.

Cet appareil d'optique est un simple verre divergent ou concave, et son degré sera exact, qui ira porter le foyer conjugué juste sur la rétine, comme si l'objet était à une distance convenable, dans le champ de la vision distincte.

L'usage du verre concave ou biconcave revient donc absolument à un rapprochement convenable de l'objet.

On a dit à ce propos que le myope voyait les objets plus grands qu'ils ne sont réellement; nous ne comprenons rien à cette assertion, à moins qu'elle ne se rapporte à une comparaison entre la vue de l'œil nu et la vue de l'œil armé. Les rapports de grandeur sont absolument personnels; et si toutes les grandeurs peuvent être comparées par chacun à une mesure fixe, à une unité, le mètre, ce dernier ne sous-tend le même angle visuel pour personne, ou du moins la comparaison est de soi impossible entre deux personnes différentes (1).

Mais si l'on a voulu exprimer par là qu'un même objet est vu par le myope sous des dimensions apparentes différentes, s'il regarde à l'œil nu, ou au moyen d'un verre concave, le cas est

---

(1) DE LA VISION NATURELLE DES MYOPES. — Cette question du genre de vision des myopes, c'est-à-dire de leur pouvoir amplificateur des objets, a été exposée sous un jour tout nouveau par M. Donders. Ce physiologiste considérant la myopie comme la conséquence unique, ou quasi-unique, de l'allongement absolu du diamètre antéro-postérieur de l'œil (quand en France, nous ne la considérons, jusqu'à présent, que comme le résultat d'un allongement relatif), M. Donders, dis-je, conclut avec raison, dans son système, « que les images projetées sur la rétine par un même objet sont plus grandes dans l'œil myope que dans l'œil normal. Cela ne fait pas question (toujours dans ce système) ; les images ainsi dessinées ont crû en dimension dans la même proportion que le demi-diamètre de l'œil.

Cet accroissement dans l'image d'un objet sera encore augmenté, ajoute-il toujours très-judicieusement, par le rapprochement de l'objet que se procure naturellement le myope.

A cet égard, M. Donders a mille fois raison, quand il dit « que la grandeur relativement plus considérable des images dessinées sur leurs rétines doit être une des causes pour lesquelles les myopes voient plus longtemps le soir, ou à une faible lumière que les yeux normaux. » Puis il ajoute : « Mais, contrairement aux idées ayant généralement cours, à grandeur égale d'image rétinienne, les myopes projetteront au dehors, verront l'objet plus petit que les yeux emmétropes ou normaux. »

Ce fait, que M. Donders considère comme démontré par l'observation, n'a pu l'être que par celle des sujets myopes d'un œil et emmétropes de l'autre : car quelle mesure peut-on trouver entre les impressions de mon œil et celles de mon voisin ? Et quant aux vues inégales, qui peut assurer que ce fait ne dépende pas de la conscience de la différence ressentie dans le degré d'accommodation des yeux ?

M. Donders donne une autre raison d'un fait qui, pour nous, n'a rien de démontré ; il dit qu'à surface égale des images, l'œil myope, vu la distension qu'il a subie, compte dans son image un nombre de bâtonnets plus réduit que l'œil emmétrope ; une surface moindre d'éléments sensibles, que dès lors le cerveau recevra la notion d'une impression moins étendue.

Tout cela est terriblement hypothétique, et suppose que la rétine ou le cerveau *mesurent* l'étendue des surfaces impressionnées. Or, dans la vision binoculaire, nous voyons les deux rétines porter au cerveau une notion unique au moyen de deux images inégales en surface : d'où nous avons dû précédemment conclure que la rétine ne mesurait pas les angles, mais que l'accommodation, soumise à l'influence musculaire, savait *mesurer* les distances relatives. Aussi, pour nous, toute différence de grandeur, de dimension apparente a-t-elle son instrument d'appréciation dans l'estimation de la distance, s'exerçant sur une image que l'œil a l'habitude de manier. (V. le chap. XV, sect. 2.)

Mais si l'on ne peut établir, suivant nous, de rapport entre le diamètre apparent d'un objet pour un myope et pour un emmétrope, on peut très-bien se poser la même question, s'il s'agit de comparer la vue du myope à l'œil nu ou à l'œil armé. C'est ce que nous faisons dans les lignes ci-dessus.

autre. A travers le verre concave, l'objet est vu comme s'il avait marché d'une certaine quantité vers l'observateur, sans que pour cela l'angle visuel ait été modifié Dès lors, l'objet *vu plus près*, sous un angle visuel constant, paraîtra nécessairement plus petit.

Un homme de taille ordinaire, et qui sous-tend un angle visuel donné à 10 mètres de distance, s'il était vu, sous ce même angle visuel, à une distance que l'esprit jugerait être de moitié moindre, semblerait deux fois plus petit.

Inversement pour le presbyte, sa puissance d'accommodation active est plus ou moins notablement en déficit. A une distance à laquelle les usages de la vie civilisée exigent qu'il discerne nettement les petits objets, il ne les voit pas; son accommodation ne réussit pas à ramener sur la rétine leur foyer conjugué, qui est plus ou moins en arrière d'elle. Elle ne le peut qu'à partir d'un certain éloignement. Il faut donc user d'un artifice qui supplée à cette insuffisance de l'accommodation, et qui ramène en avant, plus près du cristallin, les foyers conjugués des objets trop rapprochés.

Cet artifice consiste dans l'usage d'un verre qui diminue la divergence des rayons qui tombent sur la rétine. Ce verre est de forme convexe. Son degré sera celui qui ne ramènera le foyer conjugué que de la quantité exactement nécessaire pour correspondre à la rétine même.

L'effet de ce verre est donc le même qui serait obtenu si l'on éloignait l'objet sans diminuer son angle visuel; or le verre convexe éloigne la distance virtuelle de l'objet, sans changer l'angle visuel. S'il y a une notion de grandeur précédemment acquise, l'objet paraîtra donc plus grand que ne le jugeait précédemment l'observateur. L'angle visuel ne variant pas dans cette circonstance; à un même angle visuel correspondront donc, à deux distances différentes, d'une part un certain objet, de l'autre son image virtuelle. Or ces deux images sous-tendent un même angle au fond de l'œil, la plus éloignée paraîtra donc grandie. On sait en effet qu'un même objet qui s'éloigne sous-tend en s'éloignant des angles de plus en plus petits.

Ces résultats sont rendus visibles par l'examen des fig. 20 et 21. (Voy. p. 28 et 29.)

On y reconnaît (ce que nous avons déjà fait voir aux §§ 22

et 23), que le verre convexe, employé comme loupe, donnait des images plus grandes et plus éloignées, et le verre concave des images plus rapprochées et plus petites. Mais dans l'un et l'autre cas, l'angle visuel demeure constant.

On pourrait bien dire ici que l'angle visuel réel augmente dans le premier cas, et diminue dans le second, le centre optique de l'œil étant situé plus loin de l'objet et de l'image que le centre du verre de lunette, ce qui ajouterait d'ailleurs à la puissance des arguments qui précèdent. Mais cette différence est assez minime pour être négligée, et la question se comprend mieux dans son état de simplicité. La réalité ne ferait qu'ajouter un peu aux conséquences exprimées, sans altérer le sens de leur signification.

§ 224. De la manière d'agir du verre convexe.

— Nous avons lu quelque part que le presbyte peut ou doit se servir de ses verres convergents, non comme loupe, mais simplement comme moyen d'*augmenter la convergence* des rayons incidents à la cornée.

Ceux qui ont énoncé cette proposition ne se rendaient pas un compte parfaitement exact de la manière d'agir du verre convexe. Un verre convexe, dans l'espèce, ne peut donner d'autres rayons utiles que des rayons qui émergent de lui à l'état de divergence, c'est-à-dire comme fait la loupe.

Puisque les rayons parallèles se rencontrent et doivent se rencontrer au foyer principal même du cristallin, tous rayons incidents à l'œil, de façon à y donner une image, doivent donc y tomber à l'état de divergence ou au plus de parallélisme, si l'on ne veut pas qu'ils se rencontrent entre le cristallin et son foyer principal.

Ceux qui émergent du verre d'une bésicle ne sauraient faire exception : ils doivent donc émaner du verre à l'état de divergence, c'est-à-dire que le verre y doit jouer le rôle de loupe. (Voyez la fig. 20, p. 28.)

Sans cela, donnant lieu à une image située entre le cristallin et son foyer principal, si cette image était perçue nettement, il faudrait imaginer que la rétine fût naturellement, et lors de son maximum d'éloignement du cristallin, plus rapprochée de lui que son foyer principal, c'est-à-dire que le sujet ne pût pas voir, sans lunettes convexes, les objets même placés à l'infini, à l'horizon, ce que nous avons vu être le cas de l'hyperpresbyopie (hypermétropie de Donders, § 91 *bis*).

Ce n'est que dans ce cas unique et exceptionnel que les loupes-bésicles ou verres convexes remplissent l'office de verres propres à procurer la convergence des rayons émanés de l'objet.

Aussi, pour ne pas se faire une fausse idée de l'office des verres convexes dans la presbytie, il convient de dire d'eux « qu'ils diminuent la divergence des rayons réels ; et l'on sera plus exact qu'en leur attribuant le pouvoir d'en augmenter la convergence. »

Un verre convexe, en effet, ne peut servir efficacement à soulager la vue d'un presbyte, qu'à la condition d'être employé comme loupe, c'est-à-dire de n'être appliqué qu'à des objets moins éloignés que le foyer principal. A une distance supérieure à la distance focale, les rayons émergents sortiraient du verre à l'état de convergence. Reçus alors sous un angle aigu par l'appareil cristallien du sujet, les faisceaux émanés de chaque point seraient concentrés par lui entre son propre foyer et le cristallin ; et la vision nette ne serait plus possible, si ce n'est dans l'unique cas de l'hypermétropie.

SECTION V.

Choix des lunettes.

§ 225. Des lunettes et de leur échelle.—D'après les propriétés que nous venons de reconnaître aux verres concaves et aux verres convexes, rien de plus logique que de les employer à corriger le défaut de pouvoir réfringent du presbyte et l'excès de celui du myope.

C'est sur cette observation qu'est basé l'usage des lunettes.

Nous n'entrerons pas dans de longs détails sur la confection et l'exécution des lunettes.

On sait que les verres, seule partie intéressante à étudier ici, se fabriquent dans des moules dans lesquels on les use et où on leur donne ensuite le poli convenable. Ces moules correspondent à des surfaces sphériques de rayons différents et concaves ou convexes, suivant qu'on veut obtenir des lentilles convexes ou concaves.

Le numérotage a pour base le nombre de pouces exprimant le rayon de ces sphères différentes et s'étend depuis un jusqu'à cent pour chaque catégorie de verres ; avec cette exception pourtant que la série n'est pas continue. Dans les chiffres élevés qui correspondent aux rayons de courbure les plus grands, et par conséquent aux courbures les plus faibles, il n'était aucunement nécessaire de marcher de pouce en pouce. Cette progression ne devient nécessaire que pour les bas numéros, la puissance réfringente augmentant très-vite dans ces bas numéros, à mesure que le rayon décroît. Cela ne mérite pas de nous arrêter.

Dans la pratique, on a divisé, sous l'enseignement de l'expérience, les lentilles en quatre classes correspondant à quatre degrés, un peu arbitraires, pris dans les deux genres de vision pathologique. Nous ne discuterons pas leur plus ou moins de fondement, ayant dit précédemment tout ce qu'il importe de savoir pour se guider dans cette route-là.

VERRES BICONCAVES.

Myopie faible comprenant 60, 30, 20, 18, 16.
— au 2° degré. . . . 15, 14, 13, 12, 11, 10.
— forte. . . . . 9, 8, 7, 6, 5, 4 1/2, 4.
Hypermyopie. . . . . 3 3/4, 3 1/2, 3, 2 3/4, 2 1/2, 2, 1 3/4, 1 1/2, 1.

VERRES BICONVEXES.

Presbyopie faible. . . . . 80, 72, 60, 48, 36, 30, 24, 20.
— 2° degré. . . 18, 16, 15, 14, 13, 12.
— forte. . . . . . 11, 10, 9, 8, 7, 6, 5.
Hyperpresbyopie. . . . . . 4 1/2, 4, 3 1/2, 3, 2 1/2, 2, 1 3/4, 1, 1 1/2, 1.

Cette dernière série principalement destinée aux opérés de la cataracte, à l'aphakie.

Nous donnons ce tableau, parce qu'il est celui adopté dans la pratique générale ; mais nous ne nous associons point à la division établie ci-dessus, et pensons, par exemple pour la myopie, qu'une myopie, même forte, sera plus souvent dans le cas de bénéficier de l'usage des verres du deuxième degré que de ceux du troisième. M. Sichel a observé maintes fois que les cas sont rares où les n°ˢ 9 à 4, et même 9 à 7, n'aient pas été suivis d'une augmentation de la myopie ou d'une amblyopie. Ce choix d'ailleurs n'est pas arbitraire ; nous allons dans un instant en préciser les bases (voir chap. XI).

« Une observation sévère, dit ce savant maître, démontre que les individus jeunes, qui n'ont point dépassé l'âge de la puberté, et qui n'ont point employé de lunettes, n'ont réellement aucun besoin de verres d'un numéro aussi fort ou plus fort que le n° 9. »

En se conformant d'ailleurs aux données fournies par la nature de la vue du sujet et le genre de ses occupations, on ne risque pas de dépasser les limites obligées, et alors les catégories ci-dessus deviennent purement de fantaisie ; les explications qui vont suivre vont mettre les conditions à remplir, dans ce choix délicat, en tout leur jour (1).

§ 226. Bases du choix du numéro.

— Cette indétermination dans les bases d'une échelle pour les verres de lunettes, s'étend jusqu'à la méthode qui doit en régler l'application aux

---

(1) Les nations voisines semblent avoir encore moins de précision et de fixité dans l'échelle de leurs verres de lunettes : Mackenzie nous dit que la même unité ne se rencontre point chez tous les opticiens anglais ; Ramsden établissait le numéro de ses verres concaves de façon qu'il fût l'équivalent d'un verre convexe de 24 pouces de foyer ; c'est à-dire qu'en unissant un verre convexe de ce foyer à un verre concave n° 1, on obtenait l'équivalent d'un verre plan, et que les objets, vus à travers ces deux verres réunis, ne paraissaient ni plus grands ni plus petits. Son n° 2 correspondait à un verre convexe de 21 pouces ; son n° 3, à un de 18, et ainsi de suite.

Voici, d'autre part, quels sont, en pouces, les foyers d'une série de verres concaves usités en Angleterre pour essayer la vue des myopes :

N° 1.	48 pouces.
2.	36 —
3.	24 —
4.	18 —
5.	14 —
6.	12 —
7.	9 —
8.	7 —
9.	5 —
10.	4 —
11.	3 —
12.	2 — 1/2.

En Allemagne, le n° 1 a ordinairement un foyer de 2 1/2 à 3 pouces ; et dans chaque numéro, le foyer augmente d'un pouce ou d'un certain nombre de lignes. (MACKENZIE.)

malades. Le plus grand vague règne en effet encore dans les principes propres à diriger dans le choix à faire d'un numéro. On comprendra, quand on sera plus avancé dans la lecture de cet ouvrage, les raisons de cette indétermination, dont on ne se rend pas compte *à priori*, car rien ne paraît plus simple que le choix d'un numéro de lunette d'après l'étendue de la vue d'un sujet.

Mais la question étant plus complexe qu'elle n'en a l'air, on s'est heurté souvent à des inconvénients dont la cause réelle est demeurée cachée, et dans l'ignorance où l'on était des causes réelles de certains mauvais effet des lunettes, on en est venu à n'en permettre l'usage qu'à regret, s'efforçant toujours de demeurer, dans le choix d'un numéro, au-dessous de la limite indiquée par la faiblesse de la vue. Si cette mesure était prudente, elle était parfois véritablement fâcheuse, en laissant par exemple progresser des amblyopies et des kopiopies qu'une plus grande tolérance eût permis d'enrayer.

On ne sera donc pas étonné que, pour sortir d'embarras, on ait cherché à établir une proportion entre l'âge du sujet et le rayon de courbure du verre. C'est peut-être la méthode encore la plus répandue. Nous trouvons ainsi dans Mackenzie :

« L'âge de la personne ne saurait fournir de donnée absolument exacte sur la longueur focale du verre à choisir ; toutefois les approximations suivantes peuvent être considérées comme assez satisfaisantes :

PRESBYTIE.

Ages.	Longueur du foyer en pouces.
40	36
45	30
50	24
55	20
58	18
60	16
65	14
70	12
75	10
80	9
85	8
90	7
100	6

On sent tout le vague de pareilles règles, et combien elles sont

empiriques. Comme nous sommes arrivé, dans un travail spécial à élucider le point de science qui rend ici la pratique si
délicate (voir le chap. X), et que ce desideratum de la science
n'est pas à attribuer du tout à la seule force du verre, mais à
son emploi binoculaire, nous exposerons dès maintenant la règle
à suivre dans le choix d'un verre de lunette, en prenant pour
unique point de départ la portée même de la vue du sujet.

A part la méthode expérimentale ou par tâtonnements, rien
n'est simple comme de déterminer directement par le calcul le
degré de courbure qu'il convient de donner aux verres de bésicles.

Ainsi, sans nous occuper ici des conditions à remplir dans
l'acte de la vision binoculaire, traitons chaque œil comme s'il était
seul. Les numéros des verres étant assignés pour chacun de ces
organes, nous renvoyons le lecteur à notre chapitre spécial relatif à l'usage binoculaire des bésicles. (Voyez chap. X.)

Les verres de lunettes ordinaires sont biconvexes ou biconcaves, et leurs foyers, d'après la propriété bien connue des lentilles, sont à des distances de leur centre optique précisément
égales au rayon des courbures, de sorte que distance focale
principale et rayon y ont même mesure.

Nous venons de dire que d'après les usages communs, ces
mesures s'expriment en pouces, et le numéro du verre est
(en France au moins) le nombre même de pouces du rayon.

Il s'agit de déterminer maintenant le numéro du verre ou le
rayon de courbure qui convient à une vue donnée. Il y a évidemment, dans le problème, deux cas à considérer : la vue est
celle d'un presbyte, et il s'agit de le mettre en mesure de voir
des objets rapprochés ; ou bien elle est celle d'un myope, et il
faut lui procurer l'avantage contraire.

Occupons-nous d'abord du premier cas :

§ 227. **Presbytie.** — On sait que le caractère de cette maladie consiste en ce que la limite inférieure du champ de la
vision distincte est plus ou moins éloignée de la portée habituelle
des doigts dans les mouvements du bras plié. Dès lors le sujet
est dans l'impossibilité de s'appliquer avec avantage à aucun
détail un peu minutieux de la vie civilisée.

Il faut donc lui procurer des verres qui diminuent la divergence des rayons, afin que des objets, placés à sa portée, soient vus par lui aussi distinctement que s'ils étaient plus ou moins loin dans le champ de sa vision distincte.

Le choix du numéro dépendra essentiellement de la différence qu'il y a entre ces deux distances; car elle ne dépend exclusivement ni du malade ni du médecin; la condition obligée est que le sujet puisse, par exemple, lire couramment un caractère ordinaire de l'imprimerie, les n°s 6 ou 8 de Jaeger (petit-texte ou petit-romain), à 20 ou 25 centimètres (6 à 8 pouces). C'est le moins que l'on puisse faire pour un homme dont la lecture ou l'écriture seront l'occupation ordinaire. Si c'est un artiste, un ouvrier condamné à fixer des détails plus délicats, des objets très-fins, il faudra bien arriver à prendre pour base, soit une distance inférieure à 25 centimètres, soit un caractère plus fin que les n°s 6 ou 8 de Jaeger. Il sera possible qu'on soit obligé de descendre presque jusqu'aux n°s 2 ou 3 (nompareille), de la même échelle de Jaeger.

D'une manière générale, le point de départ à établir est le rapport qu'offre la vue du sujet avec les exigences de sa profession.

Nous supposerons donc connus les premiers termes de ce rapport, à savoir les degrés de finesse des détails sur lesquels est ordinairement fixée l'attention du sujet, et la distance de ses yeux à laquelle ces détails sont placés dans l'exercice de sa profession. Pour fixer les idées en prenant le cas le plus fréquent, celui auquel on a le plus souvent affaire, nous supposerons qu'il s'agisse du caractère n° 8 de l'échelle de Jaeger, et d'une distance de 25 centimètres.

Ce que nous établirons sur cette base pourrait être formulé exactement de la même manière en prenant pour unité l'épaisseur du cheveu, et pour instrument de mesure l'optomètre de Scheiner.

Ayant donc fixé la dimension du caractère étalon (numéro de l'échelle de Jaeger), et la distance à laquelle il doit être regardé dans l'usage ordinaire, il reste à déterminer la limite inférieure du champ de la vision distincte du sujet. On commandera, pour cela, au sujet de placer ledit caractère n° 8 à la distance à laquelle il le voit nettement et sans effort, avec un seul œil, et l'on fera répéter l'essai alternativement avec l'un et l'autre nis'assurer de l'égalité des yeux ou mesurer leur inégalité.

On a trouvé, supposerons-nous, 75 centimètres pour les deux organes.

Voilà le second terme du rapport, et l'équation se posera alors comme il suit :

Quel rayon de courbure doit être donné à une lentille biconvexe dont l'effet devra être de reporter à 75 centimètres l'image virtuelle d'un objet éloigné d'elle de 25 centimètres ?

Quel que soit l'exemple choisi, la base adoptée, la méthode reste évidemment la même, et les nombres seuls varient. Nous pouvons donc donner ce calcul comme type de tous les calculs ayant le même objet.

Ce calcul est fort simple. Il consiste dans l'application de ces chiffres à la formule des lentilles, celle qui fournit les rapports entre les foyers conjugués et la distance focale principale :

$$\frac{1}{p} - \frac{1}{p'} = \frac{1}{f}$$

dans laquelle p représente la distance de la vue distincte ordinaire, celle où doit être placé l'objet (ici 25 centimètres), p' étant la limite inférieure de la portée de la vue du sujet, le lieu où doit être renvoyée virtuellement l'image (ici 75 centimètres). On tire de là f (ou numéro du verre à déterminer) :

$$f = \frac{pp'}{p' - p}.$$

Les numéros ou rayons des verres étant calculés en *pouces*, on a avantage à exprimer immédiatement p et p' en *pouces* (usage qui est resté dans la fabrication des instruments de l'optique). On fera donc $p = 9$ et $p' = 27$.

On obtient pour

$$f = \frac{27 \times 9}{27 - 9} = 13.$$

Voilà donc le numéro du verre fixé pour chaque œil, au point de vue de leur accommodation monoculaire.

Mais, dans une étude spéciale, nous avons montré que le problème à résoudre était loin d'être limité à ces termes, et que la mise en jeu simultanée des deux yeux introduisait dans la ques-

tion des éléments fort graves et qu'on n'y avait point soup-
çonnés.

Comme nous reproduirons plus loin et avec de nouveaux détails le chapitre que nous avons déjà publié sur ce sujet, nous
y renverrons le lecteur comme au complément naturel de
celui-ci. Il y trouvera toutes les conclusions propres à préciser
la règle de conduite à suivre, en définitive, dans chaque cas
particulier. (Voir le chapitre suivant.)

Il est opportun toutefois d'ajouter encore une remarque.

Comme les considérations relatives à la vue binoculaire supposent préalablement fixés les rayons de courbures ou les numéros des verres exigés par la portée monoculaire de la vue,
nous ferons remarquer au praticien qu'il doit toujours choisir
les bases de son calcul dans les mesures fournies par l'expérimentation, qui laisseront le moins de différence possible entre
les deux termes p et p', c'est-à-dire qui permettront de prendre
un numéro moins fort. Plus il y a d'écart entre la vue distincte
du sujet et la distance à laquelle il place l'objet sur lequel il
s'exerce, plus il y a de trouble apporté dans la fonction Il faut
donc toujours essayer d'obtenir du sujet qu'il demeure plutôt
en dessous qu'au-dessus du résultat qu'il poursuit, jamais assez
pourtant pour déterminer chez lui de la fatigue.

§ 223. **Hypermyopie.** — Passons au cas du myope.
Le problème n'est pas moins simple. Si pour le presbyte il
consistait à reporter à une certaine distance, plus éloignée du
sujet, un objet placé à la distance *ordinaire* de la vue distincte
(en rendant moins divergents les rayons qu'il envoie vers la cornée), chez le myope, il faudra produire l'effet contraire et rapprocher virtuellement de lui l'objet placé à cette même distance, rendre plus divergents les faisceaux lumineux qu'il émet
vers l'œil.

Telle est bien la position générale de la question. Il y a cependant ici une observation à faire : c'est qu'il n'y a que très-
peu de sujets qui soient assez myopes pour ne pas distinguer
les objets fins de la vie civilisée ou des arts et qu'on place devant eux à la distance ordinaire (25 centimètres). L'hypermyopie seule est dans ce cas. Chez le myope, dans la plupart des
cas, si la limite inférieure du champ de la vision distincte s'est

très-rapprochée, la limite éloignée est généralement encore au delà de la portée du bras, et comme l'œil du myope est généralement bien constitué, le sujet peut (et il le doit dans son intérêt) s'il veut s'en donner la peine, se suffire pleinement à lui-même pour tous les exercices professionnels délicats. Dans la vision rapprochée, l'hypermyope seul, ou celui dont la limite éloignée du champ de la vision distincte serait au-dessous de 25 centimètres, doit emprunter le secours du verre concave.

Pour ce dernier, l'équation du problème est donc exactement l'inverse de celle que nous avons exposée plus haut pour le presbyte. On a à déterminer, par l'expérience directe, la distance la plus éloignée à laquelle le sujet peut voir, distinctement et sans effort, le caractère type sur lequel doit s'exercer professionnellement sa vue. Supposons que ce soit le n° 6 dans l'échelle de Jaeger, et que 15 centimètres soit la distance la plus éloignée à laquelle il le lira nettement. Nous aurons, comme dans le cas précédent, $p = 25$ centim. et $p' = 15$, ou en pouces:

$$p = 9 \qquad \text{et } p' = 5,5.$$

Il s'agit maintenant de déterminer la distance focale ou le rayon du verre bi-concave, et il est donné par la formule

$$\frac{1}{p} - \frac{1}{p'} = -\frac{1}{f},$$

dans laquelle nous avons à supposer

$$p = 9 \quad \text{et} \quad p' = 5,5,$$

d'où $$f = \frac{pp'}{p - p'} = 14.$$

On voit combien ces déterminations sont simples à obtenir.

§ 229. **Myopie simple.** — Mais, dira-t-on, le myope ordinaire, celui qui peut travailler sur des objets délicats sans le secours des lunettes, mais dont la limite éloignée du champ de la vision distante est si courte qu'il ne puisse voir nettement d'une extrémité de chambre à l'autre, d'un côté d'une rue au trottoir opposé, etc., comment viendra-t-on en aide à sa vue?

Il y a d'abord une règle à poser, pour celui-ci comme pour le presbyte : c'est que tout verre amenant dans sa fonction un

trouble réel que nous avons analysé et dont les ophthalmologistes et même tous les médecins ont depuis longtemps reconnu
les effets, il est d'impérieuse convenance, d'absolue nécessité,
s'ils veulent conserver leurs organes dans le moins mauvais état
possible, qu'ils ne demandent le secours des verres que pour
les cas où ils ne peuvent s'en passer.

Le presbyte ne se servira donc jamais de ses lunettes convexes pour voir au loin, ou, plus expressément, pour voir en
dehors de ses occupations délicates. Et par contre, le myope ne
prendra jamais les siennes pour voir de près les détails que sa
vue suffit à lui faire distinguer.

Pour celui-ci, la détermination du numéro à adopter n'offre
aucune difficulté. Quel objet désire-t-il atteindre? Se procurer
un instrument qui lui permette de se diriger dans le milieu ci-
vilisé et encombré qu'il parcourt journellement, de voir à quelque distance les obstacles qui peuvent se rencontrer sur sa
route, de distinguer enfin assez nettement les détails précieux
et intéressants que nous offrent à chaque pas les objets d'art,
les affiches, les enseignes, etc.

Il y a donc là une certaine latitude, et les nécessités ne
sont pas assez pressantes pour risquer de sacrifier l'organe à
ses jouissances. Sachant que la vue du myope tend toujours à
s'améliorer, on prendra donc un moyen terme, et le suivant
nous semble très convenable. Une bonne vue ordinaire distingue
généralement avec une netteté suffisante tous les objets situés
dans une chambre de moyenne grandeur ; on voit par exemple
avec une précision très-convenable les détails d'une photographie de moyenne grandeur à 3 mètres de distance. Eh bien!
choisissez pour le myope le numéro le plus faible de ceux avec
lesquels chaque œil, éprouvé séparément, percevra distinctement, à cette distance de 3 mètres, les détails d'une photographie de moyenne grandeur.

Vous reportant ensuite aux conseils que nous formulerons
dans le chapitre consacré à la vision binoculaire armée, vous
terminerez en prescrivant au malade de n'user de ses verres que
pour se conduire au dehors et pour la vision éloignée. Il-im-
porte de ne pas contrarier la marche naturelle des choses qui
améliore, par le progrès des années, cette espèce de vue.

Nous reproduirons ici une page empruntée à M. Sichel et

extraite de son mémoire sur l'usage ou plutôt l'abus des lunet-tes, et qui contient à cet égard les enseignements généraux de sa longue et savante pratique.

« Pour la myopie, on ne saurait commencer par des lunettes d'un numéro aussi faible que pour le presbyte, attendu que dans la première, l'excès de pouvoir réfringent auquel il faut remé-dier est plus grand que son défaut dans la dernière. Aussi est-il rare qu'un myope, même au début, puisse se contenter des verres des numéros intermédiaires entre 96 et 36, et même des n°s 36 à 24. Cela se verrait peut-être plus souvent si, dès le commencement, la myopie n'avait pas été artificiellement augmentée par la nature des occupations et la manière de s'y livrer. Presque toujours, c'est entre les n°s 24 et 16, et même 14 qu'on devra choisir; encore n'est-il pas commun de trouver un myope dont le premier choix, si on l'abandonne à lui-même, se borne à ces numéros. Mais, à partir de 14, on doit descen-dre lentement jusqu'à 12, 11, 10 au plus; on ne devra que très-rarement dépasser ou même seulement atteindre ce dernier chiffre. Lorsque chez de très-jeunes individus les n°s 10 à 12 ne suffisent plus, la myopie est presque toujours symptomatique d'un véritable état pathologique, soit congénital, soit acquis. » (Sichel, *Lunettes*, 111.)

§ 250. Vue distante chez l'hypermyope.—Les con-seils que nous venons de tracer pour la conduite du myope sont à suivre sans y rien changer par l'hypermyope. Le verre que l'on a donné à ce dernier pour aider sa vue dans l'exercice de sa profession et qui lui servira à distinguer les objets rappro-chés, n'est évidemment plus assez puissant pour lui procurer la vision suffisante des objets éloignés. De la condition d'hyper-myope on l'a amené à celle de myope simple, tant qu'il a sur le nez ses lunettes de travail. Avec leur secours il peut faire ce que fait, sans lunettes, le myope ordinaire.

Pour la vision distante, on le traitera donc exactement comme un myope ordinaire; on lui choisira des verres additionnels d'a-près la règle indiquée au paragraphe précédent. On les montera sur un lorgnon à main pour être placés devant les lunettes fixes; procédé qui nous paraît préférable à celui qui se fonde-rait sur l'usage d'une autre paire unique de bésicles d'un nu-

méro égal en puissance à la somme des deux courbures partielles.

Jamais, de la sorte, le sujet ne sera exposé à la tentation de
conserver ce numéro élevé pour le travail, pour la vue de près,
où le numéro plus faible donne les résultats nécessaires. Ce dernier d'ailleurs lui suffit pour se conduire ; il le met en état de
voir les gros objets à distance et d'apercevoir les détails nécessaires de ceux qui sont sur son chemin. Et il importe essentiellement, on ne saurait trop le redire, de demeurer toujours au-
dessous des limites, afin de laisser quelque chose à faire à
l'organe, seul moyen d'améliorer sa vue (1).

§ 231. **Méthode simple de Donders**. — Donders a
donné (voir le § 91 *bis*), pour représenter l'étendue du champ
de la vision distincte, une formule qui rentre, il est vrai, dans
celles classiques que nous venons de reproduire, mais qui a,
dans son exposition, le mérite d'une grande élégance.

Soit l' la limite éloignée de la vision distincte, telle que nous
avons appris à la mesurer au moyen de l'optomètre de Scheiner, par exemple.

Si l'œil était dépourvu de tout pouvoir d'adaptation, un objet
ne pourrait être vu en deçà de l', à une distance l, par exemple,
qu'au moyen d'un verre convexe dont la longueur focale serait
une grandeur a telle que

$$\frac{1}{a} = \frac{1}{l} - \frac{1}{l'}.$$

Donders a imaginé de représenter alors par a l'étendue de la
faculté d'accommodation entre l et l'.

(1) Eu égard aux considérations tirées de l'influence de la convergence sur
l'accommodation, et qu'il a, comme nous, reconnue (voir le § 234), M. Donders
conseille de permettre aux myopes d'un degré prononcé l'usage des lunettes,
même dans le travail de près. L'emploi de ces instruments, augmentant la di
vergence et permettant de tenir l'objet plus loin, éloignera l'action stimulante
de cette convergence sur l'accommodation.

Dans ces cas, MM. Donders et de Graefe sont donc d'avis de donner des lunettes
concaves qui permettent de voir les objets à 14 pouces environ. Nous ajouterons à ce conseil celui de calculer avec soin le degré de décentration à donner aux verres de lunettes, la mesure de l'écartement de leurs centres eu
égard à celui des pupilles, afin de ne pas dissocier par trop l'harmonie fonctionnelle, sous prétexte de soulager l'accommodation. Inconvénient que n'ont point
aperçu ou du moins signalé les savants que nous venons de nommer.

Et en effet, *a* représente très-bien *le rapport* qui existe entre les distances *l* et *l'* : mais il existe une indéterminée, et comme nous l'avons déjà démontré au § 91 *bis*, si l'on ne donne que cette valeur *a*, la formule est insuffisante à représenter toutes les conditions d'une vue donnée ; il faut, pour qu'on soit fixé, y joindre nécessairement *l* ou *l'* ; de sorte qu'on retombe, en définitive, dans la formule générale.

Quoi qu'il en soit, sous cette forme, et si l'on ne perd pas de vue l'objet que l'on a, dans chaque cas, à remplir, cette équation a une valeur d'application remarquable. Si le sujet est presbyte, *l'* est infini, et l'on a :

$$\frac{1}{a} = \frac{1}{l}.$$

Et si *l* est trop éloigné pour les besoins de la vie, ce qui est le cas du presbyte, quand on a déterminé la distance *p* à laquelle sont placés les objets, rien de plus aisé, comme nous l'avons vu au paragraphe précédent, que de trouver par le calcul le rayon de courbure du verre convenable ; il est donné par la formnle :

$$\frac{1}{f} = \frac{1}{p} - \frac{1}{l}.$$

Quant au myope, la chose est plus aisée encore, et c'est pour lui que la formule présente une simplicité si remarquable.

Supposons donc que le sujet dont l'accommodation est représentée par

$$\frac{1}{a} = \frac{1}{l} - \frac{1}{l'},$$

soit myope : on n'a pas à s'occuper de la distance *l* ; c'est la distance *l'* qu'il s'agit de reporter à l'infini.

Or on remarquera qu'un œil normal qui verrait très-bien les objets à l'infini, ne verrait plus que jusqu'à la distance *l'*, si on le rendait myope au moyen d'un verre convexe dont le foyer *f* serait déterminé par la formule

$$\frac{1}{f} = \frac{1}{l'} - \frac{1}{\infty},$$

donnant : $\qquad\qquad f = l'.$

Mais qui ne voit que pour rendre à cet œil les conditions premières, il suffirait de placer devant lui un verre concave du même foyer *l'* (Donders les appelle avec raison verres négatifs).

Il suit de là que dans la formule

$$\frac{1}{a} = \frac{1}{l} - \frac{1}{l'},$$

s'il s'agit d'un myope, *l'*, exprimé en *pouces*, représente le numéro même du verre qui convient au sujet.

Cette détermination est, comme nous le disions, assurément élégante. (§ 91 *bis*.)

§ 231 *bis*. Hypermétropie. — Aphakie. — Cette même méthode, prise en sens contraire, n'est pas d'une application moins élégante ni moins utile dans le cas d'hyperpresbyopie naturelle (ce que Donders propose de nommer hypermétropie [§ 91 *bis*]), ou d'hyperpresbyopie, hypermétropie artificielle, c'est-à-dire quand le malade a été, par l'opération de la cataracte, privé de son cristallin.

Les deux cas rentrent effectivement l'un dans l'autre.

Nous empruntons à M. Henri Dor (publication déjà citée) l'exposition suivante des idées parfaitement logiques et judicieuses du professeur Donders.

Nous avons exposé au § 91 *bis*, avec les caractères de l'hypermétropie, les moyens de remédier à cet état vicieux de l'accommodation : nous n'y reviendrons pas. Ce que nous allons dire des moyens de parer à l'absence du cristallin remettra ces premières données en présence du lecteur.

« Pour désigner l'absence du cristallin, M. Donders a introduit dans la science le mot de *aphakie* (à privitif, φακὸς, lentille). A proprement parler, pour que l'aphakie existât, il faudrait qu'un œil fut complétement dépourvu de cristallin, comme cela arrive après l'opération de la cataracte. Cependant M. Donders a généralisé l'idée, en comprenant dans l'aphakie les cas mêmes de luxation ou de dépression du cristallin, tous ceux en un mot, où il ne *fait plus partie du système dioptrique*.

« Le cristallin, dans sa situation physiologique, exerce, ainsi que de nombreux cas l'ont démontré, sur la distance du foyer principal postérieur, une influence à peu près égale à celle qu'aurait, sur les rayons qui frappent l'œil, une lentille idéale excessi-

vement mince et de 3 pouces de distance focale, placée immédiatement devant la cornée.

« Si, avant l'aphakie, l'œil était myope, ce verre devrait être
plus faible. Ainsi, tout dernièrement, Donders vit chez un vieillard, après l'opération de la cataracte, des verres de $\frac{1}{8}$ être tout
à fait suffisants; et dans un autre cas même, une femme âgée
de 36 ans pouvait, après l'opération, lire avec un verre de $\frac{1}{16}$.
Ces deux individus voyaient après l'opération, et sans le secours
d'aucun verre, beaucoup mieux à de grandes distances qu'ils
n'avaient jamais vu auparavant. »

Ces faits confirment assurément les considérations exposées
dans cet ouvrage sur les causes réelles de la myopie ou de la
presbytie.

Voyons maintenant quelle sera ici l'influence des verres sur la
vision. Nous commencerons d'abord par déterminer le degré de
l'hypermétropie, c'est-à-dire par rechercher quelle lentille aura
l'effet de ramener sur la rétine le point de concours des rayons
parallèles réfractés. Comme on l'a vu plus haut, il faut ordinairement remplacer le cristallin par une lentille de 1/3 placée en

avant de l'œil, ou mieux $\frac{1}{3.5}$; car, dans le fait, elle est toujours

à $\frac{1}{2}$ pouce environ de la cornée. »

Dans les cas de vision physiologique, cette distance de $\frac{1}{2}$ pouce
est absolument négligeable; l'accommodation la compense
toujours d'elle-même. Mais dans le cas de privation de cristallin, il n'en est plus ainsi. Comme nous le verrons tout à l'heure,
il n'y a plus d'accommodation possible; dès lors une variation
de $\frac{1}{2}$ pouce dans la distance de la lentille a son importance et
ne peut plus être négligée.

« $\frac{1}{3.5}$ est donc la force réfringente de la lentille destinée à
suppléer le cristallin absent, pour les rayons parallèles. Mais il
faut mettre le malade en mesure de voir à toutes les distances, et
particulièrement à la distance de 8 à 10 pouces pour tous les usages
de la vie civilisée. On doit donc désirer savoir quelle lentille serait
nécessaire pour procurer la vision à cette distance de 8 pouces.
La valeur de cette lentille serait donnée par la formule :

$$\frac{1}{x} = \frac{1}{8} + \frac{1}{3.5} \text{ ou } \frac{1}{x} = \frac{1}{2,33}.$$

M. H. Dor ayant pris l'exemple de 12 pouces est arrivé à la valeur de $\dfrac{1}{2.66}$; il suit de là qu'approximativement on peut dire qu'une lentille de 2 pouces $\frac{1}{2}$ donnerait la vision nette à très-peu près à 9 ou 10 pouces. Cette approximation nous paraît, eu égard aux données de la question, vraiment satisfaisante.

Cependant nous n'avons pas là absolument l'exactitude, et comme nous ne pouvons pas faire faire avec grande certitude des lunettes progressant par tiers et quart de pouce ; on peut poser autrement la question, et, prenant pour quantité connue les lunettes dont nous pouvons disposer, rechercher à quelles distances la vision sera distincte en employant la série ordinaire, $\dfrac{1}{3}, \dfrac{1}{2.5}, \dfrac{1}{2}$. En partant toujours de $\dfrac{1}{3.5}$ comme degré de l'hypermétropie.

La réponse est facile ; l étant la distance de la vue distincte qu'on se propose de déterminer, on a toujours :

$$\frac{1}{l} = \frac{1}{f'} - \frac{1}{f'}$$

ou $\qquad l = \qquad \dfrac{ff'}{f - f'}$

dans lesquels f représentant le degré de l'hypermétropie ou la lentille qui la neutralise pour les rayons parallèles, f' serait la lentille additionnelle.

Si nous supposons celle-ci de 2,5 comme dans le calcul ci-dessus, nous aurons :

$$l = \frac{2,5 \times 3,5}{3,5 - 2,5} = 2,5 \times 3,$$

$$\text{ou } l = 8,75,$$

en supposant la nouvelle lentille appliquée exactement contre la cornée. Mais il n'en est pas tout à fait ainsi, et la lentille est environ à $\frac{1}{2}$ pouce de l'œil.

Faisons donc $l' = l + \dfrac{1}{2}$, et nous aurons pour distance de la vue distincte

$$l' = 9, \tfrac{1}{4},$$

ce qui se rapproche du chiffre trouvé plus haut.

« On trouverait, par un calcul analogue, qu'une lentille de 1/3 permettra de voir à 24 pouces $\frac{1}{2}$, et une de $\frac{1}{4}$ à environ 5 pouces et $\frac{1}{5}$. »

« Ces calculs supposent que dans les cas d'aphakie, l'accommodation est complétement nulle. Il en est effectivement ainsi comme nous l'avons fait voir au § 80, d'après M. Donders.

« On pourrait conclure de ce fait (l'absence absolue d'accommodation) que, pour voir distinctement à des distances différentes, une personne atteinte d'aphakie aurait besoin pour chaque distance d'un verre différent. Heureusement ce n'est pas le cas, et il existe une accommodation artificielle et qui consiste simplement à modifier uniquement la distance entre l'œil et la lentille. »

« Nous n'avons pas à entrer ici dans de plus amples détails. Ajoutons seulement que si une lentille de $+\dfrac{1}{3.5}$, placée à $\frac{1}{2}$ pouce de l'œil, neutralise l'hypermétropie, pour les rayons parallèles, la même lentille à 1 pouce accommodera l'œil pour 29 pouces; à 1 pouce $\frac{1}{2}$ elle l'adaptera pour 16 pouces.

« Ou bien encore, si un verre de $\frac{1}{3}$ à $\frac{1}{2}$ pouce de l'œil est nécessaire pour de grandes distances, le même verre à 1 pouce l'accommodera pour 22 pouces; à 1 pouce $\frac{1}{3}$ pour 13 pouces $\frac{1}{2}$, c'est-à-dire à une distance qui suffit très-bien pour la lecture.

« Cependant il vaut mieux en général, dans le cas d'aphakie, donner deux verres différents, l'un pour les grandes distances, l'autre pour les objets rapprochés; de cette manière chaque verre se chargera de la moitié de l'accommodation, sans pour cela avoir besoin de changer autant sa position par rapport à l'œil. »

N. B. D'après des recherches nouvelles de l'École ophthalmologique d'Utrecht, *la majorité* évidente des cas de myopie que l'on rencontre dans la pratique de l'oculistique, devrait être considérée comme symptomatiques de lésions des membranes profondes de l'œil (choroïdite atrophique et staphylôme postérieure), comme se liant, par conséquent, à des affections à placer dans la classe des affaiblissements de l'organe de la vue. Cette manière d'envisager la myopie, qui ne change rien à la signification du mécanisme de l'affection, devra, si elle est confirmée par le consensus général de l'observation future, modifier les conclusions classiques de la science quant à l'étiologie et au traitement ou à l'hygiène de cette maladie. Nous croyons donc devoir poser à la fin de ce chapitre un point d'interrogation, particulièment applicable a ce que nous avons dit plus haut sur la forte organisation de la vue du myope.

CHAPITRE X.

DE L'INFLUENCE, SUR LA FONCTION VISUELLE BINOCULAIRE, DES VERRES DE LUNETTES CONVEXES OU CONCAVES, ET EN PARTICULIER DE LEURS RÉGIONS PRISMATIQUES EXTERNES OU INTERNES.

(Mémoire présenté à l'Académie des sciences le 26 février 1860.)

§ 252. **Rapports nouveaux établis entre la convergence des axes optiques et l'accommodation par l'usage binoculaire des lunettes.** — Quand on étudie la pathologie oculaire, on est frappé de l'obscurité qui règne encore dans l'appréciation des causes d'altérations fonctionnelles, avec ou sans lésion matérielle concomitante, qu'on observe, à chaque instant, dans la pratique. On ne peut douter, en scrutant l'étiologie de ces perturbations variées et mal connues, que l'usage des lunettes convexes et concaves, usage fort empirique encore, ne joue fréquemment le rôle de cause très-importante dans la production de ces maladies. L'intéressant travail (1) de notre savant confrère M. Sichel, sur l'emploi et les inconvénients des lunettes, en donnant à cette opinion l'autorité d'une immense expérience, confirme et au delà cette appréciation.

Les leçons de ce savant maître ont même précisé, en bien des points, le degré d'influence pernicieuse de ces instruments, quand leur emploi n'est pas entouré de précautions et guidé par une prudence habile, et la connaissance parfaite des maladies auxquelles donne lieu leur usage irrationnel. N'est-ce pas à lui que l'on doit ce que la science possède de plus précis et de plus net sur les diverses espèces d'amblyopie qui s'observent après un long emploi des lunettes, sur les modifications brusques ou lentes, survenues dans les qualités de la vue, et qui vont jusqu'à changer la presbytie naturelle en myopie confirmée ; sur une affection nouvellement étudiée, qui a reçu le

(1) *Leçons cliniques sur les lunettes et les états pathologiques consécutifs à leur usage irrationnel*, par le docteur Sichel. — Paris, 1848. — Germer-Baillière.

nom de kopiopie, et qui consiste en une fatigue de l'accommodation, etc., etc.

Cette étude, déjà très avancée au point de vue de l'observation, laisse cependant encore un vaste champ aux recherches au point de vue théorique, surtout sous le rapport du détail des causes et du degré d'influence de chaque circonstance de la vision armée de verres concaves ou convexes. Si le côté pratique, ou plutôt purement pathologique, en a été sérieusement apprécié, le rapport intime des effets aux causes et que peut seule dévoiler une étude aprofondie des lois physiques et physiologiques qui président à la vision, demeure encore à établir. Or si la science n'a que peu à apprendre en ce qui concerne les conditions d'exercice de la vision avec un seul œil, elle est encore dans l'enfance, quant à la détermination des lois de la vision binoculaire, et dans l'ignorance absolue en fait d'appréciation de leur influence sur les maladies des yeux.

C'est en reprenant cette étude sous le double rapport de la vision au moyen d'un seul œil, puis avec le concours des deux yeux, en recherchant ce que l'emploi des verres sphériques introduit de nouveau dans l'exercice de ces lois, que nous sommes arrivé à préciser davantage et à élucider plus d'une proposition de pathologie expérimentale, dont on n'avait pas jusqu'ici la clef, ni la raison d'être, et que l'on devait accepter d'autorité ; circonstance toujours fâcheuse en ce qu'elle laisse éternellement place à l'incertitude et au doute. Pénétrées dans leurs rapports avec les lois physiologiques dont elles ne sont que des aberrations, ces maladies deviennent, au contraire, des faits pathologiques *consécutifs* des plus faciles à comprendre, et dès lors à combattre. La thérapeutique ne pouvant désirer, en aucune circonstance, d'indications plus rationnelles à écouter que celles dictées par l'interprétation vraie des causes. Si une aberration fonctionnelle déterminée clairement pour l'esprit, par l'emploi mal entendu d'un agent mécanique, doit céder à quelque chose, c'est assurément au redressement du mauvais emploi de cet instrument.

Occupons nous donc des rapports des verres sphériques avec la vision binoculaire.

L'emploi d'un verre convexe dans la presbytie, a pour but, comme chacun sait, et comme il est démontré au § 223, d'éloi-

gner virtuellement un objet relativement rapproché, en le reportant dans le champ de la vision distincte du sujet.

Cet effet clair et simple, quand on l'étudie dans l'acte de la
vision monoculaire, devient assez délicat à comprendre dans son
mécanisme intime, dès que l'on passe à l'examen de la vision
avec le concours des deux yeux. Il entraîne forcément un dé-
chirement, une dissociation entre la distance virtuelle, le foyer
virtuel extérieur de l'objet d'une part, et la convergence réelle,
le point de départ absolu des rayons effectifs d'autre part. Les
rayons utiles pour les deux yeux partent de l'objet sous une
convergence donnée par sa distance et sa situation; mais
puisque l'objet est vu plus loin, c'est sous une autre convergence,
sous un angle moins obtus que l'objet est vu. La convergence
réelle et la convergence virtuelle sont donc en désaccord plus
ou moins grand,

Fig. 67.

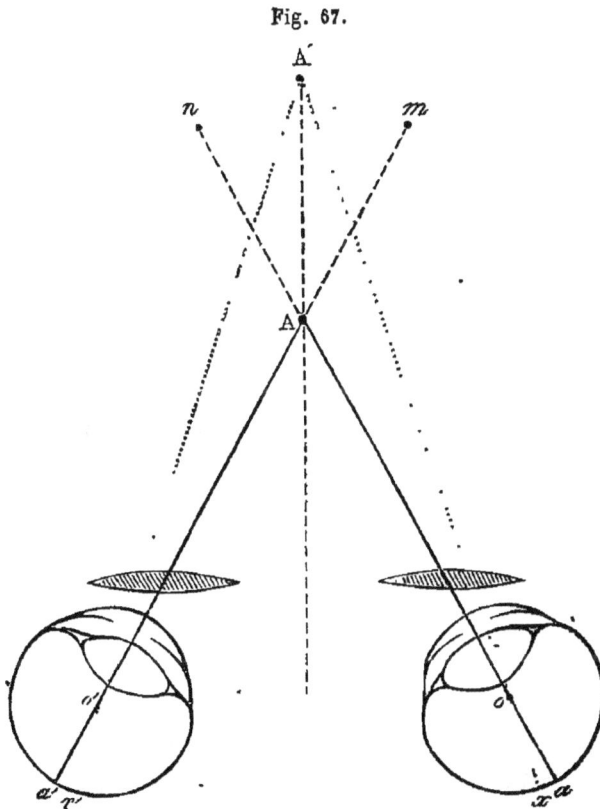

Ainsi A (fig. 67) étant un point trop rapproché des deux

yeux o,o' presbytes, pour être vu distinctement par eux, deux verres convexes sont interposés un devant chaque œil, et renvoient les images virtuelles de A en *n* pour l'œil droit, en *m* pour l'œil gauche, pendant que la convergence réelle demeure fixée en A. Il n'y a donc aucun rapport entre les accommodations monoculaires et la convergence binoculaire réelle.

Il en est de même, mais en sens inverse, dans le cas de vue courte, ainsi que le montre la fig. 68. Le point A étant trop

Fig 68.

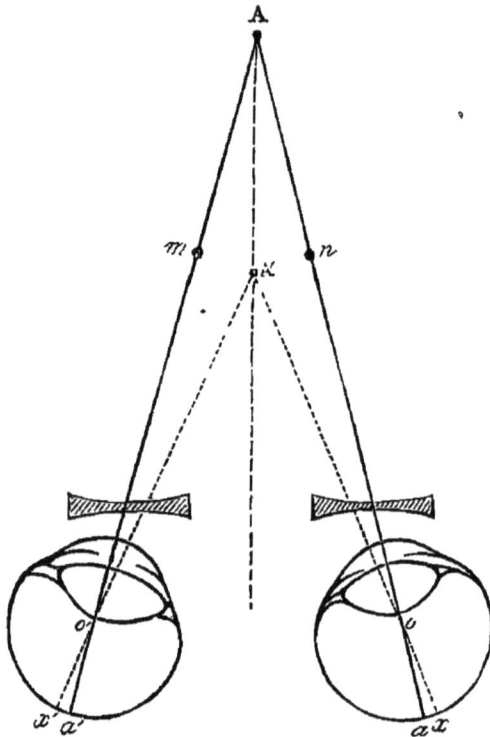

éloigné pour les deux yeux o,o', les verres concaves amènent *virtuellement* en *m* et *n*, en les rapprochant de l'œil, les deux images droite et gauche de ce point A (§ 223).

On observe donc encore ici une égale discordance entre les deux accommodations et la convergence des axes optiques, mais en sens opposé.

Comment ces défauts d'harmonie se corrigent-ils? quelles

sont leurs conséquences sur l'exercice de la vision et sur la pathologie de l'organe? c'est ce que nous apprendra l'étude intime du mécanisme de cette dissociation d'harmonie.

§ 233. Étude de ces rapports dans la presbytie.

— Commençons par la presbyopie. Nous venons de voir (fig. 67, § 232) qu'un objet A étant trop petit et trop rapproché de l'observateur supposé presbyte, pour être perçu nettement par lui, cet observateur plaçait devant ses yeux deux verres convexes dont l'un reporte en n l'image virtuelle de A pour l'œil droit, l'autre en m pour l'œil gauche. L'observateur ne voit pourtant ni A, ni m, ni n; l'objet A est pour lui quelque part comme en A', unique, et dans le plan médian vertical intermédiaire aux deux yeux. Cela est incontestable ; l'accommodation propre à ses yeux ne lui permet point de fournir un foyer conjugué utile à la distance A; d'autre part, il voit l'objet simple, les images virtuelles m et n sont donc fusionnées. Elles ne sauraient donc donner autre chose qu'une image A' à leur propre distance virtuelle, ou dans son immédiat voisinage.

En d'autres termes, le point A vu monoculairement, d'une part en m, de l'autre en n, est rapporté par la vision binoculaire à un lieu unique intermédiaire A', la marche des rayons réels partis de A et la position virtuelle A' perçue par le sensorium (figure 67), sont donc en complète contradiction. Ainsi sont encore l'adaptation de distance m,n et la convergence virtuelle des axes optiques en A' qui lui correspond, avec la convergence réelle oAo', et l'adaptation synergique qui lui conviendrait.

Comment concilier ces discordances? Que se passe-t-il dans les yeux ou dans l'instrument qui fasse concorder ces dissonances géométriques flagrantes?

Quel est le mécanisme qui effacera ces paradoxes apparents? Y a-t-il déviation réelle, optique, des rayons lumineux, effectuée par l'instrumentation, ou, au contraire, redressement fonctionnel exécuté par l'œil? C'est une question qui n'a pas même encore été posée, et dont la solution est pourtant pleine d'intérêt, tant théorique que pratique.

Nous allons nous occuper de ce problème de physique physiologique :

Reprenons les conditions élémentaires représentées par la fig. 69. A$o'a'$, à gauche, Aoa, à droite, sont les axes des cônes

Fig. 69.

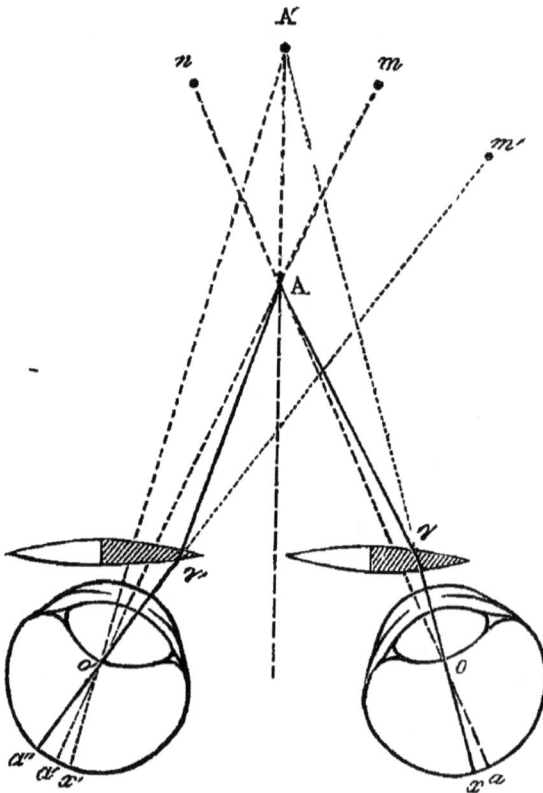

lumineux réels émanées de A ; A$'x$ et A$'x'$ sont les directions vir-tuelles convergentes qui ont amené la fusion sensorielle en A$'$ des doubles images m,n, de A.

Ces deux images étaient croisées ; elles correspondaient donc à un état relatif de divergence des yeux. Elles sont maintenant réunies ; pour les fusionner, les yeux ont donc exécuté un mouvement de convergence mutuelle, mesuré par l'angle A$'o$A à droite, A$'o'$A à gauche.

Le passage de la vision monoculaire, armée d'un verre convexe, à la vision binoculaire, est donc accompagné d'un mou-vement angulaire de convergence de chaque axe optique égal à l'angle A$'o'$A, et qui mesure le passage de l'accommodation virtuelle due au verre convexe, à celle qui correspondrait à la position réelle de l'objet, ou inversement.

On comprend immédiatement que la loi d'harmonie physiologique qui rattache et relie entre elles les actions musculaires présidant à la convergence des axes optiques, et à l'accommodation de distance, est, du coup, brisée, déchirée. La vue exacte ne s'accomplit ici que sous la condition de la rupture de l'équilibre physiologique établi entre les forces synergiques, si admirables d'ensemble dans ce délicat appareil : les muscles extrinsèques et le muscle ciliaire, au lieu d'obéir, comme dans la vision naturelle, à une même mesure d'action concordante, sont obligés de répondre à des obligations sans proportions entre elles, de suivre, d'une part, les nécessités de la convergence fixée par l'objet; de l'autre, celles d'une adaptation sans rapport avec cette convergence et commandée par le verre seul.

Est-il téméraire de soupçonner qu'une violence ainsi faite aux lois naturelles de l'harmonie, et qui change les rapports de deux forces *toutes deux actives*, et liées entre elles par une loi de synergie (car dans la vue presbytique des objets rapprochés, l'action accommodatrice est supposée ou à son maximum d'intensité ou dans le voisinage de ce maximum), est-il, dis-je, téméraire, de supposer qu'une telle violence soit menaçante pour l'intégrité de la fonction? Nul physiologiste n'oserait le penser; et chacun verra, au contraire, bien des dangers et des sources de maladies dans une situation aussi grave et aussi peu soupçonnée jusqu'ici.

Pour s'en faire une idée exacte, prenons pour point de départ cette supposition que le verre convexe ait été choisi de telle sorte qu'il reporte *exactement* à la limite inférieure même de la vision distincte du sujet, la position virtuelle A'. Le sujet ne percevra nettement l'objet A reporté virtuellement à la distance A', que dans la condition du maximum d'activité de son muscle ciliaire.

Or, c'est dans une telle condition de tension dudit muscle interne, que les muscles extrinsèques font exécuter au globe oculaire un mouvement de convergence qui, dans l'état physiologique, ne peut s'opérer sans entraîner avec lui, synergiquement, l'action du muscle ciliaire. Mais nous savons que celle-ci est déjà parvenue à son maximum. Les muscles extrinsèques agissent donc seuls, en rompant la loi d'harmonie préétablie entre leur action concourante binoculaire et le degré d'énergie de l'accommodation ciliaire. Cette rupture d'équilibre doit évidemment peser sur l'activité ciliaire, à la façon d'un exercice prolongé de l'organe de la vue sur un objet *trop* rapproché. Circonstance dont M. Siehel a montré l'un des plus graves effets dans l'amblyopie presbytique, la myopie acquise et même l'amaurose.

On sera peut-être tenté de nous objecter que dans la vue des objets rapprochés, les axes optiques OA, O'A sont généralement assez convergents pour que les directions telles que Aγ' (fig 69), tombent sur les verres *en dedans* de leurs centres, et qu'une telle condition remédie *peut-être* aux périls, aux inconvénients que nous venons de signaler.

Cette objection, si elle était faite, tomberait d'elle-même devant cette simple remarque que le rayon Aγ', s'il rencontrait quelque part la moitié interne du verre de gauche, se verrait dévié, à l'émergence de ce verre, du côté de la base du prisme constitué par cette moitié interne, c'est-à-dire qu'il viendrait rencontrer la rétine en *a''*, en dehors de *a'*, augmentant tous les mauvais effets que nous venons de décrire d'une quantité *a''o'a'* proportionnelle à l'angle de ce prisme; la circonstance que l'on eût pu croire en état d'amener un amendement est donc, au contraire, une cause de désaccord de plus, une influence plus désastreuse encore.

Voilà tout ce qu'on peut attendre de l'organe physiologique. Voyons maintenant si dans les conditions de l'instrumentation il n'en est pas quelqu'une qui puisse être utilisée pour remédier à ces inconvénients.

Supposons à présent que le rayon réel ou effectif Aγ (côté droit de la fig. 69), au lieu de tomber sur le centre du verre convexe ou sur sa moitié interne, le rencontre dans sa moitié *externe*, celle qui fait *prisme à sommet en dehors*. On voit, d'un seul coup d'œil, ce qui se passe là. La direction A*o*, qui eût été celle du rayon visuel, avant l'usage du verre, ou quand il est employé par son centre, devient, par la rencontre de ce corps transparent, l'objet d'un brisement dont la marche Aγ*o* est la représentation obligée. La présence de la lentille prismatique dévie forcément le prolongement de Aγ du côté de sa base, pour entrer dans l'œil.

La direction *conçue* par le sensorium est donc celle de *x o* γ prolongée. Cette direction rencontre en A' sa symétrique de l'autre œil.

La discordance signalée au commencement de ce paragraphe entre la direction virtuelle et la direction réelle, et due à la lentille convexe, est donc, en un tel cas, immédiatement corrigée par elle-même, au moment ou l'axe Aγ rencontre un certain point de la moitié externe de la lentille. L'œil ne s'aperçoit pas de la dissociation d'harmonie dont il a été menacé. Il a suffi pour cela d'utiliser, dans la lentille, la propriété déviatrice contraire des deux moitiés, de faire élection de la faculté de déviation de celle de ces deux moitiés qui corrigeait, d'elle-même, la discordance signalée, la moitié prismatique externe.

L'usage rationnel des verres convexes appliqués à la presbytie, exige donc que l'on n'emploie que leurs moitiés prismatiques externes, de façon à faire effectuer par les verres la déviation signalée; car si on laisse aux yeux eux-mêmes le soin d'opérer cette déviation virtuelle, on créera forcément, dans ces organes, un trouble fonctionnel plus ou moins profond, et qui se formule par une dissociation évidente d'harmonie entre la divergence réelle des axes optiques et l'accommodation virtuelle propre à chaque œil.

§ 254. Vérification expérimentale.

— L'expérience confirme absolument ces résultats de la théorie. Si, couvrant d'une surface opaque la moitié externe de deux verres convexes, on regarde alternativement d'un seul œil, puis des deux yeux, sans déranger sa situation initiale, à travers les moitiés internes, au moment où l'on ouvre le second œil, la fusion ne s'opère pas toujours immédiatement, et l'on voit très-clairement deux images croisées; ce sont les images m et n.

Ces images se fusionnent plus ou moins rapidement, et au moment où a lieu le fusionnement, on observe très-manifestement un resserrement des pupilles et une petite diminution dans la grandeur apparente de l'objet.

Ces résultats de l'observation s'accordent parfaitement avec cet autre détail, et tous avec la théorie. Au moment de l'expérience qui précède le fusionnement des deux images m, n, on remarque encore, et cette observation est importante, que ces images virtuelles m et n sont *croisées* exactement comme dans la figuler. (La chose est facile à faire en regardant alternativement, et sans changer de position, d'un œil, puis des deux yeux.) Cette remarque démontre, à elle toute seule, le mouvement de convergence des axes optiques que nous venons d'accuser ; des images croisées ne se fusionnent que par un mouvement dans le sens du strabisme interne.

Une autre preuve vient encore à l'appui du même acte physiologique. Si l'on se sert, pour les expériences, de deux verres convexes d'un numéro un peu fort, montés sur une monture double à branches mobiles, comme le lorgnon-binocle double qui était de mode il y a trente ans, le regard étant fixé sur les caractères n° 1 de Jæger, on observe que pendant le mouvement des branches, mettant successivement en rapport avec les pupilles les parties externes ou internes des verres, les axes optiques suivent la marche contraire au mouvement des branches ; ils se portent dans la convergence, à mesure que les branches du binocle s'écartent, et inversement dans la divergence quand elles se rapprochent. L'agrandissement et le resserrement des pupilles suivent la même marche physiologique : elles se resserrent lors de l'écartement des branches, elles se dilatent lors de leur rapprochement.

Ces expériences bien précises, et que chacun peut aisément reproduire et vérifier, montrent bien, dans leur double analyse, ce qui s'est accompli dans les yeux, soit lors du passage de la vue monoculaire armée à la vision binoculaire presbyte, également armée (convexes), soit lors du passage de la vision des régions prismatiques externes aux régions prismatiques internes, à savoir : une action de convergence des axes optiques pendant que le regard demeure fixé sur le même point.

On retrouve les mêmes enseignements dans les tableaux suivants :

PREMIER SUJET.

Vue légèrement presbytique.

EXPÉRIENCES FAITES SUR LE CARACTÈRE N° 1 DE L'ÉCHELLE DE JÆGER

Œil nu. Portée la plus rapprochée de la vue, l= 0m.15. Portée éloignée, l'= 0.25.

Verres convexes. Nos	Vue monoculaire. l=	l'=		Vue binoculaire. Par les régions prismatiques internes. l=		l'=	Par les régions prismatiques externes. l=		l'=
60	0.18	0.31		0.17		0.31	0.17		0.38
48	0.16	0.36	Il y a eu là sans doute un effort.	0.16		0.36	0.16	pas de fatigue du tout.	0.42
36	0.15	0.32		0.15	fatigue	0.32	0.15		0.36
24	0.15	0.32		0.14		0.29	0.14	id.	0 37
20	0.14	0 27		0.13		0.25	0.13	id.	0.35
16	0.12	0.30		0.11	grande fatigue	0.21	0.12	id.	0 30
12	0.11	0.29		0.11	id.	0.16	0.11	id.	0.26
10	0.11	0.26		0.11	id.	0.13	0.10	id.	0.24
9	0.10	0.21		0.10		0.13	0.10	id.	0.21
8	0.09	0.20		0.09	pénible	0.12	0.09	facile	0.20
7	0.08	0.17		0.09	id.	0.12	0.08	id.	0.17

DEUXIÈME SUJET.

Très-presbyte, les yeux parfaitement égaux.

EXPÉRIENCES FAITES SUR LE CARACTÈRE N° 1 DE L'ÉCHELLE DE JÆGER.

Œil nu. Limite rapprochée, l= 0m.25. Limite éloignée, l'= 0.54.

Verres convexes. Nos	Vue monoculaire. l=	l'=	Vue binoculaire. Régions internes. l=	l'=	Régions externes. l=	l'=
48	0.21	0.52	0.19	0.46	0.19	0.56
24	0.14	0.46	0.15	0.52	0.15	0.63

On voit, en étudiant la signification physiologique des chiffres portés dans ce tableau :

1° L'influence manifeste, et en sens opposé, des parties externes et internes des verres convexes.

2° Que si les deux régions des verres n'apportent, lors de la vision binoculaire, qu'une très-faible modification dans la limite rapprochée de la vision distincte, leur effet est cependant très-différent quant à la fatigue éprouvée. Dès que les numéros deviennent un peu forts, la vision se fatigue beaucoup, si elle a lieu par les régions internes du verre; elle est, au contraire, absolument sans fatigue par les régions externes.

3° On voit, de plus, qu'à mesure que la force du verre augmente, l'étendue du champ de la vision distincte diminue rapidement, tombe bientôt au-dessous de sa latitude normale, si l'on se sert des régions prismatiques internes; et qu'arrivée, par exemple (pour la vue moyenne dont il s'agit), vers les n° 10 à 7 ou 8, cette étendue varie ensuite de 2 ou 3 centimètres, et est, dans tous les cas, accompagnée d'une grande fatigue. (L'accommodation est absolument fixée, enchaînée.)

4° Par les régions prismatiques externes, il en est tout différemment; et à mesure qu'on est contraint de se rapprocher, la limite éloignée du champ de la vision ne descend que proportionnellement avec la limite rapprochée, ne tombant jamais au-dessous de l'étendue qu'elle possède à l'œil nu. La faculté d'accommodation se conserve donc intacte dans ses limites naturelles, et les yeux s'exercent sans fatigue, comme s'ils lisaient en liberté.

Tout ce qu'a pu prévoir la théorie est absolument vérifié, sanctionné par l'expérience.

On reconnaît encore que c'est dans le sens de la vision éloignée que doit se trouver limitée l'étendue de son champ d'action. Le degré de convergence imposé aux axes optiques, par les régions prismatiques internes, augmente avec la force des verres, et pèse alors d'autant plus sur l'action ciliaire, qui est entraînée dans le sens de la myopie par simple sympathie musculaire. Dès lors la vue est bridée au détriment de l'étendue éloignée du champ de la vision.

On conçoit très-bien, d'ailleurs, que la limitation prématurée ait lieu dans le sens de l'éloignement relatif de l'objet et de l'observateur; l'éloignement exige, en effet, un relâchement graduel de l'accommodation ciliaire, à mesure que les rayons de viennent moins divergents. Or l'effort de convergence, toujours supérieur au degré normal, pèse sur l'activité ciliaire et l'enchaîne, l'empêche de céder, la maintient dans le sens du rapprochement, pendant que les besoins de netteté de la vue exigeraient chez elle une modification par élongation de la distance focale (1).

Du côté du rapprochement, au contraire, les deux activités marchent dans le même sens, se fatiguant toutes deux pour leur compte personnel; le degré d'activité ciliaire n'étant pas seulement marqué par la considération du foyer, mais encore par son consensus inné avec l'activité de convergence.

Rien de plus logique, dès lors, que la conservation de la netteté de la vue, quoique avec excès de fatigue, dans le sens rapproché, et sa limitation plus courte, quoique toujours avec fatigue, dans le sens de l'éloignement.

Les verres convexes, employés par leur centre ou par leur moitié interne, produisent donc sur la vision, ce premier effet, de diminuer l'étendue normale de la puissance de ce verre.

La vue monoculaire armée, limitée, en avant, dans le sens du rapprochement, par l'exactitude du rapport établi entre le numéro ou distance focale du verre et la limite inférieure de la vue distincte, conservait encore la faculté de se mouvoir plus ou moins en sens opposé, de laisser reposer son accommodation par quelques relâchements temporaires, en conservant encore la perception nette des objets.

On voit combien cette condition est changée, si la vue bino-

---

(1) Cette influence synergique d'un excès de convergence sur l'action de l'appareil ciliaire a été reconnue également par MM. Donders et Von Graefe. M. Donders a observé que l'usage d'un prisme à sommet interne, placé devant un œil, provoquait l'action accommodatrice rapprochée, et, il en a tiré des conclusions pratiques utiles pour l'hyperpresbyopie.

A ce propos, MM. Donders et Von Graefe pensent que, dans l'état de convergence physiologique des axes optiques, les globes oculaires sont l'objet d'une augmentation de pression de la part des muscles extrinsèques.

Nous ne nous associons pas pleinement à cette opinion, qui nous paraît contraire aux conditions d'équilibre et au maintien de la forme du globe, en tant du moins que cet excès de pression soit notable et porté au point d'altérer cette forme.

Il nous paraît que les remarques de ces deux éminents observateurs ont porté plus particulièrement sur des cas de myopie par contracture, rétraction ou raccourcissement musculaires, auquel cas la pression est assurément en excès; mais ce cas est pathologique et non pas normal.

culaire s'exerce par les moitiés prismatiques internes des verres ou par leurs centres; limitée au même point, un peu plus courte même peut-être, en avant, elle se voit notablement restreinte du côté qui pouvait lui donner du soulagement.

C'est en ce-sens, si le verre est un peu fort, qu'on peut dire, avec M. Sichel, que l'accommodation peut se trouver ainsi absolument enchaînée et fixée. Cela est exactement visible dans l'expérience ci-dessus faite avec les n°s 10, 9 et 7 convexes.

On comprend quels inconvénients graves peuvent suivre une telle fixité, et les périls de cette situation : l'enchaînement de l'accommodation ciliaire, la fixité de la vue, déterminés par la constance du point de vue, n'en sont que des aperçus légers. Mais la lutte constante dans la synergie, mais la dissociation des efforts harmoniques dans un organe aussi délicat, voilà de bien autres dangers.

Le moindre de ceux que l'on ait à redouter, c'est celui qui a été signalé par M. Sichel, sans qu'il en ait pénétré le mécanisme intime, la transformation graduelle de la presbytie en myopie. Que faut-il pour cela, en effet? Simplement ceci, que l'effort de convergence pendant le rapprochement de l'œil, l'emporte sur la résistance de l'accommodation ciliaire, et finisse par l'entraîner dans le même sens, et comme ferait une influence nerveuse du genre de celle qui préside aux rétractions musculaires.

Rien ne sera compris plus facilement que cela par ceux qui observeront des presbytes absorbés dans une occupation minutieuse et se servant de verres convexes, dans les conditions que nous avons dites, c'est-à-dire transmettant les rayons effectifs par leur moitié interne ou par leur centre; au moment où ils cessent leur occupation, leurs yeux sont hagards, semblant chercher un point de vue qu'ils ne rencontrent pas. Si alors on essaye de leur faire porter les regards sur des objets éloignés, ils y réussissent mal, ne perçoivent plus les détails de loin, enfin, donnent tous les témoignages d'une fonction profondément troublée.

Ajoutez à cela la chronicité, et au lieu d'un trouble passager, vous aurez un état morbide permanent, une perte dans la faculté d'accommodation, une kopiopie, une amblyopie, une myopie acquise, etc.

§ 255. **De la myopie acquise, suite de presbytie mal gouvernée.** — La myopie acquise, venons-nous de dire ? Mais n'est-ce pas la condition si anormale que nous venons de définir qui peut seule rendre compte de ce problème, para-doxal en apparence, de physiologie pathologique posé par M. Sichel, la production de la myopie acquise par l'usage des verres convexes ?

Considérant que l'usage des verres convexes doit avoir pour effet (monoculaire) le soulagement de la vue du presbyte, l'ab-sence pour lui d'efforts dans la perception des petits objets rap-prochés, on s'expliquait à merveille que cet usage prolongé pût aggraver la presbytie; mais comment imaginer qu'elle pût provoquer la myopie? Voilà ce qu'il était difficile de com-prendre.

Or, l'examen de la fonction binoculaire dans ses rapports avec le verre convexe et la presbytie, indique où se trouvait caché le *desideratum*. Il était dans la rupture d'une harmonie imposée par la nature aux agents de la vision, et qui vient peser d'une manière constante sur l'énergie ciliaire dans le sens de son dé-veloppement actif.

§ 256. **Conséquences pratiques.** — L'étude de physi-que physiologique à laquelle nous venons de nous livrer a de grandes conséquences, au point de vue de l'étiologie, et par suite de la thérapeutique des affections fonctionnelles des yeux dans la presbytie.

Elle montre d'abord qu'il est toujours possible d'indiquer à un presbyte un numéro qui lui permette de placer son ouvrage, si menu, si détaillé qu'il soit, à la distance qui convient au rôle in-dustriel de ses mains : car telle est bien la première condition invoquée. C'est une de celles qui ont le plus embarrassé les oph-thalmologistes, ainsi que les opticiens, et qui a maintenant sa formule exacte.

La seconde conséquence à déduire de cette analyse, est la facilité qu'on aura désormais, quel que soit le verre convexe dont on fasse usage, de conserver à la vision binoculaire (sup-posant toujours les deux yeux égaux) un champ de vision mo-bile dans la même étendue qu'à l'état normal ou avec un seul œil. L'accommodation, ainsi, peut n'être jamais enchaînée.

Si l'on veut employer binoculairement des verres convexes, d'une manière rationnelle, ou qui ne contrarie aucune loi physiologique, si l'on veut, en un mot, mettre d'accord les lois physiques et les lois physiologiques, il faut limiter leur usage à l'emploi des moitiés externes des lentilles, et faire passer le regard d'autant plus près du bord externe ou sommet de la région prismatique, que la différence sera plus grande entre le degré de l'accommodation virtuelle et la convergence qui correspond à la situation réelle de l'objet. En d'autres termes, diminuer d'autant plus l'écartement des demi-lentilles que la courbure du verre sera relativement plus grande ou le numéro plus fort.

C'est là exactement l'inverse de ce qu'a fait S. D. Brewster, quand il a appliqué au stéréoscope, dans le but de fusionner deux images virtuelles parallèlement disposées, les deux moitiés d'une même lentille, en les opposant par le sommet de leurs régions prismatiques ou leurs bords tranchants. Les conditions sont inverses dans la vue d'un objet unique; les images virtuelles devant être transportées en sens opposé, les demi-lentilles doivent être disposées exactement en sens contraire, c'est-à-dire en regard par leur diamètre commun.

§ 237. **Myopie.** — Passons au cas du myope, et à l'étude de l'influence du verre concave sur l'exercice de la vue.

Aa, Aa', dans la figure 70, sont les rayons effectifs de la vision monoculaire, mais A étant trop distant pour être nettement perçu par l'observateur myope, un verre concave est interposé entre A et l'œil, et les rayons, rendus plus divergents, donnent de l'objet une image virtuelle m située entre A et l'œil, plus petite que l'objet.

Il en est de même à droite où n représente l'image virtuelle de A pour l'œil droit.

Mais m et n doivent être fusionnés pour qu'il n'y ait pas diplopie (synonyme ici), et ils doivent l'être à une distance oA' égale à $o'm$, ou très-voisine du moins de ces points m ou n.

Et alors on se posera la même question que pour la presbytie : comment s'opère ce fusionnement, comment le rayon réel Ao peut-il donner l'impression virtuelle de la direction A'? Et l'on répond de même encore : par quelque procédé artificiel lié à l'usage de la lentille ou par la force autocratique de l'organe.

Si ce résultat est obtenu par la seule force autocratique de l'organe, pour que le rayon réel, effectif A*oa* puisse donner l'image

Fig. 70.

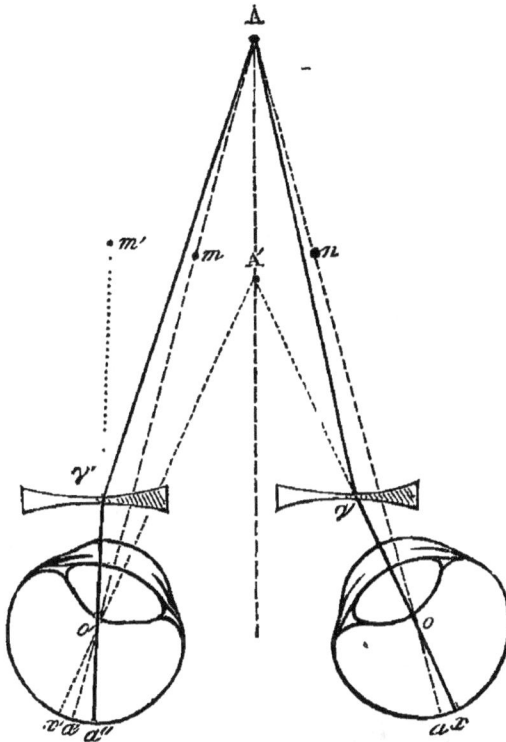

pression de la direction *o*A′, il faut, en vertu du principe de la direction, que chaque œil exécute autour de son axe vertical de mouvement, une rotation dans le sens de la divergence; par là l'élément rétinien *x* est porté sous le rayon A*o*. Cela est d'ailleurs une conséquence de l'absence de diplopie, et de la circonstance que si celle-ci existait, elle serait *synonyme*. Ce dont on peut s'assurer par l'expérience.

Il se passe naturellement le même mouvement dans l'autre œil. Les yeux se portent donc dans une divergence réciproque pendant que, par la qualité du verre, l'objet est virtuellement rapproché.

Alors si le lieu occupé par l'image virtuelle se trouve exactement à la limite éloignée du champ de la vision, le mouvement de divergence peut être sans retentissement fâcheux sur les agents de l'accommodation réfractive arrivée à son maximum de relâchement. Mais pour tout point en deçà de la limite éloignée du champ de la vision, il y aura évidemment dissociation violente dans l'harmonie des deux accommodations.

Dans ce dernier cas, la dissociation devient plus marquée encore si la région du verre, plus particulièrement en rapport avec l'ouverture pupillaire, forme prisme à sommet externe.

La déviation externe du rayon incident se voit par là encore augmentée, et le mouvement de divergence imposé aux axes optiques, d'autant plus grand. On le voit aisément sur la figure 70, le rayon $A\gamma'$, dévié suivant $a''\gamma'$, exigerait de la part du globe oculaire un mouvement bien plus marqué de divergence, et qui serait mesuré par l'angle $a''o'x'$.

Le désaccord angulaire entre le rayon effectif réel, utile, et la direction virtuelle qui procure la coalescence, augmente donc avec la distance de l'objet et surtout l'inclinaison prismatique, à sommet extérieur, de la région employée du verre.

Les yeux auront donc un travail d'autant plus grand à accomplir, et ce travail sera d'autant plus anormal, antiphysiologique, que les conditions que nous venons d'énoncer seront plus marquées. Passé certaines limites, le mouvement des yeux vers le strabisme externe est véritablement d'ordre pathologique.

§ 258. Conséquences pratiques. — Il en est tout différemment si les yeux se trouvent, au contraire, en rapport avec les régions prismatiques externes ou à sommet interne. On voit sur la figure que le rayon $A\gamma$ est dévié très-efficacement par cette partie prismatique et offert à l'œil, dans la direction virtuelle $o\gamma A'$, si l'angle du prisme est choisi pour cela. Dès lors l'œil est tout à fait passif et nulle lutte n'est établie entre les deux accommodations.

Il suit de cette discussion que l'emploi des verres concaves par le myope, comme celui des verres convexes par le presbyte, exigent, comme première condition dans la vision binoculaire, que l'observateur s'en serve par leur moitiés externes, c'est-à-dire encore que le centre des verres soit tout à fait en dedans des ouvertures pupillaires dans leur plus grand rapprochement.

La conclusion théorique donne la même conclusion pratique

que nous avons indiquée pour les verres convexes. Il y a intérêt à ne se servir que de la moitié externe des verres, ce que l'on peut réaliser avec avantage en coupant une lentille par son diamètre vertical, et mettant les deux moitiés en regard par le diamètre coupé.

Mais à quelle distance l'un de l'autre, va-t-on se demander, faut-il placer le centre de chaque verre, pour conjurer à l'avance la dissociation d'harmonie que nous venons de signaler?

Rien n'est plus facile que la détermination exacte de la position même des points des lentilles convexes ou concaves qui doivent servir d'axes optiques pour que la région prismatique à laquelle ils appartiennent ait exactement le pouvoir déviateur voulu, pour effacer de lui-même l'angle AoA′ des figures 69 et 70.

Une construction géométrique de la plus grande simplicité résoudre à l'instant le problème.

Au lieu de deux lentilles distinctes placées devant chaque or-

Fig. 71.

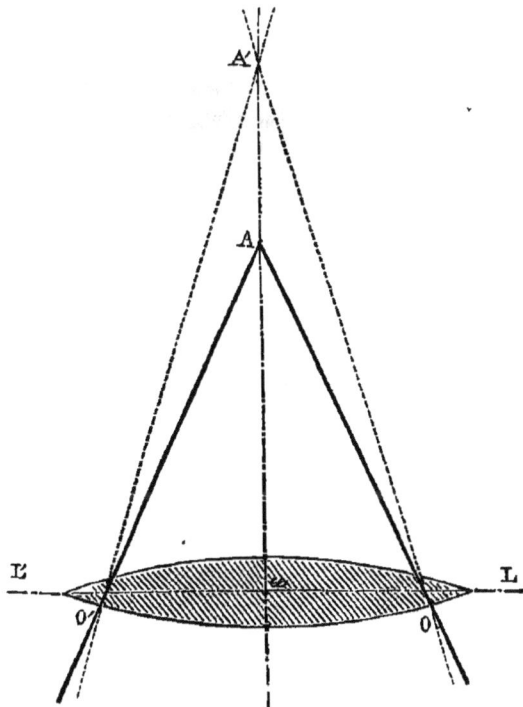

gare, supposons qu'il n'y en ait qu'une seule LL', mais assez large pour que les deux yeux o,o' puissent se placer symétriquement de chaque côté de l'axe. On voit que dans ce cas-là, qui ne change rien aux conditions générales du problème, l'angle A'γA, angle de déviation cherché, est celui même qui correspond à la déviation prismatique angulaire des rayons émergents dus à la puissance de la lentille, c'est-à-dire celui pour lequel les trois points suivants sont en ligne droite, à savoir : le point réel A, le point virtuel A' et le centre de la lentille. Nous trouverons cette même loi dans la théorie du stéréoscope et des instruments d'optique binoculaire.

La formule cherchée consistera donc à tailler les deux portions de verres dans une même lentille et de telle grandeur que son centre virtuel soit dans le plan médian inter-oculaire. Chaque rayon se dévie en effet ainsi en dehors, d'une quantité en rapport avec l'éloignement de o et o' du centre de la lentille, ou plus simplement, de l'écartement des yeux.

Il en est absolument de même des lentilles biconcaves : théoriquement leur centre commun doit correspondre au plan médian inter-oculaire.

§239 a. Mécanisme du fusionnement sur les axes secondaires des images doubles données par les lunettes. — Cette substitution des axes soulève cependant encore quelques réflexions : elle ne peut s'accomplir sans certaines modifications dans les détails du mécanisme de la fonction, et il n'est pas sans importance de les pénétrer.

Lors de l'usage des lunettes convexes binoculaires, nous avons vu que les yeux étaient obligés à un mouvement de convergence mutuelle, nécessité par le besoin de fusionner les deux images virtuelles de l'objet vu, et que renvoyaient sur l'axe et croisées, les deux verres de l'instrument.

Le fait est géométriquement nécessaire et expérimentalement démontré ; et nous avons dû, sur ce fait, conclure à un trouble réel apporté dans l'harmonie des différentes forces qui président à l'accomplissement de la fonction.

Mais comment ce trouble s'accorde-t-il avec la conservation de la fonction ? Voilà encore ce qu'il y a lieu d'élucider.

On comprend à merveille que l'action d'une force extérieure, celle du doigt, par exemple, appliquée sur le globe oculaire, action qui, dans l'état d'indifférence des muscles, va faire tourner le globe autour de son axe, produise ou au contraire détruise, suivant les cas, un état de diplopie binoculaire. Cette action extérieure, laissant les forces naturelles au repos, place ainsi la rétine dans des conditions nouvelles dont le système musculaire n'a pas conscience, et dans une situation que ce système rapporte, par conséquent, à telle ou telle situation antérieure qu'il a l'habitude d'occuper. La conscience musculaire se voit ainsi trompée : un mouvement s'opère auquel le système musculaire est demeuré étranger, la sensibilité spéciale du système peut et doit même demeurer silencieuse à l'égard du sensorium, et ne pas l'avertir de la position nouvelle du levier mobile qu'il n'a point concouru à changer. Il est simple alors qu'une diplopie, qui existerait naturellement, soit détruite par l'action extérieure du doigt appliqué sur l'œil, ou qu'une vue double qui n'existerait pas spontanément, soit, au contraire, produite par cette force extrinsèque.

Mais dans le cas qui nous occupe, il n'en est pas ainsi : c'est le système musculaire lui-même qui meut l'œil, qui l'amène dans la convergence réclamée, c'est lui qui fait disparaître la diplopie virtuelle, et cela, par une action spontanée dont la concordance avec l'effet observé n'éclate pas au premier abord.

L'étude du mécanisme même et des conditions qui président à ce fusionnement, et qui concilie la conservation de la fonction avec les dissociations intervenues entre l'accommodation de distance et l'angle de convergence, mérite toute notre attention.

. Et d'abord il y a lieu de se demander à quelle distance de l'observateur se fait la fusion des deux images m et n des figures 67 et 68. Nous avons supposé tout le long du présent chapitre que cette fusion s'opérait *à la distance même de la vision distincte* du sujet, aux distances mêmes on, $o'm$ ou oA', $o'A'$.

Or il nous a été objecté que c'était de notre part une pure hypothèse, que le verre soit convexe, soit concave, n'avait d'autre effet que de donner aux rayons incidents à la cornée l'angle de divergence convenable, un angle en rapport avec le pouvoir réfringent de l'œil, mais que, cela fait, les deux yeux fusionnaient d'eux mêmes leurs impressions sur la propre direction des points *m* et *n*, c'est-à-dire à l'entre-croisement A, source réelle des rayons lumineux. L'œil, nous disait-on, apprécie des angles, et non des distances ; il place le point de départ des rayons au point de concours naturel des directions du même point pour chaque œil. Dès lors il n'est besoin d'aucun mouvement de convergence, ou de divergence, pour amener la coalescence des deux images qui se réunissent virtuellement et spontanément en leur point géométrique de concours, le point A des figures précédentes.

Cette objection était spécieuse, pour nous surtout qui reconnaissons au principe de la direction et à celui de la tendance innée des yeux à fusionner les images semblables la plus haute prépondérance sur tous les phénomènes physiologiques accomplis par l'organe de la vue.

Il y a avait donc lieu à se poser la question subsidiaire suivante :

« Dans les circonstances indiquées ci-dessus, est-ce la convergence correspondant à la direction des rayons effectifs, ou à la position réelle de l'objet, qui détermine le lieu de la fusion des images *m* et *n*, ou bien est-ce, au contraire, celle qui correspond à la distance de l'accommodation ? Question de fait dont il est de toute nécessité de demander la solution à la méthode expérimentale ; car c'est d'elle que dépendra ensuite la solution de la question supérieure. Dans la succession des circonstances qui ont pour objet de concilier la conservation de la fonction avec la dissociation d'harmonie signalée ci-dessus, est-ce le système convergent qui se dérange, est-ce au contraire la faculté d'accommodation qui se modifie ? Dans tous les cas, il est évident qu'il y a dissociation, et que même dans l'hypothèse qui nous est opposée, il y a toujours changement de rapports entre la convergence et l'accommodation, celle du point A′ n'étant, dans les conditions normales de la vision, jamais correspondante à une convergence sur A. Il y a donc lieu de se poser la question expérimentale suivante :

« Dans la vision artificielle, une image virtuelle remplaçant pour chaque organe un certain objet réel, la fusion de ces deux images virtuelles se fait-elle au point de concours, quel qu'il soit, des deux axes optiques principaux, c'est-à-dire à toute distance donnée par cette rencontre que l'on peut faire varier en faisant varier la convergence, ou bien cette fusion se fait-elle forcément sous une convergence déterminée, celle qui correspond à la distance de la vue distincte, à celle de l'accommodation? C'est bien là, nous nous assurons, ce qu'il s'agit de déterminer.

On sait d'abord que dans la vision binoculaire normale et régulière, il y a toujours concordance entre la convergence et l'accommodation

Or la convergence est donnée par la situation du point de mire; les axes optiques (toujours dans la vision normale) se rencontrent sur ce point de mire, tous les axes secondaires se coupent alors deux à deux sur chaque point de chaque objet, comme nous avons dit au chap. III, et le sensorium a la notion de la position réelle de chaque point de l'espace, et conséquemment de leur position relative.

Mais qu'arrive-t-il lorsque la convergence n'est point fournie à la vision par un point réel, que les deux yeux, reçoivent par exemple des images stéréoscopiques indépendantes?

Si la vision simple binoculaire s'opérait, comme on le prétend dans l'opposition qui nous a été faite, sous toutes les convergences possibles, plaçant alors l'objet au point de concours des axes optiques quel que fût leur angle, quel que fût son désaccord avec la distance ordinaire de la vue distincte, ou bien encore en plaçant deux images stéréoscopiques bien isolées devant chaque œil, quel que fût la convergence qu'on donnât aux rayons par l'intermédiaire d'un prisme placé entre elles et les yeux, on déterminerait invariablement et *facilement* la fusion ou réunion des images; cette fusion aurait en effet lieu, sans nul effort, au point de concours *éloigné ou rapproché* que détermineraient les prismes. Et même n'usât-on pas de prismes devant les yeux, on ne devrait voir encore qu'une image à l'infini ou à l'horizon. L'angle visuel restant le même dans tous ces cas-là, l'objet prendrait alors des dimensions apparentes proportionnelles aux distances de ces points de concours et serait vu toujours aussi nettement, sans fatigue et simple.

En est-il ainsi dans le fait? Isolant deux images stéréoscopiques et plaçant chacune devant un œil, y a-t-il par ce seul fait illusion produite et un seul objet vu en relief à l'horizon? Chacun répond que non.

Il faut, en telle position respective des yeux et des images, interposer entre elles et l'organe un prisme à sommet interne. Et ce n'est pas un prisme quelconque qu'il faut interposer pour obtenir la réunion, c'est celui même qui correspond à la convergence de la vision distincte binoculaire en rapport avec l'accommodation. Seul un prisme de cet angle, ou d'un angle voisin, est en état d'amener la réunion des deux images en une, *sans effort* de la part du sujet, sans fatigue, facilement en un mot.

Les faits s'accordent donc à démontrer que la fusion, coalescence ou réunion des images virtuelles, s'opère sur la convergence même ou une convergence approchée de l'accommodation, et, si les images sont parallèles, à la limite rapprochée de la vision distincte, réserve faite de la dimension des objets qui, s'ils sont étendus et grossiers, exigent moins d'attention, d'exactitude et d'effort de la part des organes.

Mais revenons sur les expériences qui précèdent.

Si, dans les circonstances que nous venons de dire, deux images stéréoscopiques indépendantes étaient placées devant chaque œil, bien isolées l'une de l'autre, c'est-à-dire aucun des rayons de celle de droite ne pouvant arriver à l'œil gauche, et réciproquement, il y a nécessité d'employer un prisme *déterminé* pour procurer leur réunion *sans effort* de la part des organes, cette réunion peut, pourtant, s'obtenir sans le secours des prismes, mais avec plus ou moins d'effort. Nous l'avons déjà indiqué au § 108; il faut pour cela porter l'œil en dehors avec le doigt, ou exécuter un certain mouvement intérieur, un effort, un acte à la fois instinctif et volontaire que M. Babinet a cru être celui du strabisme interne. On y arrive, disait-il dans son intéressant article de la *Revue des Deux-Mondes,* sauf à devenir louche pour la vie. Le pronostic était assurément exagéré, mais dénotait cependant la fatigue extrême qu'éprouvaient les yeux dans cette tentative.

Essayons donc d'élucider ce qui se passe dans cette circonstance, de dévoiler un peu ce mécanisme si obscur.

Prenons les deux images dont il s'agit, et regardons-les avec une jumelle de spectacle à son maximum de développement. Les axes des images sont ainsi parfaitement précis : ce sont deux droites parallèles; supposons encore que les yeux soient, dans l'état de repos ou d'indifférence, séparés eux-mêmes par ce même intervalle exactement : c'est la condition ordinaire et que l'on cherche à remplir dans le choix d'un instrument de ce genre.

En cet état de choses, les centres des images tombent au pôle optique de chaque côté : l'observateur, s'il ne fait aucun effort, si l'on ne place pas un prisme convenable devant ses yeux, voit alors les *deux images* (diplopie) à la distance de la vision distincte. Qu'il ferme un œil ou qu'il se serve des deux yeux, *le dessin ne change pas de dimension apparente;* il semble toujours à la même distance et exactement de même grandeur.

Mais avec de l'exercice et un effort assez grand et qui mène à la kopiopie ou fatigue oculaire considérable, la fusion peut être procurée spontanément, comme elle l'est si l'on dérange avec le doigt l'un des yeux ou tous les deux, en les portant mécaniquement dans le strabisme externe (non pas interne, notez-le bien).

Et cette fusion a lieu sans altération de la grandeur apparente des images, sans diminution de la netteté d'aucun détail, c'est-à-dire à la distance même de l'exercice de la vue monoculaire, à la limite rapprochée de la vision distincte.

Qu'est-il arrivé dans cette circonstance, non pas quand la coalescence est amenée artificiellement par l'action du doigt, mais dans les cas où elle a lieu spontanément par l'effort propre des organes?

Jetons les yeux sur la figure ci-contre (fig. 72), qui représente les rapports géométriques des objets en présence.

$Ay, A'x$ représentent les axes des images réelles et des lunettes placées devant les yeux; g et d, sur ces axes, les centres de figure et de mouvement des globes oculaires.

Un effort intérieur a lieu et les deux points A et A', au lieu d'être vus séparés, sont vus réunis en α, c'est-à-dire à la rencontre des axes optiques $a\alpha$ et $a'\alpha$.

D'après le principe de la direction, la chose ne peut avoir eu lieu que de deux façons : ou un acte mécanique, qui n'a pas troublé la conscience musculaire, a porté les points a et a' sous les rayons Ad, $A'g$ (c'est ce que fait le doigt quand on porte mécaniquement les yeux dans le strabisme externe); ou bien, par un acte intérieur, la lunette oculaire physiologique a été décentrée et les centres optiques des appareils réfringents ont été,

de chaque côté, portés en dehors des axes du parallélisme, à savoir de *d* en *d'*, de *g* en *g'*, et dans une mesure telle que les

Fig. 72.

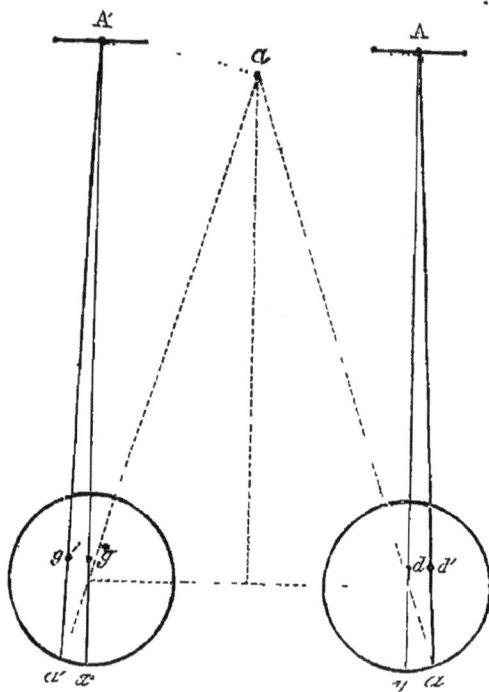

axes A'*g'*, A*d'* déviés, vinssent rencontrer le fond des yeux en dehors des pôles, aux points *a'*, *a* faisant entre eux la convergence
a'a, *aa*.

Telle est la nécessité géométrique imposée au mécanisme
anormal de cette fusion. Un mouvement instinctif et volontaire
à la fois, et d'ordre pathologique, a nécessairement changé les
rapports des centres optiques de l'appareil réfringent et des centres de la courbure rétinienne, *en portant les premiers en dehors
des seconds.*

Maintenant, si l'on nous demande comment a pu être produite cette décentration, par quels agents elle est amenée, si
elle est absolue ou relative, nous serons réduit à former des
hypothèses, comme on en a dû émettre d'abord sur le mécanisme de l'accommodation.

Le seul fait établi, c'est la décentration relative : elle est de
nécessité géométrique, et ne peut reposer même que sur un

mécanisme accidentel et anormal, perturbateur des conditions de l'organe.

Mais quel peut être ce mécanisme ? il est permis de le rechercher.

Et d'abord, que doit-il réaliser? Géométriquement le transport *relatif* de g en g' en dehors de $A'x$ ou de d en d' en dehors de Ay.

Or ce changement de rapports peut être conçu de deux façons : Le globe entier est-il transporté en pivotant autour de a, au lieu de pivoter autour de son centre habituel de mouvement? ou bien, le globe demeurant en repos, le cristallin change-t-il de forme ou de position, de façon à porter en dehors le centre de l'appareil dioptrique? Le muscle ciliaire est aussi favorablement disposé pour agir ainsi que pour procurer le changement régulier qui produit l'adaptation aux distances.

Une seule chose inévitable, c'est le changement de rapports que nous venons de signaler ; c'est la dissociation introduite dans les conditions d'harmonie de tous les éléments de l'appareil oculaire. Dissociation dont témoignent à la fois : 1° l'observation physiologique (dans le mouvement en question qui amène la fusion, les pupilles se dilatent et les yeux semblent plus divergents qu'avant la réunion des images) ; 2° l'observation pathologique ; 3° l'analyse géométrique et physiologique des phénomènes ; 4° la marche des rayons et la fusion sans effort, si l'on introduit dans la question un prisme à sommet interne ou l'impulsion du doigt sur le globe oculaire, et qui a lieu dans le sens de la divergence ou du strabisme externe.

Dans les recherches sur les variations de courbures observables, pendant les changements de l'accommodation, dans l'appareil optique de l'œil, Helmoltz dit en un endroit : « Un premier résultat à noter, c'est que le cristallin et la cornée n'ont pas un même axe, le dernier (celui de la cornée) étant situé sur le côté nasal du premier (1). »

Cette observation, qui dénoterait une décentration externe du cristallin chez les sujets étudiés par Helmoltz, était-elle physiologique ou pathologique? L'œil observé était-il myope ou presbyte, ou au contraire normal? Les yeux étudiés avaient-ils, ou

(1) *Annales d'Oculistique*, 30 mai 1856.

non, été *fatigués* préalablement ou troublés par l'usage des lunettes ?

Quoi qu'il en soit, cette décentration est un fait que nous nous bornons à rapporter ici à titre d'observation, et qui montre que notre hypothèse n'offre anatomiquement rien d'exorbitant.

Du cas des images à axes parallèles on peut passer à celui d'un certain degré de convergence ou de divergence de ces axes.

Supposons que les deux images aient leurs centres un peu en dedans des centres optiques des yeux : leurs axes seraient donc déjà dans un certain degré de convergence.

Si l'objection qu'on nous a faite était fondée, la fusion, la coalescence de ces images auraient *normalement* lieu au point de concours virtuel de ces axes : ce qui n'est pas. Sans effort ou sans prismes, le sensorium reçoit encore une double impression.

Dans ce cas donc, les images tombent, avant toute fusion ou déviation instinctive, plus ou moins en dehors des pôles oculaires, entre x et a' à gauche, entre y et a à droite.

On comprend aisément que suivant que ce rejet des images en dehors des pôles oculaires sera plus ou moins prononcé, les yeux auront un effort de décentration externe d'autant moindre à accomplir : tellement que si on leur supposait un angle égal à celui qu'aurait un prisme à angle interne convenablement calculé pour dévier les axes dans le sens même de la convergence de la vision distincte sur a, les yeux ne feraient nul effort.

En tous cas, l'effort qui leur sera imposé sera d'autant moindre que l'angle à procurer sera lui-même plus petit.

3°. Supposons actuellement que les images tombent en dedans des pôles : nous voilà dans le premier cas exagéré : le mouvement de divergence imposé aux axes oculaires va devenir d'autant plus grand ; l'effort, la fatigue, la condition anormale d'autant plus considérables.

En résumé, deux circonstances doivent être prises en exacte considération pour régler à l'avance les conditions propres à amener la coalescence ou fusion des images stéréoscopiques parallèles.

Premièrement, il faut connaître la distance relative mutuelle des centres des images stéréoscopiques et celle des centres optiques des yeux.

En général cette distance est la même : elle est calculée sur la distance moyenne des pupilles, 6 centimètres.

L'angle du prisme doit être ensuite calculé de façon à donner la convergence artificielle exigée par la distance minima de la vue distante binoculaire du sujet. L'angle doit être d'autant plus grand que le sujet est plus myope, et inversement. (Voyez, pour le calcul du prisme, le § 337.)

On notera d'ailleurs que cet angle sera à diminuer ou à augmenter au contraire, si l'écartement des yeux, lors de la situation d'indifférence ou de parallélisme des axes, est supérieur ou inférieur à l'écartement même des centres des images.

§ 239 b. **Conclusion**. — Cette étude préalable était nécessaire à l'intelligence du mécanisme de la vision simple dans le cas de l'usage binoculaire des besicles.

Dans ce cas, en apparence, il n'y a pas deux images réelles, mais un objet. Les axes optiques convergent donc sur l'objet; rien d'anormal, croirait-on au premier abord.

En est-il bien ainsi? Nous avons démontré le contraire. Il n'y a, en effet, qu'un objet devant l'observateur, mais cet observateur ne le voit pas; son accommodation s'y oppose. Pour le voir, il est obligé de placer devant chacun de ses yeux une lentille; et l'effet de celle-ci est de rendre cet objet visible en donnant à ses rayons divergents un angle de rayonnement égal à celui exigé par la portée de la vision distincte du sujet.

Le sujet ne voit donc plus l'objet, mais a devant chaque œil deux images (les images m et n des figures 67 et 68) séparées par un certain intervalle, synonymes dans l'un des cas, croisées dans l'autre.

Pour les fusionner, pour n'en avoir qu'une, il faudra donc que leur axe réel, l'axe effectif OA des figures susdites, soit dévié par l'œil ou par un procédé artificiel, de façon à prendre la direction virtuelle OA' qui fusionne les images, comme des images indépendantes, à la distance de la vision distincte ou à la distance virtuelle de l'accommodation et non pas à la distance A.

Si le verre lenticulaire n'est pas décentré par l'opticien, et suivant le procédé indiqué aux §§ 236-238, il faut donc que l'appareil ciliaire, ou l'appareil musculaire externe, remplissent eux-mêmes cet office et procurent de manière ou d'autre un mouvement de translation du centre dioptrique ou de l'appareil cristallinien, en dehors ou en dedans des axes polaires ou des centres de courbure des rétines :

En dehors, dans le cas des images parallèles de la stéréoscopie, ainsi que nous venons de le faire voir dans l'analyse qui précède, et dans les cas de myopie ou d'usage des verres concaves (images doubles homonymes);

En dedans, au contraire, si les images doubles sont croisées comme dans la figure 67, dans les cas de presbytie employant des verres convexes.

Quel que soit celui des deux appareils en souffrance, l'appareil musculaire interne, ciliaire, ou l'appareil musculaire externe, la dissociation violente existe, et d'autant plus grande dans les deux cas, que les centres des besicles sont plus en dehors des centres des yeux.

L'étude de détail des cas pathologiques, l'observation nécroscopique des kopiopies et amauroses jetteront nécessairement du jour sur ce mécanisme.

§ 259 c. Démonstration expérimentale de la décentration des appareils dioptriques de l'œil dans ces circonstances. — Sans attendre les résultats plus ou moins longs de ces enseignements de l'observation pathologique, il nous a été permis d'obtenir de la méthode expérimentale la démonstration même de la *décentration réelle*, effective du cristallin, de sa déformation ou des transports de son centre, *en dedans* ou *en dehors*, suivant les cas, du centre des mouvements du globe, pour procurer la coalescence des images doubles, *en un mot de la séparation de son mouvement de convergence de celui du globe*. Nous avons indiqué au § 124 le procédé expérimental qui nous paraissait devoir conduire à l'élucidation de ce point délicat de physiologie ; nous avons donc appliqué à l'étude de ces déformations hypothétiques du cristallin la méthode employée par Cramer pour déterminer le lieu et l'organe de l'accommodation aux distances. Nous avons, comme lui, demandé aux changements éprouvés par les images réfléchies par les cristalloïdes la clef des changements de forme ou de situation relative que devait éprouver là lentille oculaire ; à la catoptrique, en un mot, ce qui se passait dans l'acte dioptrique.

Voici comment nous avons institué ces expériences que chacun peut aisément reproduire :

Un sujet intelligent est placé dans un fauteuil, dans une chambre obscure, la tête reposant sur un dossier, et on lui fait toutes les recommandations convenables pour assurer son immobilité. A côté de lui, en arrière et dans une situation analogue à celle de l'observation ophthalmoscopique, est placée une forte lampe. L'observateur, armé d'un ophthalmoscope, se place en avant du sujet, mais au-dessous de son visage, et envoie dans un de ses yeux, de bas en haut, le faisceau convergent réfléchi par l'ophthalmoscope. L'œil de l'observateur ne doit pas se placer au centre de l'ophthalmoscope, mais en dehors de cet instrument quoiqu'à peu de distance de lui. Il ne faut pas, en effet, qu'il voie le fond de l'œil, mais, au contraire, que la pupille demeure noire, les images réfléchies étant ainsi plus distinctes.

En cette situation, en face du sujet observé et à l'extrémité de la chambre, est placée une bougie sur laquelle le sujet fixe constamment les yeux pendant toute la durée de l'expérience.

L'observateur, tenant alors son ophthalmoscope de façon convenable, voit dans l'œil suivant les cas, et par réflexion, deux ou trois images que nous allons qualifier.

La première, au centre de l'ouverture pupillaire de l'œil observé, très-petite, mais très-nette et assez brillante : c'est l'image virtuelle de la bougie éloignée, réfléchie par la cornée.

La seconde, dans la moitié supérieure de la pupille, petite, pâle, peu marquée, quoique pourtant distincte pour un observateur ayant une bonne vue : c'est l'image réelle de la lampe procurée par l'ophthalmoscope et réfléchie par la face postérieure du cristallin. Comme c'est la seule réelle dans les expériences, nous la nommerons l'image réelle ou renversée, ou l'image n° 2 de Sanson.

La troisième, qui est très-brillante, la plus forte de toutes, et qu'on peut ou se procurer ou éviter, suivant les convenances de l'observation, est l'image virtuelle de la lampe que la cornée renvoie vers l'observateur, après l'avoir reçue de l'ophthalmoscope ; elle est virtuelle et sur le bord inférieur de la pupille, pour les positions de l'observateur et de l'observé qui ont été précisées plus haut.

Ces positions peuvent être choisies de façon à ce que les trois images que nous venons de décrire soient sur un même diamètre vertical de la pupille.

Les conditions sont alors parfaites pour procéder à l'expérimentation.

Cette expérimentation consiste en ceci :

Quand les positions sont prises, que l'observateur voit bien les trois images indiquées ci-dessus, ou les deux premières seulement, dans l'œil *droit*, par exemple, le sujet observé, sans se déranger, les regards toujours fixés sur la bougie éloignée, amène doucement devant son œil *gauche* un prisme de 12 à 18°, un plus fort même quelquefois, le sommet tourné du côté interne, c'est-à-dire vers la racine du nez.

Il s'écrie immédiatement qu'il voit *deux* bougies, qui, pour un éloignement de 4 mètres, sont séparées, en apparence, par un intervalle de 60 centimètres, plus ou moins.

En même temps qu'a lieu cette diplopie *croisée* (l'image vraie, celle de l'œil nu, l'œil droit est, en effet, sur la gauche du sujet), l'observateur constate les circonstances suivantes :

L'œil nu, au moment de l'apposition du prisme devant son congénère, a éprouvé un léger mouvement de divergence dans sa totalité (ce mouvement, comme on le verra, coïncide avec un mouvement de convergence qu'a éprouvé l'autre œil pour se mettre en rapport avec la nouvelle direction des pinceaux procurés par le prisme).

Tel est le premier fait constaté; le mouvement en dedans de la première image catoptrique (image virtuelle cornéenne de la bougie), un léger transport dans le même sens de l'image cornéenne de l'ophthalmoscope témoignent de cet écho sympathique du mouvement de convergence qui s'est passé dans l'autre œil.

Le second phénomène observé est des plus remarquables : à peine ce mouvement rapide en dehors s'est il passé, l'observateur remarque que la deuxième image par réflexion (l'image réelle, pâle, de l'ophthalmoscope dans la surface concave du cristallin) est en proie à une oscillation plus ou moins violente et prolongée, *en dehors* de sa position initiale. Cet état d'instabilité, de lutte, dure quelque temps; l'œil a l'air d'être un peu fou, de ne savoir à quelle loi obéir, quand tout d'un coup, brusquement, cette oscillation cesse, l'image réelle ophthalmoscopique qui oscillait en dehors de la première image ou image virtuelle de la bougie, se replace *vivement* dans sa position initiale sur le diamètre qu'elle occupait au commencement de l'expérience et la pupille se rétrécit manifestement à cet instant, l'observé s'écrie qu'il ne voit plus qu'une bougie. Les rapports de l'observateur, de l'ophthalmoscope et de l'œil observé sont redevenus ceux du début. La lutte de l'appareil accommodatif ciliaire ne saurait donc être mise en doute : elle s'accuse nettement dans les oscillations de l'image ophthalmoscopique réfléchie par la face postérieure du cristallin, dans le mouvement de contraction pupillaire violent qui accompagne la cessation des mouvements oscillatoires que nous venons de décrire. Voilà pour l'œil nu.

Que devient l'œil gauche, celui devant lequel est placé le prisme, pendant les circonstances que nous venons de décrire?

L'observation de cet œil est un peu plus difficile; pour ne pas être troublé dans son observation par l'effet prismatique qu'éprouveraient les réflexions des susdites images, si la lumière incidente partant de l'ophthalmoscope et celle réfléchie reçue par l'œil de l'observateur, devaient traverser le prisme, comme les rayons de la bougie, il faut que l'observé, tout en réalisant les conditions déjà exprimées, tienne le prisme à quelque distance de son œil, à un pouce environ, et que l'observateur et son ophthalmoscope se placent de façon à envoyer et à recevoir la lumière qui leur est utile, sans rencontrer le prisme, en passant en dessous de lui. Alors on observe ce qui suit :

Premièrement, au moment même de l'interposition du prisme entre son œil gauche et la bougie, et quand l'observé accuse la perception de deux bougies, la position prise par l'observateur est tout à fait dérangée, l'œil de l'observé opérant un mouvement de convergence plus ou moins notable, mais irrécusable. L'observateur est obligé de ramener son instrument en dedans pour se retrouver dans les conditions initiales décrites plus haut. Quand il y arrive, il constate alors exactement les mêmes circonstances que pour l'autre œil; l'œil s'est porté dans la convergence dans son ensemble, mais l'image réelle (face postérieure du cristallin) s'est portée *en dehors* du diamètre vertical que dessinent les deux autres images; là elle oscille, comme nous l'avons vue osciller dans l'œil droit, dont les mouvements étaient ceux d'une simple synergie avec ceux de l'œil gauche. Puis, par le même mouvement brusque, le même *saut*, elle se fixe sur le diamètre vertical pris pour point de repère, ou un peu en dedans de ce diamètre. En même temps la pupille *se contracte (quoique le globe n'ait plus bougé depuis le premier moment de la convergence accusée plus haut)* et le sujet accuse la coalescence des deux bougies en une. Les faits sont tellement nets que l'observateur n'a pas besoin que l'observé lui annonce qu'il ne voit plus qu'une bougie, il s'en aperçoit objectivement, et peut lui-même l'annoncer, au bout de deux secondes au plus de repos de l'oscillation, et sans jamais s'y tromper.

La position de l'image réelle de la face concave du cristallin qui se fixe toujours, en ce cas, sur le diamètre vertical pris au début pour point de repère, ou un peu en dedans de lui, ne permet pas de douter qu'après le mouvement de convergence première de l'axe optique gauche, exigé par l'interposition du prisme, il n'y ait un second travail, intra-oculaire celui-ci, et qui porte *en dedans* de sa position première le centre de l'appareil dioptrique, qui n'avait pas participé au premier acte constaté. Et comme les images cornéennes ne bougent pas pendant le second acte, on ne saurait localiser ce changement autre part que dans le cristallin, et l'attribuer à d'autres agents qu'à l'appareil du muscle ciliaire.

Mais ce n'est pas tout, et l'expérience a sa contre-épreuve.

Quand les yeux de l'observé ont été maintenus quelque temps sous l'influence du prisme de 20°, et qu'ils se sont habitués à ne voir qu'une seule bougie, la fixité qui procure cette coalescence est de nature tellement spasmodique, que l'enlèvement du prisme ne la détruit pas toujours.

Au moment, en effet, où on enlève brusquement le prisme, l'observateur remarque parfois que l'œil devant lequel il était placé reprend subitement la divergence antérieure à l'expérience; la pupille se dilate *un peu*, mais les images par réflexion gardent leur fixité et leurs rapports, et le sujet déclare voir deux bougies, quoiqu'il n'y ait plus de prismes. C'est que l'état ciliaire de la seconde époque n'a pas cessé avec le mouvement de divergence et l'enlèvement du prisme; il est dû à un acte plus ou moins spasmodique qui a persisté plus ou moins de temps après la cause qui l'a déterminé. Aussi, après l'ablation du prisme, les sujets voient double l'objet de leur attention. De plus, comme dans l'expérience directe, l'observateur est habile à reconnaître lui-même le moment où cesse cette diplopie et où les yeux reviennent à leur état normal ; il s'en aperçoit au deuxième mouvement subit de dilatation pupillaire, et à ce que l'image cristalline de l'ophthalmoscope recommence à osciller et se porte un peu en dehors du diamètre précédent, pour revenir ensuite à ses rapports centraux avec les autres images.

§ 239 d. **Détail du mécanisme.** — Voici littéralement, de point en point, ce qui se passe dans cette opération délicate exécutée par l'œil.

Fig. 72 *bis.*

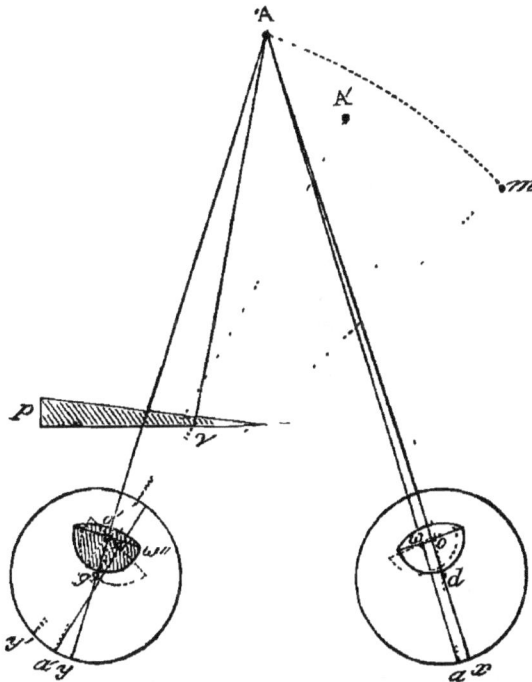

Soit A la bougie ; A$o'gy$, Aodx les axes polaires fixés sur elle ; g,d étant les centres de mouvement des yeux et des surfaces rétiniennes, point de convergence de toutes les directions visuelles, sensorielles, o, o' les centres optiques des appareils dioptriques.

On interpose le prisme p devant l'œil gauche. Cet œil exécute instantanément un mouvement de convergence pour offrir le plan équatorial de l'appareil dioptrique, perpendiculairement à l'axe de cône de lumière émané de A ; axe qui semble venir de m, après avoir traversé le prisme. $mg y'$, représente la direction virtuelle correspondant au faisceau réel dévié $A \gamma \omega'$ (pour la simplification de la figure nous n'avons pas dessiné le point ω', qui est tout à fait voisin de o'. On peut voir dans $\gamma o' y'$ ce que nous disons de $\gamma \omega' y'$).

Cette modification dans la situation de l'axe visuel du globe oculaire est nettement accusée par le mouvement des images réfléchies :

L'image de la bougie (son faisceau a traversé le prisme) s'est portée *en dedans*.

Dans le même sens a dû marcher l'image réelle, renversée de l'ophthalmoscope, tandis que l'image cornéenne de ce miroir *s'est portée en dehors*. En même temps la pupille s'est *resserrée*.

Mais ce mouvement n'a duré qu'une fraction de seconde, et l'image *réelle* est aussitôt revenue *en dehors*, où elle s'est mise à osciller, comme nous l'avons exposé plus haut, pendant tout le temps que l'observé a accusé la diplopie.

Pendant cette diplopie, le cristallin avait donc repris une position tout à fait voisine de sa position initiale ; mais les images cornéennes, pendant ce temps-là, n'ont point bougé ; elles ne sont point revenues sur leurs pas ; leur immobilité démontre que le globe, dans ces conjonctures, est demeuré immobile ; les images cristalloïdiennes seules ont oscillé ; — preuve des oscillations correspondantes du cristallin, qui est revenu dans la divergence, comme s'il ne pouvait se maintenir dans la convergence nouvelle des axes. Pendant tout ce temps, les deux yeux voient, *très-nettement*, deux bougies égales, aussi vives en A -qu'en m.

Sous l'empire du besoin inné de fusionnement des deux images, la lutte établie entre le globe et le cristallin cesse enfin ; la lentille cristalline converge à son tour et revient *subitement* se fixer en dedans (le mouvement de l'image réelle accuse nettement ce transport) ; la position des axes des deux yeux est alors celle marquée par $a'g$A' à gauche, et A'da à droite, axes virtuels correspondant aux axes des pinceaux effectifs $\gamma\omega''a'$ d'un côté, Aωa, de l'autre.

Les axes des deux globes, ou directions polaires passant par le centre de mouvement de chaque globe, ou centre de la courbure rétinienne, se trouvent forcément en dehors des axes des cônes effectifs de lumière émanés réellement de A, et fictivement de γ et passant par les centres ω et ω'' des appareils dioptriques, puisque, comme on le constate d'ailleurs dans l'expérience, la fusion de m et de A, s'opère en A' *en avant* de A et de m, mais moins près de l'œil cependant que ne serait la rencontre des axes Ad, γg. Le mouvement simultané des deux bougies l'une vers l'autre démontre en effet, d'ailleurs, que les deux axes se déplacent ensemble.

Qu'accuse l'observé, dans cette situation nouvelle *et fixe?* la perception d'une seule image; mais ce n'est plus toujours une image nette; elle est telle que celle que verrait un myope, entourée d'une auréole secondaire ou, comme on en observe en diplopie monoculaire quand, dans la vision d'un objet très-éclairé, l'accommodation n'est pas exactement correspondante à la distance (voir le § 198).

Qu'est-ce que cela signifie, comment peut-on interpréter ces phénomènes, si ce n'est par la *dissociation* de l'harmonie préétablie entre la convergence et l'accommodation; si ce n'est par la lutte entre la nécessité d'offrir le plan équatorial de l'appareil aux rayons incidents, apportés dans une convergence qui n'est plus celle de la distance, et la faculté accommodatrice qui s'établit sur une distance sans rapport avec cette nouvelle convergence des axes.

On voit alors les images capsulaires osciller, un grand trouble éclater dans l'organe, et finalement, cédant à la loi de la fusion des images semblables, le cristallin revenir *en dedans* de l'axe visuel et se constituer dans un état d'accommodation violent, sans rapport avec la distance réelle de l'objet.

L'objet en effet paraît plus petit que précédemment, comme dans des expériences de Brewster, que nous discuterons au chapitre XV, et qui sont relatives aux illusions portant sur la distance et la dimension apparente des objets.

Ce fait est d'autant moins contestable que quand on parvient se placer en situation convenable pour apercevoir l'image réfléchie par la face antérieure du cristallin (la 3° de Sanson), on remarque qu'après la fusion, cette image est plus petite et plus rapprochée de la cornée ou de l'image cornéenne qu'avant cette modification éprouvée par l'axe du cristallin, témoignant ainsi d'une augmentation de sa convexité.

Cette variation dans la grandeur de l'image est absolument celle que l'on reconnaît dans les changements de l'accommodation, lors des épreuves de Cramer et de Langenbeck.

Le maintien de l'image réelle (ou son transport relatif) en dehors du plan vertical qui contient les deux images cornéennes servant de point de repère, pendant la vision double, montre que pendant cet état anormal, le centre du cristallin (*ou au moins de sa face postérieure*), est *en dehors* de l'axe final de convergence binoculaire. Pendant ce même temps, la bougie est vue très-nette, ce qui n'a pas lieu au moment de la coalescence, où la diplopie binoculaire est remplacée par une image unique, mais confuse ou du moins double ou triple, comme le sont les images de la diplopie monoculaire qu'on observe dans les circonstances où la distance et l'accommodation sont en discordance.

Il faut conclure de là qu'au moment où l'œil armé exécute sur son axe un mouvement de convergence pour se placer dans la direction nouvelle des rayons incidents, le centre du cristallin reste en dehors, pour conserver l'accommodation première. Le besoin de conserver une vision nette, la nécessité de l'accommodation exacte se font seuls sentir. Mais la rupture entre les deux nécessités de la vision, convergence et adaptation, ne tarde pas à se manifester; elle a lieu bientôt après que le prisme est tombé devant l'œil en expérience, à l'instant où s'accuse la diplopie binoculaire. Et cette rupture de la synergie se manifeste *à la fois* dans les deux yeux.

Alors, suivant que l'instinct prédominant est celui de la vision nette, ou le besoin de se procurer une image unique, la diplopie persiste et l'image réelle demeure en dehors; ou, au contraire, les deux images sont portées à la rencontre l'une de l'autre, mais au détriment de leur netteté. Dans le premier cas, d'une manière très-nette, isochrone avec la marche vers la fusion, les deux images réelles catoptriques se portent en dedans et se fixent alors dans l'immobilité sur le plan vertical.

Il appert donc manifestement de là que les deux yeux sont soumis à deux synergies, physiologiquement concordantes, mais dont une rupture des lois physiologiques vient troubler la concordance.

On peut conclure, en effet, de ces expériences que de même que les deux yeux sont soumis à la synergie des muscles extérieurs, ils sont soumis également à une autre synergie, celle des appareils ciliaires; mais ces deux synergies, ordinairement correspondantes, peuvent cependant être séparées.

N'avons-nous pas vu, dans l'expérience ci dessus, les deux plans équatoriaux du cristallin continuer, après l'interposition du prisme ou des prismes, à se maintenir sous l'angle initial de la vue régulière binoculaire de la bougie, dans la convergence mutuelle de la distance A.

Alors il y avait diplopie.

Mais au moment où elle cesse, on voit en même temps les cristallins venir spontanément, quoique avec effort, se placer dans la convergence même des axes des rayons effectifs, augmentant en même temps leur courbure qui devient celle correspondante à la convergence des axes des globes eux-mêmes.

Ce fait (nous avons le droit de ne plus dire : cette hypothèse) perd le caractère de singularité qu'il présente au premier abord, quand on remarque que c'était, au contraire, une pure hypothèse (et que l'on faisait sans s'en apercevoir) quand on considérait le cristallin comme une lentille enchâssée dans une position invariable. Le cristallin n'est rien moins que soudé, que fixé; il est *suspendu* dans un anneau que l'on sait aujourd'hui être un anneau musculaire. Quel pouvait être l'objet d'une telle disposition, sinon de lui assurer une certaine indépendance de l'enveloppe de l'œil. Le globe est suspendu dans l'orbite sur un système musculaire. Le cristallin est suspendu dans le globe par un second système doué de contractilité comme le premier.

A ce premier est confiée la fonction de convergence; au second la fonction de l'adaptation. Ces deux fonctions sont physiologiquement sympathiques, synergiques, sœurs l'une de l'autre; mais des circonstances non physiologiques intervenant, leur rapport est troublé, dissocié plus ou moins, suivant les cas, et ils travaillent, chacun dans leur sphère, à se replacer dans des rapports utiles.

L'analyse indiquait nettement qu'il devait en être ainsi; l'expérience qui précède démontre qu'il en est en effet comme la théorie le faisait supposer; elle montre que le cristallin, soumis physiologiquement à des lois de locomotion réglées par les mouvements de convergence ou de divergence du globe, *peut cependant rompre avec cette domination du système musculaire du globe, et exécuter des mouvements propres et indépendants de convergence ou de divergence relativement à l'axe des mouvements de totalité de l'organe.*

Cette propriété est évidemment physiologique, quand elle se renferme dans d'étroites limites dans un but correctif des troubles survenus dans l'appareil dioptrique; elle devient un fonctionnement pathologique quand elle dépasse ces limites.

Dans ces cas excessifs, la translation spontanée du centre optique des cristallins, à droite ou à gauche de l'axe polaire, peut devenir une cause de trouble et de maladie des plus concevables de l'appareil. Mais dans les circonstances ordinaires, c'est sur cette propriété que repose la conservation de la fonction quand les données auxquelles elle doit se soumettre s'écartent des lois physiologiques, comme on le voit dans la pupille artificielle, dans le strabisme physiologique ou optique, lors de l'usage des lunettes ou des prismes ou du stéréoscope, quand la convergence artificielle n'est pas en rapport exact avec l'accommodation de l'observateur.

Toutes les conséquences relatives à l'intégrité de la fonction que l'analyse théorique de la vision binoculaire, dans les circonstances que nous venons d'énumérer, nous avait indiquées et qui ont fait l'objet des communications précédentes, trouvent dans cette expérimentation leur démonstration objective irrécusable.

§ 259 *c*. **Lunettes binoculaires. — Besicles**. — Désirant appeler la physiologie expérimentale au secours ou à l'épreuve de l'analyse des modifications apportées par l'organe de la vue à son propre fonctionnement, dans le cas de l'usage des lunettes binoculaires, nous avons répété les expériences qui précèdent, en plaçant devant les yeux des lunettes convexes et concaves, au lieu du prisme employé dans les essais précédents.

Voici le résultat de ces expériences : 1° Lunettes convexes ; presbytie.—Un fil très-fin est suspendu verticalement devant les yeux en deçà de la limite rapprochée du champ de la vision distincte. Ce fil est naturellement vu double, confus, vague. Pendant que les yeux pointent sur lui dans leur effort associé (position A de la figure 67, p. 396), un miroir ophthalmoscopique projette sur l'un des yeux la lumière qu'il reçoit d'une lampe. L'observateur examine avec attention les trois images de Sanson, qu'en certaine position (1) il peut embrasser à la fois du regard.

Tout d'un coup, le sujet, sans remuer, abaisse ou élève devant ses yeux une paire de lunettes convexes du n° 10, par exemple, dont les centres sont à l'écartement même de ses pupilles. Les précautions, d'ailleurs, ont été prises pour que le pinceau de lumière émané de l'ophthalmoscope ne rencontre pas les verres de lunettes ; il passe en dehors ou en dedans.

Au moment même de cette modification, l'observateur remarque ce qui suit :

Les yeux du sujet pointés primitivement en A, *exécutent un mouvement de convergence, leurs axes venant se croiser plus près que* A. Le fait est rendu évident par le déplacement *en dehors* de l'image virtuelle de la cornée.

2° La pupille se resserre.

3° L'image réelle renversée *disparaît en dedans* (c'est celle de la face postérieure du cristallin).

4° L'image virtuelle de la face antérieure du cristallin, très-pâle, fuit en sens inverse, marchant dans le même sens que la première, mais contrairement à celle-ci, pâlissant et grandissant ; cette image éprouve absolument la modification reconnue déjà par Cramer comme coïncidant avec l'accommodation éloignée, ou par relâchement, et accusant, en ce cas, la diminution de courbure de la capsule antérieure du cristallin qui accompagne l'accommodation aux objets éloignés.

---

(1) Nous verrons au chap. XX, § 324-327, que cette position est donnée par un plan qui comprend l'axe du faisceau incident (convergent, si l'on se sert de la lumière réfléchie par l'ophthalmoscope, divergent, si c'est une simple lampe), le centre de la surface réfléchissante oculaire et l'œil de l'observateur ; la normale à la surface réfléchissante oculaire coupant en deux parties égales l'angle de position de l'observateur et du faisceau incident.

Pouvait-on demander plus de concordance entre les modifications de la catoptrique oculaire et les changements de position annoncés par l'analyse dioptrique ? N'est-il pas clair, dans cette expérience, qu'il y a, lors de l'apposition des lunettes convexes, un mouvement de convergence exécuté par les axes visuels du globe en deçà du point A ; mouvement suivi par le cristallin qui se met dans la même position, *mais en même temps relâche* son accommodation ?

Que l'on considère maintenant les positions relatives du centre du cristallin et du centre des mouvements du globe, le premier en dedans de celui-ci, et l'on reconnaîtra que le rayon utile qui passe par le centre du cristallin et qui émane du point A, laisse *en dehors* de lui le centre de mouvement du globe ; produisant ainsi les conditions indiquées au paragraphe précédent et que nous avons formulées sous le titre de décentration du cristallin.

Dans la situation que nous venons de photographier (il n'est plus ici question de méthode inductive), le centre du cristallin, considéré par rapport au point de vue, est évidemment en dedans du centre du globe ou des directions rétiniennes.

Cette dissociation pouvait sembler plus ou moins contestable, tant que limitée à l'induction seule, ou plutôt à la déduction géométrique, on devait se borner à la soupçonner ; mais l'observation des mouvements des images de Sanson pendant ces dissociations physiologiques ou subjectives ne permet plus de révoquer en doute leur réalité. L'expérimentation démontre en effet objectivement le divorce réel qui, dans des circonstances déterminées, s'établit entre les appareils de la convergence des globes et les appareils de l'accommodation. Dès lors, quand la nécessité de ce divorce momentané est invoquée par les lois géométriques de la fonction, dans des circonstances presque absolument semblables à celles où il est directement observé, il n'est plus permis de douter de son accomplissement.

Les développements qui précèdent seraient presque mot pour mot applicables aux variations des images de Sanson observées quand on remplace les prismes à sommet interne par des prismes à sommet externe, des lunettes convexes par des lunettes concaves. Le sens seul des mouvements observés change, non pas leur signification. Toujours apparaît avec la même évidence le divorce momentané des appareils musculaires extérieur, et, interne, de convergence et d'accommodation.

On ne pouvait désirer une justification plus complète des aperçus multipliés dans cet ouvrage et en particulier dans le présent chapitre, et qui prouvent la réalisation des opérations indépendantes exécutées par l'appareil ciliaire, dans le sens de l'accommodation latérale, pour remédier aux discordances que l'usage des lunettes et des instruments d'optique binoculaire a apportées jusqu'ici entre l'accommodation et la convergence que la nature avaient primitivement enchaînées ensemble dans des limites assez rétrécies (1).

(1) A l'appui des expériences qui précèdent, nous mentionnerons des observations du même ordre faites dans des cas anatomo-pathologiques par MM. de Graefe et Langenbeck, et dans lesquels ces physiologistes ont constaté des obliquités du cristallin consécutives à des adhérences de la capsule avec l'iris ou synéchies. Ces observations ne sont venues à notre connaissance qu'après avoir nous-même fait les expériences dont la relation précède ; elles portent sur le même principe, celui qui a guidé Cramer dans ses belles recherches sur l'accommodation, mais qui ne s'appliquent pourtant pas au même cas. La décentration du cristallin comme fonction n'est point apparue à ces auteurs dans leurs remarquables travaux : ils n'ont noté cette obliquité que comme déviation anatomo-pathologique.

J'ai, dit M. Langenbeck, dans mes écrits, fait une remarque à propos de la position des images de Sanson, sur laquelle Helmoltz n'a pas jugé à propos de s'arrêter, quoiqu'elle fût d'un très-intéressant usage pour l'ophthalmomètre, à savoir : qu'il y a une position de ces petites lumières qui indique une situation oblique du cristallin. Von Graefe, dans les Archives ophthalmologiques pour 1855, annonce comme un fait nouveau la même observation, et dont il tire les mêmes conséquences.

C'était chez un malade qui portait une synéchie postérieure (pupille attirée en dedans et en bas), et qui, lorsqu'il fixait les objets avec son œil malade, faisait faire à son axe optique un angle de 10 à 15° en dedans et en dessous de l'objet.

Dans ce cas, un éclairage oblique, produit avec un faisceau convergent (après dilatation de la pupille), produisait un reflet diffus de la capsule antérieure qui restait adhérente à l'iris au point de la synéchie après la dilatation pupillaire, preuve d'un dérangement de la lentille amené par le mouvement de l'iris.

On obtenait les mêmes résultats des expériences de la réflexion, lorsqu'on plaçait une bougie en face de l'œil, et qu'on se plaçait, soi, sur l'axe de l'œil, mais non de façon à couvrir les images des cristalloïdes, comme c'est le cas lorsque le cristallin est centré.

Ces signes me convainquirent, ajoute de Graefe, de la réalité de la position oblique de la lentille découverte par hasard.

Langenbeck a fait la même observation : obliquité des lumières de Sanson chez un strabique, d'où on devait induire une position oblique du cristallin, Elles étaient, à savoir :

« Lorsqu'on tenait la bougie en face de la cornée, non pas sur une ligne

§ 240. Autre mode de vérification expérimentale. — De même que le mouvement de convergence dû aux verres convexes, celui de divergence dû aux verres concaves se vérifie aussi expérimentalement; on s'en assure encore en observant un myope au moment où il fixe binoculairement un objet qu'il ne voyait pas à l'œil nu, au moyen de deux verres concaves dont il n'emploie d'abord que les régions les plus internes.

Si les verres sont montés sur deux branches mobiles à angle, comme les lorgnons binocles de mode il y a trente ans, quand le sujet rapproche les branches pour arriver à se servir des régions les plus externes, on remarque que les axes optiques se rapprochent avec les branches de l'instrument, ou, inversement, s'écartent avec elles. L'usage des régions prismatiques internes est donc accompagné d'un mouvement de divergence, et celui des prismes externes d'une convergence relative. En même temps, le malade peut s'éloigner davantage de l'objet quand il se sert des prismes externes, et se rapprocher relativement, s'il emploie les régions internes. Enfin il éprouve une réelle fatigue dans ce dernier cas, et se trouve, au contraire, tout à fait à l'aise avec les régions externes.

Ainsi se voient absolument confirmées les prévisions de la théorie.

Une seule circonstance semble, au premier abord, se dérober à ces lois. C'est la limitation dans le sens de l'éloignement, bien moindre dans le cas où le myope emploie les régions prismatiques internes de ses verres. A ce mouvement qui correspond au maximum de divergence des axes optiques, devrait correspondre également non une moindre, mais une plus grande facilité pour apercevoir les objets éloignés; et cela eu égard à l'état de relâchement maximum de l'agent de l'accommodation de distance, isochrone, synergique avec la divergence.

La raison en est sans doute dans le degré de divergence maximum que peuvent prendre les yeux, sans troubler leur

---

droite qui se masquait, mais bien dans une situation ou la lumière renversée était de côté et en dessous, et la troisième plus loin sur le côté opposé.

Je croyais ce fait rare, mais il est plus fréquent que je ne croyais, car je l'ai souvent remarqué accompagnant des synéchies; mais ces expérimentations sont des plus délicates, et le premier venu ne les découvre pas aisément.

Helmoltz considère que le pôle de la cornée est en dedans de l'axe du cristallin où que la cornée est un peu déprimée sur la face externe » (Langenbeck.

harmonie préétablie. A mesure que l'objet s'éloigne, l'angle de divergence exigé des axes optiques devient plus grand, et l'on conçoit qu'un état aussi contraire aux lois naturelles doive se voir plus ou moins tôt limité. La portée de la vue diminue donc en même temps que l'organe se fatigue davantage.

L'analyse directe et objective au moyen des images de Sanson conduit exactement aux mêmes résultats.

§ 241. **Conséquences pathologiques.** — Cette discussion montre incidemment combien les ophthalmologistes avaient raison en recommandant aux myopes la plus grande réserve dans le gouvernement de leur vue et dans l'usage des verres concaves. La myopie tend, avec les années, à diminuer : rien, dans son administration, ne doit donc être fait qui puisse nous enlever ce bénéfice de l'âge. Comme le verre concave a pour principal effet d'épargner les efforts, si utiles à entretenir dans le jeu de l'accommodation, on a donc, avec grande raison, toujours recommandé de ne se servir que des plus faibles numéros qu'on puisse, du reste, facilement employer.

On a recommandé, au même point de vue, de ne jamais en faire usage pour les objets rapprochés, pour les distances où le verre est réellement superflu, où l'œil verrait sans son secours. La conséquence d'une telle pratique est évidente : éloignant le foyer conjugué de l'objet, le verre oblige l'accommodation ciliaire à une activité qu'elle n'aurait pas à déployer sans son emploi. La myopie en est naturellement aggravée.

Mais on n'avait pas encore pu apercevoir ou plutôt apprécier tous les effets de l'emploi des lunettes, avant la connaissance des circonstances de l'accomplissement de la vision binoculaire armée, que nous avons développées ci-dessus. On ignorait que, dans le cas où les verres sont plus écartés qu'il ne convient, ce qui est un cas très-fréquent, les yeux sont obligés de se placer dans une divergence proportionnelle à l'écart angulaire qui existe entre le rayon réel et la direction virtuelle; proportionnelle, en un mot, à la force du verre; or, si dans une telle circonstance, l'objet est, en réalité, trop rapproché, les yeux sont obligés séparément à corriger activement l'influence du verre par un effort actif de l'agent ciliaire. On a alors en présence une dissociation d'harmonie plus grande que jamais, les axes optiques se portant dans la divergence, pendant que l'accommodation ciliaire ou de distance se porte dans le mouvement contraire, ou du rapprochement de l'objet. Les yeux sont alors dans des conditions de choix pour se voir frapper de kopiopie ou d'amblyopie.

§ 242. Création d'axes optiques nouveaux. —

Il est un autre ordre de considérations qui viennent s'ajouter à celles que nous venons de développer. Elles se rattachent, non plus aux actions musculaires, mais aux propriétés mêmes de la rétine, et jouent probablement un grand rôle encore dans ces affaiblissements de la portée de la vue, conséquence de l'emploi des verres de lunettes par les centres de ces instruments.

On a vu, dans l'analyse à laquelle nous nous sommes livré plus haut, que dans le cas de verres convexes, les axes optiques étaient obligés d'exécuter un mouvement angulaire, correctif, de *convergence*, égal à l'angle qui correspond à la différence de distance des accommodations réelle et virtuelle; ce mouvement amenant les axes optiques à se rencontrer *en avant* de la position réelle de l'objet, c'est-à-dire entre l'objet et l'observateur, et à une distance mesurée par ledit angle.

Avec les verres concaves, mouvement angulaire inverse ou de *divergence* des axes optiques, rencontre de ceux-ci au delà de l'objet, à une distance angulaire qui a la même mesure.

Or il est important de remarquer que ce mouvement, dans un sens ou dans l'autre, indépendamment de la dissociation d'harmonie qu'il amène entre les accommodations, crée des conditions nouvelles pour la vue.

Les axes optiques principaux, habituels de l'œil, les axes oculaires, sont refoulés en arrière ou en avant du plan de la distance réelle de l'objet, à une distance angulaire que nous avons définie, et à une distance double de celle-ci, si l'on prend pour point de départ la position de l'image virtuelle.

Il se crée donc de nouveaux axes optiques provisoires, angulairement symétriques avec les axes principaux, et situés, aux distances angulaires ci-dessus indiquées, relativement divergents, dans le cas de verres convexes, relativement convergents, si l'on se sert de verres concaves; la direction réelle de l'objet étant intermédiaire aux axes oculaires ou du globe, et aux axes optiques ou de la vision proprement dite. Or, sans parler du trouble né

d'une telle innovation, du défaut d'habitude relatif de ces régions de la rétine pour l'exactitude des perceptions, on sait que
le tissu rétinien devient de moins en moins parfait et sensible à
mesure qu'on s'éloigne, en dehors ou en dedans, du pôle des
globes oculaires.

On comprend, dès lors, combien doit être grand le désordre
porté dans l'œil, chaque fois que le sujet met de côté ses lunettes, les changements complets qui doivent, à chaque instant,
s'effectuer dans les conditions actives et sensibles de la fonction.
C'est un nouvel élément à ajouter aux causes déjà connues des
maladies fonctionnelles, et ce n'est probablement pas la moindre.

§ 243. **Influence de l'aberration de sphéricité
sur l'effet binoculaire des prismes**. — Tel est le résultat théorique de cette discussion : la zone segmentaire de la
lentille convexe ou concave, propre à opérer la déviation convenable pour chaque œil, est à une distance du centre de la lentille exactement égale au demi-écartement des centres optiques.
Formule assurément simple, mais qui, malheureusement, rencontre sur son chemin un élément inattendu qui complique son
application et, dans les cas ordinaires, deviendrait pour la vision
un notable inconvénient, si on voulait s'arrêter à remplir exactement les conditions théoriques.

La pratique, en effet, nous apprend que si l'on met devant ses
yeux les deux moitiés d'une même lentille bi-convexe, en les
opposant par leur tranche épaisse, c'est-à-dire suivant les conditions exprimées ci-dessus, comme seraient des prismes ayant leurs
sommets dirigés en dehors, si les conditions physiologiques de
la vue sont bien remplies et sans fatigue, elles sont singulièrement troublées par un élément nouveau essentiellement gênant.
Les surfaces sur lesquelles porte l'exercice de la vision et sur
lesquelles se détachent les caractères fins du travail ou de la lecture, ces surfaces au lieu de paraître planes comme elles le
sont, présentent, aux yeux troublés par cette apparence, une
forme convexe, sphéroïdale particulièrement gênante. Ainsi une
table sur laquelle reposent un livre, des objets de travail, semble appartenir à un sphéroïde dont les surfaces extrêmes fuient
en haut, en bas, à droite et à gauche. Cet effet très-perturbateur,
et qui semble augmenter à mesure que le regard s'y attache da-

vantage, ne saurait être négligé, il faut donc rechercher à quel ordre de circonstances imprévues il doit être attribué et s'il n'y a pas quelque moyen de l'en délivrer.

On trouve malheureusement la raison de cette fâcheuse circonstance plus vite et plus aisément qu'un moyen complet et satisfaisant de s'en affranchir.

Fig. 73.

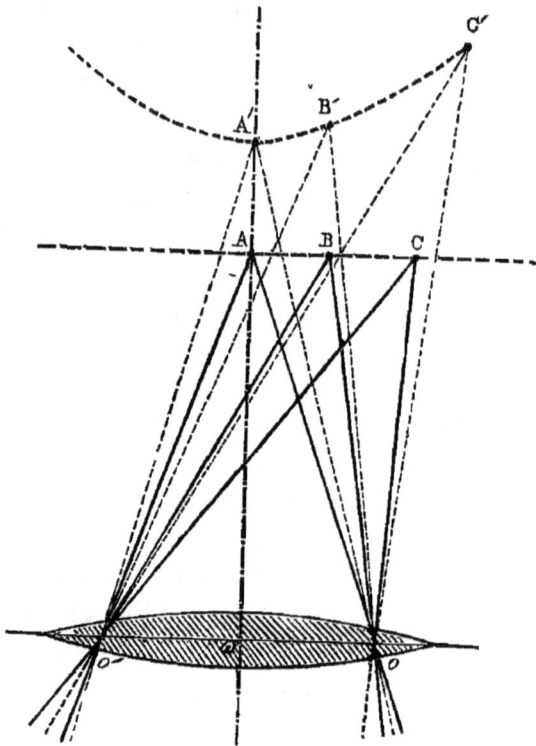

Supposons que A, B, C représentent des points également distants et appartenant à une ligne horizontale placée devant les yeux o et o'. Eu égard à l'aberration de sphéricité, si l'on a déjà à reprocher aux lentilles d'avoir des mesures de réfraction différentes pour un même point A situé sur l'axe, à mesure que les rayons qu'il projette sur la surface de la lentille s'éloignent de cet axe, si les rayons Ao éprouvent ainsi des réfractions intolérablement différentes à mesure que o s'éloigne davantage de ω, et qui exigent, dans tous les usages optiques, des appareils correcteurs, combien ces différences ne sont-elles pas exagérées si l'on considère des rayons tels que B, C bien autrement inclinés, sur l'axe de la lentille?

Or cette différence s'accroît encore si l'on compare les inci-dences Bo', Co' aux incidences correspondantes Bo, Co sur l'au-tre région [du verre. Il est très-simple dès lors que des réfrac-tions si inégalement croissantes pour la droite et pour la gauche, donnent des points de concours de plus en plus éloignés de la distance du point A', point de concours virtuel des rayons émanés de A. Nous disons « de *plus en plus éloignés ;* et tel est bien le sens de l'écart produit, la plus grande déviation d'un même point correspondant nécessairement au côté pour lequel l'incidence fait un angle plus grand avec l'axe de la lentille.

Les points ABC sont ainsi vus en A'B'C'; les plans sont donc remplacés, devant les yeux, par des surfaces courbes fuyant dans tous les sens, à partir du point de vue.

D'après ces considérations, on peut conjecturer, sans crainte d'erreur, que le renversement du sens du prisme doit amener un effet opposé : que les conditions formulées pour le myope, dans les rapports avec le verre divergent, conduira à une ap-parence concave des surfaces planes au lieu de la surface con-vexe virtuelle qui remplace les plans dans le cas que nous venons de considérer. Il en est, en effet, ainsi; mais l'inconvénient, dans ce cas, est à peu près nul. L'influence de la concavité sur des surfaces plus ou moins éloignées est sans grand effet sur le sensorium. C'est tout au plus si le sujet s'en aperçoit quand on la lui fait remarquer. Mais aucun effet perturbateur n'en ré-sulte qui le gêne tant soit peu sérieusement.

La considération que nous venons de développer, l'influence des différences angulaires de l'aberration de sphéricité sur la dé-viation des mêmes points à droite et à gauche est singulière-ment augmentée, si l'on passe de la ligne horizontale aux points situés à droite et à gauche et même dans le plan vertical inter-médiaire, au-dessus et au-dessous de l'horizon. L'épaisseur du verre détermine des différences de réfraction d'autant plus no-tables qu'on s'éloigne davantage de l'horizon. Les deux rayons émanés du même point coupent le verre sur des épaisseurs très-différentes pour les deux yeux, et très-différentes encore entre deux plans horizontaux même voisins. Ces différences de réfraction portent de plus en plus loin le point de concours des directions virtuelles, et l'apparence de convexité ou de concavité croît avec la distance des points à partir de la ligne horizontale ABC.

Il est donc impossible de donner dans l'exécution une application pratique absolue à la formule. Comme dans tant de circonstances en ce monde, il faut, comme on dit vulgairement, prendre une cote mal taillée, procéder par tâtonnements.

La première indication à remplir, et celle-ci est impérieuse, c'est d'abord de décentrer les verres placés devant chaque œil, de façon à ce que si l'on conserve une portion de la moitié interne de chaque verre, pour corriger les effets exagérés dus aux points du champ de la vision situés, sur la droite et la gauche, aux extrémités latérales de la perspective, on se serve au moins pour la plus grande part de la moitié externe, ce qui diminue d'autant, comme nous l'avons vu, l'effort dissociant des accommodations.

D'après notre expérience, en portant, pour des verres du n° 10, les centres des deux lentilles de 7 millimètres à 10 millimètres, de chaque côté, en dedans du centre des pupilles, tout effet de convexité est conjuré, et l'on évite une notable partie de la mauvaise influence de l'association des verres dans la vision binoculaire.

Quant aux verres divergents, cette précaution est superflue, et l'on peut s'arrêter à la formule générale donnée plus haut.

§ 244. Résumé pratique.—Il résulte des développements qui précèdent que l'usage rationnel binoculaire des verres convexes dans la presbytie, des verres concaves dans la myopie, exigerait qu'on n'employât efficacement que les moitiés faisant prisme à sommet externe dans la presbytie, ou dans les verres convexes ; dans la myopie, que les moitiés des verres concaves, faisant prisme à sommet interne.

En d'autres termes, et pratiquement, toute paire de besicles devrait être composée des deux moitiés d'une même lentille, dans chacune desquelles aurait été taillé le verre destiné à remplir le vide de la monture, en ayant soin de les mettre en regard l'une de l'autre par l'extrémité qui correspond au centre de la lentille, ce centre étant lui-même dans le plan intermédiaire aux deux yeux.

Ajoutons qu'outre les avantages que nous venons de dévelop-per, l'emploi des deux moitiés d'une même lentille assure aux verres de besicles une beaucoup plus grande unité.

Mais, eu égard aux considérations présentées dans le § 243, telle est la règle que nous établirions pour la pratique :

Pour les verres convexes, après avoir arrêté le numéro qui convient à la portée de la vue monoculaire, on donnera à la distance des centres des verres un centimètre et demi ou deux centimètres de moins qu'à la distance des centres des pupilles.

Fig. 74.

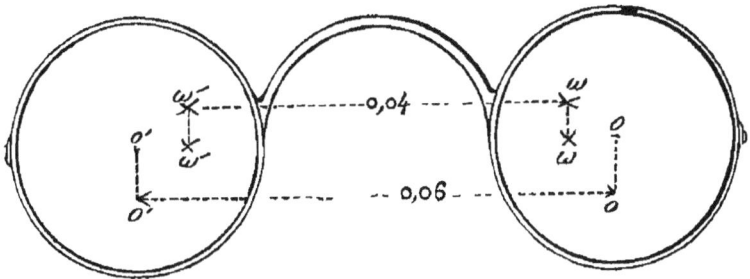

Ainsi, dans l'exemple de la figure, si oo', distance des pu-pilles, égale 6 centimètres, par exemple, les centres des verres convexes seront placés en ω,ω', à 4 centimètres de distance.

Pour les verres concaves, on peut suivre la même règle si l'on veut; cependant, sans crainte d'un effet défavorable, on peut couper en deux la lentille du numéro choisi, et tailler dans chaque moitié un verre pour chaque œil, en conservant aux deux moitiés la place qu'elles auraient dans la lentille totale, comme dans la figure suivante. (Voy. fig. 75, 76, 77.)

Il nous est permis de parler dès maintenant des résultats obtenus par l'usage de ces verres. Le premier effet est un senti-ment de fatigue pour ceux qui ont déjà contracté une habitude mauvaise, et dont les accommodations sont déjà dissociées. Mais cette fatigue n'est pas de longue durée : peu à peu, les yeux rentrent dans une condition plus voisine de la condition normale, et ne sont pas poussés chaque jour plus avant dans les inconvénients de la dissociation. On s'en aperçoit bientôt au soulagement qu'éprouvent les organes, et à ce que les axes des yeux deviennent plus *naturels* (suivant l'expression de Schleisìnger, § 260), c'est-à-dire moins près du strabisme soit externe, soit interne.

Fig. 75, 76, 77.

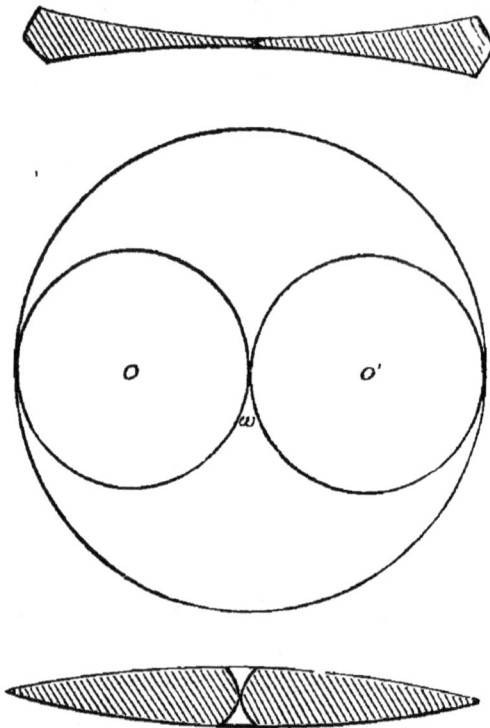

§ 245. Influence de la convergence sur l'accommodation.

modation. — A peu près en même temps que nous déterminions dans notre travail sur l'influence des lunettes sur l'accommodation binoculaire (Académie des sciences, février 1860), l'effet de dissociation de l harmonie naturelle de la convergence des deux axes optiques avec le degré de l'accommodation de distance, M. Donders faisait connaître, de son côté, quelques faits d'observation qui démontrent qu'il avait également méconnu — non pas cette influence dissociante des lunettes, — mais l'influence de la déviation produite par un prisme 1° sur le degré de convergence des axes optiques dans la vision binoculaire et 2° l'influence de cette convergence sur l'accommodation active. S'il eût poussé l'étude de ces rapports un peu plus loin, il aurait vu que par leur association binoculaire, les verres de lunettes en rapport avec les yeux, même par leurs centres, produisaient forcément cet effet prismatique et toutes ses conséquences.

Quoi qu'il en soit, M. Donders a noté l'influence du prisme et du degré de convergence sur l'accommodation, comme on peut le voir par les observations suivantes, dont nous nous emparons à titre de fait confirmatif de nos propres observations et remarques.

« Un fait remarquable, dit M. Donders, c'est qu'un *hyper-presbyope* acquiert la vision nette des points éloignés, s'il regarde au travers d'un verre prismatique dont le coin réfractant (l'angle réfringent) est tourné du côté du nez. Ce sujet est alors forcé, pour voir une seule image, de faire converger ses lignes de vue (axes optiques). C'est cette convergence qui le rend capable de s'adapter sous des rayons parallèles. Lorsqu'au contraire ses lignes de vue (axes optiques) sont parallèles, son accommodation ne peut se faire; il faut leur donner une certaine convergence. Au moyen du même prisme, il est évident que le *presbyope* peut voir de plus près. De même, on peut donner au *myope* la vision de points plus éloignés, en plaçant l'angle réfringent du prisme en dehors. »

I. Le premier fait n'a rien absolument qui doive surprendre; l'hyperpresbyope est celui qui n'y voit pas distinctement, même à l'horizon, c'est-à-dire celui pour qui les rayons parallèles viennent se croiser un peu en arrière de la rétine. Les contours des objets distants sont alors rendus confus par les cercles de diffusion.

On place devant ses yeux un prisme à sommet interne. Pour éviter la diplopie qui résulterait du changement de direction des faisceaux incidents, les yeux sont obligés à opérer un certain mouvement de convergence; M. Donders l'a noté, et on en voit la raison dans notre § 233.

Mais ce mouvement de convergence agit synergiquement sur l'activité ciliaire, en vertu de leur sympathie innée, et le cristallin devient ainsi un peu plus convexe. Le foyer des rayons parallèles, ou foyer principal, se rapproche alors un peu de la face postérieure du cristallin, et ces rayons se croisent alors sur la rétine ou plus près d'elle. D'où l'effet d'amélioration signalé.

II. Le même mécanisme absolument peut être suivi dans le second fait. Nous avons démontré au § 233 comment la convergence plus grande des axes optiques du presbyte, quand on arme ses yeux de verres convexes, pesait sur l'activité ciliaire et tendait à changer la presbytie en myopie. L'effet du verre prismatique à sommet interne est identique sous ce point de vue. Le cas est le même pour le presbyope qui veut voir de près que pour l'hyperpresbyope qui veut y voir plus clair de loin; ils cherchent tous deux à accroître le champ de leur vue par rapprochement de la limite de la vision distincte, par une plus grande convexité du cristallin.

III. Enfin on peut donner au myope la vision de points plus éloignés, en renversant le sens du prisme. Cela n'a rien non plus qui puisse surprendre. C'est par le rapprochement de la limite *distante* de son champ d'adaptation que pèche surtout la vue du myope, par une activité excessive du muscle ciliaire. Le mouvement de divergence provoqué pour éviter la diplopie, par l'action du prisme à sommet externe, a pour acte sympathique naturel, dans le muscle ciliaire, un relâchement proportionné. D'où perception plus étendue dans le sens de l'éloignement.

Toutes ces remarques sont des plus simples.

CHAPITRE XI.

MALADIES OU TROUBLES FONCTIONNELS, CONSÉQUENCES DE LA MAUVAISE ADMINISTRATION DE LA VUE.

SECTION I.

Des conséquences de la presbytie mal gouvernée.

§ 246. — Suivant les observations de tous les ophtholmologistes, une accommodation un peu forcée et prolongée, et contraire à la disposition naturelle du sujet, amène des troubles permanents dans la fonction. Rien de plus compréhensible.

Mais ce qui mérite examen et réflexion, au point de vue physiologique, c'est une seconde observation non moins intéressante, à savoir : que cette fatigue est plus dangereuse chez le presbyte que chez le myope; ce qui ne saurait nous étonner, puisqu'elle revient à dire que l'effort d'accommodation active, ou pour les objets rapprochés, amène plus de fatigue que l'absence d'effort, lequel permet aux myopes de voir les objets rapprochés.

M. Sichel voit la raison de ce fait dans une autre circonstance; il l'attribue à la disposition naturelle de la vue qui devient plus presbyte avec l'âge.

Voici sa phrase : « S'il persiste (le presbyte) longtemps dans « cet exercice (vision rapprochée) et qu'il le renouvelle sou- « vent, sa vue perdra sa portée naturelle pour les objets éloi- « gnés ou s'affaiblira, comme nous le verrons plus tard. On con- « çoit que les effets fâcheux seront plus marqués pour le « presbyte, par la raison que la presbytie augmentant naturelle- « ment avec le progrès de l'âge, elle ne souffre pas l'accommo- « dation à de petites distances aussi facilement et dans une « étendue aussi grande que la myopie; celle-ci, en effet, dimi- « nuant naturellement avec les années, permet de la supporter « sans inconvénient pour les distances qui dépassent plus ou « moins le foyer ordinaire. » (*Lunettes*, p. 16.)

Cette remarque est assurément fondée; mais nous ne lui croyons pas autant d'influence sur le fait observé qu'à la consi- dération tirée de l'état des forces qui président, dans ces deux genres de vues, à l'accommodation pour ces différentes dis- tances. Le myope, en effet, s'il ne fait pas usage de verres mal choisis, ou, plus simplement, s'il ne fait usage de verres d'au- cune sorte, ne pouvant jamais modifier en rien sa vue vers les objets éloignés, et l'ayant toute préparée et facile pour les objets rapprochés, ne saurait d'aucune manière la fatiguer, puisqu'il ne peut même faire d'effort; tandis que le presbyte, pouvant faire effort plus ou moins efficace pour voir plus distinctement les objets peu distants, fait cet effort et se fatigue.

Cet ordre de réflexions nous accompagnera partout dans cette étude, nous montrant toujours la vue du myope ou plus robuste, ou moins contrariée que celle du presbyte par les condi- tions sociales. Quant aux causes de maladies apportées par les instruments destinés à aider à la vision, mais qui ne le font malheureusement, dans la plupart des cas, qu'en amenant à leur suite des conséquences secondaires très-graves, nous exa- minerons plus loin leur degré d'influence pernicieuse relative, chez le presbyte et le myope. Les principes nouveaux établis dans le chapitre précédent nous seront pour cela d'un grand secours.

Quoi qu'il en soit, rappelons-nous le caractère différent de innervation qui préside à l'une ou l'autre de ces vues, l'énergie accommodative chez le myope, son atonie chez le presbyte, et nous nous rendrons aisément compte de cette observation qu'on rencontre bien plus de vues fatiguées chez le presbyte que chez le myope.

M. Donders ne paraît pas être de cette opinion ; pour lui une myopie un peu prononcée doit être attribuée à un excès de longueur absolue du globe oculaire par suite de distension des parties profondes. Il cite des yeux dont le diamètre longitudinal atteignait jusqu'à 10 ou 13 millimètres de plus qu'un œil normal (la moitié en sus !), et croit voir dans cet allongement la cause prochaine réelle de la myopie.

Il n'est pas douteux qu'il n'en soit ainsi par exception, et notamment dans les affections qui déterminent un staphylôme postérieur. Mais est-ce bien le cas général, et tous les yeux myopes offrent-ils une élongation absolue ? La chose est assurément douteuse encore.

Pour un allongement relatif, c'est leur propre définition ; mais nous ne saurions voir dans un allongement absolu, une distension, la cause unique de la myopie. Cette distension suppose une vue déjà malade, très-malade, et l'on a jusqu'à ce jour considéré les yeux myopes comme étant, en général, plutôt vigoureux.

§ 247. De la fatigue de l'accommodation. Kopiopie. Amblyopie presbytique ou asthénique. Hebetudo visûs. — L'étude du mécanisme de la vision, dans les cas pathologiques de vue courte ou de vue longue, avec ou sans lunettes, nous a fait reconnaître que l'abus ou le mauvais emploi de quelqu'une des forces qui président à ce mécanisme, dans l'une quelconque de ces circonstances, pouvait, et même devait être suivi de troubles dans leurs applications futures, de changements dans leurs rapports, et par suite ou concurremment, d'altérations des tissus, des humeurs, des vaisseaux ou des nerfs employés à constituer et à animer cette instrumentation.

C'est ainsi qu'on a reconnu, en ce qui concerne la presbytie par exemple, que l'exercice soutenu, mais non abusif de la vue sur des objets plus rapprochés de jour en jour, pouvait changer la condition de cette espèce de vue jusqu'à l'amener à la myopie ;

Que, de même, celle-ci pouvait, par une application contraire de la vue, sur des objets distants, reculer la limite inférieure de la vue distincte, et même sa limite avancée.

D'autre part, il a été reconnu encore que l'usage des verres concaves trop puissants pouvait, pour cette dernière maladie, être une cause d'augmentation considérable, ou, au moins, arrêter les amendements qu'on peut espérer du progrès des années ; chez le presbyte, de même, l'abus des verres convexes pouvait avoir et avait pour effet, parfois, la confirmation ou le progrès de la presbytie, parfois, au contraire, comme nous le verrons, pouvait conduire à la myopie acquise.

Tous ces changements fonctionnels peuvent être accompagnés, et se montrent tels dans les cas graves et confirmés, d'altérations locales et de troubles organiques.

L'abus dans l'exercice antiphysiologique des facultés visuelles, et en particulier de l'accommodation, donne donc lieu à des troubles fonctionnels qu'on ne peut localiser ailleurs que dans les organes mêmes qui ont présidé au mouvement accompli ; et ce n'est pas là une simple vue théorique, c'est le résultat même des observations pratiques les plus générales et les mieux établies.

Dans les cas que nous venons d'énumérer, par exemple, on constate une activité ciliaire primitivement en excès, et qui se détend petit à petit (myopie décroissante), ou bien, inversement, une accommodation ciliaire qui, primitivement faible et atonique, gagne des forces par l'exercice sage et bien réglé, et fait descendre une presbytie au point d'une vue plus courte, et peut même, les conditions continuant et demeurant excessives en sens contraire, amener un presbyte à l'état du myope (myopie acquise), et même d'hypermyopie avec troubles amblyopiques.

Dans tous ces cas, la force qui préside à l'accommodation de distance, l'élément ciliaire actif, a passé d'un état un peu anormal, par défaut ou par excès, soit à une exagération de son type, soit au type contraire, lui-même exagéré. Tel est, par exemple, le cas du presbyte, qui a fait trop longtemps usage de verres convexes trop forts, et surtout (comme nous l'avons vu au chap. X), par leur moitié interne, et qui peut voir sa vue se changer en une myopie fixe qui caractérise non plus seulement un excès d'activité ciliaire musculaire, mais une véritable contracture.

Mais, dans ce même ordre d'idées, sont-ce encore là tous les dangers à redouter, toutes les conséquences à envisager? Et de même que l'activité ciliaire peut aller, par degrés, de l'excès de tonicité jusqu'à la contraction plus ou moins permanente, de même qu'elle peut s'amender et descendre à un type de faiblesse relative plus ou moins marquée, ne peut-elle s'abaisser jusqu'à la paralysie même plus ou moins confirmée?

Si le raisonnement dit qu'il peut en être ainsi, l'expérience le montre en caractères aussi nombreux qu'irrécusables.

Tous les ophthalmologistes connaissent une maladie très-commune dans laquelle un sujet presbyte, à la suite de certaines circonstances professionnelles sur lesquelles nous allons revenir tout à l'heure, éprouve la série de phénomènes que voici :

Avant de se mettre au travail et en commençant son travail, sa vue est parfaitement nette, facile, il n'y éprouve aucun trouble; mais à un certain moment de son application, le soir, ou par une moindre lumière d'abord, puis à mesure que cet état est confirmé, *à un instant de plus en plus voisin du début*, cette netteté de vue se perd, il y a du trouble, un nuage, de la fatigue. Il ne voit plus les objets petits et rapprochés sur lesquels il fixe son regard. Mais s'il porte les yeux au loin, ou s'il prend des verres convexes, à l'instant il recouvre la netteté des perceptions.

Qu'est-ce à dire et quels sont ces paradoxes que nous présente ici la nature? Comment se fait-il que ce sujet qui lisait parfaitement cette portée de musique il y a une heure, tout d'un coup ne l'aperçoit plus, puis la relit de nouveau si je place entre elle et lui des verres convexes, et qu'il aperçoive aussi très-clairement les objets éloignés? D'où viennent ces apparentes contradictions? Un peu d'attention les lèvera aisément : puisque le sujet voyait nettement, il y a une heure, les petits caractères, qu'il y voit clair quand il fixe son regard au loin, qu'un verre convexe lui rend la vue des premiers objets de son attention, on peut conclure hardiment que l'organe immédiat de la vue, la rétine, n'est troublé aucunement; et que le siége du mal est dans l'intermédiaire, dans l'agent de l'accommodation pour les objets rapprochés. Cet agent, non fatigué, fonctionnerait parfaitement. Fatigué, il ne fonctionne plus : il est momentanément inhabile, endormi, paralysé : la vue est morte quand on a besoin de lui. Mais si l'on s'affranchit de sa participation en regardant au loin, si on le supplée par un verre convexe, alors la vue renaît.

Y a-t-il exagération, défaut de logique, témérité à dire ici du muscle ciliaire ce que nous disons d'un cheval surmené, qu'il n'en peut plus et refuse le service ? Laissons-le reprendre haleine, il reprendra ses fonctions. Et en effet, le lendemain matin la vue est revenue et le malade peut recommencer son travail : travail dans lequel d'ailleurs il est impossible de méconnaître la cause même évidente, rationnelle des troubles que nous venons de signaler : la fatigue excessive. Ne s'agit-il pas *toujours*, dans ces cas-là, de presbytes qui s'exercent ou se sont exercés longtemps, d'une manière permanente, sur des objets petits et rapprochés, c'est-à-dire d'un muscle ciliaire primitivement asthénique, ou au moins paresseux, ce qui est le propre des presbytes obligés à un travail considérable, excessif, anormal, qui doit mettre la vue dans la condition d'une vue moyenne, ou même myope, qui s'épuise à la peine, et dont la révolte s'exprime par la *syncope musculaire*, et peut-être, si le temps s'en mêle, par la paralysie elle-même ?

Et si l'on s'étonne que des presbytes puissent être accusés d'avoir concentré leur attention sur de petits objets rapprochés, nous répondrons que la limite inférieure de la vue distincte dans la presbytie est rarement telle que le sujet ne puisse absolument pas voir de petits caractères sans verres convexes.

Ajoutons à cela que l'effort de convergence exécuté par les axes optiques pour suivre un objet qui se rapproche, influe sympathiquement sur l'accommodation ciliaire active, et aide ainsi à atteindre l'objet proposé, ainsi qu'à ses conséquences fâcheuses. Toutes ces conditions sont, comme on l'a vu, notablement accrues par l'usage des verres convexes tel qu'il se pratique généralement.

D'autre part, le caractère asthénique de la maladie est tellement incontestable que lorsqu'elle est très-avancée et sur le point de passer à l'amaurose, celle-ci elle-même est du genre asthénique et susceptible d'être réveillée par des verres convexes. Plus d'un charlatan a dû sa fortune à cette remarque.

Dans les pages qui précèdent nous venons de décrire une affection qui n'a que depuis un petit nombre d'années sa place dans le cadre nosologique, la fatigue de l'accommodation chez le presbyte, l'amblyopie presbytique, la kopiopie, l'asthénopie, l'*hebetudo visûs*, et qui se caractérise dans sa cause, comme dans sa symptomatologie, par l'épuisement d'une faculté d'accommodation trop faible pour l'objet qu'elle a à remplir.

Tous les auteurs, malgré l'unanimité des descriptions, ne sont pas cependant autant d'accord sur la nature intime de cette affection. Ainsi, suivant M. Donders, l'asthénopie est l'effet direct et constant de l'hypermétropie ou hyperpresbyopie, et l'on ne saurait véritablement l'attribuer aux causes occasionnelles. Tout travail d'un hypermétrope sur des objets situés à de petites distances est suivi d'asthénopie.

La distinction établie par le savant hollandais entre la presbyopie et l'hypermétropie, comme cause d'asthénopie, ne nous semble justifiée qu'au point de vue exclusif où il s'est placé et qui considère le presbyope comme incapable, vu son âge, de tout effort accommodatif. L'hypermétrope, plus jeune, peut exercer ces efforts; et quoiqu'il ait un champ bien plus étendu à leur faire parcourir, puisqu'il part d'un état de repos qui correspondrait virtuellement à une distance plus qu'infinie, il en vient à bout; ce que ne peut faire le presbyope de M. Donders.

L'asthénopie suivrait donc l'hypermétropie, à raison des efforts considérables auxquels elle se livre; elle ne suivrait pas la presbyopie, parce que, dans cet état, il n'y a même pas d'efforts possibles.

Ici se place l'exemple dans lequel M. Donders a reconnu l'influence de la convergence sur le degré d'accommodation (§ 245).

De même qu'elle disparaît sous l'influence des verres convexes appropriés, l'asthénopie disparaît aussi sous l'influence de verres prismatiques faibles.

«Pour s'en convaincre, que l'on prenne un œil emmétrope et qu'on le rende hypermétrope en l'armant d'un verre concave. Cet œil corrigera son hypermétropie par des verres convexes; mais si, en même temps, il augmente la convergence des axes visuels, il y arrivera plus facilement et avec des verres moins forts que ne l'exigerait le degré de l'hypermétropie; et même, si toutefois l'hypermétropie n'est pas considérable, on verra que les verres prismatiques seuls suffiront pour la corriger entièrement. On voit, dans ces dernières lignes, le rapport naturel entre l'accommodation et la convergence se faire jour de manière évidente. »

« Ce que nous venons d'observer dans notre hypermétropie factice, ajoute M. Donders, nous le voyons chaque jour dans la nature. Pour voir plus distinctement et plus facilement, quelques hypermétropes ont une tendance continuelle à augmenter la convergence de leurs axes visuels, et ils le font sans verres prismatiques, ils louchent. Il va sans dire qu'il n'est ici question que de strabisme interne. L'hypermétrope se décide alors à sacrifier un œil pour voir plus distinctement avec l'autre (voyez l'observation de M. Stœber, § 185), et cela s'explique si naturellement que l'on doit plutôt s'étonner qu'il y ait des hypermétropes qui ne louchent pas. Mais ici il faut choisir entre deux maux : d'un côté la diplopie, et de l'autre une vision indistincte à moins d'un effort considérable, et l'on comprend que les yeux qui n'ont pas un besoin impérieux de vision distincte, ou qui n'en font pas souvent usage pour des travaux prolongés, aient moins de disposition au strabisme ; or j'ajouterai : ils ont raison si ce choix entre la diplopie et la vision avec effort dépendait d'un calcul, d'un raisonnement de la part d'un individu affecté d'hypermétropie, et non, comme cela a lieu, d'une force instinctive involontaire. Ils ont raison, dis-je, car il est clair que le strabisme une fois développé, il ne sert plus à rien pour l'accommodation, à cause des changements survenus dans les muscles. Ce n'est que le strabisme périodique, et c'est sous cette forme que débute ordinairement le strabisme dû à l'hypermétropie, qui conserve quelque influence sur la netteté de la vision. »

Cette idée d'un strabisme périodique paraît avoir trouvé des contradicteurs en Allemagne. Les considérations sur lesquelles elles reposent justifient ces contradictions. On voit, en relisant le passage qui précède, que M. Donders se débat entre la convergence et l'accommodation, entre la diplopie qui suivrait une convergence sans mesure avec l'éloignement de l'objet, et l'accommodation qui procure la vision nette. Toutes ces difficultés seront singulièrement atténuées quand on appliquera le principe d'une décentration des cristallins (voir le § 239) à l'étude expérimentale ou observatrice de l'hypermétropie. Le cas est ici, en effet, théoriquement le même que celui étudié dans l'analyse des conditions de la vue binoculaire avec les lunettes. Nous nous sommes étendu assez sur ce chapitre.

§ 248. Kopiopie. — Indications curatives. — Si la kopiopie, l'*hebetudo visûs* ne sont en somme que le résultat de l'épuisement de la faculté d'accommodation, tant directe, c'est-à-dire d'avant en arrière, que *latérale* ou par décentration périodique du cristallin, le remède à un tel état, pour le premier degré au moins, est tout entier dans la suppression de la cause. Il consistera dans le repos de l'organe entier, dans le repos et l'exercice de la vue au loin seulement, c'est-à-dire dans l'éloignement direct des causes, et si cela ne suffit, dans l'emploi des moyens excitants, des stimulants généraux et locaux, des applications toniques, de la strychnine, etc. Peut-on demander un enchaînement plus logique entre les effets et les causes, une concordance plus complète entre les données de l'expérience clinique et les enseignements de la théorie?

Pour nous, les troubles et discordances de la faculté accommodative devront donc être recherchés dans deux états différents des agents qui la desservent, dans l'excès ou dans le défaut d'énergie dont se trouvent frappés les agents de l'accommodation ciliaire ou de distance.

Dans le cas d'excès d'énergie, ce n'est que fort tard que l'on peut s'attendre à voir apparaître la fatigue de l'accommodation. C'est la myopie acquise ou contracture spasmodique, pouvant aller jusqu'à la rétraction fixe, du muscle ciliaire. A sa suite peut apparaître l'amblyopie, et à la suite de celle-ci l'amaurose ; mais alors la rétine doit être affectée dans sa sensibilité même. Nous croyons sage, en effet, de réserver à ces seuls cas où la rétine a perdu tout ou partie de ses propriétés normales, les noms d'amblyopie et d'amaurose.

Si, au contraire, ce qui est le cas le plus fréquent et le plus en rapport avec l'état asthénique de l'organe presbytique, la maladie se manifeste par une diminution dans son énergie propre, on constate les divers symptômes décrits par les auteurs sous les noms d'amblyopie presbytique, kopiopie, asthénopie, amblyopie asthénique, et que nous sommes conduit logiquenient à nommer simplement *fatigue de l'accommodation;* maladie qui consiste, à son premier degré, dans une simple syncope de l'énergie ciliaire et qui, dans son degré le plus élevé, peut offrir le caractère d'une paralysie plus ou moins durable. Et nous réservons le nom d'amblyopie aux cas extrêmes qui précèdent l'amaurose et qui supposent une altération des propriétés mêmes de la rétine, constatée par la réaction de l'œil devant les épreuves tentées avec le trou d'épingle.

§ **249. De la myopie acquise, forme de la koplopie. — Étiologie. —** Nous venons de dire que la fatigue de l'accommodation pouvait se déceler par d'autres caractères que l'épuisement atonique; elle peut revêtir également la forme spasmodique, offrir des caractères qui rappellent la contracture musculaire. Dans nos observations expérimentales sur la décentration du cristallin (§ 239), on en a vu un exemple dans la diplopie qui survit aux essais de vision avec le secours des prismes.

Ces mêmes conséquences peuvent s'observer et s'observent à la suite de l'usage des lunettes convexes; l'effet prismatique est, en ce cas, le même et l'absence de la diplopie y repose sur la même décentration convergente des cristallins. On y peut donc rencontrer et l'on y rencontre en effet le spasme du muscle ciliaire : sa prolongation n'est autre qu'un état plus ou moins prononcé de myopie acquise absolue ou relative.

A son premier degré, cette maladie, que l'exercice simple de l'œil nu sur les objets rapprochés peut également amener, comme elle peut, au premier de ses degrés, produire l'amblyopie presbytique, a été constatée avec son étiologie propre par tous les observateurs, et notamment par Mackenzie, Sichel, etc.

Cette maladie est le propre des classes très-civilisées. L'homme, naturellement, verrait de loin. La vie sauvage, la vie de l'agriculture, la vie du marin le démontrent.

Mais l'enfant qu'on habitue à fixer les yeux sur de tous petits jouets, sur de fins caractères d'imprimerie, dans un horizon très-limité, devient très-aisément myope.

L'apprentissage d'industries délicates est, dans les classes inférieures, absolument dans le même cas.

Tous ces faits logiques sont d'ailleurs d'observation journalière. Les statistiques relevées dans les grands établissements consacrés à la jeunesse les mettent dans tout leur jour. Tout ce qui a été élevé dans les champs ne présente que de très-rares cas de myopie; mais dans ces rangs-là, par contre, la presbytie est particulièrement fréquente. Nous recommandons à ce propos aux mères de famille le passage suivant du savant auteur de l'*Iconographie ophthalmologique*, M. Sichel :

« Lorsque par goût, par état, ou par nécessité, la vue est assidûment et de bonne heure exercée sur des objets petits et rapprochés, comme cela a presque toujours lieu dans notre état de civilisation, la vue, forcée de s'accommoder à ces distances, se raccourcit de bonne heure. Avant même que l'enfant sache marcher, on lui donne pour jouets des objets si petits quelquefois qu'il est obligé de les approcher des yeux, pour en voir les détails. Quelques années après, il est placé à l'école ; là tantôt pour distinguer le caractère trop petit de son livre, tantôt pour tracer des écritures en *fin*, il se trouve forcé de se courber outre mesure sur ses cahiers et ses livres. Né dans la classe ouvrière, l'enfant n'en est pas plus favorisé pour cela sous le rapport de l'éducation de ce sens ; aussitôt qu'on le peut, il est placé en apprentissage, et non-seulement il est souvent contraint à exercer sa vue sur de petits détails de forme, mais la fatigue du bras le force encore à rapprocher les objets de ses yeux. Habitué à ajuster continuellement sa vue à de petites distances, il finit nécessairement par perdre la faculté d'accommodation pour les objets distants et devient myope. »

§ 250. **Influence directe des lunettes convexes.**
—Mais ce n'est pas le seul exercice de la vue presbytique sur des objets rapprochés qui peut avoir pour conséquence la production de la maladie que nous venons de décrire, en faisant ressortir toutes les circonstances de son étiologie mécanique et physique.

Dans notre chapitre spécialement consacré à l'étude des rapports normaux introduits par l'usage des lunettes convexes et concaves dans la presbytie ou la myopie (voyez chap. X) entre les accommodations monoculaire et binoculaire, nous y avons démontré l'existence constante d'une cause de trouble fonctionnel qui ne peut pas n'être pas grave. C'est la dissociation des axes naturels de la vision.

Ainsi, nous avons fait voir que l'emploi binoculaire de toutes lunettes convexes établissait l'exercice de la vision sur des axes en convergence d'autant plus grande que le numéro du verre était plus fort, et qu'en même temps la convergence virtuelle qui correspond à la limite inférieure du champ de la vision distincte était plus *éloignée*, ou l'angle de convergence moindre. En d'autres termes, plus un sujet est presbyte eu égard à la distance de son travail, plus les verres convexes qu'il doit employer dans ses lunettes le forcent à une convergence réelle des axes optiques en plus grand désaccord avec la convergence naturelle de sa vue. Les lunettes l'amènent ainsi à un état de double strabisme convergent momentané, pendant l'exercice de la fonction.

Le myope, au contraire, dans les conditions de sa vue, est mis, par l'usage des lunettes concaves, dans un état inverse de strabisme divergent temporaire, et d'autant plus grand qu'il prendra des numéros plus puissants.

On comprend les effets d'un tel désaccord survenu dans le mécanisme de la vision : chez le presbyte, l'effort constant de convergence que nous venons de signaler, amène sympathiquement un effort ciliaire synergique, comme le ferait une étude assidue, une volonté soutenue pour accommoder sa vue à des objets peu distants, pendant que l'adaptation reste mesurée sur un point relativement éloigné.

La fatigue ciliaire, la syncope, la paralysie, la contracture de cet agent de l'accommodation est donc une conséquence très-naturelle de la dissociation survenue dans les axes; et la kopiopie presbytique, à tous les degrés, un résultat en quelque sorte obligé de ce défaut d'harmonie, introduit dans les conditions de la vue sous le prétexte de la soulager.

Aussi qu'arrive-t-il? Un jour le malade fatigué jusqu'à la contracture, pour la vision rapprochée, voulant regarder au loin, trouve sa vue également bridée dans ce sens. De presbyte, il est devenu myope et myope, par rétraction. Nous ne parlons pas des autres altérations que peuvent et que doivent subir, à la suite de semblables tiraillements, les autres organes du même appareil, les systèmes musculaires et sensibles de l'œil, que l'inclinaison anormale des axes du cristallin l'un sur l'autre doit certainement troubler dans leurs fonctions.

Ainsi empêché dans l'exercice de sa vue, le malade croit de-

voir attribuer à l'insuffisance de la courbure des verres, l'inconvénient qui provient de leur fonction non prismatique ou d'un
effet prismatique inverse de celui qui serait avantageux ; il change
alors de numéro, et se crée, en augmentant la puissance des verres, des conditions de plus en plus défavorables, la discordance
entre les deux accommodations devenant plus grande, à mesure
que la courbure des verres augmente, et, avec elle, l'influence
prismatique de chaque moitié du verre lenticulaire.

Le sujet arrive alors à une fatigue extrême des agents de l'accommodation ciliaire, laquelle est plus délicate encore que l'accommodation de convergence, et on voit se manifester soit les
symptômes de l'amblyopie presbytique, c'est-à-dire la syncope
du muscle ciliaire, soit, si celui-ci jouit d'une certaine force de
résistance à la fatigue, une affection plus profonde et plus durable, un accroissement dans la contraction physiologique de ce
muscle, la diminution graduelle de la presbytie et son passage
à la myopie, avec ou sans maladies plus graves concomitantes.

M. Sichel a observé des faits qui semblent en effet au-dessus
de toute contradiction, tous les ophthalmologistes s'accordent à
cet égard, et qui démontrent que des presbytes ont vu dans un
temps plus ou moins long leur presbytie changée en myopie.

Ces faits n'auraient absolument rien de surprenant dans l'ordre ordinaire des choses. Le presbyte dans la vision ordinaire, à
l'œil nu, peut voir ses efforts vers une perception distincte cou-
ronnés de succès, absolument comme une vue moyenne contracte souvent la myopie par un exercice soutenu sur de petits
objets très-rapprochés.

Cette prolongation d'efforts volontaires, si l'individu ne tombe
pas malade, s'il ne fatigue pas ainsi ses yeux outre mesure pour
ses forces, amène dans ce cas un effet semblable à celui éprouvé
par le myope par le triste bénéfice des années. L'état de leur
vue se change tout pour tout, chez l'un activement, chez l'autre
pasivement.

Telle est la réelle et rationnelle origine de la myopie acquise,
et l'on comprend que la presbytie en fournisse les éléments
comme la vue moyenne, quoique moins aisément ; c'est dans
l'ordre physiologique.

Mais ce qui ne se comprenait plus, c'étaient les cas offerts par
certaines des observations de ce savant maître. M. Sichel a

vu la presbytie se changer en myopie dans des cas tout différents de ceux dont nous venons de parler. Loin d'exercer leurs
yeux par des efforts d'accommodation, les malades dont il est
question ici se servaient de lunettes convexes. Et constatant le
fait, M. Sichel en voit la raison dans cette circonstance même :
les verres devaient être trop forts pour ces malades, et c'est ce
qui les a rendus de presbytes, myopes.

Citons textuellement les phrases suivantes :

« Les changements qui eurent successivement lieu dans la
vue de cette dame (de presbyte devenue myope, p. 89), nous
semblent expliquer parfaitement le phénomène qui nous occupe ;
l'usage de lunettes *trop* fortes (n° 12), en forçant *de trop rapprocher* les objets, avait produit un certain degré de myopie
acquise, bien constatée par la nécessité de l'usage d'un n° 14
concave pour voir de loin, circonstance qui devait augmenter
la myopie, puis la rendre définitive. Grâce à cette myopie, la
malade commença à lire sans lunettes ; mais, remarquons-le
bien, non à la distance qui lui avait été habituelle avant l'usage
des lunettes de presbyte, au contraire, en rapprochant beaucoup les objets comme font les myopes. »

Ce commencement d'observation semble au premier abord
paradoxal ; comment un instrument, qui épargne du travail à
l'appareil accommodateur, peut-il produire le même effet que
les efforts qu'il a pour objet d'éviter ? Comment comprendre
que le verre convexe qui ramène sur la rétine, ou au devant de
la rétine, le foyer conjugué d'un objet, qui établit les circonstances mêmes où la vue s'exercerait tout naturellement, sans
fatigue et comme si cet objet était dans le vrai champ de la vision distincte ; comment cet appareil peut-il produire les effets
que la logique ne reconnaît que dans les efforts musculaires
actifs, soutenus, d'un appareil qui travaille à produire une accommodation difficile ?

La chose est impossible si l'on s'arrête aux termes mêmes du
problème tel qu'il est posé. Mais il y avait là un élément négligé ou plutôt méconnu ; et l'étude de la vision binoculaire armée, celle des nouvelles conditions qui la rendent possible, a révélé l'existence et la nature de cet élément nouveau, la dissociation des axes optiques, la lutte entre la convergence réelle
et la convergence virtuelle.

§ 251. La myopie acquise ne tient pas à l'usage de verres trop forts, mais à la dissociation de la synergie binoculaire.—Absolument parlant, et dans le sens qu'a nécessairement eu en vue M. Sichel, le presbyte ne peut pas s'être servi de verres convexes *trop* forts; car avec des verres absolument trop forts, il lui eût été impossible d'y voir aucunement.

Le presbyte qui se sert de lunettes convexes *trop* fortes, eu égard à la distance de l'objet, ramène en effet en avant de sa rétine le foyer conjugué de l'objet; tout *effort* actif d'accommodation (ce sont ceux qui conduisent à la myopie) n'aurait d'autre effet que de ramener ces foyers plus en avant encore; sa vision ne gagnerait donc rien à cet effort inutile. L'apposition du verre convexe trop fort le transformerait simplement en myope, comme le myope qui se sert de verres concaves trop puissants serait transformé en presbyte et non pas soulagé.

Considéré isolément, un verre *trop* fort, dans l'un et l'autre cas, aggrave l'état anormal dans le sens même de cet état; mais employé binoculairement il produit des effets secondaires tout opposés; changeant le sens de son influence naturelle, il imprime au myope une marche vers la presbytie, au presbyte, une tendance vers la myopie. Nous avons assez développé cette idée pour être dispensé d'y revenir. On se rappellera que l'obligation pour l'œil de maintenir à l'état de discordance active, dans les deux sens, d'une part son activité ciliaire, de l'autre son énergie de convergence, enchaîne l'une de ces forces à l'autre dans des proportions anormales.

Le moindre des inconvénients d'une telle condition est de fixer d'une manière absolue l'accommodation ciliaire, de tenir cette accommodation en tension perpétuelle, d'amener ou sa fatigue, et par suite sa syncope, sa paralysie momentanée ou durable, ou enfin sa contraction spasmodique, finissant par entrer dans la famille des rétractions musculaires.

La première de ces situations nous est connue par ses caractères symptomatiques, l'amblyopie presbytique.

La dernière, la rétraction permanente, nous donne la clef de la myopie acquise.

Nous verrons tout à l'heure les effets de la troisième condition physiologico-pathologique, l'amblyopie amaurotique, ou l'amaurose elle-même confirmée.

C'est en ce sens seulement que nous pouvons nous rendre compte de la production de la myopie acquise comme conséquence de l'usage de verres convexes, par l'influence de l'effort de convergence sur l'effort physiologiquement synergique de l'accommodation ciliaire; car, monoculairement, jamais verre convexe ne saurait rendre myope. Le propre de son action est, au contraire, l'aggravation de la presbytie.

Nous ne doutons pas que l'illustre maître n'accepte cette explication d'un fait qu'il a le premier manifestement reconnu, et dont il a démontré l'influence pathogénique, quand il a établi que « quelque paradoxale que la proposition puisse paraître, les verres convexes peuvent rendre myopes. »

§ 252. Second degré de la kopiopie. Myopie acquise compliquée d'amblyopie.

—Le degré le plus élevé des troubles fonctionnels que nous venons de mentionner se trouve réalisé quand la contracture spasmodique du muscle ciliaire a rendu désormais impossible toute modification dans le degré de l'accommodation. A la suite de cette altération grave de la physiologie de l'organe, les autres éléments qui le constituent se trouvent eux-mêmes secondairement affectés; la rétine s'anesthésie, comme tout organe d'une sensibilité qui n'est plus mise en jeu, et l'amaurose devient imminente.

M. Sichel, qui a le premier décrit, d'après l'observation, ces maladies, s'exprime ainsi sur leur vue d'ensemble :

Dans le fond, la myopie acquise simple, la myopie acquise compliquée d'amblyopie, et l'amblyopie presbytique, avec tous les degrés et nuances intermédiaires, sont des affections essentiellement identiques, dont l'amblyopie presbytique est le premier degré. Son plus haut développement est la myopie acquise avec amblyopie, et l'altération permanente du foyer; de là à l'amaurose, il n'y a plus qu'un pas.

§ 253. Du traitement de ces affections, considérées comme conséquence d'une presbytie mal gouvernée.

Le traitement que l'expérience proclame est ici celui que la logique même indique, c'est le triomphe de la détermination étiologique des troubles fonctionnels que nous venons de décrire.

L'expérience sur laquelle nous nous appuyons ici premièrement, établit que ces affections sont tout d'abord exclusivement fonctionnelles, et qu'à moins d'avoir amené à leur suite, faute de traitement, une amaurose confirmée avec les altérations anatomiques que sa chronicité comporterait, on ne trouve génélement avec elles ni congestion rétinienne ou choroïdienne, mais de simples perturbations musculaires.

Depuis que l'expérience a enseigné ces vérités aux plus habiles, un puissant moyen d'investigation a été remis aux mains de l'ophthalmologiste : nous voulons parler de l'ophthalmoscope. L'examen des yeux à l'aide de cet instrument établit immédiatement si l'on a, ou non, affaire à une altération anatomique de quelqu'une des membranes, auquel cas telle indication que de raison surgirait.

Cette circonstance écartée, il convient également de circonscrire les éléments du diagnostic dans le système musculaire de l'organe, s'ils doivent l'être, en s'assurant de l'état de la sensibilité rétinienne. Ce que l'on fait en un instant, au moyen de la lunette panoptique de M. Serres (d'Uzès), et à son défaut, par l'emploi d'une carte percée d'un trou d'épingle, instrumentation sur la valeur de laquelle nous nous sommes déjà maintes fois expliqué, et dont le mérite exquis est de s'affranchir, dans le diagnostic, de l'élément de l'accommodation ciliaire ou de distance. On n'oubliera pas non plus l'emploi des phosphènes, procédé si heureux d'exploration rétinienne.

Ces préliminaires réglés, les antécédents sont examinés au point de vue de la perturbation qu'ils ont pu amener dans le mécanisme de l'accommodation ciliaire ; ils se résument à déterminer si le sujet était naturellement presbyte, et s'il a fait ou non jusque-là usage des verres convexes, ou s'il a simplement fixé sa vue de presbyte sur des objets trop rapprochés.

Dans tous ces cas, il lui sera prescrit d'avoir le plus grand soin de reposer fréquemment sa vue en l'employant à fixer des objets très-différemment distants. Exercice qui devra être d'autant plus longtemps répété que la maladie sera arrivée elle-même à un degré plus avancé.

Les moyens thérapeutiques dirigés par M. Sichel contre l'état asthénique de l'organe seront d'ailleurs avantageusement employés. Nous n'avons encore rien dit des lunettes convexes ;

or ici elles doivent être considérées à un double point de vue, comme remède à la kopiopie ou amblyopie dans un cas, comme cause de l'affection dans l'autre cas.

Et d'abord nous savons aujourd'hui à quoi attribuer leur mauvaise influence, leur action directe sur l'amblyopie et la myopie acquise ; c'est à l'usage habituel ou constant, soit de leurs moitiés prismatiques internes (qui sont sur le chemin naturel de la convergence binoculaire), soit même de leurs parties centrales. C'était fort à tort qu'on faisait reporter sur les verres convexes eux-mêmes un effet déplorable, que l'usage exclusif de leurs moitiés externes aurait assurément conjuré.

La reconnaissance de cette influence aura donc un double effet : premièrement, de remédier à cette pernicieuse action, en conseillant aux sujets qui font usage de ces lunettes de les employer par leurs moitiés externes ; secondement, de remédier de même à la presbytie obligée de s'attacher à de petits objets, en lui offrant des lunettes convexes qu'elle pourra utiliser sans danger, toutes réserves faites d'une sage appropriation de leur courbure au degré de la presbytie et à la délicatesse de l'occupation professionnelle du consultant (1).

§ 254. **Myotomie.**—M. Sichel consacre un chapitre entier à l'appréciation de la myotomie oculaire comme moyen de combattre l'amblyopie presbytique.

Cette idée a pu être mise en avant tant qu'on attribuait aux muscles externes le rôle d'agents de l'accommodation de distances. Or on sait aujourd'hui qu'ils n'ont sur cette accommodation qu'une influence très-secondaire.

Et cependant on a, dit-on, des succès. Cela peut être, mais sans diagnostic réel et rationnel antérieur.

Il est, en l'état des choses, impossible de se rendre un compte sérieux de ces sortes de guérisons, en les supposant constatées. Elles datent d'une époque où l'on était dans l'impossibilité d'établir un diagnostic assuré sur l'état des membranes profondes. Supposez un ramollissement de ces membranes, une

(1) Voir le § 244 et dernier du chap. X, qui règle le rapport à établir entre les centres des verres et les centres des pupilles, tant pour les verres convexes que pour les verres concaves.

distension consécutive en voie d'amener un staphylôme postérieur, et l'on peut comprendre que l'amendement apporté par la myotomie à la compression du globe, remédiant à cette distension, corrige en même temps et la myopie et l'amblyopie.

Qui peut affirmer qu'il n'en était pas ainsi dans les cas cités, puisqu'à leur époque on ne connaissait pas encore l'ophthalmoscope?

Il en serait encore de même dans le cas où une habitude de convergence excessive, créée par l'usage des verres convexes, aurait produit une espèce de strabisme et de contracture consécutive. En ce cas encore, la myotomie peut être suivie de succès au point de vue même de la myopie et de l'amblyopie qu'elle tient sous sa dépendance.

Elle peut alors réparer tout à la fois.

Mais les cas relatés n'ont pas été étudiés à ce point de vue : les exemples passés sont donc sans signification, et la question doit être reprise sur ces nouvelles bases rationnelles.

L'expérience si consommée de M. Sichel le conduit du reste aux mêmes conséquences :

« En traitant de l'amblyopie congénitale avec presbytie, nous avons noté déjà que cette affection est facile à confondre avec la myopie simple, surtout lorsque le malade, à force de rapprocher les objets ou de se servir de verres convexes très-forts, a déjà notablement raccourci la portée de sa vue. Après une action plus ou moins prolongée de ces causes, la presbytie congénitale peut se transformer en myopie. Alors rien n'est plus difficile que de préciser le diagnostic et d'asseoir le traitement, particulièrement lorsque le malade a fait un long usage de verres concaves. Peut-être même après avoir subi cette transformation, l'affection est-elle absolument incurable sans la myotomie. Parmi les cas de kopiopie opérée avec succès par la myotomie, il semble y en avoir un certain nombre de cette nature C'est dans l'amblyopie congénitale, compliquée de myopie acquise, que cette opération me paraît avoir son indication la plus positive et permettre les résultats les plus satisfaisants. »

Si les aperçus qui précèdent sont exacts, rien ne serait plus logique, en semblables circonstances, que d'essayer une autre sorte de myotomie : la myotomie ciliaire. On a vu au § 216, ses résultats à l'endroit de la myopie congénitale : ne serait-elle pas plus indiquée encore dans le cas de myopie acquise ou par rétraction fixe de l'appareil ciliaire? Nous n'hésiterions pas à l'éprouver dans des cas bien définis et pour lesquels le diagnostic eût été bien sérieusement posé.

§ 255. Suite du même sujet. De l'hebetudo visûs.—

Sous le terme « hebetudo visûs, » M. Donders décrit une affection caractérisée par les symptômes suivants : impossibilité de prolonger longtemps l'adaptation nécessaire pour lire, écrire ou faire quelque travail délicat sur un objet rapproché. Ce symptôme en serait le signe pathognomonique. Chacun reconnaît à ce portrait ce que nous avons déjà décrit sous le nom de fatigue de l'accommodation, amblyopie presbytique, kopiopie, asthénopie.

Ce caractère d'incapacité de l'accommodation ou d'excès de fatigue, amenant la syncope dans le muscle ciliaire, nous l'avons étudié dans ses causes et les soins qu'il réclame : nous l'avons vu le plus souvent se manifester à la suite d'une presbyopie mal gouvernée.

Sans préciser avec le même degré d'exactitude son étiologie, rencontrée par M. Sichel chez le presbyte attaché aux travaux trop délicats et trop rapprochés, M. Donders décrit un cas particulier de ces troubles évidemment fixés dans la faculté d'accommodation.

« Dans tous ces cas très-fréquents, dit M. Donders, l'étendue de l'adaptation est, *sans exception*, demeurée normale; seulement ses limites ont été transportées à une plus grande distance de l'œil. Le sujet est devenu hyperpresbyope, mais a conservé en elles-mêmes les facultés accommodatrices; c'est-à-dire (car il faut expliquer cette contradiction), que ne pouvant plus rien voir de près, ni même de loin, il recouvre la faculté d'y voir à distance, à l'horizon, soit par un verre convexe, soit par un prisme à sommet interne, qui tous deux provoquent la convergence. »

L'accommodation perdue pour les objets éloignés, comme pour les objets rapprochés, est donc réveillée chez ces sujets par l'acte de la convergence, par le prisme interne, lequel obligeant à une convergence sans rapport avec la distance (comme nous avons vu pour l'effet binoculaire des lunettes convexes), rappelle indirectement en action la faculté d'accommodation.

Il semblerait résulter de là que cette maladie pourrait être appelée, non pas comme le fait M. Donders, une hyperpresbyopie facultative, mais une véritable hyperpresbyopie consécutive, une dissociation complète entre l'accommodation de convergence naturelle et l'accommodation de distance, rétablie par la convergence artificielle et forcée. Rétablie, bien évidemment, dans une mesure imparfaite et incomplète, puisqu'elle met le plan équatorial du cristallin dans une inclinaison sans rapport aucun avec les axes visuels réels.

Cette discussion analytique des faits étudiés par M. Donders met dans une nouvelle lumière nos propres remarques sur la dissociation des accommodations par les lunettes. De même que l'hyperpresbyopie se voit corrigée, ou peut être corrigée par l'action de prismes internes, établissant une nouvelle harmonie artificielle entre la convergence et l'adaptation, on peut se demander si la cause prochaine de l'affection qu'a décrite M. Donders, sous le nom « hebetudo visûs » ou d'hypermétropie consécutive, ne serait pas, elle-même, à trouver dans un effet dissociant de l'harmonie des accommodations de distance et d'angle, non plus dans le sens de la convergence, mais en sens inverse, et tel que le procure l'usage des lunettes concaves dont nous avons montré l'action de divergence sur les axes optiques, et par suite l'effet relâchant (probable) sur l'accommodation de distance.

C'est un fait qu'il convient d'étudier et qui serait, pour le myope se servant de verres concaves trop écartés, le pendant de la production de la myopie acquise par le presbyte, à la suite de l'usage mal gouverné de sa vue au moyen de lunettes convexes.

Cette considération serait d'autant plus plausible que l'affection trouve ses moyens curatifs, ou palliatifs au moins, dans la pratique inverse, l'usage des verres prismatiques internes, ou des lunettes convexes qui produisent le même effet de convergence.

SECTION II.

Des conséquences de la myopie mal gouvernée, ou troubles de la vue consécutifs à la myopie.

§ 256. — Si nous demandons aux faits ou aux auteurs classiques quelles maladies fonctionnelles semblent devoir être attribuées, comme point de départ, à la myopie mal gouvernée, nous trouvons le tableau suivant :

1° Les verres concaves, disent universellement les auteurs, fixent la myopie et l'aggravent, et cela d'autant plus qu'ils sont d'un degré plus élevé. C'est le premier degré du trouble visuel; le malade sent qu'il a besoin de verres plus concaves; il voit alors son mal croître avec le remède.

2e degré. Myodopsie ou apparition de mouches volantes.

3e degré. Kopiopie véritable ou fatigue de l'accommodation; très-analogue dans sa marche à l'amblyopie presbytique; Le premier symptôme est ici la fatigue, la lassitude, la douleur, l'augmentation de la myopie (?) accompagnée de trouble de la vue *même* pour les petits objets rapprochés.

Le malade qui y voit nettement au début de son travail, voit tout d'un coup, au bout d'un temps plus ou moins long, le trouble survenir et qui le force à s'arrêter.

A ces états succèdent l'amblyopie et l'amaurose myopiques.

Les caractères de cette affection sont une faiblesse rétinienne sans signes généraux de congestion, quelques douleurs fugitives parfois, grande sensibilité nerveuse des yeux, grande persistance des impressions lumineuses, mais absence de netteté; tout cela évidemment indépendant de la distance. *Point de fatigue accommodative.* Symptômes qui semblent fixer l'origine du trouble dans la rétine elle-même.

M. Sichel attribue ces troubles à l'excès de force des lunettes concaves. Cependant il constate que l'accommodation semble y jouer un faible rôle.

«L'amblyopie, dit-il, chez le myope, paraît primitivement congestive, ou du moins, les causes qui la font naître ne sont nullement liées au foyer de la vision. Chez le presbyte, au contraire, la nature seule de la portée de la vue, sans congestion, ni autre état pathologique, amène très-fréquemment l'amblyopie. Ce qu'on peut formuler par cette proposition :

« L'amblyopie chez le presbyte est le plus souvent *optique*, elle est le plus souvent pathologique chez le myope, p. 125. »

Et ailleurs : «La cause la plus fréquente, la plus ordinaire de la choroïdite postérieure à tous les degrés, mais surtout au premier et au second, c'est, dit M. Sichel, la myopie augmentée par l'habitude de trop rapprocher les objets et par l'usage de verres concaves trop forts. La kopiopie, de même que l'amblyopie et l'amaurose myopiques, sont, d'après nos recherches ophthal-moscopiques, symptomatiques des différents degrés de la congestion choroïdienne et de la choroïdite postérieure. L'usage prolongé de lunettes concaves trop fortes donne même lieu à l'invasion soudaine d'une forme d'amaurose dont aucun auteur n'a parlé jusqu'ici et que l'on pourrait appeler « *amaurose myopique aiguë ou foudroyante.* » Tantôt elle est accompagnée de choroïdite postérieure, de rétino-choroïdite ou de leurs suites, ou d'une simple hypérémie rétino-choroïdienne, tantôt l'ophthalmoscope ne montre aucune maladie matérielle. La constante et excessive accommodation de la vision aux verres concaves trop forts, et la tension excessive et prolongée de la choroïde semblent, dans ce cas, avoir paralysé la rétine. » (Sichel, *Iconographie ophthalmologique.*)

§ 257. De l'hebetudo visûs ou kopiopie, suite de myopie mal gouvernée. — Tels sont les résultats généraux classiques de la mauvaise administration de la vue chez le myope. Ils sont rares et assez mal définis. Quand la maladie s'élève jusqu'à l'amblyopie et *à fortiori* l'amaurose, les auteurs ne semblent pas croire que la vraie cause en soit dans la fatigue de l'accommodation. Cette opinion nous paraît devoir être plutôt due à des idées théoriques que fondée sur une véritable observation expérimentale.

Les idées théoriques, puisées exclusivement dans la connaissance des rapports de la vision myopique *monoculaire* avec les verres concaves, ne pouvaient pas permettre aux auteurs de voir autre chose qu'une aggravation de la myopie ou une fatigue accommodative dans les conséquences de l'emploi des verres concaves *trop* forts. Il eût semblé paradoxal que des verres concaves pussent produire autre chose que de la myopie.

Et cependant l'observation avait enseigné cet autre fait également paradoxal, que le verre convexe changeait la presbytie en myopie!

On ignorait alors l'influence de l'acte binoculaire et le désaccord des accommodations qui en est la conséquence.

Or, eu égard à ce désaccord, les verres concaves binoculairement employés, par leurs centres ou par leurs moitiés internes, ce qui est le cas le plus habituel, changent, on l'a vu, en divergence souvent exagérée la convergence naturelle des axes optiques du myope, de même que les yeux du presbyte sont poussés constamment vers la convergence.

Inversement à ce qui s'observe chez ces derniers, le changement de la presbytie en myopie, on devrait trouver chez le myope, fatigué par l'usage des verres concaves binoculaires, une vue plus longue suivre le mouvement de divergence des axes optiques.

Cela, dira-t-on, n'est qu'une vue de l'esprit; mais assurément, en présence du peu de précision des éléments dont la science est en possession sur ce point, il est permis de présenter ce nouveau point de vue aux observateurs, si ce n'est comme vérité acquise en fait, au moins comme objet d'étude et d'examen, puisqu'il est d'ailleurs l'expression de la physiologie elle-même.

Mais ce qui ressort clairement des faits, c'est tout au moins l'absence de troubles du côté de l'accommodation, et la fréquence, au contraire, des accidents du côté des systèmes vasculaire ou nerveux; ce qui est acquis à la discussion, ce sont les affaiblissements ou plutôt les hyperesthésies de la rétine. Les congestions ou hypérémies rétinienne et choroïdienne, enfin l'amaurose.

Il reste donc à déterminer plus expressément les rapports de ces derniers caractères constants avec le mouvement de divergence exagéré qui s'observe *toujours* après l'usage prolongé des verres concaves trop écartés.

Ce qui est encore digne d'attention, c'est l'influence avantageuse que peut avoir sur la marche de la myopie ce même effet de divergence, s'il est modéré. Il peut s'opposer physiologiquement à l'accroissement de la myopie comme résultat monoculaire de l'usage du verre concave, et permettre au myope, ce que confirme l'expérience générale, de bénéficier des progrès de l'âge tout en soulageant sa vue dans chaque cas.

C'est depuis que nous avons écrit les lignes qui précèdent que nous avons eu connaissance des observations de M. Donders sur l'hyperpresbyopie et la part qu'il lui attribue dans l'*hebetudo visûs*. Il y a là assurément, entre l'induction théorique et le fait observé une remarquable concordance; et tout porte à croire que l'usage des verres concaves employés irrationnellement, c'est-à-dire, comme on l'a toujours fait jusqu'ici, par leurs centres ou leurs moitiés internes (dans la vision binoculaire s'entend) produit un effet consécutif tout à fait analogue, quoique inverse, à la transformation de la presbytie en myopie, par les verres convexes, à savoir, la métamorphose de la myopie en presbytie et en hyperpresbyopie. La divergence anormale des axes optiques entraînant le relâchement, la paralysie de l'accommodation, comme la convergence excessive en amène à la longue la contraction.

L'hyperpresbyopie serait donc la conséquence d'une vue troublée par l'usage intempestif binoculaire des verres concaves, comme la myopie acquise est l'effet de l'application erronée binoculaire des verres convexes.

Chacun de ces écarts, inverses l'un de l'autre, des lois physiologiques a donc sa conséquence propre dans le cadre morbide, et telle que de la considération des effets constatés on peut déduire leur cause, comme de l'analyse de la cause on peut pronostiquer les effets.

Disons enfin que pour établir un diagnostic sérieux et précis, il y aura toujours nécessité de faire, par l'examen ophthalmoscopique, par la rétinoscopie phosphénienne, et enfin par l'essai de la vue à travers le trou d'épingle, la part que pourraient avoir dans les symptômes une altération matérielle ou fonctionnelle des membranes profondes; ainsi que celle de la transparence des milieux. Ce n'est que par l'exclusion de ces causes possibles qu'il sera permis de localiser l'affection dans l'appareil préposé à l'exercice de l'adaptation.

CHAPITRE XII.

TRAITEMENT DE L'AMBLYOPIE PAR LES LUNETTES.

§ 258. Les ophthalmologistes se sont fréquemment posé la question de la curabilité de la presbytie et de la myopie, et l'ont résolue très-diversement. Les uns par l'affirmative, les autres, au contraire, en la niant absolument, au moins en ce qui concerne la presbytie.

Ces divergences se comprennent : si les exemples ne sont pas complétement rares dans lesquels l'une ou l'autre de ces maladies a pu se voir modifiée, amendée en sens utile, il a d'abord été toujours très-difficile de s'assurer que ces amendements ne fussent pas dus aux seuls efforts de la nature ou de l'âge; et secondement, de déterminer quelles étaient ou pouvaient être leurs vraies relations avec les moyens mis en usage et suivis en apparence de succès.

Une vue soit myope, soit presbyte, qui ne se rattache pas à une constitution maladive profonde, et qui n'est pas fondée sur des éléments par trop prononcés ou trop réfractaires (la chose est d'expérience journalière), se corrige fréquemment par une hygiène gymnastique, sage et bien réglée, par un exercice fréquent et constamment varié qui appelle souvent en action les muscles oculaires, sans jamais les attacher longtemps au même degré, ni au même sens d'action. Ce principe hygiénique est général et ne s'applique à l'appareil oculaire que comme à un cas particulier du système musculaire général.

Les effets à en attendre échappent à toute autre analyse qu'à celle de la physiologie générale : leur formule ressortit à la pathologie générale et se ressent des conditions, toujours un peu vagues, des influences vitales qui échappent par leur essence à toute mesure uniforme.

Mais il n'en est plus de même pour les cas où un procédé, un agent physique ont été mis en œuvre dans le but de corriger mécaniquement l'un à l'autre de ces états, par un changement déterminé introduit dans les conditions extérieures de la vue. L'influence de l'agent étranger peut être appréciée : mais il reste à savoir si elle l'a toujours été exactement.

Ces agents, ces procédés, ce sont, tout simplement, les verres de lunettes par l'usage desquels on a cherché souvent à produire le résultat désiré. Et c'est là-dessus qu'il existe un certain désaccord, et assurément beaucoup d'obscurité.

En plusieurs circonstances, des chirurgiens, sur la probité scientifique desquels le moindre doute ne saurait être élevé, ont annoncé avoir triomphé d'amblyopies (et le mot d'amaurose a même été prononcé) au moyen de verres convexes. La chose est simple dans les cas où l'amblyopie en question pouvait consister en une faiblesse rétinienne, une asthénie presbytique ; mais comment la comprendre si, comme les auteurs l'annoncent, les sujets en question étaient myopes ?

,S'il est simple, en effet, que le verre convexe, en tant que collecteur de lumière, apporte sur la rétine des pinceaux efficaces plus puissants, comment se représenter que les verres aient été d'une utilité quelconque dans une myopie réelle, puisqu'ils éloignaient en même temps le point de départ virtuel de ces rayons, le lieu même de l'objet vu ou à voir ?

La légère augmentation de l'angle visuel dû à la distance qui sépare alors le verre convexe du cristallin peut-elle compenser l'augmentation rapide des cercles de diffusion, le trouble croissant des contours des objets ? Donders a établi, on le sait, la proportion croissante des cercles de diffusion au fur et à mesure que les objets s'éloignent.

Cette méthode cependant a produit, paraît-il, des résultats encourageants entre les mains de M. Bonnet (de Lyon) (voir un travail de ce regrettable maître, inséré dans le *Bulletin de thérapeutique*, 2e série 1857). C'était aussi le moyen employé par un empirique du nom de Schlesinger, cité par cet auteur, et qui a obtenu par lui des cures incontestables dans plusieurs grandes villes de l'Europe. Nous reviendrons tout à l'heure sur les points du traitement de ce dernier, qu'il avait soin d'ailleurs de tenir dans l'obscurité.

M. Bonnet a donc, ainsi que Schlesinger, obtenu la guérison de plus d'une amblyopie par l'emploi des verres convexes ; nous l'admettons très-aisément pour les cas de presbytisme, mais non pour la myopie. Nous devons croire que dans les cas, mal définis d'ailleurs, où l'amblyopie en question était supposée d'origine ou d'essence myopique, on avait, en réalité, affaire à un état tout opposé à la myopie, à savoir : l'hyperpresbyopie, l'hypermétropie, affection nouvelle que nous avons déjà suffisamment décrite d'après Donders. Cet état de la vue, inconnu à l'époque à laquelle ont été faits les essais dont il est question, en a probablement imposé pour un état d'affaiblissement myopique, eu égard à cette circonstance que la convergence forcée du regard, dans la vision rapprochée, réveille chez les hypermétropes jeunes encore, et sympathiquement, la faculté d'accommodation que la volonté seule est impuissante à appeler à l'activité Ce sujet recevra d'ailleurs un grand supplément de clarté de la considération de l'influence de l'acte binoculaire et de l'association des deux yeux dans l'emploi des lunettes. D'après ce que lé lecteur a vu déjà sur les relations qui lient entre elles l'accommodation et la convergence, il peut prévoir à l'avance les conséquences de ces relations sur l'amendement de l'hypermétropie par les lunettes.

Quant à la guérison de la presbytie proprement dite, on voit que ce savant observateur doute qu'on l'ait jamais obtenue, si ce n'est en de rares occasions et par l'exercice excessivement prolongé, et exclusivement hygiénique de la vue, sans lunettes, ou avec des numéros de plus en plus faibles. Il n'y a là rien que de conforme à la théorie.

Le procédé de Demours pour la guérison, ou plutôt l'amendement de la myopie, celui de Massard tendant aux mêmes fins, sont fondés sur les mêmes principes, l'exercice prolongé dans le sens de la fatigue de l'organe; ils n'ajoutent rien à ce qui était déjà connu et convenablement interprété. Il n'y a dans ces essais intéressants que deux points essentiels et nouveaux à remarquer. L'usage des verres convexes, comme instruments collecteurs de lumière, appliqués à la stimulation de la rétine dans le cas d'amblyopie sans réaction, ou d'affaiblissement asthénique; secondement, l'idée de Massard, opticien de Lyon, citée par M Bonnet, et jugée peut être un peu sévèrement par lui, et qui consiste à s'adresser à des rétines, parvenues à un degré plus avancé d'affaiblissement, par un genre de stimulation plus prononcé, la projection de faisceaux lumineux plus ou moins intenses, et diversement colorés, directement dans les yeux soit au moyen de verres, soit sans intermédiaires. M. Bonnet qui a essayé ce moyen n'en a, il faut le dire, retiré aucun avantage; pas plus du reste que de l'usage des verres convexes eux-mêmes, quand l'amblyopie était devenue de l'amaurose proprement dite. Il convient de mettre le fait d'observation ou d'expérience à côté du principe théorique.

Il va sans dire que dès que la rétine est suffisamment réveillée, sa sensibilité recouvrée en partie, c'est la faculté accommodative qui redevient la propriété à consulter; car tout détail un peu délicat exige pour être perçu la rencontre exacte des foyers optiques avec la membrane sensible. Il faut donc, à ce point du traitement, prendre des verres en rapport exact et précis avec l'étendue de la vue, des verres convexes si le sujet est presbyte, des verres concaves convenables s'il est myope. Il faut, en cet état de la question, que le sujet s'exerce utilement et sans fatigue, qu'il fournisse les stimulations nécessaires à la rétine, sans retomber dans les tensions accommodatives qui ont amené la maladie.

C'est ici qu'il devient nécessaire de faire appel aux principes nouveaux que nous avons posés, et sans l'intelligence desquels on demeure parqué dans l'empirisme le plus obscur.

§ 259. **Influence de l'acte binoculaire.** — Ces résultats aussi précis que clairs, quand on les analyse dans leurs rapports avec la vision monoculaire, celle d'un borgne, par exemple (il faut avoir cette restriction constamment présente à l'esprit dans tout ce qui précède), se compliquent en effet d'un élément nouveau et important, dès que l'on passe à l'étude de la vision binoculaire. C'est l'élément dont nous avons exposé le mode d'intervention dans notre chapitre X, et relatif à l'influence des verres de lunettes sur la vision binoculaire, et que nous avons désigné sous le nom de dissociation d'harmonie entre les accommodations de distance et d'angle, d'éloignement et de position. Prenons d'abord le cas du presbyte. Si on se reporte à ce que nous avons exposé dans ce chapitre, au paragraphe relatif à la presbyopie, les résultats de l'expérimentation analytique en particulier, on se rappellera que nous avons fait voir que l'usage des verres convexes dans la presbytie, dans les circonstances les plus communes, celles où le regard se dirige soit par le centre des verres, soit par leurs régions prismatiques internes, nécessitait de la part des globes oculaires un mouvement mutuel de *convergence* de leurs axes en désaccord avec le degré de l'accommodation ciliaire, et pesant, par conséquent, sur celle-ci de tout le poids de la loi de synergie préétablie qui tend à en accroître l'activité, à la fixer dans le sens du raccourcissement de la vue, du rapprochement de la limite inférieure du champ de la vision.

L'usage du verre convexe, binoculairement employé, apparaissait donc, dans cette dissection analytique, sous un aspect tout nouveau. Il devenait un instrument correcteur de la presbytie, et jusqu'à ce point de la changer en myopie consécutive, pour peu que l'exercice en fût continué d'une façon quelque peu persévérante.

Cet aperçu a ouvert un nouvel horizon dans l'étude étiologique des maladies des yeux, et nous avons pu y découvrir le mécanisme même des amblyopies presbytiques et de la myopie acquise, jusque-là fort obscures dans leurs causes.

Mais est-ce là l'unique résultat à retirer de cette étude et cette propriété qu'a le verre convexe binoculairement employé, d'agir activement sur l'accommodation ciliaire, ne peut-elle être avantageusement utilisée? N'est-ce pas chez elle, par exemple, qu'il faut aller chercher la clef de certaines pratiques vainement scrutées par M. Bonnet et mises secrètement en usage par Schlesinger?

§ 260. **Méthode empirique de Schlesinger.** — Que faisait en effet ce dernier? Voici, au rapport du savant professeur de Lyon, la méthode apparente qu'il mettait en usage, sans s'expliquer à son endroit : « M. Schlesinger, dit M. Bonnet, plaçait au devant des yeux les lunettes qu'il jugeait convenables, et faisait lire le malade; puis il retirait rapidement le livre. soulevait les lunettes et regardait les yeux. Lorsqu'il trouvait, ce qu'il appelait les *yeux naturels*, il conservait le choix qu'il avait fait. Dans le cas contraire, il changeait les lunettes jusqu'à ce qu'il en eût trouvé qui donnassent aux yeux, après la lecture, le genre d'expression qu'il cherchait. Aucun de ceux qui ont assisté, comme moi, dit M. Bonnet, à ces observations, n'a reconnu ce qu'il entendait par œil naturel, et n'a distingué les signes qui lui servaient de guide. Quoi qu'il en soit, M. Schlesinger se guidait sur ses propres observations et non sur l'appréciation des malades. »

Aujourd'hui que nous connaissons le rapport nouveau et anormal créé entre la convergence des axes optiques et la situation réelle de l'objet, par l'usage des verres convexes, nous pouvons peut-être pénétrer au delà des barrières élevées par M. Schlesinger entre son secret et la science. Si nous considérons que la plupart de ces amblyopies sont ordinairement accompagnées d'une kopiopie ou fatigue de l'accommodation, nous comprendrons qu'une des premières indications à remplir est de ne placer devant les yeux que des verres propres à soulager cette fatigue, tout en procurant une vision suffisamment nette.

Mais où est l'indice qui avertira le médecin que cette condition est remplie? Sera-ce la sensation même du sujet? Non; car un verre, défavorable au point de vue de l'accommodation, lui semblera parfait, pourvu qu'il grossisse l'objet et lui permette de le placer à une distance convenable. La fatigue ne se manifestera que plus ou moins tard; et alors sera attribuée plutôt à la faiblesse de l'organe. Le médecin d'ailleurs doit pouvoir apprécier, séance tenante, la qualité de la vue et du verre, ainsi que de leurs rapports. Il faut donc un autre élément.

Or il en est un que l'inspection des yeux peut fournir à un observateur très-attentif et très-exercé. C'est le degré de la convergence des axes optiques pendant et après l'usage des lunettes.

Nous avons rappelé tout à l'heure que lors de l'usage des verres convexes binoculaires par leurs centres, les axes optiques exécutaient *en deçà* de la situation réelle de l'objet, de cet objet vers le sujet, un mouvement angulaire égal à l'angle qui séparait la position réelle de cet objet, de sa situation virtuelle. N'est-ce pas cette altération des rapports de direction des axes optiques avec la position ou distance réelle de l'objet, que Schlesinger savait reconnaître dans la manœuvre qu'il exécutait et que nous venons de rapporter d'après M. Bonnet?

N'est-ce pas là ce qu'il entendait par yeux naturels ou non naturels? N'avait-il pas pu remarquer, en observant des presbytes occupés à lire au moyen de verres convexes, que la direction de leur double regard se croisait plus ou moins en avant du livre qu'ils tenaient à la main, et n'est-ce pas là ce qu'il désigne sous le terme d'expression non naturelle des yeux, saisissant ainsi, par l'observation, un fait que la théorie devait plus tard nous révéler.

De même en ce qui concerne la myopie; le verre concave, employé binoculairement, rompt l'harmonie entre l'accommodation d'angle et de distance; et cette rupture est accusée par un mouvement de *divergence* des axes optiques, sans rapport avec la situation réelle des objets, et supérieur, comme mesure angulaire, à l'inclinaison des directions qui se croiseraient sur l'objet même.

Ne doit-on pas dès lors penser que l'habitude qu'avait cet empirique intelligent, après avoir fait lire un malade avec tels ou tels verres convexes, d'enlever rapidement les lunettes et d'observer alors les yeux de son sujet, n'avait d'autre objet que de constater le plus ou moins d'étendue du mouvement de restitution des axes revenant d'une convergence excessive à la convergence normale? Exécutons cette pratique, et nous ne manquerons pas d'observer également un mouvement de divergence très-prononcé qui succède chez des presbytes non encore amblyopiques, à l'enlèvement brusque des lunettes.

Ce symptôme, à l'état inverse, est des plus frappants chez le myope. Tout myope porteur habituel de lunettes, nous offre, quand il les enlève, un certain degré de divergence anormale voisine du strabisme externe. C'est un phénomène très-aisé à expliquer, quand on sait que la dissociation de ses adaptations binoculaire et monoculaire consiste dans une divergence anormale des axes optiques ou des axes des cristallins par rapport aux axes des globes.

C'est en ce sens qu'on peut espérer, par contre, si le mode n'*en est pas exagéré,* un amendement à la myopie ainsi qu'à la presbytie, dans l'usage régulier et modéré de verres de lunettes appropriés. L'effort de convergence, dû aux lunettes convexes, porte la vue dans le sens des adaptations rapprochées, comme l'effort de divergence amené par les verres concaves, produit l'effet sympathique inverse.

Ces mouvements de convergence ou de divergence sont accompagnés encore d'un indice extérieur saisissable, et que Schlesinger avait pu rencontrer.

Il enlevait rapidement le livre et relevait les lunettes. Mais alors il pouvait distinguer très-nettement le mouvement éprouvé par les pupilles. Dans le cas de verres convexes, pour peu qu'il y ait eu dissociation de l'harmonie, la restitution de la convergence naturelle n'est-elle pas accompagnée de la dilatation des pupilles, et, au contraire, de leur resserrement s'il s'agit de verres concaves. Nous avons noté tous ces phénomènes, dans nos expérimentations du chap. X; sans prévoir ce à quoi elles pourraient nous servir un jour.

La probabilité de cette appréciation est d'autant plus fondée, que nous ne voudrions pas pour nous-même de signe plus probant que l'absence de tout mouvement des pupilles après la manœuvre de Schlesinger, pour conclure à l'*état naturel* des yeux et à l'absence ou au peu d'intensité de la dissociation d'harmonie produite par des lunettes d'un numéro déterminé.

Schlesinger, selon toutes probabilités, s'essayait donc empiriquement à se soustraire aux inconvénients des verres de lunettes de nature à compromettre l'accommodation. Il devait réussir quand le signe des yeux naturels se révélait à lui, et ce que nous savons de la vision binoculaire nous doit porter à penser que ce signe n'était autre que l'un de ceux que nous avons indiqués. Et il est à croire encore que les cas où il pouvait rencontrer cette condition d'exercice naturel de la vision étaient ceux où les yeux étaient relativement écartés, eu égard à la distance des centres des verres, c'est-à-dire dans lesquels la vision s'exerçait ou par des verres très-faibles, ce qui est peu probable, ou plutôt par les régions prismatiques externes des verres.

§ **261. Méthode rationnelle.** — Ce que nous avons dit au chapitre X, relativement à l'emploi rationnel binoculaire des verres de lunettes, et à l'exclusion que nous avons cru devoir prononcer des régions prismatiques internes, dans les cas ordinaires, c'est-à-dire ceux où il n'y a pas strabisme, exprime suffisamment les conditions de la méthode que nous appliquerions au traitement de l'amblyopie par stimulation de la rétine. Ces conditions sont d'une remarquable simplicité, puisqu'il ne s'agit que de choisir un numéro assez fort pour permettre la lecture à la distance ordinaire de la vision, et de ne se servir que de deux moitiés externes symétriques de ces lentilles. Certain de n'apporter par là aucune rupture dans l'harmonie des accommodations, nous n'aurions qu'une condition unique à remplir : prendre un verre assez puissant pour porter sur la rétine les faisceaux de lumière sous la divergence convenable. Sachant, en outre, que le pouvoir redresseur du prisme est d'autant plus nécessaire que le numéro du verre est plus fort, que, d'autre part, la région prismatique a d'autant plus d'effet, comme prisme, qu'on se rapproche davantage du sommet dans les verres convexes, et à mesure qu'on s'en éloigne dans les verres concaves, nous rapprocherions d'autant plus les centres des verres convexes ou concaves, que leur numéro serait plus fort.

On voit du reste que ces principes s'appliquent exactement aux cas où l'accommodation seule est malade ; l'emploi des lunettes n'a d'autre objet alors que de soulager l'agent qui préside à cette fonction, et l'emploi des verres est pour cela absolument rationnel, dès que l'on s'en sert par leurs régions extérieures. L'accommodation est alors reposée et guérie par le repos, sans que les occupations soient suspendues, sans que la rétine ait à souffrir de cette suspension.

Nous rapprocherons de cette application des effets prismatiques produits par les lentilles, suivant le rapport de leurs centres avec l'axe optique, le plan de traitement que nous avons exposé dans le chapitre du strabisme, §§ 154 *bis* et 180, pour la cure du strabisme et le mécanisme gymnastique à adopter après la myotomie, au moyen de verres prismatiques aidés ou non de lentilles appropriées à la vue du sujet.

CHAPITRE XIII.

DE L'INÉGALITÉ DES YEUX.

§ 262. **Inégalité de portée des deux yeux**.— Toutes les discussions auxquelles nous nous sommes livré jusqu'à ce moment supposent que nous avions affaire à une parfaite égalité dans les organes, quant à la portée de la vue. Mais quoique général, ce cas est très-loin d'être constant ; et l'on a vu des inégalités allant depuis la myopie d'un côté, jusqu'à une presbytie simultanée de l'autre côté.

Comment s'exerce, en de tels cas, la vision binoculaire : c'est une question qu'il est opportun de se poser.

Or, il est une première réponse faite par l'expérience : Il est d'observation que, lorsque la différence dans la portée de l'accommodation, à gauche et à droite, n'est pas excessive, les deux yeux s'harmonisent encore assez bien ; l'un y voyant nettement, l'autre aidant le premier à fixer la situation des objets, mais sans ajouter puissamment à la netteté, ni à l'éclairage, comme dans le cas de la vue normale.

Une grande inégalité dans les qualités de l'accommodation change notablement ces conditions et, pour une occupation déterminée, ou pour la vue au loin, suivant les cas, il devient indispensable de venir en aide au malade et de corriger ces irrégularités. Car un œil qui ne sert pas est bien près de nuire.

Les cas à considérer seront alors les suivants, et nous les prenons dans une mesure qui ne soit pas excessive, car en ce cas, le secours apporté par l'œil le plus faible et qui n'est jamais sans inconvénient, peut égaler en mauvais effets la condition de la vue monoculaire.

On aura donc à considérer, dans des limites données :

1° Un œil presbyte, l'autre jouissant d'une vue moyenne ;
2° Deux yeux inégalement presbytes ;
3° Un œil myope, l'autre jouissant d'une vue moyenne ;
4° Deux yeux inégalement myopes ;
5° Un œil myope, l'autre étant presbyte.

Le problème à résoudre consiste, dans le premier cas, à rétablir l'uniformité pour la vision rapprochée ; c'est-à-dire à rendre l'œil presbyte, relativement plus ou moins myope. Il suffira donc de l'armer d'un verre dont le numéro sera calculé comme il a été indiqué au § 227 ; l'œil sain demeurera nu, ou armé d'une simple conserve ou verre plan, pour l'harmonie.

La vision trouble et confuse de l'œil presbyte sera ainsi changée en une vision aussi nette que celle dont jouit l'œil sain ; et, sous ce rapport, les deux yeux jouiront ainsi d'avantages à peu près égaux. Mais il subsistera toujours entre eux, néanmoins, un et même deux graves défauts d'harmonie.

Le verre convexe, placé devant l'œil presbyte, lui aura bien effectivement procuré une image nette de l'objet ; mais cet objet sera vu à une distance plus grande, sous le même angle visuel à peu près. Les images dessinées dans les yeux seront donc inégales. Circonstance qui ne peut être sans quelque inconvénient pour la fonction, quoique peut-être, en bien des cas, il soit moindre qu'on ne le pense.

De plus, nous aurons à constater une dissociation de convergence nécessitée par l'effacement de l'image double (voir le § 233); cette dissociation sera moindre, de moitié, que celle que produiraient deux verres d'égale force : il faudra néanmoins en tenir compte, et prémunir le sujet contre les deux sources d'inconvénients qui naissent pour lui, dans ce cas, de l'emploi du remède adopté.

La règle de conduite en pareil cas, rentre dans les développements donnés au § 244.

Le mécanisme de la fonction binoculaire est soumis, en pareil cas, à deux influences anormales entre lesquelles la nature prend, en dissociant l'harmonie préétablie, une sorte de position moyenne. Eu égard à la différence d'accommodation de l'un et l'autre œil, quand le sujet fixe le regard sur un objet trop rapproché pour l'œil presbyte, les images sont dans le cas des figures semblables, mais inégales, de l'expérience de Wheatstone, § 128; d'autre part, considérant l'écart amené entre la convergence des globes et la convergence des axes du cristallin, les axes sont dans la situation de l'expérience rapportée au § 239 c, sur les modifications amenées dans la vision binoculaire par l'emploi d'un prisme. C'est entre ces deux principes que la vue cherche à s'établir, ce à quoi elle réussit, mais toujours au détriment de la fonction, il est vrai, pourvu que ces éléments ne soient pas par trop exagérés; que la dimension des images, par exemple, ne dépasse pas un dixième de leur diamètre, ni l'angle de déviation 15 à 20°.

Deuxième cas.—Supposons-nous les deux yeux presbytes, mais inégalement : il est inutile d'insister longuement pour faire comprendre comment on pourra remédier à l'inégalité constatée, et dans quelle mesure on y réussira. Deux verres ayant été choisis, un pour chaque œil, qui ont porté l'image virtuelle dans le champ de la vision distincte, on demeure en présence d'une inégalité dans les images, proportionnée à l'inégalité de la courbure des verres (inégalité moindre évidemment que dans le cas précédent et de moindre conséquence); mais, d'autre part, on a augmenté la dissociation de l'harmonie de convergence, et l'on demeure, à cet égard, dans les circonstances développées au § 233 précité.

Troisième et quatrième cas. — Il est visible que, dans le cas d'un œil myope et d'un autre en possession d'une vue moyenne, comme dans le cas de deux yeux inégalement myopes, nous rentrons absolument dans des circonstances de même ordre que celles dont nous venons de nous occuper, mais, bien entendu, estimées et appréciées en sens inverse. Ce serait faire injure au lecteur que d'insister à cet égard.

Cinquième cas. — La coexistence, chez le même individu, d'un œil myope et d'un œil presbyte ajouterait aux considérations que nous venons de développer, tout le poids des différences qui résulteraient et de la différence de dimensions des images, et de la dissociation de l'harmonie des accommodations, si l'on pouvait avoir la pensée d'essayer de les ramener à un taux commun.

Pour des objets éloignés, il faudrait armer l'œil myope d'un verre concave approprié, l'œil presbyte demeurant nu.

Pour la vision rapprochée, agir en sens inverse : armer l'œil presbyte d'un verre convexe en rapport avec le degré de son infirmité; l'œil myope à son tour demeurant nu. Et pour peu que les deux infirmités fussent prononcées, il y aurait indication à les armer à la fois des deux verres spéciaux !

Ces anomalies fonctionnelles peuvent être, dans bien des cas, plus graves que l'inconvénient d'user alternativement des deux yeux, employant l'un à la vue des objets rapprochés, l'autre à celle des objets éloignés.

L'observation nous apprend, en effet, que dans les cas de cette espèce, quand les deux yeux sont énormément différents, chaque organe sert à son tour et dans les limites qui lui sont propres. L'œil inutile borne son action à indiquer le croisement des axes optiques et, par là, la position réelle des objets. Sous ce rapport, il rend encore de réels services.

Ces considérations sont confirmées par les observations suivantes, faites par M. de Graefe, sur le degré d'harmonie de la vision binoculaire succédant à des opérations de cataracte unilatérale.

« Dans un grand nombre de cas, dit M. de Graefe, l'individu fait abstraction de l'image perçue par l'œil opéré, ainsi que cela a souvent lieu quand les deux yeux ont une portée différente. Aussi l'œil opéré ne présente-t-il pas de fixation absolument exacte, ce qui est surtout visible dans les positions auxquelles

les yeux sont les moins accoutumés, par exemple, dans le rapprochement forcé des objets, dans le regard en haut; et qui se prouve encore plus sûrement par le fait, qu'en tenant des prismes devant les yeux, on n'obtient ni doubles images, ni déviation de l'angle visuel.

« D'autres cas d'opération unilatérale de cataracte présentent des rapports bien plus intéressants, l'énorme différence de réfraction n'occasionnant au malade aucun inconvénient sensible. C'est ce que j'ai observé plusieurs fois chez de jeunes individus opérés de cataracte molle par extraction linéaire. Les deux yeux se fixaient parfaitement sur les objets; tellement que si l'on fermait l'œil sain, l'autre ne présentait pas le moindre changement de son axe visuel. Tout doute sur la possibilité des petits mouvements cessait par l'emploi de verres prismatiques qui produisaient, selon les différences de position, du strabisme ou des doubles images. Ces cas prouvaient, à l'évidence, tout l'avantage de la vision avec deux yeux et présentaient une appréciation très-sûre des distances. » (Disons des positions des objets).

« On trouve des faits analogues chez des yeux à portée différente, qui n'en prennent pas moins tous deux part à la vue en commun, les cercles de dispersion de l'un des yeux n'étant pas perçus par le sensorium, ainsi que cela a lieu dans les faits que nous venons de citer.

« La différence de degré de lumière des deux images n'exclut pas non plus l'usage commun des deux yeux. Bien plus, si l'on veut rétablir l'égalité de portée des deux yeux par des verres appropriés, les deux images auront nécessairement des *grandeurs différentes* (1). La vue n'en a pas moins lieu convenablement, preuve de plus que l'acte visuel peut avoir lieu avec des rapports optiques inexacts. Toutefois, il est bien des cas où cette inégalité dans les images est très-gênante et l'on doit y remédier en exerçant à part l'œil exclu de la vision. » (*De Graefe, Ann. d'Oculistique, décembre* 1857.)

M. de Graefe, en commentant ces observations, en tire la conclusion judicieuse que le jugement exerce une très-grande influence sur l'interprétation, le sens des impressions perçues.

Il est en effet constant que le sensorium sait réunir des images

(1) Voir le chap. XV.

assez notablement différentes en dimension quand les figures sont semblables. On en a vu une preuve au § 128, chap. III, dans les expériences physiologiques de Wheatstone sur la fusion binoculaire stéréoscopique de deux cercles ou de deux figures géométriques semblables, mais de diamètre différent (dans une certaine mesure cependant).

Notre chapitre XV, relatif au jugement porté sur la grandeur des objets complétera l'enseignement à tirer de ces observations et fixera les limites de l'influence de la grandeur des images rétiniennes sur le jugement à porter sur la dimension des objets.

On y verra que ce jugement s'appuie toujours à la fois sur la distance à laquelle est vu l'objet ou sur le degré de l'accommodation, ou sur l'angle visuel de l'arc rétinien sous-tendu par l'image. On observera enfin, que les verres convexes et concaves n'altèrent que de très-peu cet angle visuel (si on les suppose, comme nous le faisons, appliqués tout contre les cornées); qu'ils se bornent à éloigner ou rapprocher la distance virtuelle de l'objet, à le mettre par conséquent en harmonie avec l'accommodation. Et comme d'autre part, dans la vision binoculaire, l'accommodation se trouve enchaînée par la convergence des axes, on comprendra très-bien que des yeux inégaux soient rendus très-approximativement égaux par des verres appropriés et différents, et concourent ainsi très-efficacement à la fonction associée.

CHAPITRE XIV.

DES VERRES PÉRISCOPIQUES.

§ 263. **Des verres périscopiques.** — Ces verres, dont l'usage est assez répandu, sont dus à Wollaston. Concaves ou convexes quant à l'effet qu'ils produisent (la divergence plus ou moins grande des rayons incidents à la cornée), ils sont toujours concaves à l'intérieur, c'est-à-dire du côté qui est tourné vers l'œil, et convexes au dehors. Ils jouent cependant le rôle de verres convexes ou de verres concaves, eu égard à cette circonstance de leur construction, que pour les premiers la convexité l'emporte sur la concavité, ce qui est le contraire dans les seconds. Le résultat est toujours un double prisme sphéroïdal dont le sommet est au centre dans les verres divergents, à la circonférence dans les verres convergents. (Voy. C et F, fig. 15, p. 25.)

Cette disposition a pour effet d'augmenter l'étendue de surface de la région centrale du verre, c'est-à-dire de celle pour laquelle l'effet prismatique se fait le moins sentir.

D'une manière générale, ces verres sont donc beaucoup moins décentrés que les verres lenticulaires soit en dehors, soit en dedans des axes polaires. La vue s'exerce donc plus généralement comme elle le ferait par les centres mêmes de verres bi-convexes ou bi-concaves employés par leurs centres.

Par là on évite assurément les inconvénients qui naissent d'une décentration externe des centres des verres par rapport aux pupilles; mais, par contre, on évite aussi sûrement l'avantage qui résulte, comme nous l'avons fait voir, d'une décentration du côté interne.

Le jugement à porter sur l'emploi de ces lunettes, au point de vue binoculaire, est donc le suivant : ils mettent généralement le sujet dans le cas même d'une dissociation des accommodations, exactement mesurée par la différence des distances entre l'objet et son image virtuelle (§ 233). Et la même conclusion leur est applicable que celle formulée pour les verres bi-convexes ou bi-concaves.

Ce qu'on peut dire à leur bénéfice, c'est qu'ils n'ajoutent pas à cette condition première défavorable.

La méthode qui préside à la confection de ces verres est exclusivement empirique; nous n'avons pu en obtenir exactement la formule, nous ignorons donc le rapport de longueur des rayons de courbure externe et interne. L'échelle des numéros devra donc se régler par le tâtonnement ou l'expérience, en mesurant, au soleil, la longueur focale principale. On leur donne alors les numéros marqués par cette distance focale.

Il faut avoir soin, dans le relevé de cette mesure, de comparer toutes les lentilles en offrant leur convexité aux faisceaux lumineux incidents. La distance focale obtenue est assez notablement différente, suivant qu'on la mesure dans un sens ou dans l'autre. En n'observant pas cette indication, on risquerait d'avoir des résultats sans comparaison possible.

CHAPITRE XV.

ABERRATIONS DE LA VISION DUES A LA DISCORDANCE DE LA CONVERGENCE DES AXES OPTIQUES ET DE L'ACCOMMODATION DE DISTANCE.

SECTION I.

Des illusions optiques binoculaires. — Réunion des images semblables de S. D. Brewster.

§ 264. **Des illusions optiques binoculaires résultant de la fusion d'images semblables dans certaines circonstances.** — S. D. Brewster a observé et analysé un certain nombre de phénomènes curieux qui jettent un grand jour sur toutes ces questions, toutes réserves faites cependant de leur caractère et du sens qu'il faut leur attacher.

Dans ses intéressantes recherches sur les phénomènes de la vision binoculaire, pour expliquer la sensation de trois dimensions que procurent les images stéréoscopiques, cet éminent physicien suppose (nous avons déjà eu occasion de discuter cette opinion), que les axes optiques se portent successivement sur tous les points de la perspective, et que les différences de plans, accusées par cette analyse instinctive, sont révélées au sensorium par le fait de la rencontre desdits axes au delà ou en deçà du plan du tableau, suivant l'impression perçue de retraite ou de saillie par rapport à ce plan. Nous avons exposé au chapitre III en quoi cette explication nous semblait erronée; nous n'y reviendrons pas. La seule différence qui nous sépare est dans le fait de succession du transport des axes optiques. Pour nous, comme pour le savant anglais, les axes optiques secondaires qui correspondent aux points en retraite ou en saillie sur le point de vue principal, se rencontrent bien, en effet, en avant ou en arrière de ce point de vue, suivant les cas; mais le concours de ces axes secondaires sur ces points s'accomplit en même temps que celui des axes polaires sur le point de vue.

Quoi qu'il en soit, il est constant pour tout le monde que les axes secondaires se coupent en avant ou en arrière du point de vue, suivant les cas.

Pour arriver à cette conclusion, S. D. Brewster a institué une série d'expérimentations extrêmement intéressantes. Afin de pénétrer ce qui se passait dans la réunion binoculaire de deux figures dissemblables, il a cherché d'abord ce que devenait l'impression quand les figures étaient semblables.

Nous reproduisons ici textuellement le chapitre de l'auteur anglais, parce que d'abord le lecteur le lira avec fruit et intérêt, et, en second lieu, pour le faire servir de base à notre discussion :

« Les premières expériences instituées ont porté sur les fleurs ou dessins semblables, ou semblablement disposés à intervalles réguliers, que nous offrent les papiers de tentures pour appartements; leur régularité et leur similitude les rend très-favorables à ce genre d'expérimentation. La coalescence d'une couple de ces bouquets de fleurs, produite *par la rencontre des axes optiques en un point situé entre* la muraille et l'observateur, est accompagnée de la coalescence également instantanée de toutes les autres » (comment S. D. Brewster, demanderons-nous en passant, a-t-il pu demeurer dès lors dans son opinion du mouvement successif des axes optiques sur chacun des points du tableau, quand il reconnaît spontanément, dans son expérimentation, la coalescence *instantanée* de tous ces groupes de fleurs?) Mais continuons :

« Ainsi, lorsque nous fixons les regards sur une muraille ainsi tapissée et dépourvue de tableaux, de portes, de fenêtres, à une distance de trois pieds, et que nous réunissons deux dessins pareils, deux fleurs séparées sur la muraille par un intervalle horizontal de douze pouces, toute la muraille, ou la portion qu'embrasse la vue, apparaîtra toujours couverte de fleurs comme auparavant; mais comme chaque fleur est maintenant formée par la réunion de deux fleurs pareilles superposées *au point de rencontre des axes optiques* » (nous reviendrons sur ce point, qui n'est pas exact), « toute la surface de la tapisserie, avec tous ses bouquets, sera *vue suspendue dans l'air à la distance de six pouces de l'observateur.* »

« Au premier instant, l'observateur n'apprécie pas exactement cette distance apparente. Généralement, ce n'est qu'avec lenteur qu'elle se fixe à cette nouvelle position; au moment où cela a lieu, l'aspect qui en résulte offre un singulier caractère : la surface semble légèrement courbe, et présente un aspect argentin. Elle est beaucoup plus belle que la tapisserie même qui a disparu, et le plus léger mouvement de la tête la fait mouvoir en même temps avec elle. Si l'observateur, que nous avons supposé à trois pieds de distance de la muraille, s'en éloigne, la muraille suspendue le suivra dans son mouvement, s'éloignant comme lui de la muraille réelle, mais non dans la même proportion, car la première s'éloignera aussi graduellement de l'observateur. Lorsqu'au contraire il demeure en repos, il peut étendre la main et est fort étonné de lui faire traverser la muraille; un flambeau allumé qu'il tiendrait au delà de ces six pouces, lui procure la sensation du fantôme de la tapisserie qui se dresse entre lui et le flambeau ! »

« Un peu de persévérance permet à l'observateur de maintenir, de conserver la singulière illusion qu'il a devant les yeux. La persistance du phénomène après la fermeture d'un œil, et même la fermeture des deux yeux, s'ils sont réouverts promptement, témoigne de l'influence du temps sur la disparition, comme sur la production du phénomène. Dans quelques circonstances on observe un singulier effet : lorsque les figures ou dessins semblables sont distants entre eux de *six pouces*, l'observateur peut, à son gré, réunir deux groupes de six pouces de distance, ou deux autres éloignés entre eux de douze; et ainsi de suite. Or, dans le dernier cas, lorsque les yeux avaient été habitués à la contemplation de la tapisserie suspendue (l'image virtuelle, pourrions-nous dire), S. D. Brewster a trouvé qu'en les fermant et les rouvrant immédiatement, il ne voyait jamais réunis les groupes de fleurs de douze pouces d'intervalle, ni la muraille réelle, mais la tapisserie virtuelle correspondant aux dessins de six pouces de distance. Le centre binoculaire (le point, dit l'auteur, de convergence des axes optiques, et conséqucmment celui occupé par le centre du tableau) a changé de place ; mais au lieu de reculer jusqu'à la muraille réelle, il s'est arrêté à l'étape intermédiaire ; comme dans une roue à échappement, chaque dent s'échappe l'une après l'autre. »

« Les expériences qui précèdent reposent, comme nous venons de le voir, sur la convergence des axes optiques en un point plus rapproché de l'observateur que l'objet qu'il regarde (la muraille). Mais l'expérience peut être faite en sens inverse ; et on peut réunir, fusionner les images semblables, en faisant converger les axes optiques *au delà* de la distance où elles sont réellement, Seulement, eu égard à l'opacité de la muraille ou du plancher, nous ne saurions le faire sur des tapisseries ou des tapis à bouquets. (C'est une erreur, on le peut encore, ainsi que nous le montrerons tout à l'heure, mais cela n'importe pour le moment.)

« L'expérience peut être faite avec un plein succès en regardant à travers des surfaces *à treillis*, comme des fenêtres à petits carreaux en losanges par exemple, ou mieux encore, au moyen d'un fond de chaise en treillis de jonc, qui présente souvent une série d'octogones séparés par de petits espaces lumineux réguliers. On place alors le dos de la chaise sur une table, et le fond verticalement devant les yeux et tourné vers la lumière, comme on le voit dans la figure suivante, où MN représente le fond *réel* de la chaise, avec ses petites ouvertures.

Fig. 78 (fig. 25 de S. D. Brewster).

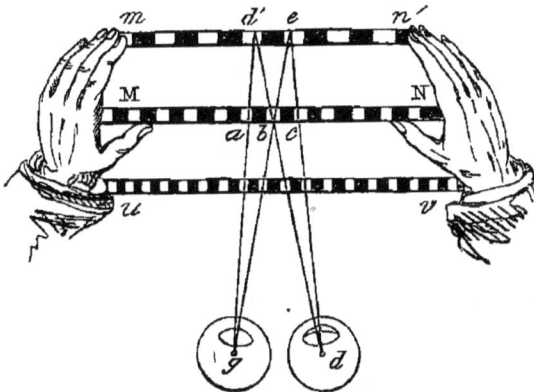

Supposons qu'elles aient un demi-pouce de largeur, que les

yeux de l'observateur g, d en soient à 12 pouces de distance ; soient alors gad, gbe les axes de vision correspondant, pour l'un des yeux, au centre des deux espaces a, b; soient de même dbd', dce les lignes semblables correspondant au centre b et c pour l'autre œil. Supposons en outre que d' soit le centre binoculaire ou lieu de concours des axes optiques quand nous regardons à travers les orifices a et b, et e le centre binoculaire quand nous regardons à travers b et c. »

« Cela posé, l'œil droit d voit l'ouverture b au point d', pendant que le gauche voit au même point l'ouverture a. De telle sorte que l'image vue en d est formée par la réunion des deux images semblables a et b, et ainsi des autres. Par là l'observateur, placé en g et d, ne voit plus le fond réel MN, mais une *image* de ce fond suspendu en mn, trois pouces plus loin. Si l'observateur rapproche alors de lui MN, l'image mn se rapproche également, et recule, au contraire, si MN recule ; étant d'un pouce et demi en arrière de MN, quand l'observateur est à 6 pouces en avant, et 12 pouces plus loin quand ce dernier s'éloigne à 48 pouces ; l'image mn s'éloignant de l'objet réel dans un rapport de vitesse du quart de celle de l'observateur. »

« Examinons les circonstances secondaires du phénomène ; quand l'observateur reprend sa position première, à 12 pouces de MN, s'il saisit avec ses deux mains le fond MN voulant s'assurer par le toucher de sa position, ainsi que de celle de mn, chose curieuse, *il sentira alors ce qu'il ne voit pas, et verra ce qu'il ne sent pas.* »

« L'objet réel est absolument invisible en MN, là où il le *sent* ; il peut passer et repasser les doigts entre l'objet et son image, et au delà de celle-ci, et de façon à les voir en avant ou au delà ou même au milieu de cette image, pendant que la paume de la main qui appuie sur le fond donne, par le contact, un avertissement d'une position réelle differente. Mais cette notion donnée par le toucher est inutile, ainsi que le serait la mesure de la distance réelle ; aucune notion acquise ne prévaut sur celle fournie par le sens de la vue : ce sens persiste à montrer le fond de la chaise en mn, à donner la distance gd' pour la vraie distance des fibres du treillis. La notion vraie ne revient qu'avec le retour du centre binoculaire en MN. »

« Si maintenant on ramène le centre binoculaire ou le point

de rencontre des axes optiques *en avant* de MN, comme dans le premier cas décrit, les apparences changent de sens et l'on voit MN en *uv*. »

« En faisant ces expériences, l'observateur ne peut manquer d'être frappé par ce fait remarquable que quoique les ouvertures MV, *mn*, *uv*, aient toutes les mêmes diamètres apparents ou angulaires, qu'elles sous-tendent le même angle au fond de l'œil, on remarque cependant que celles situées en *mn*, les plus éloignées virtuellement, paraissent plus grandes, et celles en *uv*, moins distantes, sont vues plus petites que MN. On observe encore que les premières augmentent à mesure qu'elles s'éloignent, pendant que les dernières se rappetissent en se rapprochant. Leur grandeur apparente dépend ainsi de leur distance virtuelle à l'observateur. »

§ 265. Mécanisme de la production de ces illusions.

—Nous avons répété ces curieuses expériences et en avons pu constater l'exactitude générale; mais sous la réserve d'une remarque importante qui en modifie naturellement l'interprétation; et peut-être aussi, sauf les illusions multiples accusées par cet éminent observateur.

Et d'abord, elles ne sont nullement aisées à faire, ces expérimentations; il n'est pas du tout facile de faire converger des axes optiques sur un point plus ou moins éloigné d'un plan placé devant les yeux et sur lequel porte l'attention; il n'est pas aisé non plus, quoi qu'en dise S. D. Brewster, de fusionner, de réunir, par la *seule force de sa volonté*, des images semblables placées à quelque distance l'une de l'autre; il faut un certain effort et qu'accompagnent certaines circonstances nouvelles et que n'a pas entrevues le savant physiologiste.

Pour montrer en quoi consistent ces circonstances, nous allons exposer la méthode suivant laquelle nous les avons reprises au point de vue analytique, après les avoir faites d'ailleurs ainsi que nous venons de les exposer d'après S. D. Brewster lui-même.

Sur un fond uni, à une distance un peu moindre que l'intervalle des yeux, nous plaçons deux pains à cacheter, et nous es-

---

(1) *The stereoscope*, chap. III.

sayons de les fusionner en une seule impression, en ayant soin d'isoler chaque œil de l'image qui ne lui est pas destinée, et suivant les données expérimentales classiques.

Dans un premier cas, les deux images MN, sont placées comme dans la figure 79 eu égard aux yeux *o, o′*; et dans une seconde, inversement comme dans la figure 80.

Fig. 79.   Fig. 80.

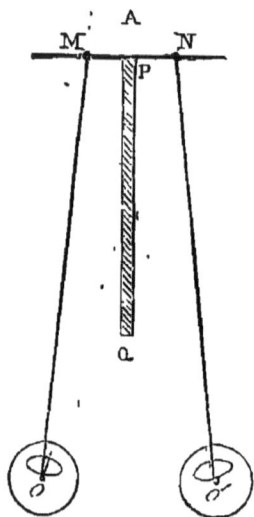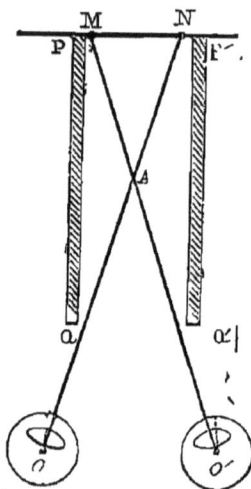

Dans la première figure, on peut voir que l'écran PQ intercepte les rayons que l'objet de gauche pourrait envoyer à l'œil droit et réciproquement; dans la seconde, les deux écrans font l'office contraire.

Dans la première, les axes optiques principaux ne peuvent se rencontrer qu'en A au delà du plan MN; dans la seconde, ils ne peuvent se rencontrer qu'en avant.

Cela posé, un effort et assez difficile à réaliser, mais auquel on arrive avec de l'exercice, réunit M et N, dans les deux cas; mais est-ce en A, comme l'énonce S. D. Brewster? Non pas.

Si cette fusion, cette coalescence avaient lieu en A, nul effort ne serait nécessaire pour la produire : à l'instant où les yeux se fixeraient d'une part sur M, de l'autre sur N, les axes optiques étant dans la convergence requise, sur le point A, la coalescence aurait lieu instantanément, et · sans peine, sur ce point.

Or il n'en est pas ainsi. Au moment où les yeux s'ouvrent pour se fixer sur M et N, le sensorium perçoit deux sensations distinctes : on voit deux images. Mais l'effort un peu prolongé devenant fructueux, on voit les deux images MN, *marcher l'une vers l'autre*, dans les deux cas, plus ou moins lentement suivant l'habitude acquise, mais d'une manière toujours très-sensible.

Or, comme les objets réels n'ont pas bougé, il a fallu que les yeux exécutassent un certain acte, suivant un certain mécanisme, qui, dans le premier cas (fig. 79), est évidemment un mouvement de la nature des actes de *divergence*, et dans le second, au contraire (fig. 80), des mouvements de *convergence*. Le mouvement apparent de dehors en dedans des images M et N dans le premier cas, l'effacement de la diplopie homonyme, suppose nécessairement, pendant le repos réel de M et N, un mouvement relatif de dehors en dedans du fond de l'œil ou de divergence des axes; et inversement pour le second cas. Il est inutile d'insister là-dessus.

Les axes optiques principaux vont donc converger beaucoup au delà de A dans le premier cas; beaucoup en deçà de A dans le second. On voit que ce premier point de fait est fort différent de celui qui sert de point de départ à S. D. Brewster, qui, dans la figure 78, suppose que la convergence a exactement lieu en sens contraire.

§ 266. **Suite.** — Cherchons maintenant à pénétrer le mécanisme spécial de ces phénomènes dans chaque cas en particulier.

Premier cas, les images similaires sont primitivement disposées *au droit* de chaque œil, comme des images homonymes de la diplopie.

Elles se fusionnent et semblent marcher de dehors en dedans. Les yeux font le mouvement contraire, et se portent en strabisme divergent. L'image unique résultante est amplifiée et éloignée; c'est le premier cas des illusions de S. D. Brewster. Le point de vue ou croisement des axes oculaires est alors *au delà* et non *en deçà* du plan réel du tableau.

Quand les yeux sont fixés et habitués à cette fusion, on enlève l'écran intermédiaire et l'on voit alors trois images. La résultante unique au milieu, les deux autres *croisées*.

Fig. 81.

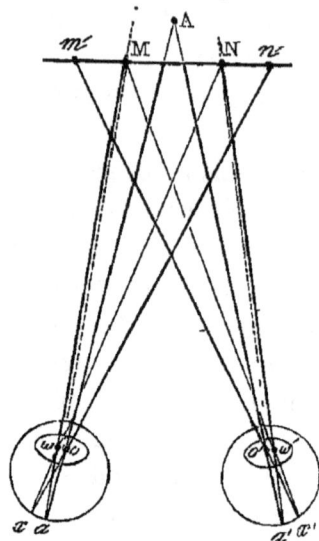

Si la réunion des images avait lieu (indépendamment de l'accommodation) à la rencontre des axes, elle aurait lieu tout naturellement sur le prolongement de aM, a'N. Or cela n'est point, il faut un véritable effort pour que M et N arrivent en un certain point A plus loin, *un peu*, que M ou N, mais non en disproportion comme serait le croisement (aM, a'N) avec ces points, sous le rapport de la distance ou de l'accommodation.

Si l'on jette les yeux sur la figure ci-dessus, on trouve que M ne peut donner une impression *renvoyée* par la rétine en dedans de M, que si le point rétinien touché est en dehors de l'axe Moa; quelque part en x.

Or cela ne se peut que si le centre de l'appareil réfringent, point de passage obligé des axes dioptriques, est entraîné, porté en dehors du centre de figure de l'œil, point de passage obligé des directions virtuelles sur lesquelles sont renvoyées les impressions.

Le premier étant porté en ω, pendant que o reste à sa place, tout s'explique aisément, comme on le voit sur la figure; Mωx donne alors la sensation $x o$A'. Et de même pour l'autre œil.

Quant aux images doubles, on voit qu'elles doivent en effet

être croisées : la ligne réelle Nωx donne en effet la sensation
xon'.

On remarque en outre que A paraît un peu plus distant que
M ou N, sans que la différence soit cependant énorme. On la
reconnaît à l'amplification de l'image résultante; phénomène
très-naturel.

Cela doit avoir lieu pour épargner du travail aux yeux : la fusion a lieu dès que la convergence des axes xoA, $x'o'$A peut
s'accorder avec l'accommodation propre à la distance des images
M ou N, ou une distance nécessairement assez voisine de cette
dernière.

Ces mouvements de décentration du cristallin deviennent
d'ailleurs la chose la plus simple à comprendre ou à admettre
depuis que l'on connaît les expériences relatées au § 239.

§ **267. Changement de dimension apparente de
ces images.** — Quant à l'amplification de l'image résultante,
rien de plus simple.

Fig. 82.

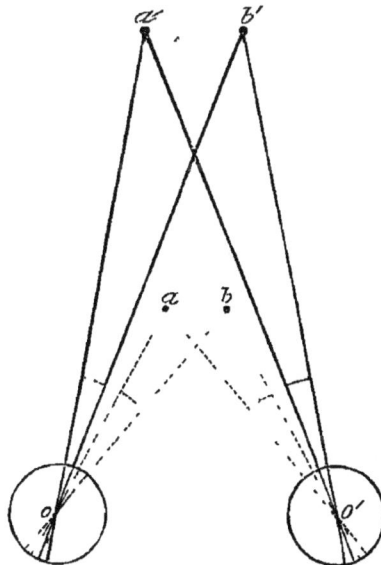

Si l'on suppose deux angles visuels aob, $ao'b$ égaux à droite et
à gauche et se rencontrant à une distance l, les mêmes angles

visuels se rencontrant en $a'b'$ à une distance z, double de la première, il est visible que l'espace $a'b'$ approche du double de ab.

Il n'y a rien à ajouter à l'explication donnée par le physiologiste anglais.

Un autre point dans les observations de S. D. Brewster nous a paru sujet à réserve, au point de vue du fait en lui-même. C'est la différence observée dans l'éloignement ou le rapprochement relatif des images virtuelles, eu égard à l'objet réel. Nous avons bien constaté une augmentation de dimension de l'image résultante dans le premier cas, et une diminution dans le second, mais moins accusée que ne l'énonce l'auteur sous le rapport de la différence de distance appréciée par l'observateur.

La différence de grandeur apparente nécessite une différence adéquate dans la distance de l'image, mais nous n'en avons point eu la sensation, au moins aussi marquée qu'est celle accusée par S. D. Brewster. C'est par déduction que nous avons dû reconnaître un petit éloignement en rapport avec l'amplification observée dans le premier cas, et un rapprochement dans le second. Mais l'impression n'avait aucunement la vivacité accusée par l'auteur anglais.

Le lieu de concours des images nous a paru toujours en fait, comme il est en logique, *très-voisin* de l'accommodation *réelle :* un peu au delà dans le premier cas, un peu en deçà dans le second. Et cela quel que soit l'écartement des images, dans les limites de l'énergie des yeux.

On s'assurera du reste que le lieu de concours ne peut être réglé que par l'accommodation ou la convergence.

N'avons-nous pas déjà démontré que c'est l'accommodation qui fixe la distance virtuelle, et la convergence qui rend compte de la position au sensorium.

Ce point de doctrine sera un des enseignements les plus importants de cette longue discussion.

Passons au second cas.

§ 268. **Expériences inverses.** — *Deuxième cas.* Les images similaires sont croisées, elles se fusionneront donc par un acte de convergence réciproque des axes optiques.

On constate d'abord que les deux images M, N, quoique parfaitement isolées, et n'envoyant chacune leurs rayons qu'à l'un

des yeux, ne se fusionnent en aucune façon, au point de concours A des axes dirigés sur elles.

Fig. 83.

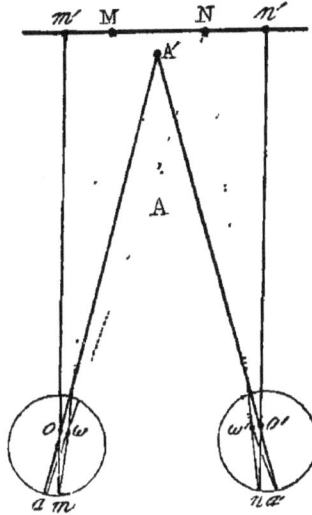

Leur réunion n'arrive qu'à la suite d'un assez long effort et
dans lequel on louche *en dedans :* c'est en effet en s'évertuant
à voir le bout de son nez que les deux images M et N arrivent à
coalescence.

Lorsque cette réunion est devenue permanente, que les yeux
s'y sont habitués, on peut alors enlever les écrans qui cachent
à l'œil droit l'image de droite et à l'œil gauche l'image de
gauche. En ce moment on voit alors trois images, une la résultante de la fusion, quelque part en A', deux autres *m'* et *n'* (*homonymes*) doubles de M et N. (On constate avec soin l'homony-
mie, qui est fidèle à la notation adoptée dans la figure ci-
contre.)

On observe enfin que A' semble plus rapproché que *m* ou *n*
et plus *petit* que l'une quelconque d'entre elles. C'est le cas où
S. D. Brewster suppose, à tort, que les axes optiques se sont
croisés *au delà* du plan du tableau ; leur croisement a lieu, au
contraire, *en deçà* de ce plan.

Que conclure de ces observations, à quel mécanisme les rapporter ?

Si l'on demande au principe de la direction comment l'image

N peut être rapportée par l'œil gauche à la direction A', il répondra, ou on répondra pour lui, que le point de la rétine (a) rencontré par le rayon émané de N, et propre à renvoyer l'impression *en dehors* de la ligne ωN, est nécessairement situé *en dedans* du prolongement de No; o étant le centre des mouvements du globe oculaire et de la surface sphérique de la rétine.

Or quelle direction réelle suit la ligne Na? Évidemment celle qui passe par N et le centre de l'appareil réfringent de l'œil.

Il suit de là que pour amener l'impression N vers A', ou en dehors, il faut qu'il y ait une disjonction opérée entre le centre de l'appareil cristallinien et le centre des mouvements de l'œil; que le premier ait été porté en dedans de l'autre ou le dernier en dehors du premier. Nous avons exposé au § 239 comment on peut concevoir, et par quel agent, que cette disjonction s'opère.

Ce mouvement doit être opéré par l'agent qui préside à l'accommodation; ce ne peut, en effet, être que la différence entre les accommodations de A et de M, ou de N, qui empêche la fusion de s'opérer sur A. Le mouvement de convergence réciproque des centres des appareils réfringents de l'œil est supérieur au mouvement de transport des axes mêmes des yeux, dans le même sens et dont on a conscience, mais ne l'empêche pourtant pas dans une certaine mesure. Car la rencontre des lignes ao, o'a' en A' a lieu à une distance moindre que M ou N, ce dont on s'assure à la diminution de dimension de l'image résultante.

Il y a donc, dans cette circonstance, un double transport en dedans de l'axe des globes oculaires et du centre optique des appareils réfringents. Mais celui-ci l'emporte nécessairement sur le premier, puisque la réunion des images ne peut avoir lieu que sur des axes passant par les centres mêmes des surfaces rétiniennes et du globe lui-même.

§ 269. Rapports de ces phénomènes avec ceux analysés précédemment.

— Si l'on a bien compris les développements qui précèdent, on ne peut s'empêcher de leur reconnaître une grande analogie avec la dissociation d'harmonie observée entre la convergence et l'accommodation lors de l'usage binoculaire des lunettes.

N'avons-nous pas vu que l'usage des bésicles convexes, dans

la presbytie, mettait les yeux en rapport binoculaire avec deux images virtuelles croisées, comme dans le second cas que nous venons d'analyser, et que leur fusion en une seule ne pouvait s'opérer qu'au moyen d'un acte de convergence plus ou moins complexe dont le mécanisme semble calqué sur celui que nous venons de décrire.

Inversement, l'emploi des lunettes concaves, dans la myopie, assimile l'état des yeux à celui que nous venons d'étudier dans le premier cas de la fusion des images similaires.

Il suit de l'assimilation complète de ces deux couples de cas l'un à l'autre, que le presbyte, faisant usage de verres convexes, doit fusionner les deux images virtuelles qu'il reçoit un peu plus près que la distance de leur accommodation exacte, ce qui est d'ailleurs d'accord avec l'acte de convergence observé. Il doit donc y voir un peu plus petit avec les deux yeux qu'avec un seul.

C'est le contraire pour le myope qui, obligé à exécuter un mouvement de divergence, voit un peu s'amplifier son image résultante.

Toutes ces analyses diverses de phénomènes sans rapport premier apparent les uns avec les autres, nous confirment donc dans l'adoption de ce principe : que la vision binoculaire a toujours le point de concours de ses axes effectifs, ou son point de vue, à la distance de l'accommodation, au sommet du cône des faisceaux lumineux incidents, en éventail, sur les cornées. C'est un principe qui sera utilement invoqué plus loin.

§ 270. Quelques applications pratiques de ces enseignements, par S. D. Brewster.

— Il est quelques autres remarques de fait consignées par S. D. Brewster, dans ses recherches et qui, sans avoir le même intérêt scientifique que les précédentes, ont cependant une utilité pratique bonne à prendre à considération. Nous les citerons sans autres réflexions.

« Lorsqu'on expérimente, comme il a été indiqué plus haut, sur les images semblables qui composent le dessin d'un papier de tenture ou d'un tapis, on observe quelquefois qu'une ou deux des bandes qui les forment, et dans toute leur longueur, du plafond au plancher, se retirent en arrière du plan général du tableau, comme s'il y avait une retraite dans la muraille, ou s'avancent au contraire, comme un pilastre, révélant alors, d'une manière frappante, l'imperfection du travail de l'artiste, laquelle, sans cette circonstance, eût peut-être été difficile à reconnaître. Ce phénomène ou cette défectuosité provient de ce que le tapissier a coupé trop ou trop peu de la bordure du rouleau, de telle sorte que lorsqu'on a affronté les dessins pareils, deux moitiés d'une même fleur ont chevauché l'une sur l'autre ou ont, au contraire, laissé entre elles quelque espace, établissant ainsi une inégalité de largeur entre des points homologues, ce qui a reproduit, par cas fortuit, les conditions de la stéréoscopie. Si les portions correspondantes sont moins distantes qu'il ne convient, elles sembleront plus éloignées de l'œil que les fleurs complètes, et ce sera l'effet inverse si leur largeur est supérieure à celle des fleurs parfaites. (Voy. fig. 61 et 62, p. 187.) On peut trouver là un moyen parfait de mettre en lumière les défauts d'exactitude des ouvriers en tapisserie et de tous autres chargés d'accoupler et combiner ensemble des dessins semblables. La saillie ou le retrait de certains dessins, ou de certaines bandes, décélera à l'instant les défauts de rapport. »

§ 271. Cas pathologiques où ces mêmes illusions se sont produites. — Il est singulier, dit en terminant ce sujet S. D. Brewster, qu'avant la publication de ces expériences nul exemple n'ait été cité de distances faussement estimées en contemplant des objets rapprochés, au moment de la réunion binoculaire accidentelle d'images semblables.

Dans une chambre tapissée en dessins de petites dimensions un myope peut, en faisant fortuitement converger ses yeux entre la muraille et lui, réunir deux images semblables, et voir alors l'image virtuelle de la muraille se rapprocher de lui et suivre les mouvements de sa tête. De même un presbyte, pointant son regard au delà, aurait pu voir l'image virtuelle derrière l'image réelle, mobile encore avec les mouvements de la tête.

Nous ferons remarquer à cet égard que la convergence inexacte des axes optiques, dans les deux cas dont il s'agit ici, a lieu en sens contraire de celui supposé par le savant anglais; l'illusion qui rapproche et rappetisse les objets naissant d'un croisement des axes en arrière du tableau, celle qui les agrandit ayant lieu par augmentation de la convergence.

Mais il est une autre réflexion de l'auteur qui nous paraît fondée en raison.

« On comprend encore qu'une personne qui aurait pris quelques rasades de trop et dont le regard n'a pas toujours l'assurance voulue, pourrait, suivant le caractère de sa vue courte où longue, éprouver les illusions que nous venons de décrire.

« Ce genre d'illusions, dans les deux cas, a été récemment observé. Un ami auquel j'eus occasion, continue M. Brewster, de faire part de ces expériences, et qui est myope, me fit connaître que, dans deux circonstances, il avait été mis en grande perplexité par ces visions fallacieuses. Ayant un peu trop bu « péché de bonne compagnie saxonne », il vit la tenture de l'appartement suspendue en l'air devant lui. Dans une autre occasion, étant à genoux (l'auteur ne dit pas si c'était dans un acte de piété à Bacchus ou à Jehovah; nous supposons que c'était le premier cas), les bras appuyés sur une chaise à fond en treillis, et fixant les quadrilles du tapis, il avait accidentellement *uni* deux des ouvertures octogones et projeté l'image virtuelle du fond de la chaise au delà du plan d'appui de ses bras.

« Après avoir entendu ma lecture sur le même sujet à la Société royale d'Edimbourg, le professeur Christison me communiqua le cas suivant, dans lequel se trouve consignée une observation de même ordre qui lui est personnelle. Il y a quelques années me trouvant dans une maison dont les papiers de tenture sont généralement réguliers et à dessins répétés régulièrement, l'un d'entre eux, notamment, à étoiles, j'étais souvent harrassé par les illusions que vous avez décrites; je voyais la muraille debout, presque sur moi et dansant avec les mouvements de la tête. Je m'aperçus que la cause de l'erreur devait être rapportée au point de concours des axes optiques. Mais il me fallut de grands efforts pour me séparer de ces apparences; je reconnus encore que le meilleur moyen de m'en défaire était de porter les yeux dans la divergence. Comme cet accident se représenta avec plus de fréquence pendant une convalescence d'une sévère attaque de fièvre, je craignais que ma faible vue de myope ne fût menacée de quelque nouveau malheur. L'effet cessa d'ailleurs avec la cause; car étant revenu dans mon habitation ordinaire, où les dessins de tenture n'offrent pas cette régularité, pareille illusion ne se reproduisit plus. L'explication de ces faits se trouve dans vos recherches. »

§ 272. Illusions optiques. Compas du docteur Smith. — Ce sont encore des considérations de ce même ordre qui conduisent à l'explication d'un phénomène très-connu et sur lequel se sont arrêtés tous les auteurs qui ont voulu approfondir ces cas singuliers que présente la vision.

Nous voulons parler de l'expérience du docteur Smith, rapportée par Wheatstone, et que ce savant a essayé d'expliquer dans ses singularités, à l'aide des idées nouvelles que lui a suggérées l'analyse de la vision stéréoscopique.

Fig 84.

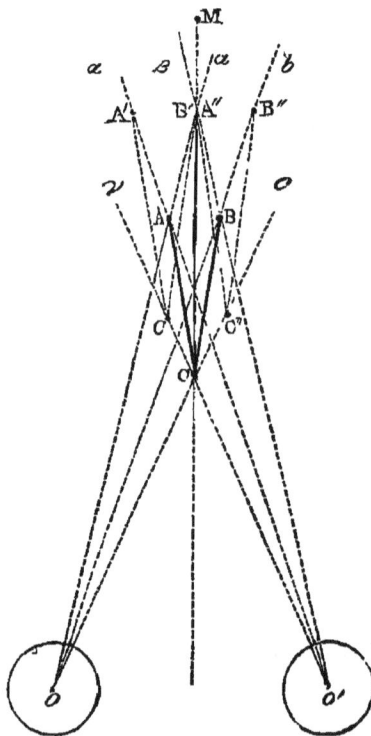

Voici cette expérience, telle que la décrit S. D. Brewster :
« Soit un compas A, B, C dont A, B sont les pointes, C la tête, AC, BC les branches. On le place devant soi, ouvert comme le montre la figure 84, de telle sorte que la distance AB

soit un peu supérieure à celle des pupilles; les yeux un peu au-dessus du plan du dessin, et comme seraient leurs projections *o, o'*. Fixant alors le regard attentif sur un objet éloigné M dans le plan vertical bissecteur de l'angle ABC, on aperçoit alors « (en diplopie croisée) » les images doubles du compas. L'aspect est alors celui d'un double W. On resserre alors, sans déranger les rapports des yeux avec le compas, les deux branches de façon à diminuer leur ouverture, jusqu'à ce que le double W prenne la forme représentée sur la figure 84, c'est-à dire, que les deux pointes intérieures, B' de gauche et A" de droite, coïncident l'une avec l'autre dans le plan bissecteur. A ce moment, dit S. D. Brewster, les deux branches intérieures qui se rencontrent en A"B', coïncideront également dans toute leur étendue, formant une seule branche séparant en deux parties égales l'intervalle des branches extrêmes ; cette réunion donnera alors l'impression d'une seule branche plus vive, plus large, plus épaisse que les deux extrêmes, et qui aura l'air de s'étendre depuis la main qui tient la tête du compas jusqu'à l'objet très-éloigné fixé par l'observateur, fût-il à l'horizon. « Eu égard à une conception imparfaite de la raison d'être de ce phénomène, le docteur Smith, en le décrivant, a omis, ajoute M. Brewster, de faire remarquer que les deux branches fusionnées s'élèvent au-dessus du plan des deux autres, et qu'elles ne s'étendent jamais plus loin que le centre binoculaire auquel sont unis les deux pointes A et B. Cette remarque est très-fondée en observation.

D'après tous les développements donnés jusqu'ici aux conditions d'exercice de la vision binoculaire, rien ne sera simple comme de s'expliquer ce qui arrive ici. Qui ne voit d'abord que le point de mire binoculaire, le point de concours des axes optiques principaux étant pris dans l'éloignement et dans le plan bissecteur de symétrie de la figure, le compas ouvert sur le chemin du regard, mais avec une accommodation fort différente de celle du point de vue, doit paraître double et en images croisées ; absolument comme les points γ, δ, images doubles du point B de la fig. 63, § 125, p 219 ; mais, par une particularité qui tient à la forme de l'objet, on aura sur le même point A"B'. (nous supposons le regard fixé en M) deux images à la fois, l'extrémité droite B' de l'image fausse de gauche, l'extrémité

gauche A″ de l'image fausse de droite. Et, eu égard à la similitude des deux branches du compas, le sensorium y verra les
doubles images d'un même point. Il aura alors l'impression d'un
point unique A″B′ dans le plan vertical médian au croisement
des directions οα, ο′6.

Tout cela est jusqu'ici très-simple.

Mais poursuivons : par suite du sentiment qu'éveillera la ressemblance des deux branches B′C′, A″C″ très-rapprochées l'une
de l'autre, la tendance innée et supérieure du fusionnement des
images semblables, s'essayera à réunir en une seule, et comme
appartenant à un même objet situé dans le plan vertical médian,
les deux branches pareilles, c'est-à-dire à fusionner les images
C′C″ assez rapprochées d'ailleurs.

Nous avons vu que la chose était possible, qu'elle s'obtenait
sans doute par une décentration par divergence, de la nature
de celles du § 266. Mais comme déjà le point de vue est fixé
en M; que, de plus, le point B′A″ fixe définitivement le plan
médian, les points c′c″ ne peuvent être amenés à coalescence
que par un mouvement oblique qui les réunit plus bas que M
et B′A″.

Le résultat est donc une seule droite B′A″C, inclinée de bas en
haut et d'avant en arrière sur le point M, et s'étendant seulement de C′C″ ou C à B′A″, et non pas au point M, comme l'a
très-bien fait remarquer S. D. Brewster.

Dans ce phénomène longtemps inexpliqué, il n'y a donc, en
somme, rien que de très-rationnel, quand on a bien suivi le
mécanisme de toutes les illusions qui précèdent.

Il est simple d'ailleurs que l'image résultante produise une
impression plus nette et plus efficace; étant le produit de deux
impressions au lieu d'une et demeurant, en outre, le centre
de l'attention et l'objet spécial d'un effort de la part de l'appareil
ciliaire.

Nous terminerons là l'histoire et l'analyse de ces illusions
optiques : celles que nous avons données en détail peuvent
servir de point de départ pour l'étude des cas plus ou moins
analogues que des combinaisons variables de convergence des
axes optiques sont aptes à produire.

SECTION II.

Micropie et macropie.

§ 273. De la Micropie et de la Macropie (μικρὸς, petit, μακρὸς grand). — On désigne par ces termes deux états opposés de la vue dans lesquels les objets apparaissent aux sujets ou plus petits ou, au contraire, plus étendus qu'à l'état normal. La comparaison s'établit soit par le souvenir de la dimension apparente des objets avant l'apparition de cet état anormal, et cela a lieu particulièrement quand la vision s'exerce binoculairement, soit par la différence des dimensions apparentes d'un même objet, suivant qu'il est visé par l'œil malade ou l'œil sain.

Ces phénomènes curieux doivent donc être étudiés sous ces deux faces : à savoir, suivant que la micropie ou la macropie sont éprouvées dans la vision avec un seul œil, ou, au contraire, par les deux yeux à la fois.

Les auteurs modernes sont à peu près complétement muets, en ce qui concerne ces deux affections ; probablement par suite de la difficulté qu'ils ont dû éprouver à s'en rendre compte. M. Desmarres rapporte que M. Warlomont a observé la micropie dans la mydriase : ainsi avait fait Demours qui en rapporte une observation très-circonstanciée et dans laquelle il apprécie avec assez d'exactitude les causes physiques de l'erreur du malade sur la grandeur ou l'éloignement des objets.

« Le symptôme le plus singulier de cette maladie, dit cet auteur, est que la malade voyait les objets beaucoup plus petits, lorsqu'elle les regardait avec l'œil affecté, quoique la prunelle en fût très-dilatée, que lorsqu'elle les regardait avec l'œil sain, dont la prunelle était bien plus rétrécie.

« Ce symptôme qui a été observé par les médecins grecs (Oribase, Aëtius, Paul d'Egine, etc....) a été nié par quelques modernes et a échappé aux derniers écrivains sur les maladies des yeux. On ne paraît l'avoir observé que concurremment avec la mydriase et un trouble plus ou moins prononcé de la vue, ordinaire dans cette dernière affection.

« D'autre part, Actuarius, le dernier des Grecs qui fasse mention de la dilatation de la prunelle, a dit, au contraire, que, dans cette maladie les objets paraissaient plus grands. » Cette énonciation est considérée par Demours comme le résultat probable d'une erreur de traduction. Nous suspendrons à cet égard notre jugement : si la micropie est évidemment un symptôme plus commun de la mydriase que n'est la macropie, rien, dans la nature des choses, n'indique cependant que cette observation d'Actuarius ne soit pas fondée. La macropie a été observée; et nous avons vu § 267 qu'on peut même la produire à volonté dans l'acte binoculaire, où ces fausses appréciations sur la grandeur des objets semblent plus difficiles à comprendre.

Les remarques suivantes de Demours, et qui sont des plus judicieuses, auraient pu le conduire sur ce point à une autre conclusion :

« On entend par grandeur *vraie* des objets, dit Demours, excellemment, celle que nous connaissons en comparant la grandeur de l'angle que forment les rayons extrêmes qui partent d'un objet quelconque éclairé ou lumineux, avec la distance connue où se trouve cet objet.

« On entend par grandeur *apparente* celle dont nous jugeons seulement par la grandeur de l'angle visuel, la distance de l'objet qui le sous-tend nous étant inconnue. »

Deux éléments sont donc absolument nécessaires pour fixer ce qu'on peut entendre par le terme : grandeur *vraie*, à savoir : l'angle visuel et la distance de l'objet.

Or Demours, et il est en cela d'accord avec la généralité des auteurs, admet implicitement, dans la discussion de ce point de science, que lors de la vision *monoculaire*, la distance de l'objet vu n'est point appréciée par l'organe. La notion de cette distance est apportée au sensorium par l'habitude, l'éducation, les rapports successifs des objets. Elle n'est acquise d'une manière nette que par l'acte binoculaire.

Considérée comme expression géométrique exacte, cette proposition est vraie. Elle est fausse dans l'ordre physiologique. Si l'éducation, l'habitude, la connaissance des rapports préalables de position des objets d'une perspective sont des éléments importants pour l'appréciation sensorielle de leurs distances respectives, ces éléments ne sont pas les premiers, ni les plus puissants qui, dans l'accomplissement de la fonction, portent à l'esprit la notion de l'éloignement relatif des objets.

De même que, dans la vision binoculaire, ces actes de l'intelligence sont tout à fait secondaires, dans la vision par le moyen d'un seul œil, ils ne tiennent encore que le second rang, primés qu'ils sont par une propriété physiologique innée. Nous voulons parler de l'accommodation ou activité du pouvoir réfringent de l'organe, et qui varie régulièrement, constamment, avec la distance. Or, il faut bien que le sensorium juge de l'état, du degré d'action de cette puissance, puisque d'après ce que nous avons vu dans la section précédente, malgré leur tendance supérieure à fusionner les images semblables, les yeux ne sauraient y réussir à une distance notablement différente de celle qui convient à leur degré d'adaptation. Or, comment se rendre compte de cette synergie, si le sensorium n'a pas conscience du degré de l'adaptation.

Nous ne serons donc aucunement téméraire en énonçant que le sensorium a une notion exacte de la tension ou du degré d'activité du système actif qui préside au règlement de la réfraction, à savoir de l'appareil ciliaire. Ce système actif a sa conscience tout aussi bien que le système musculaire général mis à la disposition de la vie de relation.

A un objet donné, correspondent donc, lors de l'exercice physiologique de l'organe, et un angle visuel déterminé ou du moins l'arc qui le sous-tend, et la notion d'une distance relative donnée ; ces deux quantités jouent le rôle des sinus et cosinus de l'angle visuel ou grandeur apparente.

Tel est l'élément physiologique qui prédomine sur les notions apportées par l'habitude et l'éducation. Il n'a pas assurément cette exactitude géométrique absolue, apanage de la vision binoculaire. Dans celle-ci, la distance est non-seulement fixée, mais la position même de chaque point vu, se trouve absolument déterminée, précisée. Cette précision manque dans la vue monoculaire, mais l'indétermination qui la remplace a d'étroites limites, et l'œil doué, à priori, de la propriété de juger du rapport de deux distances par la conscience de son adaptation, acquiert vite, par l'habitude, une appréciation assez rapprochée des distances absolues.

Toute perception d'un objet déterminé repose donc, dans la

vue monoculaire, sur deux éléments, l'angle visuel et le degré d'accommodation ou de distance ; l'un précis, l'autre plus vague, mais encore plus exact qu'on n'est dans l'habitude de le croire.

Cette condition physiologique est habituellement plus ou moins méconnue ; on suppose trop généralement qu'on n'a, sans le concours des deux axes optiques, aucune idée de la distance. Demours, en particulier, dans l'analyse du phénomène qui nous occupe, pose ce principe qu'on n'a sur la distance que des idées erronées avec un seul œil. On ne les a pas absolument exactes : cela est vrai ; le lieu occupé par les objets n'est pas géométriquement déterminé, cela est encore positif. Et cependant encore on ne commet pas, avec un seul œil, de grosses erreurs ; et les illusions ne se promènent que dans un champ assez peu étendu. Les auteurs on été, à cet égard, conduits trop loin par l'expérience classique que rapporte Demours :

« On connaît, dit-il, l'expérience de l'anneau suspendu rapportée par Malebranche et de la Hire. Si l'on s'éloigne de l'anneau suspendu de trois ou quatre pas, que l'on couvre un œil d'une main, et qu'avec l'autre armée d'un bâton courbé par le bout, on tâche d'enfiler l'anneau, on sera surpris de la difficulté qu'on aura d'en venir à bout. »

Cette expérience est rationnelle, et elle prouve en effet la nécessité du concours des deux yeux pour se préciser à soi-même la position *exacte* de l'anneau. Mais de combien se trompe-t-on dans ces erreurs successives ? Jamais plus que de quelques pouces sur plusieurs pas, et cette différence n'a aucun rapport avec la dimension apparente des objets dans la micropie ou la macropie.

Or, si l'on admet que l'état d'activité de l'appareil ciliaire soit révélé au sensorium, dans l'état normal, avec la même précision que celui des autres puissances musculaires, il devient, dans de certaines limites assez restreintes, un élément très-propre à révéler la distance relative et souvent assez exacte d'un objet. Il joue alors le rôle du rayon du cercle dans la détermination de l'angle, quand on connaît d'autre part l'arc qui sous-tend cet angle.

Tels sont les deux éléments fondamentaux de l'appréciation de la grandeur vraie des objets. Un objet quelconque vu par un seul œil est perçu à la fois, sous le rapport de l'angle visuel et de la distance relative. Sa grandeur vraie, relativement aux souvenirs et à l'habitude, est par là déterminée avec une certaine approximation.

Cela posé, rien de plus simple que de se rendre compte de l'aberration signalée. Supposons l'innervation ciliaire altérée, et la notion du degré de son activité oblitérée, l'estimation de la grandeur vraie des objets est désormais absolument entravée. Les objets ne se révèlent plus que par l'angle visuel, ou, du moins, que par l'arc qui le sous-tend. Mais cet arc n'appartient plus à une circonférence précise ; le rayon en est indéterminé. Alors intervient une notion plus ou moins erronée de distance, et les objets donnent l'impression de dimensions tout à fait arbitraires ; ces notions fausses de distances dépendent d'ailleurs, sans doute, du faux jugement porté sur le degré d'accommodation, par suite de l'affection de l'innervation propre de l'organe ; et ce n'est pas, semble-t il dans ces circonstances, l'absence de notion même qu'il faut accuser, mais une fausse notion de l'état de l'accommodation ; car dans le plus grand nombre de cas de mydriase, où l'appareil ciliaire est plus ou moins paralysé, le phénomène ne se montre pas, et les seuls objets vus sont les objets éloignés pour lesquels les rayons sont parallèles. Les objets voisins ne sont pas vus.

Pour que ces derniers deviennent perceptibles, comme dans le cas de Demours où ils étaient perçus confusément, les objets éloignés ne l'étant pas, l'accommodation ne doit pas être entièrement paralysée ; elle était, dans le cas cité, certainement fixée en un certain état d'activité ; l'angle visuel était donc ce qu'il devait être, à très-peu près, sans cela il n'y aurait pas eu vision. Mais la notion de distance était faussée par suite d'une interprétation erronée, faite par le sensorium, de l'état de l'accommodation, du degré d'activité ciliaire. Or un angle dont on ne connaît que le sinus de l'arc, sans connaître en même temps le cosinus ou le rayon, reste absolument indéterminé.

C'est donc à tort que Demours faisait dépendre l'illusion produite dans le cas qu'il a observé du seul angle visuel.

Cet angle était nécessairement à très-peu près ce qu'il devait être, puisque les objets étaient *vus*. L'adaptation était donc convenable. Elle n'était pas absolument exacte, puisqu'il y avait un peu de confusion. Mais enfin elle correspondait à la distance de l'objet, ou du moins à une distance très-voisine. Les objets éloignés, en effet n'étaient pas vus.

Nous nous assurons que cette adaptation était à peu près convenable, en ce que la vision binoculaire ou stéréoscopique des différences de cet ordre, n'empêchent ni le fusionnement des impressions, ni la notion d'une distance et d'une position exacte.

Que manquait-il donc au malade s'il avait l'adaptation et l'arc convenables à la distance de l'objet? Rien qu'un point, bien évidemment, la notion physiologique, la conscience du degré de cette adaptation.

Suppléées alors par les notions intellectuelles, par le souvenir, l'habitude, etc... il n'y a rien d'étonnant à ce que l'on voie la fonction soumise à toute l'instabilité des illusions, des perceptions arbitraires.

Mais comment, nous demandera-t-on, se rendre compte pathologiquement de la perte de cette notion, de ce jugement du degré de l'activité ciliaire?

Nous ne trouvons rien d'exorbitant à l'attribuer à une lésion nerveuse du système ciliaire, constatée déjà par l'état mydriatique du sujet. Combien de temps, dans les paralysies musculaires, a-t-on été sans découvrir les perversions de la sensibilité spéciale connue aujourd'hui sous le nom de conscience, sens musculaires, sentiment d'activité musculaire?

C'est une qualité physiologique de plus, révélée par le fonctionnement pathologique. Un membre, en partie paralysé, a perdu le sentiment réflexe de la mesure de l'activité de ses forces. L'appareil ciliaire malade ne saurait-il avoir perdu également le sentiment réflexe du degré auquel il est fixé?

La micropie ou la macropie binoculaires seront donc pour nous les symptômes, les indices d'une perversion nerveuse de l'appareil ciliaire; et nous espérons, qu'après la lecture de cette analyse, plus d'un physiologiste se rangera également à cette opinion.

§ 274. De la micropie et macropie binoculaires.
— Cette manière de voir trouve un complément rationnel dans l'analyse de la micropie ou macropie binoculaires. Pathologiquement, nous n'en connaissons point par nous-même

d'exemple. Il y a un ou deux ans cependant, un de nos con-
frères nous rapporta un cas de micropie binoculaire qui l'avait
fort intrigué. Mais les détails scientifiques de l'observation man-
quaient; nous gardâmes le fait dans notre mémoire, nous pro-
posant de l'analyser en temps opportun. Or nous pensons qu'il
pourra sans violence être rattaché aux considérations précédentes, en les combinant avec celles qui vont suivre et qui
sont d'ordre tout physiologique.

Elles sont très-courtes d'ailleurs, et se renferment toutes dans
les conclusions de la section première de ce chapitre, §§ 265,
266, que nous avons consacrée à l'étude des troubles apportés dans le mécanisme fonctionnel de la vision, lorsque les
yeux ont devant eux des images semblables qu'ils éprouvent le
besoin de fusionner entre elles.

Nous avons vu que dans ces circonstances (§ 266), les axes
optiques efficaces n'étaient plus ceux de la vision binoculaire
physiologique; qu'il y avait dissociation entre l'accommodation
et la convergence ou du moins entre l'accommodation et les
axes déterminatifs du point de vue, par décentration obligée de
l'appareil réfringent.

Dans ce cas, les images à fusionner étant supposées au droit
de chaque œil, nous avons vu que les axes optiques principaux
se portaient dans la divergence jusqu'à ce que de nouveaux axes,
des axes secondaires déterminés par le déplacement du centre
optique cristallinien, vinssent à se rencontrer à une distance suffisamment voisine de celle qui correspondait à l'accommodation
donnée. Alors l'image résultante unique, un peu plus éloignée
de l'observateur que la distance de l'adaptation, mais sous-tendant toujours le même angle, devait apparaître plus ou moins
agrandie.

Inversement, l'image résultante était rapprochée et réduite en
dimensions, lorsque les yeux devaient fusionner en une seule,
deux images semblables placées devant chacun d'eux non plus
directement, mais par croisement. Dans ce cas, les axes optiques
principaux marchaient dans le sens de la convergence, venant
se croiser entre le plan du tableau et l'observateur.

Nous avons, à ce propos, rappelé également les observations
de S. D. Brewster sur des illusions de même ordre produites
par un état d'ivresse incomplet.

Nous pouvons donc admettre jusqu'à un certain point que des illusions semblables soient la conséquence de troubles nerveux plus ou moins mal définis, et dans lesquels les yeux se portent dans des convergences sans rapport avec la distance réelle des objets; et qu'alors les organes éprouvent une dissociation de leur action synergique par une décentration anormale mais correctrice des axes oculaires.

Ou qu'inversement, une affection spasmodique du même appareil ciliaire, détermine des strabismes optiques intérieurs suivis, logiquement, des illusions que nous venons de décrire, de fausses appréciations sur la distance des objets· si même à priori la conscience musculaire de l'appareil ciliaire n'est pas primitivement troublée, dans le cas de la fonction binoculaire, comme dans celui analysé dans le paragraphe précédent de la vision avec un seul œil.

Ces données pourront servir de point de départ pour *observer* scientifiquement les cas futurs de micropie ou de macropie et en écrire l'histoire positive.

SECTION III.

Du ragle, ou hallucination du désert.

§ 275. Du ragle ou hallucination du désert. — À la suite de l'exposition des phénomènes curieux, décrits par S. D. Brewster, au chapitre des illusions produites par la réunion en une des images semblables que peut présenter un dessin, aux détails symétriques, offert aux deux yeux à la fois, nous pouvons très-logiquement placer la description d'une perversion sensorielle des plus intéressantes, dont il a été donné communication à l'Académie des sciences en 1855, par M. le comte d'Escayrac de Lauture.

Nous voulons parler du *ragle*, état particulier, familier au voyageur qui traverse le désert, et qui consiste dans une double perversion des sensibilités spéciales et de l'intelligence, tenant à la fois du rêve, de la veille et du sommeil, de l'hallucination pure et de la perception objective tout ensemble. Comme exposition de cette singulière affection, nous ne pouvons mieux faire que d'emprunter la description même donnée par le savant et hardi explorateur.

« Un voyageur pressé d'atteindre le terme éloigné de ses fatigues, marche nuit et jour ; accablé de lassitude, il ne tarde pas à être pressé par le sommeil ; sa volonté se roidit contre les exigences de sa nature, une lutte s'engage et cette succession naturelle de repos et de veille, qui est la condition ordinaire de la vie, fait place chez lui à un état particulier qui n'est plus le repos ni la veille. Ses yeux sont ouverts, son oreille perçoit les sons, sa main sent et agit, son esprit raisonne, et pourtant notre voyageur est le jouet des hallucinations les plus bizarres.

Cet état particulier qui a été désigné quelquefois sous le nom d'hallucination du désert est, par les Arabes, nommé *le ragle*. Il est si commun, dans les conditions dont il s'agit, qu'ils en ont même fait un verbe, et qu'on dit *ragler* comme on dirait rêver, sauf les différences que nous allons mettre en relief entre le rêve et le ragle.

M. d'Escayrac de Lauture a souvent éprouvé le ragle, et voici la description qu'il donne de ce genre d'hallucinations :

« J'ai souvent souffert de la privation du sommeil, qui est la plus cruelle de toutes ; peu à peu je sentais le trouble se mettre dans mes idées ; c'est en vain que je parlais avec mes guides, que je chantais, que je descendais pour marcher un peu, que je m'aspergeais le visage d'eau fraîche, il me semblait bientôt *que l'horizon s'élevait autour de moi comme une muraille*, le ciel formait à mes yeux la voûte immense d'une salle fermée de tous côtés, les étoiles n'étaient plus que des milliers de lampes et de lustres destinés à éclairer cette salle ; puis mes yeux se fermaient, ma tête se penchait, et tout d'un coup, sentant que je perdais l'équilibre, je me rattrapais à ma selle et cherchais, en chantant, à écarter de nouveau l'ennemi qui m'assiégeait sans cesse.

« Une longue privation de sommeil et la fatigue qui en résulte sont les causes ordinaires du ragle, qui peut se développer aussi sous l'influence d'une soif excessive, de la faim, peut-être même du chagrin, de la crainte, etc. Les aberrations peuvent se rapporter à la vue, à l'ouïe, au goût, à l'odorat, peut-être même au toucher. Celles de la vue sont de beaucoup les plus fréquentes. »

Ce seront aussi celles sur lesquelles nous nous arrêterons plus volontiers, comme se rattachant plus directement à cette étude.

« Là nature des aberrations ne présente pas, pour un même sujet et dans les mêmes circonstances, une grande variété. En général, pour ce qui concerne la vue, les pierres deviennent des rochers ou des édifices; les traces des animaux, les ornières, donnent à la route l'apparence d'une terre labourée ou d'une prairie. Les ombres portées, lorsqu'il y a clair de lune, figurent des puits, des précipices, des ravins, et des ombres moindres présentent l'aspect d'êtres animés; on voit passer devant soi de longues files de chameaux, des voitures, des troupes nombreuses, des bataillons dont on distingue les uniformes.

« On voit encore souvent s'élever devant soi et autour de soi toute une forêt d'arbres très-minces et peu touffus, mais d'une grande hauteur, et dont le feuillage cache une partie du ciel *sans voiler pourtant les étoiles*. Dans un désert parfaitement aride, cette aberration me paraît trouver son rudiment dans les petits vaisseaux plus ou moins engorgés de la cornée transparente (1).

« Suivant que l'œil est plus ou moins ouvert, ces objets prennent des apparences diverses.

« *Les images ne paraissent souvent pas être éloignées de l'œil de plus de 50 centimètres à 1 mètre;* elles ne s'en rapprochent pas davantage, à ce que je crois. Il m'est arrivé de traverser des murailles qui reparaissaient toujours devant moi; mon bras allongé plongeait dans la maçonnerie, mon corps ne la rencontrait jamais, elle s'ouvrait pour lui donner passage.

« Une aberration très-fréquente est le *redressement des surfaces horizontales;* des treillis s'élèvent aux côtés de la route. L'horizon devient un mur, ou une enceinte, ou une immense cuve; quelquefois il semble qu'on se trouve au milieu d'un cratère, au milieu du val del Bove ou de quelque gorge resserrée des Alpes. Un fait d'une nature analogue est la transformation de la partie du ciel, qui est devant nous, en une longue et étroite bande de gaze.

« Le ragle peut se manifester en plein jour; dans ce cas,

_____

(1) Nous ferons observer en passant que s'il y a ici une condition subjective née dans les tissus minces de l'œil, il faut plutôt la rattacher à une injection rétinienne ou choroïdienne qu'à la cornée, qui, dans l'état normal, n'a point de vaisseaux. Nous faisons cette remarque pour ordre, non comme critique, puisa que l'auteur n'est pas médecin.

l'aberration de la vue est occasionnée par l'éclat insupportable d'une lumière éblouissante, mais il n'est ordinaire que dans des demi-ténèbres.

« Les aberrations de l'ouïe, beaucoup plus rares que celles de la vue, atteignent surtout ceux qui sont à jeun, les voyageurs soumis à l'influence du simoun, dont les oreilles sont fatiguées par le vent, irritées par le sable, les gens sujets aux bourdonnements d'oreilles, les fièvreux qui ont eu recours au sulfate de quinine, etc. »

Il n'est nul besoin d'insister longuement sur les détails contenus dans cette description pour que l'on y reconnaisse tous les caractères de l'hallucination. Mais il n'est pas non plus difficile de démontrer que ces aberrations ne sont pas exclusivement du genre de l'hallucination proprement dite, à savoir la perception d'une impression qui n'existe pas ; qu'elles ne sont pas, en un mot, le fait exclusif d'une perversion intellectuelle ou mentale, mais bien qu'elles ont un point de départ objectif, et reposent, avant tout, sur une impression réelle, mais dépourvue de toute coordination.

Ce premier point est évident pour qui tiendra un compte suffisant des observations judicieuses de l'auteur :

« Pour les hommes appartenant à la même race, ayant reçu une éducation à peu près pareille, les mêmes rudiments deviendront la source d'aberrations semblables ou à peu près semblables.

« La même sensation imparfaite sert de point de départ, et devient le rudiment sur lequel s'élèvent les constructions de la fantaisie : l'enchaînement des idées accomplit cette transformation, qui a lieu suivant la pente des aspirations habituelles du sujet ou dans le sens de ses préoccupations du moment. »

M. d'Escayrac a donc parfaitement saisi et analysé deux points importants : 1° le travail mental de l'halluciné ; 2° le thème objectif réel sur lequel il broche ensuite. « Des voyageurs étant pris simultanément du ragle, voient se dérouler devant eux les mêmes images : si l'un voit des montagnes, l'autre en voit aussi ; si l'un voit une maison, l'autre verra également une maison. »

« Cependant chez des gens de race et d'éducation différentes, les hallucinations présenteront, dans les mêmes circonstances, une certaine analogie, mais ne seront que rarement semblables. Ainsi un bédouin qui n'aurait jamais vu d'arbres (et il y en a beaucoup dans ce cas), ne saurait voir s'élever autour de lui une forêt : là où nous verrons une voiture, l'Arabe verra un chameau ; là où nous verrons un clocher, il verra un minaret, et ainsi de suite. »

Dans cette analyse précieuse, nous trouvons donc bien nettement définies deux parts du phénomène : son origine objective, d'abord, secondement le travail hallucinatoire qui en est la suite et la conséquence.

Ce second élément du phénomène appartient plutôt à la psychologie morbide qu'à nos études : nous ne nous occuperons donc que du premier qu'il est intéressant d'étudier sous le rapport du mécanisme de pathologie fonctionnelle qui y préside ; toutes réserves faites cependant de l'existence des conditions cérébrales qui déterminent l'aptitude à l'aberration.

Si l'on se reporte, en effet, à la description qui précède, aux phénomènes singuliers du redressement des surfaces horizontales, en particulier, à l'apparition d'une muraille verticale à quelques pieds de l'observateur, à ce phénomène curieux d'un tableau ou d'une muraille suspendus à portée de sa main et que le bras, que le corps même traversent sans les sentir, on ne peut point ne pas être frappé de la similitude de ces impressions avec les illusions surprenantes, décrites par S. D. Brewster, comme la conséquence de l'union fortuite des axes optiques à une distance moindre que n'est le point de vue de l'accommodation. (Nous avons montré d'ailleurs aux §§ 266, 268 que ledit croisement des axes avait lieu en sens contraire de ce que S. D. Brewster avait cru observer.)

La fausse apparence d'un plan vertical substitué, comme sensation, à l'impression objective, née d'un plan horizontal, s'explique d'abord par l'incertitude des limites et des impressions mêmes qui en résultent, et que rend nécessairement confuses le peu de lumière répandue sur la scène, d'une part, et d'une autre, à l'affaiblissement du sens sous le poids de la fatigue et d'une paralysie physiologique qui commence à se faire sentir. Une sensibilité spéciale émoussée, mise en rapport avec une insuffisance de stimulant spécial, voilà une cause suffisante pour la production du phénomène.

Cela posé, vient la question de la fausse appréciation de la distance dudit plan vertical.

C'est ici qu'apparaît dans tout son jour l'analogie de rapports mécaniques qui rattache aux observations de S. D. Brewster celles de M. d'Escayrac de Lauture. Si les mêmes effets doivent faire supposer l'existence des mêmes causes, il est impossible de ne pas voir dans une dissociation de la convergence naturelle des axes oculaires, l'apparence rapprochée du tableau de la perspective qui, dans les deux cas, se balance devant les yeux.

Cette aberration dans la coordination synergique des axes ne saurait en vérité surprendre de la part d'organes déjà en partie soustraits à l'influence coordinatrice de la volonté et de l'attention. Pendant cette pénible lutte entre la veille et le sommeil, s'il est quelque chose de concevable, c'est cette absence de lien et de coordination.

Dans le travail que nous avons fait en commun avec M. le docteur Demarquay, au sujet de l'hypnotisme, nous avons dû mettre en lumière la frappante analogie de la marche de l'engourdissement des organes ou de la suspension des fonctions, dans cet état remarquable du système nerveux et dans le sommeil physiologique. Nous avons vu que de part et d'autre, on observait la gradation suivante identique dans les deux cas : dans l'une et l'autre, ne voit-on pas tomber successivement dans le sommeil ou la paralysie, et dans le même ordre, la vue, la sensibilité musculaire, la sensibilité générale, les sensibilités spéciales (l'ouïe la dernière), etc., et finalement l'intelligence. N'avons-nous pas également constaté l'identité inverse de la marche du réveil ou du retour à la vie ?

D'après les divers jugements qui précèdent, quelle différence pourrons-nous signaler entre l'un de ces deux états et le ragle ? Une seule importante : la lutte de la volonté, de l'intelligence contre le repos de l'action musculaire et contre le repos de la vue. Mais cette lutte est souvent inefficace et quelqu'un des éléments fonctionnels soit de la vue, soit de l'activité musculaire échappe finalement à ce contrôle, au frein de la volonté intelligente. Et quel élément voyons-nous surtout faire ainsi défaut ? celui qui préside non à l'accomplissement du mouvement : la volonté réussira à se faire entendre à ses agents, mais elle ne reçoit plus d'eux l'avertissement qui se porte au sensorium, la sensibilité réflexe, connue sous le nom de sens ou conscience musculaire. Dès lors, les yeux s'ouvrent plus ou moins, des images sont formées sur les rétines, des impressions perçues par le sensorium. Mais faute de l'intégrité active du moniteur indispensable, mais par suite de l'insuffisance du fluide nerveux, plus de conscience musculaire qui avertisse le sensorium du rapport mutuel des axes optiques ou de ses relations avec le degré de l'adaptation.

Sur ces données objectives dépourvues de lien et qui échappent au contrôle de la mesure, opération dont est l'instrument la conscience musculaire, l'intelligence, dernière fonction éteinte, brode à loisir et crée tous les fantômes possibles. Les dessins tracés sur la rétine, dessins confus déjà, eu égard aux demi-ténèbres qui couvrent la scène objective, n'offrent au sensorium que des arcs visuels, sans notion de distance (comme qui dirait des rapports trigonométriques dépourvus d'unité de mesure). Une mouche dès lors peut en imposer pour une autruche, un scarabée pour un éléphant.

Qu'on n'oublie pas, en effet, l'intégrité persistante de l'intelligence, cette dernière activité qui s'endorme. M. d'Escayrac l'a constatée : en plein ragle, il note et inscrit ses impressions, fait des calculs mathématiques et en remarque le lendemain avec étonnement l'exactitude.

Dans le désert quel est le guide? Une certaine étoile suivant l'objet du voyage et la saison : malgré le ragle, le sujet ne perd jamais de vue son étoile ; elle lui paraît une lampe, un flambeau, tout ce que l'on voudra, mais jamais elle ne disparaît de devant ses yeux, le voyageur se guide toujours sur elle, au milieu des apparences qui l'environnent, comme pendant la veille la plus parfaite.

L'intelligence, en effet, ne perdra de vue son étoile, son salut, qu'à l'épuisement de la lutte, quand elle succombera elle-même à la fatigue, au sommeil.

Nous allons, par une citation finale, justifier ces appréciations :

« Dans cet état, les sens sont émoussés, l'imagination folle ; la raison cependant, toujours en éveil, n'est pas trompée par les jeux de la fantaisie. On voit un palais, on en compte les fenêtres ; mais on sait à merveille qu'il n'y a point de palais. C'est en vain pourtant qu'on se roidit pour ne point le voir ; les plus beaux raisonnements n'y font rien. On sait qu'il n'existe pas, on agit comme s'il n'existait pas, mais on le voit toujours, à moins qu'on ne vienne à penser à autre chose ou que l'imagination ne fasse du palais une forteresse ou une ville. »

Veut-on une plus forte preuve de la persistance de l'impression objective !

« Le ragle précède le sommeil de l'homme et en marque la fin. Ces deux états sont, du reste, assez souvent difficiles à distinguer l'un de l'autre ; il arrive un moment où ils se confondent ; ce moment est celui où s'accomplit le passage de l'un à l'autre de ces états. »

M. d'Escayrac de Lauture avait parfaitement saisi et analysé la différence qui sépare le ragle de l'hallucination proprement dite : cet état procède toujours directement, dit-il, de la sensation confuse de quelque objet, en un mot, d'un rudiment réel ; tandis que le rêve prend sa source dans le simple souvenir, et, aurait-il pu ajouter, que l'hallucination naît spontanément et sans cause présente extérieure.

Deux individus *raglant* ensemble sont soumis à la même illusion. Deux hallucinés n'accusent point d'ordinaire la même aberration simultanée.

« La vision du ragle diffère encore de celle du mirage en ce que, dans ce dernier phénomène, ce que l'on voit existe réellement ; et si l'on croit voir de l'eau « qui, elle, est absente, c'est qu'il s'est produit réellement les conditions d'une surface réfléchissante semblable à la surface miroitante de l'eau. » Notre esprit s'abuse seulement sur la cause d'un phénomène réel : mais le phénomène a bien véritablement eu lieu. »

En résumé, le ragle est une aberration de l'imagination causée par une impression objective réelle, mais plus ou moins confuse, et portée au sensorium sans l'accompagnement physiologique des éléments qui fixent la distance, la position ou la grandeur des objets vus. Ces éléments absents ici sont les apanages physiologiques de la sensibilité musculaire en partie suspendue dans cet état de veille imparfaite, ou de sommeil envahissant.

Sur ces éléments mal définis, l'imagination demeurée (toujours physiologiquement) en pleine activité, brode toutes les fantaisies qui peuvent s'accorder avec la forme vague de l'image rétinienne..

Nous avons cru que ce sujet nouveau méritait un supplément d'analyse plus expressément médicale, et qu'il pouvait jeter du jour sur beaucoup des particularités déjà traitées par nous et relatives à la fonction du sens de la vue.

TROUBLES ESSENTIELS

DE LA SENSIBILITÉ SPÉCIALE

DU SENS DE LA VUE.

CHAPITRE XVI.

ANOMALIES PAR EXCÈS DE LA SENSIBILITÉ RÉTINIENNE.

§ 276. Hypéresthésie rétinienne.—Ainsi qu'elle peut s'émousser jusqu'à la paralysie ou l'état amaurotique ou d'anéantissement, de mort locale, la sensibilité rétinienne peut suivre la marche contraire, et s'exagérer jusqu'à contracter une invincible horreur contre la plus légère stimulation exterieure produite par la lumière et même par le toucher.

Arrivée à cet état, l'hypéresthésie aiguë de la rétine prend le nom de photophobie, et s'accompagne bientôt de tout le cortége d'accidents décrits comme les symptômes concomitants de la phlegmasie du globe oculaire. Tous les tissus de l'organe y participent par la réaction de leur sensibilité propre : les muscles, l'orbiculaire particulièrement, se contractent, la sensibilité générale est accrue, les larmes coulent avec abondance, des phéno-

mènes lumineux de photopsie (phosphènes spontanés), de
chrupsie, etc., sont constatés par le malade : la réaction ou action réflexe est à son summum.

Cette maladie se rencontre à l'état aigu ou à l'état chronique.
La première forme se déclare d'ordinaire brusquement, à la suite
de quelque cause extérieure évidente, occasionnelle (nous parlons ici des cas où elle n'est pas un simple épiphénomène d'une
maladie aiguë et d'origine anatomique); elle atteint en quelques
heures son plus haut degré d'intensité, et après quelques jours
de durée, cède promptement aux moyens employés, ou disparaît
même spontanément.

Parmi les causes observées et relatées dans les auteurs classiques, on trouve l'insolation, la fatigue du regard par un objet
trop éclairé, l'action de la lumière électrique (éclairs), enfin des
affections cérébrales; la réaction réflexe répondant alors à la
souffrance de quelque tissu malade de l'organe, en particulier
des névralgies ou des névroses de la cinquième paire.

Les traitements employés, en outre du repos, ont consisté dans
l'emploi des méthodes antiphlogistique, altérante et dérivative.

Un des symptômes propres de cette affection en sus de ceux
décrits ci-dessus, est l'oxyopie ou faculté de vue excessivement
perçante qui permet aux malades de distinguer les objets dans
des conditions d'obscurité où les assistants, quelque temps qu'ils
s'y maintiennent, sont inhabiles à rien apercevoir.

Mais cette affection n'est pas toujours aiguë : elle se prolonge,
parfois, très-longtemps quoique n'ayant pas débuté d'une façon
aussi aiguë. On l'a vue persister alors pendant des mois, avec
intensité, sans que le traitement parût avoir prise sur elle ; elle
peut, par sa longue durée, compromettre la santé générale du
malade et dégénérer en un état que nous serions tenté, dit Mackenzie, d'appeler *hypochondrie oculaire*, mais elle finit par disparaître spontanément et complétement.

Nous ne pouvons donner une idée plus exacte de cette sorte
d'hallucination de la vue qu'en reproduisant les observations
suivantes de spectres oculaires consécutifs à la vision d'un objet
trop éclatant. On y notera les rapports intimes de l'intelligence,
de la volonté, de la spontanéité du sujet avec les traces d'une impression objective, l'étroit mélange des sensations subjectives
avec les impressions anciennes; en particulier, on y remarquera

cé fait au premier abord si surprenant, mais constaté par les observateurs les plus dignes de respect, que l'impression produite sur une rétine peut être transmise à l'autre. C'est un fait observé par Newton lui-même, et consigné par lui, avec les détails les plus circonstanciés, dans une lettre très-intéressante et qu'il adressa à Locke en réponse à des questions de ce dernier sur un fait de cet ordre avancé dans les expériences de Boyle.

« J'ai fait une fois, sur moi-même, l'expérience que vous me mentionnez du livre de M. Boyle sur les couleurs, au risque de perdre mes yeux. Voici de quelle façon : Je regardai pendant un court espace de temps, de mon *œil droit*, le soleil réfléchi par un miroir, puis je dirigeai mes yeux vers un coin obscur de ma chambre ; je clignais afin d'observer l'impression produite, les cercles formés et la façon dont ils décroissaient par degrés et s'évanouissaient. Je répétai cette épreuve une seconde fois, puis une troisième. A la troisième, quand le fantôme lumineux et les couleurs qui l'entourent s'étaient presque évanouis, *concentrant ma volonté* sur elles pour en apercevoir la dernière trace, je reconnus, à mon grand étonnement, qu'elles commençaient à se reproduire, et que, petit à petit, elles avaient reparu aussi vives et aussi brillantes que je les avais vues au moment où j'avais cessé de regarder le soleil. Lorsque je *cessais de fixer ma volonté* sur elle, elles disparaissaient de nouveau. Après cela, je m'aperçus que chaque fois que j'allais dans l'obscurité et que je fixais mon attention sur ce phénomène, comme lorsqu'on regarde attentivement quelque chose de difficile à voir, je faisais reparaître le fantôme sans avoir besoin de regarder au préalable le soleil ; plus souvent je le faisais reparaître, plus il m'était facile de le faire revenir. A la fin, en répétant fréquemment cette expérience, sans regarder de nouveau le soleil, je déterminai une telle impression sur mon œil, que si je regardais les nuages, un livre, ou quelque objet brillant, j'apercevais sur eux un point rond lumineux comme le soleil ; et, ce qui est encore plus étrange, bien que je n'eusse regardé le soleil qu'avec l'œil droit, ma *volonté* commença à produire *sur le gauche* la même impression qu'à droite. Ainsi lorsque fermant l'œil droit, je regardais avec le gauche un livre ou les nuages, j'apercevais le spectre solaire presque aussi nettement qu'avec le droit, pourvu que je fixasse un peu ma volonté sur ce point ; par l'exercice, ce phénomène se reproduisit de plus en plus facilement. En quelques heures, je mis mes yeux dans un tel état qu'il ne me fût plus possible de regarder d'aucun d'eux un objet brillant, sans voir le soleil devant moi, ce qui fait que je n'osais ni lire ni écrire. Afin de récupérer l'usage de mes yeux, je m'enfermai trois jours dans une chambre obscure, et j'employai tous les moyens possibles de détourner mon imagination de l'idée du soleil ; car si je revenais à y penser, l'image se présentait immédiatement à moi, bien que je fusse dans l'obscurité. En restant ainsi dans les ténèbres et en occupant mon esprit par d'autres objets, je parvins, au bout de deux ou trois jours, à pouvoir me servir un peu de mes yeux, et en m'abstenant de regarder des objets brillants, la vue se rétablit assez bien ; pas assez complétement pourtant pour que quelques mois après, le spectre ne recommençât à se montrer aussi souvent que je songeais à ce phénomène, même à minuit, avec les rideaux de mon lit fermés. Maintenant, je suis très-bien depuis plusieurs années ; néanmoins, je suis convaincu que si je ne craignais pas de compromettre mes yeux, je pourrais encore faire reparaître le fantôme par le pouvoir de ma volonté. (Lettre de Newton à Locke. *Vie de Locke* ; par lord King. Londres, 1830.)

Il est juste de faire remarquer que le fait de la transmission du spectre oculaire du soleil, d'un œil à l'autre, avait été observé et décrit par S. D. Brewster longtemps avant que la lettre de Newton eût été communiquée au monde savant.

Les spectres oculaires produits par la contemplation du soleil persistent pendant des heures, des jours, des semaines et sont même souvent suivis d'affections sérieuses de la rétine.

Buffon rapporte qu'un de ses amis ayant un jour regardé une éclipse de soleil à travers un petit trou, avait vu pendant plus de trois semaines une image colorée de ce corps sur tous les objets qu'il examinait. Lorsqu'il regardait fixement quelque objet d'un jaune brillant, tel qu'un cadre doré, il y voyait une tache de pourpre; lorsque c'était quelque objet bleu, comme un toit en ardoises, il voyait une tache verte.

S. D. Brewster, à la fin de ses expériences, avait les yeux tellement affaiblis, qu'il lui aurait été impossible de se livrer à de nouveaux essais. Un spectre d'une couleur foncée flottait, pendant des heures, devant son œil gauche; puis à ce symptôme succédaient des douleurs atroces qui s'irradiaient dans toutes les parties de la tête. Ces douleurs, accompagnées d'une légère inflammation des yeux, durèrent plusieurs jours. Deux ans après, la faiblesse des yeux persistait encore et plusieurs parties de la rétine, de chaque côté, avaient perdu toute sensibilité.

Le cas rapporté par Boyle, et qui donne lieu à la lettre de Newton, est celui d'un savant distingué qui, ayant regardé le soleil au telescope, sans employer de verres colorés pour diminuer la splendeur de ce corps, fut atteint d'un spectre oculaire tel que neuf ou dix ans après, il voyait encore, en se tournant vers une fenêtre ou tout autre objet blanc, un globe lumineux de la dimension apparente du soleil.

L'action de regarder à travers des verres bleus ou verts détermine nécessairement la production des spectres oculaires. Dès qu'on quitte les lunettes bleues, tous les objets clairs paraissent d'une teinte orange; si les lunettes sont vertes, en les ôtant, on voit tout en rouge, couleur complémentaire du vert. Lorsque les yeux sont assez faibles pour exiger d'être protégés par des verres colorés, on doit généralement préférer ceux qui ont une teinte neutre ou couleur de fumée.

Cet historique en dit assez sur ce sujet encore inexploré pour

attirer l'attention des médecins sur les cas analogues qu'ils pourraient rencontrer ; on y voit aussi ce qu'il y aurait à faire dans
des cas semblables et de quelle façon doit être envisagée la fatigue rétinienne, quand elle se révèle par une hypéresthésie
consécutive. (Voyez, pour les éclaircissements convenables sur
ce sujet, le § 43 qui traite des spectres oculaires ou images accidentelles consécutives, au point de vue physiologique. Introduction.)

Ce sujet des hallucinations de la vue doit être étudié sur les
exemples qui s'en présenteront, dans les plus scrupuleux détails : il y aura à distinguer si l'on a affaire à une hallucination
ayant son siége primitif dans le cerveau lui-même ou dans la
rétine. Car il paraît résulter de l'observation que si certaines hallucinations de la vue, comme celles du *delirium tremens*, et de
quelques affections mentales, ont leur point de départ dans la
conception, d'autres paraissent non moins nettement siéger dans
l'expansion optique du cerveau, dans cette prolongation de l'encéphale qui a nom rétine. D'après les faits qui précèdent, on voit
combien les deux ordres de sensations sont étroitement liées, et
de quel esprit analytique il faut user pour les différencier dans
la pratique.

CHAPITRE XVII.

TROUBLES PAR ABSENCE OU DIMINUTION DE LA SENSIBILITÉ.

§ 277. Amblyopie et amaurose. — On entend par
amaurose, la privation de la vue, la suspension de la fonction
visuelle, la cécité en un mot, qui n'a point sa cause prochaine
dans une altération quelconque des milieux transparents de l'œil,
et qu'il faut nécessairement rapporter à une perversion ou altération quelconque de la rétine, du nerf optique ou du cerveau.

L'amblyopie est l'affaiblissement notable de la vue qui précède
la cécité.

Ayant écarté de la ligne que nous nous sommes proposé de

suivre dans cet ouvrage tout ce qui, dans les perversions fonctionnelles de l'appareil de la vue, peut être rapporté à quelque altération matérielle, reconnaissable à la vue, des tissus de l'organe, nous n'aurions à nous occuper ici que de l'amaurose essentielle, de celle qui ne s'accompagne d'aucune lésion apparente des tissus ; c'est-à-dire de celle qui se caractérise purement et simplement par une insensibilité absolue de l'organe, une suspension complète de la fonction, d'une lésion *sine materiâ*.

A ce compte, nous n'aurions à faire que la description de l'amaurose des auteurs classiques, telle qu'on la donnait avant que l'ophthalmoscopie et l'exploration phosphénienne n'eussent opéré une révolution considérable dans l'étude et l'appréciation de cette maladie.

Notre projet n'est pas d'entrer dans une description devenue aujourd'hui inutile et insuffisante. Nous n'envisagerons ici l'amaurose qu'au seul point de vue de son diagnostic différentiel négatif quand on la rapproche des maladies qui ne portent que sur l'accommodation, comme l'amblyopie asthénique ou kopiopie, l'hyperpresbyopie ou *hebetudo visûs* décrites au § 255.

Or, les signes différentiels sont aisés à résumer : ils sont tous compris dans l'exploration phosphénienne, § 278, et l'étude de la qualité de la vue au trou d'épingle.

On peut et on doit y joindre l'ophthalmoscopie, après avoir appris à reconnaître les conditions qu'un œil normal offre à la vue. Nous ne parlons donc ici de l'amaurose que dans ses rapports avec notre plan, et elle ne le touche que sous cet unique point qu'il ne faudrait pas confondre avec elle un trouble survenu dans les facultés de l'adaptation.

Prise en elle-même, l'étude de l'amaurose exigerait aujourd'hui tout un volume et pour l'écrire une longue expérience, de la part de celui qui ne voudrait pas se condamner aux simples redites.

Nous bornerons donc nos préoccupations à cet égard à la seule nécessité de nous assurer de l'intégrité de la rétine au point de vue fonctionnel, comme première recherche préalable propre à fixer pour nous dans les agents de l'accommodation la cause à déterminer d'une amblyopie. Il est entendu d'ailleurs aussi que l'appareil réfringent est supposé intact, qu'il n'a rien perdu de sa transparence ; ce que l'ophthalmoscopie directe ou latérale, par réfraction ou réflexion, nous apprend aussi en peu d'instants.

§ 278. Rétinoscopie phosphénienne. — Nous tiendrons à cet égard le plus grand compte de l'analyse de l'état de la rétine au moyen des phosphènes.

Traduisant fidèlement l'état de la rétine, l'exploration phosphénienne en localise les moindres altérations. Elle devient ainsi un élément de diagnostic infaillible, là où la science objective elle-même, l'ophthalmoscopie directe reste muette, ou ne fournit que des conjectures incertaines, comme il arrive dès qu'un voile quelconque, s'interposant dans les milieux oculaires, s'oppose à la pénétration du regard dans le fond de l'œil, ou qu'aucun changement anatomique appréciable ne peut révéler encore un changement correspondant dans la fonction.

Nous empruntons à M. Serres (d'Uzès) le résumé suivant de la méthode à employer pour l'étude de la rétine au moyen des phosphènes et des résultats généraux auxquels conduit cette exploration.

Des phosphènes comme moyen de diagnostic. (Extrait de M. Serre, d'Uzès.)
(Voir le § 46.)

Amaurose. On trouve constamment le phosphène lorsque la rétine est saine; on le retrouve encore, mais altéré, lorsqu'elle est un peu souffrante; mais il ne se montre plus lorsqu'elle est complétement paralysée. Et cependant, ces sujets conservent encore un sentiment vague et confus de la lumière; ils distinguent même parfois le jour de la nuit.

L'absence des phosphènes aux quatre points cardinaux, est ici un fait constant, majeur, capital, rare dans une science d'observation. On peut donc considérer cette absence comme le signe pathognomonique de l'amaurose, comme son fidèle et invariable révélateur, quelle que soit, d'ailleurs, la cause qui l'a occasionnée.

Survivance de la vue à la disparition des phosphènes. L'absence bien constatée des quatre phosphènes peut précéder l'abolition de la vue; mais, dans cette circonstance, il faut s'attendre à voir celle-ci disparaître bientôt, si des remèdes énergiques ne sont pas employés.

Ainsi donc l'absence des phosphènes, ou l'*aphosphénie* n'est pas seulement le signe de la souffrance actuelle de la fonction, elle annonce, en outre, l'amaurose *imminente*, l'anéantissement prochain et complet de la vue, alors que la diagnosie objective reste silencieuse à cet égard. Les faits de cette nature, au lieu de constituer de décourageantes exceptions, viennent, au contraire, confirmer la loi en vertu de laquelle l'état de la rétine est religieusement traduit par celui des phosphènes.

Amblyopies. Dans ce genre d'altération de la vue, l'indication phosphénienne rend les plus grands services, car il s'agit de constater l'existence d'une lésion commençante de la rétine, alors que nul autre moyen ne peut parfois l'établir, surtout lorsque la fonction subjective est à peine modifiée, la pupille ayant d'ailleurs conservé toute sa mobilité, et aucun changement anatomique appréciable n'étant survenu dans la constitution apparente ou intime de la rétine. Toutes les fois, en effet, qu'un ou plusieurs phosphènes cardinaux font défaut dans un œil, on dénoncera un état amblyopique réel ou virtuel, et, dans tous les cas, la paralysie de la portion de la rétine insensible à la perception de l'anneau. Si l'exploration est bien faite, que l'absence partielle ne soit pas douteuse, l'autre œil distinguant tous les siens, on peut d'avance dénoncer l'organe affecté.

Ordre de disparition des phosphènes. Au premier degré d'anesthésie, le phosphène jugal disparaît le premier; au deuxième c'est le frontal. Ce sont là les avant-coureurs, les prodrômes de l'anesthésie rétinienne. A ce point, la vue peut ne point avoir souffert d'atteinte sensible. Au troisième, on remarque l'absence du temporal, et avec celle-ci, l'absence simultanée des deux précédents. A ce niveau d'abaissement phosphénien, l'amblyopie est d'ordinaire nettement dessinée et la vue considérablement affaiblie. L'observation nous apprend cependant que cette fonction peut se conserver passable et directe malgré l'existence isolée du nasal. Au quatrième, enfin, le phosphène nasal disparaît et, avec lui, l'exercice possible de la fonction visuelle, sauf les cas déjà mentionnés. La rétine qui n'est plus impressionnée par le toucher, cesse de l'être par la lumière, son excitant naturel.

La valeur séméiologique des phosphènes s'établit donc ainsi : jugal, frontal, temporal et nasal. L'absence du premier dénonce l'état anesthésique de l'extrême périphérie rétinienne; celles du deuxième, celui d'une zone plus reculée; et ceux des deux derniers le progrès de l'insensibilité sur les parties les plus centrales.

L'expérience nous apprend que la vue peut se conserver bonne et directe, momentanément du moins, bien que le phosphène nasal existe seul; ce qui prouve que la sensibilité est altérée alors dans la périphérie et non dans la partie cupulaire.

Ordre de réapparition. L'anesthésie rétinienne, dans sa marche rétrograde, repasse par les degrés franchis, mais en sens inverse, dans l'ordre de leur importance biérarchique. Ainsi le sommeil ou la mort anesthésique de la rétine gagne de proche en proche, de la périphérie au centre (ou plutôt à la papille du nerf optique), et le réveil, en sens inverse, du centre à la périphérie. Si l'influence morbide n'a pas uniformément agi sur toute la partie antérieure ou marginale de la rétine, qu'une zone latérale demeure saine à côté, et au milieu d'autres zones malades, jusqu'au fond de l'œil, alors l'absence ou le retour régulier des anneaux se trouve interverti; l'axe de la vue est notablement déplacé, et le champ considérablement réduit dans le côté opposé à la paralysie latéralisée.

Indépendance et solidarité des deux rétines. Lorsque la perte de la vue d'un œil s'est effectuée par des causes intra-oculaires, locales, on constate la présence de tous les phosphènes dans l'autre œil, et l'on peut dès lors rassurer le malade sur la conservation de la vue de ce côté. On doit penser, au contraire, que la cause est chiasmatique ou cérébrale et que la vue se perdra insensiblement, lorsque le phosphène nasal seul apparaît sous la pression successive des quatre points cardinaux de l'organe, conservé intégralement dans le jeu de sa fonction (les mouvements de la pupille étant irréprochables). C'est là ce que nous appelons l'amblyopie *virtuelle*, sur l'importance de laquelle nous appelons toute l'attention du lecteur.

Survivance des phosphènes à l'affaiblissement de la vue. La survivance des phosphènes à l'amblyopie a lieu lorsque l'anesthésie commence par la cupule de la rétine, par suite d'une disposition dans la maladie, inverse de ce qu'on la rencontre habituellement, où l'affection débute, au contraire, par les zones les plus excentriques. Si l'œil pouvait être exploré dans *le centimètre* qui échappe à l'action du toucher, nul doute que le phosphène correspondant à la cupule ne répondît de manière à nous'éclairer sur la souffrance de cette partie. Quant à la lueur provoquée par la secousse du globe contre le nerf optique, elle est trop incertaine pour qu'on puisse compter sur ses données. L'ophthalmoscope doit alors être employé, afin de compléter l'investigation phosphénienne. L'un et l'autre deviennent ainsi un moyen réciproque d'appui et de contrôle.

Mais telle n'est pas la cause la plus commune de l'affaiblissement de la vue lorsque tous les phosphènes se montrent partout : des recherches plus complètes signalent le plus souvent un état kopiopique subordonné à l'altération des milieux oculaires, et plus spécialement la perte de la faculté de l'accommodation trop de fois méconnue et malencontreusement confondue avec l'amaurose commençante.

La survivance des phosphènes à l'affaiblissement de la vue doit être considérée comme un signe de bon augure relativement à la conservation de la sensibilité rétinienne.

On ne confondra pas avec le phosphène régulier, la lueur vague perçue dans une direction anormale, dans celle par exemple du voisinage du corps compresseur, dans la partie du champ visuel où elle ne doit pas se montrer. On se méfiera alors de ses indications. Ce changement de direction dénote un changement analogue dans l'appareil instrumental de la rétine, une altération de cette membrane, et conséquemment une perversion dans ses fonctions.

Obstacles matériels au passage des rayons lumineux. Lorsque les milieux oculaires sont troublés dans leur transparence, l'usage de l'ophthalmoscope ne peut plus servir à faire connaître les changements de structure éprouvés par la membrane optique. C'est dans le cas surtout où l'opacité des milieux frappe l'ophthalmoscopie objective d'impuissance, qu'éclate la supériorité de l'exploration phosphénienne qui a alors quelque chose de saisissant et de merveilleux que les détails qui précèdent permettent aisément de conjecturer. (Serres d'Uzès.)

§ 279. **Héméralopie ou cécité nocturne.** — On appelle héméralopie une cécité commençant le soir au coucher du soleil, pour se dissiper au retour du jour, affectant ensuite la forme périodique, mais avec tendance à aggravation, et pouvant se terminer par une paralysie complète. Cette affection cède souvent à l'usage du quinquina.

L'œil exploré, tant à l'intérieur qu'au dehors, ne présente absolument rien d'anormal : la maladie est ainsi exclusivement nerveuse.

Comme la première attaque ressemble beaucoup à ce que serait une apoplexie rétinienne, l'examen ophthalmoscopique est de rigueur tant qu'on n'a pas eu encore la succession périodique des accès pour indice de la nature de l'affection.

Les causes en sont diverses et encore mal appréciées : la fatigue et le passage d'un lieu sombre à une vive lumière, l'insolation, l'éclat de la mer, l'infection paludéenne, des causes cérébrales ont été celles le plus souvent notées (1).

Quoique débutant brusquement, il y a cependant une nuance entre le début de l'héméralopie et celui de l'apoplexie de la rétine; la première commençant par un obscurcissement qui suit la marche de l'obscurité crépusculaire, tandis que l'apoplexie rétinienne frappe comme un coup de foudre. Le médecin peut cependant être sur ce point induit en erreur par le peu de netteté de l'observation des malades.

La maladie guérit le plus souvent spontanément ou par la cessation des causes. Le traitement doit être tout entier dans la recherche de cette étiologie et l'adoption d'une conduite en rapport avec elle.

La cécité nocturne est cependant parfois le prélude d'une affection sérieuse du nerf optique, et de la choroïde.

« Si une personne, dit M. de Graefe, a eu depuis des années une cécité nocturne, et que pendant ce temps le cercle visuel se soit peu à peu rétréci dans une direction concentrique, pendant que la vision centrale restait relativement nette, au point qu'elle voie, à la fin, comme à travers une lorgnette de théâtre, qu'il doit diriger successivement de divers côtés, parce qu'il est privé à un haut point de la faculté de s'orienter, on trouvera toujours la même altération atrophique sur la surface interne de la choroïde. » (Voir le § 280 bis.)

_____

(1) Il est d'observation en Russie que l'héméralopie apparaît _très_-fréquemment sous forme épidémique, à la suite des longs et durs jeûnes du carême, que la population accomplit très sérieusement. La maladie cesse sous l'influence de la reprise d'un bon régime.

§ 280 **Nyctalopie ou cécité diurne.** — Imaginez l'é-
tat inverse de celui que nous venons de décrire, et vous vous re-
présenterez la maladie dont nous nous occupons ici.

Mais son observation laisse beaucoup plus à désirer, et les
exemples qu'on en a recueillis semblent plutôt se rapporter à
des symptômes secondaires de mydriase ou de photophobie qu'à
une perturbation primitive, et pourrait-on dire essentielle, de la
fonction rétinienne. On conçoit en effet que la pupille trop dilatée et la photophobie s'accommodent mieux de la lumière crépusculaire que de celle directe ou diffuse du soleil.

Les cas que l'on rencontre dans les auteurs semblent beaucoup plutôt se rapporter à cet ordre de circonstances, à une
espèce d'hyperesthésie rétinienne qu'à l'étiologie de l'affection
contraire.

§ 280 *bis.* **Diminutions d'étendue superficielle et
interruptions du champ visuel. Mouches volan-
tes. Scotômes.** — Il est une sorte de troubles fonctionnels
qui ne rentrent pas expressément dans le cadre que nous nous
sommes tracé en ce qui concerne les altérations de la sensibilité
rétinienne. Nous voulons parler des diminutions d'étendue, *de
superficie* (non de distance) du champ visuel, excentriques ou
concentriques, superficielles ou, au contraire, très-étroitement
localisées. Au chap. II, § 85, nous avons appris à en préciser le
siége, par la mesure de l'étendue du champ visuel.

Quand ces parties de la rétine insensibles, ou moins sensibles
qu'à l'état normal, occupent une certaine étendue superficielle,
elles rentrent dans ce qu'on appelle la diminution d'étendue
centrale ou excentrique du champ de la vue; lorsque leur surface est extrêmement limitée, réduite à un point plus ou moins
gros, on les nomme *scotômes* ou mouches fixes; ces interruptions
locales sont-elles, au contraire, mobiles, elles prennent le nom
de « mouches volantes » proprement dites.

Sans être absolument fixée sur la valeur diagnostique de toutes
ces altérations fonctionnelles, la science a déjà fait quelques pas
dans leur interprétation, aidée en cela puissamment par l'ophthalmoscopie et l'anatomie pathologique. Les progrès faits dans
cette ligne depuis un petit nombre d'années sont particulièrement dus à M. de Graefe.

« Les *diminutions d'étendue du champ visuel*, dit le savant Berlinois, s'observent particulièrement dans les affections propres de la rétine, dans celles de la choroïde, et dans la paralysie tenant à des causes en dehors de l'œil, ou cérébrales. Ce qui permet déjà de distinguer ces groupes morbides et les altérations des milieux réfringents. Ainsi, dans des cas de cataractes et d'opacités du corps vitré, parvenues au point d'empêcher l'examen ophthalmoscopique, il est important de déterminer l'étendue du champ visuel ou impressionnable, afin d'exclure les complications d'affections de la rétine ou de la choroïde. Quand, par exemple, un individu est subitement privé de la vue, au point d'être réduit, à peu près, à une perception quantitative de la lumière, l'examen ophthalmoscopique montre le corps vitré tellement recouvert d'une masse hémorrhagique qu'il est impossible de distinguer le fond de l'œil. Cet état peut avoir amené ou non un décollement de la rétine; mais ce n'est que l'examen de l'étendue du champ visuel qui permettra d'en décider. Il en sera de même d'une cataracte, quand il faudra se prononcer sur la possibilité d'une complication du même ordre. »

« On trouve, avons-nous dit, la diminution du champ visuel dans le décollement de la rétine (1), et alors quoique plus étendue que le siége propre du décollement, la diminution du champ visuel est en rapport avec le siége anatomique; on en trouve encore dans la rétinite apoplectique qui est, toutefois, plus souvent accompagnée d'interruptions dans le champ visuel et de manque de clarté de la vision excentrique. C'est à cette affection que M. de Graefe rapporte les conséquences locales de la maladie de Bright, qui consistent pour lui en rétinite apoplectique à répétitions, unie à des altérations de texture des parties affectées. Les dégénérescences de la rétine à exsudation granuleuse produisent plus souvent des interruptions que des diminutions de l'étendue du champ visuel. »

« Les altérations de la choroïde produisent moins souvent qu'on ne le croirait des diminutions de l'étendue du champ visuel. Il est toutefois une maladie qui joue ici un rôle important : on voit, à la région équatoriale de la surface interne de la choroïde,

---

(1) Un obscurcissement complet et soudain des parties supérieures du champ visuel qui descend peu à peu, et qui est accompagné d'une position oblique et brisée des objets, annonce à coup sûr un décollement de la rétine (DE GRAEFE).

des masses foncées de pigment, à formes étoilées souvent bizarres, entre lesquelles il y a si peu de pigment que les gros vaisseaux sont assez nus pour faire croire que la membrane chorio-capillaire y est détruite ou atrophiée. Ces altérations s'avancent plus tard vers le pôle postérieur du globe oculaire, et il se développe simultanément des symptômes évidents d'atrophie du nerf optique. La papille de ce nerf devient blanche, réfléchit fortement la lumière, tandis que les vaisseaux centraux, spécialement les artères, subissent un amincissement progressif. Ce processus morbide produit un rétrécissement croissant du champ visuel, dans lequel, malgré l'altération du nerf optique, la vision centrale se conserve longtemps bonne, et il n'est pas d'état dans lequel il y ait pareil désaccord entre la bonté de la vue et l'étendue du champ visuel. Ordinairement, le rétrécissement du champ visuel est si régulier que le point sur lequel l'œil se fixe demeure central. C'est à l'anatomie pathologique à nous instruire de la nature de cette maladie, qui ne paraît pas être de nature inflammatoire. »

« Les diminutions d'étendue du champ visuel dues à une paralysie du nerf optique, provenant de causes centrales, offrent aussi des rétrécissements concentriques, mais dans lesquels, en opposition avec le cas qui précède, la régularité est beaucoup moindre, et où la vue se fixe sur un point excentrique. Parfois la forme du champ visuel est la même pour les deux yeux : la vision centrale devient aussi simultanément beaucoup plus faible. L'examen ophthalmoscopique n'est pas encore parvenu à différencier la partie active de la partie inerte de la rétine, on ne voit que les signes généraux de l'atrophie du nerf optique. »

Les diminutions hémiopiques du champ visuel seront traitées, comme affection classique, dans un paragraphe spécial, le prochain.

« Dans les conditions ordinaires de l'accommodation, les opacités de la cornée ou du cristallin ne produisent point facilement des interruptions dans le champ visuel. Ces interruptions, au contraire, s'observent facilement à la suite des opacités du corps vitré, et cela d'autant plus qu'elles sont plus grandes et plus voisines de la rétine (1). Elle se distinguent de toutes les

(1) C'est un phénomène tout physique que la plus grande visibilité des moin-

autres, en ce qu'elles sont *mobiles* dans le champ visuel et en ce que leur mobilité est en rapport de régularité avec les mouvements de l'œil. Dans ces circonstances, par exemple, le malade se plaint de figures obscures voltigeant devant les yeux; il se plaint d'être troublé dans ses lectures par un nuage qui descend, et dont il ne peut se débarrasser pour un certain temps qu'en levant rapidement les yeux, pour les reporter ensuite sur son livre. On peut être alors presque absolument sûr qu'on a affaire à des opacités du corps vitré. Telles sont la nature et la signification du symptôme si commun, connu sous le nom de *mouches volantes*.

« Quant aux *mouches fixes* ou *scotômes*, nous avons vu qu'il fallait les rapporter à des affections rétiniennes, choroïdiennes ou cérébro-spinales, surtout si elles sont liées à des diminutions de clarté du champ visuel et de son étendue.

« Les affections centrales amènent, dans tous les cas, bien moins souvent des interruptions que des diminutions du champ visuel. Il faut en excepter ces troubles passagers, suite d'un exercice excessif à une lumière trop brillante, et qui se manifestent par la disparition ou la confusion des lettres qu'on regarde et auxquels, si on ne les voit se reproduire, il n'y a pas de gravité à attacher.

« Ces anomalies persistent généralement, alors même qu'elles sont faibles, surtout la diminution d'étendue. Elles ont d'ail-

dres opacités du corps vitré comparées à celles de même et minime étendue du cristallin ou même de la cornée. A égalité de superficie, ces opacités détermineront dans le cône lumineux intra-oculaire des sections d'autant plus efficaces quant à l'extinction du nombre des rayons arrêtés, qu'elles se rapprocheront du sommet du cône, c'est-à-dire de la rétine.

Une opacité d'un millimètre carré contre la rétine équivaudra ainsi à une opacité qui couvrirait tout le cristallin, en ce qui touche le point rétinien qu'elle menace. Au centre du cristallin, elle serait au contraire presque sans influence sur la vision, tant sa superficie serait minime, eu égard à celle de la lentille.

Ces conséquences sont bien appréciées en physique. Une tache au centre de la lentille a bien moins d'influence sur la vivacité des images qu'elle doit fournir qu'une perte de transparence qui occuperait toute sa circonférence équatoriale. On doit à M. L. Foucault des expériences très-intéressantes sur ce point de la physique optique. C'est sur leur considération qu'est établie la haute valeur des grands objectifs et des grands miroirs collecteurs de lumière, comparativement à ceux de moindre dimension. Cela est simple, la quantité de lumière utile apportée sur chaque point rétinien croît en effet, avec le rayon, dans la proportion de la zone périphérique ajoutée à l'objectif.

leurs une valeur plus fâcheuse pour le pronostic que la simple
diminution de la vue, toutes choses égales d'ailleurs. » (De
Graefe, *Annales d'oculistique*, 1858.)

§ 281. **De l'hémiopie**. — On a donné le nom d'hémiopie
à une cécité partielle dans laquelle la moitié du champ de la
vision est devenue, et le plus souvent de façon soudaine, tout à
fait obscure. Le sujet ne voit plus que la moitié des objets. Dans
le plus grand nombre des cas, c'est la moitié droite ou gauche,
et dans les deux yeux à la fois. Mais l'affection s'observe aussi
parfois dans un seul œil, ou bien frappe la moitié supérieure
ou inférieure des objets.

L'hémiopie est quelquefois encore partielle et ne porte alors
que sur une portion des objets qui n'en est pas la moitié exacte.

Cette singulière maladie, qui semble se lier à des états variables et morbides du cerveau, a donné lieu à des recherches
et considérations curieuses, dont la relation de la maladie de
Wollaston a fourni les premiers éléments.

On connaît les nombreux travaux qui ont été faits en anatomie sur la constitution des nerfs optiques, et combien loin on a
suivi l'isolement de leurs fibres élémentaires : cet isolement et
ces croisements mutuels de fibres, connus sous la dénomination
de *décussation* et *semi-décussation*, ont été invoqués pour justifier ou expliquer le mécanisme de la fusion en une, quant à la
sensation perçue, des deux images rétiniennes d'un même objet. On va jusqu'à admettre à cet égard, en Angleterre, par
exemple, que c'est le nerf optique gauche (considéré avant la
chiasma) qui dessert la région droite des hémisphères rétiniens, et réciproquement, le nerf de droite qui ressortit à leur
moitié gauche.

Cette particularité de croisement indépendant est remarquable
chez les poissons doués d'une vue bilatérale absolue ; alors
chaque nerf servirait exclusivement à la vision du côté opposé
à la moitié du corps dont il fait partie.

On a fondé sur ces faits anatomiques la fusion en une des
images rétiniennes, et on a attribué à une maladie localisée dans
l'un des nerfs optiques l'espèce de paralysie rétinienne qui a
pour symptôme l'hémiopie.

La question est-elle bien aussi simple, soit au point de vue physiologique, soit sous le rapport pathologique? Pour que l'état pathologique soit aussi exactement circonscrit, il faut que la physiologie réponde elle-même à cette division éminemment simple.

Or ce n'est pas là ce que nous enseigne une analyse attentive des faits.

Si, au point de vue de leur sensibilité et de ses conséquences sur les perceptions du sensorium, les rétines étaient ainsi absolument divisées en deux moitiés droite et gauche; si la notion de la droite et de la gauche ne dépendait que d'une distribution invariable de tissu, et non d'un principe supérieur ressortissant au domaine de l'intelligence ou plutôt de l'instinct (le besoin d'unité dans les sensations, la conception première d'un point de vue central), la vision binoculaire ne pourrait s'exercer, *jamais*, que sur les axes optiques polaires ou principaux, axes nés de la division droite et gauche.

Or nous savons qu'une vue normale peut s'exercer binoculairement, à quelques secondes d'intervalle, sur les axes principaux ou polaires et sur des axes secondaires. L'usage des lunettes ne se fonde pas sur d'autres conditions, et plusieurs expériences directes savent aussi les réaliser; nous l'avons suffisamment démontré tout le long de cet ouvrage, et particulièrement dans le chapitre XV. Puisque deux axes secondaires savent procurer une vision binoculaire simple, il est clair que la fusion des deux images rétiniennes ne se fonde pas sur l'identité d'origine des filets nerveux sur lesquels sont assises ces images.

L'identité d'origine des fibres des moitiés correspondantes des rétines est une idée sœur de la conception des points identiques et qui tombe avec elle. La disparité des deux images stéréoscopiques a tué en même temps l'une et l'autre. La moitié de l'une n'est pas plus identique à la moitié de l'autre que ne sont identiques les deux images entières.

Il faut donc recourir à d'autres conceptions.

Or si nous nous reportons à notre chap. III consacré à l'étude du fusionnement des images binoculaires, nous trouvons que c'est dans le seul principe de direction et dans la notion de la continuité des surfaces, qui répondent à la continuité des mêmes teintes, qu'il faut aller chercher la cause prochaine du fusionnement des images ou de la notion de l'unité des causes impressionnantes L'intime connexion des fibres élémentaires, si elle a un rôle dans ces phénomènes, n'en remplit assurément pas un aussi simple que celui qui a été mis en avant par les anatomistes. La simplicité des impressions se fonde ici sur quelque chose de plus obscur : le besoin inné d'une sensation unique, fondant la vision binoculaire, une, sur le sentiment de l'identité objective de deux tableaux très-ressemblants, mais non identiques, et se développant tout autour d'un point commun unique, le point de mire. D'autre part, l'hémiopie à propos de laquelle nous agitons ici cette question, l'hémiopie n'est pas toujours simplement latérale : elle est quelquefois supérieure ou inférieure ; on l'a vu affecter quelquefois un œil et non l'autre. Comment concilier ces particularités avec la localisation dans un seul cordon nerveux ? On sait encore qu'une apoplexie locale d'un hémisphère cérébral produit souvent l'amaurose de l'œil du côté opposé et non l'hémiopie. Disons enfin que l'histoire de l'anatomie contient des observations de Valsalva et Vésale, affirmant avoir rencontré des nerfs optiques, sans croisement, chez des sujets doués pendant leur vie d'une vue parfaite.

Ces considérations nous portent donc à penser que les affections que nous venons de décrire, l'hémiopie entre autres, doivent être placées sous la dépendance d'un trouble cérébral dont le caractère anatomique échappe encore à notre contrôle ; et qu'elle n'est une affection locale, en tant du moins qu'on puisse reconnaître sa cause prochaine ou son mécanisme, que dans les cas où elle est le symptôme d'une lésion de la rétine appréciable à l'ophthalmoscope. Or ici elle serait généralement uni-oculaire, au moins quant à la forme de la bissection des objets, car il serait difficile de supposer qu'un double décollement rétinien ou un double épanchement dans les membranes profondes fut d'une parfaite symétrie dans l'œil droit et dans l'œil gauche.

Nous conclurons donc que l'hémiopie proprement dite, classique, doit être considérée comme le symptôme d'un trouble nerveux plus ou moins grave, ayant sans doute son siége dans l'encéphale, comme la section, l'écornement d'une image monoculaire doivent être plutôt attribués à une altération locale des membranes profondes de l'œil.

Le traitement dépendra évidemment des causes auxquelles on croira devoir rattacher la lésion ou les troubles cérébraux.

CHAPITRE XVIII.

ANOMALIES DANS LA QUALITÉ DU SENS DE LA VUE, OU ABERRATIONS DANS LA SENSIBILITÉ POUR LES COULEURS.

§ 282. Daltonisme. — Du nom du célèbre Dalton qui présentait à un degré notable cette anomalie fonctionnelle congénitale, on appelle ainsi l'inhabileté à distinguer certaines couleurs. Cette maladie a reçu aussi le nom plus savant de *Dyschromatopsie* qui ne veut pas dire autre chose que cette insensibilité à certaines couleurs.

Cette imperfection de la vue est assez variable quant aux couleurs qui en sont l'objet. On cite des individus pour qui tout est *blanc* ou *noir ;* d'autres pour qui le rouge et le vert sont identiques. Dalton, qui a été pris pour type, ne pouvait, à la lumière du jour, distinguer le rouge du bleu. Le *jaune* et le *bleu* sont ordinairement les mieux distingués, après le blanc et le noir.

Mais à la lumière d'une bougie, plus essentiellement riche en rayons jaunes, la différence entre le rouge et le vert qui, au jour, était à peine saisie, devient le plus souvent bien marquée.

S. John Herschell ayant examiné avec soin un M. Troughton, atteint de cette infirmité, trouva que les seules teintes qu'il put bien apprécier étaient le *bleu* et le *jaune*, et ces désignations correspondaient, dans sa nomenclature, aux rayons plus ou moins réfrangibles ; les plus réfrangibles excitant tous indifféremment la sensation du bleu, et ceux qui l'étaient le moins, celle du jaune. On a rapporté l'histoire d'un assez grand nombre d'individus qui, voyant bien sous tous les autres rapports, étaient complètement dépourvus de la faculté de distinguer les couleurs, et ne les divisaient qu'en *claires* et en *sombres* (Mackenzie).

Prevost de Genève et Wilson considèrent cette imperfection de la vue comme beaucoup plus fréquente qu'on ne le croit généralement; Prevost l'estime atteindre le vingtième des individus qu'on examinerait à ce point de vue. Il paraît à ce compte qu'elle est généralement méconnue.

Wilson va moins loin; mais il pense que si l'on ne tient pas à une expression de la maladie aussi nette que chez Dalton, la confusion du *bleu* avec le *vert*, par exemple, est offerte par une personne environ sur cinquante à soixante.

Cette affection est souvent héréditaire et presque toujours congénitale; on l'observe cependant dans des maladies profondes de l'appareil cérébral ou rétinien.

Parmi les explications qui ont été données, ou plutôt proposées, pour rendre compte de cette singularité, nous nous arrêterons plus volontiers à celles de S. D. Brewster. Ce physicien pense que l'œil, dans ces cas anormaux, est insensible aux couleurs qui forment l'extrémité du spectre solaire.

Il y a cependant, dans ce même ordre d'idées, une porte ouverte à de nouvelles investigations par les résultats de recherches récentes sur le pouvoir absorbant que les milieux de l'œil, l'appareil réfringent, opposent au passage des rayons calorifiques et à leur pénétration jusqu'à la rétine.

Nous avons, au § 48, fait connaître les nouveaux travaux de M. Janssen, sur la faculté qu'ont ces milieux d'éteindre une forte proportion (90 p. 100 environ) des rayons calorifiques obscurs qui accompagnent les rayons lumineux. M. Janssen terminait son mémoire en rappelant une proposition expérimentale déjà établie par un physicien anglais sur ce sujet encore inexploré : « M. Tyndall a reconnu, disait M. Janssen, que les rayons calorifiques, situés au delà du rouge, étaient totalement arrêtés par l'humeur vitrée, et il en conclut que, si ces rayons n'excitent pas des sensations de lumière, c'est probablement parce qu'ils ne parviennent jamais à la rétine. »

M. Janssen cite cette opinion, mais sans paraître disposé à lui accorder tout le poids qu'elle peut avoir. S'arrêtant au point de vue de la physique pure, il trouve dans la considération des longueurs relatives des ondes lumineuses rouges, et de celles qui pourraient être plus petites que ces dernières, une raison suffisante pour expliquer l'insensibilité de la rétine à leur égard.

M. le professeur Gavarret, dans une conversation avec nous, à la suite de la communication faite par lui à l'Académie de médecine, de la thèse de M. Janssen, relevait au contraire ce que l'idée de M. Tyndall pouvait avoir de valeur et de portée. La couleur, disait-il excellemment, n'est qu'un phénomène physiologique, une réaction subjective contre une sollicitation objective (idée que nous avons déjà développée aux §§ 1 et 40); que la stimulation éprouvée par la membrane sensible soit apportée par la lumière, la chaleur ou le toucher, la réaction sera de même ordre, c'est une sensation lumineuse colorée. Il n'y aurait donc aucune témérité à penser que, si des rayons calorifiques, doués d'une réfrangibilité moindre que les rayons rouges, parvenaient jusqu'à la rétine, ce qui aurait lieu si le pouvoir réfringent des milieux oculaires était de nature à les y concentrer en quantité suffisante, ils y déterminassent la sensation d'une couleur nouvelle.

Cette proposition est assurément logique et nous l'étendrons comme une explication hypothétique peut-être, mais certainement rationnelle, à l'insensibilité que la rétine peut témoigner à l'endroit des rayons rouges et même de ceux qui suivent le rouge dans l'ordre croissant des réfrangibilités.

Pour ces rayons, on peut supposer que les milieux oculaires doués d'un pouvoir absorbant plus grand qu'à l'état normal sur les rayons calorifiques, les ont tellement dépouillés de leur chaleur, que la rétine demeure dorénavant insensible pour eux.

On se rendrait ainsi très-bien compte de la disparition des sensations rouge, orangé, jaune, etc..., réduites par exemple au clair et au sombre, au blanc et au noir. Mais il resterait à expliquer la disparition simultanée de deux couleurs des extrémités opposées du spectre, le rouge et le bleu par exemple, avec conservation du jaune.

Il est clair qu'il y a, dans cette explication même un *desideratum* et que de nouvelles recherches sont nécessaires; d'autant plus nécessaires que des mesures précises sur la thermochrose des milieux oculaires relative à chaque couleur du spectre, n'ont pas encore, que nous sachions, été déterminées. Peut-être alors serait on conduit par l'expérience à l'explication même de S. D. Brewster.

Quoi qu'il en soit, la voie semble ouverte et tout indique que c'est dans ce sens qn'il y a lieu de poursuivre les investigations sur ce point intéressant de physiologie-physique.

Se fondant sur ce fait que la lumière jaune paraît avoir plus que les autres le pouvoir d'exciter la sensibilité rétinienne, puisque les autres couleurs sont plus perceptibles sous son influence, S. D. Brewster a conseillé de faire porter des conserves teintées de jaune aux personnes affectées de daltonisme. Ce conseil reproduit par le docteur Wilson a été appliqué un certain nombre de fois, mais n'a été suivi de succès que dans deux cas seulement.

Cette infirmité qui atteint rarement un degré élevé est, dans la généralité des circonstances, très-aisément supportable. Elle n'est sérieuse que chez les peintres et autres artistes obligés d'associer des couleurs. On l'a redoutée aussi chez les employés des chemins de fer, ou les vigies de la marine, dans la pensée qu'elle pouvait les empêcher de distinguer les signaux. Cette crainte est peut-être plus théorique que fondée en fait.

Donnons-la toutefois pour ce qu'elle est.

§ 285. Chrupsie ou chromatisme de l'œil. — Dans certaines circonstances, en particulier quand l'œil, fixé sur des objets de couleurs tranchant sur le fond, ne s'adapte pas exactement à la distance de ces objets, leurs contours paraissent irisés. On appelle cette circonstance anormale, vision colorée ou *chrupsie*.

Elle éclate, en général, à la suite de causes qui ont enchaîné ou paralysé la faculté d'accommodation ; et l'on en conçoit aisément la raison, puisque l'achromatisme de l'œil ou sa faculté de corriger l'aberration de couleur ou de réfrangibilité est directement lié à son fonctionnement parfait et notamment à son exacte adaptation.

Les affections cérébrales, ou portant sur la circulation nerveuse, sont donc les causes les plus communes, comme influences paralysantes, de la chrupsie ou du chromatisme, en venant frapper, accessoirement le plus souvent, la faculté d'accommodation, ou les rapports réguliers de succession des surfaces réfringentes.

Nous ne regardons pas comme une véritable chrupsie la coloration des objets observée à la suite d'une infiltration colorée des humeurs de l'œil, comme la vision jaune de l'ictère ou sous l'influence de la santonine.

Ce sujet réclame encore l'expérimentation, l'observation et l'étude. Il est absolument neuf à son point de vue réel, celui de la pathologie.

La discussion n'a encore porté, en ce qui le concerne, que sur l'achromatisme physiologique qui a été très-controversé, parce que des considérations exclusivement physiques n'ont point permis aux mathématiciens de l'expliquer d'une manière satisfaite. Nous nous sommes expliqué déjà à cet égard (§ 73); l'achromatisme physiologique est inexplicable, en supposant les molécules des tissus de l'œil homogènes et cristallines ; le mathématicien manque donc d'éléments pour aller plus loin, puisqu'il ignore la loi ou les lois diverses auxquelles sont soumises les molécules élémentaires des humeurs *organisées* de l'œil. Mais dans un œil normal, et fonctionnant normalement, il n'y a pas d'irisation ; donc l'œil est achromatique.

Mais il ne l'est plus quand on change les rapports réguliers des surfaces de séparation des milieux ; il ne l'est plus dans certains états *anormaux*. C'est donc dans l'aberration fonctionnelle pathologique qu'il convient d'aller à la recherche des causes et du mécanisme du chromatisme, considéré alors, comme il est réellement, comme une maladie. On sait combien l'étude de l'altération fonctionnelle apporte généralement de secours et de lumières à celle de la physiologie.

CHAPITRE XIX.

CONFIGURATIONS ET APPARENCES STELLAIRES.

La forme stellaire des points lumineux éloignés est un phénomène qui ne dépend que de notre œil.

§ 284. **Pointes apparentes des étoiles.** — Il est d'observation journalière, commune, pour ne pas dire universelle, que le disque des étoiles ne nous apparaît pas circulaire, rond, mais avec des pointes. Le nom de cette source lumineuse a même passé dans la langue pour exprimer la forme rayonnée; on dit : « *en étoile* » quand on veut désigner cette apparence de branches émanées d'un centre commun : l'étoile, de l'honneur, par exemple, qui représente assez exactement la forme la plus complexe de ces apparences, sauf en ce qui regarde le nombre des subdivisions principales, qui n'est que de cinq segments au lieu de six.

A quoi tiennent ces apparences, ces pointes? Le disque de l'astre est circulaire; tout le doit faire penser, et d'ailleurs, à une telle distance, il ne peut être considéré comme ayant une autre forme. Ainsi en est-il de toute lumière très-éloignée dont la forme ne peut être distinguée, comme un réverbère très-distant. Une planète qui est sphérique, mais très-éloignée et conséquemment d'un diamètre apparent presque réduit à un point, est encore dans le même cas.

Dans toutes ces circonstances, un faisceau de rayons lumineux cylindriques, en arrivant à l'œil, y détermine une apparence étoilée. Or, d'après les propriétés connues de l'œil, la réfraction éprouvée par ce faisceau cylindrique devrait le réduire à un simple point au foyer même de l'appareil optique; et eu égard à la distance de la rétine, dans les cas de myopie, à quelque fraction de millimètre en arrière, en un petit cercle parfait au pôle de la membrane. Or il n'en est pas ainsi : le petit cercle s'observe bien au centre, en effet, mais avec la forme stellaire, c'est à-dire avec le phénomène des trois, quatre, cinq ou six branches principales et souvent bifurquées, tracées en traits brillants sur la surface sensible.

« Ces images, dit M. Vallée, sont inégales, vacillantes; elles
« changent continuellement de proportions, sans que leur en-
« semble, pour chaque œil de l'observateur, perde rien de son
« caractère général. Quand on incline la tête, cet ensemble de
« pointes longues et courtes suit le mouvement que l'on se
« donne; d'où il faut conclure que le phénomène dont il s'agit
« est un phénomène oculaire. »

Nous ne savons si cette observation est de M. Vallée lui-même, ou plus ancienne que ce savant. Les érudits fixeront ce point. Quant à nous, qu'il nous suffise de dire que nous adhérons pleinement au fait et à la conclusion de M. Vallée, en y ajoutant même plus de précision et d'assurance.

Si, par exemple, nous reconnaissons, avec l'éminent mathématicien, que les images stellaires des lumières très-distantes sont *inégales*, vacillantes, changeant de proportion, etc., nous ajouterons que ces inégalités, ces modifications dans les apparences n'ont lieu que dans la vision binoculaire. Quand on regarde bien fixément et *d'un seul œil* une étoile, sa forme stellaire apparente demeure invariable. Bien plus, quand nous changeons d'objet, que nous passons d'une étoile à une autre, ou à une planète, ou à un réverbère très-éloigné, nous retrouvons, sauf l'éclat et la dimension du petit cercle un peu diffus du centre, la même division des branches, leur bifurcation inégale identique.

Changeant maintenant d'œil, nous retrouvons la même constance dans le phénomène, quelle que soit la petite lumière considérée; mais la radiation stellaire, constante pour le même œil, est *différente* d'un œil à l'autre.

Et nous ajouterons que l'observation reprise à des jours différents, reproduit encore, pour chaque œil, le même dessin étoilé que les jours précédents.

Enfin, comme M. Vallée, nous avons vingt fois constaté qu'en inclinant la tête, le polygone étoilé, dont les branches sont toujours plus ou moins inégales ou inégalement bifurquées, très-reconnaissables par conséquent, *suit le mouvement de la tête.*

Voici, par exemple, le dessin d'une étoile *pour notre œil droit* dans deux positions successives de la tête, droite ou renversée à 45° sur l'épaule.

Fig. 85.

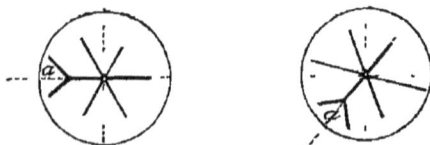

Tête droite.   Tête à 45°.

Notez la marche de la petite bifurcation *a*. Pour l'autre œil, les dessins sont différents, mais aussi très-reconnaissables.

Ces détails permettent donc de conclure avec M. Vallée que le polygone étoilé est bien un phénomène oculaire, physiologique et indépendant de la source de lumière. Il est également indépendant de la nature de la lumière, car on le constate aussi bien sur les réverbères colorés, bleus, rouges, etc.

Quant à l'apparente vacillation notée par M. Vallée, nous la rapporterons à la confusion, lors de la vision binoculaire, des images propres à chaque œil et qui ne sauraient se confondre, eu égard à leurs différences. Suivant que tel ou tel rayon prédomine dans un œil ou dans l'autre, la forme unique dont nous avons conscience paraît plus ou moins variable et inconstante. Mais dans la vision monoculaire, la forme est nette, fixe et invariable. Chacun peut s'en assurer tous les soirs.

§ 285. Constance des rapports du globe oculaire avec l'orbite, pendant les mouvements de la tête.

— Nous tirerons, en passant, une autre conclusion encore de ce phénomène d'observation : c'est que le globe oculaire ne jouit que de très-peu de mouvement autour de son axe horizontal. On s'en assure disent les auteurs classiques (et encore leur opinion a-t-elle été controversée) (1), en suivant la marche d'un

---

(1) L'idée contraire, que les yeux conservent, pendant le mouvement de la tête autour d'un axe horizontal, la situation horizontale constante de leur axe transversal, a été émise pour la première fois par Hunter (*Usage des muscles obliques de l'œil.* — Traduction de Richelot; 4ᵉ vol., p. 357). Cet illustre physiologiste avait *cru* reconnaître l'immobilité du globe oculaire pendant le mouvement de la tête sur le cou, vers l'une ou l'autre épaule, comme si *l'orbite, dans cette circonstance, tournait autour de l'œil.* Partant de cette observation, il avait cru pouvoir conclure que les muscles obliques avaient pour effet le maintien de l'axe transversal du globe dans sa situation horizontale.

Le point de départ de cette idée eût-il été exact, cette conclusion eût encore été fausse : les obliques sont compris dans un plan *diamétral* du globe, et leurs points d'insertion fixes en haut et en bas sont sur l'orbite même. Leur action propre s'accomplit donc toujours dans un plan ayant la même inclinaison sur le plan transversal de l'orbite. Comment dès lors pourrait-elle corriger la situation du globe eu égard à ce plan? En supposant le mouvement de correction exact, il faudrait donc toujours y voir l'effet d'une action résultante de la synergie générale des muscles extrinsèques. Mais le point de départ de Hunter était mal observé, ainsi que l'a montré d'abord à la Société médicale de Gand le rapporteur du travail de M. Szkolaski, reproducteur de l'opinion de Hunter. M. le professeur Nélaton, dans une autre circonstance, en faisant reconnaître

petit vaisseau notable sur la sclérotique. Mais l'observation du déplacement de la forme étoilée rapportée plus haut et qui est absolument adéquate à l'inclinaison de la tête, qui peut-être porté à plus de 90°, tout comme il l'est dans le dessin à 45°, ne peut laisser aucun doute.

§ 286. Lieu et cause de l'apparence stellaire. —
Occupons-nous maintenant de la *cause*.

Avec grande apparence de raison, M. Vallée la fixe dans la constitution du cristallin. La division des branches stellaires est basée constamment sur la division hexagonale simple, ou doublée par bifurcation, à partir de la moitié de chaque branche, comme on le voit dans la figure ci-dessus (bif. *a*), et d'après une imitation plus élevée, dans la bifurcation extrême des branches de la croix de la Légion d'honneur.

Or si l'on jette les yeux sur quelque planche représentant la division histologique de la constitution du cristallin (voyez en particulier les planches d'Arnold, celles de l'*Iconographie ophthalmologique* de Sichel, cataractes déhiscentes, et nos figures du § 69) on ne peut se refuser à y reconnaître exactement les mêmes divisions et subdivisions.

Cette double circonstance que le phénomène est évidemment oculaire, subjectif, et que le cristallin, parmi tous les milieux réfringents, offre seul cette distribution stellaire des éléments de son tissu, semblent absolument probantes pour y fixer la localisation de la cause de l'apparence constatée.

§ 287. Mécanisme du phénomène. — Mais, se demandera-t-on maintenant, par quel mécanisme la disposition originelle du tissu procure-t-elle l'apparence étoilée d'une source

la constance d'inclinaison d'un petit vaisseau de la conjonctive oculaire sur l'axe transversal commun des yeux, pendant ce mouvement de la tête, a confirmé cette démonstration.

En cas de non-conviction à la suite de cette observation, l'expérience que nous rapportons ci-dessus, de cette même constance de position de l'image stellaire radiée, eu égard à l'axe transversal des deux orbites, pendant son inclinaison vers l'une ou l'autre épaule, ne permet plus le doute. Quant aux arguments secondaires présentés par MM. Szkolaski et Hueck, ils ont été très-complétement réfutés par le rapporteur de la Société médicale de Gand : nous n'y saurions rien ajouter.

de lumière éloignée et ne la retrouvons-nous plus dans chaque objet qui vient frapper l'organe de la vision ?

Nous nous rangerons à cet égard à l'interprétation très-rationnelle fournie par M. Vallée. La faisceau cylindrique, envoyé par l'étoile ou la flamme éloignée, se change dans l'œil en un faisceau parfaitement conique dont le sommet est au foyer de l'appareil cristallinien. Les lois de la réfraction le veulent ainsi, et le phénomène leur est conforme pour toute la surface du cristallin où les fibres s'enchevêtrent de façon à procurer l'homogénéité savante ou mesurée de la lentille intra-oculaire. Mais le cristallin, pour arriver à cette composition de tissu, se divise antérieurement en trois faisceaux de fibres juxtaposés entre eux suivant les rayons du cercle, et comprenant chacun un angle au centre de 120° (voy. fig. 49-52, p. 95.) Symétriquement, la même composition par juxtaposition s'observe en arrière, chaque division des secteurs postérieurs tombant au milieu du secteur antérieur. Par là, six interlignes radiés coupent le corps du cristallin ; et il est tout naturel de concevoir que dans le plan de chacun de ces interlignes les lois de la réfraction diffèrent de ce qu'elles sont sur les parties homogènes dans la surface des secteurs.

Le faisceau cylindrique dès lors, est comme coupé par des plans radiés dans lesquels, quelle que soit la loi de la réfraction suivie, il suffit de la supposer différente de ce qu'elle est dans le tissu homogène, pour avoir une raison très-nette des traces rectilignes dessinées sur le plan postérieur du tableau rétinien. Or il est clair que cette supposition est obligée et qu'une substance où l'œil peut reconnaître aisément des interstices sensibles à l'examen anatomique et à la lumière diffuse réfléchie, la vive lumière d'une étoile sur un fond obscur est bien autrement en force pour les accuser par transparence.

Deux conditions principales sont nécessaires à la production des impressions stellaires :

1° L'éloignement considérable de la source lumineuse et tel que les rayons tombant sur la cornée puissent absolument être considérés comme parallèles.

2° La grande intensité de la source lumineuse. Il faut en effet que l'image lenticulaire se réduise à un point ou un très-petit cercle avec ou sans diffusion sur la rétine (c'est celle fournie par les secteurs du cristallin) et que la lumière traversant les interstices soit assez vive pour marquer l'intersection de leur *plan* avec la surface de la rétine, sans concentration des rayons.

· Voilà pourquoi des objets éclairés par la lumière réfléchie, pour éclairés et distants qu'ils soient, et dont l'image vient se dessiner sur la rétine, n'offrent pas de ces pointes. La lumière qui traverse les interstices et qui ne s'y concentre pas, mais qu'elle traverse comme un plan sans épaisseur, cette lumière est trop faible pour marquer sa trace sur la rétine, au milieu des autres détails tracés sur cette membrane. Ce simple filet plan, mince, excessivement ténu, de lumière diffuse ou réfléchie est sans force auprès des autres impressions toutes déterminées par des faisceaux lumineux réunis en pointes coniques ou pinceaux riches en rayons concentrés. Ce qui n'a pas lieu pour les sources éloignées de lumière directe.

§ 288. Conséquences pour la pathologie. — Cette question a évidemment été l'objet de sérieuses méditations pour le savant physicien auquel nous empruntons ces diverses citations. Voici l'un des aperçus qu'il en a tirés et qui peut en effet, convenablement modifié et interprété avec les lumières de la physiologie et de la pathologie, devenir une source d'indications diagnostiques de quelque valeur pratique :

« Quand l'un des yeux devient malade, dit M. Vallée, la sen-« sation qu'il donne de l'apparence d'une étoile éprouve d'au-« tres changements qui fournissent, dans la vision des corps in-« candescents, des reverbères, des bougies, etc., de bons moyens « de se rendre compte de la perfection, ou plutôt des imper-« fections de chacun des deux yeux, soit dans l'état de santé, « soit dans l'état de maladie. »

Cette vue est assurément des plus intéressantes et digne de la plus grande attention ; mais, tout en rendant à son auteur pleine et entière justice, nous dirons qu'elle a besoin d'être énoncée avec plus de précision et en différenciant plus nettement ce qui appartient à la santé, ce qui appartient à la maladie. Or nous nous assurons que le savant M. Vallée n'avait pas une opinion très-assurée sur l'interprétation à donner à la présence ou à l'absence de l'impression étoilée ; si en effet son opinion semble précise dans le dernier paragraphe que nous venons de transcrire; si, dans ces dernières lignes, l'apparence des pointes lui semble un fait tout physiologique et normal, leur absence conséquemment un fait pathologique, ce qui est tout à fait notre opinion, deux pages plus haut, il semble incliner vers le sentiment contraire. « Elles sont toutefois (les pointes stellaires) « peu sensibles et mêmes nulles, ou à peu près nulles, dit cet « auteur, pour les personnes qui ont d'excellents yeux. »

Il y avait évidemment, dans cet esprit distingué, quelque incertitude à cet égard, ce qui est assurément fort naturel chez un savant étranger aux détails de la physiologie et de la pathologie; il ne saurait donc être oiseux d'approfondir cette question, de donner une signification précise à la remarque.

Or, d'une part, la forme *étoilée* des étoiles èst un fait que nous croyons être d'observation universelle et ne manquant que par exception, par quelque cause morbide. D'autre part, la forme normale du cristallin est l'adossement des fibres suivant les secteurs décrits plus haut. La différence de pouvoir réfringent entre la surface des secteurs et les plans des intersections ne saurait donc être qu'une circonstance absolument normale.

Dès lors, l'apparence des pointes est également normale et absolue. C'est du reste le fait d'observation général. Par suite de quelles circonstances anormales ces pointes peuvent-elles donc disparaître ou devenir plus brillantes, tout demeurant égal d'ailleurs, c'est-à-dire la vision demeurant plus ou moins la même pour les objets ordinaires de la fonction? Évidemment, cela ne se rencontrera que dans les cas pathologiques dans lesquels la transparence des interstices du cristallin sera altérée plutôt que celle de la substance propre de la lentille.

Si donc une cataracte débutait par l'opacité du liquide de Morgagni, qui remplit sans doute ces interstices, l'apparition radiée des étoiles disparaîtrait avant la vision même de l'étoile.

Inversement, si la substance s'altérait avant les interstices, ou du moins avant le liquide qui les comble, l'étoile cesserait d'être brillante au centre avant qu'on n'eût perdu la sensation des pointes. La vision, du moins, aurait déjà perdu plus ou moins de sa netteté, qu'on percevrait encore très-bien l'éclat des pointes stellaires.

Or, c'est en effet ce qui paraît être : dans un certain nombre de cas où nous avons pu retrouver chez des cataractés (cataractes lenticulaires) le souvenir des premiers troubles de la vision, les interrogeant sur l'impression qu'ils recevaient des réverbères lorsque leur vue a commencé à baisser, la plupart nous ont répondu qu'ils leur paraissaient des *soleils*, mille bougies, etc.

Or c'étaient des cataractes lenticulaires : la substance du cristallin était donc devenue opaque avant celle des interstices. Ces données peuvent évidemment devenir fort intéressantes et aider au diagnostic du début dans les opacités cristalliniennes. On peut en tirer de précieuses notions sur le siége de l'opacité commençante, différencier l'obscurité première, due à la substance du cristallin, de celle que produirait l'opacité de la capsule. Dans ce dernier cas, l'opacité éteindrait tout aussi vite la transparence des interstices que celle des secteurs qu'ils dessinent dans la lentille oculaire.

L'opacité centrale ou du noyau, comparée à celle de la substance corticale, aurait également des signes reconnaissables dans l'altération de l'apparence stellaire. L'opacité bornée au noyau diminue l'éclat de l'image, mais n'altère point la forme de l'objet, dont elle atténue seulement l'éclairage ; mais les interstices disparaissent. Ils subsistent seuls, au contraire, et avec eux l'apparence stellaire, si l'opacité porte sur les couches molles périphériques, sans atteindre le noyau, siége plus spécial des divisions hexagonales.

Nous croyons donc que malgré toutes les notions qu'on retire aujourd'hui de l'emploi de l'ophthalmoscopie, il n'est pas sans intérêt d'avoir un premier indice aussi simple à consulter que la réponse à des interrogations sur l'apparence déterminée par des lumières éloignées chez le malade.

§ 289. **Rayons de feu observés en resserrant les paupières.** — Ces rayons de feu sont connus de tout le monde, et il ne faut pas les confondre avec les pointes des étoiles ou des lumières éloignées. Lahire a montré qu'ils sont dus aux petits prismes curvilignes formés par la couche de larmes qui sépare le globe des paupières, et dont la courbe dessinée dans les planches qui reproduisent les phénomènes capillaires, peut donner une idée. La lumière incidente subit, en les traversant, la réfraction prismatique, et par là, un faisceau étroit se voit considérablement amplifié, comme est le faisceau du spectre solaire.

§ 289 *bis*. **Scintillation.** — On appelle scintillation la couleur mobile et changeante des étoiles, entourant excentriquement d'une espèce de nébuleuse l'image normale de l'étoile qui disparaît elle-même par instants.

Ce phénomène est rattaché, dans la science, au principe des interférences lumineuses. Les rayons des étoiles, après avoir traversé une atmosphère où il existe des couches inégalement chaudes, inégalement denses, inégalement humides, vont se réunir au foyer d'une lentille pour y former des images d'intensité et de couleurs perpétuellement changeantes, c'est-à-dire telles que la scintillation les présente.

Pour expliquer pourquoi les planètes à grand diamètre ne scintillent pas ou scintillent très-peu, il faut se rappeler que leur disque peut être considéré comme une agrégation d'étoiles ou de petits points qui scintillent isolément; mais les images de différentes couleurs que donnerait chacun de ces points pris isolément, empiétant les unes sur les autres, forment du blanc. (Arago.) Telle est l'explication classique du phénomène de la scintillation.

Cette question n'est cependant pas absolument vidée, et plusieurs physiciens contestent l'explication du célèbre astronome. M. Vallée, entre autres, voit dans la coloration changeante des étoiles, dans la scintillation, un phénomène purement oculaire dû à l'action du noyau du cristallin, rencontré de différentes manières, en raison de la trémulation de l'air, par la gaîne irisée qui enveloppe le pinceau efficace.

Nous avouons notre insuffisance à trancher le doute sur ce point d'optique transcendante.

CHAPITRE XX.

DE L'INSTRUMENTATION OPHTHALMOSCOPIQUE, AVEC LES DÉDUCTIONS PRATIQUES QUI EN DÉRIVENT, INDISPENSABLES A L'INTELLIGENCE DE SON MÉCANISME,

SECTION I.

§ 290. **Objet de l'ophthalmoscopie**. — Lorsque, par un procédé inconnu jusqu'à nos jours, et dont ce chapitre a pour objet l'étude, un observateur réussit à se placer sur l'axe de pénétration d'un ensemble de faisceaux lumineux qui entrent dans l'œil d'un sujet en observation, cet observateur reçoit une impression lumineuse partant des profondeurs de l'œil observé ; et s'il se trouve, en même temps, dans certaines conditions dépendant des qualités de sa vue et de celles du sujet, il ne reçoit pas seulement une impression de lumière, il perçoit des détails, il *voit* des objets ou des images.

La méthode qui conduit à ces résultats est l'ophthalmoscopie, découverte précieuse dont l'art de l'oculistique, disons plus, l'art du diagnostic chirurgical se sont enrichis dans ces dernières années. Elle se fonde sur les propriétés mêmes des appareils optiques que représentent nos yeux. habilement servies ou utilisées au moyen d'un instrument très-simple, et par cela même très-ingénieux, dû à un savant allemand, Helmholtz.

L'historique de cette précieuse découverte, des essais nombreux qu'elle a provoqués, des améliorations, modifications, perfectionnements de détail, etc., etc., qui l'ont suivie, ne nous arrêtera pas ici (1). Notre objet est uniquement de présenter sous

(1) On trouvera cet historique habilement exposé dans les ouvrages suivants, dont nous nous éviterons la répétition :

1° *Traité pratique des maladies de l'œil*, par M. Mackensie, traduit par MM. Warlomont et Testelin. Le tome II contient un excellent travail du docteur Liebreich (de Berlin) : *Description de tous les instruments employés jusqu'ici en Allemagne, Notice bibliographique complète*, etc. — Paris, chez Victor Masson, 1857.

2° *Bulletin de thérapeutique*, 1857.

3° Thèse inaugurale de M. le docteur de la Calle, 1856.

des formules arrêtées et formelles, de réduire à sa plus simple expression, une étude aujourd'hui à peu près complète au point de vue théorique, mais confuse encore et difficile à comprendre, chez les Allemands et leurs traducteurs, si l'on n'est pas secondé par une connaissance précise et nette, théorique et pratique, des propriétés des milieux réfringents suivant les formes variables de leurs surfaces.

Convaincu que l'intelligence entière des lois de l'optique physiologique qui président au mécanisme de l'instrumentation, trop peu connues, en France surtout, est véritablement indispensable à son emploi, nous espérons rendre, par cette exposition, un service réel aux observateurs et partant aux malades. Nous ne craignons pas d'affirmer que l'élève qui aura fait des développements qui vont suivre une étude réfléchie, verra singulièrement s'abréger pour lui la longue durée des essais et des tâtonnements qui ont jusqu'ici dominé l'*apprentissage* de l'art de l'ophthalmoscopie.

§ 291. **Position de la question.** — On *voit* donc dans les profondeurs de l'œil. Premier fait, devenu assez vulgaire en médecine, assez général, pour que nous nous dispensions de justifier cette assertion nouvelle en physiologie. On *voit;* mais tout le monde ne voit pas; beaucoup cherchent à voir, et n'y réussissent que peu ou point, sans cependant douter de la réalité du phénomène.

Prenons donc ce phénomène constant et avéré pour point de départ, et cherchons à déterminer, non pas seulement *comment s'y prennent ceux qui voient,* mais bien les conditions physiques qu'ils réalisent ou dans lesquelles ils se placent — plus d'un sans les connaître ; mettons chacun à même de reproduire ces conditions et, par conséquent, de *voir* aussi dans le fond de l'œil.

Chacun sait d'ailleurs que l'instrument dont on se sert est un petit miroir ou réflecteur. Nous aurons donc, suivant une remarque très-judicieuse de notre savant confrère le docteur Sichel, trois éléments principaux à considérer dans l'ophthalmoscopie; savoir: l'œil observé, l'œil observateur, l'instrument intermédiaire à l'un et à l'autre, c'est-à-dire deux appareils dioptriques ou de réfraction, et un instrument catoptrique ou de réflexion. Nous allons nous occuper d'abord de chacun d'eux séparément : l'étude de leurs rapports en sera considérablement simplifiée.

§ 292. Œil objectif: réciprocité de l'objet et de l'image rétinienne, au point de vue de la théorie des foyers conjugués. — Occupons-nous d'abord de l'œil soumis à l'observation.

La question qui se présente à son égard est évidemment la suivante : Une source lumineuse extérieure envoie dans l'œil des faisceaux de lumière qui y pénètrent et viennent frapper les membranes dans leur hémisphère postérieur. Ces colonnes de lumière suivent, dans leur pénétration, des lois depuis long-temps étudiées et connues. L'étude de leur marche s'était arrêtée là, les physiologistes et les physiciens pensant généralement que *toute* ou quasi toute cette lumière était absorbée et éteinte par les membranes profondes (la choroïde particulièrement) (1). Mais cette croyance était mal fondée ; une partie, faible en gé-néral, mais dans quelques circonstances assez notable encore, de cette lumière ressort par l'ouverture pupillaire. Quelle est sa marche? Où va-t-elle? Donne-t-elle lieu à la formation d'images? Où les dessine-t-elle ?...

Telles sont les questions, très-simples d'ailleurs, que nous allons d'abord étudier : sans une réponse catégorique, point de conception possible des phénomènes ophthalmoscopiques.

Rappelons d'abord quelques propositions élémentaires :

a. En physique mathématique, on peut considérer approxima-tivement l'appareil lenticulaire de l'œil, c'est-à-dire les milieux transparents que traverse la lumière jusqu'à son entrée dans le corps vitré, où elle ne semble plus déviée, comme un système de lentilles biconvexes ou convergentes achromatiques. Les rap-ports de position et de grandeur qui existent entre un objet extérieur et son image sur la rétine seront alors, approximati-vement (et cette approximation est parfaitement suffisante pour les considérations physiologiques), les mêmes que donneraient

---

(1) Cela est peut-être un peu absolu ; John Hunter avait entrevu la réflexion de la lumière par les membranes profondes dans certains cas d'affaiblissement d'intensité du pigment choroïdien.

les propositions de physique relatives à la position des foyers conjugués des lentilles biconvexes.

Quelles sont ces lois ?

b. « Si l'objet placé devant une lentille biconvexe est très-éloigné, l'image est presque au foyer principal de la lentille, très-petite et renversée. Si l'objet se rapproche de la lentille, l'image, toujours renversée, s'éloigne et s'agrandit ; *c.* elle devient égale en grandeur à l'objet, lorsque celui-ci est éloigné du double de la distance focale principale ; *d.* à partir de ce point, elle devient plus grande que lui, l'objet se rapprochant encore ; *e.* enfin infiniment plus grande et plus éloignée, quand l'objet est infiniment près du foyer principal. »

f. « Lorsque l'objet dépasse ce point (théorie de la loupe), se plaçant entre la lentille et son foyer principal, l'image devient droite, virtuelle et toujours plus grande que l'objet. » (Voyez le § 22.)

Supposons donc, hypothèse assez voisine de la vérité pour être confondue avec elle, quand il ne s'agit pas de précision mathématique, l'appareil de la vision en tout semblable à un appareil lenticulaire convergent ; dans le cas ordinaire de la vision, l'*objet vu* est au delà du foyer principal relativement à la rétine, au delà même du double de la distance focale dans la plupart des cas ; il faut supposer un cas de myopie excessive, tout à fait pathologique, pour que la perception d'un objet soit possible à une distance double de la longueur focale. Dans un tel cas, la rétine et l'image imprimée sur elle seraient en arrière de la lentille, à une distance double également de la longueur focale ; l'image renversée et l'objet seraient de même grandeur.

Pour toute autre situation de l'objet, l'image diminue à mesure que l'objet s'éloigne, et la rétine revient avec elle en avant (1), se rapprochant de la lentille, mais jamais jusqu'au foyer même, si ce n'est au cas où l'objet est à l'infini, envoyant des rayons parallèles comme une planète, une étoile (nous ne supposons, bien entendu, que le cas physiologique : la perception nette de l'objet qui s'éloigne).

_____

(1) Il s'agit ici, bien entendu, d'un mouvement relatif ; car c'est, en réalité, comme on sait, le foyer qui se rapproche ou s'éloigne de la rétine et non la rétine qui se rapproche du foyer.

Ainsi tout point de l'espace, vu distinctement, étant plus rapproché que l'infini, a nécessairement son foyer conjugué *un peu en arrière du foyer principal* du cristallin. C'est là qu'est la rétine, mobile comme l'image relativement au foyer principal, dans les limites de la faculté d'accommodation. (Voir le chap. 2.)

g. Composé de milieux réfringents de pouvoirs divers, l'œil est nécessairement soumis à la loi de transmission de la lumière à travers ces milieux. Une de ces lois est la suivante : Si la lumière qui y a pénétré n'est pas en entier absorbée par la choroïde, et qu'une partie ait la faculté de sortir de l'œil, « chaque rayon lumineux émergent devra suivre, pour sortir de l'œil, la ligne qu'il aurait parcourue pour y pénétrer. »

Si donc la rétine était un écran réfléchissant, ou miroir, l'image qui s'y serait dessinée et qui serait réfléchie au dehors, devrait aller se peindre exactement, se modeler, en grandeur et en position, sur l'objet lumineux extérieur même d'où sont partis les rayons incidents.

L'image et l'objet, qui sont les conjugués l'un de l'autre, dans le cas de la pénétration de la lumière dans l'œil, du dehors au dedans, sont donc dans une position de réciprocité parfaite si l'on s'occupe de la lumière qui sort de l'œil. L'objet sera conjugué de l'image, comme dans le premier cas, celle-ci était au foyer conjugué de l'objet.

Retournant la proposition *b* de la loi des foyers conjugués, l'image intra-oculaire qui envoie des rayons émergents se trouve, eu égard à l'objet, dans la situation décrite dans les propositions *d* et *e*. La conjuguée de l'image intra-oculaire est plus ou moins éloignée de l'œil, plus grande qu'elle et renversée par rapport à elle.

En un mot, les deux formes sont les *réciproques l'une de l'autre*, telles que les définit la loi des foyers conjugués du § 22.

De même qu'un objet *vu* par un œil y peint une image conjuguée, petite et renversée de sa propre forme sur la rétine, réciproquement, cette petite image renversée de l'objet, si elle était réfléchie au dehors, y produirait une image secondaire qui irait se calquer, se dessiner *exactement* sur l'objet lui-même.

Objet et image sont réciproques, dans un sens comme dans l'autre de la marche des rayons lumineux; qu'on ne perde pas de vue de cette proposition initiale.

§ 293. Application à l'ophthalmoscopie. — Dans l'exploration de l'œil, en ophthalmoscopie, il faut bien se servir d'un foyer de lumière qu'on puisse diriger à son gré pour éclairer les parties profondes de l'œil. Ce foyer de lumière est ordinairement emprunté à une lumière artificielle, une lampe en général. Ce foyer, vu par l'œil observé, ou non vu s'il est malade, formera ou pourra former une image au fond de l'œil : la proposition que nous venons de formuler s'appliquera donc à cette image.

Or elle est une source de confusion dans la théorie ; car ce n'est pas elle qu'on cherche, et le plus souvent, quand on la rencontre (ce qui arrive dans certains cas que nous déterminerons dans la section suivante), elle gêne. Ce n'est, en effet, pas elle qu'il s'agit d'étudier; elle n'a de rôle à jouer ici que celui de source de lumière ; c'est la rétine même que l'on veut explorer, ce sont les détails que peut présenter cette membrane sur toute son étendue : il faut là de la lumière en nappe et non des reflets précis et nécessairement de peu de surface. Or ces détails ne sont pas des images dessinées par des objets extérieurs; ce sont, dans la question qui nous occupe, des objets primitifs qu'il convient seulement d'éclairer convenablement.

Un moment d'attention va montrer que cette différence ne change rien à la loi que nous venons d'établir.

Un point quelconque, un détail, un petit cercle pris sur la rétine (la papille du nerf optique, par exemple), peut évidemment être considéré comme l'image d'un cercle extérieur, pris dans l'espace et lié avec lui par la relation des foyers conjugués. Ce cercle de l'espace, s'il était *vu* par l'œil observé, ne viendrait-il pas se peindre sur la rétine, se superposant exactement au cercle que nous avons imaginé être dessiné sur cette membrane (§ 292, *b*) ?

Réciproquement, renversant les rôles, l'image externe de la papille, considérée comme objet lumineux par lui-même, sera ce même cercle extérieur renversé, conjugué du premier (§ 292, *d*, *e*).

L'inspection seule de la figure résume clairement tout ce que nous venons de dire.

Fig. 86.

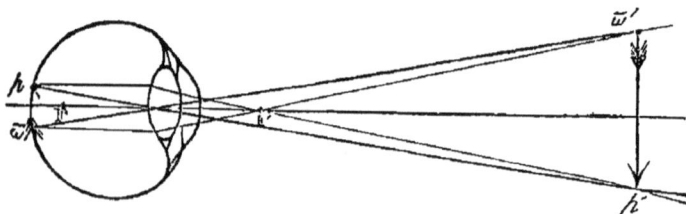

$p\,\varpi$ étant un diamètre de la papille du nerf optique, $\varpi'\,p'$ représente le diamètre correspondant dans l'image externe aérienne.

§ 294. De l'image aérienne indéterminée. — Mais où est ce cercle extérieur conjugué de la papille, en quel lieu de l'espace ?

Nous venons, en un seul mot, de le dire avec la seule précision possible. Reportons-nous, dans le paragraphe précédent, au mot souligné « s'il était *vu* » par l'œil observé. Que signifiet-il ? Rien autre chose que ceci : Cette image extérieure est dans le champ de la vision distincte de l'œil en observation. Elle est à la distance à laquelle le sujet porte son attention; au lieu où il regarde, s'il est clairvoyant; au lieu où il croit regarder, s'il est amaurotique; en un mot, dans le plan vertical pour lequel l'œil observé est momentanément accommodé.

Élément nécessairement inconstant, reposant sur deux données si variables; portée de la vue du sujet; distance intentionnelle de son adaptation.

Nous nous assurons que cette étendue des variations, suivant les sujets ou sur un même sujet, est une des grandes causes de la difficulté de l'étude de l'ophthalmoscopie. Nous verrons plus loin par quel ingénieux artifice on y a paré.

L'appréciation du *lieu* de l'espace occupé par l'image externe ou aérienne ne repose donc que sur un degré de probabilité. Il est clair, en effet, que si l'attention de l'observé varie pendant l'exploration, cette distance variera avec l'adaptation, circonstance qui, peut-être, compte pour beaucoup dans la difficulté qu'on éprouve à examiner, à l'ophthalmoscope, un œil sain soumis à tant de causes de mobilité.

Le cas est un peu différent avec un œil amblyopique ou amaurotique. Dans ce cas, l'œil est plus généralement sans attention, sans réaction contre la lumière. Où est alors la probabilité d'une accommodation plutôt que de telle autre? Selon toutes apparences, la situation de cet œil sera l'indifférence. L'image aérienne sera donc probablement au lieu exact de la vue distincte et sans fatigue pour cet œil, quand il était sain : elle sera donc plus ou moins éloignée, suivant que le sujet était presbyte ou myope, ou jouissant d'une vue moyenne; suivant aussi la distance à laquelle il croira porter son attention, ou dans tel état d'accommodation fixe et qu'on ne peut prévoir, où peut l'avoir placé la maladie!

L'observateur devra donc s'enquérir de ces circonstances, des qualités de l'œil avant sa maladie, cette notion étant indispensable pour avoir une idée, même vague, du lieu occupé par l'image aérienne.

D'après ces considérations, nous demanderons la permission, pour la clarté du discours, d'appeler « *indéterminée* » cette image aérienne dont nous venons de démontrer l'existence.

Tels sont, sur cette image, les enseignements de la théorie.

§ 295. Vérification expérimentale. — La méthode expérimentale nous conduira au même résultat.

Une expérience irrécusable (on aime particulièrement aujourd'hui les démonstrations empruntées à la méthode expérimentales —elle fatiguent moins l'esprit —), une expérience, disonsnous, met ce fait en toute évidence. On prend un œil tout frais de lapin albinos; on l'enchâsse dans un écran en carton; puis, avec un rasoir, on amincit la sclérotique sur sa face postérieure, aux environs de l'insertion du nerf optique. Quand on a fort aminci cette membrane, qu'on l'a même un peu *entamée*, on expose la face postérieure de l'œil à la lumière vive d'une lampe. Si l'on présente alors un écran blanc de l'autre côté de l'écran obscur, on y voit se dessiner l'image fort agrandie et renversée de la petite perte de substance (à forme définie) opérée sur la face opposée. Les effets observés sont les mêmes que l'on produirait avec une lentille, avec cette seule différence que l'image

-se conserve nette pour des distances plus étendues que dans le cas de la lentille. Il est évident, pour tout observateur, que les propriétés du cristallin, quoique obéissant à la formule des lentilles, ont un champ de netteté supérieur au leur. La propriété de texture de la lentille oculaire est donc bien autrement fine ou délicate que celle de la lentille sphérique la plus parfaite que l'on puisse imaginer. Mais pour être plus parfaite, on s'assure cependant qu'elle obéit aux mêmes lois géométriques.

§ 296. Cas des points à observer qui pourraient être situés entre le foyer postérieur du cristallin et la cristalloïde postérieure.

— Les développements que nous avons donnés dans les pages précédentes pour permettre de suivre la marche des rayons lumineux émergents de l'intérieur de l'œil, les considérations que nous avons présentées sur le lieu et le sens des images, tout cela se fondait sur un premier point de départ, à savoir : que les détails, dont l'œil observateur recherche les images extérieures, appartiennent à la rétine ou à la choroïde, en un mot, à un plan situé en arrière du foyer postérieur de l'appareil lenticulaire physiologique. Les points semblablement situés sont, comme nous l'avons fait voir, exactement dans le même cas que les objets peu distants qu'on essayerait de voir au moyen d'une lunette de spectacle ou de Galilée *dépourvue de son oculaire.* (Voyez le § 33.)

Mais rapprochons les objets, faisons-les passer, par hypothèse, entre le cristallin et son foyer postérieur, ou, ce qui revient au même, considérons les points du corps vitré situés entre le cristallin et la rétine, et nous nous plaçons *exactement* dans le cas de la loupe ou microscope simple, § 27.

Fig. 87.

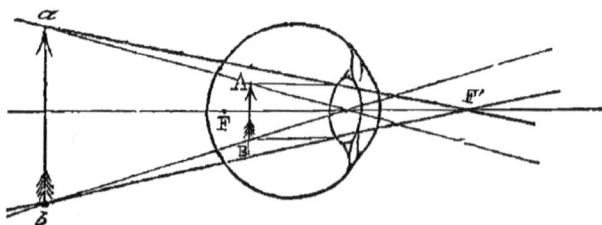

Les faisceaux émergents sortant de l'œil à l'état de divergence;

l'image *a b* d'où ils semblent émaner est de même sens que A B, virtuelle et agrandie.

L'œil observateur les recevra donc avec la plus grande facilité et sans l'intervention d'aucun autre instrument que celui propre à éclairer l'objet AB ou l'intérieur de l'œil.

Rapprochons encore, par hypothèse, les points à explorer; supposons-les placés entre la cristalloïde postérieure et la cornée. Tous les faisceaux qu'ils envoient sont évidemment divergents à l'émergence. Les objets en question sont donc vus à très-peu près comme dans l'espace. Les variations ne portant que sur le degré de divergence des rayons émergents ne modifient alors que la grandeur apparente des objets et leur position relative, mais non pas leur sens.

§ 297. Rapports de l'œil observé avec l'œil observateur.

— Nous avons vu plus haut (§ 293) que l'image d'une figure quelconque, prise sur la rétine, se trouvait dessinée au dehors de l'œil, sur l'axe des faisceaux pénétrants, à la distance du foyer conjugué et sur l'axe secondaire même du point central de cette figure; qu'elle était, en outre, renversée et plus grande que la figure qu'elle reproduit (image aérienne indéterminée).

Cette circonstance crée, d'après la manière dont elle se comporte eu égard à l'observateur, une condition singulière. Les faisceaux destinés à déterminer, par leur entre-croisement, un point unique de l'image, contrairement aux conditions qui permettent la vue, se composent de rayons *convergents* et non pas de rayons divergents.

Or si des faisceaux de rayons parallèles, c'est-à-dire partant de l'infini, viennent se couper sur la rétine au foyer du cristallin, dans le cas de raccourcissement relatif maximum de l'œil, des faisceaux composés de rayons *convergents*, ne viendront jamais à entre-croisement sur la rétine; jamais, par conséquent, ils ne pourront donner la sensation d'un point unique. C'est un fait simple et vulgaire en optique.

Supposons donc l'œil observateur placé sur la direction même des faisceaux émergents centraux de l'œil observé, et *entre* ce dernier et le lieu de l'image (voy. fig 86), cet œil pourra bien percevoir la sensation de lumière émanée des profondeurs de l'organe, mais non l'image distincte d'aucun point. Dans ce cas se trouvera tout observateur qui se placera à une distance de l'œil observé, moindre que celle pour laquelle ce dernier est adapté ou accommodé.

S'il vient alors à s'éloigner de l'œil observé, à se placer au delà de son point d'adaptation, il aura mis devant lui l'image aérienne indéterminée; il pourra alors la percevoir dès qu'il sera en arrière d'elle, à la distance de sa vue distincte à lui-même.

Fig. 88.

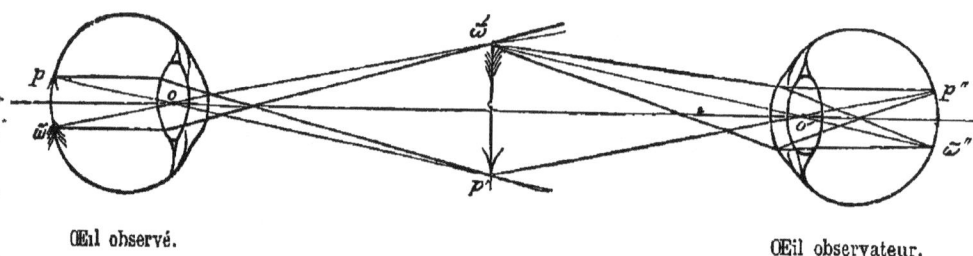

Œil observé.   Œil observateur.

En jetant les yeux sur la fig. 88, on voit, en ce qui concerne l'œil observé, qu'il faut qu'il soit *myope*, ou au moins accommodé pour la vision *très-rapprochée*, pour que l'observateur, en se plaçant au delà du lieu de l'image, d'une quantité $o'p'$, égale à celle de sa vue distincte des objets de petite dimension, ne soit pas trop éloigné de l'œil en observation. Il est clair que plus il est obligé de s'éloigner, plus l'image aérienne a grandi, moins chacune de ses parties reçoit de lumière, et moins, d'ailleurs, l'œil observateur embrasserait de son étendue.

On remarquera, en effet, que les rayons émanés de $p'\varpi'$, partent des points p et ϖ; l'image aérienne $p'\varpi'$, n'envoie pas ses rayons sous tous les angles possibles, comme le fait un objet réel, mais seulement suivant les prolongements des faisceaux qui ont, par leur entre-croisement, déterminé l'image aérienne. Or pour peu que cette image ne soit pas très-petite, c'est-à-dire très-rapprochée du lieu d'où elle émane, ses parties périphériques n'envoient rien à la cornée de l'observateur, les faisceaux qui en émanent étant trop peu inclinés sur l'axe commun des deux yeux. Il n'y aurait donc, en pareil cas, qu'une portion centrale très-réduite de cette image qui pût être perçue. Si l'ophthalmoscopie devait se borner à ces ressources restreintes de la fonction physiologique, autant vaudrait la considérer comme nulle.

Il y a donc quelque modification à apporter à ces données, si l'on veut tirer parti de la propriété, nouvellement reconnue, qu'a l'œil de donner des images extérieures de ses parties profondes.

§ 298. **Premier moyen de remédier à cet inconvénient.** — Reportons-nous au cas général de la figure 86, pour lequel l'image aérienne est tout à fait indéterminée, l'observateur ne pouvant conjecturer, d'une manière sûre, la portée précise de l'accommodation temporaire du sujet. Nous savons que pour un tel cas, l'observateur se trouve placé *entre* l'œil observé et l'image, et ne peut recevoir alors sur sa cornée aucun faisceau utile de lumière, vu la *convergence* de tous les rayons émanés d'un même point. Est-il quelque moyen de remédier à cet inconvénient? Il en est un d'abord, fort naturel, et qui consiste à compléter la lunette de Galilée dont l'œil observé nous représente une moitié, celle qui porte l'objectif. Plaçons entre notre œil et celui que nous observons une lentille divergente ou biconcave L (fig. 89); la convergence des rayons pourra être ramenée à divergence, en renversant toutefois le sens de l'image (c'est-à-dire la redressant, en ce cas, comme dans la lunette de spectacle).

La marche des rayons peut être aisément suivie dans la figure ci-dessous :

Fig. 89.

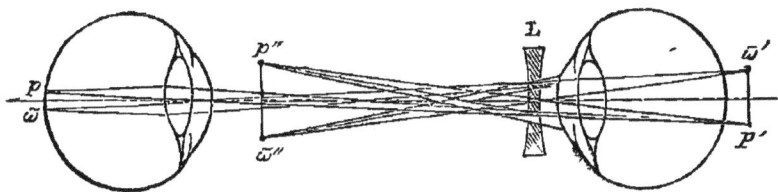

Œil observé.　　　　　　　　Œil observateur.

L'image $p'\varpi'$ produit alors sur l'œil observateur l'effet de $p''\varpi''$, image virtuelle, renversée par rapport à $p'\varpi'$, dans le même sens que $p\varpi$, par conséquent.

L'observateur devra alors se comporter vis-à-vis de l'œil qu'il explore comme avec l'oculaire de la lunette de Galilée ou de spectacle, si on lui en remettait pour aider sa vue, les deux extrémités séparées. Il aurait à chercher l'écartement, convenable à sa vue, de ces deux parties de l'instrument, l'oculaire et l'objectif; l'objectif est ici le cristallin de l'œil observé.

§ 299. Second procédé exceptionnel et imparfait, pouvant procurer à l'œil nu l'image droite. — Le procédé que nous venons de décrire n'est pas le seul qui fournisse une image droite : on peut, sans le secours d'aucun verre interposé, se procurer cette même image; et c'est chose curieuse, en ce que le fait, en lui-même avéré, est cependant tout à fait en dehors des théories, et que son énoncé semble même absolument paradoxal. Voici ce fait :

L'œil observé étant exploré de *très-près*, les axes des deux yeux se confondant, et ceux-ci dans un intime voisinage, un détail peu étendu de la rétine bien éclairée peut être perçu droit et agrandi, sans lentille, et comme si le cristallin observé était une simple loupe.

Or cela est fait pour surprendre tout physicien familier avec les propriétés des lentilles convergentes. Chacun sait que pour qu'elles puissent être employées comme loupes ou microscopes simples, il faut, de toute nécessité, d'après la théorie, placer l'objet observé *entre* le foyer principal et la lentille. Mais, dans le cas que nous venons de rapporter, la rétine, on le sait, est un peu au delà du foyer principal. Comment accorder ces deux éléments contradictoires ?

Voici comment : ce n'est que *théoriquement* que l'objet de l'observation doit être placé en deçà du foyer de toute lentille convergente. En fait, leur propriété comme loupes, celle d'agrandir l'image en lui conservant sa direction, s'étend un peu au delà du foyer (un sixième environ de cette distance focale). On le vérifie aisément sur une lentille quelconque, *pour les points de l'objet à observer situés sur l'axe.*

Cette facilité de se servir du cristallin de l'œil observé comme d'une loupe, devient plus étendue si cet œil est presbyte; car alors la rétine est au plus près possible du foyer principal. L'observateur, en se maintenant sur l'axe, peut alors s'éloigner plus ou moins de l'œil observé, et conserver pendant un certain temps la perception de l'image droite sans le secours d'aucune lentille.

Le désaccord apparent de la théorie et des faits a également sa raison d'être ; la théorie physique des lentilles, on ne doit pas l'oublier, ne se fonde pas sur des propositions absolues, mais seulement sur des approximations. Vraie et propre à expliquer les phénomènes dans leur ensemble, elle ne s'adapte pas exactement à eux aux limites des distances focales. Il y a, dans ces points de partage, des empiétements d'un domaine sur l'autre ; les limites ne sont pas tout à fait aussi précises en pratique qu'en théorie. Il sera bon de se rappeler ces remarques dans l'exercice de l'ophthalmoscopie.

Dans ces deux cas, l'image droite et agrandie doit être vue d'assez près, et n'offre conséquemment qu'un très-petit champ à l'observation. Cette méthode n'est applicable qu'à l'étude des détails.

§ 300. **Méthode par l'image renversée ou image réduite déterminée**. — L'emploi d'un verre divergent, comme dans le procédé décrit au § 298, n'est pas le seul moyen que l'on puisse mettre en usage pour rendre l'œil observateur apte à s'approprier les rayons utiles émergents de l'œil en observation. On peut aussi et *très-avantageusement* se servir d'un verre convergent. Singulière chose, dira-t-on, que de recourir à un procédé de nature à augmenter encore la convergence des rayons dont le défaut était déjà la convergence !

On va voir que cette remarque n'est fondée qu'en apparence. Rappelons-nous à cet égard les principes : « On sait que tout faisceau de rayons parallèles qui traverse une lentille va converger, de l'autre côté de cette lentille, en un sommet conique exactement situé au foyer principal de cette lentille.

Il suit de là que tout faisceau, convergent ou conique avant d'atteindre la lentille, ira, à l'émergence, former son sommet *entre la lentille et son foyer principal.*

Cette notion est de la plus haute importance : quel que soit l'éloignement du lieu de concours de ces faisceaux convergents qui, dans la fig. 86, vont former l'image aérienne que nous avons nommée « indéterminée, » toute lentille convergente placée entre l'œil observé et cette image, réduira cette image en une autre plus petite et de même sens, forcément placée entre cette lentille et son foyer principal.

La lentille L, ayant son foyer en F, ramène en $p''\varpi''$ l'image $p'\varpi'$.

Fig. 90.

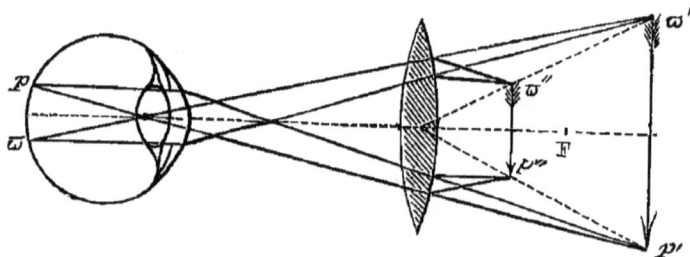

Mais ne comprend-on pas aussitôt l'immense effet d'une sem-blable conséquence ? L'image aérienne n'est plus indéterminée. Vous connaissez la distance focale de la lentille additionnelle L, dès lors vous saurez où est cette image $p''\varpi''$; c'est un peu en ar-rière du foyer principal de la lentille. Et si celle-ci n'a pour lon-gueur focale que 4 à 5 centimètres, vous pourrez, à 2 centi-mètres près environ, préciser le lieu occupé par l'image aérienne. Cela fait, l'observateur se mettant en arrière de ce point qu'il connaît, à fort peu près, d'une quantité égale à la portée de sa vue distincte pour les petits objets, peut s'emparer de cette image avec la plus grande facilité.

On remarquera que cette image, conservant le sens de l'image aérienne indéterminée, est comme elle renversée. Nous propo-serons de la désigner sous le nom d'image *réduite* ou *déter-minée*.

La lentille qui la procure a été fort improprement désignée par son nom vulgaire de verre grossissant (la Calle et autres). Elle joue, tout au contraire, en ophthalmoscopie, le rôle de verre diminuant, relativement à l'image aérienne indéterminée.

Son avantage (immense) est de placer le sujet de l'observation quel qu'il soit, dans le cas d'une excessive myopie, pour lequel l'image indéterminée peut être très-près de l'œil observé, très-petite alors, et conséquemment très-éclairée, et embrassant une plus grande étendue relative de la surface à explorer.

§ 301. **Remarques pratiques.**—D'après ce qui précède, on remarquera qui si l'instrument destiné à faire pénétrer dans l'œil observé la lumière qui doit éclairer son intérieur, peut être

employé à des distances de l'œil qui varient comme la portée de
la vue distincte de l'observateur, le procédé qui permettra l'emploi de la lentille convergente, que nous venons de décrire au
paragraphe précédent, aura cet avantage, qu'on pourra ne tenir
aucun compte de la qualité de myope (1) ou de presbyte du
sujet en observation, non plus que de la distance à laquelle il porte
son attention visuelle. L'image, petite et renversée, que l'observateur doit essayer de saisir, est toujours *entre* la lentille et son
foyer principal. On peut donc toujours, connaissant celui-ci,
connaissant aussi la portée de sa vue distincte à soi-même, pour
des objets de petite dimension, se placer tout de suite, et presque sans tâtonnement, à très-peu près, à la distance exacte où
l'observation sera possible. Le myope s'approchera, le presbyte
s'éloignera, exactement comme il le ferait pour lire des caractères
n° 1 de l'échelle Jaeger placés *au lieu où il sait que se trouve
l'image;* distance pour laquelle il aura, en outre, soin d'accommoder son œil. S'il devait arriver que l'instrument dût être
maintenu à une distance fixe de l'œil observé, pour la commodité de l'éclairage, l'observateur qui devrait s'éloigner, celui qui
serait presbyte relativement à cette longueur, ne pouvant pas
s'éloigner pour se placer à la distance de sa vue distincte, devrait s'aider d'un verre convergent.

L'inverse sera pratiqué par celui pour qui l'objet serait trop
distant; il prendra un verre divergent.

Que la distance fixe de l'instrument, diminuée de la distance
de l'œil à l'image, soit 25 centimètres par exemple, portée
moyenne de la vue des petits objets, chacun se servira du lorgnon qu'il emploie d'ordinaire pour lire de petits caractères à 25
centimètres de distance. La vue moyenne se passera de verre
interposé. Qu'on n'oublie pas notre remarque ci-dessus : l'œil
de l'observateur devra en outre intentionnellement s'accommoder non pour la distance de l'œil observé, *mais pour celle même
de l'image.*

---

(1) Sauf pourtant le cas de myopie *excessive*, pour lequel l'image aérienne
indéterminée serait par elle-même tout à fait voisine de l'œil observé. L'usage
de la lentille additionnelle serait alors inutile; si l'on voulait pourtant s'en
servir, il faudrait alors la placer *tout contre* la cornée, sous peine de la mettre
entre soi et l'image. L'image réduite serait d'ailleurs ainsi extrêmement petite.
Si, par hasard, la lentille se trouve en deçà de l'image, alors elle agira comme
loupe et agrandirait, sans changer son sens, l'image renversée.

§ 302. De l'instrumentation.—Tels sont, en leur simplicité, les principes sur lesquels doit être fondée l'instrumentation ophthalmoscopique. Elle doit répondre à l'objet suivant : envoyer dans l'œil une quantité de lumière convenable, tout en permettant à l'observateur de se placer sur le trajet de l'axe des faisceaux incidents, avec lequel se confond nécessairement, comme nous l'avons vu, l'axe des faisceaux émergents.

Des essais, des expérimentations physiologiques qui portent les noms de Cumming, Brucke, Babbage, montrent qu'on peut réaliser cette condition, mais en s'entourant de grandes précautions, avec une simple lumière dont on se défendrait au moyen d'un écran, et que l'on placerait directement, dans une chambre obscure, entre l'œil observé et le sien propre ; le regard rasant et la flamme et l'écran. Mais ce procédé est très-délicat et des plus imparfaits.

On entre seulement dans la voie pratique en recourant, avec Helmholtz, à quelque procédé de réflexion de la lumière qui permette de briser la marche des rayons, et de placer l'observateur sur la direction même du faisceau réfléchi. Ces procédés consistent dans l'emploi de miroirs réflecteurs de toutes formes, ou de prismes donnant la réflexion totale sur une de leurs faces. Ces derniers rentrant absolument, d'ailleurs, comme théorie, dans le cas des miroirs, nous ne nous occuperons que des premiers.

Les miroirs ou réflecteurs employés en physique sont de trois sortes :

Plans (tels sont ceux de Helmholtz, Coccius, Epkens, Donders) ;

Concaves (Ruete, Jaeger, Stellwag, Anagnostakis, Ulrich jeune, Hasner, Liebreich, Desmarres, Cuscò, etc.) ;

Convexes (Zehender).

Un quelconque de ces miroirs, percé d'un trou en son centre (ou en tout autre point, mais plutôt au centre, si l'on ne considère que l'intensité du faisceau de lumière pour une même étendue de surface refléchissante), constitue toute l'instrumentation catoptrique.

Nous allons étudier successivement chaque espèce de réflecteur.

§ 305 Du miroir plan.—Prenons d'abord le miroir plan.

Rien de simple comme sa théorie ; son usage se fonde sur la simple égalité des angles d'incidence et de réflexion des deux côtés de la normale au point d'incidence. Cette normale est celle qui correspond au centre même du trou ménagé pour l'œil de l'observateur.

L'œil observé *voit* alors la source lumineuse (quoique celle-ci puisse être placée derrière lui) dans la direction du trou occupé par l'œil observateur, et à une distance égale à sa distance réelle, mesurée sur les rayons incident et réfléchi. C'est la somme même des éloignements du miroir de l'œil observé et de la source de lumière.

Tout étant égal d'ailleurs, l'intensité de la lumière reçue par l'œil ne dépend ici que de la somme de ces éloignements, comme, pour une même distance invariable, elle ne dépendrait que de la grandeur ou de l'éclat de la flamme. Le miroir (en lui-même) n'y ajoute rien : il pourrait donc à la rigueur ne pas dépasser en étendue celle même de la flamme.

Dans la pratique, nous pouvons supposer constantes et cette intensité de la flamme et sa distance à l'œil observateur ; quoique ce dernier élément puisse varier, on peut négliger cette variation devant celle même de l'œil observé au miroir. Cette dernière quantité décidera seule, en général, du degré de l'éclairage intra-oculaire, lequel augmentera à mesure qu'on se rapprochera de l'œil observé.

La lampe demeurant toujours à une distance virtuelle de l'œil, supérieure à celle du minimum de la vue distincte pour un objet de sa dimension, tout œil observé, non amaurotique, *verra* donc, dans le miroir, la lampe elle-même à la distance exprimée ci-dessus. Que veut dire cela, sinon que la flamme de la lampe se peindra renversée sur la rétine, et que le lieu de cette impression sera, par conséquent, la seule portion éclairée de la rétine?

Dans ces circonstances, par l'emploi du miroir plan dans sa simplicité, la portion éclairée des membranes profondes est donc nécessairement fort restreinte. Nous verrons plus loin qu'un certain artifice permet d'obvier à cet inconvénient, quand on a besoin de se procurer une plus grande intensité de lumière.

Mais lorsqu'il s'agit d'explorer un œil délicat et non dilaté par la belladone ou la maladie, un faible éclairage est souvent fort suffisant, et sous ce rapport le miroir plan est vraiment précieux.

On se rappellera donc le principe de ce réflecteur éminemment simple : les rayons lumineux arrivent à l'œil observé à l'état de *divergence,* comme s'ils partaient de la lampe même. Ils sont alors concentrés par l'appareil oculaire au foyer conjugué de la distance virtuelle de la lampe, sur la rétine ou dans son voisinage très-rapproché. C'est une conséquence obligée de leur incidence à l'état de divergence, dans les limites de la vue distincte.

§ 304. **Miroirs concaves.** — Dans cette sorte de réflecteurs, l'objet et l'image sont reliés l'un à l'autre par une relation identique à celle qui résume la théorie des lentilles : tout objet placé au delà du foyer principal donne lieu à une image renversée, placée également au delà de ce foyer et qui s'éloigne en s'agrandissant à mesure que l'objet se rapproche. Les points qu'ils occupent sont ce que l'on nomme des foyers conjugués l'un de l'autre. (Voyez §§ 10-11).

Jetons les yeux sur la fig. 91.

Fig. 91.

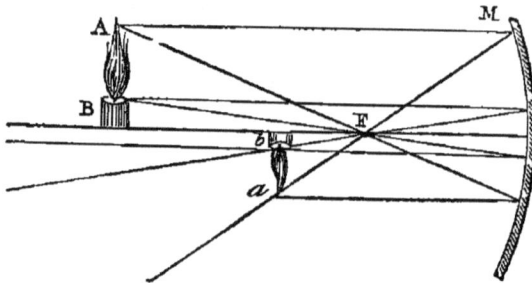

AB étant la flamme, M, le miroir sphérique concave, F, le foyer principal, l'image sera représentée par *ba.* Considérons le cône lumineux ayant son sommet à l'image *ab* et sa base à la circonférence du miroir ; ce cône est la colonne lumineuse destinée à pénétrer dans l'œil en observation ; étudions ses rapports avec lui au point de vue de l'éclairage qu'il peut donner, suivant la position de l'œil relativement au miroir ou à l'image *ab.*

Il est clair d'abord que l'œil observé ne pourra occuper, relativement à l'image *ab*, que trois sortes de positions principales: Sa cornée, ou plus simplement, son centre optique (le centre du cristallin) pourra être placé exactement en *ab*, en avant de *ab* du côté du miroir, ou bien, au contraire, en arrière de *ab*.

Premier cas. Le sommet du cône lumineux réfléchi tombe exactement au centre optique ou tout à fait dans son voisinage. Ce faisceau *convergent* déjà jusqu'à la cornée, le devient davantage de la cornée au centre optique d'où il s'épanouit en *divergence* sur toute la surface hémisphérique postérieure, ou au moins sur une grande partie de son étendue, la plus grande qu'un cône de cette dimension y puisse intercepter. Tout le cône pénétrant est ainsi utilisé pour l'éclairage. Il n'y a point d'image formée par la lampe, mais une teinte lumineuse diffuse dont l'intensité ne dépendra que de celle de la flamme, ou des distances et de la grandeur du miroir. Tout étant égal d'ailleurs, c'est bien là une condition avantageuse; car que cherche-t-on? Non pas, comme quelques-uns l'ont dit, une image de la flamme extérieure, mais bien une surface éclairée uniformément et dont on puisse ainsi apercevoir les détails. Quand nous examinons quelque objet à la loupe, ce n'est pas le reflet de la lampe ou du soleil que nous cherchons; nous nous proposons, au contraire, de nous affranchir de ces reflets, en concentrant cependant le plus possible de lumière diffuse sur l'objet de notre examen.

Deuxième cas. Supposons l'œil observé (centre optique) en avant de *ab* et du côté du miroir. Le cône lumineux tombe encore dans l'œil à l'état de convergence. Or, d'après les lois de la réfraction, l'image *ab* sera alors rapetissée, sans changer de sens, et dessinée dans l'humeur vitrée, quelque part entre le cristallin et son foyer principal postérieur. (Voy. § 300, fig. 90.) De ce point, le cône lumineux divergera et reproduira les conditions du cas précédent, d'autant plus complètement que le lieu occupé par l'image réduite de *ab* sera plus rapproché de la face postérieure du cristallin. La fig. 92 montre cela au premier coup d'œil. Le cône lumineux incident, qui aurait naturellement son sommet en *a*, le voit ramené en *a'* par le cristallin et la cornée : d'où un cône plus épanoui.

Troisième cas. Reculons, au contraire, le miroir de façon à faire tomber *ab* plus ou moins loin, en avant de l'œil observé (fig. 93.)

Alors ce n'est plus le miroir qui est censé influencer l'œil en observation, c'est l'image *ab* elle-même qui lui envoie ses fais-

Fig. 92.

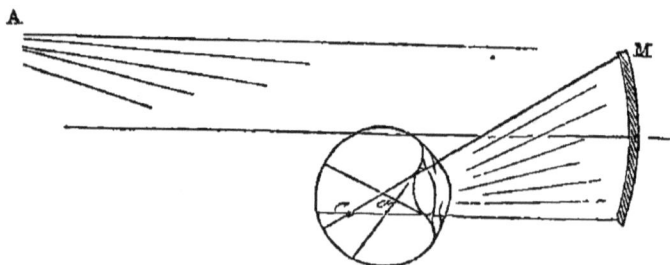

ceaux à l'état de *divergence*. Cette image est dès lors, vis-à-vis de l'œil, comme un objet qu'il *regarderait*. Elle se peindra donc exactement sur la rétine ou au moins tout à fait dans son voisinage, pour peu que l'œil soit de *ab* à une distance égale à celle de sa vue distincte.

Fig. 93

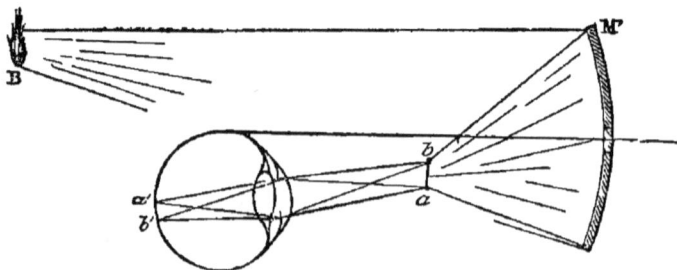

On peut dire d'une manière générale que, dans ce cas, l'image sera très-voisine de la rétine, un peu en avant, un peu en arrière, quelquefois sur cette membrane même, ce qui le fera rentrer dans le cas du miroir plan, mais avec une lumière concentrée sur un petit espace. Des trois conditions que nous venons d'examiner, celle-ci est évidemment la moins favorable à l'objet qu'on se propose généralement dans l'ophthalmoscopie.

§ 305. **Remarque.** — Mais ici doit prendre place une remarque importante.

Tout ce que nous venons de dire des miroirs plans ou concaves ne s'applique qu'au cas où l'on cherche à voir l'image droite, c'est-à-dire sans s'aider du secours de la lentille biconvexe interposée au miroir et à l'œil, et dont nous avons étudié les effets au § 300; car si l'on se sert de cette lentille, quelle que soit la position de ab par rapport à l'œil, que les faisceaux qui en émanent tombent sur la lentille à l'état de convergence ou de divergence, ils en émergeront toujours convergents. L'image réduite de ab sera toujours située dès lors dans la première moitié des milieux oculaires, si l'on a soin de ne pas écarter la lentille de l'œil observé au delà de sa distance focale à elle-même. Le sommet du cône d'éclairage sera ainsi toujours très-près de la cristalloïde postérieure, position la plus avantageuse pour l'éclairage, en ce qu'elle se rapproche du maximum de section de la rétine par le cône postérieur épanoui, cas qui rentre dans les conditions des suppositions 1 ou 2 du paragraphe précédent (Voy. la fig. 92.)

§ 306. **Miroirs convexes.** — On démontre dans tous les traités de physique que, quelle que soit la position d'un objet devant un miroir convexe, l'image réfléchie en est toujours virtuelle, droite et plus petite que l'objet.

Ce qui, pour les considérations qui nous occupent, revient à dire que tous faisceaux de rayons parallèles ou divergents, tombant sur un miroir convexe, s'en éloignent après la réflexion, en divergeant davantage.

Employé seul, le miroir convexe aurait donc le double désavantage d'envoyer à l'œil des rayons toujours divergents, de déterminer, par conséquent, sur la rétine une image extrêmement petite, car elle serait conjuguée d'une image, déjà réduite elle-même, de la source lumineuse. La plus grande partie des rayons incidents étant réfléchis dans des divergences énormes, il y a une grande déperdition de lumière. Réduit à cela, le miroir convexe serait donc tout à fait désavantageux.

Mais, comme pour le miroir plan, il existe un artifice très-simple qui permet d'en tirer parti.

Ce moyen consiste, pour l'un comme pour l'autre, à faire tomber sur eux les faisceaux lumineux à l'état de convergence.

Plaçant entre ce miroir et la source de lumière une lentille biconvexe, à une distance du miroir moindre que sa longueur focale, cette lentille collige les rayons divergents de la lampe qui rencontrent sa surface, et tend à produire une image renversée au delà de son foyer. Or ces faisceaux, ainsi convergents, viennent à rencontrer le miroir convexe, et cette rencontre détermine des phénomènes curieux.

On sait, nous l'avons rappelé plus haut, que tous rayons divergents ou parallèles qui viennent à rencontrer un miroir convexe, sont réfléchis en divergence; il en est encore de même de rayons convergents, dont la *convergence* est changée en *divergence* tant que l'incidence est encore assez voisine du parallélisme, c'est-à-dire tant que les rayons convergents, incidents au miroir, vont, prolongés, se rencontrer au delà de son foyer principal. En ce point même, ils sont réfléchis à l'état de parallélisme. En deçà de cette limite, c'est-à-dire si le prolongement des rayons convergents rencontre l'axe du miroir entre sa surface et son foyer, les rayons convergents sont réfléchis en *convergence*, mais à un degré moindre qu'à l'incidence.

Dans ce cas-là, il n'y a plus d'image produite dans l'œil qui recevrait directement ces faisceaux réfléchis.

Plaçons donc une lentille convergente entre une source de lumière et un miroir convexe, on observera ce qui suit :

Fig. 94.

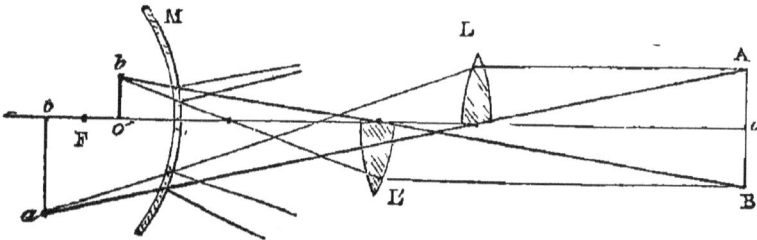

Soient M le miroir convexe, F son foyer principal, AB l'objet, L, L' deux positions de la lentille convergente; dans la position L, la lentille est moins éloignée du foyer du miroir qu'elle ne l'est du foyer conjugué de AB. L'image aérienne de A*o*, vient donc se peindre en *ao*, au delà du foyer F.

Dans la position L', la lentille est plus près du foyer conjugué de AB que du foyer du miroir; l'image *bo'* correspondant à B*o* est donc en deçà du foyer.

Dans le premier cas, les rayons réfléchis par les faisceaux qui formeraient l'image *ao* s'éloignent en divergence. L'image est droite, virtuelle, et s'éloigne de l'observateur à mesure que le point de concours *a* se rapproche de F. (Voy. § 292 *a*.)

Dans le second cas, les faisceaux correspondant à l'image *bo′* sont, au contraire, réfléchis en convergence. L'image est réelle, renversée, agrandie, et se rapproche de l'observateur à mesure que le point *b* s'éloigne de F. (Voy. § 292 *b*.)

Le premier cas ne modifie rien d'essentiel aux propriétés ordinaires du miroir convexe; l'image est toujours droite et plus petite que l'objet.

Quant au second, il rentre dans le cas du miroir concave qui ne produirait pas d'image si l'œil se plaçait entre le miroir et le point de convergence des rayons. Or on sait que ce cas, celui de la fig. 92, est l'objet recherché par l'ophthalmoscopie.

Tel est le fondement de l'ophthalmoscope de Zehender qui consiste en un miroir convexe, sur lequel une lentille convergente concentre les rayons émanés d'une lampe, placée dans les conditions ordinaires. La distance de la lentille et du miroir est calculée de manière que le foyer conjugué de la lampe vienne tomber entre le miroir et son propre foyer. Un œil, placé sur le chemin de la réflexion opérée par le miroir, aperçoit alors l'image circulaire de la lentille richement éclairée, un disque brillant, mais non plus l'image de la lampe. C'est ce cône de lumière réfléchic qu'on dirige sur l'œil en observation, dans l'ophthalmoscopie, et son emploi, dans certaines circonstances, peut être favorable. Il rentre d'ailleurs ainsi dans le cas du miroir concave.

§ 307. Modification du miroir plan.

— Nous avons vu que le miroir plan ne renvoyait, par lui-même, que des rayons divergents; mais disposons, comme nous venons de le décrire pour le miroir convexe, entre la source de lumière et lui-même, une lentille biconvexe à une distance un peu moindre que sa longueur focale; le miroir plan réfléchira les faisceaux sous leur angle d'incidence, reportant l'image en avant de lui, à une distance égale à celle où elle irait naturellement se former par derrière. (Voy. fig. 95.)

L'image secondaire *a′b′* est alors absolument dans le cas de l'image donnée par le miroir concave : l'examen de la figure le montre immédiatement. Tout ce que nous avons dit pour la première s'applique, sans y changer un mot, à celle-ci ; elle a, ou peut avoir avec l'œil observé, les mêmes rapports que celle du

Fig. 95.

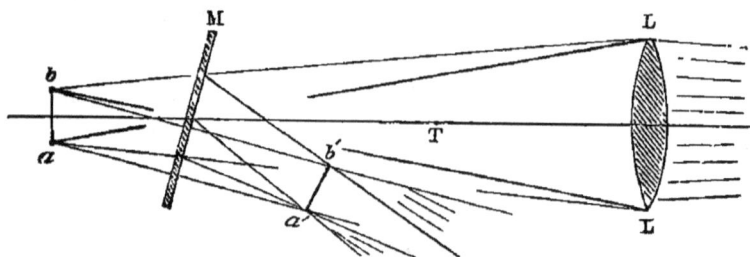

miroir concave et ne peut être employée que de la même manière.

§ 308. Conséquences pratiques. — 1° Éclairage intra-oculaire.

— Ces points théoriques fixés, rien de simple comme les règles à donner à l'ophthalmoscopie. Les principes nous apprennent déjà que non-seulement on peut se procurer la vue des parties profondes de l'œil, mais même en obtenir, par deux procédés distincts, deux espèces d'images. L'une, assez étendue en surface relativement au fond de l'œil, et dans laquelle les détails sont alors assez petits et déliés (l'image renversée) ; l'autre n'embrassant qu'une très-faible portion de la rétine, mais dans laquelle le peu de détails qu'on saisit est grossi, amplifié et demeure droit comme dans la théorie de la loupe.

Les deux procédés sont tous deux également praticables, mais le premier, donnant plus rapidement une idée plus générale de l'état des membranes oculaires, et étant en outre d'une manœuvre très-facile à préciser, dans tous ses détails, suffit au plus grand nombre de cas.

Maintenant, première question : Quel réflecteur adopter ?

Si l'on a bien compris ce qui précède, on voit que le choix est à peu près indifférent ; nous avons montré qu'avec tous les miroirs il était aisé de faire pénétrer dans l'œil observé des faisceaux convergents, particulièrement au moyen de la lentille additionnelle du § 300.

Plus près sera du centre optique, ou plus simplement du milieu du cristallin, le sommet de ce cône convergent, plus grande sera la zone éclairée sur la rétine.

Qu'on se serve donc du miroir concave, ou des miroirs plan ou convexe armés de lentilles latérales sur le trajet de la lumière de la lampe, c'est tout un; l'important sera de placer le miroir à une distance de l'œil observé à peu près égale à sa longueur focale, que l'on peut toujours mesurer, si on ne la connaît pas par un usage préalable. Rien de plus aisé en faisant tomber le faisceau réfléchi sur un écran, au moment d'opérer.

On peut donc, avant tout, placer le miroir à la distance convenable, et pour peu qu'on n'ait pas une grande habitude du

Fig. 96.

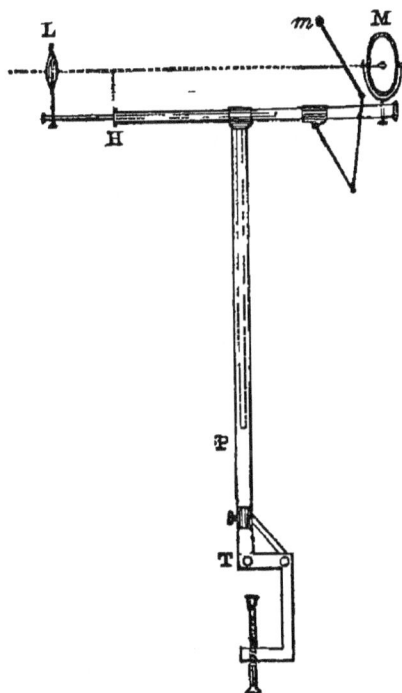

M Miroir, mobile autour d'un axe horizontal, lequel est mobile lui-même autour d'un axe vertical.

L Lentille mobile sur un axe vertical seulement.

M Petite mire en laiton, mobile autour d'un axe léger, articulé à frottements doux, pouvant se fixer dans toutes les positions possibles autour de l'axe horizontal de l'instrument.

P Pied creux dans lequel peut tourner horizontalement la tige du support horizontal; il est lui-même mobile autour de la charnière horizontale T, partie supérieure de l'étau, qui fixe l'instrumentation au bord d'une table.

maniement de l'instrument, rien n'empêche de se servir d'un support dans le genre de celui de Liebreich, qui fixe le malade et l'instrumentation (ou, à moins de frais, l'appareil plus simple de M. Cuscò).

Cette distance réglée, on a fixé la condition de l'éclairage.

Ajoutons que si, entre l'œil et le miroir, et dans leur axe commun, on interpose la lentille convergente du § 300, à une distance de l'œil moindre d'un tiers environ que sa longueur focale, on est alors, à une très-faible différence près, certain d'avoir placé, presque au centre optique même, le sommet commun des deux cônes incident et divergent.

Tout est alors prêt pour l'exploration.

Je suppose toute l'instrumentation réglée, miroir, lentille montés sur un support horizontal commun, comme est l'instrument de M. Cuscò.

L'axe de l'œil du malade étant placé bien exactement dans l'axe du miroir et de la lentille, et portant son attention sur un point qui sera ultérieurement déterminé, on est certain d'une chose (voir le § 300), c'est qu'une figure renversée du fond de l'œil est reproduite entre le miroir et la lentille objective, et à une distance de cette dernière *nécessairement moindre* que sa longueur focale Celle-ci étant généralement de 4 à 5 centimètres, on peut indiquer avec le doigt à très-peu près sa place. Nous avons fait remarquer, plus haut, le grand prix, à ce point de vue, de la lentille objective qui annule l'indétermination naturelle de l'image aérienne.

§ 309. **Rapports de l'image réduite ou déterminée avec l'œil observateur.** — L'observateur, placé derrière le miroir, peut donc, à l'avance, connaissant la portée de sa propre vue, prévoir s'il percevra ou non cette image aérienne réduite.

Supposons, par exemple, que le miroir ait 20 centimètres de distance focale : il est à cette distance de l'œil observé. Retranchons de ces 20 centimètres, 2 ou 3 centimètres pour la distance de l'œil à la lentille objective, 3 autres centimètres environ pour la distance de la même lentille à l'image réduite, il restera 14 à 15 centimètres entre le miroir et cette image. Un myope seul peut voir sans effort, à cette distance, un détail assez petit. Tout autre œil, presbyte relativement à cette distance, devra prendre un monocle convexe d'un numéro plus ou moins fort, s'il veut se procurer une perception nette de cette image aérienne.

Au lieu de 20 centimètres, prenons un miroir concave de 30 centimètres. La portée de la vue apte à saisir la petite image sera augmentée de 10 centimètres : c'est la rendre perceptible à un grand nombre de vues sans le secours d'aucun monocle convergent. Un presbyte seul sera obligé de s'en servir, et il pourra même connaître à l'avance son numéro, en cherchant celui au moyen duquel il lira aisément à 25 centimètres de distance le caractère n° 1 de l'échelle de Jæger.

Dans ce cas-là, il est clair, par contre, que le myope devra faire usage d'un monocle divergent.

Le même raisonnement est évidemment applicable à toute autre longueur focale des instruments de la réflexion. Cette longueur de 30 centimètres nous semblerait assez favorable comme s'appliquant à la moyenne générale. Si on la trouvait un peu forte, eu égard à l'éclairage, rien n'est plus aisé que de compenser cette infériorité relative en augmentant un peu le diamètre du miroir s'il est concave, ou celui de la lentille éclairante dans les réflecteurs hétérocentriques.

§ 310. Image droite. — Nous avons vu, § 299, comment il était possible de se procurer cette image; supprimer d'abord la lentille objective, puis se rapprocher plus ou moins près de l'œil.

Ce rapprochement du miroir a déjà le désavantage de rétrécir la zone éclairée de la rétine, en portant plus près de cette membrane le sommet commun des cônes lumineux déjà décrits.

Mais enfin, la lumière étant suffisante, on apercevra l'image, soit en se rapprochant considérablement comme pour l'usage de la loupe, soit en employant un verre concave assez puissant, et qui retourne, en les rendant divergents, les faisceaux convergents de l'image indéterminée. L'œil de l'observateur est, à l'égard de ces faisceaux, dans le cas d'une hypermyopie ou dans celui de l'image fournie par une lorgnette de spectacle dépourvue de son oculaire. ·

Si l'on demande pourquoi, dans ce cas, il est nécessaire de se rapprocher autant de l'œil, puisque la lentille divergente qu'on devra employer est chargée de l'appropriation de l'incidence des rayons, nous ferons observer qu'il y a un autre élément dans la question et qui fait sentir ici, pour la première fois, son influence. C'est la faible dimension du trou oculaire pratiqué dans le miroir, lequel intercepte une notable portion des faisceaux émergents, pour peu que l'image aérienne indéterminée doive aller se former un peu loin.

C'est ce que la figure suivante rendra très-sensible.

Fig. 97.

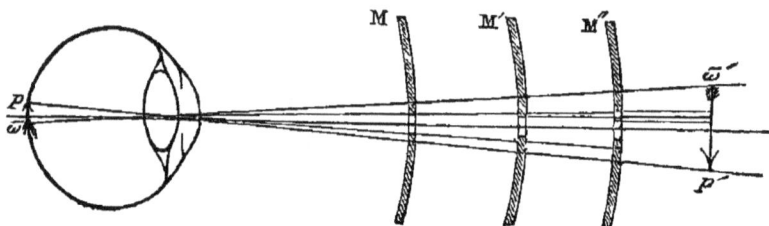

Considérez la figure $p'\varpi'$ qui représente le cône lumineux enveloppant l'image $p\,\varpi$. N'est-il pas clair, à première vue, que plus on s'éloigne de l'œil observé, avec et derrière le diaphragme que représente le miroir, moins sera notable la portion de ce cône embrassée par la circonférence de l'ouverture du miroir? Les positions M, M', M'' du miroir font saisir à merveille cette condition.

La position de l'observateur est d'ailleurs liée à la portée de sa vue dans ses rapports avec le numéro du verre concave qu'il adopte.

§ 511. Résumé. — Si l'on s'est bien pénétré des théories précédemment développées, aucun détail de l'ophthalmoscopie ne devra arrêter l'observateur.

Quant aux conditions de détail de l'opération, elles sont partout. Il faut placer la lampe à la hauteur de l'œil, à moins que le miroir ne soit mobile sur deux de ses axes, ce qui serait une complication.

Il convient encore de placer la lampe un peu en arrière du sujet à observer, pour que l'axe des faisceaux incidents soit le plus normal possible au miroir, condition qui permet une moindre inclinaison de celui-ci et laisse à l'observateur un plus grand cercle libre pour la vision.

On est certain de la bonne direction du faisceau de rayons incidents, et également de celle du faisceau émergent, quand le disque lumineux, muni de sa tache obscure au centre, vient tomber sur le milieu de la pupille.

Il est encore un petit obstacle de détail qui gêne souvent l'observateur, c'est la présence d'une image, souvent assez notable, de la flamme renvoyée par la lentille objective. On s'en débarrasse aisément en inclinant *légèrement* cette lentille suivant son *axe vertical* et du côté opposé à la lampe. La lumière alors suit, au lieu de l'axe principal, un axe secondaire très-voisin.

Quant aux petites images de la même lampe fournies par les surfaces de la cornée et des cristalloïdes, on arrive plus ou moins aisément à n'en pas tenir compte. (Voyez la section suivante consacrée à l'étude des images adventives ou secondaires.)

Il n'en est pas de même d'une autre image de la lampe qui, dans quelques circonstances (voy. le § 304, 3° et la fig. 93), se dessine sur la rétine et est réfléchie au dehors et assez grande comme on peut le comprendre aisément. Si l'on a bien compris ce § 304, on voit facilement comment corriger cet inconvénient : il s'agit uniquement de rapprocher de l'œil observé la lentille objective ou le miroir, pour ramener les rayons incidents à rencontrer la cornée à l'état de convergence.

On voit sur la figure de l'appareil de M. Cuscò, comme sur celui de Liebreich, une petite tige articulée portant à son extrémité une petite boule de cuivre. Cette tige sert de point de repère pour fixer la direction de l'œil sain ou malade, et conséquemment celle de l'œil en observation (synergie), pour arriver à amener la papille du nerf optique dans la direction des faisceaux lumineux. C'est peut-être là le seul point de détail un peu délicat à atteindre. Pour cela quelque patience et l'habitude font vite triompher de l'obstacle. Dès que l'œil a saisi un vaisseau rétinien, il faut faire mouvoir l'œil observé dans le sens convenable pour arriver au point d'émergence de ce vaisseau : on y parvient en remuant du doigt la petite tige dans le sens favorable à l'objet qu'on se propose, et en prescrivant au malade de suivre le mouvement au moyen de son œil sain.

Il n'y a pas, dans l'usage de l'ophthalmoscopie, d'autres difficultés que celles-là; mais on voit qu'il faut s'en rendre compte à l'avance pour les surmonter aisément.

Quand on a rempli, ce qui est aisé, toutes les conditions qui précèdent, et qu'on ne perçoit rien dans un œil normal dont la pupille est dilatée, on peut être certain que la difficulté tient à la direction vicieuse du regard de l'observé. C'est cette dernière condition qui doit être alors corrigée.

Nous ferons remarquer, en terminant, que l'instrument, comme toute lunette, doit être adapté à la vue de l'observateur. Le point important est de choisir un miroir dont la distance focale soit à très-peu près celle de la vue distincte de l'observateur (pour les petits objets, n° 1 de Jæger). Voilà pourquoi nous insistons pour une moyenne de 30 centimètres qui place l'image réduite, déterminée, à 25 centimètres environ de l'observateur. Celui-ci, connaissant ainsi la longueur focale de son instrument, sait à l'avance s'il a besoin d'un verre oculaire, et sait aussi de quelle espèce et même de quel numéro : c'est celui dont il se sert habituellement pour voir les petits objets sans se fatiguer.

La théorie précédente rend raison de quelques remarques très-exactes qu'ont faites les ophthalmologistes :

Quand on saisit avec facilité, *sans lentille divergente*, l'image droite, on en conclut que l'œil observé est presbyte. Cela est clair; cet œil remplit d'autant plus aisément la fonction de la loupe. (Voy. §§ 293, 296)

De même on conclut à la myopie marquée du sujet si, dans les mêmes circonstances, sans faire usage de la lentille objective, on s'empare aisément de l'image renversée. Il n'y a qu'un myope qui puisse dessiner l'image renversée assez près de lui-même pour que l'observateur s'en puisse emparer à la distance ordinaire de sa vue. (Voy. § 297.)

Enfin des ophthalmologistes ont assez d'habitude de cet examen intra-oculaire pour juger si un malade est myope ou presbyte d'après la grandeur de l'image renversée (de la papille).

Si l'on se reporte au § 293, rien ne paraîtra plus simple. On sait, en effet, que l'image fournie par un œil myope est plus petite que celle donnée par un œil presbyte. Or cette différence relative ne change pas par l'usage de la lentille objective.

En résumé, il n'est pas un fait de détail fourni par la pratique de l'ophthalmoscopie, qui, au moyen d'une saine connaissance des propriétés des lentilles et des fonctions de la vision, n'ait promptement son explication; comme il n'est pas un des petits mouvements nécessaires pour employer utilement l'instrumentation, qui ne soit bientôt fourni par la possession de la théorie très-élémentaire que nous venons de donner de cette précieuse découverte.

Il est encore un procédé très-simple, applicable à toutes les vues et par toutes les vues, et qui permettra d'étudier tous les détails de la rétine : c'est l'emploi d'un miroir percé d'un trou presque microscopique ou du moins très-petit, comme celui de la lunette panoptique de M. Serres (d'Uzès), ou de la carte percée du trou d'épingle. On sait que la vue à travers un tout petit orifice, pratiqué dans une lame mince, devient indépendante des propriétés des lentilles (images données par les petites ouvertures, voy. § 4) Les images sont formées, en ce cas, par le cône enveloppant de tous les cylindres du diamètre de l'orifice, promenés sur les contours de l'objet, et ce cône donne des sections semblables entre elles à toutes les distances.

En se rapprochant alors très-près de l'œil observé, axe pour axe, on verra aussi aisément dans l'œil, qu'on peut lire de très-petits caractères, et de très-près, avec les lunettes de M. Serres.

Mais (il y a un *mais* important) ce procédé exige beaucoup de lumière émergente, et par conséquent beaucoup de lumière incidente : il ne peut donc être utilisé que sur des yeux amaurotiques à pupilles largement ouvertes, et peu ou point impressionnables.

Il serait bon, pour un tel cas, de se servir d'un miroir très-mince, en métal, à très-court foyer. Ce procédé est excellent pour l'étude des détails des altérations de l'œil amaurotique; il remplace à merveille le verre concave de l'image droite.

§ 312. **Éclairage latéral** — Pour compléter ce sujet, il reste un détail pratique excessivement simple à donner ici et que, vu cette même simplicité, nous avions négligé d'exposer dans notre première publication de la théorie de l'ophthalmoscope.

S'il est nécessaire de se servir d'un miroir et d'un faisceau intense et concentré de lumière dirigé d'avant en arrière, et pénétrant normalement dans l'œil pour en distinguer les par-

·ties profondes, la projection latérale d'un faisceau de lumière, renvoyée à l'observateur par la réflexion sur les premières surfaces courbes de l'appareil réfringent naturel, suffit à très-bien distinguer tous les détails présentés par ces premières surfaces courbes ou les milieux qu'elles comprennent.

Nous voulons parler ici des surfaces de la cornée et des cristalloïdes antérieure et postérieure et de leur examen au moyen de l'éclairage dit latéral ou catoptrique.

Cette méthode, des plus simples, consiste à concentrer, au moyen d'une loupe, les rayons d'une lampe sur l'œil à observer, en dirigeant les rayons d'avant en arrière et de dehors en dedans, et se plaçant soi-même sur la direction des rayons réfléchis, c'est-à-dire à angle égal de l'autre côté de la normale ou point d'incidence.

La couleur propre des cristalloïdes et du corps même du cristallin, couleur un peu opaline dans l'âge avancé, les moindres taches de ces surfaces ou des couches qui les séparent depuis la cristalloïde postérieure jusqu'à la cornée, apparaissent alors avec leurs reflets naturels exagérés par la concentration de la lumière incidente.

On peut les comparer alors avec les impressions reçues, par transparence, au moyen de l'ophthalmoscope. Elles se révèlent, dans ce cas, par des ombres ou taches qui arrêtent les rayons émergents ; l'éclairage latéral les montre, au contraire, avec leur apparence propre, celle que donne la lumière diffuse ou réfléchie.

Ce procédé comparatif a des avantages inattendus dans l'étude de la cataracte au début. Les plus faibles altérations de transparence du cristallin y apparaissent par transparence comme des ombres, par réflexion, comme des taches plus ou moins claires ou brillantes, et on arrive ainsi à fixer leur siége exact dans une région ou l'autre du cristallin. Si l'on rapproche ce procédé des connaissances acquises sur la structure du cristallin, notamment sur les plans méridiens stellaires décrits dans le chap. XIX, on voit de suite les bénéfices retirés de l'examen successif de ce corps par réflexion ou par transparence. (Voir le § 289.)

SECTION II.

Images adventives fournies par les surfaces des milieux réfringents naturels et artificiels, dans la pratique de l'ophthalmoscopie.

§ 315. Des images adventives et quelles surfaces réfléchissantes les fournissent. — Lors de l'emploi de l'ophthalmoscope, l'observateur est souvent dérangé, ennuyé, troublé dans ses observations, par l'apparition, dans le champ de la vision, d'une ou de plusieurs images adventives, tant de la flamme servant à l'éclairage, que du miroir réflecteur. Les ophthalmologistes donnent, à ce propos, le conseil de placer alors la lentille oculaire dans une certaine inclinaison, par rotation autour de l'un de ses diamètres, le diamètre vertical, en particulier; précaution qui suffit, disent-ils, pour se débarrasser de ces images perturbatrices.

Ce conseil nous paraît à la fois et un peu vague et surtout insuffisant. Nous ne savons si les auteurs se sont occupés particulièrement de cette cause de perturbation dans les observations, s'ils ont analysé les conditions de production des images nuisibles; s'ils l'ont fait (nous parlons des auteurs étrangers, car il n'existe rien en France sur ce sujet), nous ne courons d'autre risque que de tomber dans des redites; mais si le sujet est neuf, nous nous assurons que l'étude de cette petite question vaut la peine d'être tentée; elle a évidemment un intérêt des plus pratiques.

Si le lecteur veut bien se reporter à la théorie sur laquelle se fonde l'instrumentation ophthalmoscopique, il verra tout d'abord ce que sont ces images, par quelles surfaces réfléchissantes elles sont fournies : de là au moyen de s'en débarrasser, il n'y aura qu'un pas à faire.

Et d'abord, on se rappellera quelles sont les conditions que nous avons indiquées, comme particulièrement désirables à réunir, pour obtenir, tout étant égal d'ailleurs, le meilleur éclairage de l'œil. Nous avons établi (voir le § 308) que le cône lumineux le plus épanoui à sa sortie du cristallin, celui qui embrasse sous un angle plus ouvert la plus grande surface de la rétine, est celui qui a son sommet dans l'intérieur du cristallin.

Nous avons en même temps montré comment on pouvait réaliser cette condition, dont on s'approchait suffisamment en prenant un miroir à long foyer, et en plaçant la lentille oculaire à une distance de l'œil observé quelque peu inférieure à sa distance focale.

De la sorte, on est d'abord assuré de ne point dessiner sur la rétine d'image de la flamme, tout en répandant sur cette membrane une nappe convenable de lumière diffuse. Mais cette condition remplie est déjà un premier pas fait dans l'étude dont nous nous occupons en ce moment. Elle élimine la surface rétinienne du nombre de celles qui peuvent déterminer des images par réflexion et, par là, ces surfaces se trouvent réduites aux suivantes, en procédant d'avant en arrière :

1° Les deux surfaces de la lentille objective;

2° La surface de la cornée;

3° Les deux surfaces du cristallin.

Étudions successivement les rapports de chacune de ces surfaces réfléchissantes avec les deux ordres de faisceaux lumineux coniques inverses de lumière incidente qui les rencontrent l'une après l'autre.

Commençons par la lentille objective.

§ 514. Nature des faisceaux incidents propres à former ces images par réflexion. — La lentille objective biconvexe, dont on se sert en ophthalmoscopie, a deux surfaces en état de réfléchir les rayons incidents : une surface antérieure convexe, une surface postérieure concave qui rempliront l'une et l'autre, eu égard à la lumière incidente, le rôle d'un miroir de même espèce.

Ces surfaces reçoivent de l'appareil ophthalmoscopique deux sortes de faisceaux lumineux : 1° le faisceau destiné à l'éclairage de l'œil et réfléchi directement par le miroir réflecteur ophthalmoscopique; 2° un autre ensemble de rayons, émanés de ce même miroir considéré comme source propre de lumière. Ces rayons ne sont que la manifestation de la couleur et de la visibilité même de ce corps, et résultent du brisement des faisceaux qui le rencontrent et lui donnent sa propre apparence éclairée. Ces rayons (réflexion irrégulière) divergent du miroir, dans toutes les directions possibles, à l'état de lumière diffuse.

Les deux faisceaux lumineux reçus par chaque surface de la lentille oculaire, et envoyés par le miroir sont donc, le premier considérable, puissant et formé de rayons *convergents,* le second faible et pâle étant formé de rayons divergents.

(N. B. Nous disons que le premier est formé de faisceaux convergents, eu égard à la circonstance dont nous avons exposé la nécessité pour l'éclairage de l'œil, la formation de l'image ou la localisation du sommet du cône dans le cristallin même ou tout contre l'une ou l'autre de ses surfaces intérieures. C'est un point qu'il ne faut pas perdre de vue.)

§ 315. Étude des images produites par le faisceau divergent sur la lentille objective.

— Étudions successivement la manière dont vont se comporter l'un et l'autre de ces faisceaux et commençons par le dernier, dont les lois sont immédiatement connues.

L'irradiation divergente propre de l'ophthalmoscope a des effets qu'il suffit de rappeler. Ce miroir, eu égard aux surfaces de la lentille objective biconvexe, se comporte comme un objet éclairé quelconque en face de deux miroirs, l'un convexe, l'autre concave, et placé à une distance notablement supérieure au rayon même de ces miroirs.

On peut donc, dès maintenant, préciser ce que seront les images réfléchies de cet objet par les surfaces antérieure et postérieure de la lentille objective.

La première sera virtuelle et droite, la seconde réelle et renversée; mais comme l'objet est circulaire, cette rectitude ou ce renversement ne seront pas appréciés. Il est dès lors inutile d'insister sur le sens de l'image de l'ophthalmoscope lui-même.

Telles sont donc les conditions de la formation même des images Mais elles ne suffisent pas pour la question proposée, et il faut encore déterminer la situation qu'elles doivent occuper pour que l'œil observateur les perçoive, et par suite celle qui convient pour qu'il ne les perçoive pas, puisque tel est l'objet recherché.

Or, on connaît la condition que doit remplir un rayon réfléchi par un miroir sphérique, pour être reçu par un observateur : il faut d'abord que l'œil de cet observateur, le point éclairé, et la normale au miroir au point de réflexion, soient dans le même plan; il faut de plus que cette normale, ou rayon du miroir (puisqu'il est sphérique), menée au point d'incidence, soit la bissectrice même de l'angle formé, en ce point, par les droites qui le joignent au point lumineux et à l'œil observateur. C'est la loi générale de la réflexion par les surfaces.

Or, dans l'espèce, comment sont remplies ces conditions? L'œil de l'observateur, au centre de l'ophthalmoscope, est situé sur l'axe même de tous les faisceaux incidents : il ne peut donc se trouver sur le chemin des faisceaux réfléchis que si ces derniers rebroussent exactement le chemin qu'ils ont suivi, c'est-à-dire si l'angle d'incidence avec la normale au miroir est nul, ou, plus simplement, si l'incidence et la réflexion passent par le centre de chacun des miroirs sphériques représentés par la lentille objective.

L'image virtuelle droite donnée par la surface antérieure de cette dernière, l'image réelle renversée fournie par la surface postérieure, sont donc toujours sur la droite passant par l'œil de l'observateur ou l'orifice de l'ophthalmoscope et les centres de chacune des surfaces de ladite lentille.

Ces images se superposeront donc si les axes de l'un et l'autre de ces deux miroirs adventifs, à savoir, l'axe principal de la lentille objective, coïncide avec la droite menée de son centre au centre de l'ophthalmoscope. Elles seront, au contraire, rejetées l'une à droite de l'observateur, l'autre à sa gauche, si la lentille objective est inclinée de quelques degrés sur son axe vertical, et l'observateur en sera débarrassé; elles ne seront plus sur le chemin des rayons utiles de l'examen ophthalmoscopique. Elles seront en outre très-affaiblies. Il est facile de voir qu'elle sera celle rejetée à droite, quelle sera celle rejetée à gauche. On sait, en effet, que le centre du miroir antérieur (le convexe) est en arrière de cette surface, tandis que le centre du miroir concave est en avant. La direction de la ligne menée de l'œil de l'observateur à l'une ou l'autre image, comparée au sens de l'inclinaison de la lentille objective, fixera instantanément à cet égard l'observateur.

Telle est donc la simple condition à remplir pour éliminer du chemin des rayons émergents de l'œil les images mêmes de l'opthalmoscope : incliner légèrement la lentille sur son axe. Si l'observation a lieu alors *par le centre même* de la lentille, les images dudit miroir ne sauraient plus nuire. Elles sont, comme nous venons de le démontrer, rejetées l'une à droite, l'autre à gauche du chemin des rayons convergents employés dans l'étude ophthalmoscopique.

Fig. 98.

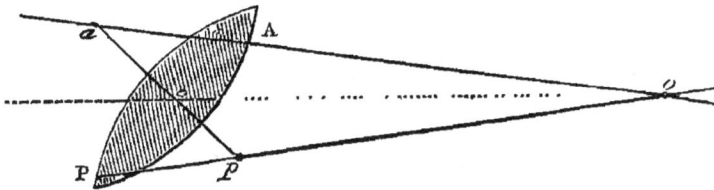

La fig. 98 montre, au premier coup d'œil, la marche des rayons et les rapports des images avec l'œil observateur.

Pour que l'œil observateur placé en *o*, point de départ des rayons incidents, reçoive les rayons réfléchis, il faut, pour chaque surface, que ces rayons réfléchis passent à la fois par le point *o* et le centre de cette surface. *a* étant le centre de la surface convexe ou antérieure, *p* celui de la surface concave ou postérieure dans leurs rapports de situation avec le point *o*, lors d'une inclinaison donnée de la lentille, l'image de la face postérieure P ne pourra être vue ou perçue par l'œil que dans la situation rectiligne *op*P. Pareillement l'image donnée par la face antérieure convexe A ne pourra être aperçue que dans la direction *oAa*. L'œil ne les recevra donc à la fois que si le plan de la lentille est perpendiculaire à l'axe, et les points *a* et *p* sur l'axe commun *oc*.

§ 316. Lois de la réflexion du faisceau convergent.

— Mais ce ne sont pas ces deux pâles images qui sont en elles-mêmes les plus nuisibles. Nous allons bientôt le reconnaître en étudiant la marche du faisceau convergent destiné à l'éclairage.

Recherchons donc quelles sortes de réflexions produira ce faisceau, à sa rencontre avec les surfaces de la lentille objective.

Ici la question est un peu plus complexe ; on n'a pas généralement à considérer, dans l'emploi des miroirs, les faisceaux de

lumière à l'état de rayons convergents. Si l'on étudie leur
marche, on reconnaît pourtant promptement une chose, c'est
que la marche géométrique des rayons, dans l'un et l'autre cas,
est très-aisée à formuler.

Or nous avons vu au § 17 (catoptrique) ce que devenaient les
lois de la réflexion sur les surfaces ou miroirs convexes et concaves que rencontre un faisceau lumineux *convergent;* l'image
qui résultera de la réflexion de ce faisceau sera, géométriquement, celle même que donnerait ce même miroir ou cette même
surface, considérée à l'envers, c'est-à-dire comme concave si
elle est convexe et réciproquement; le faisceau, à réfléchir étant,
de son côté, considéré aussi en sens inverse, c'est-à-dire comme
divergent, marchant en sens contraire, et comme s'il émanait
du point de concours où se serait formée l'image réelle directe
et primitive de la source éclairante.

L'étude des rapports du faisceau convergent avec la surface
convexe sera donc la même que celle, classique, du faisceau
divergent avec la surface concave. Comme, plus loin, nous ren-
verserons la proposition, et pour nous représenter les conséquences de la réflexion du faisceau convergent sur la surface
concave, nous n'aurons qu'à rappeler les lois de la formation
des images du faisceau divergent sur la surface convexe.

**§ 317. Rapports du faisceau convergent avec la
lentille objective, surface convexe.** — Pour savoir ce
qu'il adviendra de l'image secondaire en ce qui concerne les surfaces convexes (en appelant primitives ou géométriques celles
représentées par *l* dans la fig. 10, p. 19, ou le point de réunion
du faisceau convergent), il nous faut discuter la question au
point de vue des positions que peut occuper ce point *l*, ou
image primitive, eu égard à la surface réfléchissante considérée
comme concave.

Rappelant les lois de la réflexion par les surfaces concaves,
cette image primitive, ou point de concours du faisceau convergent, peut être placée au delà du foyer principal de la surface réfléchissante ou en ce foyer même, ou enfin entre le foyer
et la surface. Dans le premier cas, l'image secondaire serait
réelle et renversée par rapport à la primitive; dans le second,
nulle ou à l'infini (rayons parallèles); dans le troisième (cas

étudié au § 306 du chapitre de l'ophthalmoscope, p. 574), les rayons considérés comme divergeant de leur point de concours, et se réfléchissant sur une surface concave, iraient former (eu égard à l'image primitive) une image virtuelle droite et agrandie; par rapport à l'objet et à l'observateur, cela revient à une image réelle, renversée, agrandie et rapprochée de ce dernier.

Quel est celui de ces cas que nous rencontrerons dans l'espèce?

Si nous nous rappelons la condition pratique imposée à l'usage de l'ophthalmoscope, de former le point de réunion ou de convergence du faisceau incident, le plus près possible, et autant qu'il se pourra, au centre du cristallin, considérant la distance de l'œil à laquelle on place la lentille objective, nous voyons que le point de concours du faisceau convergent sera toujours à une distance de l'une quelconque des surfaces de la lentille objective, très-voisine du foyer principal de cette lentille. Suivant les oscillations de la main ou les conditions assez variables du sujet et de l'examen ophthalmoscopique, le sommet du faisceau convergent sera donc un peu en avant ou un peu en arrière de ce foyer, mais toujours dans son voisinage.

1° Pour simplifier la question, supposons d'abord que ce point de concours soit au foyer même.

Or si le point de réunion des rayons réfractés est au foyer de la lentille objective, c'est dire que leur réunion par le seul fait du miroir, ou avant la réfaction due à la lentille, aurait lieu plus ou moins loin en arrière de ce foyer, ou du centre de courbure de la surface antérieure ou convexe de la lentille. L'image secondaire due à cette surface, considérée comme concave, serait réelle et renversée par rapport à l'image dioptrique. Eu égard à l'observateur, elle est donc *virtuelle* et *droite*.

2° Si l'on suppose maintenant que le point de concours de réfraction se rapproche de la lentille, qu'il passe en avant du foyer de la lentille, pour se rapprocher du milieu du rayon, foyer de la surface antérieure considérée comme surface concave, les faisceaux divergents théoriques que recevrait la surface en question, donneront ,à la réflexion dans l'intérieur de cette surface, des rayons de plus en plus divergents à l'incidence, repoussant en arrière d'eux l'image redressée réelle de la lampe qui deviendra de plus en plus grande et éloignée. Cette image est l'image droite virtuelle de la lampe qui s'éloigne de plus en plus de l'observateur, à mesure que le point de concours *l* se rapproche, jusqu'à ce qu'une fois arrivé au foyer ou demi-rayon R, les rayons réfléchis le soient en parallélisme.

3° De l'autre côté du foyer, les choses changent; l'image, eu égard à la surface concave, devient virtuelle, droite et agrandie, et s'éloigne du miroir à mesure que le point *l* s'en rapproche. Considérée par rapport à la convexité et à l'observateur, cette même image redevient donc réelle, renversée, plus ou moins agrandie et se rapprochant de l'observateur.

Voilà pour la théorie : en pratique, l'image primitive ou sommet du faisceau convergent sera toujours (d'après la règle donnée en ophthalmoscopie) au delà du foyer de la lentille objective, et à *fortiori* au delà du foyer de la surface antérieure, situé au milieu de son rayon; il suit de là que l'image secondaire donnée par la face convexe sera toujours virtuelle, droite et agrandie.

§ 518. Rapports du même faisceau convergent avec la surface concave. — Poursuivons l'étude de ce même faisceau convergent, et déterminons ses rapports avec la seconde surface de la lentille, ou surface concave.

Rappelant alors la règle formulée au § 316, l'image secondaire, renvoyée par cette surface concave, serait celle même qu'on obtiendrait si on la considérait comme convexe, le faisceau incident étant lui-même supposé en divergence et émanant de son point *l* de concours géométrique (fig. 10, p. 19).

Mais on sait qu'en ce cas l'image, eu égard au miroir convexe, est toujours virtuelle, droite et rapetissée. Prenant le contre-pied, nous dirons qu'elle sera, pour l'observateur, réelle, renversée et très-petite dans tous les cas.

Ce qui arrive pour l'image de la flamme s'observera également pour l'image de l'ophthalmoscope dont le faisceau, après pénétration de la première surface, ne peut plus être considéré comme divergent. Pour celui-ci l'image sera donc encore *réelle, renversée* et *très-petite*.

En résumé, l'influence de la surface antérieure de la lentille sur les faisceaux de pénétration qui viennent tomber sur la seconde se bornera à rapprocher de l'observateur l'image réelle, renversée et rapetissée de l'ophthalmoscope et à éloigner de lui l'image réelle, renversée et agrandie de la flamme.

§ 319. Influence, sur ces dernières images, de la réfraction à l'émergence due à la première surface de la lentille objective.—Telle est donc l'influence exercée par la surface antérieure sur les faisceaux incidents qui se dirigent vers la surface postérieure ou concave de la lentille objective.

Mais les images qui résultent de cette action combinée vont, à leur tour, rencontrer à l'émergence la même surface antérieure et être influencées de nouveau par elle.

Or quelle sera cette influence? c'est ce qu'il est bon d'examiner.

Les images données par la surface concave sont réelles ou virtuelles, formées en avant de la surface par des faisceaux en état de convergence, ou en arrière d'elle par des faisceaux divergents. Rencontrant une surface réfringente concave, eu égard à leur direction d'émergence, et qui les sépare d'un milieu moins dense, les faisceaux divergents seront, après la réfraction, rendus plus ou moins divergents, suivant qu'ils auront leur sommet entre la surface et son centre ou au delà du centre.

Pour les rayons convergents, ils seront toujours rendus plus convergents.

Pour fixer les idées, prenons le cas que nous avons supposé normal, celui où le point de concours, ou sommet du faisceau incident convergent, est au centre du cristallin et presqu'au foyer de la lentille objective. Les images virtuelles, formées de rayons divergents, seront d'autant plus influencées à l'émergence et dans le sens de la convergence, par la surface convexe antérieure, qu'elles seront virtuellement plus distantes de l'observateur.

Quant aux images réelles, le lieu de leur formation sera généralement très-rapproché de la surface antérieure de la lentille objective, en avant ou en arrière d'elle.

En arrière d'elle, ils émergeront en divergence et, eu égard à la position du centre de la surface, leur divergence sera augmentée.

En avant, ils la rencontreront à l'état convergent, et cette convergence sera accrue. Dans tous les cas, le sens du faisceau se verra donc exagéré.

Nous entrons dans ces discussions pour traiter la question de façon à peu près complète ; mais, dans la pratique, il suffira d'avoir égard aux résultats généraux. Ajoutons pourtant que cette analyse sera très-utilement rappelée dans l'étude des trois images oculaires invoquées par Purkinge et Sanson pour le diagnostic différentiel de la cataracte et du glaucôme que nous étudierons dans la section prochaine.

§ 320. Direction et situation des images adventices.

— La seule chose réellement importante à considérer dans cette étude, c'est la direction dans laquelle se manifesteront ces images et la recherche du procédé qui pourra les éloigner du champ de l'ophthalmoscope. A cet égard, on se rappellera la proposition du passage § 315, la seule tout à fait considérable. C'est que l'image ou les images secondaires se trouvent sur la ligne qui joint le centre de chacune des surfaces de la lentille objective avec l'œil de l'observateur. Cela posé, quand l'équateur de la lentille est exactement perpendiculaire au faisceau incident qui vient de l'ophthalmoscope ou de l'œil de l'observateur, les centres des deux surfaces de la lentille sont sur cette même ligne. *Toutes les images se superposent.*

Tournons-nous la lentille autour de son axe vertical, d'un petit nombre de degrés, sans déranger le faisceau incident, le centre de la surface antérieure passe d'un côté, celui de la surface postérieure de l'autre côté dudit faisceau. Toutes les images sont donc rejetées à droite et à gauche ; et si nous supposons que le plan de la lentille ait pris une inclinaison qui ait porté *en avant* le segment de cette lentille qui regarde la gauche de l'observateur, c'est le centre de la surface antérieure qui s'est vu porté à gauche, emportant avec lui la région des images données par la face antérieure ou convexe, celles qui sont et les plus grandes et les plus brillantes. Inversement, les images données sur la surface concave ont été rejetées à droite : les unes ni les autres ne sont plus perçues par l'observateur.

Mais c'est sous la condition que le faisceau de lumière convergente n'aura pas été dérangé, qu'il sera parfaitement central ; car pour peu qu'il soit remué à droite ou à gauche, il vient naturellement très-vite à rencontrer la direction des images de l'ophthalmoscope lui-même, images pâles et affaiblies et qui, placées à droite ou à gauche du trajet des rayons utiles à l'examen, sont sans grand inconvénient. Mais leur rencontre avec le faisceau incident ou avec la direction utile des rayons émergents de l'œil observé, ce qui est la même chose, devient au contraire très-préjudiciable à l'examen, surtout si c'est le lieu des images de la face convexe, lesquelles sont les plus éclatantes et les plus grandes On voit alors l'image virtuelle, droite et agrandie de la flamme dans l'image virtuelle droite et rapetissée du miroir, et l'image réelle, renversée de la flamme, dans l'image réelle et renversée et rapetissée du miroir. La disproportion est notable surtout dans les images convexes.

Il faut donc, quand on se sert des lentilles biconvexes, avoir soin d'incliner de côté le plan équatorial de cette lentille, et de maintenir le faisceau incident en rapport constant avec le centre du verre, ou, si l'on est forcé de le déranger, de le porter plutôt du côté des images de la surface concave ou postérieure, sur la direction du centre ou foyer antérieur de ladite lentille. Mais nous indiquerons au § 323 un procédé plus complétement satisfaisant et plus sûr.

§ 321. Images données par le cristallin et la cornée.

— L'étude faite à l'endroit de la lentille objective employée en ophthalmoscopie simplifie singulièrement les recherches en ce qui concerne le rôle, comme agents de réflexion, des surfaces de la cornée et du cristallin.

Nous avons en effet à considérer ici simplement deux surfaces convexes et une surface concave, dans leurs rapports avec les deux faisceaux lumineux dont nous avons déjà étudié la marche.

A proprement parler même, pourrions-nous nous borner à l'examen de ce qui concerne la flamme ; car les faisceaux divergents propres au *speculum oculi* lui-même, ne sont plus doués de cette qualité divergente lors de leur sortie de la lentille objective ; ils sont, comme le faisceau destiné à l'éclairage, devenus convergents, quoique marchant sous un angle plus aigu, vers un foyer conjugué plus distant.

Quoi qu'il en soit, ils obéiront à la même loi théorique, et les images qu'ils fourniront seront toujours placées sur les axes secondaires mêmes des surfaces du cristallin et de la cornée, et directement en face de l'observateur si la cornée et le cristallin sont eux-mêmes sans inclinaison sur l'axe lumineux projeté vers eux.

Si l'observateur, pour s'en débarrasser, pouvait faire pour l'œil ce qu'il a fait pour la lentille objective, lui faire exécuter un mouvement d'obliquité latérale qui rejetât à droite et à gauche les images centrales, leur élimination serait aisée. Mais nous verrons plus loin que la chose n'est pas aussi simple qu'elle en a l'air. Ces images, avons-nous dit, sont, comme quand il s'agissait de la lentille objective, les trois images de la flamme et les trois images du réflecteur (nous avons en effet ici à considérer trois surfaces réfléchissantes). Eu égard à leur petitesse et à la différence de leur éclat, et considérant que l'éclat des plus brillantes, celui de la flamme, rend seul sensible par leur coïncidence celles du spéculum, nous ne nous occuperons que des images de la flamme. Et pour fixer les idées, nous supposerons, au point de départ de la discussion, que l'image primitive est exactement formée au centre du cristallin. C'est, comme nous l'avons dit à satiété, la condition d'élection pour le maximum d'éclairage diffus des membranes profondes, principale nécessité à procurer en ophthalmoscopie.

Partant de là, cette image primitive se trouve située entre le foyer et la surface concave des miroirs convexes que représentent la face antérieure du cristallin et celle de la cornée.

Comme nous savons d'ailleurs que le foyer de ces surfaces est approximativement au centre du globe oculaire, nous pourrons considérer le point l de la fig. 10 (p. 19), ou le lieu de l'image primitive, comme tombant entre le foyer de ces surfaces réfléchissantes et ces surfaces elles-mêmes. Le troisième cas du § 317, nous apprend ce que deviennent alors ces images : considérées par rapport à l'observateur et aux surfaces convexes réfléchissantes, ces images sont réelles, renversées, plus ou moins agrandies et rapprochées de l'observateur.

Quant à l'image fournie par la face concave ou cristalloïde postérieure, il faudra, pour se faire une idée de sa position, de son sens et de sa dimension, se représenter un miroir concave dans le cas où l'objet est placé aux environs de son centre ou de son foyer. C'est le sixième cas de la discussion du § 12, fig. 7.

. L'image théorique est, en effet, censée formée dans l'intérieur du cristallin, et l'on sait combien est petit le rayon de sa
face concave.

§ 522. Remarques pratiques. — Dans la pratique, il
n'y a guère que celles de ces images qui sont reflétées par la
cornée, et quelquefois la cristalloïde postérieure, qui aient, la
première au moins, des dimensions vraiment gênantes, celles
données par la cristalloïde antérieure étant en général très·pâles
et très-petites. Le moindre mouvement de l'observateur ou du
sujet les fait d'ailleurs (celles des cristalloïdes), à chaque instant
changer de sens, d'éclat ou d'étendue, tant le lieu où elles se
forment est voisin du point de passage de la réalité à la virtualité.

La chose importante serait donc moins de distinguer leurs
caractères que de se débarrasser d'elles.

Or cela n'est pas aisé, en ce cas-ci, ni même possible, au
moins en ce qui concerne les plus gênantes de ces images adventives, celles fournies par les surfaces antérieures et convexes.

Car si dans le cas de la lentille objective, la simple inclinaison
du plan équatorial du verre a suffi pour rejeter les images adventives à droite et à gauche du trajet des faisceaux lumineux
utiles, il n'en est plus de même pour l'appareil cristallinien.

La lentille objective étant inclinée sur son axe vertical, par
exemple, les centres des deux surfaces réfléchissantes sont dé-
placés aussitôt, l'un marchant vers la gauche, l'autre vers
la droite ; partant, l'axe de la vision de l'observateur ne rencontre plus ces centres, s'ils ne sont pas dérangés pendant
ce mouvement de la lentille. Mais il n'en est plus de même
de l'appareil cristallinien. La surface convexe du cristallin
et surtout celle de la cornée, ne se meuvent point autour
d'un axe vertical indépendant de leur centre de courbure. Ce
centre est trop voisin du centre même du mouvement du
globe, pour qu'en voulant faire porter l'œil vers la droite ou
vers la gauche autour de son axe vertical, on dérange sensiblement le centre de courbure des surfaces réfléchissantes. Comme,
d'autre part, le faisceau pénétrant est toujours normal à ces surfaces, le faisceau réfléchi l'est également. Il demeure donc, dans
toutes les positions, toujours lié à la direction des faisceaux utiles, et quelle que soit l'inclinaison que l'on fasse prendre à l'œil

observé, les images réfléchies par les surfaces convexes, celles du moins données par la cornée sont toujours plus ou moins sur le chemin de l'observateur.

Les seules images qui puissent être évitées ce sont les images que donnerait la surface concave postérieure du cristallin. A moins que le regard ne soit tout à fait direct (c'est-à-dire dans le sens même du faisceau incident), le centre de la surface concave de la cristalloïde postérieure est en effet toujours rejeté à droite ou à gauche du trajet des rayons utiles, suivant que l'œil observé regarde à droite ou à gauche du faisceau qui le vient rencontrer.

Telle est donc la seule condition que l'on puisse réaliser, c'est l'élimination des images adventives provenant de la surface concave du cristallin. En faisant diriger l'œil en dedans ou en dehors du faisceau de lumière qui le pénètre, on sera délivré de ces petites images.

Quant à celles renvoyées par les surfaces convexes, quoi qu'on fasse, elles doivent toujours se rencontrer sur le chemin de l'observateur ou du moins fort près de sa route. Celle de la surface antérieure du cristallin disparaît cependant quelquefois en rapprochant, ou éloignant le foyer, comme nous l'avons dit au paragraphe précédent. Tout l'effort doit tendre à les rendre aussi petites que possible, et la condition qui s'y prêtera le mieux sera de bien concentrer au centre même du cristallin, si on le peut, le point de concours du faisceau lumineux de pénétration.

§ 323. Procédé pour se débarrasser absolument des images données par la lentille objective. —

Restent les images de beaucoup plus notables et gênantes fournies par la lentille objective. La propriété qu'ont les lentilles biconvexes de rejeter les images par réflexion fournies par leur convexité, du côté de la lentille incliné vers l'observateur et celles fournies par la concavité, du côté opposé, peut, il est vrai, être utilisée et donner la base d'un procédé très-simple pour leur élimination du champ de l'observation. Mais cet avantage n'est obtenu qu'en conservant alors dans une grande stabilité de direction centrale le faisceau de lumière utile. Le moindre mouvement de ce faisceau, à droite ou à gauche, amène immédiatement la rencontre par le regard de l'une ou de l'autre image.

Mais cet inconvénient ne se rencontre plus si l'on fait usage des lentilles plan-convexes ou des lentilles périscopiques, ou convexes d'un côté, concaves de l'autre. Ces lentilles ne donnent lieu qu'à un seul sens de réflexion pour leurs deux faces, lesquelles renvoient les rayons réfléchis dans le même sens (fig. 99). Ainsi, inclinant une de ces lentilles sur son axe vertical, d'avant en arrière et de dedans en dehors, par exemple, les images de réflexion, tant de la lampe que du miroir, ne peuvent être perçues que si le faisceau rencontre la moitié de la lentille rapprochée de l'observateur. Or pour donner au faisceau de pénétration une direction opposée, c'est-à-dire de dehors en dedans vers l'œil observé, ce qui est la direction utile en ophthalmoscopie, il faut diriger le faisceau incident sur sa moitié extérieure faisant prisme en dehors.

Mais dans les lentilles périscopiques ou plan-convexes, cette région de la lentille ainsi inclinée ne saurait fournir une image adventive gênante ; la réflexion s'opérant du côté opposé à l'observateur. Par le même mécanisme, on se procure donc, à la fois, une inclinaison convenable du faisceau pénétrant et l'on se débarrasse des images adventives de la lentille objective ; et ce sont les seules qu'il importe d'éliminer, les autres sont toujours, sauf celle de la cornée, assez petites pour ne pas réellement gêner dans l'observation.

Il est cependant une particularité à observer dans l'usage de ces lentilles.

Elles ont également deux surfaces, qui toutes deux, réfléchissent des images de la lampe et de l'ophthalmoscope. Nous avons vu ce qui advenait de la première ; cherchons ce que devient la seconde. Prenons pour exemple ce qui se passe avec la lentille périoscopique.

Soit C le centre de la surface convexe extérieure, C' celui de la surface intérieure : le centre C est supposé en outre, dans toutes les discussions qui précèdent, le point de concours géométrique des rayons incidents émanés de l'ophthalmoscope.

Que deviendront ces faisceaux lors de leur réflexion sur la seconde surface dont le centre est en C'? Pour le déterminer, il faut, comme nous avons fait jusqu'ici, supposer que C soit la source lumineuse elle-même, CKI, CK'I des rayons divergents et KK' une surface concave. Au point C même, l'image serait au foyer de ce

miroir concave, les rayons seraient alors réfléchis dans le parallélisme : au lieu d'une image nette, les yeux recevraient donc un

Fig. 99.

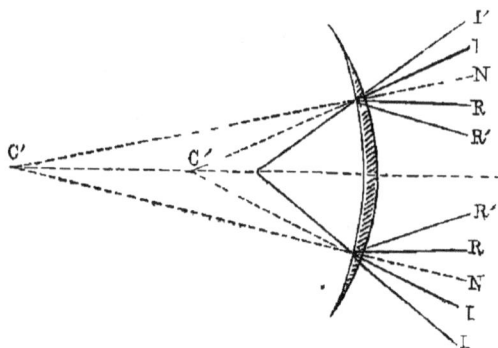

grand éclat sans forme précise. Mais supposons que le point de
concours des rayons pénétrants soit un peu plus près de la face
KK', l'image serait alors virtuelle eu égard à la surface concave,
réelle pour l'observateur, agrandie, et de même sens que l'image
théorique, c'est-à-dire renversée; en outre, très-rapprochée,
en avant, de l'observateur. La marche des rayons suit ici la loi
analysée au § 318. I'I' sont les rayons incidents, R', R' les rayons
réfléchis. C'est ce qu'on notera, en effet, en se servant de cette
lentille. Quand elle n'est pas suffisamment inclinée sur son axe
vertical, on voit apparaître l'image virtuelle droite de la première
surface, image fort notable elle-même, puis une seconde, réelle,
renversée et très-agrandie marchant en sens contraire, en sa
qualité d'image réelle, et qui gênerait beaucoup plus si, grâce
au long rayon relatif C' K, le plus léger mouvement d'inclinaison de la lentille ne suffisait à la chasser du champ de la vision.

L'image réelle renversée donnée par la surface plane, dans
la lentille plan-convexe, suit la même marche, mais est beaucoup plus petite. Elles disparaissent d'ailleurs très-aisément l'une
et l'autre du champ de la vision, par l'inclinaison en dehors de
la face antérieure de ladite lentille.

En pratique, l'emploi de la lentille objective plan-convexe
ou périscopique faisant disparaître du chemin de l'observateur,
par son inclinaison, les images de la seconde face en même temps
que celles de la face antérieure, ce que ne fait ni ne peut faire

la lentille biconvexe, il ne reste plus à considérer que les images fournies par la convexité et la concavité du cristallin et par la cornée. La première, très-petite, n'est guère de nature à gêner l'observateur; il convient pourtant de faire diriger le regard de l'observé de façon à rejeter, s'il est possible, cette image à droite ou à gauche du point que l'on observe. L'inclinaison de la lentille objective pourra toujours, par son effet prismatique qu'il est facile de régler en tâtonnant, corriger le petit dérangement de l'axe de la vision.

Quant à l'image théorique donnée par la surface postérieure du cristallin, une direction convenable du globe l'élimine ordinairement avec facilité. Cette direction est d'ailleurs celle même que l'on donne à l'œil observé pour l'examen ophthalmoscopique.

Elle est donc aussi négligeable; elle apparaît comme un petit point brillant au centre du tableau, et ne gêne en réalité que médiocrement. La seule image vraiment nuisible et dont il est difficile de se défaire, est l'image réelle de la cornée. Quoi qu'on fasse, cette image est presque constamment sur le chemin de l'observateur.

En résumé, le procédé le plus avantageux consiste à adopter une lentille ou périscopique ou plan-convexe; on incline cette lentille autour de son axe vertical, la face antérieure dirigée *en dehors*. Cela posé, on sait déjà que toutes les images adventives de la flamme ne peuvent être que sur le chemin du centre des surfaces de la lentille; or ce centre postérieur a été rejeté *en dedans*. En maintenant le faisceau lumineux incident en rapport avec la moitié *extérieure* de la lentille inclinée, on est donc absolument certain de ne rencontrer *sur cette moitié extérieure* aucune image de la flamme. On remarquera, de plus, que c'est d'ailleurs là la moitié de la lentille qui fait prisme en dehors et qui rejette par conséquent du côté de la papille le faisceau incident, ou qui ramène vers l'observateur le faisceau émergent. Tout est donc sauvegardé à la fois dans cette conduite rationnelle.

La pratique nous en a maintes fois démontré les avantages, et nous en conseillons sérieusement l'adoption.

SECTION III.

Des trois images oculaires utilisés par Purkinge et Sanson pour le diagnostic différentiel du glaucôme et de la cataracte.

§ 324. Exposition et analyse géométrique de la production de ces trois images. — La discussion à laquelle nous nous sommes livré, dans la section précédente, sur les conditions qui président à la formation des images adventives ou secondaires dans la pratique de l'ophthalmoscopie, peut nous conduire accessoirement à une appréciation raisonnée du procédé imaginé par Purkinge et Sanson, en vue du diagnostic différentiel du glaucôme et de la cataracte, par l'examen des trois images oculaires d'une lumière approchée de l'œil malade.

Quoique l'intervention de l'ophthalmoscope ait singulièrement diminué la valeur d'un procédé d'une efficacité quelquefois contestable, il n'est pas sans intérêt de discuter ici les conditions physiques de la production de ces images sur lesquelles tout n'a pas été dit encore.

Voici comment s'expriment les auteurs à cet égard : « Lorsqu'on tient une bougie allumée à quelques pouces d'un œil sain, on voit s'y former trois images réfléchies de la flamme, situées l'une derrière l'autre. L'image antérieure et la postérieure sont droites, la moyenne est renversée. L'antérieure est la plus brillante et la plus distincte, la postérieure celle qui l'est le moins ; la moyenne (renversée) est la plus petite des trois. L'image antérieure est formée par la cornée, la moyenne par la face postérieure (concave) du cristallin, et la postérieure par la face antérieure de cette lentille. Dans la formation de ces images, la cornée et la face antérieure du cristallin agissent comme des miroirs convexes : la face postérieure du cristallin agit comme un miroir concave. Le foyer de l'image renversée est positif et situé à l'intérieur de la lentille ; l'image droite profonde a un foyer virtuel dans l'humeur vitrée ; l'image droite superficielle a son foyer dans l'humeur aqueuse. Enfin, quand on imprime un mouvement à la bougie, les images droites se déplacent dans la même direction ; l'image renversée se déplace dans une direction opposée. » (Mackenzie, traduction Testelin et Warlomont.)

Si l'on se reporte aux développements donnés dans les paragraphes qui précèdent, rien ne semblera plus simple et plus conforme à la théorie que le résumé que nous venons d'emprunter à Mackenzie.

Mais tout n'a pas été dit ni exploré à cet égard, et s'il n'y a rien à changer à cette exposition pour le plus grand nombre des cas, il en est cependant que l'on rencontre, et dans lesquels quelqu'une de ces images disparaît physiquement, ou n'est point perçue, et sans qu'on soit en droit d'en accuser une opacité survenue dans les milieux antérieurs.

Et d'abord, on éprouve souvent quelque difficulté pour réaliser les conditions expérimentales nécessaires à la production de ces images; on voit moins aisément les trois images à la fois, que l'on ne pourrait le croire d'après la description classique; enfin, il arrive souvent que l'une d'elles n'apparaît point, l'image droite de la face antérieure du cristallin (la troisième image, ou profonde).

Cherchons donc à déterminer les conditions de production de ces trois images, ou plutôt des deux dernières, car l'image donnée par la cornée n'a besoin d'aucune étude; étant fournie par la réflexion de rayons divergents par un miroir convexe, on sait qu'elle est toujours virtuelle, droite et d'autant plus petite que l'objet lumineux s'éloigne davantage (§ 14, fig. 8).

On sait de plus, condition qui sera commune à toutes, que la normale au point d'incidence, ou, dans ce cas, l'axe du globe oculaire, doit diviser en deux parties égales l'angle que font, eu égard à cet axe, les positions de l'observateur et de l'objet. L'observateur devra donc avoir soin de se placer vis-à-vis de l'œil observé, dans une situation parfaitement symétrique avec celle de la flamme objective.

Toutes les difficultés qui restent à écarter concernent donc les surfaces convexe et concave du cristallin.

Or ces difficultés dépendent de la nature des rayons qui vont les frapper et qui sont, dans la généralité des cas, des rayons non plus divergents, mais bien convergents. Ces rayons, en effet, ont éprouvé, à la suite de leur passage à travers la cornée, une réfraction qui a transformé leur divergence en convergence. Mais nous pouvons à cette première notion en joindre une seconde.

Nous pouvons nous représenter exactement le degré de cette convergence. Pour la surface concave du cristallin, si l'on suit la marche des rayons qui la traversent, on voit que leur point de concours est sensiblement (et pour la question qui nous occupe, l'approximation est plus que suffisante) sur la rétine ou dans le voisinage du foyer principal de l'appareil. Le degré de réfraction n'est-il pas donné par les conditions mêmes qui procureraient la vue exacte de la flamme ?

Quant à la surface de la cristalloïde antérieure, l'inclinaison mutuelle des rayons qui la frappent est évidemment celle qu'on rencontrerait dans un œil privé de cristallin, un œil opéré de cataracte. Leur point de réunion serait sensiblement en arrière de la rétine et, par conséquent, du cristallin.

On pourrait préciser exactement la position en calculant, au moyen de la formule des foyers conjugués des lentilles, la quantité dont se rapprocherait le point p' dans le cas ci-dessus, si l'on interposait à l'objet et à l'œil la lentille convexe de trois pouces de foyer, que l'on met devant les yeux pour remédier à l'aphakie.

Ainsi, l'œil dépourvu de cristallin étant considéré comme un appareil lenticulaire réunissant les rayons divergents de la distance p en un point p', la lentille de 3 pouces, placée devant l'œil, ramènera p' au foyer même de l'œil, soit à une distance de 2/3 de pouce de la cornée. On aura donc

$$\frac{1}{p'} + \frac{1}{\frac{2}{3}} = \frac{1}{3}$$

ou

$$\frac{1}{p'} = \frac{3}{2} - \frac{1}{3} = \frac{9-2}{6} = \frac{7}{6},$$

ou

$$p' = \frac{6}{7}$$

de pouces à partir de la cornée.

Le lieu de convergence des rayons qui frappent la cristalloïde antérieure ou surface convexe du cristallin est donc quelque part en arrière du foyer principal de l'appareil cristallinien, à environ 6/7 de pouce de la cornée.

Cela posé, il est facile de déterminer ce qu'il doit advenir des réflexions opérées par cette surface à sa rencontre par les rayons *convergents* qui ont pénétré la cornée et l'humeur aqueuse.

Pour cela, rappelons-nous la règle posée au § 17, en ce qui concerne la réflexion sur les surfaces convexes des faisceaux *convergents*.

Nous nous rappelons qu'il faut, en tels cas, considérer la surface comme concave et les rayons comme marchant en sens contraire de leur marche effective; on arrive ainsi aisément à déterminer le lieu de concours des rayons réfléchis, le sens et la grandeur relative des images.

Supposons donc (fig. 100) le point de convergence en *l* et

Fig. 100.

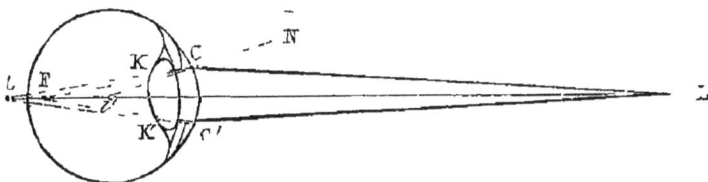

considérons la surface KK' de la cristalloïde antérieure comme concave.

Le point *l* étant de la surface KK' à une distance supérieure au rayon de cette surface, le point conjugué *l'* du point *l* est, quelque part, entre le centre de la surface KK' et le foyer principal de la même surface considérée comme miroir concave, vers le milieu du corps vitré. L'image *l'* de *l* est donc renversée et plus petite qu'elle, et réelle par rapport à elle. Et comme *l* est déjà renversée elle-même et plus petite que l'objet initial, on peut donc dire que l'image finale de L serait virtuelle, droite et plus petite, et toujours visible, n'était l'influence, qu'il nous faut maintenant analyser, de l'émergence de ces rayons divergents à travers la cornée.

Nous avons donc, en définitive, devant nous, une petite image droite de la flamme que nous pouvons considérer comme logée dans le corps vitré, entre la rétine et le cristallin, et qui nous envoie directement ses faisceaux divergents.

Ces faisceaux, avant de nous parvenir, rencontrent la cornée d'arrière en avant, par sa surface concave (n'oublions pas que le cristallin doit être ici considéré comme absent). Or, considérée comme surface de séparation entre un milieu plus réfringent et un milieu qui l'est moins, la cornée jouera, vis-à-vis de chaque faisceau, le rôle d'un prisme convergent ou divergent, suivant que le point de départ des rayons sera situé au delà ou en deçà du centre de sa surface.

Or nous avons là la clef de la difficulté expérimentale.

Le centre de la surface de la cornée est, comme l'image en question, dans le corps vitré, assez voisin, par conséquent, du lieu de cette image.

Considérons les positions relatives que ces points peuvent occuper :

L'image, dans le voisinage du centre de la sphère à laquelle appartient la cornée, au point l', est en avant de ce centre, en ce centre même, ou en arrière de lui.

En avant de ce centre, tous les rayons qu'elle envoie sont réfractés en plus grande divergence : le sens de leur rencontre avec la normale ou rayon le veut ainsi. L'image est donc toujours perceptible, à moins qu'elle ne devienne par trop petite pour produire un effet sensible.

Au centre même, aucun changement n'est apporté par la cornée : la divergence ayant lieu suivant les rayons même de cette surface.

Mais en arrière du centre, il n'en est plus ainsi; le sens des réfractions est changé, et les faisceaux deviennent bientôt parallèles, puis convergents au dehors : dès lors il n'y a plus d'image perceptible, mais seulement un reflet plus ou moins fugace.

La position d'élection est donc donnée par la coïncidence ou le très-grand voisinage de l'image et du centre de la surface de la cornée; les circonstances qui changeront notablement ces rapports rendront donc d'autant plus difficile la perception de ladite image. Mais l'effet, le plus probable à redouter, c'est le renvoi, en arrière du centre du globe, de l'image l' qui suit le rapprochement relatif du point l et de la surface antérieure du cristallin, ou le trop grand éloignement de la flamme.

Ces considérations nous expliquent la difficulté que l'on a

parfois à former, dans l'expérience, la seconde image droite, et nous donne une raison purement physique de la fréquence de sa disparition : disparition qui peut ainsi avoir lieu sans aucune altération dans la transparence des milieux.

§ 325. **Image donnée par la surface concave.**—
Examinons maintenant ce qui se passe eu égard à la surface concave ou postérieure du cristallin. L'exposé ci-dessus de Mackenzie et des auteurs suppose les rayons incidents à l'état de divergence : leur silence sur ce point ne permet pas d'en douter. Or il en est tout autrement ; les rayons qui viennent frapper la cristalloïde postérieure sont dans une convergence plus grande encore que lors de leur incidence sur la surface antérieure de la lentille. Ils ont en effet traversé ce corps. Suivons la marche de ces rayons dans leur pénétration et lors de la réflexion. Ici le calcul géométrique est simple :

Quelle que soit la position du point de concours, l'image finale est toujours la même, réelle et renversée eu égard à la la surface concave que représente la cristalloïde postérieure. On peut aussi facilement calculer sa distance.

Fig. 101.

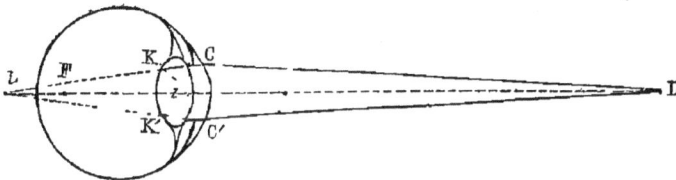

Prenons dans cette figure les mêmes désignations que ci-dessus. Supposons encore que les rayons partis de L rencontrent en KK' la surface postérieure du cristallin, et sous un angle tel qu'ils aillent, de ce point, converger très-près du foyer du cristallin F (cette hypothèse est à très-peu près la vérité). L'image donnée par la surface concave KK' sera la même (eu égard à la convergence des rayons incidents) que celle que fournirait la même surface, considérée comme convexe, si la source de lumière L était renversée en *l* ou F ; elle est, par conséquent, virtuelle et droite quant au point *l*, réelle et renversée quant à l'observateur. Quant à sa distance, pour s'en faire une idée on remarquera que *l* ou F est à une distance de la surface KK' supérieure au rayon de cette surface : l'image *l'*, conjuguée de *l*, sera donc, de l'autre côté, entre cette surface et son foyer, ou le milieu de son rayon antérieur, c'est-à-dire dans le cristallin même, ou au moins dans l'humeur aqueuse. Elle sera donc toujours perceptible en un lieu très-voisin de la face antérieure du cristallin, très-petite et renversée.

La seule condition à remplir sera donc ici celle relative à la direction. Il importera de tenir la lumière assez près de l'œil observé, en faisant diriger le regard du sujet exactement entre la lumière et soi. (Voyez le § 320.)

On se rappellera d'ailleurs que, pour faire apparaître la deuxième image droite, fournie par la cristalloïde antérieure, il importe de donner une grande divergence aux rayons incidents, et pour cela, de rapprocher le plus possible la lumière de l'œil observé, afin de rapprocher *l'* de la face postérieure du cristallin.

On aura également soin de ne pas prendre pour cette image le duplicata de l'image de la cornée fournie par sa seconde lame, ou plutôt la face antérieure de la membrane de Descemet. Son grand voisinage et sa ressemblance parfaite avec la première, avec laquelle elle se confond d'ailleurs quand les rayons incidents et réfléchis ne font qu'un petit angle avec la normale, suffiront pour préserver de l'erreur à cet égard.

On notera encore qu'il est assez rare de jouir à la fois de la perception simultanée des trois images. Le moindre mouvement de l'œil, à droite ou à gauche, déplace en dedans, par exemple, les deux images droites, et en dehors l'image renversée, ou réciproquement.

Or si la pupille n'est pas très-largement dilatée, un mouvement de l'œil nécessaire à l'apparition plus nette de l'un des groupes fait évanouir l'autre du champ de la vision.

Les études relatives à la variation de ces images devront donc généralement porter sur leur examen successif plutôt que sur leur observation simultanée.

§ 326. Vérification expérimentale. — L'expérimentation est en parfait accord avec ces données assez complexes de la théorie.

Quand on essaye de produire les trois images de la cornée et des deux surfaces du cristallin pour l'expérience de Purkinge, on éprouve toujours plus ou moins de difficultés, non-seulement à les voir toutes trois ensemble, mais même à les distinguer séparément (les deux profondes du moins, car l'image cornéenne est toujours très-visible et brillante). Nous avons vu dans l'analyse qui précède combien étaient complexes, en effet, les circonstances géométriques qui présidaient à leur production.

On rend souvent l'expérience beaucoup plus nette en se servant d'un faisceau convergent, au lieu du faisceau divergent. En renvoyant dans un œil la lumière d'une lampe par l'ophthalmoscope, on se procure ce faisceau convergent. On l'aurait de même en se servant d'une lentille biconvexe, non à la manière d'une loupe, mais d'un verre convergent.

La lentille convexe, employée comme loupe, rend bien, à la vérité, les images un peu plus larges et de dimensions plus apparentes, mais le faisceau convergent a plus de valeur sous le rapport de la vivacité d'éclat.

Avec cette modification dans le mode opératoire, les conditions de l'expérience changent en effet d'une façon avantageuse pour l'objet proposé.

Le faisceau incident à la cornée est convergent; son point de concours (voy. le § 305, ophthalmoscopie), après les réfractions intrà-oculaires, tomberait, au plus loin, au centre même du globe oculaire.

Il est facile, d'après cela, de se représenter le sens et la position des images catoptriques.

Examinons-les successivement :

Cornée. — On a vu au § 306, p. 574, qu'un faisceau convergent tombant sur une surface réfléchissante sphérique convexe, l'image, résultat de la réflexion, est droite et virtuelle, ou réelle et renversée, suivant que le point de concours virtuel du faisceau convergent tombe, en arrière du miroir, au delà ou en deçà de son foyer. Dans la plupart des circonstances, c'est le premier cas qui s'observe : le point de concours du faisceau convergent est au delà du foyer ou de la moitié du rayon de la cornée. La première image, celle de la cornée est, donc encore ici droite et très-visible. Dans l'expérience d'Helmoltz sur l'accommodation, elle demeure constante.

Cristalloïde antérieure ou convexe. — Les choses changent ici; dans les conditions ordinaires de l'ophthalmoscopie, le sommet du faisceau convergent est très-voisin du foyer de la courbure convexe de la capsule antérieure, et suivant les mouvements du miroir, il passe aisément de côté et d'autre de ce foyer.

Dans tous les cas, l'image par réfraction de la flamme serait, en ce point de concours, renversée et petite. Que devient dans ces circonstances l'image par réflexion?

Si l'on se reporte au § 324, on a vu qu'il fallait considérer le miroir comme concave et le faisceau comme divergent; en se mettant à ce point de vue, on a dès lors à examiner les deux hypothèses de la position du sommet du faisceau convergent au delà ou en deçà du foyer du miroir. Dans le premier cas, l'objet lumineux étant censé au delà du foyer, mais en deçà du centre de la surface considérée comme concave, l'image demeure du côté même de l'objet, renversée par rapport à lui, agrandie et très-éloignée. On devrait donc la voir droite, agrandie et très-distante, si les rayons à l'émergence de la cornée ne se trouvaient déviés, et la divergence virtuelle changée en convergence. Cette modification transforme la réflexion en une simple colonne lumineuse, mais incapable de dessiner une image dans le fond de l'œil.

Dans le second cas, quand le sommet du faisceau tombe en deçà du foyer de la surface concave de la cristalloïde antérieure, et c'est ce qui arrive dans les conditions régulières de l'ophthalmoscopie, il en est tout autrement. L'image par réfraction, qui remplit ici le rôle d'objet, est renversée, petite et très-voisine de la surface de la cristalloïde. Son image, à elle, serait virtuelle et droite, la surface étant considérée comme concave. Pour l'observateur, elle est donc réelle et renversée par rapport au sens de la flamme; enfin, dans leur passage à travers la cornée, les rayons déjà divergents, voient, eu égard à la position du centre de cette surface en arrière de leur point de concours, leur divergence augmenter. L'impression finale, dans ces circonstances, sera donc celle d'une image réelle et renversée de la flamme. On appliquera d'ailleurs à ces cas les réflexions qui terminent le § 324.

Cristalloïde postérieure. — Convergent ou divergent, le faisceau qui tombe sur une surface concave (sauf le cas où la divergence correspondrait à une position de l'objet lumineux entre le foyer et la surface elle-même) donne toujours une image renversée de la flamme et en avant de la surface. Tant que ledit sommet tombe au delà de la surface (et c'est toujours le cas des observations qui nous occúpent), l'image de la flamme réfléchie par la cristalloïde postérieure est réelle, petite et renversée ; elle est de plus assez nette et ses dimensions peuvent être mesurées.

Si, par accident, le point de concours des rayons réfractés venait à passer en avant de la surface réfléchissante, l'image deviendrait virtuelle et agrandie, après une certaine phase transitoire où le faisceau émergent serait composé pour un temps de rayons parallèles.

L'expérience se fait dans les meilleures conditions, si l'éclairage est fort, et on les remplit toutes à un degré convenable en se servant du miroir du laryngoscope de M. Czermack.

Il importe d'être bien fixé sur les éléments propres à assurer le succès de cette expérience ; car, à part le petit intérêt qu'elle présente comme méthode de diagnostic différentiel, entre le glaucôme et la cataracte, on se rappellera que c'est sur elle que se fonde l'expérimentation savante de Cramer et de Helmoltz, pour la démonstration des variations de forme du cristallin pendant l'accommodation à la vue rapprochée. (Voir le § 81.)

C'est également par leur observation que nous avons démontré les mouvements de décentration de l'appareil cristallinien lors de l'usage des prismes et lunettes. (Voy. § 239.)

§ 327. Application au diagnostic de la cataracte et du glaucôme.

— Nous reproduirons ici avec avantage les remarques pratiques dont Mackenzie a accompagné la description précédente du procédé de Purkinge.

« Dans la cataracte et le glaucôme, l'image droite antérieure ne subit naturellement aucun changement. Mais la cataracte, à une époque même peu avancée de son développement, fait disparaître l'image renversée et rend fort indistincte l'image droite profonde. Ce n'est, au contraire, qu'à une époque très-avancée de son développement que le glaucôme fait disparaître l'image renversée ; de plus, pendant toutes ses périodes, l'image droite profonde est rendue plus apparente que sur l'œil sain. Voici, à cet égard, les principaux points sur lesquels l'attention doit se fixer :

« 1° Dans le glaucôme commençant, dans ce que nous pouvons appeler sa première période, on distingue les trois images. L'image droite profonde est plus grande et plus brillante que dans un œil sain et présente une sorte de teinte jaune. Quand l'affection glaucômateuse fait des progrès, l'image renversée devient aussi plus grande et de couleur jaune ; la couleur en devient plus vite diffuse que celle de l'image droite profonde.

« 2° Dans les cas moyens, dans ce que nous pouvons appeler la seconde période du glaucôme, l'image renversée est assez distincte près de la circonférence du cristallin, au côté interne ou au côté externe ; mais elle devient fort indistincte sur l'axe même de l'œil. Ce qui ne s'observe point dans la cataracte lenticulaire ou par opacité de la substance corticale, qui intercepte également l'image renversée sur tous les points de la surface de la lentille.

« Ces différences sont dues à la perte de transparence du noyau du cristallin qui, d'après M. Mackenzie, subit une dégénéréscence particulière, caractérisée par sa sécheresse et sa coloration en rouge brun (cataracte dure et noire.)

« 3° Dans le glaucôme lenticulaire complet, le cristallin participe à l'opacité, l'image renversée a complétement disparu.

« 4° Dans les deux dernières périodes du glaucôme, l'image droite profonde s'aperçoit mieux que dans l'œil sain. Elle est étendue et apparente, mais son contour n'est plus aussi net. C'est la coloration rouge brunâtre du noyau qui, agissant comme repoussoir, rend l'image plus distincte que du côté sain.

« 5° Dans la cataracte lenticulaire commençante, l'image renversée ne change ni de dimension ni de couleur, mais est peu distincte et le contour en est comme effacé. Elle disparaît avant qu'on aperçoive la moindre trace d'opacité et, par conséquent, longtemps avant que la cataracte soit complète, point très-important dans le diagnostic que nous cherchons à établir. Dans la cataracte capsulo-lenticulaire, l'image renversée disparaît plus vite que dans la lenticulaire (ce qui n'est nullement surprenant, si l'on considère l'épaisseur des opacités capsulaires).

« 6° Dans la cataracte lenticulaire, la surface antérieure du cristallin réfléchit seulement la lumière d'une manière générale, mais ne donne plus lieu à la formation d'une image distincte.

« 7° S'il n'y a plus de cristallin, par suite de résorption ou de déplacement, il n'y a plus d'image profonde ni renversée. Cela est naturel.

« 8° On n'oubliera pas le signe diagnostique, inverse, du glaucôme et de la cataracte au début, donné par la disparition de l'image renversée sur l'axe ou sur les bords du cristallin. (Voir 2°.) Rapprocher la marche du glaucôme (opacité centrale) de celle de là cataracte lenticulaire où l'opacité commence plutôt par les bords.

« 9° Les cas mêmes légers de fausse cataracte déterminent la disparition de l'image renversée. Mackenzie dit avoir vu, dans des cas de cette espèce, l'image renversée, d'abord complétement invisible, reparaître en même temps que la vision s'améliorait considérablement, probablement par suite de l'absorption de quelques minces exsudations dans la pupille, sous l'influence de l'emploi, à haute dose, de l'aloès, des blue-pills et des emplâtres de tartre stibié derrière les oreilles. »

CHAPITRE XXI.

EXPOSITION ET OBJET GÉNÉRAL DE LA STÉRÉOSCOPIE.

§ 328. — Le stéréoscope est un instrument assez répandu aujourd'hui pour qu'il soit tout à fait superflu d'en donner ici une description. Mais comme bien des personnes, même parmi les gens éclairés, les gens du monde, ignorent absolument le petit mécanisme physiologique et optique sur lequel reposent sa construction et ses propriétés, nous les rappellerons ici en deux mots.

Dans l'acte de la vision binoculaire, les deux yeux fixés harmoniquement sur un même objet ou un même ensemble d'objets, ne voient pas cet objet ou cet ensemble d'une façon identique. L'œil droit embrasse davantage à droite, le gauche davantage à gauche et moins, par conséquent, à droite ; et ces différences se retrouvent, en même proportion, dans les angles

sous lesquels sont vus, à droite et à gauche, deux points quelconques de ces objets non symétriquement placés par rapport
au plan vertical intermédiaire aux deux yeux.

Des images similaires, mais non identiques, sont donc ainsi
dessinées, sur les rétines, au fond des yeux ; de sorte que si l'on
substituait, sans en prévenir le sujet, à l'objet lui-même ses
traces exactes sur un plan de perspective, l'impression résultante ne devrait pas être changée, et l'observateur croirait toujours voir l'objet lui-même, tous les points du champ de la vision demeurant dans leurs situations relatives. Tel est l'objet du
stéréoscope : isolant d'abord les deux yeux, on se propose de
placer devant chacun d'eux une image photographique de l'objet, exactement égale à celle qui serait dessinée *pour cet œil*,
par l'objet même sur le plan de perspective. Ainsi A,B,C étant
les projections horizontales des trois arêtes d'un prisme vertical
triangulaire, placé devant un observateur dont les centres op-

Fig. 102.

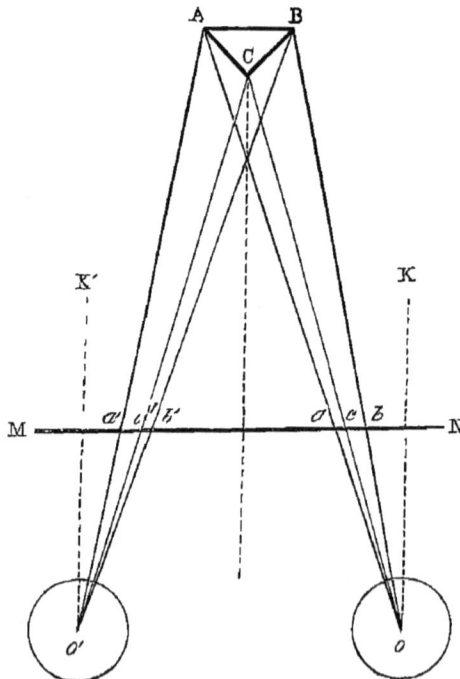

tiques des deux yeux sont en *o,o'*; *abc*, *a'b'c'* représenteront les intersections par un plan de perspective quelconque MN, des axes secondaires dirigés de o et o' sur le prisme.

Les axes optiques dirigés de o sur a,b,c, de o' sur a',b',c', iraient donc se rencontrer (nous laissons pour un moment de côté l'influence de l'accommodation) en A,B,C. L'impression perçue serait donc celle que donnerait le prisme A,B,C lui-même.

Tel serait exactement le mécanisme de la vision de l'objet ABC au moyen des traces (a,b,c), (a',b',c') sur le plan de la perspective, si les deux yeux les visaient au moyen de deux cartes percées de petits trous d'épingle ou des lunettes panoptiques de M. Serres d'Uzès. Nous prenons cette hypothèse pour écarter provisoirement l'influence et le rôle de l'accommodation.

Mais dans la stéréoscopie, les dessins abc, $a'b'c'$ ne sont point placés sur des axes convergents tels que oA, $o'A$, etc... Ils sont à l'aplomb des yeux, en face d'eux exactement. Les axes optiques de ceux-ci sont donc dans l'état d'indifférence, de repos ou de parallélisme. Il faut alors, par un artifice quelconque, mis en œuvre par l'œil, ou emprunté à la mécanique optique, reporter les points similaires des directions oK, $o'K'$, parallèles, sur des directions en convergence telles que oc, $o'c'$.

Le procédé artificiel mécanique destiné à produire cet effet consiste à placer devant les yeux, entre eux et le dessin KK', deux prismes dont les sommets se regardent et dont l'angle doit être calculé (d'après certaines données sur lesquelles nous reviendrons au § 334) de façon à renvoyer les deux images l'une vers l'autre, en les plaçant sur le chemin des axes optiques oc, $o'c'$ (fig. 61 et 62).

Les yeux se retrouvent alors dans les conditions de la fig. 102, avec leurs axes principaux et secondaires dans les directions mêmes de A,B,C, objet réel.

Les dessins abc, $a'b'c'$ ainsi placés sur le chemin des convergences naturelles, impressionnent alors l'observateur comme le ferait l'objet lui-même, avec ses différences de plans, ses retraites et ses reliefs.

Qu'on ne perde pas de vue pourtant que cette substitution ne peut avoir un tel effet qu'en supposant l'observateur soustrait par les lunettes panoptiques aux lois et nécessités de l'accommodation.

L'introduction des éléments de cette faculté et de ses rapports avec la convergence naturelle des axes optiques, change en effet notablement les conditions du problème, comme nous le montrerons un peu plus loin, au § 329.]

Reproduction de la fig. 61.

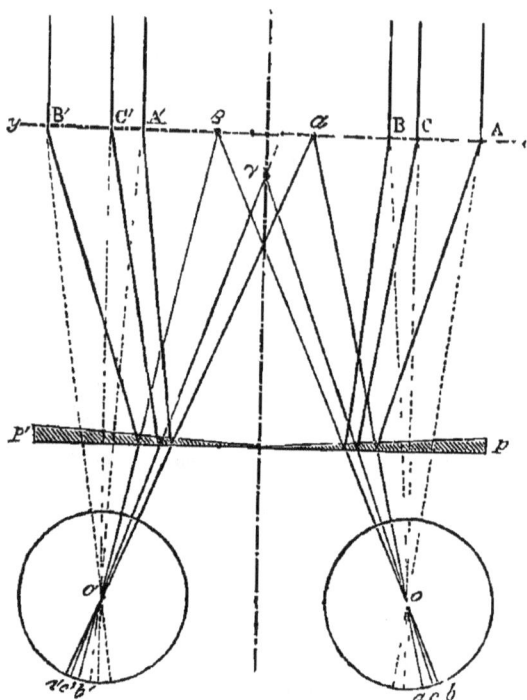

Quoi qu'il en soit, mettant provisoirement de côté cette influence, on voit par ce qui précède que, pour que la stéréoscopie soit la reproduction artificielle exacte des conditions de la vue naturelle, pour que la rencontre des axes secondaires $o,(abc)$ $o',(a'b'c')$ ait lieu *dans l'espace*, exactement sur les points mêmes A,B,C, dont ils sont la trace sur un certain plan de perspective imaginaire MN, il faut que ces images soient placées réellement ou virtuellement sur les directions mêmes o(A, B, C), o'(A, B, C) (fig. 102).

Si l'on veut bien comparer entre elles la fig. 61, d'une part, à la fig. 102 de l'autre, la simplicité de ces conditions sautera aux yeux.

Nous allons, en étudiant les détails mêmes des procédés adoptés dans les arts, apprécier la manière dont ces nécessités sont satisfaites, et leur collision avec les lois de l'accommodation.

Reproduction de la fig. 62.

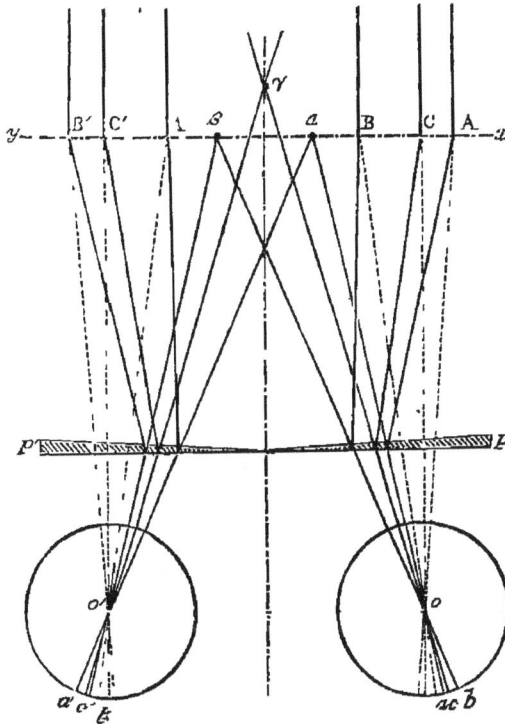

§ 329. **Stéréoscope par réfraction.** — On comprend d'abord que si les dessins *abc*, *a'b'c'* devaient être placés sur les axes mêmes *oc*, *o'c'*, combien ils devraient être réduits en grandeur; leur dimension devrait diminuer à mesure qu'ils seraient placés plus près des yeux.

Dans le stéréoscope ordinaire, celui qui est aujourd'hui universellement répandu, le stéréoscope par réfraction de S. D. Brewster, les deux dessins dissemblables, mais analogues, qui sont affectés à chaque œil (et que nous nommerons, pour simplifier le langage, dessins stéréoscopiques) sont, comme nous l'avons dit, placés exactement en face des yeux; ils ne peuvent donc présenter, en superficie, une largeur notablement supérieure à la distance normale qui sépare les centres optiques des yeux de l'observateur (distance des pupilles). Cette distance serait même *le maximum* de la largeur desdites images, si l'on n'interposait, entre les yeux et elles, deux prismes opposés par le sommet, disposition qui a, comme on le sait, l'effet de transporter vers le sommet commun des prismes, l'image vue par transparence à travers ces corps diaphanes. Grâces à cet artifice, la distance dont peuvent être séparés les centres des deux images droite et gauche peut être quelque peu supérieure à la distance même des yeux. C'est ainsi que la distance moyenne des pupilles étant communément de 6 centimètres, on peut, dans des appareils bien faits, porter jusqu'à 7 centimètres l'écartement des centres des figures stéréoscopiques, ou leur donner, en les accolant, cette même largeur de 7 centimètres. Plus grandes, elles devraient évidemment chevaucher, mordre l'une sur l'autre.

D'aussi petites images placées à la distance de la vision distinctes, aperçues dans leur ensemble, ne le seraient que fort imparfaitement dans leurs détails. On a donc imaginé de les placer entre une lentille et son foyer principal, c'est-à-dire de les regarder à la loupe. Ce procédé, très-rationnel, agrandit l'image et la transporte à la distance de la vision distincte.

Pour voir de petits tableaux, des paysages, des monuments, peut-être peut-on, comme art arbitraire et de fantaisie, se contenter de cela. Mais chacun doit sentir combien ce procédé est imparfait dès qu'il s'agit d'un portrait ou d'un véritable objet d'art. Pour éloigner et porter à la distance de la vision distincte un petit dessin stéréoscopique, et l'agrandir dans une mesure raisonnable, on est obligé d'agrandir dans la même proportion, d'exagérer tous les défauts du dessin et du papier. Inconvénient sur la gravité duquel il n'est pas nécessaire d'insister : les portraits et les objets d'art ainsi altérés sont tout autre chose que gracieux. Cet inconvénient considérable est une des notables imperfections du plus parfait des stéréoscopes usités dans les arts, celui par réfraction, de S. D. Brewster.

Nous laissons toujours de côté, jusqu'à présent, la question de l'accommodation qui a, sur la solution complète du problème, une si considérable influence.

§ 330. Des stéréoscopes par réflexion. — Les stéréoscopes par réflexion soit au moyen de miroirs, soit par réflexion

totale, dus en principe à M. Wheatstone, et dont on trouve la
description détaillée dans l'ouvrage de S. D. Brewster, sont
exempts de cette cause d'infériorité, mais ils en présentent pour
la plupart de plus sérieuses encore, comme on va le voir dans
l'analyse suivante. Ainsi, étudiez scrupuleusement et par analyse géométrique, la marche des rayons réfléchis dans les modèles décrits et figurés par S. D. Brewster aux figures n°s 29, 31,
32, 33, 35, 36, 37 et 38 de son ouvrage, et obtenus par différentes combinaisons de prismes réflecteurs; si vous en excep-
tez le modèle type des stéréoscopes, celui par réflexion de
Wheatstone, mais non son pseudoscope, partout vous reconnaî-
trez que, dans la position à donner aux images, on ne s'est nullement occupé de maintenir cette condition essentielle, de la
fusion *à leur propre distance*, ou avec la même accommodation
exactement, des parties similaires des deux images. Cette fusion exige, en effet, pour être physiologique, que l'accommodation ou la distance virtuelle soient les mêmes pour un point
résultants et les points composants. Or, dans la presque totalité
des combinaisons adoptées dans les stéréoscopes par réflexion,
cette nécessité n'est remplie que pour le point médian de la
figure. Aux extrémités droite et gauche les points analogues se
fusionnent à des distances en complet désaccord avec l'accommodation.

Voyons, par exemple, la figure 103 qui représente soit le pseudoscope de Wheatstone, soit le stéréoscope à double réflexion de
Brewster (fig. 31), quant à la marche des rayons du moins; on
y reconnaît que αϐγ, image résultante unique, produit du fusionnement, doit représenter *à la fois* les images composantes ABC
transportées à droite, A'B'C' transportées à gauche. Or si les dessins étant placés à l'aplomb de chaque œil, les distances OA, OB,
OC sont sensiblement égales, ainsi que O'A', O'B', O'C', il n'en
est plus de même après la réflexion.

Quand cette déviation est opérée, on reconnaît que si B est
vu en ϐ et A en α, par contre A' est vu en α' et B' en ϐ'.

Or si les distances oγ, o'γ sont égales, si leur fusion en une
seule impression est facile eu égard à l'égalité des accommodations, il n'en est plus de même des obliques oϐ, o'ϐ' d'une part,
ni des obliques oα, o'α' de l'autre.

Les axes secondaires correspondant aux points AA' ne se ren-

contrent, en effet, ni sur α ni sur α', ceux de B,B' ni en 6 ni en 6';
mais en quelque point intermédiaire tel que δ et δ', à la croisée des

Fig. 103

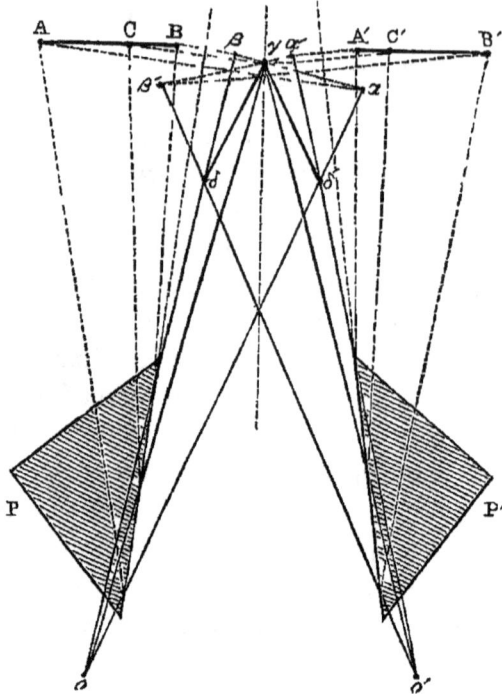

axes $o\alpha, o'\alpha'$, et à la croisée des axes $o6, o'6'$. Il suit de là que les
yeux convenablement accommodés ou adaptés pour γ, de même
encore, si on veut, pour α et α' ou 6 et 6', ne le sont plus aucunement pour δ et δ'. Il y a, entre la convergence sur les points δ,
δ' ou leur situation, et l'adaptation qui correspond à ces mêmes
points, un défaut complet d'harmonie.

Or qu'on jette les yeux sur la figure 62, l'analogue de celle-
ci dans la vision régulière, et l'on reconnaîtra combien les
conditions de la vue binoculaire y sont différemment remplies;
combien sont relativement moindres les différences entre $o\alpha$
et $o'\alpha$ de la fig. 62 et celles correspondantes de la fig. 103,
où l'œil droit, par exemple, voit en δ un point pour lequel son
accommodation naturelle est $o'6$.

Telle est la raison pour laquelle dans les pseudoscopes, dans
les stéréoscopes à réflexion totale décrits aux paragraphes cités

ci-dessus de S. D. Brewster, les figures sont toujours plus ou moins déformées.

On retrouve cette inégalité dans tous les stéréoscopes par réflexion dont les plans de réflexion ne sont pas symétriquement inclinés sur les lignes d'incidence extrêmes de chaque figure.

Cette inégalité est d'ailleurs reconnue par S. D. Brewster : Les images sont, dit-il, légèrement inégales en dimension, et il conseille alors de rapprocher la plus petite, dans le cas où l'une d'elles est vue directement, et l'autre seulement par réflexion. Mais cette prescription est fort insuffisante; car non-seulement les images sont inégales, mais les points correspondants n'ont ni la même distance d'adaptation, ni des différences égales d'adaptation.

Pour rétablir la parité accommodative, il faudrait, comme nous venons de le dire, placer l'image vue directement et celle vue par réflexion, ou les deux images réfléchies, en situation de symétrie géométrique exacte *par rapport au plan de la réflexion;* ce qui, dans quelques cas, nécessiterait certains calculs quelquefois compliqués.

Parmi tous les stéréoscopes par réflexion il n'en est qu'un où la condition de symétrie soit, à l'avance, remplie : c'est le stéréoscope tubulaire de Brewster (fig. 28 de cet auteur), dans lequel tout est parfaitement symétrique. Mais sa forme est des plus incommodes, vu l'espace qu'il exigerait, à droite et à gauche de l'observateur, pour peu que les images fussent un peu grandes. Or leur extrême petitesse cache encore évidemment un desideratum. En outre, ce stéréoscope tubulaire donne, comme celui de M. Wheatstone, des images renversées. Ce qui, pour le portrait, n'est pas sans inconvénients.

§ 331. **Application du principe du télestéréoscope d'Helmoltz à la stéréoscopie.** — Il est d'ailleurs facile de remédier à toutes ces imperfections au moyen d'une combinaison de prismes à réflexion totale dont l'un, redressant l'image fournie par l'autre, corrige à l'avance tout défaut, toute inégalité de symétrie. Cette combinaison consiste en une double paire de prismes rectangulaires symétriquement disposés comme l'indique la fig. 60, et dont l'effet, obtenu déjà dans le télestéréoscope d'Helmoltz, est de transporter les axes optiques, parallèlement à eux-mêmes, à telle distance l'un de l'autre qu'on voudra. Des images stéréoscopiques, placées en regard des prismes

Reproduction de la fig. 60.

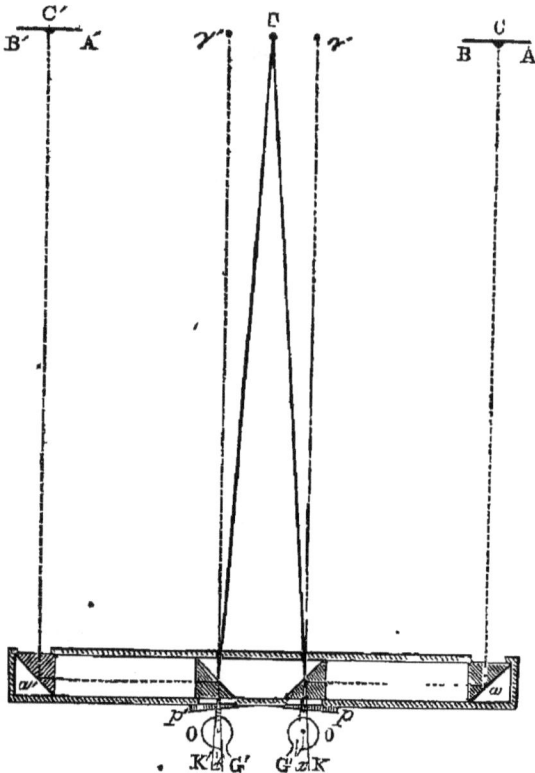

extrêmés, viennent se joindre dans les yeux comme si elles étaient chacune en face de l'œil pour lequel elle a été prise.

« Dans une boîte en forme de carré long, comme serait celle d'un jeu de dominos, fermée de toutes parts (sauf aux points ω, ω′, p, p′, (fig. 60) et noircie à l'intérieur, sont disposés deux systèmes de prismes droits rectangulaires, correspondant chacun à un œil et placés symétriquement.

Une image telle que AB, placée vis-à-vis le prisme ω, à la distance de la vision distincte, envoie des rayons qui traversent un orifice circulaire, pratiqué dans la paroi de la boîte devant ω : ces rayons tombent, sous un angle voisin de 90°, sur la face carrée du prisme, y entrent alors pour ainsi dire sans réfraction, viennent tomber sur la face hypoténuse qui les renvoie suivant l'axe de la boîte, où ils rencontrent un second prisme qui, placé en sens inverse devant l'œil, les redresse immédiatement. L'œil *o* reçoit ainsi les rayons émanés de AB, comme s'il était placé devant le centre de figure de cette image en ω.

Il en est exactement de même de l'autre image et de l'autre œil.

Recevant alors deux images analogues ou stéréoscopiques, les yeux ont, on le sait, une tendance immédiate à les fusionner : ce qu'ils font par un mouvement spécial des axes optiques que nous avons analysé dans un autre travail. (Voyez chap. XV.) Cette manœuvre instinctive trouve un important auxiliaire et même peut être entièrement suppléée dans l'effet de deux nouveaux prismes *p*, *p'* qu'on peut accoler devant les yeux par leur tranchant, comme dans tous les stéréoscopes. (Voyez § 334, le calcul qui peut servir à déterminer l'angle de ces prismes.)

Le premier avantage de semblables dispositions, c'est d'abord qu'il n'y a plus de limite dans la largeur à donner aux images stéréoscopiques, puisque la distance horizontale qui sépare chaque prisme de la même paire est tout à fait arbitraire. On peut donner à la boite qui les contient la longueur que l'on veut : on n'a pour limite que la dimension des dessins maximum que puisse procurer l'art de la photographie; la boîte peut être faite de telle longueur qu'on voudra, et même en la faisant à coulisses, on peut lui donner des dimensions variables.

Un second bénéfice consiste dans l'affranchissement procuré à l'observateur de l'usage de toute loupe ou instrument de grossissement. Par là les défauts du papier ou du dessin n'ont pas le triste inconvénient de se voir augmentés par l'appareil. Bien plus, la dissemblance des images, nécessaire à la production du relief, permet d'exiger une beaucoup moindre perfection dans les épreuves photographiques que cela n'est nécessaire pour la vision monoculaire. Dans la combinaison physiologique qui s'opère dans les yeux, les inégalités, les imperfections s'annulent. Des parties « mal venues » se modèlent au contraire parfaitement dans tout le champ du tableau. Les photographes habiles qui nous ont fait les premiers dessins que nous ayons pu nous procurer, MM. Pesme et Varin, ont été particulièrement frappés de cet avantage. Les images, en outre, sont d'une grande douceur qui contraste avec la dureté de plâtre des images des stéréoscopes à lentilles.

Dans cette modification des appareils vulgaires, nous ne prétendons pas avoir conquis aucun point scientifique important : ce que nous avons trouvé par nous-même dans cette question, comme fait de science, est très-peu de chose, et se borne à l'appréciation des inégalités d'accommodation, entre les points vus et leurs images binoculaires, qui accompagnent l'usage des stéréoscopes ordinaires par réflexion. Le reste est une affaire de détail, dans laquelle nous n'apportons en réalité rien de bien neuf ; mais il nous a paru que l'art si intéressant, si précieux de la photographie pouvait trouver dans la combinaison instrumentale que nous proposons ici un secours puissant, permettant de reproduire en un relief parfait, exact, sans grossissement artificiel, et en toutes dimensions, des portraits et des objets d'art.

La légèreté, le peu de volume de l'appareil permettent de le transporter partout ; il est peut-être même moins embarrassant que la boîte ordinaire ; il permet de parcourir un album à la distance du travers d'une table. Deux personnes peuvent même voir, à la fois, le même dessin avec deux instruments. Son prix ne peut être élevé. La seule limite à son emploi sera dans l'art de la photographie qui devra se procurer les moyens de prendre rapidement de grandes épreuves stéréoscopiques. Cet art est aujourd'hui réalisé. De magnifiques épreuves de grandeur naturelle ont été déjà exposées au public par des photographes distingués, M. Bingham entre autres. Outre les grands avantages que présentera cet instrument pour l'art du portrait et la reproduction des ouvrages d'art, il est une autre application qui nous a été suggérée par MM. Pesme et Varin : c'est la reproduction stéréoscopique des paysages, des monuments sur glaces de grandes dimensions, et mises, symétriquement, en place des deux carreaux correspondant aux deux battants d'une fenêtre. Un salon ainsi décoré peut offrir une série de vues choisies dont un spectateur se procurera le relief le plus parfait en se promenant dans ce salon avec notre stéréoscope à la main.

Mais ce qui est plus important que tout ce qui précède, c'est la facilité qu'offre cette instrumentation d'éliminer de l'étude de la vision binoculaire les difficultés qu'y introduit la nécessité de tenir compte des changements et modifications de l'accommodation.

Avec cet instrument, le fusionnement des images doubles peut se faire à la distance même à laquelle les dessins sont des yeux : la question de convergence n'est donc pas compliquée de celle de l'accommodation. Le problème qu'il nous reste à résoudre, la recherche des conditions que doivent remplir les images stéréoscopiques, et les procédés propres à amener la convergence physiologique, vont par là être singulièrement simplifiés.

Quant à l'objection qui pourrait être tirée de l'extinction de la vivacité de la lumière par son passage à travers des cristaux plus ou moins épais, nous répondrons par les observations suivantes empruntées aux travaux d'Arago sur la photométrie :

« Dans l'acte de la réflexion totale, le rayon incident se meut-il entièrement dans le verre après s'être réfléchi, comme semble vouloir le dire le mot de réflexion totale, ou s'en éteint-il une partie ? »

Bonguer a résolu cette question d'une manière très-expresse en disant :

« Lorsqu'un trait de lumière tombe sur la seconde surface d'une lame de verre sous une incidence de 10, 20 ou 30°, la surface éteint environ le tiers ou le quart des rayons et en réfléchit les deux tiers ou les trois quarts. »

Des expériences photométriques de vérification entreprises par Arago, il résulte que cette opinion de Bonguer est inexacte, et que la perte de lumière ne dépasse pas un à deux millièmes de la lumière incidente ; en d'autres termes, Bonguer s'est nénécessairement trompé. (*Œuvres complètes d'Arago : Photométrie.*)

§ 332. Détermination de la distance des stations des chambres obscures dans la photographie stéréoscopique. — L'avantage offert par la nouvelle combinaison, de ne rien changer aux conditions d'accommodation de la vue, permet d'abord de résoudre ici, d'une manière absolue, beaucoup de questions de la vision binoculaire, et entre autres celles de la détermination de l'angle sous lequel doivent être prises les images stéréoscopiques pour produire le relief naturel, sans exagération, comme sans timidité.

Nous allons nous occuper rapidement de ce point de détail, dont l'élucidation nous conduira à reconnaître bien d'autres dispositions vicieuses dans l'instrumentation vulgaire et même dans les théories sur lesquelles elle repose.

Dans un article très-bien fait, inséré en 1856 dans le *Cosmos* (26 septembre), M. Sutton a démontré que, dans le stéréoscope par réflexion, le dessin stéréoscopique devait être placé dans l'appareil à une distance virtuelle (ou par réflexion) de l'œil, égale à la longueur focale conjuguée de la lentille de la chambre obscure qui avait servi à prendre l'image. L'œil peut être censé occuper le centre optique de la lentille de la chambre obscure ; qu'en cette position, il se tourne alors vers l'objet ou vers l'image, il est clair que d'un côté ou d'autre, les angles visuels d'un même détail sont exactement égaux.

Cette remarque est inattaquable : l'image ainsi posée devant chaque œil, représente exactement, pour lui, l'objet tel qu'il le verrait : le dessin rétinien est ainsi bien exactement identique à ce qu'il serait si l'objet, et non son décalque photographique, l'y avait lui-même imprimé.

Ainsi est réalisée la part monoculaire de la vision par les deux yeux, la question d'accommodation étant d'ailleurs négligée, et en supposant que les images rétiniennes varient exactement en proportion de la distance.

Passons de là aux conditions binoculaires.

Poursuivant cette judicieuse étude, M. Sutton énonce maintenant la seconde proposition, qui doit servir à déterminer, à la fois, l'angle de la convergence que les yeux auront à prendre pour fusionner les deux images, et l'angle de convergence qui devra être donné aux axes optiques des chambres obscures pendant les stations qui doivent procurer les images stéréoscopique. Voici cette proposition :

« Etant donné l'angle de convergence des yeux, calculé sur la distance virtuelle des dessins placés dans la boîte stéréoscopique (c'est-à-dire la distance à laquelle ils seront vus eux-mêmes si le stéréoscope est celui à réflexion, et celle à laquelle seront vues et reportées leurs images virtuelles par la puissance de la loupe, dans le stéréoscope par réfraction), l'angle de convergence entre les axes optiques des deux chambres obscures, qui ont pris les images, doit être égal à l'angle de convergence des yeux mêmes tel que nous venons de le définir, c'est-à-dire dans la boîte stéréoscopique. »

Pour justifier cette proposition, M. Sutton ajoute : « L'objet et les chambres obscures forment un système ; les images virtuelles ou modèles en petit, et les yeux (ou les petites chambres obscures) forment un autre système ; ces deux systèmes sont mathématiquement semblables sous tous les rapports, et l'un est l'amplification de l'autre. Que cette similitude de condition doive exister, afin que le stéréoscope donne une représentation fidèle de l'objet qu'il doit faire voir, c'est une vérité qui n'a pas besoin, je crois, de démonstration. »

Cette exposition est assurément d'une simplicité séduisante et le calcul facile (une simple proportion à laquelle elle conduit entre la distance des yeux, celle de l'objet, de l'image virtuelle et la distance inconnue à donner aux chambres obscures) résoudrait à l'instant tout le problème.

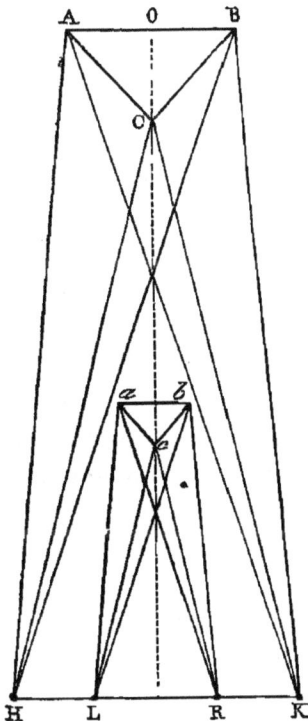

Fig 104.

Malheureusement elle est de pure fantaisie, en raison de la faute commise par M. Sutton, en admettant, sans démonstration et comme évidente, la similitude qu'il concevait entre les deux systèmes de chambres obscures d'une part et d'objets d'autre part.

Cette similitude, en effet, n'existe qu'en apparence, et résulte du sacrifice inaperçu d'un des éléments importants de la question.

Dans la figure ci-contre, que nous empruntons à M. Sutton lui-même, la similitude en question éclate au premier abord. Mais entrons dans l'analyse intime du phénomène. Au lieu du point O prenons un corps à trois dimensions, un prisme triangulaire réel dont les arêtes seraient projetées en ABC. Joignons alors A,B,C aux points H,K centres optiques des chambres obscures. D'après la formule de M. Sutton, si l'on mène par L et R des parallèles à HA,HC,HB d'une part, et KA,KB,KC de l'autre, ces parallèles se couperont mutuellement en *a,b,c*, et pour M. Sutton, l'impression fusionnée qui résultera de cette construction sera un petit prisme *a,b,c* absolument semblable au grand prisme ABC.

Cela est très-exact, mais il fallait ajouter : les yeux verront un petit prisme *abc*, parfaitement semblable à ABC, *tel qu'il serait vu par l'observateur, si cet observateur avait ses yeux* en H et K, mais *non* s'il avait les yeux, *comme il les a en réalité*, en L *et* R.

Car l'observateur a les yeux en L et R et non en H et K.

Or quel est l'objet de la stéréoscopie? Elle ne *doit* pas nous fournir, comme le suppose M. Sutton, pour être exacte et fidèle, l'amplification de l'effet produit, dans la nature, par les différences des images rétiniennes dessinées par un même objet. Elle doit nous représenter l'objet lui-même et ces différences elles-mêmes, et non pas leur amplification, ni leur similitude amoindrie.

Au chap. III, § 113, analysant les circonstances de fait de la fusion binoculaire, nous avons montré que *le sensorium plaçait virtuellement chaque point d'une perspective au point même où s'entre-croisaient les axes optiques secondaires des deux yeux correspondant à ce point.*

Pour reproduire les circonstances du phénomène naturel, il faut donc 1° que la stéréoscopie place devant nos yeux des images fidèles ; 2° sous-tendant des angles visuels égaux ; 3° enfin telles que les axes secondaires, correspondant à chaque point analogue ou similaire des deux images, aillent se couper *au lieu même réel de l'espace* qu'occuperait l'objet s'il était devant nous, à la distance même où a été prise la double planche photographique, comme nous l'avons fait voir dans la fig. 102.

Ainsi ABC étant le prisme lui-même placé devant les yeux L,R, chaque ligne LA,LB,LC, d'une part. RA,RB,RC de l'autre, représente les axes secondaires des yeux, dont les intersections, deux à deux, aux points A,B,C détermine la notion sensorielle du prisme ABC.

La stéréoscopie doit reproduire exactement ces conditions géométriques. Le double dessin réel *acb*, *a'c'b* (fig. 102, p. 615), placé devant chaque œil, doit remplacer pour l'observateur, l'objet lui-même. La dimension apparente résultante doit être également celle de cet objet. En d'autres termes, acb (fig. 104) doit produire sur l'œil la sensation même de ABC.

Or cela ne se peut que si abc est absolument égal à la projection de ABC sur un plan situé à la distance même de l'objet, et si en outre abc est à cette même distance des yeux, soit en réalité, soit virtuellement.

Le problème n'a donc que les deux solutions suivantes : 1° placer devant chaque œil, et à la distance même de l'objet, une image égale à la projection de ABC sur le plan vertical AB (projection oblique partant des points o et o'). Un double prisme convergent est ensuite chargé de réunir les deux images.

Ou bien, 2° les dessins abc et a'b'c' étant placés en face de chaque œil, il faut user d'une loupe qui les renvoie à la distance même virtuelle de l'objet. Le prisme double agit ensuite sur ces images de la même manière que dans le cas précédent; l'effet est alors, en tout, identique à la nature.

Dans ce dernier cas, si on appelle p la distance de l'objet, ϖ celle du dessin abc à l'observateur, la loupe, propre à produire l'effet désiré, sera trouvée par la formule

$$\frac{1}{p} + \frac{1}{\varpi} = \frac{1}{a}, \quad a \text{ étant sa longueur focale.}$$

On se rappellera d'ailleurs que ϖ n'est pas arbitraire dans cette formule : c'est la distance de l'écran à la lentille dans la chambre obscure, distance conjuguée de celle de l'objet, relativement à cette lentille. Nous avons vu que cette condition était obligée, si l'on voulait que les images sous-tendissent des angles visuels égaux à ceux offerts par l'objet lui-même.

Par la réunion de ces combinaisons, on place devant les yeux deux images réelles égales à l'objet, ou deux images plus petites, mais renvoyées par des loupes à des distances virtuelles égales à celle même de l'objet. Dans ce dernier cas, pour que l'angle visuel soit identique dans le procédé artificiel et dans la nature, il faut donc placer le dessin à la distance même où il est de l'objectif dans la chambre obscure.

Il faut enfin que l'angle des axes des chambres obscures, dans les deux stations, soit celui des deux yeux, ou qu'elles soient toujours placées à 6 ou 7 centimètres de distance.

§ 353. **Résumé pratique.** — La formule donnée par M. Sutton pour régler la distance des stations dans le relevé des épreuves de photographie stéréoscopique, de façon à rester dans la vérité, est la même que celle proposée par M. Wheatstone et reproduite dans *le Cosmos* (troisième livraison, deuxième année).

Elle se fonde également sur ce principe que « les deux axes optiques de la chambre obscure unique, dans les deux positions, sur le cercle décrit de l'objet comme centre, ou des deux chambres obscures distinctes, doivent former entre eux *le même angle que les deux axes optiques des deux yeux regardant dans le stéréoscope;* cet angle doit être de 18° si, comme dans tous les stéréoscopes ordinaires, la distance à laquelle on regarde est la distance moyenne de la vue distincte, ou 8 pouces. »

Nous venons de montrer comment cette formule supposait que les yeux avaient devant eux, non l'objet lui-même, à la distance où on le doit voir, mais *la réduction* de cet objet, de cette distance à celle de 8 pouces, et placée à la limite inférieure de la vue distincte. Or la représentation stéréoscopique n'a pas pour but de nous faire voir, en relief, quand nous regardons un portrait, par exemple, un petit Lilliputien à 8 pouces de distance, mais de reproduire, au moyen d'images appropriées, les conditions mêmes et exactes de la vue naturelle binoculaire.

M. Sutton avait formulé d'une manière très-brillante les premières données du problème : il supposait l'œil de l'observateur au centre des lentilles des chambres obscures et que cet observateur se tournait alternativement vers l'objet ou vers l'écran portant l'image. L'impression résultante disait-il, était, dans les deux cas, la même quant à l'angle visuel ou la dimension apparente de l'objet et de l'image.

Oui pour un seul œil, non pour les deux yeux agissant ensemble, car les yeux ne sont pas écartés, comme le suppose sans s'en apercevoir M. Sutton, de 25 ou 30 centimètres l'un de l'autre.

Sans tomber dans cette seconde erreur, supposons en effet, avec lui les deux yeux occupant tous deux les centres optiques des deux chambres obscures — s'ils se tournent vers l'objet, ils

le voient sous sa convergence naturelle. — Mais s'ils se retour-
nent vers les écrans dépolis sur lesquels sont les images photographiques, la fusion des deux images ne peut plus avoir lieu
sous le même angle de convergence que l'objet. Elle a lieu sous
un angle considérablement plus grand, celui exigé par la distance même des yeux et des écrans ; car la convergence des axes
optiques, nous l'avons démontré, est toujours liée (physiologiquement) à l'adaptation.

Dès lors, les axes optiques principaux et secondaires se rencontrent sous des angles tout différents de ceux que détermineraient les points correspondants de l'objet lui-même, et l'on est
bien loin dès lors des conditions de la vue naturelle (1).

Dans le raisonnement qui précède, nous avons passé sous
silence la nécessité de changer les images de côté, car en se
retournant simplement, comme nous le supposons, on aurait
de la pseudoscopie et non de la stéréoscopie. Mais cette condition n'altère en rien la valeur relative des angles visuels ni celle
de la convergence et ne changerait rien à notre raisonnement.

En résumé, pour reproduire les conditions exactes de la vue
physiologique, 1° tous les dessins stéréoscopiques doivent être
placés à une distance des yeux égale à celle de l'épreuve négative à l'objectif ;

2° La loupe destinée à les grossir, dans les instruments à réfraction, doit les renvoyer virtuellement à la distance réelle
de l'objet $\left(\dfrac{1}{p} + \dfrac{1}{\varpi} = \dfrac{1}{a}\right)$, § 332 ;

3° Les stations des chambres obscures doivent avoir le simple
écartement des yeux, 6 à 7 centimètres, quelle que soit la distance
de l'objet ;

4° Les prismes destinés à procurer la convergence doivent
dévier leurs axes juste de la quantité angulaire correspondant à
la distance réelle de l'objet.

_____

(1) Nous venons de relire la description donnée par S. D. Brewster de la
chambre obscure binoculaire. Nous retrouvons avec plaisir les mêmes conclusions appuyées sur des considérations de même ordre. Le savant anglais veut
également qu'on n'écarte pas les stations plus que les yeux eux-mêmes. Les
conseils qu'il donne sont des plus pratiques et des meilleurs à consulter par les
artistes. (*Du Stéréoscope.* Londres, 1856.)

§ 334. Détermination de l'angle du prisme convergent.

— Soit (fig. 105) C le point de convergence déterminé par la distance OC de l'objet; POQ le prisme en question, rectangulaire en P (nous le supposons droit pour la simplicité du calcul). Soit FX la direction de l'axe d'indifférence des yeux, celui qui correspond au parallélisme ou à l'infini; soit F la rencontre de cette ligne avec la face inclinée OQ du prisme, et le point où commence la déviation à l'émergence suivant FK, parallèle à FC.

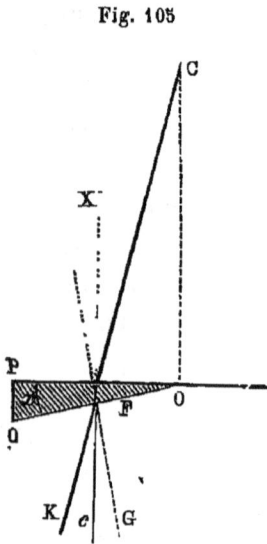

Fig. 105

D'après ces données, on voit que l'angle KFc égale l'angle XFc mesurant la convergence FC avec le plan vertical médian OC.

Les lignes FX étant perpendiculaires à PO, FG à OQ, l'angle cFG égale l'angle POQ.

Cela posé, le problème proposé consiste à déterminer pour O la valeur angulaire qui donnera au rayon émergent Fc la directelle que cFK = XFc.

Or on a $\dfrac{\sin i}{\sin r} = \dfrac{1}{l}$ (à l'émergence), dans laquelle $i = c$FG ou l'angle des prismes à déterminer. r, d'autre part, égale KFG (FG étant la normale à l'émergence). Appelons x l'angle du prisme POQ; cFK = XFC; appelons c cet angle de la convergence FCO, on a donc KFG $= c + x = r$.

Ce qui donne finalement :

$$\frac{\sin x}{\sin (c + x)} = \frac{1}{l}.$$

Or on peut, vû la petitesse des angles, les prendre eux-mêmes en place de leurs sinus et poser :

$$\frac{x}{c + x} = \frac{1}{l}$$

ou
$$c + x = lx,$$

$$x \, (l - 1) = c,$$

$$x = \frac{c}{c - 1}.$$

or $\qquad l = \frac{3}{2}$ (indice de réfraction du crownglass);

d'où $\qquad x = \dfrac{c}{\dfrac{3}{2} - 1} = \dfrac{c}{\dfrac{3 - 2}{2}} = 2c.$

L'angle des prismes doit donc être le double du demi-angle de convergence des axes optiques, ou chaque prisme avoir un angle égal à celui des axes optiques convergeant sur l'objet.

§ ˋ535. Cas où la convergence est procurée par les lentilles elles-mêmes

— Mais tout stéréoscope ne repose pas sur l'emploi des prismes convergents; S. D. Brewster a introduit l'usage économique des demi-lentilles affrontées par leur bord tranchant.

Comment ces demi-lentilles, dont l'effet est prismatique, peuvent-elles être réglées, si l'on veut que le point de concours de l'axe ait lieu à la distance de l'accommodation.

Fig. 106.

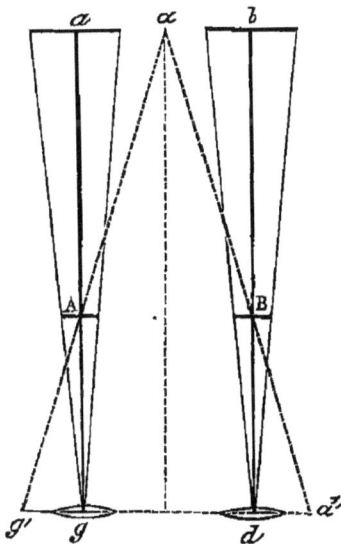

Or l'effet prismatique, l'angle de convergence des axes, dépend uniquement (comme nous le ferons voir au § 342) de la distance mutuelle des centres des lentilles par rapport aux axes parallèles du dessin stéréoscopique.

Soient A,B (fig. 106) les centres des dessins stéréoscopiques, a, b les points qui leur correspondent dans les images virtuelles données par les loupes g,d; les points A, a et g étant entre eux dans les relations données par la formule des foyers conjugués. Dans la convergence binoculaire exacte et sans fatigue, les axes des dessins doivent être portés en Aα ou Bα, à la distance αg sensiblement égale à ga.

Tout cela est élémentaire.

Mais quelles positions doit affecter la lentille oculaire, si l'on veut que que l'axe Aag passe par le point α? Il faut évidemment que g soit transporté en g' d'une distance angulaire,

telle que

$$\frac{gg'}{Ag} = \frac{a\alpha}{Aa}$$

ou

$$gg' = \frac{Ag.\,a\alpha}{Aa}.$$

Or tout est connu dans cette formule :

Ag distance de la lentille à l'image $= \varpi$;

Aa distance de l'image distincte, fournie par la formule des foyers conjugués $= p$;

aα demi-distance des pupilles.

Le stéréoscope vulgaire n'a donc que deux conditions à remplir.

Il doit permettre le mouvement *en dehors* des centres de ces lentilles, par glissement dans la coulisse qui les supporte.

La longueur focale de la lentille doit d'ailleurs être calculée d'après la relation exprimée ci-dessus $\frac{1}{p} + \frac{1}{\varpi} = \frac{1}{a}$ (§ 332),

dans laquelle p représente la distance même de l'objet et ϖ celle de l'écran dans la chambre obscure : c'est à cette distance que doit être placé le dessin stéréoscopique dans la boîte, et le foyer de la lentille calculé sur cette donnée.

§ 356. Rapports de la convergence avec l'adaptation. — Nous venons de démontrer que pour réaliser, en stéréoscopie, les conditions mêmes de la vue naturelle binoculaire, et ne plus demeurer dans la fantaisie et le caprice quant au degré du relief artificiel produit, il fallait se placer dans des conditions telles que les images acb, a'c'b', de la fig. 103, mises en face des yeux, fussent artificiellement déviées, l'une vers l'autre, d'une quantité angulaire exactement telle que le point de convergence des axes optiques principaux se fît à la distance même

à l'aquelle l'objet serait vu si on le substituait à ses deux perspectives.

Or cette condition ne se remplit pas spontanément et d'une manière physiologique. Physiologiquement, le degré de convergence des deux axes optiques est commandé par le degré de réfraction ou l'adaptation. (Voy. chap. XV.) Les conditions physiologiques ne sont donc remplies qu'autant qué, par l'interposition d'une lentille biconvexe, on renvoie l'image *abc*, ou *a'b'c'* à la distance OC.

Si la loupe dont on fait usage est, pour une raison ou une autre, trop peu puissante (ce qui a généralement lieu dans la stéréoscopie vulgaire), cette condition de rapports naturels entre la distance et la convergence n'a plus lieu. La convergence se fait sur un point beaucoup plus rapproché que OC.

Les différences angulaires offertes, à droite et à gauche, entre deux points donnés de l'objet, égales à celles calculées pour la distance normale, deviennent relativement trop petites pour la nouvelle distance. On sait, en effet, que la différence entre les parallaxes oculaires de l'intervalle d'un même point augmentent à mesure que cet objet se rapproche.

Or l'image unique résultante, dans la stéréoscopie telle qu'on la pratique d'ordinaire, est beaucoup plus rapprochée que l'objet ne le serait des yeux, et la différence des parallaxes est demeurée constante. Il y a donc indication à accroître ces différences dans la proportion du rapprochement, et c'est là l'objet rempli effectivement dans la formule de M. Sutton, et qui consiste, comme on l'a vu, à donner à la convergence des axes des chambres obscures l'angle même de la convergence des axes optiques, lors de la fusion des images stéréoscopiques.

Par là le relief obtenu est en rapport régulier avec la distance à laquelle l'image résultante est de l'observateur, mais elle ne l'est plus avec la réalité même, et l'image résultante ne représente pas l'objet lui-même, mais sa réduction. C'est un objet nouveau que voit l'observateur, objet tout pareil au modèle, mais réduit dans toutes ses dimensions, et tel que l'objet réel apparaîtrait à un géant qui aurait pour organes de la vision les chambres obscures elles-mêmes avec l'écartement que leur donne M. Sutton.

La représentation exacte de la nature n'a lieu que dans les

conditions que nous avons énoncées : il faut que la convergence et la distance soient identiques à ce qu'elles sont dans la nature, et l'on vient de voir que, dans la stéréoscopie pratique vulgaire, pour laquelle l'image virtuelle n'est pas renvoyée à la distance même de l'objet, il faut sacrifier nécessairement l'autre condition, celle de la différence des parallaxes oculaires, et augmenter ces différences dans le rapport inverse de la distance.

La formule de M. Sutton est, à cet égard, ce qu'il y a de plus aisé à réaliser en tant qu'objet de fantaisie : elle donne un microcosme tout semblable au grand, offre ainsi un charmant objet d'art, mais n'est pas la nature même.

Nous avons indiqué ci-dessus, § 335, le moyen de déterminer la courbure du verre convexe qui produirait ce dernier résultat, en rétablissant l'harmonie entre la distance et la convergence; nous n'y reviendrons pas.

§ 337. **Du stéréoscope dans ses rapports avec la vue longue ou courte.** — Toute la discussion précédente suppose naturellement la vue des observateurs normale. Mais les vues pathologiques, désignées sous le nom de myopie et de presbytie, sont si fréquentes, si nombreuses, qu'il faut bien les mettre à même de jouir aussi des avantages qu'offre, au moins sous le rapport de la distraction, cet agréable instrument.

Les images virtuelles ou réelles, avons-nous dit, doivent être vues à la distance p, qui sépare la chambre obscure de l'objet : or c'est ce que ne peut point faire le myope dans les cas ordinaires, et ce que le presbyte fera difficilement aussi, si l'objet vu est de petite dimension et très-rapproché, cas que nous devrons considérer comme rare, mais qui, pour la généralité théorique, peut cependant être discuté comme le premier.

Myopie. — Prenons donc le cas du myope : ne pouvant distinguer l'image virtuelle théorique à la distance p, le myope a deux procédés à sa disposition pour la rapprocher : il rapproche du dessin photographique la lentille oculaire ou loupe, si l'instrument le permet, jusqu'à ce que la distance de l'image virtuelle soit en rapport avec la limite éloignée de sa vue distincte, ou bien, il interpose entre chaque œil et l'instrument un verre concave approprié. Les deux procédés augmentent la diver-

gence des rayons, et rapprochent l'image virtuelle en la rappe-
tissant.

Ce premier effet, on le reconnaît sans doute, qui semble satisfaire le sujet, lui présente, en réalité, des conditions objectives fort loin de celles que nous avons formulées comme
propres à reproduire la vue physiologique. L'objet est vu à des
distances toutes nouvelles et sans rapport avec la nature des
choses. Il a été rapproché de l'observateur ; mais, dans ce mouvement, les différences parallactiques correspondant, à droite
et à gauche, à une même étendue prise sur l'objet, sont deve-
nues des quantités arbitraires et non plus des éléments géométriques en rapport avec la distance de l'objet. L'objet, par suite
du mouvement de la loupe, s'est rapproché, les différences parallactiques auraient dû augmenter ; or elles sont restées dans le
même rapport : l'effet de relief est diminué d'autant ; premier
inconvénient.

Mais il n'est pas le seul, malheureusement : obligé de fusionner ces deux images à une distance moindre que celle sur laquelle est basée l'instrumentation, le myope est obligé de leur
procurer une convergence supérieure à celle amenée par les
prismes de l'instrument. Or s'il n'a pas de prismes sous la
main, il faudra donc que ses yeux, par leur effort spontané,
déterminent eux-mêmes cette convergence supplémentaire :
nous avons vu aux § 172, 173 le mécanisme et les effets de cette
dissociation des éléments physiologiques de l'œil, et combien
elle pouvait être dangereuse pour l'intégrité de la fonction.

Pour y obvier, il faut donc que l'instrument soit muni de
prismes à angles variables (comme celui de Duboscq), ou si l'instrument est simplement composé de deux lentilles, que l'on
puisse en écarter les centres, en dehors de l'intervalle fixe des
centres des images que nous supposons de 6 centimètres. Par
ce mouvement on ajoute à leur effet prismatique.

Le myope peut encore, et c'est peut-être là ce qu'il y a de
plus simple et de plus élémentaire, appliquer devant ses yeux un
binocle concave à écartement variables, ou monté sur un axe
qui permette l'écartement ou le rapprochement des centres des
verres ou des branches qui les supportent. En rapprochant ces
centres, le myope obtiendra l'effet qu'il recherche, il en augmentera l'effet prismatique interne, comme il l'aurait fait en

écartant proportionnellement les centres des loupes de l'instrument.

Nous nous assurons que l'impossibilité de réaliser ces conditions dans la plupart des instruments dont on se sert aujourd'hui, tant dans la stéréoscopie que dans l'usage vulgaire des lunettes et des binocles (qui sont tous montés à distances fixes), est une des causes les plus sérieuses dans les difficultés qu'ont tant de gens à voir au stéréoscope. La convergence fixe de l'instrument n'est compatible qu'avec un très-petit nombre de vues.

Presbytie.—Quant au presbyte, les choses se passent en sens inverse, mais n'ont de réel inconvénient que beaucoup plus rarement, et sans doute seulement dans le cas de presbytie considérable.

Supposons donc que la distance p se trouve trop rapprochée pour le presbyte : il faudra alors qu'il recoure à quelque procédé artificiel qui diminue la divergence des rayons émergents du stéréoscope. Il éloignera (si la chose est faisable) la lentille oculaire des dessins photographiques, ou bien armera sa vue de lunettes-binocles convexes qui produisent le même effet de diminution de la divergence et d'éloignement de l'image virtuelle.

Mais alors, et à l'inverse de ce que nous avons observé dans le cas de myopie, la convergence doit changer et se faire plus loin que ne le veulent les conditions d'une représentation exacte de la nature. D'où un double inconvénient : il y a d'abord sensation exagérée de relief, puisque les différences parallactiques des figures ont été calculées pour une distance moindre que celle à laquelle a lieu le fusionnement; secondement, s'il ne prend soin de diminuer l'effet prismatique de l'instrument, soit en remplaçant les prismes par d'autres prismes appropriés et moins forts, soit en rapprochant les centres de ses nouveaux verres convexes, le presbyte devra décentrer spontanément ses yeux, comme nous avons vu que l'exigeait l'usage des lunettes convexes. (Voy. § 239.)

En résumé, la vision stéréoscopique se compose de deux éléments : la décomposition au moyen de la chambre obscure de la vue naturelle, et sa recomposition avec l'instrument et les éléments fournis par la première analyse.

La vue d'un myope ne peut donc pas être plus satisfaite que

celle du presbyte par les éléments propres à une vue moyenne. Pour que chacun se retrouve dans les conditions de la vue régulière, il faut donc que les éléments stéréoscopiques de la première opération aient été pris pour les myopes, si le sujet est myope, pour le presbyte, s'il est presbyte, c'est-à-dire aux distances qui leur conviennent.

Les épreuves prises généralement pour une vue moyenne ne peuvent donc que fournir des résultats imparfaits pour des vues pathologiques. Mais au moyen des procédés correctifs que nous venons d'indiquer, on peut atténuer ces fâcheux effets et mettre l'instrument à leur portée.

§ 338. **Résumé des conditions que doit remplir la stéréoscopie exacte.** — Nous conclurons ce chapitre en résumant les conditions que doit remplir la stéréoscopie exacte. Ces conditions, celles qui ont pour objet et pour résultat la reproduction exacte des effets naturels, de la vue physiologique binoculaire, reposent sur les principes suivants : 1° que la grandeur réelle ou virtuelle des dessins présentés aux yeux soit exactement égale à celle de l'objet vu, et qu'ils soient vus à la même distance que lui.

Les procédés dont s'est nouvellement enrichi l'art de la photographie rendent facile la production d'images réelles égales en grandeur à l'objet vu. Ces procédés (exploités encore par brevet) reposent sur l'amplification successive des clichés.

Quant à l'image virtuelle, pour l'obtenir d'une grandeur parfaitement égale à l'objet, deux conditions doivent être remplies : il faut d'abord qu'elle sous-tende un angle visuel égal à celui sous-tendu par l'objet, à la distance où il était de la chambre obscure : on réalise cette condition en plaçant le dessin stéréoscopique à une distance de la loupe égale à celle qui séparait, dans la chambre obscure, le négatif de la lentille ; nous avons appelé ϖ cette distance, p étant celle de l'objet à la chambre obscure. 2° Le dessin ainsi fixé, il faut que l'instrument optique, la loupe, le renvoie à la distance p à laquelle l'objet était de la chambre noire. La distance focale de cette lentille est donnée par la formule $\frac{1}{p} + \frac{1}{\omega} = \frac{1}{a}$. (Voy. le § 335.)

Seconde condition. — Les images stéréoscopiques, avons-nous démontré §§ 332, 333, doivent être prises sous le même angle que font les yeux ; les stations, en d'autres termes, ne doivent être séparées que par la distance des yeux, soit 6 centimètres. La chambre noire, double, de S. D. Brewster, composée (*the stereoscope,* p. 146, fig. 45) des deux moitiés de la même lentille séparées (par les centres) de 6 centimètres, résout à l'instant le problème.

Et l'on se rappellera qu'avec le procédé d'amplification des clichés, on peut, sur ces premières données, obtenir telle grandeur qu'on voudra.

Troisième condition. — Convergence artificielle des axes. L'angle de chaque prisme, nous l'avons vu au § 334, est égal à l'angle de la convergence. La table que nous donnons ci-dessous en note (1), et que nous avons empruntée à S. D. Brewster, donne, pour chaque distance de l'objet, l'angle A de convergence : cet angle est celui de chaque prisme oculaire.

On peut produire le même effet par un écartement bien réglé des loupes stéréoscopiques ; la formule qui donne cet écartement est indiquée au § 335.

Ces mesures, ces proportions, ces règles sont absolues, si l'on veut avoir *absolument* la représentation de la nature. Nous doutons pourtant qu'elles satisfassent immédiatement. Le goût du

(1) Table d'après S. D. Brewster, et, sur les données qui précèdent, des angles que doivent faire les deux directions binoculaires des chambres obscures pour différentes distances du modèle.

Appelant A l'angle cherché, D la distance du sujet, d l'intervalle des yeux $= 2^{po}.50$,

$$\text{Tang.}\ \tfrac{1}{2}\,A = \frac{\tfrac{1}{2}\,d}{D} = \frac{1.25}{D}$$

Valeurs de D.	Valeurs de A.
6 pouces.	23°.32′
1 pied anglais.	11°.54
2 *id.*	5°.58
3 pieds.	3°.59
3 1/2.	3°.25
4	2°.59
5	2°.23
6	1°.59
7	1°.42
8	1°.30
9	1°.20
10.	1°.12

public a été gâté par l'exagération du relief obtenu avec les 18°
et plus de M. Wheatstone. Peut-être même est-ce là une des
causes des limites d'emploi du stéréoscope dans les arts et dans
le portrait. Cet emploi ne dépasse pas la hauteur des fantaisies
et du caprice. Or l'art pourrait en tirer des bénéfices remarquables.

Dans la pratique, toutes les vues ne sont pas moyennes, loin
de là; il faut donc bien faire quelque chose pour mettre la stéréoscopie à la portée des myopes et des presbytes. Il convient
donc, quoique l'écartement des images, celui des lentilles, leurs
distances aux images, leurs distances focales, soient choses fixes
et invariables, si elles doivent représenter exactement la nature,
telles que l'eussent vue deux yeux moyens logés dans les chambres obscures, il convient, disons-nous, pour que des vues imparfaites ne soient pas écartées de son usage, et pour leur procurer une satisfaction non théorique, mais de quelque valeur
assurément, de donner une certaine mobilité à tous ces éléments
là. On le pourra, en donnant aux demi-lentilles de Brewster, que
nous préférons aux prismes, deux mouvements possibles : un
par éloignement ou rapprochement des lentilles par rapport aux
photographies, l'autre de rapprochement ou d'écartement des
lentilles entre elles, à partir, l'un et l'autre, d'un point de repère intermédiaire réglé sur la vision moyenne.

Le mouvement d'écartement et de rapprochement doit avoir
au moins 1 centimètre à droite et à gauche d'une position
moyenne de 6 centimètres. Celui d'éloignement des lentilles et
des photographies doit avoir un champ beaucoup plus étendu et
que nous prendrions arbitrairement d'une demi-distance focale,
un quart par rapprochement, l'autre quart par éloignement.

On peut cependant, avec un instrument fixe, résoudre toutes
les difficultés en engageant le myope ou le presbyte à se servir
d'un binocle concave ou convexe, mais doué de mobilité par
écartement ou rapprochement des branches. Si la qualité des
verres concaves rapproche de lui les images virtuelles, le
myope, en rapprochant en même temps les centres de ces
mêmes verres, augmentera, suivant les besoins de sa propre
vue, la convergence procurée par les demi-lentilles.

De son côté, le presbyte, ajoutant à l'éloignement virtuel des
images par son binocle convexe, pourra diminuer la conver-

-gence due à l'instrument par le même procédé, en rapprochant aussi les centres des verres de ses bésicles. C'est peut-être encore là le procédé le plus convenable et qu'il serait bon d'adopter, après avoir donné quelque latitude aux vues moyennes elles-mêmes par une certaine élasticité dans les deux mouvements ci-dessus décrits, et qu'on doit procurer aux lentilles à partir d'une situation fixe.

Ajoutons *qu'en aucun cas* les centres des images virtuelles ne doivent offrir un écartement qui excède 6 centimètres, ou l'écartement des yeux.

Dans le stéréoscope par réfraction, les dessins photographiques ne doivent donc pas excéder 6 centimètres en largeur.

Si l'on se sert de celui par double réflexion totale décrit au § 331, on peut leur donner tel écartement que l'on voudra, pourvu que les deux prismes oculaires n'aient leurs centres qu'à 6 centimètres d'écart.

Nous verrons dans le chapitre suivant que toutes ces mêmes conditions peuvent être aisément réalisées au moyen de la lunette jumelle d'opéra.

CHAPITRE XXII.

APPLICATION DE TOUS LES INSTRUMENTS D'OPTIQUE A LA VISION BINOCULAIRE PHYSIOLOGIQUE, PAR LE PRINCIPE DE LA DÉCENTRATION DES OCULAIRES, ASSOCIÉ A CELUI DES DOUBLES RÉFLEXIONS TOTALES.

Mémoire présenté à l'Académie des sciences, dans sa séance du 7 janvier 1861.

§ 339. **Des instruments d'optique dans leurs rapports avec la vision binoculaire.** — La plupart des instruments d'optique propres à procurer la vision nette des objets distants, instruments fondés sur la production d'une image virtuelle de ces objets sous-tendant un angle visuel plus grand que dans la vision naturelle, n'ont jamais été appliqués qu'à la vision avec un seul œil.

Il y a dans ces circonstances un double fait à étudier : y a-t-il avantage pour la vue, sous le rapport de son mécanisme, ou sous celui des effets obtenus, à n'y voir que d'un œil ; ou bien n'y aurait-il pas, au contraire, dans l'accouplement des lunettes et télescopes, certaines difficultés mal surmontées jusqu'ici, et qui s'opposent à leur usage binoculaire?

Comme il n'est pas douteux pour nous que la physiologie ne trouvât pleinement son compte à voir les deux yeux fonctionner harmoniquement, dans la plupart des cas où l'on n'en emploie qu'un seul; comme l'application constante d'un seul œil nous semble de nature à troubler promptement l'accord normal fonctionnel des deux organes, nous nous sommes proposé de cher-cher à préciser les conditions d'un usage rationnel et physiolo-gique, binoculaire de tous ces instruments.

Indépendamment des considérations précédentes, nous avons été encouragé à entreprendre cette étude par les propriétés su-périeures que l'analyse expérimentale de la fonction nous a con-stamment fait reconnaître dans la vision avec le concours des deux yeux. N'avons-nous pas établi d'abord que dans la vision avec un seul œil, la notion des distances relatives de l'observa-teur aux divers points du champ visuel n'était fournie que par les attributs de la perspective aérienne, la succession des teintes, l'éducation, l'habitude; que la géométrie physique n'y jouait pour ainsi dire aucun rôle?

Dès que l'on fait concourir les deux organes associés physio-logiquement, les choses changent d'aspect; tous les points du tableau se trouvent rattachés à l'observateur par une parallaxe positive : il n'y a plus d'indétermination dans leurs relations en-tre eux et avec l'observateur. Les différents plans, les reliefs sont fixement précisés; il n'y a plus place pour l'illusion. D'autre part, si l'on se rappelle le raisonnement judicieux de Léonard de Vinci et l'existence, signalée par cet homme illustre, d'une portion du champ visuel appartenant à chaque œil exclusive-ment sur les bords extrêmes de la partie commune, on ne peut douter que la soustraction de ces deux éléments latéraux ne doive notablement changer les conditions générales de la vision. La modification ne portât elle que sur l'étendue du tableau visible ou sur la profondeur de ses limites périphériques, il y aurait nécessairement lieu à la prendre en considération.

Pour prendre un terme de comparaison, nous dirions volontiers que si la vue avec un œil peut être assimilée aux notions tactiles que nous fournirait le bout du doigt promené sur un objet, la vision binoculaire devra être comparée à l'action des deux mains, embrassant de droite et de gauche la totalité de l'objet et l'assujettissant invariablement entre elles.

La vision n'est donc complète et parfaite que lorsqu'elle s'exerce par le concours harmonique des deux yeux. Tout instrument d'optique interposé entre le monde extérieur et les organes devra donc, pour être complet, reposer sur la mise en jeu des deux yeux associés.

L'analyse et la détermination des conditions que doivent remplir ces instruments pour être mis au service des deux yeux et remplacer la fonction naturelle, ont donc droit de nous occuper maintenant.

Parmi ces instruments, il en est un très-répandu et qui déjà semble réaliser ces conditions et satisfaire aux vues qu'a pu avoir la nature en disposant par paires les instruments du sens de la vue. C'est la lunette de Galilée ou de spectacle que l'industrie a su approprier à la fonction binoculaire.

Commençons donc cette étude par celle de la lunette-jumelle d'opéra.

§ 340. **De la lunette de spectacle ou de Galilée, considérée en elle-même, ou au point de vue monoculaire.** — Cet instrument est si commun, si répandu, que sa description est superflue : elle se comprend d'ailleurs d'un mot et consiste dans la réunion de deux lunettes de Galilée accolées et placées devant les yeux.

L'usage de cet instrument est souvent pénible, et la même lunette ne convient pas à tout le monde. D'où vient cette anomalie apparente? Cela ne peut être que des rapports de ladite lunette avec la fonction binoculaire, car chacun peut toujours voir sans fatigue avec une seule lunette mise au point.

Pour pénétrer dans la question avec assurance, exposons d'abord exactement toutes les conditions offertes par une seule lunette, dans ses rapports avec un seul œil.

Nous avons vu au § 33 en quoi consistait la lunette de Galilée ; comment, dans cet instrument, une image réelle et renversée *ba* (fig. 24, p. 36) formée par un objet plus ou moins éloigné, presque au foyer principal d'un objectif convexe, était renvoyée virtuellement, et redressée, en *a'b'* par un verre oculaire concave placé entre elle et l'objectif.

La première question à se poser, en ce qui concerne cette lunette, c'est de déterminer le rapport de grandeur de l'image réelle et de l'image virtuelle, ou, comme leur angle visuel pris du centre de l'oculaire est le même, le rapport de cet angle visuel avec celui sous-tendu par l'objet lui-même du centre de l'objectif; en d'autres termes, le rapport de l'angle sous-tendu par *ab* au centre de l'objectif avec celui sous-tendu par *a'b'* au centre de l'oculaire. Or si l'on prend les tangentes au lieu des angles, ce qui se peut vu leur petitesse, on voit que ces tangentes sont dans le rapport inverse des distances de l'image *ba* d'une part à l'objectif, et de l'autre à l'oculaire. Or la première de ces distances est la longueur focale même de l'objectif F, et la seconde, la différence entre cette même longueur focale et la distance des verres, à un instant donné de l'observation.

La distance focale de l'objectif étant une quantité constante, le grossissement croît donc à mesure que diminue cette différence ou qu'augmente la distance des verres. Avec le grossissement, croît également la distance de l'image virtuelle *a'b'*; de telle sorte qu'arrivée à une distance de l'image *ba* égale à sa propre distance focale, l'oculaire dévierait les rayons émergents tout à fait dans le voisinage du parallélisme.

La longueur maximum de l'instrument correspond donc à un écartement des verres égal à la différence de leurs distances focales, comme le minimum de cette distance, pour la lunette astronomique, correspond à la somme de ces mêmes distances focales.

On voit encore, d'après cela, que plus l'oculaire a un court foyer, plus ce même grossissement augmente, toutes choses étant égales d'ailleurs : car la distance des verres augmente à mesure que diminue la longueur focale de l'oculaire.

On peut se demander par quels éléments sera réglée la distance de l'oculaire et de l'objectif dans chaque circonstance de l'application de l'instrument.

Or, appelant F la longueur focale de l'objectif, f celle de l'oculaire, x la distance des deux verres, d étant la distance de la vue distincte, le calcul apprend que

$$x = F - \frac{f}{1 - \frac{f}{d}} \cdot$$

(Lamé, *Cours de l'École polytechnique*.)

On voit d'après cela que f et d étant toujours positifs, et $d > f$ (ce qui est toujours le cas), $1 - \frac{f}{d}$ est toujours plus petit que l'unité dans la formule ·

$$F - x = \frac{f}{1 - \frac{f}{d}} \cdot$$

F—x, ou la distance de l'oculaire à l'image ab, est donc toujours plus grande que f.

Cela posé, on voit en outre que $F - x$, ou la distance de l'oculaire à l'image, croît à mesure que le dénominateur $1 - \frac{f}{d}$ diminue, et celui-ci diminue quand la quantité à soustraire de l'unité augmente, c'est-à-dire quand d, distance de la vue distincte, diminue.

Il suit de là que la distance des verres doit être d'autant moindre que la vue sera plus courte, ou le sujet plus myope : le presbyte allonge donc les tuyaux de tirage et voit, en même temps sous un angle visuel plus grand, pendant que le myope, assujetti à la règle contraire, voit les objets plus petits et plus rapprochés.

§ 341. De la lunette d'opéra au point de vue binoculaire.

— Connaissant la lunette de Galilée sous le rapport monoculaire, la question à résoudre est l'étude des rapports de ces conditions avec la vision binoculaire.

Chaque lunette, dans une paire de jumelles, présente donc à l'œil auquel elle correspond une image virtuelle des objets, plus ou moins rapprochée et agrandie.

L'agrandissement est ici tout monoculaire, et est sans influence sur la convergence nécessaire aux axes pour fusionner les deux images : l'étendue de ce mouvement de convergence ne dépend que de la distance à laquelle il doit avoir lieu ; c'est alors cette distance qui fixe l'angle que devront exécuter les axes optiques relativement aux axes de l'instrumentation qui sont parallèles (fig. 107).

Si l'on jette les yeux sur la figure 107, on voit en effet que les axes de l'instrument A*a*, B*b* sont parallèles, mais les axes de la vision sont tout autres et fort complexes.

Fig. 107.

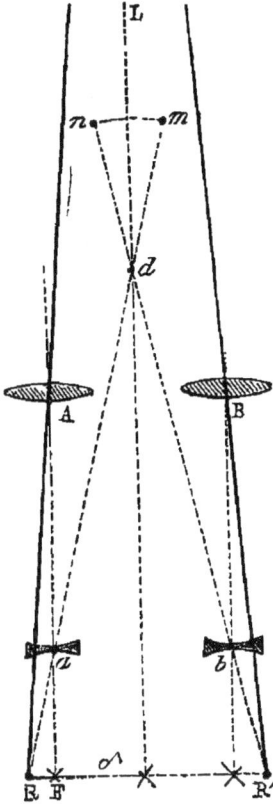

Soient *a*,A, les centres de l'oculaire et de l'objectif d'un côté, *b*,B, les centres des mêmes verres de l'autre côté ; les lignes *a*A, *b*B sont parallèles dans tous les instruments que fait aujourd'hui l'industrie optique, et leur intervalle est *exactement* celui des yeux à l'état de parallélisme.

Appelons L le point de mire réel sur lequel la vue se dirige. Si nous menons une droite par L et A, une autre par L et B, ces deux lignes représentent à très-peu près la convergence sous laquelle les yeux verraient le point L, et, d'une manière exacte, l'axe des images réelles objectives renversées qui seraient, d'après cela, en R,R', *en dehors* de l'axe des yeux.

Où seront alors les images virtuelles redressées par les oculaires? Évidemment quelque part sur la droite joignant R ou R', au centre optique des oculaires, en *m* et *n*, par exemple. Les deux yeux recevront donc sans fatigue les images *m* et *n* si l'angle de convergence des lignes R*a*, R'*b* est tel que les points *m* et *n* se trouvent l'un et l'autre à la rencontre même de ces deux lignes, au point *d*.

S'il en est autrement, si *m* et *n* sont renvoyées plus loin de l'œil correspondant que n'est le point *d*, concours de leurs directions, la jumelle a mis les yeux dans le cas où est le presbyte qui se sert de verres convexes pour voir un objet rapproché : il est obligé, pour amener la fusion des doubles images *m* et *n*, d'exécuter un mouvement de décentration par convergence souvent très-difficile et très-pénible. Inversement, si *m* et *n* sont plus près des yeux que n'est le point d, point de rencontre des directions Ra, $R'b$, les yeux sont dans le cas du myope dans ses rapports avec le verre concave ; pour amener la coalescence de m et n, le sujet est obligé d'exécuter une action automatique de décentration par divergence. On voit tout de suite combien la question est complexe.

Pour fixer les idées, prenons le cas des rayons parallèles ou venant d'objets très-éloignés : ce qui est celui de toutes les lunettes destinées aux objets éloignés (télescopes) et sur lequel le calcul doit être établi.|

Dans cette hypothèse, si AF représente la distance focale principale de l'objectif, F, situé sur l'axe au foyer principal de cette lentille, est en même temps le lieu de l'image réelle et renversée de l'objet situé à l'horizon et que nous avons désigné par L.

Si d'autre part d représente la distance de l'image redressée à l'oculaire (distance que nous avons déterminée dans le paragraphe précédent), les points m et n sont, chacun de leur côté, et comme des images doubles homonymes, à une distance d sur les axes Fa, $F'b$. Et la fonction binoculaire devra les amener autocratiquement à coalescence sur le point d, à moins que, par une disposition spéciale de l'instrumentation, les lignes Fa, $F'b$ ne soient présentées géométriquement dans ladite convergence ad, bd.

Pour que les yeux n'aient point d'efforts à faire, il faut donc que les verres soient disposés de façon à présenter eux-mêmes le rayon aF dans la direction Rad ; en d'autres termes, il est nécessaire que la direction aF soit, par l'instrument, rejetée en dehors d'une quantité RF, telle que l'on ait $\dfrac{aF}{RF} = \dfrac{d}{\frac{1}{2}ab}$,

ab étant la distance des centres des pupilles.

Or aF, les rayons étant supposés parallèles, égale $F - x$, x étant la distance des verres ; et si l'on désigne par f la longueur focale de l'oculaire, on a (§ 340) :

$$aF = F - x = \frac{f}{1 - \dfrac{f}{d}} ;$$

d'où,

$$\frac{aF}{RF} = \frac{\dfrac{f}{1 - \dfrac{f}{d}}}{RF} = \frac{d}{\frac{1}{2}ab} ;$$

ce qui donne :

RF $=$ décentration de l'oculaire en dedans de l'axe de l'objectif,

$$= \frac{\dfrac{f}{1 - \dfrac{f}{d}}}{\dfrac{d}{\frac{1}{2}ab}} = \frac{1}{2}\frac{f.\,ab}{d - f}.$$

Ce qui revient à dire que le centre de l'oculaire doit être porté, en dedans de l'axe principal de l'objectif, d'une distance, troisième proportionnelle à la distance focale de l'oculaire, du demi écartement des yeux, et de la différence entre la distance de l'adaptation ou de l'image virtuelle et ladite distance focale de l'oculaire.

Toute jumelle dans laquelle on voudra que l'instrument amène, lui-même, dans la convergence voulue, les deux images virtuelles définies plus haut, devra donc être construite sur ce principe : l'écartement des yeux réglant l'écartement des objectifs, — la distance des centres des oculaires sera mobile par rapprochement, en dedans des axes des objectifs, et la quantité dont ils devront être mus l'un vers l'autre sera donnée par la proportion énoncée plus haut.

§ 342. **Rapports physiologiques de la convergence et de l'accommodation**. — Nous venons de dire, dans le paragraphe précédent, que les deux images m et n se fusionnaient dans le champ de la vision distincte à la distance même donnée par l'adaptation virtuelle imposée par l'oculaire.

On voit que nous nous retrouvons ici en présence de la question analysée déjà au § 239.

Jusqu'ici la solution donnée par les auteurs classiques s'est toujours bornée à dire que les images m et n étaient renvoyées *dans le champ de la vision distincte*, mais sans préciser la distance, le point auquel devait avoir lieu ce renvoi et par suite la fusion binoculaire.

Est-ce à la limite inférieure de la portée de la vue qu'a lieu ce renvoi de l'image virtuelle ? Est-ce dans tout autre point déterminé ou à déterminer ?

Il faut encore demander ici une réponse à l'expérience.

Or, expérimentant avec une lunette jumelle, fixant nos regards, alternativement monoculaires ou binoculaires, sur des points différemment éloignés, nous n'apercevons pas de différence apparente dans le diamètre et la sensation de distance de l'objet, soit que nous le regardions avec un œil, soit que nous l'observions avec les deux yeux. D'où nous devons inférer tout d'abord que, selon toutes probabilités, nous le voyons binoculairement sous un angle qui doit être celui qui correspond normalement à l'accommodation imposée par l'oculaire.

Cette expérience faite (et elle n'a pu porter naturellement que sur des objets assez distants pour que leurs rayons puissent être considérés comme parallèles), nous changeons les conditions de l'expérience.

Au lieu d'un objet éloigné et fournissant deux images semblables, l'une pour chaque œil et sur des axes sensiblement parallèles, nous prenons deux images stéréoscopiques qui peuvent ainsi être présentées sur des axes parallèles, et nous nous préparons la lorgnette jumelle de façon que chaque moitié nous donne une image redressée distincte, sur l'axe, comme dans le procédé communiqué par M. A. Boblin à l'Académie royale de Belgique.

Mais alors, quelque effort de volonté que nous fassions, il est (à moins d'un exercice bien longtemps soutenu et très-pénible) presque absolument impossible d'amener à fusion les deux images parallèles.

D'où vient cette différence? Si, comme on l'a dit, il suffit de la moindre convergence des axes optiques pour que deux images semblables se fusionnent à leur point de concours, si l'accommodation ne jouait là son rôle, en enchaînant la faculté de convergence, nous procurerions évidemment la fusion de ces deux images stéréoscopiques tout aussi simplement que celle des deux images parallèles d'un objet éloigné. Il n'y a en effet de différence entre les unes et les autres que dans l'angle de divergence des rayons émanés de chaque point.

C'est ce que va démontrer l'emploi d'un procédé très-simple : dans l'état ci-dessus exposé de la lunette jumelle, dont nous supposerons les oculaires mobiles sur leur axe horizontal commun, rapprochons graduellement l'un de l'autre ces oculaires : qu'observons-nous ?

Les deux images se rapprochent en même temps, et au bout d'un instant, quand les oculaires sont suffisamment décentrés, en dedans, par rapport aux objectifs, nous voyons les deux images arriver à coalescence et le relief le plus pur apparaître aussitôt.

Or qu'avons-nous fait en cette occasion? Rien de plus que de présenter aux yeux les axes des images sous une inclinaison mutuelle convenable : et quand cette inclinaison est celle qui correspond à l'accommodation imposée par les oculaires, à l'instant apparaissent le relief et l'image unique.

D'où nous devons conclure que les yeux peuvent amener spontanément, par une décentration qui atteint plus ou moins vite sa limite (voir le § 341), la convergence des deux axes parallèles provenant d'un objet éloigné. Alors, en effet, la lunette de Galilée fournit les rayons sous un angle qui correspond à la limite éloignée de la vision du sujet.

Mais l'objet vient-il à courte distance, les rayons sont-ils présentés à l'œil sous une divergence qui suppose une accommodation rapprochée, l'angle qui sépare les axes parallèles de la convergence correspondant à cette accommodation, est bien trop grand pour que les yeux puissent procurer la convergence par une décentration spontanée. Il faut alors recourir à un procédé artificiel, et décentrer la lunette, portant les oculaires en dedans de l'axe des objectifs, de la quantité réclamée par l'accommodation.

Dans la vision physiologique, il est donc constant que la convergence et l'accommodation réelle ou virtuelle sont toujours en rapport.

Les chiffres eux-mêmes sont en concordance avec ces résultats.

Dans un exemple nous opérions avec les éléments suivants :

Longueur focale des objectifs. . . . .   17 centimètres.
Longueur focale des oculaires. . . . .   67 millimètres.
Distance des pupilles. . . . . }
    —   des axes de la lunette. . . . }   63 millimètres.

(La lunette est déjà un peu décentrée en dedans, mais de 1 ou 2 millimètres seulement.)

Nous prenons deux images stéréoscopiques et nous essayons, comme il a été exposé quelques lignes plus haut, de les réunir avec la lunette jumelle mise au point. Avec chaque œil alternativement ouvert, nous voyons parfaitement chaque image, mais l'impression demeure double si nous ouvrons les deux yeux à la fois.

Dans cet état de choses, la lunette double est mise au point, et l'objectif, à 1 mètre environ du dessin stéréoscopique. L'i mage réelle et renversée de ce dessin est donc à 20 centimètres de l'autre côté de l'objectif $\left(\dfrac{1}{p}+\dfrac{1}{p'}=\dfrac{1}{f}\right)$.

Quant à l'image virtuelle, redressée par l'oculaire, sa distance x, en avant de cet oculaire, est donnée par la formule

$$x = \frac{p'f}{p'-f} \quad (1)$$

(1)

Fig 108.

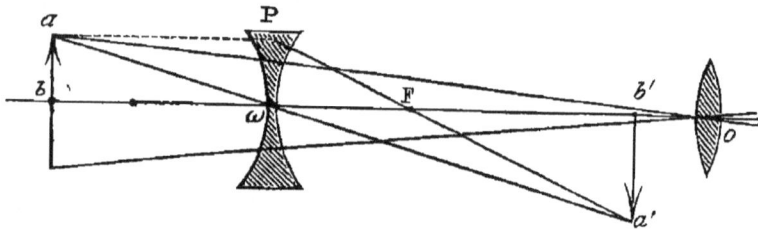

o étant le centre optique de l'objectif,

ω celui de l'oculaire,

ab l'image réelle et renversée de l'objet,

ωF la longueur focale de l'oculaire (f),

$p' = \omega b$, distance de l'oculaire à l'image réelle.

$x = \omega b'$.

Le point a', correspondant de a dans l'image virtuelle, s'obtient par la rencontre de l'axe secondaire $a\omega$ et du rayon parallèle aP, dévié suivant PF passant par le foyer.

Les triangles $a'b'\omega$, $ab\omega$ sont semblables; ainsi sont, à cause du parallélisme de aP et bo, les deux autres triangles aPa', $\omega Fa'$. Dans la première paire de ces triangles on trouve :

$$\omega b' : p' :: \omega a' : \omega a.$$

Dans la seconde :

$$\omega a' : (\omega a' + \omega a) :: f : p'.$$

Mais dans la première équation on a, par le calcul :

$$\omega a' : (\omega a' + \omega a) :: \omega b' : (\omega b' + p'),$$

ou

$$\omega a' : (\omega a' + \omega a) :: x : (x + p'),$$

ou bien enfin, en combinant les deux équations :

$$x : x + p' :: f : p',$$

ou

$$x = \frac{p'f}{p'-f} \, .$$

On serait, du reste, arrivé à cette formule par l'interprétation appropriée du § 25.

si l'on appelle p' la distance de l'oculaire à l'image réelle et f la longueur focale de l'oculaire. Si l'on fait dans cette formule $p' = 75$ et $f = 67$, on obtient pour d ou $x = \dfrac{75 \times 67}{75 - 67}$ ou 628 millimètres.

Nous arrivons donc à ceci que, dans le cas dont s'agit, les dessins stéréoscopiques, placés devant les jumelles, sont remplacés, pour les yeux, par deux images virtuelles droites placées à une distance de 628 millimètres·environ.

Ces deux images sont sur des axes parallèles : au moment où l'effort spontané des yeux les réunit en une, elles ne paraissent pas sensiblement s'éloigner ni se rapprocher, s'amplifier ni se réduire : leur réunion en une seule n'est accompagnée d'aucune sensation qui réponde à un changement appréciable dans la distance virtuelle du lieu de l'espace qu'elles occupent. L'impression perçue ne fait présumer aucun changement notable dans ces distances.

Mais on s'assure bientôt qu'il n'y a en effet aucun changement appréciable amené dans la distance des images virtuelles au moment de leur réunion.

Nous avons dit tout à l'heure qu'il était impossible d'amener cette réunion par un effort volontaire et spontané. Mais il est un moyen très-simple de procurer cette coalescence sans fatiguer les yeux : c'est de placer entre eux et les oculaires un prisme convenable (mais le degré en serait un peu long à régler), ou plus simplement, de rapprocher l'un de l'autre les oculaires, en les faisant marcher sur la ligne droite qui joint leurs centres dans la situation ordinaire.

Par ce mouvement, on amène, comme nous l'avons montré précédemment, les axes virtuels des images, du parallélisme dans une direction concourante, et pendant qu'on opère ce mouvement, on voit en effet les deux images virtuelles se rapprocher l'un de l'autre et, à un instant donné, se confondre. Le relief apparaît alors avec toute sa perfection, et sans aucun effort de la part des yeux.

En ce moment il est clair que les axes des images virtuelles sont dans la situation de concours ou de convergence régulière ; il est intéressant de déterminer leur angle, et partant la distance de leur point de concours ou des images fusionnées.

. Rien n'est plus aisé :

L'image réelle du dessin stéréoscopique est à une distance p' derrière l'oculaire ; on a fait marcher l'oculaire de n millimètres (5 millimètres, par exemple), dans ce cas-là, en dedans : L'axe optique nouveau fait donc avec l'axe parallèle un angle dont la tangente $= \dfrac{n}{p'} = \dfrac{5}{75} = \dfrac{1}{15}$.

Mais cet angle est la moitié de l'angle de convergence des axes optiques, ou celui que chacun d'eux fait avec le plan médian vertical.

Dans le cas que nous avons pris pour exemple, $p' = 75$ millim., n mesuré, nous a donné 5 millimètres.

La tangente de l'angle cherché est donc $\dfrac{1}{15}$. D'autre part, les images virtuelles, situées à une distance de 62 centimètres, ont marché de la moitié de l'intervalle des yeux, ou de 32 millimètres environ. La tangente de l'angle parcouru est donc $\dfrac{32}{628}$ à très-peu près ; fraction qui, réduite à sa plus simple expression, donne $\dfrac{1}{20}$, et nous avions plus haut $\dfrac{1}{15}$.

Dans des expériences aussi délicates, et où la mesure repose sur un acte physiologique aussi difficile à apprécier qu'un degré de plus ou moins de fatigue ou d'effort, on peut, sans témérité, considérer ces deux expressions,

$$\frac{1}{15}, \quad \frac{1}{20},$$

obtenues par deux voies toutes différentes, sinon comme identiques, du moins comme se confirmant l'une l'autre. Il est donc hors de doute que la fusion des deux images virtuelles à axes parallèles s'opère dans le voisinage même de la distance virtuelle monoculaire de ces images.

Nous sommes donc autorisé à considérer comme vraie la proposition suivante : la convergence des axes optiques de fusion est liée, dans l'état physiologique, à l'accommodation. La distance D, de la vue distincte, dans la formule ci-dessus, devra donc toujours être cherchée dans la distance même, ou du moins une distance très-voisine, de l'image virtuelle monoculaire, donnée par l'oculaire de la lunette de Galilée (1).

Deuxième exemple. — Plaçons les épreuves à 200 mètres. L'image réelle renversée serait, tout étant égal d'ailleurs, à 185 millimètres de l'objectif. Ces conditions donnent pour p' une valeur de 70 millimètres, et pour $d = \dfrac{70 + 67}{3}$ ou $1^m.560$ millimètres.

Pour fusionner aisément les deux images à cette distance, un très-faible effort suffit, comme si elles étaient à l'infini ; la rétine est, en effet, à une telle distance, très-voisine de l'état d'indifférence ou de repos.

Mais un léger rapprochement des oculaires remplace aisément cette décentration physiologique, et si on le mesure avec soin on trouve qu'un écartement de $6^e,1$, ou de 61 millimètres ; procure instantanément l'effet attendu. Comme les objectifs sont d'ailleurs à 64 millimètres de distance mutuelle (par leurs centres), c'est dans une décentration de 1,5 millimètre de chaque côté.

L'angle de convergence, mesuré du côté des images, a donc pour tangente $\dfrac{34^{mm}}{1560}$ d'une part ; le même angle, mesuré par la décentration des oculaires, aurait pour tangente

$$\frac{1.5}{70},$$

(1) M. Donders confirme (§ 341) indirectement cette appréciation : que la convergence des axes optiques et l'accommodation ne sont physiologiquement passibles que d'un très-faible écart.

« J. Muller et Porterfield, dit ce physiologiste, admettaient un rapport *absolu et constant* entre la convergence des axes optiques et l'accommodation de l'œil ; mais, depuis longtemps déjà, on sait que cela n'est pas exact. Diverses expériences avec des verres concaves, convexes et prismatiques ont prouvé que, a un degré donné de convergence des axes, il restait encore *quelque champ libre* pour l'accommodation. Le contraire est également vrai ; c'est-à-dire que, pour une limité donnée de l'accommodation, la convergence peut également varier *quelque peu*. En effet, la possibilité de voir distinctement à une même distance par des verres légèrement concaves et convexes prouve de la manière la plus irrécusable que l'on peut changer l'état d'accommodation sans changer la convergence. Et, d'un autre côté, en faisant usage de verres légèrement prismatiques, le sommet du prisme tourné ou en dedans ou en dehors, on change involontairement la convergence des axes optiques, de manière à voir les objets simples, en conservant la même accommodation, partant la même netteté des objets. »

c'est-à-dire d'un côté
$$\frac{34}{1560},$$

de l'autre
$$\frac{30}{1400}.$$

Il y a là certainement encore une concordance suffisante.

Nous ferons remarquer que cette dernière épreuve est très-délicate ; à mesure que l'adaptation s'éloigne, le moindre effort spontané des yeux suffit à amener la coalescence. Aussi pourrait-on croire souvent n'avoir aucunement besoin de la décentration des oculaires pour amener la coalescence, car on peut dire que, pour la vue à l'horizon et pour les objets éloignés, le plus minime effort est suffisant.

Ce second exemple ne diffère pour ainsi dire pas des chiffres que l'on obtiendrait en appliquant le calcul des objets éloignés, comme dans l'usage des jumelles d'opéra.

Pour cette dernière, qui donne l'image réelle renversée presqu'au foyer principal, une décentration possible de 1 centimètre de chaque côté suffit. L'effet produit est alors un simple effet de grossissement, car l'image virtuelle est elle-même à l'horizon, ou du moins au delà de tout calcul précis, et le fusionnement dépend des habitudes de l'organe.

§ 345. **Du myope et du presbyte, dans leurs rapports avec la jumelle d'opéra**. — Nous pouvons conclure de là que, s'il est très-aisé au presbyte de fusionner, au moyen de la jumelle, les images éloignées dans le cas où les axes de l'instrument ne sont pas plus ou moins notablement distants l'un de l'autre que les centres des pupilles, ce fusionnement n'exigeant de la part des yeux qu'une très-légère décentration cristallinienne en dehors, il n'en est plus de même du tout en ce qui concerne le myope.

Pour ce dernier, plus sa vue est courte, plus il est obligé de rapprocher l'oculaire de l'objectif, dans le but de rapprocher de ses yeux l'image virtuelle redressée ; plus, par conséquent, il doit exercer d'efforts pour procurer, par une décentration cristalline appropriée et en dehors, l'angle voulu de convergence. On voit en effet que cet angle augmente à mesure que l'image virtuelle se rapproche de l'observateur; un sujet très-myope se voit bientôt, vis-à-vis des objets éloignés, dans le cas d'un observateur vis-à-vis des images stéréoscopiques du paragraphe précédent.

Toute bonne jumelle doit donc être construite, si l'on veut qu'elle serve à toutes les vues, sur le plan de celle qui serait destinée à voir les dessins stéréoscopiques aussi bien que les objets éloignés. Il faut que les oculaires soient mobiles en dedans, sur la ligne qui joint leurs centres.

Le mécanisme de leur usage sera dès lors des plus simples : après avoir mis avec un œil (nous les supposons nécessairement égaux) la lorgnette *au point*, quant à la distance de l'objectif et de l'oculaire, un petit bouton à crémaillère rapprochera les oculaires de la quantité voulue pour amener, sans effort, les images à coalescence.

On pourra ainsi parcourir toute l'échelle des distances et des convergences, depuis l'infini jusqu'à une distance de 50 centimètres, si l'on veut, et l'instrument sera applicable à toutes les vues, et pour le même écartement des yeux.

Cependant, comme a observé entre les yeux des divers sujets des écartements assez variables, il conviendra d'établir trois numéros, suivant les écartements des yeux, entre 7 centimètres (rare) et 5 centimètres, rare aussi, mais moins rare que 7. La moyenne la plus commune est 6 centimètres; elle suffira à la presque généralité des cas.

Tel est le principe dont nous recommandons l'étude aux opticiens qui seraient curieux de satisfaire aux exigences physiologiques de toutes les vues.

§ 344. Application de ces principes à la stéréoscopie. — Jumelle-stéréoscope.

— On voit, par la discussion de ce petit problème, la similitude qui existe entre les conditions de convergence des axes parallèles de la jumelle d'opéra pour les vues courtes, et celles de la vue stéréoscopique au moyen du même instrument.

Il s'ensuit qu'une lunette de spectacle jumelle dont on décentrerait les oculaires comme il vient d'être dit, pourrait parfaitement servir à deux fins, et s'adapter, à la fois, à la vue distante et à la stéréoscopie.

Les conditions d'éloignement des images et des verres seraient toujours données par la formule ci-dessus :

$$\frac{1}{F-x} + \frac{1}{d} = \frac{1}{f} \text{ (voy. § 340.)}$$

pour l'utilisation de laquelle il faudrait remarquer que l'objet étant beaucoup plus près de l'observateur dans la stéréoscopie que dans la vision ordinaire, l'image réelle ab de la figure 108 serait proportionnellement plus distante de l'objectif; il y aurait donc lieu à donner un tirage beaucoup plus long au tuyau portant l'oculaire, à mesure qu'on voudrait se procurer un grossissement plus considérable.

L'écartement x des verres serait toujours donné par la formule que nous avons reproduite ci-dessus d'après tous les auteurs classiques, et dans laquelle la distance focale F ne représenterait plus le foyer principal, mais la distance conjuguée du dessin photographique, fournie par la formule ordinaire des lentilles biconvexes

$$\frac{1}{F} + \frac{1}{p} = \frac{1}{f} \text{(toutes les valeurs positives)},$$

formule dans laquelle p représente la distance à laquelle seraient placées les images stéréoscopiques, et le reste comme ci-dessus.

Cette idée d'appliquer la lunette jumelle d'opéra à la stéréoscopie n'est pas nouvelle : elle a été indiquée déjà en Angleterre, mais dans des conditions qui en rendent l'application extrêmement circonscrite.

Voici ce que nous trouvons à cet égard dans le traité de S. D. Brewster, déjà tant de fois cité dans le cours de cet ouvrage (*The stereoscope*, p. 122) :

« Comme les yeux eux-mêmes, dit S. D. Brewster, constituent un stéréoscope pour ceux qui ont le pouvoir de faire promptement *converger leurs axes optiques sur des points plus voisins que l'objet qu'ils contemplent* (on sait qu'il y a ici erreur de sens, et que les yeux au contraire, dans la stéréoscopie naturelle, se porteraient en divergence), on pouvait s'attendre à ce que la première tentative entreprise pour fournir un stéréoscope à ceux dépourvus d'un tel pouvoir, eût été de leur procurer des yeux auxiliaires capables de combiner des images binoculaires de différentes tailles, à différentes distances de l'œil. Il n'en a pourtant pas été ainsi, et le stéréoscope qui a été imaginé dans cet objet, et que nous allons décrire, est le dernier qui ait été produit. »

« Supposons un petit télescope MN, à image renversée, formé de deux lentilles convexes placées à une distance égale à la somme de leurs distances focales ; un autre OP parallèle et égal au premier, pour l'autre œil. Plaçons en face de chacun une des images stéréoscopiques ; chacune sera vue avec une netteté parfaite (mais renversée, offrant à droite ce qui est à gauche et réciproquement) ; si maintenant on amène en *une très-légère inclinaison* les axes des deux télescopes, on amènera à l'instant leur fusion (et comme on a eu soin de placer devant l'œil gauche l'image stéréoscopique dessinée pour l'œil droit, et réciproquement, on aura le dessin parfait en relief, mais renversé.)

« L'instrument que nous venons de décrire, ajoute l'auteur, n'est rien de plus que la double lunette de spectacle qui forme en soi un bon stéréoscope, et dans laquelle on a remplacé l'oculaire concave, dont le champ de vision est des plus restreints, par un oculaire convexe, dont le champ est bien plus étendu et d'autant préférable. »

Ayant entre les mains une combinaison aussi simple, on pourrait s'étonner de l'abandon où est demeurée cette application, si plusieurs inconvénients ne venaient s'offrir ici dans l'emploi de ce double télescope.

Analysons la marche des rayons dans cette instrumentation. Soient A et B les points centraux (fig. 109) des deux images stéréoscopiques ; O, M, les centres des deux objectifs ; PN ceux des oculaires sur les parallèles AMN, d'une part, BOP de l'autre, avant le mouvement qui doit amener la fusion.

Ce mouvement, afin de ne pas écarter les oculaires, se passera nécessairement sur un axe de rotation plus ou moins dans leur voisinage. Appelons *o,m* les centres des objectifs dans leur nouvelle position, *p* et *n* ceux des oculaires ainsi dérangés. Quel que soit, du reste, le point où a lieu le mouvement (S. D. Brewster ne dit pas où il place son centre de rotation), les axes nouveaux des télescopes seront nécessairement *op* d'une part, *mn* de l'autre, ou deux parallèles à ces lignes, passant par les centres optiques. Cela étant, l'image objective de A qui était en *a* séra nécessairement portée sur l'axe secondaire A*m* et celle de B sur B*o*, l'une en *a'*, l'autre en *b'*.

Fig. 109.

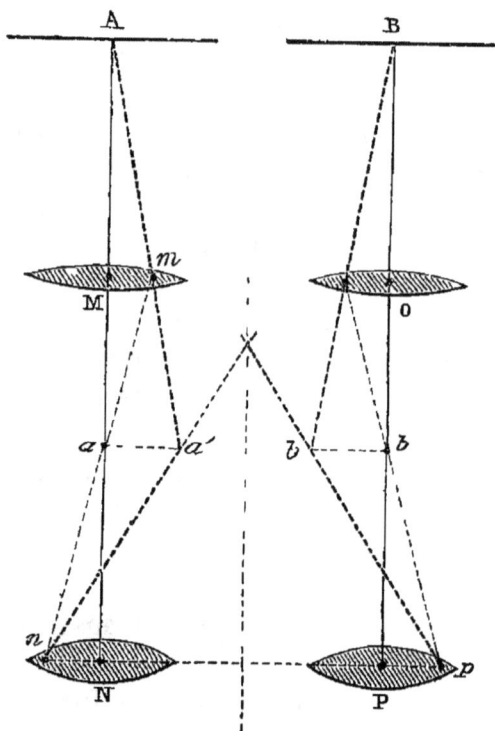

Joignant alors *b'p* et *a'n*, nous avons les axes optiques sur lesquels devra s'opérer la fusion.

Cette analyse nous décèle certains vices sérieux de la combinaison, et pourquoi son auteur a dû choisir l'oculaire convexe qui augmente un peu le champ de la vision.

D'après ce que nous venons de voir, le mouvement d'inclinaison devra porter plus particulièrement sur le déplacement des objectifs, car l'écartement des oculaires ne peut pas être supposé. A mesure que *a* et *b* devront être portés en dedans, dans le sens *a'* et *b'*, il faudrait d'autant plus *écarter* les yeux, pour mettre leurs axes optiques en correspondance avec les lignes *a'n*, *b'p*. Et cet écartement devrait coïncider avec une plus grande convergence de leur part : conditions de plus en plus incompatibles.

Le mouvement aura donc lieu par rapprochement des objectifs. Or ce mouvement devra être bientôt limité par le contact des bords des montures; mais il naîtra vite un autre inconvénient. Le plan de la lentille objective deviendra incliné eu égard au plan de l'image. Or on sait ce qui arrive en un tel cas; c'est que les distances focales conjuguées des divers points de l'image changent avec ce mouvement; les points internes de l'image se rapprochent relativement de la lentille, les points externes s'en éloignent, au fur et à mesure que ce mouvement s'opère. La netteté et les proportions de l'image sont altérées d'autant.

De plus, la même chose a lieu, en sens inverse, pour l'autre télescope; les points dont les distances focales se raccourcissent dans l'un, voient les leurs s'éloigner dans l'autre. Il y a là une dissociation d'harmonie dans les parties similaires, et destinées à former l'image unique, qui ne saurait que vicier notablement l'instrument de S. D. Brewster. Cette dissociation est de même nature que celle que nous avons signalée à notre § 330, chapitre de la stéréoscopie, et nous voyons que tous les instruments qui la présentent sont restés en route. M. Brewster a eu raison de dire que c'était là la même invention, au fond, que le pseudoscope de son savant rival, M. Wheatstone.

Les deux procédés pêchent également par ce même point de la rupture de l'harmonie des images, et ce dernier par l'extrême limitation du champ de la vision et l'écartement imposé aux yeux.

§ 344 *bis.* **Suite. — Rectification de l'emploi de cet instrument.** — Cette dissociation, qui s'accompagne d'ailleurs d'une notable diminution dans l'étendue superficielle du champ visuel, tant eu égard à la limite imposée par la dimension des oculaires, que par la réduction de netteté résultant des différences des longueurs focales signalées au paragraphe précédent, pouvait être évitée.

Au lieu d'incliner les axes des deux télescopes, le simple écartement des oculaires, sans changer leur parallélisme, conduisait au même résultat. Portons N en *n*, P en *p*, joignons *an*, *bp*, et l'effet cherché est produit. Les images sont amenées sur des axes convergents; et eu égard à la position relative des images *a,b*, le déplacement est bien moins sensible quant à la différence des longueurs focales des différents points de ces images. Mais on voit combien un mouvement de ce genre réduit la valeur du procédé, puisque l'écartement des oculaires est à l'avance limité par celui des yeux de l'observateur. L'écartement relatif des oculaires ne peut donc porter que sur le rapprochement des objectifs; ce qui laisse une bien petite surface aux images stéréoscopiques, une grande réduction dans la valeur de l'instrumentation.

On voit par là combien il y a, en réalité, avantage à conserver l'oculaire concave, placé à une distance de l'objectif égale à la différence des longueurs focales principales, et à rapprocher relativement, *à décentrer en dedans les oculaires concaves*. Combinaison d'ailleurs tout à l'avantage de la dimension à donner aux images et aux objectifs.

La combinaison proposée ci-dsssus par S. D Brewster est celle même qu'avait déjà conçue, au dix-septième siècle, le P. Chérubin, capucin d'Orléans et savant opticien, qui avait étudié longuement les conditions à réaliser pour procurer à la vue binoculaire l'usage des télescopes. (*Traité de la vision parfaite*, Paris, 1677).

Dans ce traité, cet intelligent observateur avait déjà établi la supériorité de la vision binoculaire sur la vision avec un seul œil, et remarqué la bien plus grande étendue superficielle du champ visuel, la plus grande netteté des objets dans le premier cas.

Pour réaliser les conditions de la vue naturelle dans la stéréoscopie, nous avons vu qu'il fallait d'abord que le dessin stéréoscopique fût vu sous un angle visuel égal à celui qu'il sous-tend dans la chambre daguerrienne.

Si nous nous reportons à la fig. 24, p. 36, cet angle doit donc être égal à celui sous-tendu par ab vu du centre de l'oculaire: cela revient à dire que, dans l'emploi de la jumelle de spectacle, comme instrument de stéréoscopie, la distance de l'oculaire à l'image réelle ab doit être celle même du négatif à la lentille, comme dans le stéréoscope même. Cette distance est connue à l'avance: elle détermine alors l'écartement x des verres qui doit être tel que l'on ait:

$$p' - x = \varpi,$$

ϖ étant la distance du négatif à la lentille, § 332,

p' étant, d'ailleurs, la distance focale conjuguée du dessin photographique eu egard à l'objectif.

Appelant F le foyer de cet objectif, on a :

$$\frac{1}{p} + \frac{1}{p'} = \frac{1}{F}$$

qui permet de calculer p' si l'on donne p, ou au contraire p, distance du dessin, si p' est imposé par la construction de l'instrument

Rien de plus simple dans l'exécution.

Partant dès lors des valeurs de p, p', ϖ, F et x écartement des verres qui correspond à l'angle visuel obligé, il faut déterminer la longueur focale de l'oculaire.

Or cette longueur focale doit satisfaire à la condition suivante :

Renvoyer l'image virtuelle de ab (§ 332) à la distance à laquelle etait l'objet de la chambre daguerrienne lors du levé photographique. Soit A cette distance, donnée aussi indispensable et invariable que ϖ.

La formule qui nous conduira à ce résultat est celle des lentilles biconcaves dans le cas du faisceau convergent (§ 25). Nous avons vu que dans ce dernier cas, il fallait seulement changer le signe de p, dans la formule générale des lentilles biconcaves ; on a ainsi ·

$$\frac{1}{p'} = \frac{1}{f} + \frac{1}{p}$$

dans laquelle p doit être fait égal a ϖ et changé de signe, ce qui devient en grandeurs absolues

$$\frac{1}{p'} = \frac{1}{f} - \frac{1}{\varpi}$$

dans laquelle on fera $p' = A$ et de laquelle alors on degagera l'inconnue f, longueur focale principale de l'oculaire.

Cela posé, on saura que la convergence à la distance A s'obtiendra par la décentration interne des oculaires et dans la proportion indiquée au paragraphe précédent.

§ 345. Cas des oculaires convexes. — Nous voyons, par cette discussion, que tous les instruments d'optique destinés à rapprocher les objets éloignés, en les mettant à la distance de la vue distincte, et dans lesquels l'oculaire est concave, peuvent être transformés en instruments doubles et appropriés pour les deux yeux. Il suffit pour cela de décentrer les oculaires en rapprochant leurs centres suivant la formule donnée au § 341, p. 648. Si l'oculaire est convexe, au contraire, comme dans tous les autres instruments, lunettes astronomiques et télescopes, il faut opérer la décentration, toujours dans le même rapport, mais en sens inverse, ou par écartement relatif.

On sait en effet que le point central d'un objet ou d'une image objective étant donné, le point correspondant de l'image réelle ou virtuelle qui résultera du passage de ses rayons à travers une lentille oculaire quelconque, se trouvera toujours *sur l'axe secondaire de cette lentille qui passe par le point central de la première image.* Ainsi on a vu § 341 (fig. 107), que l'image *m* était *sur* l'axe secondaire *d*R de l'oculaire, mene par le point R, centre supposé de l'image renversée de l'objet L.

Quand l'oculaire est convexe, comme l'image R est antérieure au lieu d'être postérieure à l'oculaire, il est clair que l'axe secondaire en question, pour être dirigé dans le sens de la convergence *d*, doit reposer sur l'écartement de l'oculaire de dedans en dehors, et non plus de dehors en dedans comme dans la lunette de Galilée.

Mais ici se présente naturellement une grosse objection : de quelle valeur peut être, au point de vue pratique, l'un ou autre de ces instruments (télescope par réfraction ou par réflexion) dont l'objectif aurait assez peu de surface pour permettre une décentration par écartement des oculaires, dont le maximum serait forcément inférieur à la distance des pupilles. Il n'est pas un télescope qui pût recevoir alors d'objectif supérieur ni même égal à celui de nos lunettes d'opéra ; quel service pourrait rendre un aussi faible instrument ?

Cette objection est dirimante; mais on peut la tourner, et très-aisément, en recourant à un artifice dont le type est représenté dans le télestéréoscope d'Helmoltz et dans le stéréoscope que nous avons décrit au § 331 ; voy. fig. 110.

Il suffit de jeter les yeux sur cette figure 110, pour comprendre le mécanisme entier de ce procédé. Les images, plus ou moins écartées et envoyant des rayons parallèles, dont les axes sont sur ceux des objectifs, sont présentées en parallélisme, à la distance même des yeux, par deux paires de prismes rectangulaires disposés comme on le voit dans la figure, ou, si l'écartement n'est pas considérable, par deux rhomboèdres équilatéraux dont le petit angle serait de 45° et que représenteraient les prismes de la figure, amenés de chaque côté au contact par leur face carrée.

, Les images étant ainsi transportées, de chaque côté, par une double réflexion totale, parallèlement à elles-mêmes, à l'écartement des pupilles de l'observateur, deux oculaires convexes, placés devant les axes *x,y*, mais *décentrés en dehors* par rapport à ces axes, fusionneront, comme dans le stéréoscope, les deux images à la distance de la vue distincte. La mobilité des oculaires sur une coulisse horizontale est toute la modification à introduire dans la construction de ces instruments.

On objectera peut-être encore à cette instrumentation l'affaiblissement de lumière qui résultera de l'introduction d'une paire de prismes pp' à double réflexion totale, pour chaque télescope.

Fig. 110.

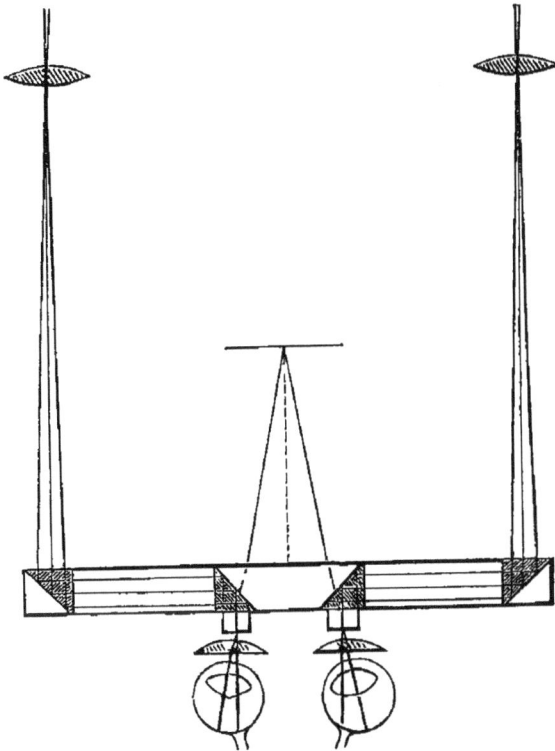

Nous avons, par avance, répondu à cette objection au § 361, par les expériences d'Arago.

Ajoutons ici qu'en admettant cette déperdition dans une certaine mesure, elle serait nécessairement compensée par la quantité de lumière finale, laquelle, au point de vue des impressions, doit être bien près de produire des effets doubles.

Il y a d'ailleurs, dans les différents télescopes usités en astronomie, des combinaisons déjà existantes et qui peuvent diminuer de moitié cet inconvénient.

Le télescope de Newton (voy. fig. 26, p. 37) a déjà la moitié du travail tout fait. L'image objective est déjà (fig. 112) toute portée sur le chemin du second prisme, du prisme oculaire. Un seul prisme droit, à réflexion totale, ou un miroir réflecteur

pareil au premier et placé, pour chaque œil, suivant les dispositions de la figure ci-contre, transforme l'instrument monoculaire

Fig. 111.

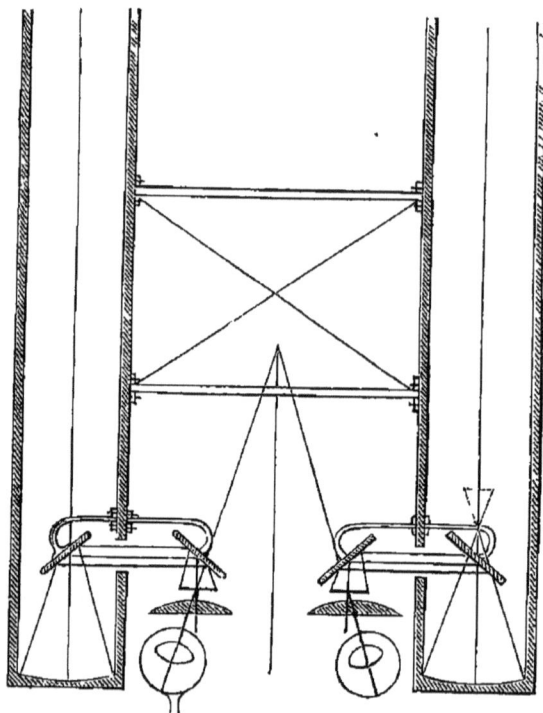

en une instrumentation binoculaire complète et *physiologique*.
Il n'y a plus à craindre ici de fatiguer un œil à l'exclusion de
l'autre, la vue binoculaire naturelle, sans aucune action spéciale
des organes, transforme le système en deux télescopes complets
et associés (1).

(1) Ce n'est pas aujourd'hui pour la première fois que l'essai a été tenté
d'appliquer à la vision binoculaire tous les instruments d'optique. Dès le dix-
septième siècle, nous trouvons les traces de semblables essais. C'est dans un
ouvrage très-curieux sur l'optique que nous les rencontrons, ouvrage dû à un
très-habile constructeur d'instruments d'optique, le P. Chérubin, d'Orléans,
capucin.
    On trouve dans cet ouvrage des considérations très-remarquables sur l'op-
tique, et en particulier, un plaidoyer judicieux propre à faire ressortir les avantages de la vision binoculaire sur la vision avec un seul œil. Sous l'empire de
cette conviction de la supériorité de la vision par le concours des deux yeux sur

§ 346. **Microscopie**. — Cette même méthode peut parfaitement s'étendre à la construction du microscope binoculaire. Nous n'en parlons ici que sous le rapport des conditions

la vision dite, improprement, vision simple (la vision binoculaire n'étant aucunement moins simple que l'autre, et étant en outre beaucoup plus étendue, en *profondeur et en svrface*), le P. Chérubin essaya de procurer à la fonction le secours amplificateur de deux instruments, dans les cas généraux où elle n'en emploie qu'un seul.

Il accoupla ainsi deux lunettes astronomiques et même deux lunettes de Galilée, première ébauche de nos lunettes d'opéra; et cet essai réussit entre ses mains quoique fortement combattu et nié par d'autres opticiens qu'il accuse d'avoir mal compris son procédé.

Ce procédé consistait à mouvoir *parallelement* les deux objectifs et les deux oculaires de façon que l'axe commun de l'objectif et de l'oculaire de droite concourût toujours exactement avec l'axe commun des deux verres de gauche, sur le point de mire, sur l'objet à considérer.

Le principe qu'il indiquait ainsi consistait donc à mettre sur chaque axe optique naturel les centres des deux veires du même côté. Solution erronée et qui, cependant, a pu et dû parfois reussir; dans tous les cas, par exemple, où la faculté d'accommodation pouvait s'etendre aux rayons parallèles ou voisins du parallélisme, comme chez les presbytes et dans les vues moyennes. Mais cette construction appliquée aux lunettes de Galilée, accouplées, ne pouvait assurement pas servir aux vues myopes, ni, comme il le prétend, aux objets rapprochés. Il eût fallu, pour cela, que les yeux fussent eux-mêmes doués d'un grand pouvoir de décentration.

Le P. Chérubin, en trouvant une solution applicable à certains cas particuliers, n'avait donc pas tranché les difficultés du problème. Il ignorait effectivement encore, lui et les autres physiciens, les rapports physiologiques qui lient la convergence et l'accommodation. Aussi ses jumelles ne cadrent-elles qu'avec l'hypothèse du parallélisme des rayons incidents ou une grande élasticité de la faculté de decentration.

Une autre cause a dû se joindre à celle-ci pour faire échouer l'essai entrepris. Les instruments du P. Chérubin, dont de très-belles planches exposent dans les plus grands détails tous les éléments constitutifs, ne mettent en jeu que des verres a très-faible surface. On le comprend, si l'on considère que pour pouvoir rapprocher ou écarter les oculaires des objectifs, de façon à établir constamment leurs centres sur les axes de la vision naturelle, il fallait nécessairement leur laisser un grand jeu du côté objectif pour peu que la lunette fût longue ou l'objet rapproché.

La base du triangle ainsi formé devait toujours être l'écartement des yeux, c'est-à-dire 5 centimètres 1/2 seulement, et quelquefois 4 centimètres 1/2 peut-être.

La vue accouplée perdait ainsi, par la diminution de surface des objectifs, ce qu'elle devait gagner par l'accouplement binoculaire, et la difficulté du maniement, qui consistait à mouvoir séparément oculaires et objectifs pour les mettre, a chaque visée, en rapport d'inclinaison avec les axes optiques naturels, devait, à elle seule, écarter bientôt la nouvelle invention du chemin de la pratique, indépendamment, d'ailleurs, des considérations d'exclusion que nous avons développées ci-dessus, et tirées du défaut de rapport, dans l'instrumentation, entre la convergence et l'adaptation virtuelle. Le P. Chérubin suppose, en effet, que l'image virtuelle donnée par chaque instrument se peint toujours physiologiques de l'emploi de cet instrument, car le problème de la microscopie binoculaire est déjà résolu.

Par une ingénieuse disposition de prismes à réflexion totale, un savant constructeur, auquel l'art de la microscopie est déjà tant redevable, M. Nachet fils, a su multiplier l'image objective réelle du microscope et est parvenu à la présenter à la fois, soit à deux et même à trois observateurs différents, soit aux deux yeux du même observateur.

Sans diminuer en rien le mérite de ces combinaisons délicates, disons pourtant que l'instrumentation microscopique binoculaire, qui reproduit les conditions de la stéréoscopie, laissait encore, comme cette dernière, quelque *desiderata* à combler, en particulier une facile adaptation à toutes les vues. La vulgarisation de ce charmant instrument ne peut que prendre un essor trop longtemps attendu, maintenant que par la mobilité des oculaires, par l'écartement ou le rapprochement de leurs centres, on peut les rendre, pour tous les yeux, d'une si facile et si simple application.

Il convient que nous donnions ici un aperçu de la combinaison ingénieuse par laquelle M. Nachet est parvenu à multiplier les images microscopiques. La vulgarisation de ce procédé pourra susciter de nouvelles applications, comme il nous a, à nous-même, permis de résoudre un problème pratique non moins intéressant d'optique chirurgicale, l'ophthalmoscopie binoculaire.

Si on se reporte à la fig. 27, p. 37, qui représente la marche des rayons dans le microscope composé, on voit qu'un objet de petite dimension AB, placé un peu au delà du foyer d'un objectif, donne lieu à une image réelle très-agrandie et renversée *ab*,

---

au point de concours des axes optiques naturels, et cela n'a lieu que pour les distances à partir desquelles les rayons incidents peuvent être considérés comme parallèles. Et il n'en est pas ainsi dès que l'observateur est myope ou que l'objet est rapproché.

Pour tous ces motifs, la question dut en rester au point ou l'avait posée le P. Chérubin et où, sans connaître ces premiers essais infructueux, nous l'avons nous-même reprise.

Ces observations s'appliquent également aux essais de microscopie binoculaire du même auteur, qui dut aux mêmes causes de voir la même mauvaise fortune atteindre des essais d'ailleurs très précieux.

(*De la vision parfaite*, par le P. Chérubin, d'Orléans, capucin. Paris, 1677.)

au foyer conjugué de la position de l'objet. Cette image *ab*, tombant entre un oculaire convexe et son foyer, se voit reportée sous son même angle visuel en *a'b'*, et est encore agrandie, mais, dans ce second cas, par le seul effet de son transport virtuel à une distance supérieure à son éloignement réel de l'œil.

M. Nachet a imaginé de placer presque immédiatement au-dessus de l'objectif un système de prismes triangulaires équilatéraux dont la figure ci-après (fig. 112) représente la disposi-

Fig. 112.

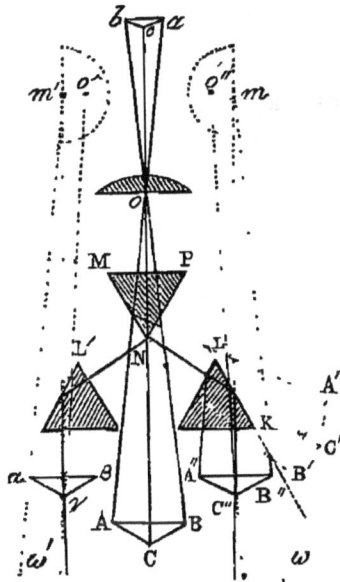

tion, et qu'à raison de la clarté de la figure, nous nous éviterons le soin de décrire.

O représentant le centre optique de l'objectif, ABC l'image réelle à trois dimensions d'un prisme ou d'une pyramide ayant son sommet ou son arête médiane en avant, les prismes équilatéraux MN, LK, à faces deux à deux inversement parallèles, interceptent la marche des faisceaux *convergents* destinés premièrement à former des images réelles aux points A,B,C.

Si l'on calcule géométriquement la position des points de convergence correspondant à A, B et C desdits pinceaux lumi-

neux convergents, on trouve les figures A'B'C' après la première
réflexion sur la face MN, et A"B"C", après la seconde réflexion
sur la face LK.

Pour l'autre côté des prismes, il en serait symétriquement de
même, et l'image réelle ABC deviendrait αβγ.

Tel est le procédé adopté par M. Nachet : il fournit, au droit
de chaque œil, une image réelle aérienne absolument pareille à
l'image réelle médiane qui se serait formée sans l'interposition
du système de prismes.

Il ne s'agit plus que de s'emparer de ces images au moyen
d'oculaires convexes qui les amplifient et les reportent à la distance convenable pour l'accommodation de l'observateur, et
c'est alors que la mobilité des oculaires sur une ligne horizontale
rend les services que nous avons dit. On voit d'ailleurs (V. § 344)
que, comme dans la stéréoscopie, les oculaires doivent être
portés *en dehors* des axes des figures, c'est-à-dire des lignes
parallèles passant par c'' et γ.

On comprend encore aisément que l'effet de cette disposition
des éléments du problème soit la réalisation des plus beaux
et des plus naturels phénomènes de la stéréoscopie. Imaginez
les yeux placés, comme ils le sont en effet dans cet arrangement, sur deux parallèles à l'axe de l'instrument à l'écartement
ωω' plus grand que la distance c''γ.

Chaque œil embrasse alors l'image aérienne placée devant
lui de dehors en dedans, én convergence, comme les choses se
passeraient dans l'exercice naturel de la vue dirigée sur l'image
aérienne première ABC.

L'œil gauche voit donc plus de cette image sur la gauche,
l'œil droit en voit davantage sur la droite. Les conditions de la
vision binoculaire ou stéréoscopique sont alors remplies.

Il n'y a pas lieu dès lors à s'étonner des magnifiques et sai-
sissants effets de relief dont on se voit mis en possession.

Le procédé que nous venons de décrire et sur lequel repose
la construction du microscope binoculaire ne semble pas au
premier abord le seul qui pût être employé. Pourquoi les deux
prismes LK, L'K' ainsi disposés en avant du prisme médian ?
Puisque le problème à résoudre ne demandait, en somme,
qu'une double réflexion totale sur deux faces parallèles MN, LK,
pourquoi ne pas se borner à placer sur le même plan perpen-

diculaire, occupé par la face MP, deux rhomboïdes équilatéraux
de 45° comme dans la figure suivante (fig. 113)?

Fig 113

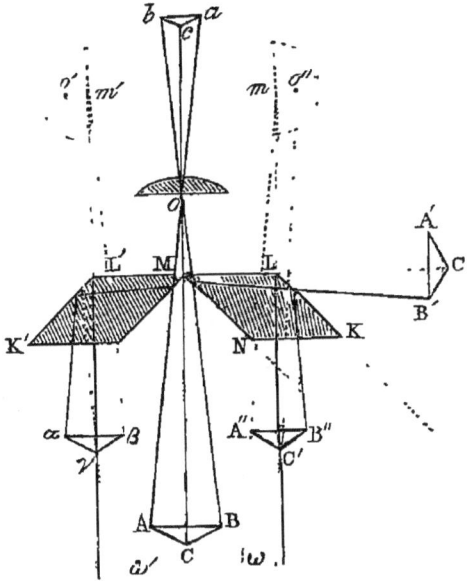

Les images de la seconde réflexion totale A″B″C″, αβγ ne sont-
elles pas, par ce procédé, disposées exactement comme dans le
premier cas et, dès lors, ne doivent-elles pas conduire aux
mêmes effets optiques?

Si l'on examine attentivement la marche de la lumière ainsi réfléchie, on voit que les dispositions, fort analogues, sans doute,
dans l'un et l'autre cas, ne sont pas, en réalité, identiques Le
point M étant sur l'axe même de figure, l'œil placé en dehors de
la ligne LC″ ne reçoit plus aucun pinceau lumineux de la moitié
interne de l'image réelle A″B″C″. De telle sorte que les deux
yeux ne reçoivent d'impression que des moitiés inverses des
images symétriques B″C″ d'un côté, αγ de l'autre. Il est dès lors
impossible de les amener à coalescence.

La disposition adoptée par M. Nachet, en rapprochant l'un de
l'autre les axes parallèles passant par les points c″ et γ, et en faisant tomber le faisceau, correspondant au centre de figure, sur le
milieu des faces LK, L′K′ et non pas sur l'angle M qui le renvoie

sur le sommet L, comme dans le second cas, permet aux cornées, placées au droit des faces LK, L′K′ (fig. 112), de recevoir des pinceaux utiles de toute la surface de l'image et non d'une de ses moitiés seulement. La vision a alors un centre commun dans chaque image et peut, par conséquent, s'exercer binoculairement.

On peut s'assurer que la marche des rayons réfléchis émergeant des prismes est bien telle que nous venons de la décrire, si l'on considère la position qu'occupe, eu égard à chaque œil, l'image réfléchie de la lentille objective qui, dans cette combinaison, est nécessairement tout à fait rapprochée de la face parallèle des prismes.

Une seule moitié de la lentille est réfléchie pour chaque œil; l'observateur, dans les deux cas, ne voit à droite et à gauche qu'une demi-lune éclairée, et l'objet dans le milieu de cette demi-lune. Mais eu égard à ce que nous avons exposé de la position de la ligne LmC'' ou $L'm'\gamma$, dans le cas de la fig. 112 et dans celui de la fig. 113, pour voir le point C'' au point o'', et le point γ au point o', il faut nécessairement que les axes oculaires affectent, dans le premier cas, la direction ωm, $\omega' m'$ convergente, et que ces directions soient, au contraire, en divergence dans le cas de la fig. 113.

Deux rayons, un de chaque côté, déterminent *de façon obligée* la position des yeux : ce sont les deux derniers rayons utilisés extrêmes qui passent par les points m et m' images du centre de la lentille (ou du point de bifurcation M), et, en même temps, par les points extrêmes α et B'' dans la fig. 112, A'' et δ dans la fig. 113. Cette condition est nécessaire pour que chaque œil ait la perception complète de l'image $A''B''C''$ d'un côté et de $\alpha\delta\gamma$ de l'autre; cela se voit au premier coup d'œil. Il suit de là que ces deux images sont vues dans le premier cas par des yeux plus écartés qu'elles, ou en convergence, et dans le deuxième (fig. 113) par des yeux moins écartés, ou en divergence relative.

Dans le premier cas, comme nous l'avons dit, chaque œil voit donc, *de dehors en dedans*, l'image réelle ABC, transportée devant lui. C'est la condition de la vue naturelle à trois dimensions ou stéréoscopique.

Dans le deuxième (fig. 113) les choses sont renversées; l'œil droit voit comme s'il était à gauche, l'œil gauche comme s'il était à droite.

Les images, stéréoscopiques dans le premier cas, deviendraient alors pseudoscopiques (images inverses de Wheatstone) dans le second.

On s'assure aisément par l'expérience qu'il en est bien effectivement ainsi. Adoptez l'une ou l'autre disposition, et vous produirez de la façon la plus saisissante les effets stéréoscopiques ou, au contraire, pseudoscopiques.

Si au lieu de se former en deçà des prismes réflecteurs, comme dans la microscopie, les images à trois dimensions $A''B''C''$, $\alpha\beta\gamma$ étaient virtuelles, et par conséquent au delà des demi-cercles $o'm'$, $o''m$, comme nous le verrons dans le paragraphe prochain, les conditions seraient tout à fait renversées. La première disposition des prismes donnerait alors la pseudoscopie, et la seconde, des images résultantes avec leur relief naturel. Cela se comprend aisément, la direction des lignes $m\omega$, $m''\omega'$ deviendrait justement inverse de ce qu'elle est dans les deux fig. 112 et 113. On va le voir aisément dans la fig. 114 du § 347.

§ 547. Ophthalmoscopie binoculaire (1). — Nos études précédentes nous ont tellement convaincu de la prééminence, de la supériorité absolue de la vision binoculaire sur la vue au moyen d'un seul œil, tant sous le rapport hygiénique que sous celui des qualités de la fonction, que nous avons recherché toutes les occasions d'étendre l'application de ces études, de substituer à l'emploi d'un seul œil le fonctionnement régulier, harmonique et sans dissociation physiologique, des deux organes que la nature réunit pour nous dans un objet commun.

Déjà nous avons exposé les conditions que doit remplir toute instrumentation optique pour être employée binoculairement et formulé les règles qui doivent présider à leur exécution ; lunettes, télescopes par réflexion et par réfraction, microscopes, stéréoscopes, etc., sont rentrés dans la loi commune de la vision binoculaire physiologique ; un instrument nouveau et qui nous intéresse particulièrement, nous médecins, semblait seul se dérober à la règle générale : nous voulons parler de l'ophthalmoscope.

Si l'on se reporte aux éléments physico-physiologiques qui forment la base de cette instrumentation spéciale, il semble en effet difficile de soumettre ces données à l'utilisation binoculaire.

---

(1) *Comptes rendus de l'Académie des sciences*, 1er avril 1861.

Sur quel principe se fonde cet instrument ? Tout le monde le sait ; sur l'identité de route suivie, à l'émergence et à l'entrée, par les ondes lumineuses qui ont été dirigées dans l'intérieur de l'œil.

La science a réalisé un progrès considérable, le jour où elle a reconnu qu'en plaçant, par un certain système de réflexion de la lumière incidente, l'œil sur le chemin direct de cette lumière, cet organe devenait apte à percevoir les ondes lumineuses à leur sortie. Mais le principe applicable, réalisable pour un œil, pouvait-il l'être pour les deux yeux ? L'apparence en semblait si peu probable qu'on a jusqu'ici négligé de se prononcer sur cette question.

En ces termes, en effet, la réponse devait être logiquement négative. Mais la question était en réalité plus complexe, plus élevée et susceptible d'une analyse plus fructueuse qu'on ne le pouvait croire en s'arrêtant à ces données générales.

Les médecins qui ont poussé un peu plus loin que ce préambule l'étude de la marche des pinceaux lumineux à leur sortie de l'œil, et, en particulier, le mécanisme de la lentille objective usitée en ophthalmoscopie, et qui procure la perception de l'ensemble du fond de l'œil, savent que l'œil de l'observateur fait plus que recevoir les rayons émergents de l'œil objectif (1) ; il voit une image nette et précise, l'image renversée du fond de l'œil ; il ne voit pas le fond de l'œil lui-même, qu'on le sache bien, mais son image réelle et renversée, et *située*, qu'on se le rappelle encore, entre lui, observateur, et la lentille objective, à quelques cinq à six lignes de son foyer principal, entre elle et ce foyer.

Cette image est réelle, avons-nous dit ; elle est formée par les sommets des cônes lumineux correspondant à chacun des points de la rétine impressionnés par la lumière envoyée dans l'œil, cônes dont la base est l'ouverture même de la pupille.

Voir la fig. 90, § 300, chap. xx.

Or cette image réelle, comment l'observateur la voit-il ? La réponse est simple : par la rencontre de sa cornée, avec les faisceaux prolongés et divergents à partir de leur sommet, qui s'épanouissent en allant au-devant de l'observateur, comme ils s'étaient concentrés d'abord entre l'œil de l'observé et le lieu de l'image réelle aérienne.

(1) Voir notre travail publié en 1859 sous le titre : *Théorie de l'ophthalmoscope*, Paris, J.-B. Baillière, et *Gazette Médicale de Paris*, reproduit au chap. xx.

Qu'est-ce qui empêche dès lors que ces rayons divergents puissent rencontrer les deux cornées aussi bien qu'une seule?

Une considération unique : la distance considérable à laquelle devrait se porter l'observateur, pour que les deux yeux, séparés par un intervalle de 2 pouces à 2 pouces 1/2, pussent être embrassés à la fois par un, ou chacun de ces cônes divergents partis de l'image réelle aérienne. Qu'on veuille bien remarquer que l'éventail représenté par ces cônes de lumière a pour une hauteur de 2 pouces environ, plus ou moins (la distance de l'œil observé à l'image réelle fournie par la lentille objective), et pour base la circonférence de la pupille, c'est-à-dire entre 1 ligne et 3 lignes 1/2, au plus, suivant l'état de contraction ou de dilatation de l'iris. (Dans la figure 114, voyez le cône *co*.)

Le pinceau représenté par le premier cas, et reposant sur un diamètre pupillaire d'une ligne, est visiblement si effilé, qu'il ne saurait être question de le faire saisir par les deux yeux à la fois : ces organes devraient alors être reculés à une distance par trop considérable.

Cette distance serait une troisième proportionnelle à la longueur focale de la lentille objective, l'écartement des yeux et le diamètre de la pupille (1).

(1) Soit *o* le diamètre pupillaire, base du cône émergent ou dont le sommet est en deçà du foyer de la lentille objective, soit 2 pouces le cône émergent a donc *o* pour base et 2 pouces pour hauteur.

(Cette supposition n'est qu'approximative et se tient au dessous de la vérité. En réalité, la lentille convexe interposée entre l'œil objectif et l'observateur raccourcit la hauteur du cône et en élargit la base. On pourrait presque doubler les résultats auxquels nous sommes conduits par ce calcul, eu égard aux influences de la lentille; mais son rôle étant variable, en raison du mouvement qu'elle peut prendre, le point de départ que nous avons choisi est utile pour fixer les idées et fonder un aperçu général.)

Ce cône est semblable, c'est-à-dire a le même angle au sommet que celui qui se rend vers l'observateur. Pour que les deux yeux puissent se trouver dans son éventail, il faut que, en appelant *e* l'écartement des yeux et *d* leur distance du sommet, on ait

$$\frac{d}{e} = \frac{f}{o} \quad \text{ou} \quad \frac{2}{o},$$

puisque nous avons supposé que la lentille objective avait 2 pouces de foyer.

On tire de là ·
$$d = \frac{ef}{o} = \frac{2.e}{o},$$

1° Or, si $e = 2'',5,$ $o = 1''';$ $d = 60''.$

2° Si $e = 2''5,$ $o = 3''';$ il vient $d = 20''.$

Ainsi l'ouverture pupillaire étant de 1 ligne, les yeux devraient donc se porter à 60 pouces ou 5 pieds. On comprend qu'à pareille distance il n'y a pas à songer à obtenir une perception quelconque d'une image aussi petite.

Mais au lieu de 1 ligne de diamètre, supposons que la pupille, par un procédé ou un autre, ait été portée à une dimension de 3 lignes; c'est le diamètre qu'on obtient d'ordinaire avec l'atropine à dose modérée.

Alors le calcul indique que la distance à laquelle l'observateur devrait se reculer pour que le cône embrassât les deux cornées, ne sera plus que de 20 pouces ou du tiers de la première, pour un écartement de 7 centimètres ou 2 lignes 5, écartement des plus grands que l'on rencontre entre les deux pupilles dans notre race.

Rien de plus simple dès lors que de réaliser les conditions propres à procurer aux deux yeux la perception de cette image, si on les suppose, bien entendu, dans le voisinage de la distance que nous venons de calculer.

Pour y arriver, on prendra un miroir concave plus grand que n'est celui dont on se sert habituellement en ophthalmoscopie, mais de même foyer, à savoir 30 centimètres environ, et qui, au lieu du trou central habituel, présentera dans son diamètre horizontal une fente horizontale aussi, ou partie dépourvue de tain, ayant pour dimension, en hauteur, le diamètre de la cornée, en largeur, la distance des pupilles, et derrière laquelle se tiendront les yeux de l'observateur. Un miroir de la dimension de ceux employés en laryngoscopie convient à merveille pour cet objet, si l'on a le soin de faire pratiquer la fente que nous venons de dire, de 7 centimètres environ de largeur horizontale sur 6 à 7 millimètres de hauteur (la largeur approximative des cornées).

Avec cet instrument, si l'on se place, comme pour l'observation ophthalmoscopique, en face d'un œil dont la pupille est dilatée, mais avec la précaution de placer la lampe destinée à l'éclairage au-dessus et en arrière de la tête du sujet en observation, on constatera aisément, pour peu que l'on ait une bonne vue ordinaire, les phénomènes suivants : ·

Un des yeux de l'observateur rencontrera assez vite l'image du fond de l'œil observé, la papille optique, se détachant dans l'ouverture pupillaire Transportant alors d'un mouvement doux

cet œil (le droit, je suppose) vers la limite droite de la fente
du miroir, il arrivera un moment où, sans que son œil droit
perde de vue la papille, tout d'un coup l'œil gauche apercevra également cette même papille, ou du moins son image
aërienne.

Le problème est-il résolu par là ? non, car si l'œil droit voit la
papille, si l'œil gauche la voit également, si tous les deux en un
mot, la voient ensemble, ou du moins son image aërienne, l'observateur n'a pas le droit d'être satisfait, car il voit deux images,
deux papilles, chacune sur l'un des bords de la marge pupillaire, en un mot il y a diplopie, sentiment de vision double.
En outre, le tableau vu double est des plus circonscrits; les
deux papilles semblent mues d'une tendance extrême à fuir
l'une ou l'autre derrière l'iris, tant l'observateur est obligé de
se maintenir entre d'étroites limites pour conserver cette gênante perception double.

Avec quelques efforts et une grande habitude de soumettre à
l'influence de la volonté sa synergie binoculaire, l'observateur
peut cependant se débarrasser de cette double perception. Par
une action continue et constante de convergence exagérée, on
vient, en effet, à bout de fusionner ces deux images croisées.
Alors on est récompensé de sa peine et la clef du phénomène
tombe en vos mains.

L'image de la papille qui se dessinait en double, sur les deux
bords opposés de la pupille, tout d'un coup apparaît simple,
mais non plus imprimée sur le globe oculaire et prête à disparaître derrière l'iris — non. La papille est vue *unique*, en avant
de la lentille objective, se détachant seule dans l'espace avec ses
ramifications vasculaires, et le doigt de l'observateur peut aller
la toucher ou du moins marquer avec précision le point qu'elle
occupe entre la lentille objective et son foyer. La convergence
binoculaire des deux axes optiques a détruit toute illusion, et en
percevant ce phénomène on n'a plus le pouvoir de se figurer
toujours voir le fond de l'œil; on sent avec la précision des perceptions instinctives, ou non raisonnées, que c'est une image
aërienne que l'on contemple, et l'on sait même exactement où
elle se trouve.

Malgré cette satisfaction scientifique, on comprend cependant
qu'on n'a résolu là qu'un problème théorique, et qu'ainsi limité,

l'avantage de l'exercice binoculaire de l'appareil de la vue est
plutôt de principe que d'application. L'observateur est effectivement contraint à se tenir extrêmement loin de l'image qu'il veut
embrasser des deux yeux ; en outre, l'étendue de cette image
est forcément si réduite que, nous le répétons, le problème
ainsi traité pourrait être considéré comme attendant encore une
solution pratique.

Mais arrivé là, on peut la lui fournir aisément. Il ne s'agit
pour cela que de disposer par derrière la fente, ménagée dans
le miroir ophthalmoscopique, un petit rectangle contenant deux
rhomboèdres de 45° à double réflexion totale, en contact par
leurs bords aigus, et s'étendant horizontalement devant la fente
du miroir, comme on le voit dans la fig. 114, comme on le voit
encore dans la fig. 113.

Fig 114

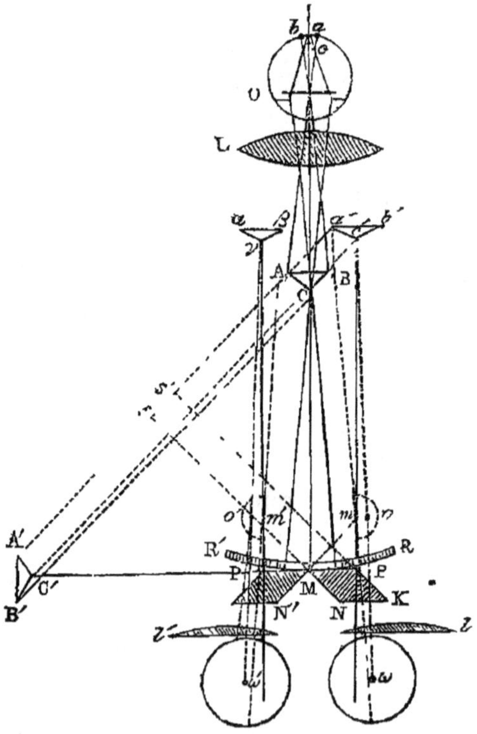

Ces rhomboèdres, dont l'application aux instruments binoculaires appartient à M. Nachet fils, et qui servent de base (quoi-

que, en l'espèce, disposés d'autre façon (voir le § 346), à son beau miscroscope binoculaire, ont pour effet de multiplier les images devant lesquelles ils sont placés.

On peut suivre sur la figure la marche dés rayons. Le centre de l'instrument ou la ligne de jonction des deux parallélipipèdes à réflexion totale étant placés au droit du centre de l'image aérienne (comme d'un objet quelconque), cette image se trouve doublée et chaque duplicata renvoyé en parallélisme vers l'observateur, avec un écartement qui est aisément celui des yeux.

Ceux-ci se trouvent alors en présence de deux images que nous pourrons, au point de la description qui nous occupe (et sauf à y apporter plus loin le correctif nécessaire) comparer aux images de la stéréoscopie, et que des lentilles, des prismes ou un effort (ici de divergence, car les doubles images sont homonymes maintenant) ne tardent pas à fusionner.

Le résultat obtenu ainsi n'est plus écourté, comme celui que nous avons exposé tout à l'heure. Il est complet; il est magnifique.

Nous disions précédemment que la seule satisfaction obtenue par la première analyse expérimentale de l'ophthalmoscopie binoculaire, se bornait à saisir une faible étendue de l'image aérienne et de pouvoir noter, par la sensation de croisement des axes optiques, le lieu exact qu'elle occupe dans l'espace. Ici c'est tout autre chose; loin d'être restreinte, l'image ophthalmoscopique qui d'ordinaire se trouve délimitée dans son contour par la circonférence de la pupille, agrandie virtuellement par la lentille objective (laquelle, eu égard aux parties antérieures de l'œil, joue le rôle de loupe), loin d'être restreinte, cette image se présente amplifiée et avec des qualités nouvelles.

En premier lieu, elle a un relief; ses divers plans sont vus à leurs distances relatives. Renversée, quant aux sens latéraux, dans le plan perpendiculaire à la direction de la vue, elle ne l'est pas dans son épaisseur. Les parties profondes des membranes sont vues en arrière, les antérieures sont vues en avant. La rétine apparaît ainsi avec son épaisseur; les vaisseaux émergeant du centre papillaire ne sont plus vus comme un point, mais comme un tronc qui vient épanouir ses branches à la surface antérieure de la rétine, comme l'épanouissement d'un tronc de vigne vient s'étendre sur l'espalier supérieur d'une terrasse italienne.

La papille elle-même apparaît alors avec ses qualités réelles, creuse ou convexe suivant les cas, se montrant ainsi sous un jour nouveau, avec une profondeur réelle et offrant un champ encore inconnu à l'étude pathologique.

Mais ce n'est pas tout encore : si l'on a soin de rapprocher assez le miroir (qui, eu égard à la marche deux fois brisée des rayons, peut être raccourci, comme longueur focale, de la diminution de cette longueur), et si l'on adapte devant les yeux des bésicles prismatiques convexes décentrées en dehors (comme dans la stéréoscopie, quoique à un moindre degré), on est alors agréablement surpris de l'étendue inespérée qu'offre le tableau sur lequel vient s'arrêter la vue. L'œil observé a disparu, l'image aérienne seule demeure, mais immense relativement, et se développant comme une vaste convexité sphérique sur laquelle rampent les vaisseaux rétiniens ou du moins leur image renversée.

Toute description serait ici ou insuffisante ou taxée d'exagération. Il faut faire intervenir l'expérience pour avoir une idée de l'étendue de la nouvelle perspective. On pourra cependant concevoir que nous ne chargeons en rien notre palette, si l'on considère l'influence rationnelle de l'acte binoculaire. La portion du tableau commune aux deux yeux peut être estimée à la moitié environ du tableau total; c'est la moitié centrale : les deux autres quarts extrêmes appartiennent à la vue monoculaire de droite et de gauche et viennent étendre le tableau commun. D'autre part, écartée de tous points de repère offerts à la vision binoculaire, l'image aérienne la captive en entier, elle forme tableau à elle seule, et n'est plus un simple dessin marqué sur un fond éclairé, comme dans le cas de l'examen avec un seul œil; vue à sa place réelle, isolée de toutes parts, l'image aérienne est comme une toile délicate suspendue devant les yeux, offrant à l'observateur avide une surface plus que double des surfaces les plus grandes que l'ophthalmoscope monoculaire ait jamais pu saisir à la fois. Le résultat, en un mot, est égal à tout ce que l'on pouvait attendre de la conjonction, du concours des deux yeux. La vue s'empare, se saisit, par la droite et par la gauche, d'un objet réel pour elle et s'exerce, dans toute la plénitude que la nature avait conçue pour ce sens éternellement merveilleux.

Quant aux phenomènes stéréoscopiques ainsi réalisés, on s'en rend aisément compte par les considérations que nous avons développées à la fin du paragraphe précédent ; ils dépendent de la situation relative des centres optiques et des images virtuelles m,m' du point M, centre de l'ophthalmoscope et des points C″ et γ centres des images virtuelles du point C.

Il est inutile d'insister là-dessus : remplacez les prismes de la disposition de la fig. 114 par ceux de la fig. 112, vous aurez de la pseudoscopie, comme dans le microscope binoculaire, vous produirez ce même résultat en employant, au contraire, les prismes de la fig. 113 ou 114.

§ 348. **Résultats de la vision binoculaire ou stéréoscopique, en ophthalmoscopie.** — La réalisation des conditions de la stéréoscopie naturelle, dans l'observation ophthalmoscopique, a, sur la vision monoculaire, des avantages qu'il serait oiseux de vouloir démontrer.

Il est clair qu'il ne saurait être indifférent d'être péremptoirement fixé sur les conditions de forme et de position des détails objectifs que l'examen ophthalmoscopique a pour but d'analyser.

Par l'examen binoculaire on reconnaît d'abord, sans doute possible, la forme soit concave, soit convexe de la papille optique. Or la vision monoculaire était dans l'impuissance, dans nombre de cas, d'affirmer le caractère de saillie ou de retraite de la papille ; on sait combien, en matière de formes, la vue monoculaire est sujette à illusions, nous l'avons suffisamment montré dans notre § 118. Aussi peut-on dire qu'à l'heure qu'il est, la forme normale, physiologique, de la papille n'est pas encore irrévocablement précisée.

Il en est de même de l'épaisseur relative de la rétine dans l'état sain ou dans les maladies de cette membrane. L'étude de ses variations, de son atrophie, de son œdème peut-elle être indifférente ?

N'est-il pas avantageux encore de pouvoir préciser, à l'instant, la position relative, exacte, des divers dépôts dont cette membrane sera le siége, d'établir si des exsudats, des caillots sanguins, des agrégations de pigment, des molécules graisseuses, etc., etc., sont en arrière de la rétine, en avant ou dans son intérieur ?

Ne pourra-t-on pas distinguer, par exemple, au premier coup d'œil, la macération du pigment (couche sous-rétinienne), maladie moins grave que ne le dit son apparence, de la rétinite pigmentaire dans laquelle la rétine a été traversée et où la vue est à jamais abolie?

Ces résultats, évidemment, ne sauraient être de peu de poids sur le diagnostic différentiel des altérations des membranes ou des milieux de l'œil.

On sera peut-être étonné, en étudiant le nouveau tableau offert par l'image aérienne, de lui reconnaître une surface générale légèrement convexe. Cette remarque semblera en contradiction avec ce que nous venons d'énoncer relativement à la qualité stéréoscopique de ladite image. La rétine offre une surface antérieurement concave; comment son image est-elle antérieurement convexe, si le tableau est stéréoscopique?

Un mot suffit à dissiper cette apparence paradoxale.

C'est seulement eu égard à l'étendue générale de l'image dans son ensemble et à sa vaste dimension dans le plan de la perspective, qu'a lieu cette apparence de convexité. Elle est une conséquence des propriétés des lentilles et on la désigne, en optique géométrique, sons le nom de *caustique par réfraction*.

Mais cette influence des caustiques ne s'exerce que sur une étendue superficielle plus ou moins notable et demeure nulle quant aux points relativement rapprochés. Ainsi, quoique la surface d'ensemble de la rétine soit représentée par une inversion générale de sa concavité en légère convexité, les rapports de position des détails dans une même section antéro-postérieure ne sont aucunement altérés.

§ 349. Éclairage. — Position de l'observateur et de l'observé. — La question de l'éclairage et la discussion de certaines dispositions de détail nous arrêteront encore un instant.

Eu égard à l'inclinaison latérale des faces prismatiques sur lesquelles se divise le faisceau conique parti de l'image aérienne, il faudra disposer la lampe, ou source lumineuse, de façon à éviter le passage par réfraction du faisceau direct vers l'observateur. On ne le peut qu'en plaçant la lampe devant l'observateur ainsi que le sujet. C'est dire qu'il faut placer la lampe en arrière et un peu au-dessus de lui. Tous les mouvements du miroir ont alors lieu autour d'un axe horizontal transversal, sur lequel se maintient invariable le plan de la boîte contenant les prismes. Cette disposition, loin d'être désavantageuse, aide, au contraire, à la manœuvre. L'image de la lampe, projetée sur l'individu, n'a besoin, pour être dirigée sur l'œil même, que d'être amenée plus haut ou plus bas que le premier point qu'elle a frappé, mais sans être dérangée du plan vertical. Un simple mouvement du miroir, autour de son axe horizontal, remplace toutes ces oscillations auxquelles on est soumis dans les conditions ordinaires où la lampe est placée latéralement.

On remarquera encore que la distance de l'observateur à l'image réelle est diminuée de la demi-distance des yeux ; on devra donc pouvoir diminuer d'autant la longueur focale du miroir. L'examen se fera ainsi de plus près que dans l'ophthalmoscopie monoculaire. Les myopes n'auront donc besoin que de prismes simples et un peu forts, 7 à 8°, et les presbytes, de lentilles convexes décentrées de chaque côté d'un centimètre environ. Ces lentilles, qui leur permettront de se rapprocher tout autant que les myopes, leur procureront l'avantage d'une amplification considérable de l'image résultante.

§ 350. **Image droite**. — Une dernière question qui se présente à ce propos, c'est de déterminer ce qui adviendrait si l'on substituait au procédé d'examen ophthalmoscopique par l'image renversée, le procédé d'exploration dit à l'image droite, procédé décrit au § 298, et qui se fonde sur la substitution du principe de la lunette de Galilée à celui de la télescopie qui nous donne l'image renversée.

On sait que, dans ce cas, l'oculaire doit être placé quelque part entre l'objectif (ici le cristallin de l'œil observé) et le lieu de l'image réelle renversée aérienne, l'image A"B"C" de la fig. 114.

Le miroir ophthalmoscopique et l'appareil prismatique multiplicateur des images ou de division des faisceaux, doivent donc être portés en avant, de façon à recevoir ces faisceaux à l'état de convergence et non plus de divergence. On tombe alors dans le cas de la division des faisceaux rencontrés déjà dans la microscopie, et la disposition des prismes adoptée dans notre ophthalmoscope, est celle qui, en un tel cas, produirait de la pseudoscopie. Nous savons, en effet, que, dans ces cas, les écartements des parties similaires sont réduits d'étendue sur les moitiés externes des images virtuelles.

La disposition de nos prismes serait donc ici contraire à celles que l'on devrait désirer, si le rôle des oculaires concaves ne venait rétablir les choses, et renverser, avec les images virtuelles, le sens des écartements inégaux, changer la pseudoscopie en stéréoscopie.

La nouvelle méthode s'applique donc, comme l'ancienne, tout aussi bien à l'examen à l'image droite qu'à l'exploration par l'image renversée. Il suffira pour examiner, dans ces conditions, l'image virtuelle du fond de l'œil, de se rapprocher davantage et de remplacer les lentilles convexes par des lentilles concaves des n°° 6 à 10, décentrées comme les premières, c'est-à-dire faisant prisme en dedans.

FIN.

RÉSUMÉ

OU

TABLE ANALYTIQUE DES MATIÈRES

TRAITÉES DANS CET OUVRAGE.

INTRODUCTION- PRÉLIMINAIRE
A LA PHYSIOLOGIE DE LA VISION.

I. — Généralités.

II. — Résumé des lois de l'optique. Notions classiques.

PHYSIOLOGIE ET PATHOLOGIE FONCTIONNELLE

DE LA VISION BINOCULAIRE.

PREMIÈRE PARTIE.

ÉLÉMENTS ANATOMIQUES ET ANALYSE PHYSIOLOGIQUE DE L'APPAREIL DE LA VUE.

CHAPITRE PREMIER.

Exposition sommaire des éléments anatomiques composant l'organe de la vue.

CHAPITRE II.

Du mécanisme de la fonction au point de vue monoculaire.

CHAPITRE III.

De l'unité de jugement dans l'acte de la vision associée ou binoculaire, ou de la vision simple avec deux yeux.

SECTION I. — Discussion des explications classiques, et en particulier de la doctrine des points identiques.

De même qu'en géométrie, deux lignes sont nécessaires pour déterminer la position *exacte* d'un point, de même, en physiologie, le concours de deux directions est nécessaire.

99. D'après la définition même de l'*horoptre*, tout corps ou tout assemblage de corps dans la nature, vus simples d'un seul coup d'œil, devrait nécessairement affecter la forme même de cet horoptre, c'est-à-dire celle d'une surface géométrique déterminée par les propriétés du cercle et de la ligne droite. . . .

100. On échappe à cette conséquence en prétendant que la vue binoculaire, comme la vue monoculaire, ne s'exécutent jamais d'un seul coup d'œil, mais successivement et *point par point*. Ce que l'observation dément absolument. . . . .

101. Exposition de la théorie de S. D. Brewster, de la vision

SECTION II. — De la limitation sur la direction.

112. Si la doctrine des points identiques, si le principe de la
variabilité de forme de la rétine, si celui de la succession des
impressions, sont également inconciliables avec les faits de la
vision binoculaire, il n'en est pas de même du *principe de
la direction.*

Mais pour se rendre compte de tous ces phénomènes, il faut
y joindre celui de la localisation des sources d'impression sur
la direction que l'œil leur reconnaît, dit principe de *limitation.* 183

113. *En fait,* dans l'acte de la vision binoculaire, chaque œil

Section III. — De la localisation ou limitation dans la vision monoculaire.

Section IV. — De la localisation des impressions, ou de leur limitation sur la direction, dans la vision binoculaire.

SECTION V. — Résumé de ce chapitre.

CHAPITRE IV.

Statique et dynamique du globe oculaire.

les unes (muscles droits) d'avant en arrière et légerement de dehors en dedans ; les autres d'arrière en avant (les muscles obliques) et aussi de dehors en dedans. La *gravité* est la troisième force qui lui soit appliquée. Leur résultante commune, dirigée de haut en bas et de dehors en dedans, s'épuise sur la réaction de la paroi orbitaire inféro-interne

Il suit de là une grande probabilité d'existence ou de fréquence plus grande de bourses séreuses adventives en ce point qu'en tout autre (à la partie inférieure interne du globe oculaire). 241

137. Toutes les forces que nous venons d'énumérer developpent sur la surface externe du globe des pressions perpendiculaires qui sont détruites par la réaction du tissu semi-liquide, qui le remplit. Seule la région antérieure, cornéale et péricornéale, se trouve soumise à des pressions dirigées de dedans en dehors, et qui n'ont d'autres opposantes que la pression extérieure de l'air, aidée de la consistance normale des tissus.

La conservation ou persistance de la forme du globe est donc intimément liée au parfait équilibre de ces forces. 243

138. Toute rétraction, tout raccourcissement musculaire peut et doit produire de la myopie. 245

139. Comme toute section de muscle rétracté peut la corriger à l'instant. 246

140. La myopie, suite de rétraction, ne provient donc que d'un bombement de la cornée et nullement d'une augmentation du diamètre antéro-postérieur de l'œil. 247

141. Du principe de l'association des mouvements 248

142. Les six muscles de l'œil ont pour principal et premier objet deux mouvements, la convergence, la divergence : ils sont tous ou adducteurs ou abducteurs. Les mouvements en haut et en bas ne sont qu'accessoires. (J. G.)

Les adducteurs sont les trois muscles droits innervés par le moteur oculaire commun (3e paire).

Les abducteurs sont le droit externe et les obliques. 249

143. L'étude de la pathologie musculaire des yeux confirme et démontre ces considérations sur la statique et la dynamique oculaire.

Le transport de l'œil en arrière démontre un raccourcissement des muscles droits ou de l'un deux, comme un degré quelconque de saillie, d'exorbitisme, ou d'exophthalmos démontre l'intervention des obliques. 251

144. Les droits supérieur et inférieur et les obliques, simples accessoires de l'adduction, ou de l'abduction, dans les

mouvements physiologiques, deviennent d'énergiques agents de
ces mêmes actions, quand une position pathologique avancée
leur a fourni un bras de levier beaucoup plus long que leur levier normal.

DEUXIÈME PARTIE.

PATHOLOGIE FONCTIONNELLE DE L'ORGANE DE LA VUE ;
ÉTUDE DES ANOMALIES DE LA VISION.

—

DES TROUBLES FONCTIONNELS

QUI PRENNENT NAISSANCE DANS UNE RUPTURE DE L'ÉQUILIBRE ENTRE
LES PUISSANCES APPLIQUÉES EXTÉRIEUREMENT AU GLOBE DE L'ŒIL,

CHAPITRE V.

Du strabisme.

SECTION I. — Définitions. — Classification,

150. La synergie musculaire peut être troublée par excès ou
par défaut d'action d'un de ses éléments : de l'harmonie normale

On se représentera d'abord la division de l'appareil musculaire du globe en deux groupes. Système convergent ou adducteur (droit interne, droit supérieur et inférieur). Système divergent ou abducteur (droit externe, obliques).

Secondement en deux autres systèmes : l'un portant le globe
en arrière (muscles droits); retrait du globe. L'autre le portant
en avant (muscles obliques); saillie du globe.

Ce second caractère sera analysé avec grande attention;

CHAPITRE VII.

De la diplopie.

DES TROUBLES FONCTIONNELS

PRENANT NAISSANCE DANS UNE RUPTURE D'ÉQUILIBRE DE L'APPAREIL MUSCULAIRE INTRINSÈQUE OU CILIAIRE, OU ANOMALIES DE L'ACCOMMODATION.

CHAPITRE VIII.

Mydriasis et myosis.

CHAPITRE IX.

Maladies de l'accommodation.

SECTION I. — Myopie et presbytie. Généralités.

SECTION II. — Myopie et presbytie essentielles ou congénitales.

Il y a, lors de la vision normale, un état d'équilibre harmonique établi entre les agents musculaires de l'accommodation (muscle ciliaire) et le degré de constriction de l'iris.

Dans la myopie, cette harmonie est troublée; à un état de contraction relative du muscle ciliaire correspond un état de relâchement anormal de l'iris.

Dans la presbytie, l'équilibre est encore rompu, mais en sens inverse; à un état de relâchement relatif de l'action ciliaire correspond un dégré anormal de resserrement de l'iris.

214. Le genre de l'amélioration dans la myopie et l'aggrava-

CHAPITRE XI.

Maladies ou troubles fonctionnels, conséquences de la mauvaise administration de la vue.

Section I. — De la presbytie mal gouvernée.

246. La presbytie livrée à elle-même, est une cause d'affection fonctionnelle de la vue plus fréquente que ne l'est la myopie. 447

247. De la kopiopie ou fatigue de l'accommodation. La fixité des efforts de la vue presbytique sur des caractères ou des détails trop minutieux et trop rapprochés des yeux, amène pour première conséquence la syncope des muscles ciliaires, une paralysie momentanée des agents de l'accommodation, ou amblyopie asthénique, presbytique, kopiopie presbytique, à son premier degré. 449

248. Kopiopie, indications curatives 455

249. Au deuxième degré des mêmes influences, portant sur une vue plus forte ou plus disposée aux états convulsifs, nous trouvons la myopie acquise, suite de presbytie mal gouvernée, ou contracture spasmodique, rétraction plus ou moins fixe du muscle ciliaire.

Mais il y a des causes plus puissantes encore, et ces mêmes

SECTION II. — Des conséquences de la myopie mal gouvernée.

CHAPITRE XII.

Du traitement de l'amblyopie par les lunettes.

CHAPITRE XIII.

De l'inégalité des yeux.

CHAPITRE XIV.

Des verres périoscopiques.

CHAPITRE XV.

Aberrations de la vision dues à la discordance de la convergence des axes optiques avec l'accommodation de distance.

Section I. — Des illusions optiques binoculaires. Réunion des images semblables de S. D. Brewster.

SECTION II. — De la micropie et de la macropie.

SECTION III.

———

TROUBLES ESSENTIELS
DE LA SENSIBILITÉ SPÉCIALE DU SENS DE LA VUE.

CHAPITRE XVI.

De l'hyperesthésie rétinienne.

CHAPITRE XVII.

Perversion par absence ou diminution de la sensibilité rétinienne.

CHAPITRE XVIII.

Aberrations dans la sensibilité pour les couleurs.

CHAPITRE XIX.

Des pointes apparentes des étoiles.

CHAPITRE XX.

De l'ophthalmoscopie avec les déductions pratiques qui en dérivent.

Section I.

SECTION II. — Images adventives ou secondaires formées par réflexion aux surfaces de séparation des milieux réfringents naturels et artificiels, dans la pratique de l'ophthalmoscopie.

CHAPITRE XXI

Stéréoscopie.

CHAPITRE XXII.

Application de tous les instruments d'optique à la vision binoculaire physiologique, par le principe de la décentration des oculaires, associé à celui des doubles réflexions totales.

FIN DE LA TABLE ANALYTIQUE.

Paris. — Imprimé par E. THUNOT et Comp., rue Racine, 26, près de l'Odéon.

ERRATA.